Alfred Schellenberger (Hrsg.)

Enzymkatalyse

Einführung in die Chemie, Biochemie und Technologie der Enzyme

Unter Mitarbeit von
Gunter Fischer, Gerhard Hübner und Renate Ulbrich

Springer-Verlag
Berlin Heidelberg New York
London Paris Tokyo Hong Kong

Alfred Schellenberger
Martin-Luther-Universität
WB Biochemie
DDR-4020 Halle/Saale

Die Originalausgabe erscheint im VEB Gustav Fischer Verlag, Jena
Vertrieb ausschließlich für die DDR und die sozialistischen Länder
Lizenzausgabe für alle übrigen Länder im
Springer-Verlag Berlin Heidelberg New York
London Paris Tokyo Hong Kong

ISBN-13: 978-3-642-73436-6 e-ISBN-13: 978-3-642-73435-9
DOI: 10.1007/978-3-642-73435-9

CIP-Titelaufnahme der Deutschen Bibliothek
Enzymkatalyse : Einf. in d. Chemie, Biochemie u. Technologie d. Enzyme / Alfred Schellenberger (Hrsg.). Unter Mitarb. von Gunter Fischer ... – Berlin ; Heidelberg ; New York ; London ; Paris ; Tokyo : Springer, 1989

NE: Schellenberger, Alfred [Hrsg.]; Fischer, Gunter [Mitverf.]

Softcover reprint of the hardcover 1st edition 1989

Lichtsatz: INTERDRUCK Graphischer Großbetrieb Leipzig

Vorwort

Dieses Buch, hervorgegangen aus langjähriger Erfahrung bei der Ausbildung von Biochemiestudenten im Fach Enzymologie, ist ein Versuch, das Enzym als Katalysator aus der Sicht des Chemikers darzustellen. Damit wird das Enzym zum Naturstoff, seine strukturellen und funktionellen Besonderheiten rücken in den Vordergrund. Gleichzeitig bedeutet das, daß der physiologische Aspekt der Enzymfunktion zurücktritt, daß – bis auf wenige Hinweise im Abschnitt 4.2. – solche Aspekte wie die Biosynthese und der Abbau von Enzymen, die spezifische Lokalisierung in der Zelle und Zellfragmenten sowie die systemische Funktion der Enzyme innerhalb der Organismen ausgeklammert worden sind.

Das Buch wendet sich daher in erster Linie an solche Naturwissenschaftler, die mit der Isolierung und Charakterisierung von Enzymen befaßt sind. Es soll auf der Grundlage der allgemeinen Prinzipien, aus denen sich das vielschichtige Phänomen Katalyse im Bereich organischer Molekülstrukturen ableitet, die Besonderheiten der speziellen Katalysemechanismen von Proteinmolekülen darlegen. Es soll Möglichkeiten und Grenzen aufzeigen, die sich beim Arbeiten mit Enzymen einstellen und auch für den in anderen naturwissenschaftlichen Bereichen tätigen Wissenschaftler Anregung sein, sich unter neuen Gesichtspunkten mit Enzymen oder ihren Wirkprinzipien zu befassen.

Die Zielstellung des Buches schließt von vornherein aus, die gegenwärtig bekannten und teilweise auch in ihren Besonderheiten näher beschriebenen Enzyme vollständig zu erfassen. Vielmehr war es unser Ziel, die wesentlichen Eigenschaften von Enzymen an geeigneten und durchaus subjektiv ausgewählten Enzymbeispielen zu verdeutlichen. Wenn dabei durch Verallgemeinerungen, z. B. in Form von Tabellen, eine größere Anzahl an Beispielen erfaßt werden konnte, sollte daraus kein Kriterium für eine angestrebte Vollständigkeit abgeleitet werden. Der Zielstellung des Buches entsprechend haben wir der Behandlung enzymspezifischer Themen, wie es die Funktions- und Regulationskinetik, die Proteinmatrix als Gleichgewichtsstruktur und die mechanistischen Besonderheiten von Enzymkatalysen darstellen, ein Kapitel vorangestellt, das sich mit den allgemeinen Grundlagen der Katalyse am Beispiel gut überschaubarer organischer Modellreaktionen befaßt. Die Behandlung dieses Themas kommt im Grundlagenstudium organischer Reaktionsmechanismen meist zu kurz. Es erweist sich aber als zweckmäßige Basis, aus der das Verständnis für das Verhalten von Enzymen gefördert wird.

Andererseits haben wir die Beschreibung der Enzymfunktion auch auf solche Systeme ausgedehnt, deren katalytisches Verhalten durch die Wechselwirkung mit Oberflächenstrukturen beeinflußt ist. Wir haben damit nicht nur den Gedanken verbunden, daß immobilisierte Enzyme den Einsatzbereich dieser Katalysatoren wesentlich erweitert haben. Oberflächenstrukturen gehören neben dem wäßrigen Medium zum charakteristischen Milieu der Enzyme, so daß aus dem systematischen Studium solcher Enzym-Träger-Komplexe weitere Einblicke in die Besonderheiten der Enzymkatalyse resultieren.

Als wir dieses Buchprojekt übernommen haben, waren wir uns der zahlreichen Probleme, die aus der umfangreichen Themenstellung und dem andererseits angestrebten begrenzten Rahmen einer Einführung resultieren, wohl bewußt. Der Versuch einer Auswahl wichtiger Entwicklungslinien und Ergebnisse schließt immer ein, daß entscheidendes Wissen nicht genügend berücksichtigt wurde. Hinweise und Kritiken werden wir daher mit größter Sorgfalt und Dankbarkeit aufgreifen und bearbeiten.

Unser Dank gilt dem Verlag, ganz besonders Frau Schlüter und Frau Koch, für ihre große Geduld und wertvolle Hinweise bei der Abfassung des Manuskripts, sowie Herrn Wittstock für die sorgfältige graphische Ausgestaltung des Buches.

Frühjahr 1989 Alfred Schellenberger

Inhalt

1. Struktur und Katalyse

1.1. Die thermodynamische und kinetische Basis der Katalyse

Die chemische Reaktion der Stoffe A und B zum Reaktionsprodukt C

$A + B \rightleftarrows C$

läßt sich durch zwei fundamentale Parameter beschreiben, die das stoffliche und dynamische Verhalten dieses Systems bestimmen, die *Freie Reaktionsenthalpie* ΔG und die *Freie Aktivierungsenthalpie* ΔG^{*}. A, B und C, die Reaktanden (Ausgangsstoffe) dieser Reaktion, werden in der Enzymchemie als ***Substrate*** (bzw. Produkte) bezeichnet. Soll die Reaktion zwischen den Molekülen A und B unter definierten äußeren Bedingungen (z. B. isotherm und isobar) freiwillig in Richtung auf das Produkt C verlaufen, so muß mit der Bildung dieses Produktes ein Gewinn an Freier Reaktionsenthalpie $(\Delta G < 0)_{p,T}$ verbunden sein. Das Vorzeichen von ΔG charakterisiert somit, ob eine Reaktion spontan $(\Delta G < 0)$ oder nur durch Energiezufuhr $(\Delta G > 0)$ zu den Produkten führen kann. Der Betrag von ΔG läßt Schlüsse über die thermodynamische Stabilität des jeweiligen Zustandes zu, wobei $\Delta G \neq 0$ stets Instabilität dokumentiert.

Es gibt allerdings eine Vielzahl von Stoffen und Stoffgemischen, die thermodynamisch betrachtet höchst instabil sind $(\Delta G \ll 0)$, sich aber trotzdem unter Normalbedingungen beliebig lange aufbewahren lassen. Ursache dieser Reaktionsträgheit ist der Betrag der Freien Enthalpie eines Zustandes, der bei jeder Reaktion durchlaufen wird und bei dem die chemischen Bedingungen in den Reaktandenmolekülen bereits teilweise gelöst, die der Produkte teilweise gebildet sind. Dieser Zustand maximaler Freier Enthalpie während einer Reaktion wird als *Übergangszustand* (engl. transition state) bezeichnet. Die zum Übergangszustand gehörende Molekülkonfiguration nennt man den *aktivierten Komplex*. Ein aktivierter Komplex läßt sich infolge seiner Labilität stofflich direkt nicht nachweisen oder isolieren. Seine Lebensdauer liegt im Bereich des Zeitbedarfs für eine Molekülschwingung (10^{-13} bis 10^{-14} s). Bei den in Tabelle 1-1 angeführten Beispielen ist die Freie Enthalpie des Übergangszustandes so hoch, daß unter Normalbedingungen nur wenige Moleküle in der Lage sind, diese Barriere zu überwinden, um dann schließlich unter Energiegewinn das Produkt bilden zu können.

Die Änderung der Freien Enthalpie zwischen dem Status der Reaktanden und dem aktivierten Komplex wird als Freie Aktivierungsenthalpie ΔG^{*} einer Reaktion bezeichnet (Abb. 1-1a). Sie charakterisiert das dynamische Verhalten einer chemischen Reaktion. Je

Tab. 1-1. Thermodynamisch instabile, aber reaktionsträge Stoffe bzw. Stoffgemische

Molekülarten	ΔG^0	(kJ mol^{-1})
Glucose + $6\,O_2$	$6\,CO_2 + 6\,H_2O$	−2890
$2\,H_2 + O_2$	$2\,H_2O$	− 474
$2\,H_2O_2$	$2\,H_2O + O_2$	− 99

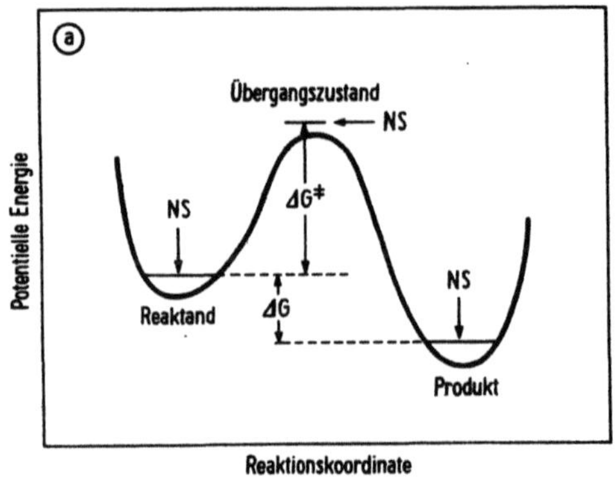

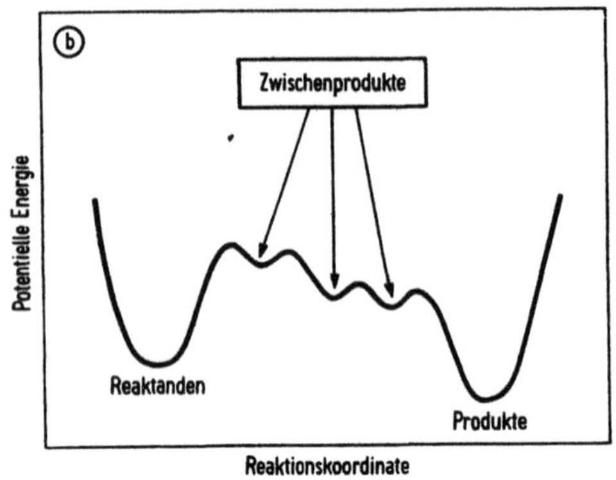

Abb. 1-1. Energieprofile chemischer Reaktionen. a) Energiezustände während des Ablaufs einer chemischen Elementarreaktion. Bei Raumtemperatur ist das Niveau der Nullpunkt-Schwingungsenergie (NS) besetzt. Die Kombination der die Schwingung längs der Reaktionskoordinaten beschreibenden Morse-Kurven von Produkt und Reaktand ergibt das Energieprofil der Reaktion. b) Energiezustände während des Ablaufs der Bromierung in Gleichung 1-2. Zwischenprodukte sind durch Mulden im Energieprofil der Reaktion charakterisiert. Die Nullpunkt-Energieniveaus sind nicht eingezeichnet.

höher dieser Betrag ausfällt, um so geringer ist die Wahrscheinlichkeit, daß die Moleküle diese Energiebarriere überwinden, desto geringer ist die Geschwindigkeit für die betreffende Reaktion.

Kennt man die Freie Reaktionsenthalpie ΔG und die Freie Aktivierungsenthalpie ΔG^* eines Reaktionsgemisches, so läßt sich dessen stoffliche Zusammensetzung, manchmal sogar in Abhängigkeit von der Reaktionszeit, vorhersagen. Um dabei vergleichbare Bedingungen zu erhalten, hat man den Begriff der *Freien Standardenthalpie* ΔG^0 eingeführt. ΔG^0 beschreibt die Änderung der Freien Enthalpie einer Reaktion unter Standardbedingungen (298 °K, 1 atm, alle Komponenten der Reaktion in einer Konzentration von 1 mol l^{-1}) und ist vom molekularen Mechanismus, der von den Reaktanden zu den Produkten führt, unabhängig. Tatsächlich ist der Reaktionsmechanismus meist wesentlich komplexer, als es die in der Reaktionsgleichung vertretenen Stoffe vermuten lassen. So wird der wirkliche Verlauf der Bromierung eines Ketons in Gegenwart eines Bromüberschusses durch Gleichung 1-1, die auf Grund der Endproduktanalyse aufgestellt wurde, nur ungenügend beschrieben.

$$R{-}CH_2{-}\underset{\underset{O}{\|}}{C}{-}R + 2\,Br_2 \rightarrow R{-}CBr_2{-}\underset{\underset{O}{\|}}{C}{-}R + 2\,HBr. \qquad \text{Gl. 1-1}$$

Ein realistischeres Bild für die ablaufenden Vorgänge vermittelt Gleichung 1-2, die einige der auftretenden Zwischenprodukte enthält. Trotzdem sind auch hier noch nicht alle während der Umsetzung auftretenden Molekülarten erfaßt.

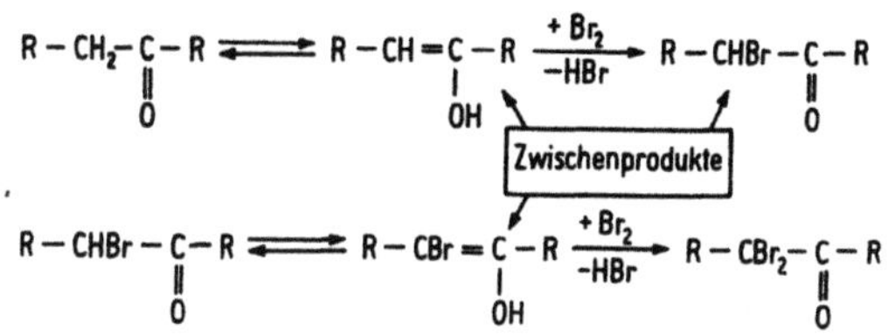

Gl. 1-2

Wie sich die Konzentrationen der Hauptkomponenten des Reaktionsgemisches der Bromierung (Gl. 1-2) in Abhängigkeit von der Reaktionszeit verhalten, beschreibt Abbildung 1-2. Das *Energieprofil* dieser Umsetzung ist in Abbildung 1-1b dargestellt.

Im Unterschied zum aktivierten Komplex besitzen Zwischenprodukte eine reale Struktur und sind entweder in Substanz isolierbar oder lassen sich wenigstens durch empfindliche Analysemethoden nachweisen. Eine Reaktion kann über zahlreiche Zwischenstufen verlaufen. Bei der Summation der ΔG^0-Werte für alle Teilschritte erhält man aber stets den ΔG^0-Wert der Gesamtreaktion zum Endprodukt (Abb. 1-3a).

Eine Umsetzung, bei der sich kein Zwischenprodukt ausbildet, bezeichnet man als *Elementarreaktion*. Viele der relativ einfachen thermodynamischen und kinetischen Gesetzmäßigkeiten, die in den nachfolgenden Abschnitten behandelt werden, gelten streng genommen nur für Elementarreaktionen. Die in der Biochemie üblichen *komplexen Reaktionsmechanismen* müßten eigentlich für eine eingehende Analyse in solche Elementarschritte aufgelöst werden. In der Enzymologie gelingt dies in günstig gelagerten Fällen durch eine Kombination von spektroskopischen Untersuchungen mit Daten aus der Reaktionskinetik.

Bei Reaktionen in der lebenden Zelle sind neben den Reaktanden und Produkten weitere, nicht unmittelbar an der Nettoumsetzung beteiligte Stoffe zugegen. Hierzu zählen neben dem Wasser als Reaktionsmedium solche Zellinhaltsstoffe wie Makromoleküle, Metabolite und Elektrolyte. Die Freie Reaktionsenthalpie ΔG bleibt von diesen Substanzen unbeeinflußt, vorausgesetzt, daß die reagierenden Stoffe vor und nach der Umsetzung identische Wechselwirkungsenergien mit den Zusatzkomponenten aufweisen. Damit wird deutlich, daß in gut solvatisierenden Lösungsmitteln wie Wasser der ΔG-Wert einer Reaktion sich ändert, wenn die Polarität des Produktmoleküls sich von der des Reaktanden unterscheidet.

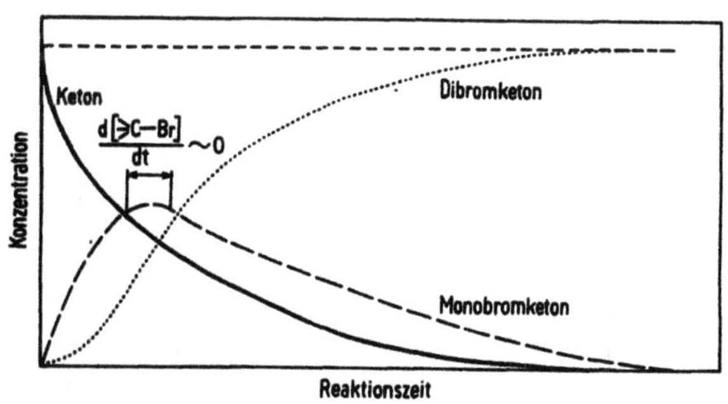

Abb. 1-2. Konzentrations/Zeit-Kurven der verschiedenen Molekülarten im Reaktionsgemisch während der Bromierung eines Ketons.

Die beiden in Gleichung 1-2 auftretenden Enole sind in Gegenwart von Brom nur in minimalen Mengen vorhanden und deswegen nicht mit aufgeführt. Während eines bestimmten, von den kinetischen Konstanten der Reaktion abhängigen Zeitraums ist die Zwischenproduktkonzentration im Gemisch konstant.

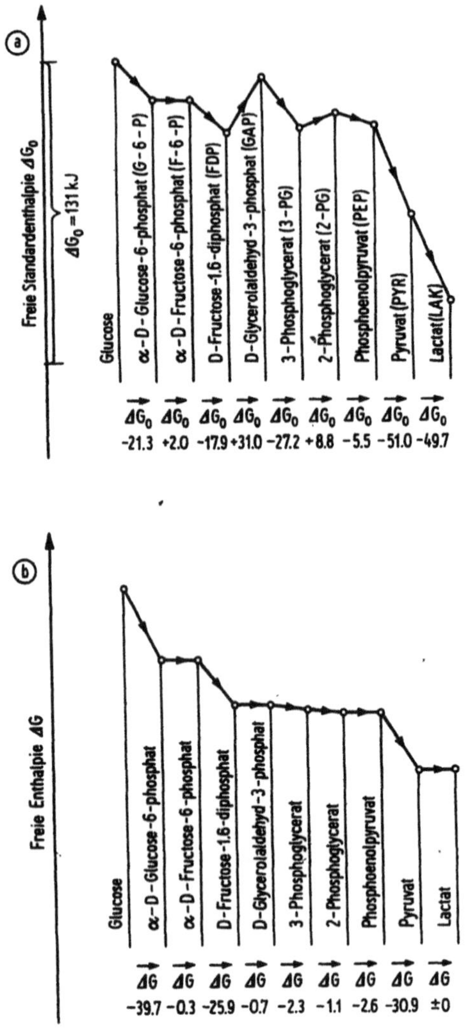

Abb. 1-3. Änderung der Freien Enthalpie bei komplexen Reaktionen.
a) Änderung der Freien Standardenthalpie ΔG^0 (kJ mol^{-1}) bei der glykolytischen Umwandlung von Glucose in Lactat [1] gemäß Glucose + 2 ADP + 2 $P_i \rightarrow$ 2 Lactat + 2 ATP + 2 H_2O (Die hier verwendeten Abkürzungen werden auch an späterer Stelle verwendet.) Die durch aufwärts gerichtete Pfeile gekennzeichneten Reaktionsschritte laufen unter Standardbedingungen nicht freiweillig ab. b) Die Änderung der Freien Enthalpie ΔG (kJ mol^{-1}) bei der glykolytischen Umwandlung von Glycose in Lactat unter Verwendung der Stationärkonzentration der Metaboliten (in mol l^{-1}) in den menschlichen Erythrozyten. Der unter den Bedingungen von Abbildung 1-3a energetisch besonders ungünstige Schritt FDP $\rightleftharpoons$ 2 GAP verläuft nun thermodynamisch freiwillig:

$$\Delta G = \Delta G^0 - RT \ln([GAP])^2/([FDP])$$

$$= +31.0 - RT \ln \frac{(5.7 \cdot 10^{-3})^2}{7 \cdot 10^{-3}} = -0.7 \text{ kJ mol}^{-1}.$$

Ganz anders als die Freie Reaktionsenthalpie verhält sich die für die Geschwindigkeit der Umsetzung verantwortliche Freie Aktivierungsenthalpie ΔG^* bei der Anwesenheit von Fremdstoffen im Reaktionsgemisch. Häufig beobachtet man, daß sich die Umsatzgeschwindigkeit bereits bei sehr kleinen Konzentrationen an bestimmten, für die betreffende Reaktion charakteristischen Stoffen stark erhöht. Untersucht man nach Beendigung der Reaktion die Zusammensetzung des Reaktionsgemisches, so stellt man fest, daß die chemische Natur dieser Fremdstoffe unverändert geblieben ist.

Definitionsgemäß wird eine Substanz, welche die beschriebenen reaktionsbeschleunigenden Eigenschaften aufweist, als *Katalysator* bezeichnet. Katalysatoren reduzieren die Freie Aktivierungsenthalpie ΔG^* für die von ihnen beschleunigte Reaktion. Sind von einem Reaktanden aus mehrere parallele Reaktionen zu verschiedenen Produkten möglich, so können Katalysatoren, die nur einen Reaktionsweg beschleunigen, zur *Spezifität* der Umsetzung (veränderte Produktzusammensetzung) beitragen. Substanzen, die die reaktionsbeschleunigende Wirkung eines Katalysators vermindern oder die selbst die Reaktionsgeschwindigkeit verkleinern, bezeichnet man als *Inhibitoren*.

Bildet sich eine katalytisch wirksame Substanz erst im Laufe einer unkatalysierten Reaktion, so daß deren Geschwindigkeit immer mehr zunimmt, bezeichnet man dies als *Autokatalyse*.

1.2. Das chemische Gleichgewicht

1.2.1. Thermodynamische Grundlagen

Die Bedeutung der Freien Reaktionsenthalpie ΔG für die Beschreibung chemischer Reaktionen erfordert die Bestimmung dieser Größe (und verwandter Parameter) aus experimentell zugänglichen Daten. Bei der reversiblen Modellreaktion $A + B \rightleftarrows C$ setzt sich ΔG aus den *partiellen molaren Freien Enthalpien* der Einzelkomponenten $\bar{G}_i$, auch als *chemische Potentiale* μ_i bezeichnet, zusammen. Für den Stoff A gilt z. B.

$$\mu_A = \bar{G}_A = \left(\frac{\partial G}{\partial n_A}\right)_{T,\,p,\,n_B,\,n_C}, \qquad \text{Gl. 1-3}$$

wobei Temperatur T, Druck p und die Molzahlen n_B und n_C als konstant angesehen werden.

Die Änderung der Freien Reaktionsenthalpie für die Gesamtreaktion ergibt sich aus Gleichung 1-4.

$$\mathrm{d}G = \left(\frac{\partial G}{\partial T}\right)_{p,\,n_i} + \left(\frac{\partial G}{\partial p}\right)_{T,\,n_i} + \sum_i \mu_i\,\mathrm{d}n_i. \qquad \text{Gl. 1-4}$$

Hält man während der Umsetzung den Druck p und die Temperatur T konstant, so reduziert sich Gleichung 1-4 zu Gleichung 1-5

$$\mathrm{d}G = \sum_i \mu_i\,\mathrm{d}n_i. \qquad \text{Gl. 1-5}$$

Ersetzt man die Molzahlen n_i durch die jeweils vorhandene Objektmenge während eines Formelumsatzes (ξ, *Reaktionslaufzahl*) und die *Stöchiometriezahl* ν_i, welche die Molverhältnisse für die in der Reaktionsgleichung erfaßten Reaktionspartner beschreibt ($\mathrm{d}n_i = \nu_i\,\mathrm{d}\xi$), so folgt aus Gleichung 1-5

$$\mathrm{d}G = \left(\sum_i \nu_i \mu_i\right)\mathrm{d}\xi \qquad \text{Gl. 1-6}$$

und daraus

$$\frac{\mathrm{d}G}{\mathrm{d}\xi} = \Delta G = \sum_i \mu_i \nu_i. \qquad \text{Gl. 1-7}$$

Im Falle unserer Modellreaktion mit den aus der Reaktionsgleichung folgenden Stöchiometriezahlen $\nu_C = +1$, $\nu_A = -1$ und $\nu_B = -1$ muß demnach für die Freie Reaktionsenthalpie ΔG die Beziehung

$$\Delta G = \mu_C - \mu_A - \mu_B \qquad \text{Gl. 1-8}$$

gelten. Aus Gleichung 1-8 wird ersichtlich, daß sich aus der Summe der chemischen Potentiale ein Zugang zur thermodynamischen Triebkraft der Umsetzung ergibt. Besonders übersichtlich gestalten sich die Verhältnisse, wenn die Reaktion in Lösung bei geringen Konzentrationen (< 0.1 mol l^{-1}) abläuft. Dann gilt für das chemische Potential μ_i der Einzelkomponente i

$$\mu_i = \mu_i^0 + RT \ln [i] .$$ Gl. 1-9

Das in Gleichung 1-9 enthaltene *chemische Standardpotential* μ_i^0 ist als das chemische Potential eines Stoffes bei der *Konzentrationsaktivität* 1 (mol l^{-1}) definiert. Für verdünnte Lösungen, also Bedingungen, wie sie bei homogen katalysierten Reaktionen häufig auftreten, kann man anstelle der Aktivität die Molarität $[i]$ als Konzentrationsmaß verwenden, obwohl auch andere Maßeinheiten möglich und teilweise üblich sind. Für unsere Modellreaktion folgt aus Gleichung 1-8 und Gleichung 1-9 $\Delta G = \mu_C^0 + RT \ln [C] - (\mu_B^0 + RT \ln [B]) - (\mu_A^0 + RT \ln [A])$ bzw. $\Delta G = \mu_C^0 - \mu_A^0 - \mu_B^0 + RT \ln [C] - (RT \ln [B] + RT \ln [A])$. Zusammengefaßt ergibt diese Gleichung

$$\Delta G = \mu^0 + RT \ln \frac{[C]}{[A]\,[B]} .$$ Gl. 1-10

Mit $\mu^0 = \Delta G^0$ wird Gleichung 1-11, die *van't Hoffsche Reaktionsisotherme*, erhalten.

$$\Delta G = \Delta G^0 + RT \ln \frac{[C]}{[A]\,[B]} .$$ **Gl. 1-11**

Wie bereits oben erwähnt, ändert sich während einer reversiblen chemischen Reaktion die stoffliche Zusammensetzung des Reaktionsgemisches freiwillig zugunsten der Produkte, wenn $\Delta G < 0$, zugunsten der Reaktanden, wenn $\Delta G > 0$ ist. Im Zustand $\Delta G = 0$ wird ein Gleichgewicht erreicht, das dadurch gekennzeichnet ist, daß pro Zeiteinheit die gleiche Menge an Produkt gebildet wird, die wieder in die Ausgangsstoffe zerfällt. Mit $\Delta G = 0$ ergibt sich aus Gleichung 1-11 für diesen *Gleichgewichtszustand*

$$e^{-\frac{\Delta G^0}{RT}} = K = \frac{[C]_{eq}}{[A]_{eq}\,[B]_{eq}} .$$ Gl. 1-12

Das in Gleichung 1-12 enthaltene *Massenwirkungsgesetz* definiert die *Gleichgewichtskonstante* K für eine chemische Umsetzung, die in vielen Fällen aus den analytisch erfaßbaren Stoffkonzentrationen im Gleichgewichtszustand $[C]_{eq}$, $[A]_{eq}$ und $[B]_{eq}$ errechnet werden kann. Da K und ΔG^0 in einem direkten Verhältnis zueinander stehen, kann man aus Gleichgewichtsdaten auch Freie Reaktionsenthalpien für solche Fälle bestimmen, bei denen sich die Umsetzung nicht im Gleichgewicht befindet (Gl. 1-11). Die so berechnete Richtung eines Reaktionsablaufes bei vorgegebenen Konzentrationen (z. B. Stoffkonzentrationen innerhalb einer Zelle kann sich von der unter Standardbedingungen unterscheiden. Vergleicht man die Glykolysesequenz unter Standardbedingungen (Abb. 1-3a) mit der gleichen Reaktion unter den Konzentrationsbedingungen, wie sie in einem menschlichen Erythrozyten vorhanden sind (Abb. 1-3b), so findet man nun einen kontinuierlichen Abfall der Freien Reaktionsenthalpie vom Ausgangszustand bis zu den Endprodukten.

1.2.2. Experimentelle Gleichgewichtskonzentrationen und die Gleichgewichtskonstante

Die Berechnung der Gleichgewichtskonstanten K gestaltet sich dann besonders einfach, wenn man, wie es bisweilen bei einfachen Dissoziationsreaktionen der Fall ist, alle Gleichgewichtskonzentrationen durch unabhängige Meßverfahren erfassen kann. Bei der Dissoziation einer Säure in Wasser

$$HA \rightleftarrows H^{\oplus} + A^{\ominus}$$

sind die Produkte durch ionenselektive Elektroden und der Reaktand in manchen Fällen spektralphotometrisch quantitativ bestimmbar, so daß Gleichung 1-13 unmittelbar die *Dissoziationskonstante* der Säure ergibt.

$$K_a = \frac{[H^{\oplus}]_{eq}\,[A^{\ominus}]_{eq}}{[HA]_{eq}}. \qquad \text{Gl. 1-13}$$

Stehen nicht alle Gleichgewichtskonzentrationen der Reaktionsteilnehmer unabhängig voneinander zur Verfügung, so kann man über Gleichung 1-14 *(Henderson-Hasselbach-Gleichung)*

$$pK_a = pH - \lg \frac{[A^{\ominus}]_{eq}}{[HA]_{eq}} \qquad \text{Gl. 1-14}$$

mit $pH = -\lg [H^{\oplus}]$ und $pK_a = -\lg K_a$ erkennen, daß bei Neutralisation von genau der Hälfte der Säure HA der logarithmische Term in Gleichung 1-14 wegfällt. Daher entspricht der in diesem Falle gemessene pH-Wert der teilneutralisierten Lösung dem gesuchten pK_a-Wert der Säure. Der analytische Aufwand nach diesem Verfahren ist gering, die Präzision der gewonnenen Gleichgewichtskonstanten nur begrenzt. Sind weitere dissoziierbare Protonen in der Säure vorhanden, so führt dies zu komplexen Gleichgewichten, wie sie in ausgeprägter Form bei Polyelektrolyten, z. B. den Proteinen, auftreten (s. Abb. 3-8). Falls die Beträge der individuellen Gleichgewichtskonstanten einander ähnlich sind, bringt dies Schwierigkeiten für die Ermittlung der Einzelkonstanten mit sich. Ein Beispiel dafür liefert die Dissoziation der zwei $NH_3^{\oplus}$-Gruppen von Ornithin.

Bei pH-Werten >7 stehen, wenn man die sehr geringen Konzentrationen an undissoziierten Carboxylgruppen vernachlässigt, die in Abbildung 1-4 verzeichneten vier Ornithin-Spezies miteinander im Gleichgewicht. Die potentiometrische Titration liefert oberhalb von pH 7 zwei dissoziierbare Protonen mit einem pK_a von 8.85 bzw. 10.61, wobei der niedrigere Wert der Dissoziation des α-$NH_3^{\oplus}$, der höhere des δ-ständigen Ammoniumrestes entspricht.

Betrachtet man das für diese Dissoziation gültige Ringgleichgewicht mit seinen vier Einzelkonstanten K_1^*, K_2^*, K_3^* und K_4^* (Gl. 1-15, K^* sind die *mikroskopischen Dissoziationskonstanten* für die vier Molekülspezies des Ornithins), so wird deutlich, daß eine quantitative

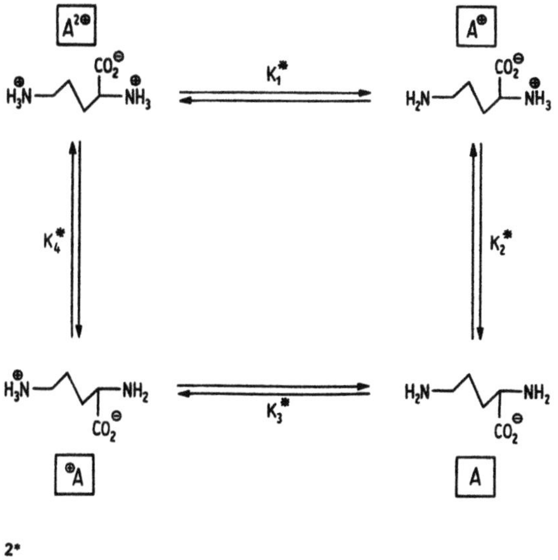

Abb. 1-4. Die verschiedenen Ionisationsstufen von Ornithin bei pH-Werten oberhalb von 7.

Beschreibung des Gesamtsystems mit den auf potentiometrischen Wege erhaltenen *makroskopischen Dissoziationskonstanten* K_1 und K_2 nicht möglich ist.

$$K_1^* = [A^{\oplus}]_{eq}\,[H^{\oplus}]_{eq}/[A^{2\oplus}]_{eq}\,; \qquad K_3^* = [A]_{eq}\,[H^{\oplus}]_{eq}/[{}^{\oplus}A]_{eq}\,;$$

$$K_2^* = [A]_{eq}\,[H^{\oplus}]_{eq}/[A^{\oplus}]_{eq}\,; \qquad K_4^* = [A]_{eq}\,[H^{\oplus}]_{eq}/[A^{2\oplus}]_{eq}$$

und

$$K_1^*\,K_2^* = K_3^*\,K_4^*\,. \qquad \text{Gl. 1-15}$$

K_1 entspricht nicht nur der Dissoziation von $A^{2\oplus}$ in ${}^{\oplus}A$, sondern gleichzeitig auch in $A^{\oplus}$. Für K_2 ist nicht nur der Übergang von $A^{\oplus}$ in A, sondern auch der von ${}^{\oplus}A$ in A maßgeblich (Gl. 1-16).

$$K_1 = \frac{([A^{\oplus}]_{eq} + [{}^{\oplus}A]_{eq})\,[H^{\oplus}]_{eq}}{[A^{2\oplus}]_{eq}}\,; \qquad K_2 = \frac{[A]_{eq}\,[H^{\oplus}]_{eq}}{[{}^{\oplus}A]_{eq} + [A^{\oplus}]_{eq}}\,. \qquad \text{Gl. 1-16}$$

Die Abhängigkeit der mikroskopischen und makroskopischen Dissoziationskonstanten voneinander erhält man durch Kombination von Gleichung 1-15 mit Gleichung 1-16 (Gl. 1-17).

$$K_1 = K_4^* + K_1^* \quad \text{und} \quad K_2 = \frac{K_2^*\,K_3^*}{K_2^* + K_3^*}\,. \qquad \text{Gl. 1-17}$$

Nur im Falle $K_1^* \gg K_4^*$ und $K_2^* \gg K^*{}_3$ sind die makroskopischen Dissoziationskonstanten der Ionisation individueller funktioneller Gruppen zuzuordnen. Kann man diese Vereinfachung nicht anwenden, so muß man Methoden suchen, die es gestatten, die individuellen Konzentrationen der Bestandteile eines Ringleichgewichtes direkt zu messen, ohne dabei, wie es bei einer potentiometrischen Titration der Fall ist, das Gleichgewicht zu stören.

Im Falle der Dissoziation von Ornithin ist dies durch die simultane Beobachtung der den beiden $NH_3^{\oplus}$-Gruppen benachbarten CH-Protonen im ^{1}H-NMR-Spektrum bei unterschiedlichen, vorgegebenen Protonenkonzentrationen möglich (Abb. 1-5). Ähnlich komplexe Gleichgewichtsbeziehungen werden bei der Ligandierung von Proteinen durch Metallionen gefunden (s. 4.3.3.1.).

1.2.3. Berechnung thermodynamischer Größen aus Gleichgewichtsdaten

Die Gleichgewichtskonstante ist deshalb von herausragender Bedeutung, weil über diesen Parameter eine Reihe von wichtigen thermodynamischen Größen, wie die Freie Re-

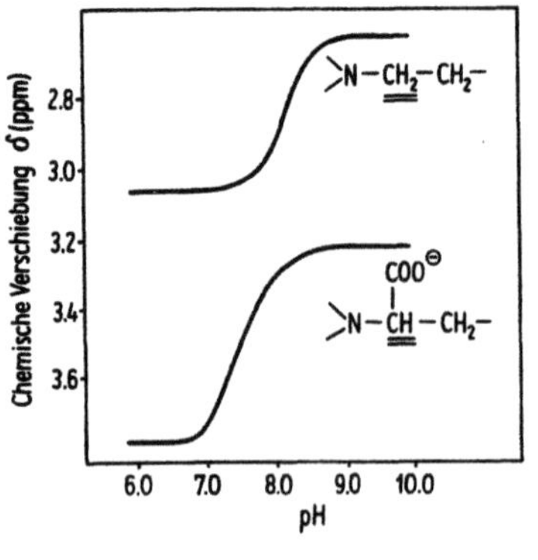

Abb. 1-5. pH-Abhängigkeit der chemischen Verschiebung δ (ppm) der α- und δ-Protonen von Ornithin [2].
Die mikroskopischen Dissoziationskonstanten ergeben sich zu $pK_1^* = 8.91$; $pK_2^* = 10.55$; $pK_3^* = 9.68$; $pK_4^* = 9.79$. Über potentiometrische Messungen erhält man $pK_1 = 8.85$ und $pK_2 = 10.61$.

aktionsenthalpie ΔG^0, die *Reaktionsenthalpie* ΔH^0 und die *Reaktionsentropie* ΔS^0 erhalten werden können.

Für einen Gleichgewichtsprozeß bei konstantem Druck und gegebener Temperatur T wird die Beziehung zwischen der Freien Standardenthalpie ΔG^0, der Standardenthalpie ΔH^0 und der Standardentropie ΔS^0 durch die Gibbs-Helmholtzsche Gleichung 1-18 dargestellt.

$$\Delta G^0 = \Delta H^0 - T\,\Delta S^0. \qquad \text{Gl. 1-18}$$

Führt man über Gleichung 1-12 die Gleichgewichtskonstante K in Gleichung 1-18 ein, so ergibt sich nach Umformung Gleichung 1-19.

$$\lg K = \frac{-\Delta H^0}{2.303\,RT} + \frac{\Delta S^0}{2.303\,R}. \qquad \text{Gl. 1-19}$$

Diese Gleichung gestattet es, durch die Messung von K bei verschiedenen Temperaturen T und der Auftragung von lg K gegen 1/T sowohl die Reaktionsenthalpie ΔH^0 als auch die Reaktionsentropie ΔS^0 zu bestimmen.

Nicht in jedem Falle sind ΔH^0 und ΔS^0, so wie es Gleichung 1-19 vereinfacht darstellt, temperaturunabhängige Größen. Besonders solche Reaktionen, bei denen die Komponenten einer Seite der Reaktionsgleichung eine hohe Solvatationsneigung aufweisen, zeigen oft eine große Temperaturabhängigkeit der Reaktionsenthalpie. Experimentell äußert sich dies in einer starken Krümmung, wenn lg K gegen 1/T aufgetragen werden. In solchen Fällen kann die Reaktionsenthalpie ΔH^0 genauer durch kalorimetrische Messungen gewonnen werden. Durch diese zusätzliche, von der Gleichgewichtskonstanten unabhängige Bestimmung läßt sich auch die Reaktionsentropie bei der Temperatur T über Gleichung 1-20 relativ zuverlässig erhalten.

$$\Delta S_T^0 = 2.303\,R\,\lg K_T + \frac{\Delta H_T^0}{T}. \qquad \text{Gl. 1-20}$$

1.3. Dynamik chemischer Reaktionen

1.3.1. Grundlagen der Reaktionskinetik

1.3.1.1. Molekularität und Reaktionsordnung

Um den zeitlichen Ablauf einer chemischen Reaktion quantitativ erfassen zu können, ist es notwendig, die *Reaktionsgeschwindigkeit* zu definieren. Dies wird dadurch erreicht, daß man die Anzahl der Moleküle angibt, die sich pro Zeiteinheit umsetzen. Üblicherweise wird diese Molekülzahl durch ein Konzentrationsmaß, wie es z. B. mol l^{-1} darstellt, ausgedrückt. Man erhält dann als Dimension den Ausdruck mol l^{-1} s^{-1}. Eine einfache Reaktion ($A + B \rightarrow C$) ist in ihrer Geschwindigkeit dann bestimmt, wenn man die Zeitabhängigkeit der Konzentrationen von A, B und C verfolgt. Ein für praktische Belange sehr wichtiger Umstand ist, daß es auch genügt, nur die Bildungsgeschwindigkeit des Produktes C oder den Umsatz von einem der Reaktanden zu verfolgen, um die Reaktionsgeschwindigkeit berechnen zu können. Nicht in jedem Falle sind alle an der Reaktion beteiligten Stoffe analytisch erfaßbar, so daß man oft zu diesem Ausweg greifen muß. Voraussetzung ist allerdings die ausschließliche Gültigkeit der zugrunde liegenden Reaktionsgleichung. Daß dies nicht immer erfüllt ist, zeigt die in Gleichung 1-21 aufgeführte

Hydrolyse von 4-Nitrophenyl-N-benzoylglycinat. Diese läßt sich anhand der zeitlichen Zunahme der 4-Nitrophenol-Konzentration leicht verfolgen.

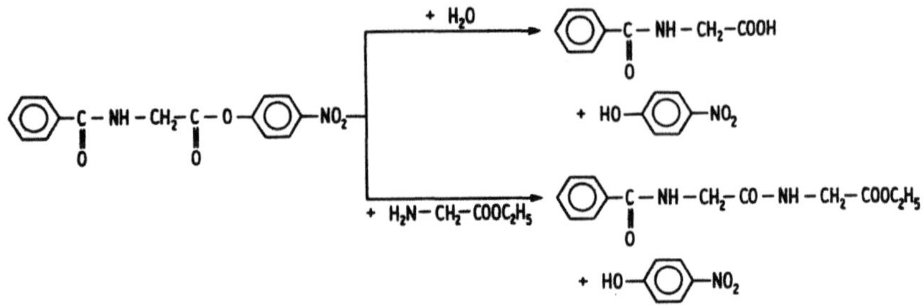

Gl. 1-21

In Ethylglycinat-Puffer steigt die Bildungsgeschwindigkeit des 4-Nitrophenols stark an, was auf eine effektive Katalyse durch das Ethylglycinat hinweisen könnte. Die Endproduktanalyse zeigt aber, daß außer der Hauptreaktion eine Nebenreaktion unter Bildung eines Glycylpeptids abläuft. Daher kann man die Hydrolysegeschwindigkeit des 4-Nitrophenylesters in diesem Puffersystem nicht mehr anhand der 4-Nitrophenolbildung verfolgen.

Aus Reaktionsgleichungen ist nicht ohne weiteres ersichtlich, wieviele Moleküle am aktivierten Komplex einer Reaktion beteiligt sind und damit die Geschwindigkeit der Umsetzung bestimmen. Geht die Produktbildung aus zwei Reaktanden in einem einzigen Schritt vor sich, so müssen im aktivierten Komplex beide Teilchen vorhanden sein. Damit der Übergangszustand erreicht werden kann, müssen beide Moleküle zusammenstoßen. Wir sprechen dann von einer *bimolekularen* Reaktion. Erfolgt dagegen die Umsetzung aus nur einer Molekülspezies, wie es bei Dissoziationsvorgängen oder Umlagerungen der Fall ist, so bezeichnet man diese als *monomolekulare* Reaktion. Werden Lösungsmittelmoleküle in die Solvathülle des aktivierten Komplexes einbezogen, so werden diese bei Betrachtungen über die *Molekularität* von Reaktionen ausgeklammert.

Ein häufiger Fall für homogen katalysierte Reaktionen ist die Bimolekularität. Höhere Molekularitäten treten selten auf, da die gleichzeitige Kollision von drei und mehr Teilchen unter Aufbau der Molekülanordnung des aktivierten Komplexes zunehmend unwahrscheinlich wird. Unter diesen Voraussetzungen wird deutlich, daß z. B. die in Gleichung 1-22 aufgeführte Reaktion über Zwischenprodukte ablaufen muß.

$$PCl_3 + 3\,R\text{—}OH \rightarrow P(OR)_3 + 3\,HCl. \qquad \text{Gl. 1-22}$$

Der für eine bimolekulare Reaktion notwendige Zusammenstoß der Moleküle läßt erwarten, daß die Reaktionsgeschwindigkeit v von der Kollisionshäufigkeit der Reaktanden und damit von deren Konzentration abhängt. Tatsächlich kann man solche Umsetzungen durch Gleichung 1-23 mathematisch beschreiben. Die Produktbildungsgeschwindigkeit pro Zeiteinheit ($d[C]/dt$) für die Umsetzung $\alpha A + \beta B \rightarrow \gamma C$ ist abhängig von der Konzentration der Reaktanden, den Koeffizienten α, β und γ aus der stöchiometrischen Gleichung,

$$v = \frac{1}{\gamma}\, d[C]/dt = k\,[A]^{\alpha}\,[B]^{\beta}. \qquad \text{Gl. 1-23}$$

sowie der *Geschwindigkeitskonstanten k*, welche die Individualität der jeweiligen Reaktion beschreibt. Die Geschwindigkeitskonstante ist eine fundamentale Größe der Reaktionsdynamik.

Die Geschwindigkeitskonstante ist identisch mit der Geschwindigkeit der Reaktion, wenn die aktuellen Reaktandenkonzentrationen jeweils 1 betragen. Messen wir die Konzentration in mol l^{-1} und t in Sekunden, so besitzt die Geschwindigkeitskonstante in Gleichung 1-23 die Dimension l $mol^{-1}\,s^{-1}$ (für $\alpha = \beta = 1$).

Bei der mathematischen Auswertung experimentell erhaltener Konzentrations-/Zeitabhängigkeiten von Elementarreaktionen erhält man, je nachdem welches Zeitgesetz diese Abhängigkeit beschreibt, Aussagen über die *Reaktionsordnung* n der Umsetzung. Die in Gleichung 1-23 beschriebene Reaktion ($\alpha = \beta = 1$) ist *zweiter Ordnung* in bezug auf die Gesamtreaktion, aber bezüglich A oder B jeweils *erster Ordnung*. Reaktionen, die nach einem Zeitgesetz erster Ordnung (Gl. 1-24) ablaufen, sind nur einer Konzentration proportional, wobei die Dimension von k als reziproke Zeit (s^{-1}) auftritt.

$$v = -d[A]/dt = d[C]/dt = k[A]. \qquad \textbf{Gl. 1-24}$$

Bei Elementarreaktionen stimmen Molekularität und Reaktionsordnung überein, d. h. eine monomolekulare Elementarreaktion wird durch ein Zeitgesetz erster Ordnung beschrieben, eine bimolekulare verläuft nach einem Zeitgesetz zweiter Ordnung. Normalerweise stimmen aber die Stöchiometrie in der Reaktionsgleichung und die Reaktionsordnung wie auch die Molekularität nur zufällig überein, da chemische Reaktionen oft über Zwischenprodukte verlaufen und damit eine Folge vieler Elementarreaktionen bilden.

Daher ist auch bei Umsetzungen in Lösung häufig zu beobachten, daß die ermittelten Reaktionsordnungen keine ganzzahligen Werte aufweisen. Solche komplizierten Abhängigkeiten lassen sich oft dadurch vereinfachen, daß man die Konzentration einiger der im Zeitgesetz auftretenden Stoffe in so großem Überschuß einsetzt, daß sie im Verlaufe der Reaktion praktisch keine Konzentrationsänderungen erfahren. So gilt beispielsweise für die (sehr seltene) *trimolekulare* Elementarreaktion $A + B + C \rightarrow D$ die Geschwindigkeitsgleichung einer Reaktion dritter Ordnung (Gl. 1-25).

$$v = d[D]/dt = k[A][B][C]. \qquad \textbf{Gl. 1-25}$$

Wenn man aber $[A] \gg [B], [C]$ wählt, so daß [A] während der gesamten Umsetzung praktisch der Ausgangskonzentration $[A_0]$ entspricht, gilt Gleichung 1-26

$$v = d[D]/dt = k'[B][C]. \qquad \text{Gl. 1-26}$$

Dabei ist $k' = k[A_0]$, die Geschwindigkeitskonstante der Reaktion *pseudo-zweiter Ordnung* im Gegensatz zur Geschwindigkeitskonstanten k noch konzentrationsabhängig. In gleicher Weise würde man, wenn man auch noch $[B_0]$ sehr hoch wählt, zu einer Reaktion pseudo-erster Ordnung gelangen.

1.3.1.2. Einfache Gesetzmäßigkeiten für den zeitlichen Ablauf von Reaktionen

Um die Veränderung der Konzentrationen der Reaktionspartner, z. B. der Ausgangskonzentration $[A_0]$ während der Reaktionszeit t mathematisch zu entwickeln, ist es notwendig, die in 1.3.1.1. dargelegten Zeitgesetze zu integrieren. Für eine irreversible Reaktion 1. Ordnung ($A \rightarrow C$, Gl. 1-24) kann man die Integration in den Grenzen $t = 0$ (zu diesem Zeitpunkt entspricht [A] der Ausgangskonzentration $[A_0]$) und t (die Konzentration von A ist zu diesem Zeitpunkt auf [A] gesunken) durchführen.

$$\int_{[A_0]}^{[A]} \frac{d[A]}{[A]} = \int_{t=0}^{t} k\,dt; \quad [A] = [A_0]\,e^{-kt}. \qquad \text{Gl. 1-27}$$

Gleichung 1-27 beschreibt nach der Integration die Konzentration des Reaktanden A zu einer beliebigen Zahl t.

Die durch Differentialgleichungen dargestellten Zeitgesetze anderer einfacher Reaktionen lassen sich mathematisch in analoger Weise behandeln, um die Konzentrations-/Zeitabhängigkeiten aller Reaktionspartner explizit zu erhalten (Tab. 1-2).

Aus den integrierten Zeitgleichungen vom Typ der Gleichung 1-27 kann man mit Hilfe der experimentell leicht zugänglichen Zeitabhängigkeit der Reaktanden- (oder Produkt-) konzentration die Geschwindigkeitskonstante k gewinnen. Für eine Reaktion erster Ord-

Tab. 1-2. Kinetische Beziehungen einiger häufiger Reaktionstypen

Reaktionsmechanismus	Reaktions-ordnung	Zusatzbedingungen	Zeitgesetz
$A \xrightarrow{k_1} B$	1	ohne	$-\frac{d[A]}{dt} = k_1[A]$
$A + B \xrightarrow{k_1} A B$	2	$[A_0] = [B_0]$	$-\frac{d[A]}{dt} = k_1[A]^2$
$A + B \xrightarrow{k_1} A B$	2	$[A_0] \neq [B_0]$	$-\frac{d[A]}{dt} = k_1[A][B]$
$A + B \xrightarrow{k_1} A B + (B)$	Pseudo 1	$[B_0] \gg [A_0]$	$-\frac{d[A]}{dt} = k_1[A][B_0]$
Konkurrenzreaktion $X \xleftarrow{k_2} A \xrightarrow{k_1} B$	1	ohne	$-\frac{d[A]}{dt} = (k_1 + k_2)[A]$
reversible Reaktion $A \underset{k_{-1}}{\overset{k_1}{\rightleftharpoons}} B$	1	$[A]_{eq}$ und $[B]_{eq}$ ≙ Gleichgewichts-konzentrationen	$-\frac{d[A]}{dt} = k_1[A] - k_{-1}[B]$
Folgereaktion $A \xrightarrow{k_1} B \xrightarrow{k_2} C$	1	$[B_0]$ und $[C_0] = 0$	$-\frac{d[A]}{dt} = k_1[A]$ $\frac{d[B]}{dt} = k_1[A] - k_2[B]$ $\frac{d[C]}{dt} = k_2[B]$

nung trägt man lg [A] gegen die Reaktionszeit graphisch auf und ermittelt k aus dem Anstieg der erhaltenen Geraden (Anstieg = $-k/2.303$). Ähnlich wie die Geschwindigkeitskonstante charakterisiert die *Halbwertszeit* einer Reaktion die Dynamik der betreffenden Umsetzung. Die Halbwertszeit $t_{1/2}$ einer Reaktion erster Ordnung, d. h. die Zeit, in der 50% an Ausgangssubstanz umgesetzt sind, ist nach Gleichung 1-28 unabhängig von der Ausgangskonzentration $[A_0]$ des Reaktanden.

$$\ln([A_0]/0.5[A_0]) = \ln 2 = k\,t_{1/2}\,; \quad t_{1/2} = 0.693/k\,. \qquad \text{Gl. 1-28}$$

Aus den Gleichungen 1-27 und 1-28 geht hervor, daß bei Reaktionen erster Ordnung die Geschwindigkeitskonstante k auch ohne Kenntnis der absoluten Konzentrationen von A (oder C) zur Zeit t zugänglich ist. Bei der graphischen Auswertung der Umsatz/Zeit-Kurven trägt man statt lg [A] die Größe lg $(E_{00} - E_t)$ gegen t auf. E_{00} gilt für den Endwert des Meßparameters nach Ablauf der gesamten Reaktion, während E_t diesen Parameter zur Reaktionszeit t symbolisiert. Besonders häufig werden bei spektralphotometrischen Messungen Extinktionsänderungen als Meßparameter angewandt, die der Konzentrationsänderung direkt proportional sind.

Tritt in einer Geschwindigkeitsgleichung zweiter Ordnung einer der beiden Reaktanden in einem großen Überschuß (ca. 100fach) gegenüber seinem Reaktionspartner auf, dann wird die Abnahme der im Unterschuß vorhandenen Komponenten im Verlaufe der Reaktion ebenfalls durch Gleichung 1-27 beschrieben. Für die Geschwindigkeitskonstante k' einer solchen Reaktion pseudo-erster Ordnung ergeben sich mithin alle die vereinfachten Bestimmungsverfahren, die ohne Kenntnis der Absolutkonzentration der Unterschußkomponente zur Anwendung kommen. Da bei einer katalysierten Reaktion ein Verbrauch des Katalysators während der Umsetzung ausgeschlossen ist, entspricht die Differentialgleichung einer katalysierten Reaktion erster Ordnung der einer unkatalysierten Umsetzung nach pseudo-erster Ordnung.

Integriertes Zeitgesetz	k wird ermittelt aus der Auftragung
$[A] = [A_0]\, e^{-k_1 t}$	lg [A] gegen t
$[A] = \frac{[A_0]}{1 + [A_0]\, k_1 t}$	$\frac{1}{[A]}$ gegen t
$[A] = \frac{[A_0]\,([B_0] - [A_0])\, e^{-([B_0]-[A_0])\, k_1 t}}{[B_0] - [A_0]\, e^{-([B_0]-[A_0])\, k_1 t}}$	$\lg \frac{[A]}{[B]}$ gegen t
$[A] = [A_0]\, e^{-k_1 [B_0]\, t}$	lg [A] gegen t
$[A] = [A_0]\, e^{-(k_1 + k_2)\, t}$	lg [A] gegen t
$[A] = [A]_{eq} + ([A_0] - [A]_{eq})\, e^{-(k_1 + k_{-1})\, t}$	$\lg \left(\frac{[A_0] - [A]_{eq}}{[A]_{eq} - [A]_0}\right)$ gegen t
$[A] = [A_0]\, e^{-k_1 t}$ $[B] = \frac{[A_0]\, k_1}{k_2 - k_1}\,(e^{-k_1 t} - e^{-k_2 t})$ $[C] = [A_0]\left(1 + \frac{1}{k_1 - k_2}\right)(e^{-k_1 t} - e^{-k_2 t})$	k_1 aus lg [A] gegen t k_2 numerisch

Die *Katalysekonstante* k_c ist demnach über Gleichung 1-29 mit der Geschwindigkeitskonstante k' der Reaktion pseudo-erster Ordnung

$$k_c = \frac{k'}{[Kat_0]} \qquad \text{Gl. 1-29}$$

durch Einbeziehung der Katalysatorkonzentration $[Kat_0]$ verknüpft. Daraus folgt für eine katalysierte Reaktion, daß der Katalysator in der kinetischen Reaktionsgleichung immer in einer höheren Potenz auftritt als in der stöchiometrischen Gleichung.

Nach Gleichung 1-29 läßt sich k_c besonders genau dadurch ermitteln, daß man k' bei mehreren Katalysatorkonzentrationen ermittelt und die erhaltenen Geschwindigkeitskonstanten gegen die Katalysatorkonzentration aufträgt. In der zu erwartenden linearen Abhängigkeit entspricht k_c dem Anstieg der Geraden. Für $[Kat_0] = 0$ erhält man direkt oder durch graphische Extrapolation die Geschwindigkeit der unkatalysierten Reaktion. Abweichungen von der zu erwartenden Linearität bei der $k'/[Kat_0]$-Auftragung können verschiedene Ursachen haben:

1. Das Geschwindigkeitsgesetz ist komplizierter als angenommen (z. B. höherer Ordnung bezüglich des Katalysators oder der Überschußkomponente).
2. Mit steigender Katalysatorkonzentration ändert sich bei einer Reaktionsfolge, in der Zwischenprodukte vorkommen, der geschwindigkeitsbestimmende Reaktionsschritt. In Abbildung 1-6 wird die Geschwindigkeit der säurekatalysierten Bildung von Acetophenon-semicarbazon bei hohen Konzentrationen an Propionsäure nicht mehr katalysiert, weil in diesem Bereich der Säurekonzentration der Zerfall des Zwischenproduktes (k_2-Term) die Gesamtreaktionsgeschwindigkeit bestimmt. Dieser Zerfall wird, im Gegensatz zur Zwischenproduktbildung, nicht durch R—COOH beschleunigt.

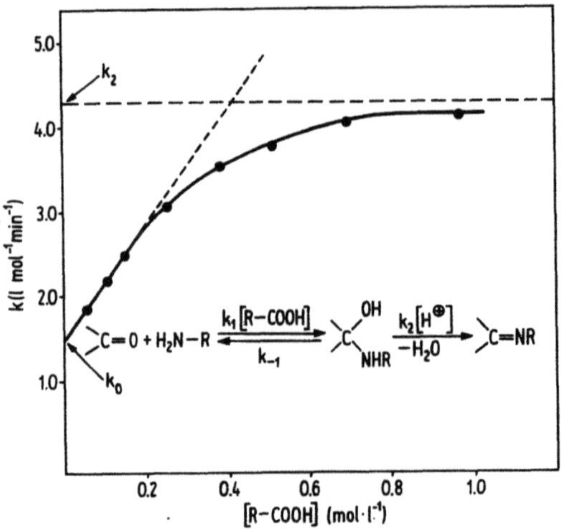

Abb. 1-6. Allgemeine Säurekatalyse der Bildung von Acetophenon-semicarbazon durch Propionsäure bei pH 4.1.
Die Geschwindigkeitskonstante k_2 entspricht der Dehydratisierung des Carbinolamins bei diesem pH-Wert und wird aus dem extrapolierten oberen Grenzwert für k unter Einbeziehung der Protonenkonzentration erhalten. Die unkatalysierte Reaktion wird durch k_0 repräsentiert. Aus dem Anstieg der Tangenten berechnet sich die Katalysekonstante für die Propionsäurekatalyse des Additionsschrittes [3].

3. Es tritt Komplexbildung zwischen den Reaktionspartnern auf. Für enzymkatalysierte Umsetzungen würde das der Bildung des nichtkovalenten Enzym-Substrat-Komplexes entsprechen (s. 4.1.3.3.).

Will man Katalysekonstanten oder andere aus linearen Auftragungen erhaltene Geschwindigkeitskonstanten für präzise Aussagen über mechanistische Details von Reaktionsfolgen benutzen, muß man hohe Anforderungen an die Genauigkeit und Zuverlässigkeit der pseudo-Ordnungskonstanten k' stellen. Minimale Verunreinigungen des Katalysators oder der Überschußkomponente, die besonders aktiv sind oder inhibitorisch wirken, können leicht zu Fehlinterpretationen führen.

Daneben hat sich für die Berechnung von Geschwindigkeitskonstanten erster Ordnung aus den experimentellen Daten E, E_{00} und t der Wert von E_{00} als besonders fehlerträchtig erwiesen, da dieser Meßwert in jeden Punkt der nach Gleichung 1-27 betriebenen Auswertung eingeht. Zuverlässige Endpunkte von Reaktionen (E_{00}) werden dann erhalten, wenn die Umsetzung bis zur nahezu vollständigen Beendigung (99,9% entsprechen 10 Halbwertszeiten) verfolgt wird. Infolge der manchmal sehr langen Zeitdauer für solche Experimente, während der sekundäre Veränderungen im Reaktionsgemisch nicht ausgeschlossen werden können, versucht man, E_{00} auf andere Weise zu erhalten. Ein Weg besteht darin, nach 2–4 Halbwertszeiten die Reaktionsbedingungen so zu verändern, daß der Endpunkt schnell erreicht wird (z. B. durch höhere Katalysatorkonzentration, höhere Temperatur, pH-Änderung). Bleibende Veränderungen im Reaktionsgemisch müssen dabei natürlich ausgeschlossen werden.

Eine alternative Methode beruht auf einem graphisch durchführbaren Extrapolationsverfahren (Guggenheim-Methode [5]), bei dem k und E_{00} aus Daten während der ersten Halbwertszeiten berechnet werden. Nichtlineare, rechnergestützte Näherungsverfahren können ebenfalls aus den Daten der ersten Halbwertszeiten die gesuchten Parameter ermitteln.

Besonders einfach kann man Geschwindigkeitskonstanten für Reaktionen erster und zweiter Ordnung ermitteln, wenn man die Produktbildungsgeschwindigkeit unter Bedingungen mißt, bei denen ein Zeitgesetz *pseudo-nullter Ordnung* befolgt wird. Dies ist zu Reaktionsbeginn (Umsatz <2%) der Fall. Die gemessene Initialgeschwindigkeit der Produktzunahme für eine Reaktion zweiter Ordnung ist nach Gleichung 1-30 der Geschwindigkeitskonstanten k'' direkt proportional.

$$d[C]/dt = k[A][B] \sim k''[A_0][B_0]. \qquad \text{Gl. 1-30}$$

Die Geschwindigkeitskonstante zweiter Ordnung k bzw. die pseudo-erster Ordnung k' läßt sich aus Initialgeschwindigkeiten wiederum dadurch ermitteln, daß eine der Komponenten $[A_0]$ bzw. $[B_0]$ in ihrer Konzentration verändert wird, so daß aus den oben beschriebenen k'' gegen $[A_0]$ ($[B_0]$)-Auftragungen die gewünschten Konstanten zugänglich werden.

1.3.1.3. Kinetik komplexer Reaktionen

Kommt es bei einer Umsetzung zur Ausbildung von Zwischenprodukten, so ist auch die vollständige Beschreibung der Zeit/Umsatz-Kurven für alle beteiligten Molekülspezies komplexer Natur. Solche Reaktionen können nach Näherungsverfahren ausgewertet werden, die für komplexe Reaktionstypen speziell entwickelt wurden.

Unter diesen Näherungsverfahren wird das Prinzip des *quasi-stationären Zustandes* (engl. steady state approximation) besonders häufig angewandt. Es beruht darauf, daß die Geschwindigkeit der Konzentrationsänderung eines Zwischenproduktes AX, z. B. eines Substrat-Katalysator-Komplexes, vernachlässigbar klein ist gegenüber Änderungen in der Substrat- oder Produktkonzentration. Man kann diese Bedingung durch Gleichung 1-31 beschreiben.

$$d[AX]/dt \sim 0. \qquad \text{Gl. 1-31}$$

In Abbildung 1-2 ist diese Phase am Zwischenprodukt Monobromketon dargestellt. Es fällt auf, daß diese Phase, verglichen mit der Gesamtreaktionszeit, nur sehr kurz ist. Unter den spezifischen Bedingungen katalysierter Reaktionen ist diese Phase sehr viel länger, weil sich bereits nach sehr kurzer Reaktionszeit (Initialphase) ein konstantes Niveau eines meist sehr reaktiven Intermediates mit einer demzufolge niedrigen Stationärkonzentration einstellt. Erst unmittelbar vor Reaktionsende, wenn $[A] \sim [AX]$ ist, wird die Konstanz der Zwischenproduktkonzentration wiederum gestört, so daß zu Beginn und am Ende der komplexen Reaktion steady-state-Näherungen nicht gültig sind.

In Gleichung 1-32 ist der Mechanismus der durch $OH^{\ominus}$-Ionen induzierten Hydrolyse eines 4-Nitroanilides dargestellt. Diese Reaktion läßt sich kinetisch besonders gut verfolgen, weil eine große Extinktionsdifferenz im Spektrum des Rektionsgemisches zwischen den Reaktanden und den Hydrolyseprodukten entsteht.

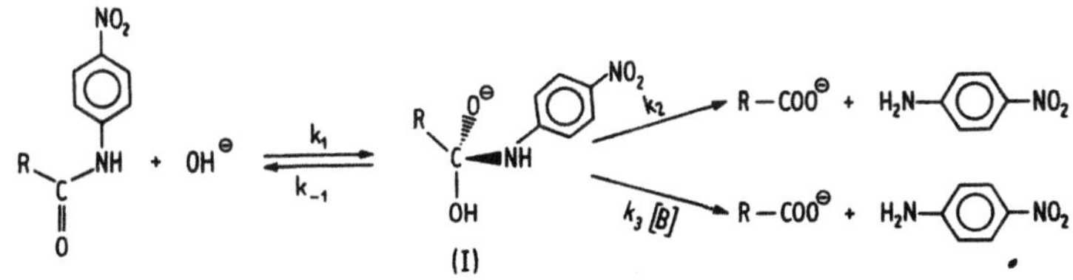

Gl. 1-32

Das als Zwischenprodukt entstehende, sehr reaktionsfähige tetraedrische Hemiorthoamid-anion (I) zerfällt in einer Parallelreaktion unkatalysiert (k_2-Term) und basekatalysiert (k_3[B]-Term) in die Produkte 4-Nitroanilin und Carbonsäure. Gleichung 1-32 stellt einen Spezialfall für die in Gleichung 1-33 formulierte allgemeine Beziehung dar, für die sich die Methode der steady-state-Näherung gut ableiten läßt.

$$A + X \underset{k_{-1}}{\overset{k_1}{\rightleftharpoons}} AX \xrightarrow{k_2;\; k_3[B]} \text{Produkte.} \qquad \text{Gl. 1-33}$$

Da die Reaktivität des Intermediates hoch ist, muß seine stationäre Konzentration im Reaktionsgemisch niedrig sein ($[AX] \ll [A]$).

Stellt man die differentielle Zeitgleichung für [AX] auf und wendet die Näherung Gleichung 1-31 an, so erhält man Gleichung 1-34.

$$d[AX]/dt = k_1[A][X] - (k_{-1} + k_2 + k_3[B])[AX] = 0. \qquad \text{Gl. 1-34}$$

Auflösung nach [AX] ergibt Gleichung 1-35:

$$[AX] = \frac{k_1[A][X]}{k_{-1} + k_2 + k_3[B]}. \qquad \text{Gl. 1-35}$$

Nach der Reaktionsgleichung 1-32 erfolgt die Bildung der Reaktionsprodukte ausschließlich über das Intermediat (I), so daß die differentielle Zeitgleichung für die Produktentstehung folgende Form annimmt:

$$d[P]/dt = (k_2 + k_3[B])[AX] = \frac{k_1(k_2 + k_3[B])[A][X]}{k_{-1} + k_2 + k_3[B]}. \qquad \text{Gl. 1-36}$$

Überträgt man diese allgemeine Lösung wieder auf den speziellen Fall der Anilidhydrolyse und berücksichtigt, daß die sich bildende Produktmenge in direktem Zusammenhang zum Substratverbrauch steht, so folgt

$$-\frac{d[\text{Anilid}]}{dt} = \frac{k_1(k_2 + k_3[B])[\text{Anilid}][OH^{\ominus}]}{k_{-1} + k_2 + k_3[B]}. \qquad \text{Gl. 1-37}$$

Arbeitet man bei konstanter Hydroxylionenkonzentration $[OH_0^{\ominus}]$, die zudem so hoch gewählt wird, daß sie auch im Katalyseterm $k_3[B]$ dominiert, so beobachtet man für die Geschwindigkeit der Substratabnahme eine Kinetik pseudo-erster Ordnung mit der Geschwindigkeitskonstanten k'.

$$k' = \frac{k_1(k_2 + k_3[OH_0^{\ominus}])[OH_0^{\ominus}]}{k_{-1} + k_2 + k_3[OH_0^{\ominus}]} \qquad \text{Gl. 1-38}$$

Gilt für die Summe der Geschwindigkeitsterme in Gleichung 1-38, die von AX zum Produkt führen, $k_2 + k_3[OH_0^{\ominus}] \gg k_{-1}$, so wird die Gesamtreaktionsgeschwindigkeit ausschließlich durch den bimolekularen Additionsschritt k_1 bestimmt. Nachgelagerte Reaktionsstufen haben in diesem Falle keinen Einfluß mehr auf die Bruttoumsatzgeschwindigkeit. Ein solcher Schritt der Reaktion wird als geschwindigkeitsbestimmend bezeichnet.

1.3.2. Die Theorie des Übergangszustandes

Entwickelt man eine quantitative Beziehung zwischen den Eigenschaften des aktivierten Komplexes und der Geschwindigkeit einer Reaktion, so muß man die *metastabile Natur* des Übergangszustandes in die Betrachtungen einbeziehen. Informationen über Ladung, Geometrie und Elektronendichteverteilung eines aktivierten Komplexes erhält man aus dynamischen Methoden, die letztlich auf der Reaktionskinetik beruhen.

Das in Abbildung 1-1a dargestellte Energieprofil für eine Elementarreaktion vereinfacht deren Ablauf, weil ausschließlich die Energie als Variable betrachtet wird. Analysiert man aber den Ablauf der in Gleichung 1-39 dargestellten symmetrischen *Protonentransferreaktion*, so fällt als weiteres wichtiges Charakteristikum die Änderung der Abstände der reagierenden Bindungen ins Gewicht.

$$H_3O^{\oplus} + FH + H_2O \longrightarrow H_2O + HF + H_3O^{\oplus} \qquad \text{Gl. 1-39}$$

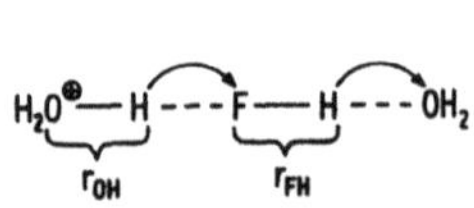

Gl. 1-40

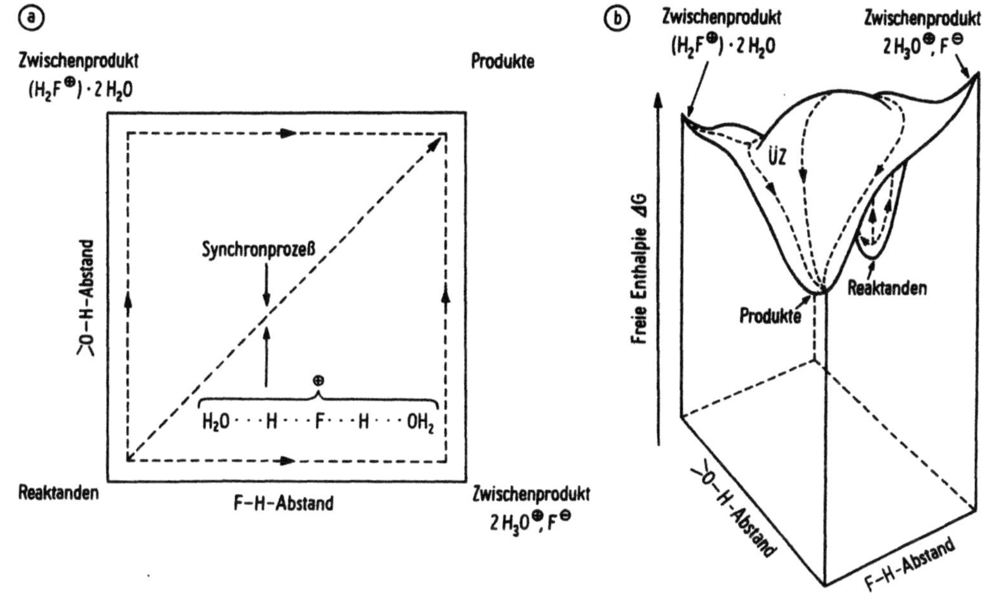

Abb. 1-7. Protonentransfer.
a) Schematische Darstellung für die Änderung der Bindungsabstände r_{OH} und r_{HF} im Verlaufe des in Gleichung 1-40 dargestellten Protonentransfers. Die gestrichelten Linien geben den Ablauf für eine Synchronreaktion oder für die stufenweise Umsetzung mit jeweils einem Zwischenprodukt wieder.
b) Mehrdimensionales Energieprofil für den Protonentransfer in Gleichung 1-39. Die gestrichelten Linien geben drei mögliche Wege für die Produktbildung wieder. Die Synchronreaktion (mittlerer Reaktionsweg) ist energetisch am ungünstigsten. Den niedrigsten Energieaufwand verlangt der Übergang über den Sattel (in der Abbildung mit ÜZ gekennzeichnet). Der aktivierte Komplex besitzt demnach eine Struktur, die dem Zwischenprodukt $(H_2F^{\oplus})\cdot 2H_2O$ ähnlich ist.

In Abbildung 1-7a sind diese Bindungsabstände im Verlaufe des Protonentransfers dargestellt. Wenn sich beide der in Gleichung 1-40 symbolisierten Bindungsabstände in gleichem Maße ändern, so verläuft die Umsetzung als *Synchronreaktion*. Andererseits kann der Prozeß auch schrittweise ablaufen, wobei im Extremfall zuerst die O—H-Bindung völlig gelöst wird, bevor der F-H-Abstand sich ändert oder durch einen vorgelagerten Protonentransfer des HF-Moleküls zwei Hydroniumionen entstehen. In den beiden letzten Fällen bilden sich als Folge der asynchronen Bindungsabstandsänderungen Intermediate der Struktur $H_2F^{\oplus}$—$2H_2O$ oder $2H_3O^{\oplus}$—$F^{\ominus}$.

Aus Abbildung 1-7a ist nicht zu entnehmen, wie die Reaktion wirklich abläuft, da sie über die Freie Enthalpie der verschiedenen Intermediate oder Übergangszustände nicht informiert. Erst das mehrdimensionale Profil in Abbildung 1-7b gestattet es, den wahren Reaktionsverlauf zu erkennen. Danach ist weder die Synchronreaktion noch die Bildung der Intermediate die energiegünstigste Protonentransfervariante. Der aktivierte Komplex besitzt vielmehr eine fast gelöste OH-Bindung (r_{OH} in Gleichung 1-40), während die F-H-Valenz noch ziemlich intakt ist. Für einfachste Umsetzungen sind solche *mehrdimensionalen Energieprofile* quantenchemisch berechenbar.

Aus Abbildung 1-7b geht weiterhin hervor, daß der Übergangszustand gegenüber Änderungen von Bindungsabständen sehr empfindlich ist. Alle Bindungsschwingungen in Richtung der Täler im dreidimensionalen Energieprofil führen zum Zerfall in Produkte oder Reaktanden. Somit muß die Geschwindigkeit v einer Reaktion proportional der Konzentration des aktivierten Komplexes $[AB]^{\neq}$ und seiner Zerfallskonstante, dem *Frequenzfaktor* ν sein (Gl. 1-41).

$$v = \nu[AB]^{\neq} .$$ Gl. 1-41

Dieser Frequenzfaktor ν (Hz) setzt sich nach Gleichung 1-42 aus der Boltzmann-Konstante k der absoluten Temperatur T und dem Planckschen Wirkungsquantum h zusammen.

$$\nu \sim \frac{k\,T}{h} .$$ Gl. 1-42

Bei der Annahme eines *pseudo-Gleichgewichtszustandes* zwischen aktiviertem Komplex und Reaktanden (der metastabile Übergangszustand kann natürlich keine echte Gleichgewichtsbeziehung zu einem stabilen Molekül wie einem Reaktanden ausbilden) erhält man Gleichung 1-43.

$$K^{\neq} = [AB]^{\neq}/[A]\,[B] .$$ Gl. 1-43

Mit

$$\Delta G^{\neq} = -RT \ln K^{\neq}$$ Gl. 1-44

ergibt sich Gleichung 1-45.

$$v = \frac{\chi\, kT}{h}\, e^{-\frac{\Delta G^{\neq}}{RT}}\, [A]\,[B] .$$ Gl. 1-45

Für die Geschwindigkeitskonstante k_b einer bimolekularen Elementarreaktion folgt aus Gleichung 1-45 in Verbindung mit Gleichung 1-23:

$$k_b = \frac{\chi\, k\,T}{h}\, e^{-\frac{\Delta G^{\neq}}{RT}} .$$ Gl. 1-46

Gleichung 1-46 stellt somit eine Beziehung zwischen der Geschwindigkeitskonstante einer Umsetzung und ihrer Freien Aktivierungsenthalpie $\Delta G^{\neq}$ her. Der *Transmissionsfaktor* χ trägt mit Werten $\leqq 1$ der Tatsache Rechnung, daß der aktivierte Komplex in beide Reaktionsrichtungen zerfallen kann und daß unter gewissen Umständen die Energiebarriere des Übergangszustandes durch *quantenmechanische Tunneleffekte* (s. 1.5.3.) überwunden werden kann.

Mit der Gibbs-Helmholtz-Beziehung Gleichung 1-18, hier angewandt auf die Freie Aktivierungsenthalpie $\Delta G^{\neq}$ und mit der für viele Reaktionen gültigen Näherung $\chi = 1$ folgt aus Gleichung 1-46 die Eyring-Gleichung 1-47.

$$k_b = \frac{k\,T}{h}\, e^{-\frac{\Delta H^{\neq}}{RT}}\, e^{\frac{\Delta S^{\neq}}{R}} .$$ **Gl. 1-47**

Diese liefert aus der Temperaturabhängigkeit der Geschwindigkeitskonstanten über eine k_b/T gegen 1/T-Auftragung die *Aktivierungsenthalpie* $\Delta H^{\neq}$ (Abb. 1-8). Die *Aktivierungsentropie* $\Delta S^{\neq}$ wird am einfachsten rechnerisch ermittelt, indem man $\Delta H^{\neq}$ in Gleichung 1-48 einsetzt.

$$\lg \frac{k_b}{T} = 10.573 + \frac{\Delta S^{\neq}}{19.12} - \frac{\Delta H^{\neq}}{19.12\,T} .$$ Gl. 1-48

Zur schnellen Umrechnung der Geschwindigkeitskonstanten in die korrespondierende Freie Aktivierungsenthalpie ist Gleichung 1-49 nützlich.

$$\Delta G^{\neq} = -5680 \lg k_b + 72700 \ (\mathrm{J\ mol^{-1}}) .$$ Gl. 1-49

Die Eyring-Gleichung läßt sich direkt mit der klassischen Arrhenius-Gleichung (1-50) oder mit der aus der stoßtheoretischen Behandlung der Reaktionsgeschwindigkeit erhältlichen Gleichung 1-51 in Beziehung setzen.

$$k_b = A\, e^{\frac{-E_a}{RT}} \qquad \text{Gl. 1-50}$$

$$k_b = B \sqrt{T}\, e^{\frac{-E_0}{RT}} . \qquad \text{Gl. 1-51}$$

Die *Aktivierungsenergie* E_a ist bis auf den Betrag RT ($E_a = \Delta H^{*} + RT$) identisch mit der Aktivierungsenthalpie ΔH^{*}. Bei 25 °C beträgt RT ~ 2.5 kJ mol^{-1}, ist also meist erheblich kleiner als der Absolutbetrag von E_a und liegt zudem häufig innerhalb der Fehlergrenzen der zur Ermittlung von E_a angewandten Meßmethodik. Daher gilt näherungsweise Gleichung 1-52.

$$\Delta H^{*} \sim E_a \sim E_0 . \qquad \text{Gl. 1-52}$$

Im präexponentiellen Faktor A der Arrhenius-Gleichung ist die Aktivierungsentropie ΔS^{*} enthalten, die präziser als A die sterischen Anforderungen bei der Ausbildung des Übergangszustandes beschreibt.

Analysiert man mit Hilfe der Eyring-Gleichung komplexe Reaktionen, so muß man, wenn die erhaltenen Aktivierungsparameter interpretierbar sein sollen, die Folge der Elementarreaktionen im Umsetzungsmechanismus kennen. So können gekrümmte Eyring-Auftragungen durch konkurrierende Reaktionen mit verschiedener Aktivierungsenthalpie ΔH^{*} oder auch durch eine Änderung im geschwindigkeitsbestimmenden Reaktionsschritt bei steigender Temperatur zustande kommen (Abb. 1-8).

Hat man in anderen Fällen ein schnelles vorgelagertes Gleichgewicht zu beachten, so muß die Temperaturabhängigkeit der Gleichgewichtskonstanten über Gleichung 1-19 in Betracht gezogen werden.

Thermolabile Katalysatoren wie Enzyme verlieren bei höheren Temperaturen ganz oder teilweise ihre katalytischen Eigenschaften, so daß eine Auswertung nach Gleichung 1-47 nicht sinnvoll ist.

Unter Berücksichtigung der aufgeführten Einschränkungen kann man insbesondere aus der Aktivierungsentropie ΔS^{*} Aussagen über den Aufbau des aktivierten Komplexes gewinnen. Reduziert sich z. B. die Teilchenzahl beim Übergang von den beiden Reaktanden zum aktivierten Komplex im Verlaufe einer bimolekularen Reaktion, so resultiert aus

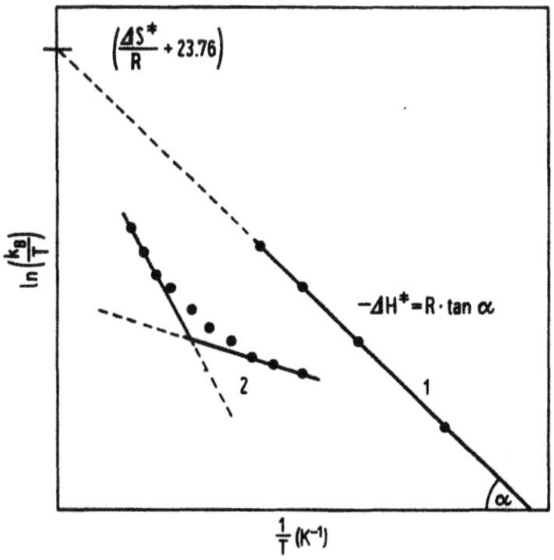

Abb. 1-8. Auftragung der beobachteten Reaktionsgeschwindigkeit ($\ln k_B/T$) ($K^{-1}s^{-1}$) gegen die reziproke Temperatur für eine Elementarreaktion (Kurve 1). Bei der in Kurve 2 dargestellten Stufenreaktion ändert sich in Abhängigkeit von der Temperatur der geschwindigkeitsbestimmende Schritt der Umsetzung.

dem dadurch erhöhten Ordnungszustand (s. a. Abb. 1-32) ein Entropieverlust, der sich in stark negativen ΔS^{*}-Werten für solche Umsetzungen widerspiegelt (Gl. 1-53).

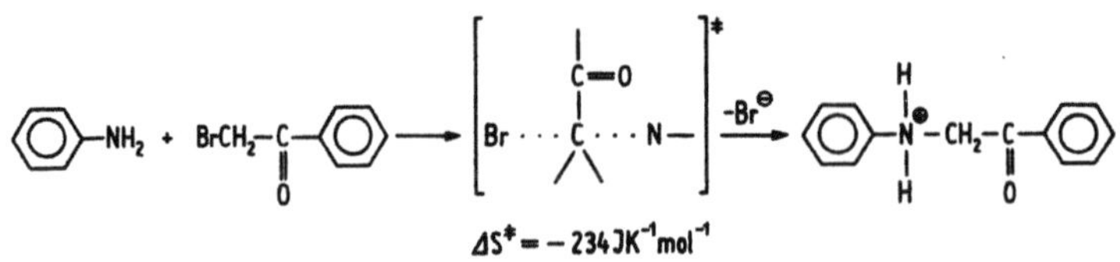

Gl. 1-53

Andererseits beobachtet man dann positive Aktivierungsentropien, wenn im Übergangszustand im Vergleich zu den Reaktanden zusätzliche Freiheitsgrade auftreten.

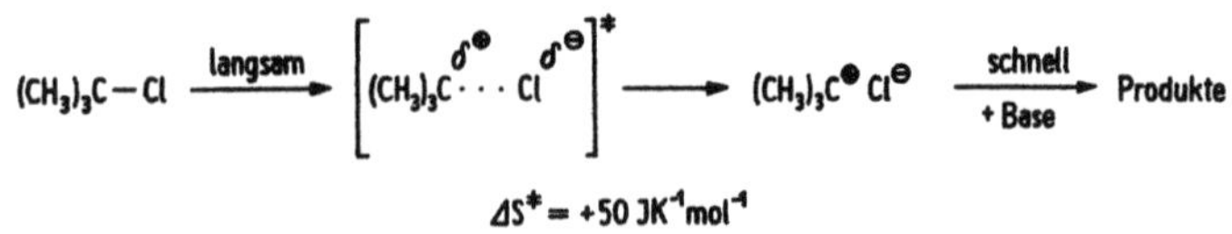

Gl. 1-54

Bei der in Gleichung 1-54 aufgeführten monomolekularen nucleophilen Substitutionsreaktion ist für das lose miteinander verbundene Ionenpaar des aktivierten Komplexes (verglichen mit der kovalenten C—Cl-Bindung des tert. Butylchlorids) eine Erhöhung der Bewegungsfreiheitsgrade plausibel.

1.4. Beziehungen zwischen chemischer Struktur und Reaktivität

1.4.1. Quantitative Beziehungen

Es kann als typisch für organisch-chemische Reaktivitäten gelten, daß Veränderungen in der Struktur eines Substrates oft dessen Reaktionsbereitschaft beeinflussen, unabhängig davon, ob das Reaktionszentrum selbst oder andere Molekülbereiche betroffen sind. Solche Veränderungen können sich sowohl auf Gleichgewichtskonstanten als auch auf Reaktionsgeschwindigkeiten auswirken.

Will man zu quantitativen Aussagen über den *Substituenteneinfluß* auf eine gegebene Umsetzung gelangen, so kann man auf eine der vielen halbempirischen Korrelationen zwischen thermodynamischen bzw. kinetischen Reaktionsparametern und spezifischen Moleküleigenschaften zurückgreifen. Bevorzugt werden lineare Beziehungen, die sich zwischen dem Logarithmus eines Reaktionsparameters und charakteristischen Daten der jeweiligen Substituenten herstellen lassen. Solche charakteristischen Daten, die Substituentenparameter, lassen sich aus geeigneten Bezugsreaktionen, aus physikalischen Daten u. a. gewinnen.

Diese Korrelationen werden als *Lineare Freie Enthalpie (LFE)-Beziehungen* bezeichnet, da sich mittels Gleichung 1-57 ein Zusammenhang zwischen den Freien Enthalpien zweier Serien von Umsetzungen herstellen läßt.

Stellt man für zwei Gleichgewichtsreaktionen einer Reaktionsserie S, die sich in der Substratstruktur durch zwei am Reaktionszentrum gebundene Substituenten (1) und (2) unterscheiden, die Gleichungen 1-55 auf

$$\Delta G^0_{S_1} = -RT \ln K_{S_1} \quad \text{und} \quad \Delta G^0_{S_2} = -RT \ln K_{S_2}, \qquad \text{Gl. 1-55}$$

so ergibt sich für die durch den Substituenten (1) im Vergleich zu (2) bedingten Änderungen

$$\Delta\Delta G_S^0 = \ln K_{S_2} - \ln K_{S_1}. \qquad \text{Gl. 1-56}$$

Auf die gleiche Weise kann für eine beliebige Reaktion X mit den gleichen Substituenten (1) und (2) ebenfalls eine Änderung der Freien Reaktionsenthalpie $\Delta\Delta G_X^0$ gefunden werden. Nach der Definition für LFE-Beziehungen sollen sich beide Größen $\Delta\Delta G_S^0$ und $\Delta\Delta G_X^0$ in einer linearen Abhängigkeit voneinander befinden, die durch den Proportionalitätsfaktor *c* gekennzeichnet ist.

$$\Delta\Delta G_S^0 = c\,\Delta\Delta G_X^0 \quad \text{oder}$$

$$\ln K_{S_2}/\ln K_{S_1} = c \ln K_{X_2}/\ln K_{X_1}. \qquad \text{Gl. 1-57}$$

Gleichung 1-57 entspricht z. B. der empirisch gewonnenen Hammett-Gleichung (Gl. 1-58). Diese beschreibt den Einfluß m- und p-ständiger Substituenten (S_1 und S_2) auf die thermodynamische Reaktivität der Seitenkette von Benzenderivaten.

$$\lg(K_{S_2}/K_{S_1}) = \varrho\,\sigma. \qquad \textbf{Gl. 1-58}$$

Die Hammettschen *Substituentenkonstanten* σ wurden aus den Dissoziationskonstanten K_X substituierter Benzoesäuren ($\sigma = \ln(K_X/K_H)$) durch Vergleich mit der unsubstituierten Benzoesäure (K_H) gewonnen. Für einige Substituenten sind die Hammettschen σ_m- und σ_p-Werte in Tabelle 1-3 angegeben.

Tab. 1-3. Zahlenwerte für die elektronischen, sterischen und hydrophoben Eigenschaften einiger Substituenten

Substituent R	σ_m[a])	σ_p[a])	σ^*[b])	E_s[c])	π[d])
H—	0.00	0.00	0.49	1.24	0.00
CH_3—	−0.07	−0.17	0.00	0.00	0.56
C_2H_5—	−0.04	−0.15	−0.10	−0.07	1.02
iso- C_3H_7—	−0.05	−0.15	−0.19	−0.47	1.53
tert.- C_4H_9—	−0.12	−0.20	−0.30	−1.54	1.98
Cl—	0.37	0.23	2.92	0.27	0.71
$ClCH_2$—	0.14	0.12	1.05	−0.24	
Cl_3C—	0.32	0.33	2.65	−2.06	
Br—	0.39	0.23	2.78	0.08	0.86
F—	0.34	0.06	3.06	0.78	0.14
CF_3—	0.43	0.54	2.6	−1.16	0.88
—COOH	0.37	0.45	1.75		−0.32
$—COO^{\ominus}$	−0.01	0.00	0.43		−4.36
$—CONH_2$	0.28	0.36			−1.49
$—NH_2$	−0.16	−0.66		0.63	−1.23
$—N^{\oplus}(CH_3)_3$	0.88	0.82		−1.60	−5.96
$—NO_2$	0.71	0.78	3.9		−0.28
—OH	0.12	−0.37	1.55	0.69	−0.67
$—OCH_3$	0.13	−0.27	1.45	0.69	−0.02
$—O^{\ominus}$	−0.47	−0.81			−3.87
—SH	0.25	0.15	1.53	0.17	0.39

[a]) Hammettsche Substituentenparameter für 3- und 4substituierte Phenylreste; [b]) polare Substituentenparameter für aliphatische Systeme aus Hydrolysedaten der Verbindungen R—COOR'; [c]) sterische Substituentenparameter für aliphatische Systeme aus Hydrolysedaten der Verbindungen R—COOR'; [d]) Hydrophobieparameter aus Octanol-1/Wasser-Verteilungsdaten, gewonnen an Verbindungen vom Typ C_6H_5—R

Die *Reaktionskonstante* ϱ in Gleichung 1-58 entspricht dem Proportionalitätsfaktor c in Gleichung 1-57 und beschreibt die Empfindlichkeit der untersuchten Umsetzung gegenüber den in den Hammett-Konstanten σ quantifizierten Substituenteneinflüssen. Vorzeichen und Betrag von ϱ hängen von der Natur der untersuchten Reaktion ab. Für die als Standardreaktion verwendete Ionisation der kernsubstituierten Benzoesäuren ergibt sich diese Konstante mit $\varrho = 1{,}0$.

Wenn man in Gleichung 1-57 die Freie Reaktionsenthalpie ΔG^0 durch die Freie Aktivierungsenthalpie ΔG^{+} substituiert, erhält man Lineare Freie Enthalpie-Beziehungen mit Geschwindigkeitskonstanten als Variablen (Gl. 1-59).

$$\lg (k_{S_2}/k_{S_1}) = \varrho \sigma . \qquad \textbf{Gl. 1-59}$$

Kombination von Gleichung 1-59 mit Gleichung 1-58 zeigt, daß für eine gegebene Umsetzung auch eine lineare Beziehung zwischen Gleichgewichtsdaten und Geschwindigkeitskonstanten herstellbar ist. Dies steht nicht im Widerspruch zu der in Abschnitt 1.1. dargestellten prinzipiellen Unabhängigkeit von ΔG^0 und ΔG^{+} voneinander. Lineare Freie Enthalpie-Beziehungen setzen stets $\Delta\Delta G^0$- und $\Delta\Delta G^{+}$-Werte in Beziehung. Verbal ausgedrückt bedeutet dies, daß ein Substituentenaustausch abseits vom reaktiven Zentrum dazu führt, daß stabilisierende Faktoren des Substituenten auf den aktivierten Komplex ($\Delta\Delta G^{+}$) (je nach Verwandtschaft von dessen Struktur mit den Produkten) auch die Produktbildung stabilisieren ($\Delta\Delta G^0$). Natürlich kann auch der Reaktandenstatus betroffen sein.

In Abbildung 1-9 ist ein solcher Zusammenhang dargestellt, wobei in diesem Falle die Substituenten den Ausgangszustand bei Wechsel vom Substituent 1 zum Substituent 4 zunehmend destabilisieren, während die Reaktionsprodukte energetisch vom Wechsel des Substituenten unbeeinflußt bleiben. Man erkennt in Abbildung 1-9a, daß beim Übergang

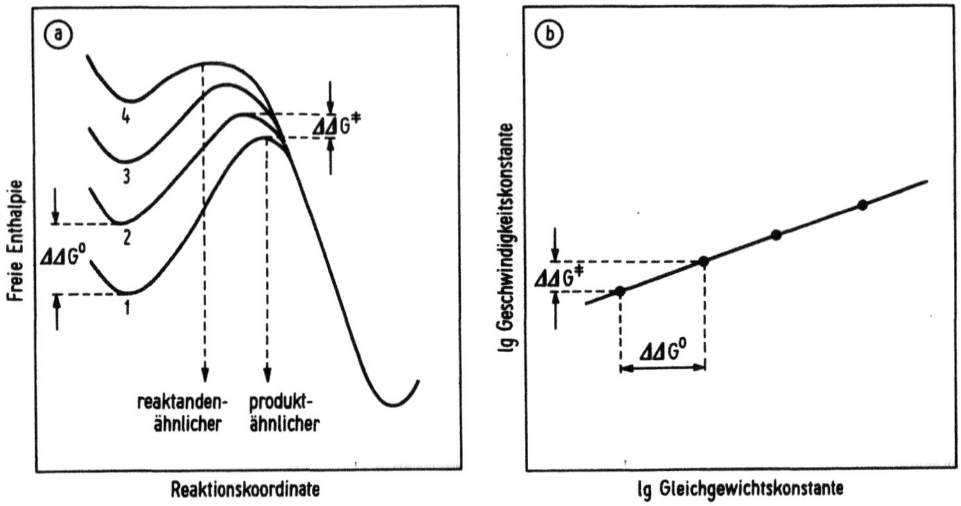

Abb. 1-9. Änderung der Freien Enthalpie während des Ablaufes von Reaktionen mit jeweils unterschiedlich substituierten Reaktanden, aber mit identischem Reaktionsmechanismus.

a) Der Reaktandenstatus wird in der Reihe der Substituenten von 1 nach 4 zunehmend destabilisiert, wodurch der Übergangszustand zunehmend reaktandenähnlicher wird. b) Lineare Freie Enthalpie-Beziehungen für die in Abbildung 1-9a aufgeführten Reaktionen. Die thermodynamisch günstigere Reaktion läuft auch schneller ab, wobei eine direkte Relation zwischen $\Delta\Delta G^{+}$ und $\Delta\Delta G^0$ auftritt. Über Gleichung 1-12 und Gleichung 1-49 sind diese Differenzen proportional den Gleichgewichts- bzw. Geschwindigkeitsdaten für die Reaktion.

vom Substituenten 1 zum Substituenten 4 ein zunehmend auf die Seite des Reaktionsproduktes verlagertes Gleichgewicht mit einer sinkenden Differenz zwischen der Freien Enthalpie der Reaktanden und der Übergangszustände verbunden ist. Die daraus resultierende Lineare Freie Enthalpie-Beziehung ist in Abbildung 1-9b dargestellt.

Die Profile in Abbildung 1-9a lassen erkennen, daß mit steigender Triebkraft für die Reaktion die Lage des Übergangszustandes auf der Reaktionskoordinate eine Verschiebung in Richtung auf den Ausgangszustand erfährt. Die Struktur des aktivierten Komplexes wird zunehmend reaktandenähnlicher. *Reaktandenähnliche Übergangszustände* sind dadurch gekennzeichnet, daß Bindungsreorganisationen nur in geringem Umfange stattge-

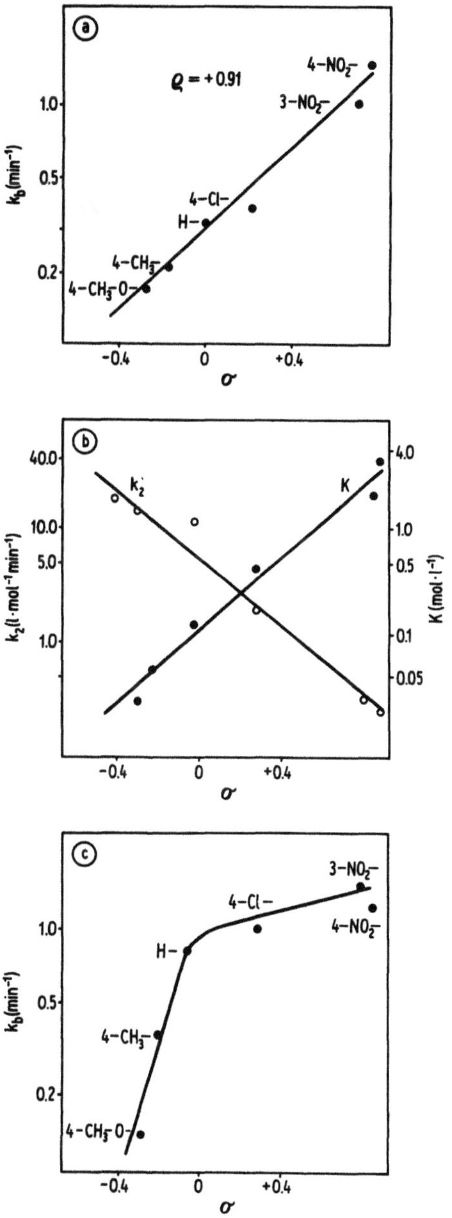

Abb. 1-10. Logarithmische Auftragung der Geschwindigkeitskonstanten k_b für die Semicarbazonbildung aus ringsubstituierten Benzaldehyden in Abhängigkeit von den Hammettschen Substituentenkonstanten.
a) Der Reaktionsmechanismus ist analog der in Abbildung 1-6 eingezeichneten Sequenz [4]. Bei pH 1.75 beschleunigen elektronenziehende Substituenten den Additionsschritt dieser Stufenreaktion. b) Die Reaktionsgeschwindigkeit k_b (k_b = K k_2) ist bei pH 7.0 nahezu unabhängig von Substituenteneinflüssen, da die Gleichgewichtskonstante der Zwischenproduktbildung K und der Zerfallsprozeß des Intermediates, charakterisiert durch k_2, durch die Substitution gegensätzlich beeinflußt werden. c) Ein Wechsel im geschwindigkeitsbestimmenden Schritt von der Additionsreaktion zum Zerfall des Intermediates ist bei pH 3.9 für elektronenziehende Substituenten festzustellen.

funden haben. Andererseits ist ein Übergangszustand dann *produktähnlich*, wenn die Umorganisation der Bindungen auf der Reaktionskoordinaten bereits weit fortgeschritten ist.

Die an den relativ starren aromatischen Molekülstrukturen gewonnenen Hammett-Konstanten lassen sich nicht ohne weiteres auf aliphatische Systeme übertragen. Die strenge räumliche Trennung zwischen Substituent und Reaktionszentrum im substituierten Benzenring, die eine sterische Wechselwirkung beider Orte miteinander verhindert und Feldeffekte weitgehend konstant hält, ist in der aliphatischen Reihe nicht gegeben. Zudem ist die Transmission der Substituenteneffekte über den Phenylenrest in den Hammett-Serien sehr unterschiedlich zu der in der aliphatischen Reihe, da hier die π-Elektronen fehlen und somit Resonanzeffekte keine Rolle spielen. Trotzdem konnte Taft zeigen, daß sich auch aliphatische Reaktivitäten durch eine Lineare Freie Energie-Beziehung (Gl. 1-60) recht gut beschreiben lassen.

$$\lg (k_R/k_0) = \varrho^* \sigma^* + \delta E_S . \qquad \textbf{Gl. 1-60}$$

In der Modellreaktion werden die Geschwindigkeitskonstanten der alkalischen und $H^{\oplus}$-katalysierten Hydrolyse substituierter Ester vom Typ R—$COOC_2H_5$ verglichen. Auf diese Weise gelingt die Trennung polarer (*polare Substituentenkonstante* σ^*) und sterischer Effekte (*sterischer Parameter* E_s). Die Empfindlichkeit der Reaktion gegenüber diesen Parametern wird durch ϱ^* und δ beschrieben (Gl. 1-60).

Aus diesen Daten wird ersichtlich, daß polare Einflüsse von Substituenten mit zunehmender Entfernung vom Reaktionszentrum stark abgeschwächt werden. Für zwischengeschaltene CH_2-Gruppen gilt ein Dämpfungsfaktor von ca. 0.36 pro Gruppe. Lineare Freie Energie-Beziehungen gelten nicht nur für Elementarreaktionen, sondern sind auch auf mehrstufige Umsetzungen anwendbar.

Die Reaktionskonstante ϱ ist dann allerdings komplexer Natur, da sie sich aus der Empfindlichkeit der Einzelreaktionen gegenüber Substituenteneinflüssen zusammensetzt.

In Abbildung 1-10 sind die Linearen Freien Energie-Beziehungen für die Semicarbazonbildung aus ringsubstituierten Benzaldehyden als Beispiel dafür angeführt. Nichtlineare Abhängigkeiten werden gefunden, wenn innerhalb der Substituentenreihe ein Wechsel im geschwindigkeitsbestimmenden Reaktionsschritt eintritt (Abb. 1-10c) oder wenn der Reaktionsmechanismus sich ändert.

Mitunter lassen sich nicht nur mehrstufige Umsetzungen, sondern auch sehr komplexe Reaktionsabläufe (enzymkatalysierte Reaktionen, biologische Wirkungen, Transportprozesse) mittels relativ einfach strukturierter Linearer Freier Enthalpie-Beziehungen beschreiben.

Einen erfolgreichen Ansatz liefert die Hansch-Gleichung (Gl. 1-61).

$$\lg k_x = k\sigma + k_1\pi + k_2E_s + k_3 . \qquad \textbf{Gl. 1-61}$$

Als Maß für die vom Substituenten X bewirkte Änderung eines Reaktionsparameters k_x dient z. B. die LD_{50}-Dosis einer Wachstumshemmung oder die Hämolysezeit eines roten Blutkörperchens.

Neben bereits diskutierten Substituentenparametern E_s und den Reaktionskonstanten k, k_1, k_2 und k_3 tritt in Gleichung 1-61 die Größe π als ein Maß für die *hydrophoben Eigenschaften* (s. 1.9.3.) eines Substituenten auf. Dieser Wert wird über Gleichung 1-62 erhalten,

$$\pi_X = \lg P_X - \lg P_H , \qquad \text{Gl. 1-62}$$

wobei P_H (der Wert für die Standardsubstanz) und P_X (der Wert für die den Substituenten X enthaltene Substanz) aus der Verteilung der Stoffe zwischen der nichtwäßrigen und wäßrigen Phase eines Oktanol-1/Wasser-Gemisches ermittelt werden. Einige π-Werte sind ebenfalls in Tabelle 1-3 zu finden.

1.4.2. Orbitalanordnung, Konformation und Reaktivität

Die quantenchemische Grundlage für die Spaltung einer kovalenten Bindung und für die Ausbildung neuer Kovalenzen ist im Verhalten der Molekülorbitale und Atomorbitale der reagierenden Gruppen zu finden. Die Beziehungen zwischen Molekülstruktur und chemischer Reaktivität bei Synchronreaktionen werden nach Untersuchungen von Woodward und Hoffmann durch die *Symmetrieegenschaften* der beteiligten Orbitale beschrieben. Der Ablauf von Synchronreaktionen wird dadurch begünstigt, daß die Symmetrie der Reaktandenorbitale über den aktivierten Komplex auf die Produktorbitale übertragen wird. Im anderen Falle, den „symmetrieverbotenen" Umsetzungen, muß eine hohe thermische Anregungsenergie in Kauf genommen werden, wobei das Produkt bereits wieder zerfallen kann.

Anhand von Abbildung 1-11 kann man sich die Bildung einer Kovalenz aus zwei Atomorbitalen verdeutlichen.

Man erkennt, daß die beiden Ausgangsorbitale auf zwei verschiedene Arten zum Molekülorbital der resultierenden σ-Bindung kombiniert werden können. Beide Endzustände unterscheiden sich in ihrer Energie und in der Symmetrie.

1. Das *bindende Orbital* kann durch die Wechselwirkung 1s plus 2p gebildet werden, um die für eine σ-Bindung notwendigen Symmetrieeigenschaften zu erhalten.
2. Das *antibindende Orbital* ist nur durch die Kombination 1s minus 2p erhältlich. Es besitzt eine höhere Energie und führt zu einer Abstoßung der sich nähernden Bindungspartner.

Die Bedeutung der *Molekülkonformation* für die Wechselwirkung der Orbitale wird deutlich, wenn man die Bindungselektronendichte und die Bindungslänge einer C—X-Bindung (X = N, O) in solchen Molekülen betrachtet, die mehrere Heteroatome tetraedrisch am zentralen C-Atom gebunden enthalten (Abb. 1-12). Intermediate der Struktur A treten bei einer Reihe von enzymkatalysierten Hydrolysereaktionen als kurzlebige Zwischenprodukte auf (s. 4.5.1.2.).

Die Anordnung der in A eingezeichneten freien Elektronenpaare relativ zur C—X-Bindung bestimmt die Reaktivität dieser Bindung. Sind möglichst viele freie Elektronenpaare *antiperiplanar* (app) zur C—X-Bindung angeordnet (die in Abb. 1-12a maximal mögliche Anzahl ist zwei; schraffiert gezeichnet), so ist die C—X-Bindung besonders lang und wird leichter gelöst.

Die Ursache dafür ist in Abbildung 1-12b verdeutlicht, welche die durch die antiperiplanare Anordnung eines freien Elektronenpaares am Sauerstoff induzierten Wechselwirkungen der Orbitale verdeutlicht. Die Symmetrieeigenschaften des σ^*-Orbitals der C—X-Bindung ergeben sich aus der antibindenden Kombination zweier p-Orbitale.

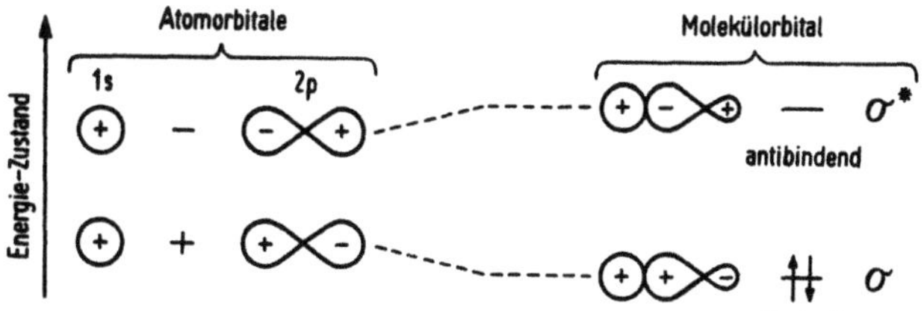

Abb. 1-11. Symmetriebeziehungen bei der Bildung eines Molekülorbitals. Ein Molekülorbital kann durch die Wechselwirkung zweier Atomorbitale, hier eines s- und eines p-Orbitals, gebildet werden. Die Phasen der Wellenfunktionen der Elektronen sind durch Vorzeichen gekennzeichnet. In der bindenden Kombination ist eine erhöhte Elektronendichte zwischen den Kernen vorhanden (σ), während eine antibindende Kombination (σ^*) an dieser Stelle eine Knotenfläche der Elektronendichte besitzt.

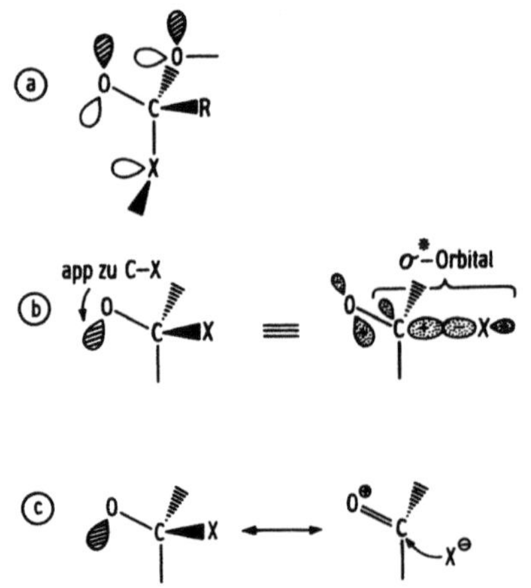

Abb. 1-12. Freie Elektronenpaare der über ein tetraedrisches C-Atom gebundenen Heteroatome O und X. a) Tetraedrisches Zwischenprodukt für die Solvolysereaktion eines Carbonsäurederivates. Elektronenpaare, die antiperiplanar (app) zur C—X-Bindung liegen, sind schraffiert gezeichnet. b) Die Wechselwirkung eines app zur C—X-Bindung angeordneten freien Elektronenpaares am Sauerstoff mit dem antibindenden C—X-Orbital schwächt die C—X-Bindung. c) Grenzstrukturen, die den Effekt des app-Elektronenpaares auf den Zustand der Bindungen am tetraedrischen C-Atom beschreiben.

Durch die aus Gründen der Orbitalsymmetrie mögliche Mischung des n-Elektronenpaars am Sauerstoffatom mit dem antibindenden σ^*-Orbital der C—X-Bindung kommt es zur Ausbildung eines modifizierten Orbitals, das bindend in bezug auf die C—O-Bindung ist, aber antibindend C—X beeinflußt.

Eine anschaulichere Beschreibung liefert Abbildung 1-12c. Die Grenzstrukturen lassen den Nettoeffekt der antiperiplanaren Anordnung von freien Elektronenpaaren relativ zur polaren Bindung C—X erkennen. Die C—X-Bindung wird länger und schwächer, steigt demzufolge in ihrer Reaktivität an, während die C—O-Bindung kürzer und damit unreaktiver wird. Umgekehrt ist diejenige Konformation, die eine besonders labile C—X-Bindung aufweist, auch die, welche durch die Addition von nucleophilen Reagenzien an Carbonylgruppen bevorzugt gebildet wird. Solange sich Konformationen ohne erheblichen Energieaufwand ineinander umwandeln lassen, kann man *stereoelektronische Kontrollmechanismen* für die Reaktivität und Selektivität vernachlässigen.

Ist eines der Heteroatome Teil eines Ringsystems oder ist das Reaktionszentrum starr im aktiven Zentrum eines Enzyms fixiert, spielen stereoelektronische Auswahlregeln eine große Rolle (s. 4.5.1.). Abbildung 1-13 macht noch einmal deutlich, daß, sofern konkurrierende Reaktionswege möglich sind, die Konformation der Zwischenprodukte bei einer kinetisch kontrollierten Reaktionsführung die Produktzusammensetzung bestimmt.

Das cyclische Amidin in Abbildung 1-13a bildet bei der Hydrolyse nicht das zu erwartende Gemisch von Laktam und σ-Aminosäureamid, sondern ausschließlich die offenkettige Verbindung [6]. Abbildung 1-13b zeigt, daß die Konformation des tetraedrischen Zwischenproduktes die Selektivität der Bruttoreaktion bestimmt. Da das Konformationsgleichgewicht nur die niedrigen Rotationsbarrieren der exocyclischen Substituenten betrifft, können sich leicht zwei n-Elektronenpaare antiperiplanar (schraffiert gezeichnet) zur C—N-Bindung im Ring einstellen. Dadurch wird diese Bindung geschwächt, und das σ-Aminosäureamid entsteht. Andererseits enthält diese Ausgangskonformation des cyclischen Amidins eine äquatoriale Anordnung des freien Elektronenpaares am Ring—N-Atom relativ zur exocyclischen NH_2-Gruppe. Daher ist es nur durch eine energetisch sehr ungünstige Inversion möglich, zu einer antiperiplanaren Anordnung von zwei Elektronenpaaren und damit zur Schwächung der C—NH_2-Bindung zu gelangen. Diese im Vergleich zu den exocyclischen Rotationen hohe Inversionsbarriere führt daher zur völligen Unterdrückung des Reaktionsweges zum Laktam. Daneben sind allerdings auch die unterschiedlichen Abspaltungseigenschaften von R—NH_2 und NH_3 aus dem tetraedrischen Intermediat für die Selektivität der Reaktion zu beachten.

Ebenso wie die günstigste räumliche Anordnung von freien Elektronenpaaren für die Ausbildung selektiver Reaktionswege sind die geometrischen Bedingungen für die Annä-

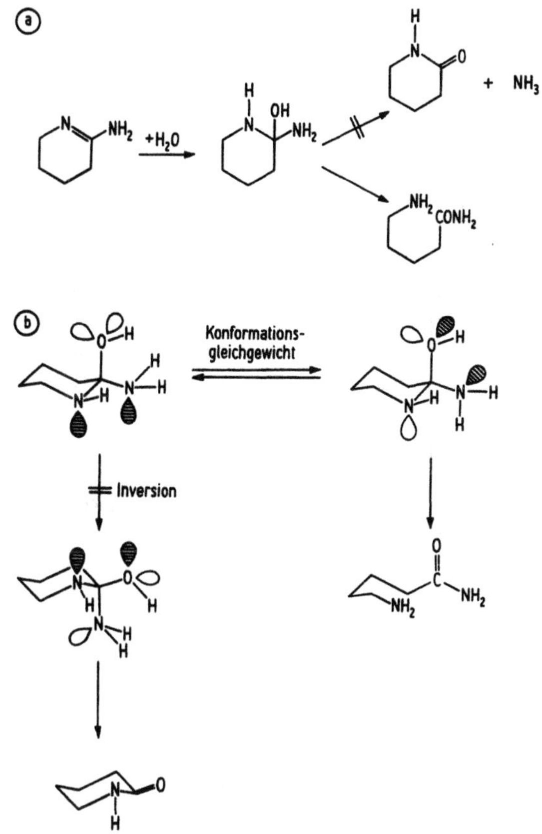

Abb. 1-13. Endprodukte und stereoelektronischer Kontrollmechanismus für die Hydrolyse von 2-Amino-1-pyrrolin.
a) Die Endproduktanalyse für die Hydrolyse des cyclischen Amidins zeigt, daß ausschließlich δ-Aminovaleriansäureamid gebildet wird. b) Die leicht beeinflußbare Konformation der exocyclischen Substituenten führt, bedingt durch zwei antiperiplanare freie Elektronenpaare (schraffiert gezeichnet), zur Schwächung der C—N-Bindung im Ring. Dadurch wird beim Zerfall des Zwischenproduktes bevorzugt diese Bindung gespalten. Die energetisch zu aufwendige Inversion des Ringstickstoffs, die zu einer stereoelektronisch bedingten Schwächung der exocyclischen C—N-Bindung führen würde, läßt keine Hydrolyse über diesen Reaktionsweg zu. Ohne die stereoelektronischen Auswahlregeln wäre für diese Umsetzung keine so große Selektivität in der Produktbildung zu erwarten.

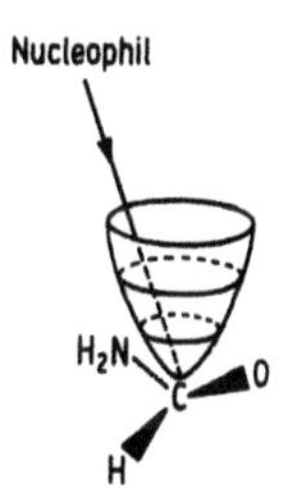

Abb. 1-14. Geometrische Bedingungen für die Addition eines Nucleophils an Formamid.

herung eines Reagenzes an ein Reaktionszentrum im Verlaufe einer Reaktion festgelegt.

So ist die Addition eines Nucleophils an Formamid bei einem großen Abstand der Reaktanden voneinander noch in einem weiten Winkelbereich möglich, vorausgesetzt, das Nucleophil ist senkrecht zur Ebene der Carbonylgruppe angeordnet (Abb. 1-14). Erst bei zunehmender Ähnlichkeit mit der Produktstruktur wird das „Reaktionsfenster" enger, und Abweichungen von der optimalen Annäherungsrichtung sind mit einem zusätzlichen Energieaufwand verbunden.

1.5. Die Katalyse durch Säuren und Basen

1.5.1. Allgemeine und spezifische Säure-Base-Katalyse

Zahlreiche Umsetzungen werden durch die Anwesenheit katalytischer Mengen an Säuren oder Basen beschleunigt. Dies ist leicht zu erklären, da bei vielen Umsetzungen im geschwindigkeitsbestimmenden Reaktionsschritt Protonenübertragungsreaktionen vorkommen, deren Geschwindigkeit von den Säure-Base-Eigenschaften der beteiligten Stoffe abhängig ist. So beruht die Basekatalyse beim H/D-Austausch an Verbindungen vom Typ $D\text{-}CX_3$ (X = Halogen) darauf, daß die zugesetzte katalytische Menge der Base B zur beschleunigten Ablösung des Deuterons ($D^{\oplus}$) beiträgt und im letzten Reaktionsschritt in Gleichung 1-63 wieder regeneriert wird.

$$B| + D{-}CX_3 \rightleftarrows B{-}D^{\oplus} + |CX_3^{\ominus} \qquad \text{Gl. 1-63}$$

$$|CX_3^{\ominus} + H_2O \rightleftarrows H{-}CX_3 + OH^{\ominus}$$

$$OH^{\ominus} + B{-}D^{\oplus} \rightleftarrows B| + HO{-}D\,.$$

Verfolgt man die Geschwindigkeit der nach diesen Mechanismen katalysierten Reaktionen, so sollte man bei einer Änderung der Lyonium- (für wäßrige Systeme $H_3O^{\oplus}$) bzw. Lyat ($OH^{\ominus}$)-Konzentration die katalytischen Eigenschaften dieser Säure bzw. Base unbeeinflußt von Störfaktoren messen können. Für Wasser als Lösungsmittel kann man dies durch pH-Veränderung erreichen. Dazu trägt man die experimentell bestimmte Geschwindigkeitskonstante k_b (pseudo)erster Ordnung der katalysierten Umsetzung eines Substrates S ($v = k_b$ [S]) gegen den dazugehörigen pH-Wert der Reaktionslösung auf. Je nach der katalytischen Wirksamkeit der Komponenten H_2O, $H_3O^{\oplus}$ und $OH^{\ominus}$ erhält man unterschiedliche Kurvenformen, aus denen sich die Katalysekonstanten für die einzelnen katalytischen Spezies ermitteln lassen (Abb. 1-15).

Der vom pH-Wert unabhängige Geschwindigkeitsterm k_0 (Abb. 1-15a, d, e, f) kann auf eine durch das Lösungsmittel (Wasser) „katalysierte" Umsetzung zurückgeführt werden. Da Lösungsmittel in der Regel nicht zu den eigentlichen Katalysatoren gerechnet werden, bezeichnet man den k_0-Term als *„spontane"* oder *„unkatalysierte"* Reaktion.

Die Katalysekonstanten k_0, $k_{OH^{\ominus}}$ und $k_{H_3O^{\oplus}}$ fallen je nach Reaktionstyp in ihren Beträgen sehr unterschiedlich aus, so daß die pH-Profile in Abbildung 1-15 Parallelverschiebungen längs der Ordinate und Abszisse erleiden können. Im Einzelfall kann dadurch ein Kurvenast auch außerhalb des experimentell zugänglichen Konzentrationsbereiches des Katalysators liegen. Man findet dies z. B. in Abbildung 1-15g, wo $k_{H^{\oplus}} \gg k_{OH^{\ominus}}$ die Voraussetzung ist. Die Katalysekonstante der schwächer katalysierenden Komponente ist dann nicht mehr zugänglich.

Komplexe Reaktionen können innerhalb eines begrenzten pH-Bereiches eine besonders hohe Reaktionsgeschwindigkeit ausprägen (Abb. 1-15h und i). Dieser Bereich wird als *pH-Optimum* bezeichnet.

Die zur Untersuchung solcher pH-Profile notwendigen pH-Änderungen lassen sich besonders günstig durch starke Säuren bzw. Basen erzielen, da diese Verbindungen vollständig unter Ausbildung von Lyat- bzw. Lyoniumionen zerfallen. Verwendet man schwache Säuren oder Basen, wird analog Gleichung 1-64 nur eine unvollständige Dissoziation beobachtet.

$$R{-}COOH \xrightleftharpoons{+H_2O} R{-}COO^{\ominus} + H_3O^{\oplus} \quad \text{bzw.} \qquad \text{Gl. 1-64}$$

$$R_3N| \xrightleftharpoons{+H_2O} R_3N{-}H^{\oplus} + OH^{\ominus}\,.$$

In diesem Falle muß man auch die undissoziierten Moleküle in Gleichung 1-64 als potentielle saure bzw. basische Katalysatoren in die Betrachtungen einbeziehen.

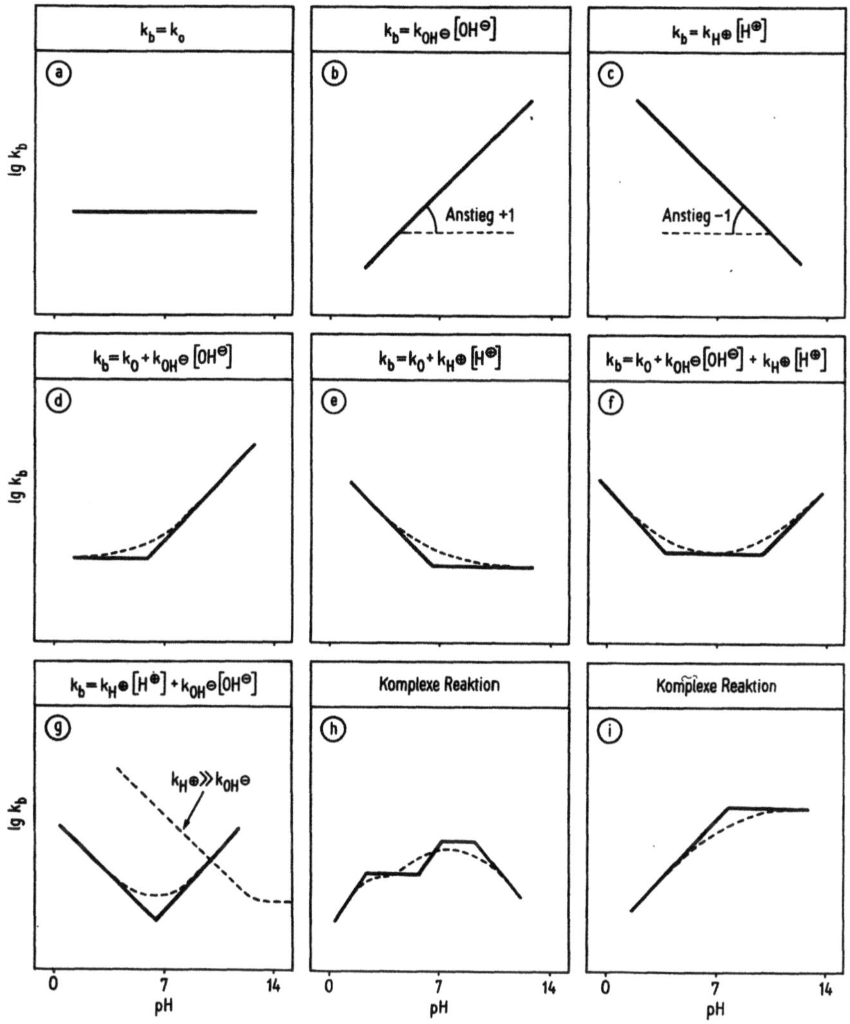

Abb. 1-15. pH-Abhängigkeit der Reaktionsgeschwindigkeit bei der Katalyse durch Säuren und Basen. Die gestrichelten Kurven in (d) bis (i) resultieren aus den angegebenen Geschwindigkeitsgleichungen.

Die Separierung der Einzelkomponenten aus dem komplexen Zusammenspiel der katalytischen Wirkungen aller an der Umsetzung beteiligter Säuren und Basen ist manchmal schwierig. Oft benutzt man die Eigenschaft gepufferter Lösungen, bei konstanter Lyat- und Lyoniumkonzentration eine Veränderung der Konzentrationsverhältnisse an schwachen Säuren (R—COOH) oder Basen (R_3N) zu ermöglichen.

Im Falle einer säurekatalysierten Reaktion kann man dabei die in Abbildung 1-16 dargestellten Auswirkungen beobachten:

1. Eine Änderung der Konzentration an R—COOH ist ohne Einfluß auf die Geschwindigkeitskonstante k_b (pH-Wert und Ionenstärke werden bei veränderter Pufferkonzentration konstant gehalten!). Eine Erhöhung der Geschwindigkeitskonstante ist nur bei einer Vergrößerung der Lyoniumkonzentration ($H_3O^\oplus$) zu erreichen (Abb. 1-16a). Reaktionen dieser Art werden als *„spezifisch säurekatalysiert"* bezeichnet.

2. Die Konstante k_b spricht außer auf die Lyoniumkonzentration auch auf die Konzentrationsänderung der Säure R—COOH an. Mit steigender Konzentration dieser schwachen Säure wird k_b größer (Abb. 1-16b). Eine solche *„allgemein säurekatalysierte"* Umsetzung hängt in der Regel in ihrer Geschwindigkeit von der Stärke der Säure R—COOH ab.

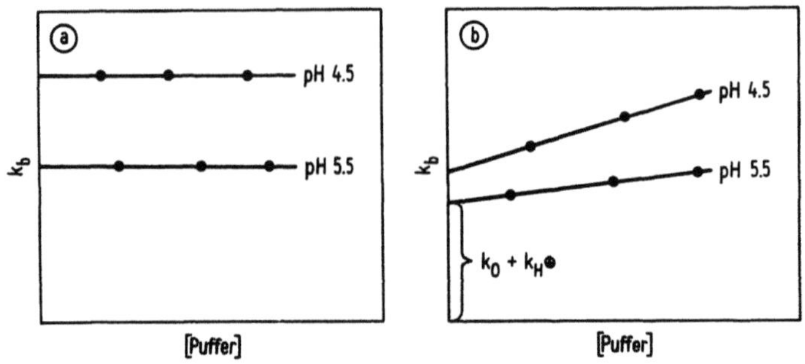

Abb. 1-16. Abhängigkeit der Geschwindigkeitskonstanten k_b von der Konzentration eines Carboxylatpuffers (R—COO$^\ominus$ + R—COOH).
a) Spezifisch säurekatalysierte Reaktion. b) Allgemeine Säurekatalyse.

Analoge Betrachtungen lassen sich auch für die Katalyse durch Lyationen (OH$^\ominus$) *(spezifische Basekatalyse)* und schwache Basen *(allgemeine Basekatalyse)* anstellen.

Spezifisch säurekatalysierte Reaktionen kann man oft durch einen Mechanismus beschreiben, bei dem ein schnelles vorgelagertes Gleichgewicht zwischen Substrat und $H_3O^\oplus$ von einer geschwindigkeitsbestimmenden molekularen Veränderung im protonierten Intermediat begleitet wird.

$$S + H_3O^\oplus \underset{K}{\overset{\text{schnell; } -H_2O}{\rightleftharpoons}} SH^\oplus \xrightarrow[k_2]{\text{langsam; +Nucleophil}} \text{Produkte.} \qquad \text{Gl. 1-65}$$

Die Geschwindigkeit für die Reaktion in Gleichung 1-65 erhält man nach Gleichung 1-66.

$$v = k_2[SH^\oplus] = k_2K[S][H_3O^\oplus], \text{ da } [SH^\oplus] = K[S][H_3O^\oplus]. \qquad \text{Gl. 1-66}$$

Ist der zweite Reaktionsschritt, die Anlagerung des Nucleophils R bimolekular, so folgt

$$v = k_2[SH^\oplus][R] = k_2K[S][R][H_3O^\oplus]. \qquad \text{Gl. 1-67}$$

Die molekulare Ursache der Säurekatalyse ist in diesen Fällen leicht abzuleiten. Im protonierten Intermediat bewirkt die positive Ladung eine Neuverteilung der Elektronendichte, wobei vor allem am oder in der Nähe des Protonenbindungsortes Bindungsspaltungen erleichtert, nucleophile Angriffsmöglichkeiten verbessert werden.

Ein analoger Katalysemechanismus mit dem entsprechenden Zeitgesetz gilt für den Fall einer spezifisch basekatalysierten Reaktion (Gl. 1-68).

$$HS + OH^\ominus \underset{K}{\overset{\text{schnell; } -H_2O}{\rightleftharpoons}} S^\ominus \xrightarrow[k_2]{\text{langsam; +Elektrophil}} \text{Produkte.} \qquad \text{Gl. 1-68}$$

Auch hier führt das vorgelagerte Gleichgewicht zu einem Intermediat, dessen freies Elektronenpaar neue Reaktionsmöglichkeiten eröffnet.

Der Funktionsmechanismus für eine allgemeine Säurekatalyse durch HA wird durch Gleichung 1-69 beschrieben. Analog gilt für eine allgemeine Basekatalyse Gleichung 1-70, wobei natürlich auch negativ geladene Basen ($B^{\ominus}$) die Stelle von B einnehmen können.

$$S + H{-}A \xrightleftharpoons{\text{langsam; } -A^{\ominus}} S{-}H^{\oplus} \xrightarrow{\text{schnell}} \text{Produkte} \qquad \text{Gl. 1-69}$$

$$v = k[S][H{-}A]$$

$$S{-}H + B \xrightleftharpoons{\text{langsam; } -HB^{\oplus}} S^{\ominus} \xrightarrow{\text{schnell}} \text{Produkte.} \qquad \text{Gl. 1-70}$$

$$v = k[S{-}H][B]$$

Die Bruttoreaktionsgeschwindigkeit der auf diesem Wege katalysierten Reaktionen hängt demnach von der Geschwindigkeit des Protonentransfers zum Substrat S (Gl. 1-69) oder zur Katalysatorbase im Falle von Gleichung 1-70 ab.

Dabei trägt jede im Reaktionsmedium vorhandene Säure oder Base zur Gesamtgeschwindigkeit der Umsetzung bei (Gl. 1-71 und Gl. 1-72).

$$v = \sum_i k_i^{HA} [H{-}A][S] \quad \text{Allgemeine Säurekatalyse} \qquad \textbf{Gl. 1-71}$$

$$v = \sum_i k_i^{B} [B][H{-}S] \quad \text{Allgemeine Basekatalyse.} \qquad \textbf{Gl. 1-72}$$

Da die einzelnen Beiträge k^{HA} [HA] oder k^{B} [B] in Abhängigkeit von der Struktur der katalytisch wirksamen Säure oder Base sehr verschieden ausfallen können, sind nicht immer alle in der Lösung vorhandenen, potentiell wirksamen Katalysatoren in ihrer katalytischen Effizienz quantitativ zu erfassen. Oft kann man aber auch den Beitrag der weniger wirksamen Spezies vernachlässigen, da die Gesamtreaktionsgeschwindigkeit sich additiv aus den einzelnen katalytischen Termen zusammensetzt.

In vielen Fällen wird durch das Geschwindigkeitsgesetz der Katalysemechanismus nicht näher definiert. Betrachtet man etwa die Reaktion in Gleichung 1-69, so ist ersichtlich, daß eine weitere Möglichkeit für den Ablauf der Katalyse besteht. Der geschwindigkeitsbestimmende Protonentransfer erfolgt in diesem Falle entsprechend Gleichung 1-73 erst nach einem vorgelagerten schnellen Protonierungsgleichgewicht.

$$HS + H{-}A \xrightleftharpoons[K]{\text{schnell}} HS{-}H^{\oplus} + A^{\ominus} \xrightarrow[k]{\text{langsam}} \text{Produkte.} \qquad \text{Gl. 1-73}$$

Entsprechend

$$[HS{-}H^{\oplus}] = K[HS][A^{\ominus}]$$

ergibt sich für die Geschwindigkeit Gleichung 1-74.

$$v = k[HS{-}H^{\oplus}][A^{\ominus}] = k'[HS][HA] \quad (k' = kK). \qquad \text{Gl. 1-74}$$

Nach der Klassifizierung von Säure-Base-Katalysen entspricht Gleichung 1-73 einer zeitlich nacheinander gekoppelten, spezifisch säure- und allgemein basekatalysierten Reaktion, obwohl das Geschwindigkeitsgesetz mit dem für eine allgemeine Säurekatalyse (Gl. 1-69) identisch ist.

Wird eine Reaktion sowohl durch Säuren HA als auch durch Basen B katalysiert, so ist es denkbar, daß neben dem Normalfall, in dem beide Katalysatoren unabhängig voneinander an verschiedenen Substratmolekülen oder in einer Folgereaktion operieren, beide Moleküle auch gleichzeitig an einem Substratmolekül wirksam werden.

Im Zeitgesetz einer solchen Katalyse müssen dann im intermolekularen Falle Terme dritter Ordnung auftreten (Gl. 1-75), da im Übergangszustand gleichzeitig drei Moleküle verankert sind, die synchrone Bindungsknüpfungen und -spaltungen ausführen.

$$v = k[S][H{-}A][B]. \qquad \text{Gl. 1-75}$$

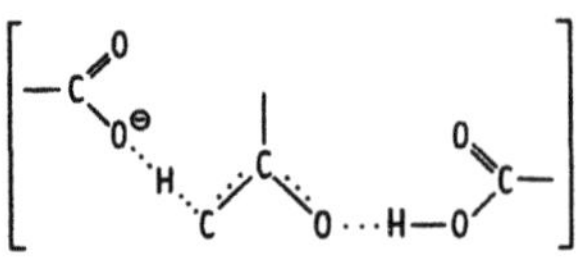

Abb. 1-17. Trimolekularer Mechanismus der Enolisierung von Carbonylverbindungen.

Mechanismen dieser Art bezeichnet man als *bi(multi)funktionelle, konzertierte* oder *synchrone* Katalysen. In sehr günstigen Fällen läßt sich eine Katalyse dieser Art dadurch nachweisen, daß der Produktterm [H—A] [B], der den gleichzeitigen Angriff von Säure und Base am Substrat beschreibt, aus der Konzentrationsabhängigkeit der Pufferkatalyse rechnerisch isolierbar ist.

Die Fixierung von gleichzeitig drei Teilchen im aktivierten Komplex ist entropisch noch wesentlich ungünstiger als es für bimolekulare Umsetzungen gezeigt wurde (s. 1.8.1.), so daß diese Art der Katalyse nur in wenigen Fällen sicher nachgewiesen werden konnte. Als Beispiel ist in Abbildung 1-17 die Enolisierung eines Ketons dargestellt, bei der synchron eine C—H-Bindung basekatalytisch gelöst und eine Carbonylgruppe protoniert wird.

1.5.2. Die Wasserstoffbrückenbindung

Zwischen Protonendonatorgruppen A—H mit dem elektronegativen Atom A (Tab. 1-4) und geeigneten Basen als Protonenacceptoren kann es zu schwach bindenden Wechselwirkungen kommen, die man als *Wasserstoffbrückenbindung* (H-Bindung, H-Brücke) bezeichnet. Je nachdem, ob die Donator- und Acceptorgruppen zwei getrennten Molekülen oder dem gleichen Molekül entstammen, unterscheidet man *inter*- und *intra*molekulare H-Brücken.

Obwohl bei der H-Brücke die Bindungsenergien kovalenter Bindungen bei weitem nicht erreicht werden, ist die Stabilität H-gebrückter Assoziate, etwa zwischen Carbonsäuremolekülen, beträchtlich. Aus der Dampfdichte von Essigsäure bei steigenden Temperaturen kann man entnehmen, daß das Gleichgewicht 1-76 zunehmend nach der Seite des Monomeren verschoben wird.

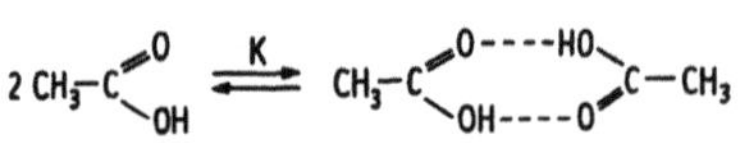

Gl. 1-76

Dadurch wird die H-Bindung als exothermer Vorgang charakterisiert. Man findet aber auch, daß noch bei 468 °K ein erheblicher Teil als Assoziat vorliegt. Die Bildungsenthalpien H-gebrückter Assoziate liegen im allgemeinen zwischen -10 und -50 kJ mol^{-1}.

Die chemische Natur der an der H-Bindung beteiligten funktionellen Gruppen ist variabel. Eine Aufstellung wichtiger Protonendonatoren und -acceptoren ist in Tabelle 1-4 zu finden. Da das H-Atom, auch wenn es stark polar gebunden ist, nach den klassischen Regeln der Bindungstheorie nur eine kovalente Bindung formieren kann, besteht die zweite Valenz auf elektrostatischen Wechselwirkungen (Elektronendelokalisationen und Dispersionskräfte), die in unterschiedlichem Maße, je nach der Art der H-Bindung, zur Gesamtenergie beitragen. Die Elektronendichten der Bindungspartner erfahren dabei über größere Molekülbereiche eine Umorientierung, wobei sich im Unterschied zur kovalenten Bindung die Elektronendichte zwischen den Bindungspartnern verringert. Als Folge der intensiven elektronischen Wechselwirkungen kommt es im System A—H···B zu einer Kontraktion, die je nach Stärke der H-Bindung weit unter die Summe der van der Waals-Radien von A und B führen kann. Die H-Brücke erscheint demnach als ein in die miteinander verschmolzenen Elektronenwolken von A und B eingebettetes Proton, wobei ein

Tab. 1-4. Wichtige Bindungspartner für Wasserstoffbrückenbindungen

Protonendonatoren	Protonenacceptoren
—OH Wasser, Alkohole, Carbonsäuren, Enole, Oxime, Phenole, Organophosphorsäuren	—O— Wasser, Alkohole, Ether, Phenole, N-Oxide
—NH Amine, Amide, NH-haltige Heterocyclen	=O Carbonsäuren, Amide, Ketone, Aldehyde, Sulfoxide, Phosphinoxide, Nitroverbindungen, Chinone, Phosphate
—SH Thiole, Thiophenole, Thioamide	—N— oder =N— Amine, Oxime, Imine, Heterocyclen
—CH Alkine, H—CN, halogenierte Kohlenwasserstoffe, CH-acide Verbindungen	—X oder $X^{\ominus}$ Alkylhalogenide, N-Alkylammoniumhalogenide
	π-Elektronen Alkene, Alkine, Aromaten, Ketone, Nitrile, Heterocyclen

kleiner Anteil an Elektronendichte vom Protonenacceptor zum Protonendonatormolekül übertragen wird.

Die Stabilität einer H-Bindung und damit die Assoziationstendenz in einem Gemisch von A—H und B entspricht innerhalb verwandter Stoffklassen der Differenz der pK_a-Werte von Protonendonator und -acceptor. Je größer diese Differenz ausfällt, desto stabiler ist die H-Brücke. Diese Regel ist nicht mehr anwendbar, wenn man chemisch unterschiedliche Donator- und Acceptorgruppen miteinander vergleicht.

Die geometrische Anordnung der A—H-Gruppe relativ zum freien Elektronenpaar des Acceptor-Atoms muß nicht einer optimal kolinearen Anordnung entsprechen. Die O—H···O und N—H···O-Winkel in intermolekularen H-Bindungen zeigen bis zu 40° bzw. 50° Abweichung. Eine Abweichung von ±30° erniedrigt die Bindungsenthalpie einer —OH···O=C-Brücke lediglich um 3 kJ mol^{-1}.

Ähnlich flexibel verhält sich die H-Brücke bezüglich des Bindungsabstandes, der speziell bei intramolekularen H-Bindungen, ebenso wie der Bindungswinkel, durch die Molekülgeometrie vorgegeben sein kann. Der O···O-Abstand in H-Brücken des Typs O—H···O kann zwischen den Werten 0.24 und 0.3 nm schwanken. Der van der Waals-Abstand der beiden O-Atome wird zu 0.304 nm berechnet.

In der Enzymchemie und in der homogenen Katalyse sind H-Brücken aus zwei Gründen besonders interessant. Sie stellen erstens die wesentliche strukturierende Kraft für den Aufbau der Sekundärstrukturen von Proteinen dar, wobei die bifunktionelle Natur der Peptidgruppe (O=C—NH—) als Protonendonator und -acceptor eine Rolle spielt. Bei der linearen Dimerisierung von N-Methylacetamid findet man in CCl_4 als unpolarem Lösungsmittel eine Freie Reaktionsenthalpie ΔG^0 von -3.8 kJ mol^{-1}. Dieser Betrag weist

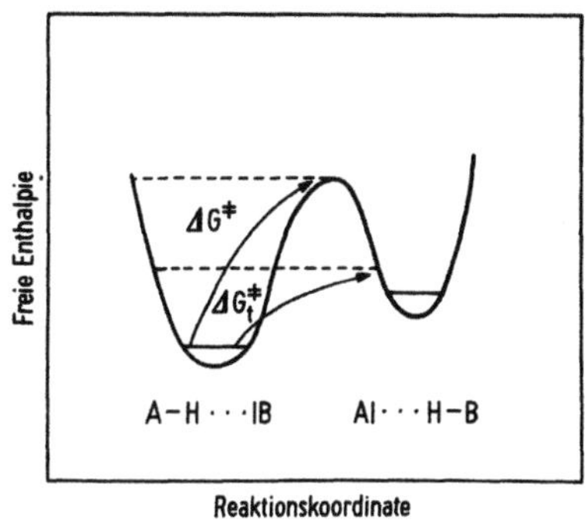

Abb. 1-18. Energieprofil für eine Protonenbewegung zwischen zwei basischen Zentren A und B. Es entsteht ein unsymmetrisches Doppelminimum, da A—H···IB stabiler ist als die Kombination AI···H—B. Die Freie Aktivierungsenthalpie ΔG^* entspricht einem Protonensprung, während ΔG_t^* den Tunnelmechanismus symbolisiert.

aus, daß die Peptidgruppe unter Wasserausschluß stabile H-Brücken auszubilden vermag. In Wasser als Lösungsmittel wird dagegen durch die Existenz konkurrierender Assoziationen mit den Lösungsmittelmolekülen eine wesentlich geringere Assoziationstendenz von N-Methylacetamid ($\Delta G^0 = +13.0\,kJ\ mol^{-1}$) beobachtet. Die Stabilität der Proteinstrukturen in Wasser läßt sich somit allein aus der Energetik einzelner intramolekularer H-Brücken nicht erklären (s. 3.6.2.).

Der andere wichtige Aspekt der H-Bindung hängt mit den Mechanismen zusammen, die sich aus der allgemeinen Säure-Base-Katalyse ergeben. In Abbildung 1-18 ist die energetische Situation des Protonenüberganges dargestellt, der solche Katalysen in der Regel begleitet.

Beim *Protonensprungmechanismus* wird eine bestimmte freie Aktivierungsenthalpie ΔG^+ benötigt, um den Produktkomplex A···H—B auszubilden.

Daneben existiert aber für Protonentransferreaktionen noch der quantenchemisch ableitbare und auch experimentell zu beobachtende *Tunnelmechanismus*. Bei diesem durchdringt das Proton den beide H-Brückenkomplexe trennenden Energiewall ohne Freie Aktivierungsenthalpie ($\Delta G_T^{\ddagger} \sim 0$).

Ob das für die Geschwindigkeit von Protonentransferprozessen besonders effektive „Tunneln" im konkreten Fall möglich ist, hängt von der Struktur der H-Bindungskomplexe ab. Kurze H-Brücken zwischen elektronisch ähnlichen Atomen A und B im H-Bindungskomplex A—H···B ergeben schmale, symmetrische Doppelminimumpotentiale (Abb. 1-18) und begünstigen das Protonentunneln.

1.5.3. Die Geschwindigkeit von Protonentransferprozessen

Die Geschwindigkeit des Protonentransfers als Elementarreaktion analog Abbildung 1-18 berechnet sich aus ΔG^+ nach Gleichung 1-49. Treten in komplexen Katalysemechanismen Protonentransferschritte als Teilreaktionen auf, so bestimmt das Verhältnis der Geschwindigkeitskonstanten der einzelnen Schritte zueinander, ob der Protonenübergang die Geschwindigkeit der gesamten Umsetzung bestimmt. In den meisten Fällen sind aber die Energiebarrieren zwischen Zuständen mit veränderten C-, O-, N- oder anderen Schweratombindungen viel höher als die Protonentransferbarrieren in Abbildung 1-18. Auch die Zeitdauer für die Reorganisation von Lösungsmittelmolekülen im aktivierten Komplex übertrifft meist die des Protonenübergangs erheblich. Im allgemeinen sind die Geschwindigkeiten von Protonentransferreaktionen so hoch, daß ihre direkte Messung nur mit Relaxationsmethoden (nach Eigen) oder anderen speziellen Meßverfahren möglich ist. Dies gilt vor allem für den Transfer von und zu einfach gebundenen N- und O-Atomen in der thermodynamisch begünstigten Richtung, d. h. wenn $\Delta pK_a = pK_a$ (Protonenacceptor) – pK_a (Protonendonator) einen positiven Betrag ergibt. Die trennende Energiebarriere zwischen den beiden Protonenpositionen ist dann so niedrig, daß das Proton seine neue Position einnimmt, sobald sich die Reaktanden bis zu einem kritischen Abstand genähert haben. Die Bruttoreaktionsgeschwindigkeit der wird in diesem Falle durch die Diffusionsgeschwindigkeit Moleküle zueinander bestimmt *(diffusionskontrollierte Reaktion)*.

Dies setzt nach Gleichung 1-77 (Debye) eine obere Geschwindigkeitsgrenze für bimolekulare Protonentransferprozesse fest, die kaum noch von der Differenz der pK_a-Werte ($\Phi_{ij} \sim 1$) abhängt, sondern mit dem *kritischen Teilchenabstand* (a_{ij} = Radius der Teilchen i und j), den *Diffusionskoeffizienten* D_i, D_j und der Losschmidt-Zahl N weitgehend reaktionsunabhängige Größen berücksichtigt.

$$k = 4\pi N\, a_{ij}\, (D_i + D_j)\, \Phi_{ij} \quad (mol\ l^{-1}\ s^{-1}). \qquad \text{Gl. 1-77}$$

Wie sich anhand der experimentell ermittelten Geschwindigkeitskonstanten von Protonentransferreaktionen (Tab. 1-5) erkennen läßt, ist der diffusionskontrollierte Grenzwert

Tab. 1-5. Geschwindigkeitskonstanten der Reaktion einiger Säuren mit $OH^{\ominus}$-Ionen ($k_{OH^{\ominus}}$) und ihrer konjugierten Basen mit $H_3O^{\oplus}$-Ionen ($k_{H^{\oplus}}$) bei 298 °K

Säure	Konjugierte Base	pK_a	$k_{H^{\oplus}}$ mol l^{-1} s^{-1}	$k_{OH^{\ominus}}$ mol l^{-1} s^{-1}
H_2O	$OH^{\ominus}$	15.75	$1.4 \cdot 10^{11}$	
D_2O	$OH^{\ominus}$	16.5	$8.4 \cdot 10^{10}$	
Imidazol-$H^{\oplus}$	Imidazol	6.95	$1.5 \cdot 10^{10}$	$2.5 \cdot 10^{10}$
H_2S	$SH^{\ominus}$	7.24	$7.5 \cdot 10^{10}$	
Acetylazeton	Enolation	9.0	$1.2 \cdot 10^{7}$	$4.0 \cdot 10^{4}$
$CH_3—CO—CH_3$	$CH_3—CO—CH_2^{\ominus}$	20	$5 \cdot 10^{10}$	$2.7 \cdot 10^{-1}$

bei 25 °C mit ca. 10^{10}–10^{11} mol l^{-1} s^{-1} zu finden. Dieser Wert läßt sich auch aus Gleichung 1-77 errechnen.

Manche Protonenübertragungen verlaufen aber auch sehr viel langsamer als es der Diffusionskontrolle entspricht. Dies ist bei OH- und NH-Säuren in der thermodynamisch ungünstigen Richtung ($\Delta pK_a < 0$) der Fall. In Abbildung 1-19 wird infolge der gravierenden Änderung der Elektronegativität der Substituenten R in Methylamiden der Struktur R—CONH—CH_3 ein großer Bereich der NH-Acidität überstrichen. Aus diesen Messungen wird sowohl der Protonentransfer zu $OH^{\ominus}$ in thermodynamisch ungünstiger Richtung als auch der diffusionskontrollierte Grenzwert zugänglich.

Bei CH-aciden Verbindungen wie Aceton und Acetylaceton (Tab. 1-5) werden langsame Protonenübertragungen auch dann beobachtet, wenn der Transfer thermodynamisch begünstigt ist. Dafür gibt es zwei wesentliche Gründe. Im Gegensatz zu NH- oder OH-Säuren gleicher Acidität besitzen CH-Säuren wesentlich schlechtere Donatoreigenschaften für die Bildung von H-Brücken, die den Protonentransfer einleiten.

Ferner ist nach Ablösung des Protons in CH-aciden Verbindungen mit einer erheblichen Umverteilung der Elektronendichte innerhalb des gesamten Moleküls zu rechnen. Dadurch wird eine Umorganisation der Lösungsmittelmoleküle in der Umgebung der CH-Säure eingeleitet, die energieaufwendig ist und den Protonentransfer verlangsamt (Solventreorganisation). So ist zu verstehen, daß Protonenübertragungen bei katalytischen Umsetzungen mit CH-Säuren häufig die Geschwindigkeit der Bruttoreaktion bestimmen.

Die Einbindung der Protonendonatorgruppe in eine intramolekulare H-Brücke verlangsamt ebenfalls intermolekulare Protonentransferreaktionen.

Dieser retardierende Effekt tritt verstärkt auf, wenn kooperativ wirksame intramolekulare H-Brücken, wie etwa in den Helices der Sekundärstruktur von Proteinen, vorliegen.

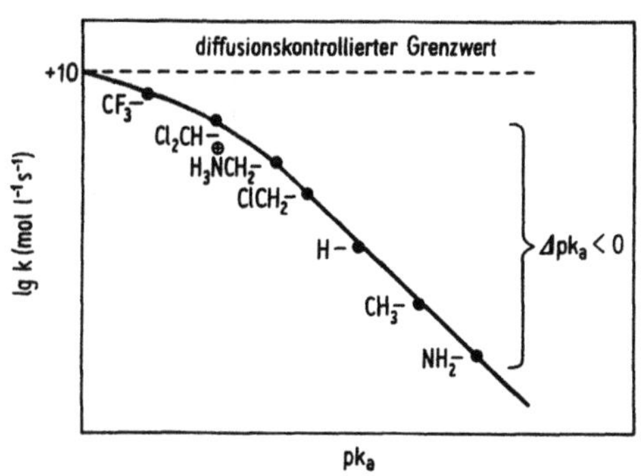

Abb. 1-19. Bimolekulare Geschwindigkeitskonstanten lg k für den $OH^{\ominus}$-induzierten Austausch des NH-Protons in substituierten Methylamiden in Abhängigkeit von der thermodynamischen Acidität (pK_a-Wert) der Amide [7].

$$R—CONH—CH_3 + OH^{\ominus} \xrightarrow[-H_2O]{k} R—CON^{\ominus}—CH_3 \xrightarrow{D_2O;\ schnell} R—COND—CH_3$$

Der vollständige H/D-Austausch in einer α-Helix wird im Minutenbereich gemessen, weil kooperative Effekte zusätzlich die Auflösung der intramolekularen H-Bindungen beeinflussen (s. Abb. 3-6).

1.5.4. Das Brönstedsche Katalysegesetz

Die Frage nach der Wirksamkeit einer Katalysatorsäure bei einer allgemein säurekatalysierten Reaktion hängt, wie empirisch gefunden wurde (Brönsted und Pedersen), eng mit ihrer thermodynamischen Acidität zusammen. Trägt man die Katalysekonstanten $\lg k_{HA}$ für eine Serie von Katalysatorsäuren HA, die eine gegebene Reaktion katalysieren, gegen ihre Aciditätskonstanten pK_a auf, so beobachtet man häufig eine näherungsweise lineare Abhängigkeit beider Parameter, die sich durch Gleichung 1-78 beschreiben läßt.

$$\lg k_{HA} = -\alpha \, pK_a + C \qquad \text{Gl. 1-78}$$

$$\lg k_B = \beta \, pK_a + C'. \qquad \text{Gl. 1-79}$$

Ein experimentelles Beispiel für eine allgemein säurekatalysierte Carbonylreaktion ist in Abbildung 1-20 zu sehen.

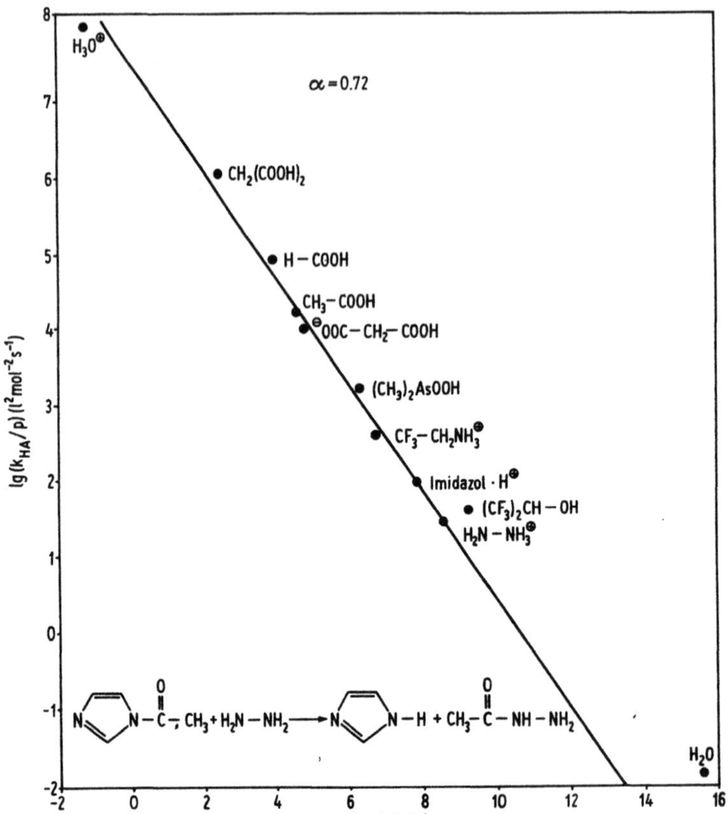

Abb. 1-20. Brönsted-Beziehung für eine allgemeine Säurekatalyse (nach [8]).

Im Falle einer allgemeinen Katalyse durch die Base B findet man eine analoge lineare Beziehung (Gl. 1-79), da die Basenstärke indirekt proportional der Acidität ihrer konjugierten Säure ist.

Diese als Brönstedsches Katalysegesetz bezeichneten Korrelationen sind spezielle Lineare Freie Enthalpie(LFE)-Beziehungen für Protonenübertragungsreaktionen. Sie stellen einen Zusammenhang zwischen einer Freien Reaktionsenthalpie (proportional dem pK_a-Wert) und einer Freien Aktivierungsenthalpie (proportional den beiden Katalysekonstanten k_{HA} oder k_B) her. Die Brönsted-Koeffizienten α und β sind ein angenähertes Maß für die Lage des Übergangszustandes der Protonenübertragung auf der Reaktionskoordinate. C bzw. C′ in Gleichung 1-78 und Gleichung 1-79 stellen reaktionsspezifische Konstanten dar.

Wenn der Übergangszustand einer Deprotonierung eine reaktandenähnliche Struktur aufweist, erhält man einen β-Wert ~ 0. Der produktähnliche Übergangszustand liefert in der Brönsted-Auftragung ein $\beta \sim 1$.

Für α gilt eine identische Beziehung, wobei innerhalb eines Protonendonator/-acceptor-Systems Gleichung 1-80 anwendbar ist.

$$\alpha + \beta = 1 . \qquad \text{Gl. 1-80}$$

Besteht für eine Säure oder eine Base mehr als eine statistische Möglichkeit, ein Proton abzugeben bzw. aufzunehmen, muß dies unter Anwendung von Korrekturfaktoren (p und q) in der Brönsted-Gleichung berücksichtigt werden.

$$\lg (k_B/q) = \beta \lg p/q + \beta\, pK_a + C \qquad \textbf{Gl. 1-81}$$

$$\lg (k_{HA}/p) = -\alpha \lg q/p - \alpha\, pK_a + C' . \qquad \textbf{Gl. 1-82}$$

So erhält man für das Säure-Base-Paar Trimethylamin-Kation/Trimethylamin die statistischen Faktoren $q = 1$, $p = 1$. Beim Dimethylamin-Kation ist die Zahl der äquivalenten Protonen verdoppelt ($p = 2$, $q = 1$), im System Dihydrogenphosphat/Monohydrogenphosphat gelten die Faktoren $p = 2$ und $q = 3$.

Trotz dieser Korrekturen werden immer wieder große Abweichungen der Brönsted-Auftragungen für einzelne Verbindungen oder Verbindungsklassen beobachtet, was sich in nichtlinearen Abhängigkeiten oder schlechten Korrelationskoeffizienten bei der Auswertung nach den linearen Katalysemodellen äußert.

Betrachtet man noch einmal die Teilschritte für einen Protonentransfer (Gl. 1-83), so wird klar, daß nach den Ausführungen im Abschnitt 1.5.3. bei einer großen Differenz der Säurestärken von A—H und B—H die

$$A{-}H + B^{\ominus} \rightleftharpoons \underbrace{(A{-}H{\cdots}B)^{\ominus} \rightleftharpoons (A{\cdots}H{-}B)^{\ominus}}_{\text{Begegnungskomplexe}} \rightleftharpoons A^{\ominus} + H{-}B \qquad \text{Gl. 1-83}$$

Geschwindigkeitskonstante der bimolekularen Reaktion 1-83 nicht mehr von der Struktur der beteiligten Moleküle, sondern nur noch von der Diffusionsgeschwindigkeit von A—H und $B^{\ominus}$ zueinander abhängt.

Der experimentelle Befund in Abbildung 1-20 mit einem konstanten α-Wert von 0.72 ist demnach infolge des begrenzten pK_a-Bereiches der zur Untersuchung verwendeten Säuren nur ein Spezialfall einer allgemeinen Abhängigkeit, wie sie in Abbildung 1-21 dargestellt ist.

Der oben beschriebene Zustand der Diffusionskontrolle entspricht einem α-Wert von null. Wird die Rückreaktion in Gleichung 1-83 durch Diffusion kontrolliert, beträgt der Brönsted-Koeffizient $\alpha = 1$.

In der Zwischenregion, deren Ausdehnung sich bei OH- und NH-Säuren über ca. 8 pK_a-Einheiten erstreckt, ist der Protonentransfer selbst geschwindigkeitsbestimmend und α (β) bewegen sich im Bereich zwischen 0 und 1.

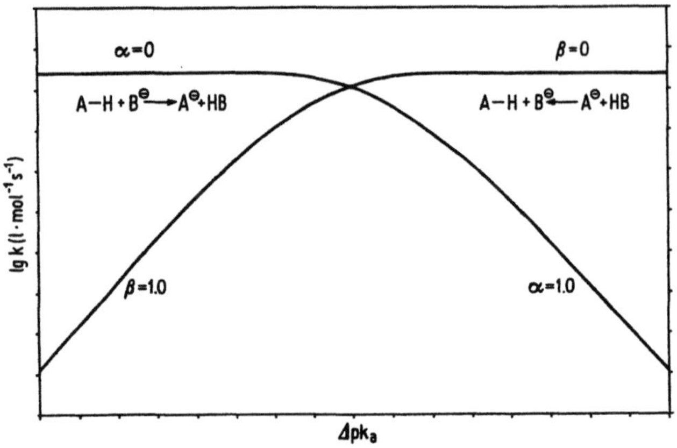

Abb. 1-21. Brönsted-Beziehung für die Hin- und Rückreaktion eines Protonentransfers in einem weiten Bereich der Säurestärken A—H und H—B. $\Delta pK_a = pK_a^{HB} - pK_a^{HA}$.

Für die allgemeine Säurekatalyse der Bildung von 4-Methylphenylacetat aus 4-Methylphenyl-N,N-dimethylacetimidat (Gl. 1-84)

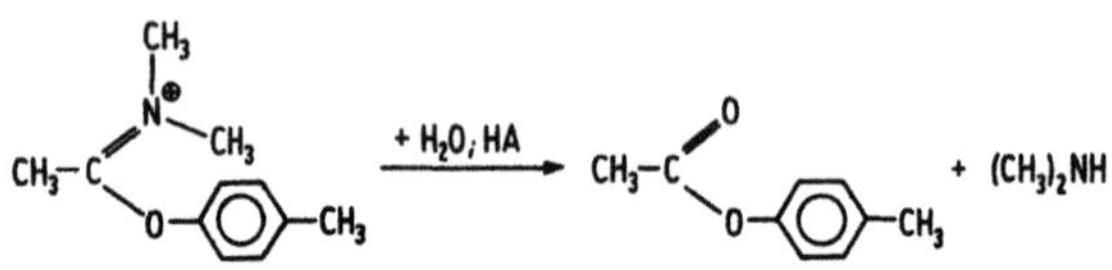

Gl. 1-84

ist ein Protonentransfer geschwindigkeitsbestimmend, für den der Übergangszustand in Abbildung 1-22 dargestellt ist (das Orthoamid ist Zwischenprodukt bei der Hydrolysereaktion).

Wie Abbildung 1-22 bestätigt, resultiert die nichtlineare Brönsted-Abhängigkeit aus dem Übergang von einer diffusionskontrollierten Hinreaktion für starke Katalysatorsäuren zu einer diffusionskontrollierten Rückreaktion ($\alpha = 1$), wenn der Protonenübergang in dieser Richtung thermodynamisch begünstigt ist.

1.6. Nucleophile und elektrophile Katalyse

In vielen Fällen ermöglicht die Zugabe nucleophiler oder elektrophiler Reagenzien Y zu einem Reaktandengemisch A + B die Bildung von Zwischenprodukten (AY, BY) (z. B. Gl. 1-85).

$$A + B \xrightarrow{Y} AY + B \rightarrow AB + Y. \qquad \text{Gl. 1-85}$$

Ist das Zwischenprodukt AY so stabil, daß unter den Reaktionsbedingungen der Folgeschritt mit B nicht abläuft, so wird Y die Reaktion zwischen A und B nicht katalysieren. Die Produktanalyse liefert AY als Endprodukt der Umsetzung. Die Abnahme der Substratkonzentration A kann aber im Vergleich zu Ansätzen ohne Zugabe an Reagenz Y stark beschleunigt sein. Die Bildung von AY führt immer dann zu einer echten Katalyse im Sinne von Gleichung 1-85, wenn dieses Zwischenprodukt schneller mit B reagiert als der Reaktand A.

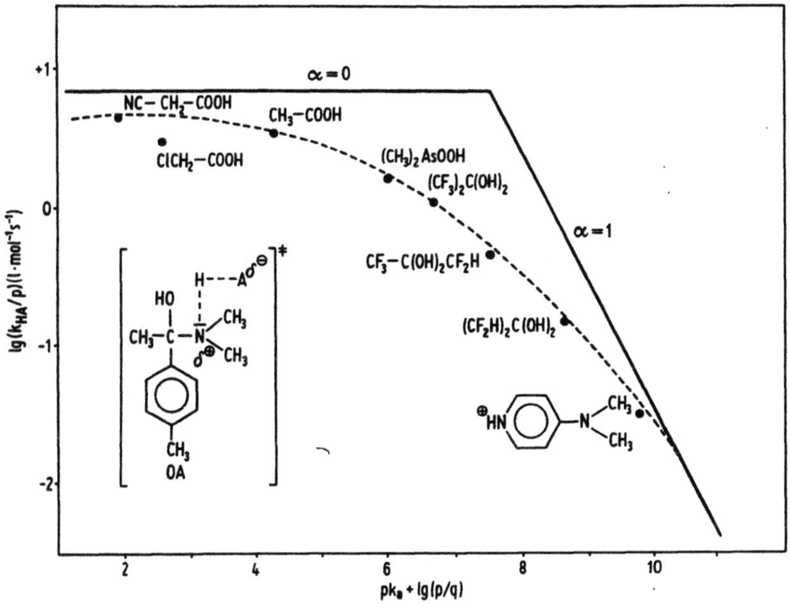

Abb. 1-22. Brönsted-Beziehung für die allgemeine Katalyse der Esterbildung aus dem Orthoamid OA (nach [9]).
Die Tangenten symbolisieren das idealisierte Verhalten eines Protonentransfers zwischen stark elektronegativen Atomen im Brönsted-Diagramm.

Der experimentelle Nachweis einer solchen *kovalenten Katalyse* erfordert die analytische oder, wenn möglich, präparative Erfassung des Zwischenproduktes sowie den Beweis dafür, daß innerhalb der Bruttoreaktion der geschwindigkeitsbestimmende Reaktionsschritt mit der Bildung oder dem Zerfall dieses Intermediates zusammenhängt (Langenbeck).

Nucleophile Katalysatoren greifen ein elektrophiles Reaktionszentrum mit ihren freien Elektronenpaaren an. Dabei ist die Nucleophilie durch wesentlich komplexere Moleküleigenschaften bestimmt, als die allgemeine Basenkatalyse, die ebenfalls durch freie Elektronenpaare wirksam wird. Typische Nucleophile bei enzymkatalysierten Reaktionen sind die Seitenketten der Aminosäuren Lys, Cys, Ser, His, Tyr sowie manche Coenzyme. *Elektrophile Katalysatoren* binden die freien Elektronenpaare der Substrate und sind demzufolge Lewis-Säuren. Ihr Elektronenmangel wird in die Zwischenprodukte transferiert und dort delokalisiert, wobei die elektronischen Verschiebungen geeignete kovalente Bindungen destabilisieren. In anderen Fällen von elektrophiler Katalyse wird negative Überschußladung im Übergangszustand abgebaut, so daß dieser Zustand energetisch begünstigt wird.

Metallionen, die oft auf diese Art katalytisch wirksam werden, sind aber nicht einfach „Supersäuren", die durch ihre hohen Ladungszahlen diese Art der Stabilisierung besonders einfach bewerkstelligen. Im Gegensatz zum Proton können sie darüber hinaus in exergonischen Schritten durch Ligandierung räumlich genau definierte Orbitalanordnungen stabilisieren (s. 4.3.3.2.).

1.6.1. Mechanismen nucleophil katalysierter Reaktionen

Untersucht man die Geschwindigkeit der Hydrolyse eines Esters der Struktur R—$COOCH_3$ in Gegenwart von Imidazol, so wird eine erhöhte Hydrolyserate gefunden. Bei der in dieser Reaktion wirksamen allgemeinen Basekatalyse wird das schwach nucleophile Wasser durch eine teilweise Protonenübertragung auf das Imidazolmolekül in Richtung auf das nucleophilere Hydroxidion aktiviert (Abb. 1-23a).

Die nahe Verwandtschaft dieses Mechanismus mit der unkatalysierten $OH^{\ominus}$-Addition an einen Ester mit anschließender schneller Umwandlung des tetraedrischen Zwischenproduktes in die Endprodukte der Hydrolyse läßt eine lineare Beziehung zwischen der Katalysekonstanten der imidazolkatalysierten Umsetzung (lg k_{Im}) und der $OH^{\ominus}$-induzierten Reaktion (lg $k_{\mathrm{OH}^{\ominus}}$) erwarten. Steigende Reaktivität der Estercarbonylgruppe bei Veränderung des Substituenten R vergrößert sowohl die Geschwindigkeit der $OH^{\ominus}$-induzierten als auch die der allgemein basenkatalysierten Reaktion (Abb. 1-23b, gestrichelte Kurve). Verändert man dagegen innerhalb einer Reihe von Essigsäureestern CH_3—COOR′ die Reaktivität dadurch, daß man den austretenden Rest R′—$O^{\ominus}$ durch Verminderung seiner Basizität zunehmend stabilisiert, so ist die Parallelität zwischen Imidazolkatalyse und alkalischer Hydrolyse nicht mehr vorhanden. Ursache hierfür ist ein Wechsel des

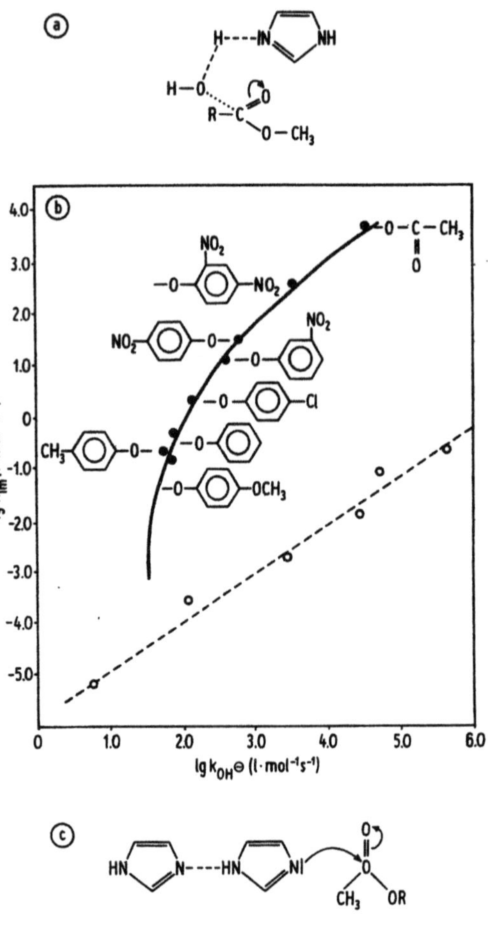

Abb. 1-23. Beziehungen zwischen den Geschwindigkeitskonstanten k_{Im} der durch Imidazol katalysierten Esterhydrolyse und den der alkalischen Esterhydrolyse $k_{\mathrm{OH}^{\ominus}}$ (nach [10]) und einige der relevanten Reaktionsmechanismen.

a) Allgemeine Basekatalyse durch Imidazol-Wasser-Komplexe. b) Allgemeine Basekatalyse für Alkylester vom Typ R—COO—CH_3(○) und nucleophiler Reaktionsmechanismus für Acetate vom Typ CH_3—COO—R(●). c) Nucleophile Imidazolkatalyse mit basekatalytischer Imidazolaktivierung.

Katalysemechanismus, bei dem nun der direkte nucleophile Angriff des Imidazols am Acylrest eine Rolle spielt (Gl. 1-86).

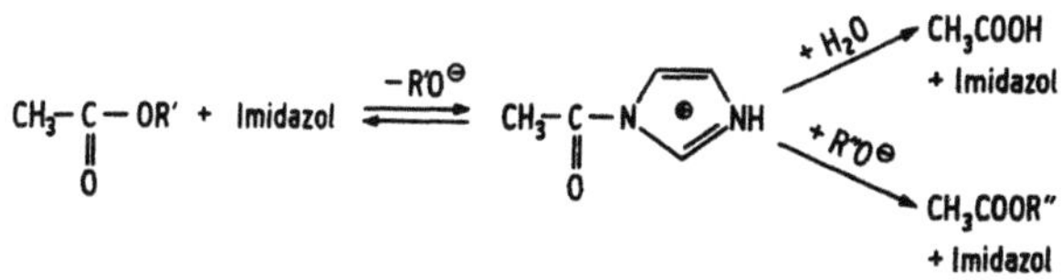

Gl. 1-86

Als Zwischenprodukt wird ein sehr instabiles Amid, das N-Acetylimidazol, gebildet. Während offenkettige Dialkylamide bei pH 7.0 und 25 °C völlig stabil sind, besitzt diese Verbindung für den hydrolytischen Zerfall eine Halbwertszeit von nur 41 min. Dadurch kann sich das Imidazol aus dem Zwischenprodukt leicht regenerieren, wobei gleichzeitig der Acylteil des Substrates als Säure freigesetzt wird.

Sind neben Wasser weitere Nucleophile ($R''O^{\ominus}$) zugegen, so werden zusätzliche Acylübertragungsreaktionen beobachtet (Gl. 1-86). Solche Partitionierungen beweisen den Ablauf der Katalysereaktion über N-Acetylimidazol als reaktives Intermediat.

Aus Abbildung 1-23b läßt sich ferner entnehmen, daß für sehr gut austretende Reste, wie sie infolge ihrer niedrigen pK_a-Werte das 4-Nitrophenolat oder der Acetatrest darstellen, die Individualität der Abgangsgruppe für die Imidazolkatalyse nur geringe Bedeutung besitzt. Wie bei der $OH^{\ominus}$-induzierten Reaktion ist in diesen Fällen der geschwindigkeitsbestimmende Schritt für die Gesamtreaktion der Aufbau eines tetraedrischen Intermediates, so daß der Anstieg der Tangenten für den oberen Teil der ausgezogenen Kurve mit dem Anstieg der gestrichelten Kurve übereinstimmt und damit die Verwandtschaft zwischen beiden Umsetzungen widerspiegelt.

Mit zunehmend schlechteren Austrittseigenschaften der Abgangsgruppe bei der Imidazolkatalyse wird der Zerfall des tetraedrischen Intermediates zum geschwindigkeitsbestimmenden Reaktionsschritt. Für diesen Prozeß spielt die molekulare Struktur der Abgangsgruppe eine sehr viel größere Rolle als für die $OH^{\ominus}$-Addition, so daß ein Anstieg $\gg 1$ in der Auftragung in Abbildung 1-23b resultiert. Bei sehr schlecht austretenden Resten würde der nucleophile Reaktionsweg in seiner Geschwindigkeit noch unter den Wert für die allgemeine Basekatalyse durch Imidazol absinken, so daß dieser Mechanismus die Hydrolyse bestimmt.

Überraschenderweise findet man für stärker basische Phenole als Abgangsgruppe auch einen Geschwindigkeitsterm, der zweiter Ordnung in bezug auf den Katalysator Imidazol ist. In diesem Falle wird der nucleophile Angriff von Imidazol basenkatalytisch durch ein weiteres Imidazolmolekül unterstützt (Abb. 1-23c).

Derartige multiple Katalysen werden häufig für Enzymreaktionen (z. B. für den Additionsschritt bei Serinproteasen, s. 4.5.1.) diskutiert.

1.6.2. Mechanismen elektrophil katalysierter Reaktionen

Die Ligandierung ungeladener Nucleophiler an Metallionen führt über Bindungspolarisationen und durch die Stabilisierung von anionischen Strukturen zu einer Verringerung des pK_a-Wertes des Nucleophilen. Bei nucleophilen Umsetzungen in Gegenwart von Metallionen kann man daher bereits bei wesentlich niedrigeren pH-Werten mit beträchtlichen Konzentrationen an anionischen Nucleophilen rechnen. In Gleichung 1-87 wird für die Dissoziation des an Zinkionen gebundenen Wassers ein um ca. 5 Größenordnungen erniedrigter pK_a-Wert gefunden.

$$Zn^{2\oplus}(H_2O) \rightleftarrows Zn^{\oplus}OH + H^{\oplus} \quad pK_a \sim 9.0$$ Gl. 1-87

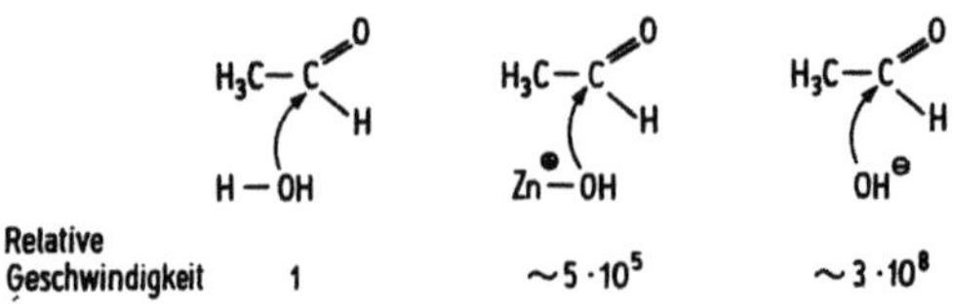

Abb. 1-24. Einfluß von Metallionen auf die Geschwindigkeit der Hydratation von Acetaldehyd.

Besonders überraschend ist aber, daß das an $Zn^{\oplus}$ gebundene Hydroxidion einen im Vergleich zu freien $OH^{\ominus}$-Ionen nur sehr geringen Abfall an Nucleophilie aufweist. Bei der Hydratation von Acetaldehyd zum geminalen Diol (Abb. 1-24) bewirkt diese hohe Nucleophilie zusammen mit der hohen Konzentration an anionischen Nucleophilen bei relativ niedrigen pH-Werten eine effektive Katalyse dieser Umsetzung durch Zinkionen [11]. Dieses Katalyseprinzip wird u. a. in der Kohlensäure-Anhydrase genutzt (s. 4.3.3.2., Abb. 4-29).

In anderen Fällen ist die elektrophile Aktivierung des Substratmoleküls verantwortlich sowohl für eine Reaktionsbeschleunigung als auch für die katalytische Selektivität.

Während Harnstoff im pH-Bereich von 2 bis 12 ausschließlich zu H—N═C═O und NH_3 zerfällt, liefert die Alkoholyse von N(2-Pyridylmethyl)harnstoff in Gegenwart von Ni^{2+} das entsprechende Carbamat und NH_3. Der Reaktionsweg ist in Gleichung 1-88 dargestellt.

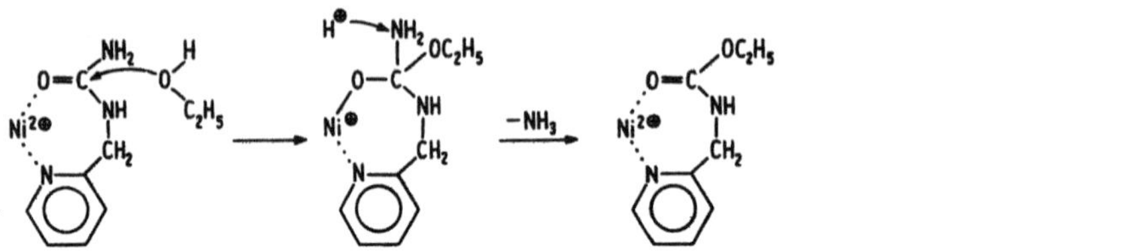

Gl. 1-88

Es sei daran erinnert, daß das Ni^{2+}-abhängige Enzym Urease ebenfalls ein Carbamat als primäres Reaktionsprodukt bei der Harnstoffhydrolyse liefert. Die Nickelkatalyse beschleunigt die in Gleichung 1-88 aufgezeigte Umsetzung um den Faktor $7 \cdot 10^4$ [12].

1.7. Isotope Substitutionen als Sonden für Katalysemechanismen

Der Ersatz eines Wasserstoffatoms in einem Substratmolekül durch die Isotope Deuterium (^2H) oder Tritium (^3H) kann vor allem dann beträchtliche Auswirkungen auf die Reaktionsgeschwindigkeit zeigen, wenn die *isotope Bindung* selbst im geschwindigkeitsbestimmenden Reaktionsschritt gelöst bzw. gebildet wird. Man bezeichnet das Verhältnis der Geschwindigkeitskonstanten k_H/k_D oder k_H/k_T einer solchen Umsetzung als einen *primären kinetischen Isotopieeffekt*.

Für die in Gleichung 1-89 dargestellte Protonentransferreaktion

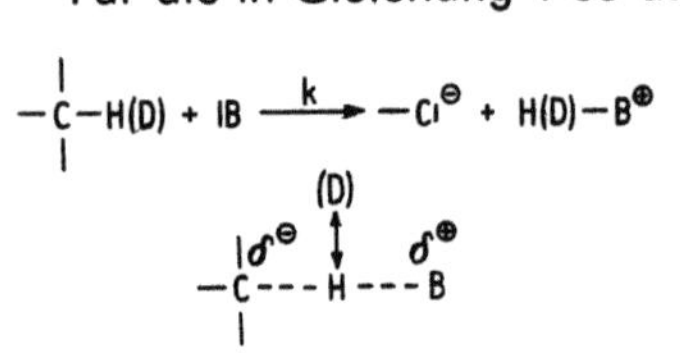

Gl. 1-89

ist dann ein besonders hoher primärer kinetischer Isotopieeffekt zu erwarten, wenn der aktivierte Komplex symmetrisch aufgebaut ist.

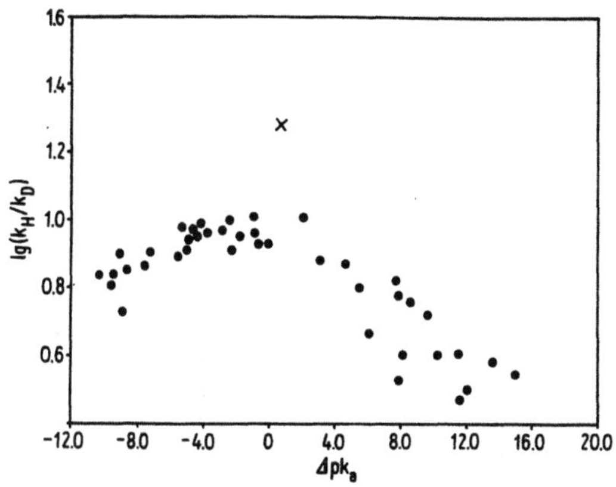

Abb. 1-25. Primäre kinetische Deuterium-Isotopieeffekte für den Protonentransfer von CH-Säuren unterschiedlicher Struktur (Ketone, β-Diketone, β-Ketoester und Nitroalkane) zu verschieden starken Basen B [13].
Auf der Abszisse ist die pK_a-Differenz zwischen der CH-Säure und der konjugierten Säure H—B aufgetragen. Ein außergewöhnlich großer Isotopieeffekt für den Protonentransfer zwischen 2-Nitropropan und 2.6-Dimethylpyridin ist besonders gekennzeichnet (x).

Symmetrische Übergangszustände sind dann begünstigt, wenn das Carbanion in Gleichung 1-89 und die Base B identische Protonenaffinitäten besitzen, so daß für ein maximales k_H/k_D-Verhältnis die Bedingung $\Delta pK_a = 0$ vorliegen müßte.

Wie Abbildung 1-25 zeigt, läßt sich diese Vorhersage experimentell bestätigen. Damit ist über den Betrag des primären kinetischen H-Isotopieeffektes ein Zugang zur Struktur des Übergangszustandes von Protonentransferreaktionen möglich.

Aus dem Verlauf der Potentialenergiekurven für die isotope Bindung während des Protonentransfers läßt sich die Ursache für die unterschiedliche Reaktionsgeschwindigkeit der isotopen Moleküle verdeutlichen (Abb. 1-26). Für die *Nullpunktsenergie* einer C—H-Bindung errechnet sich aus der CH-Valenzschwingung ($\tilde{\nu}_{CH} \sim 2900\,cm^{-1}$) mit 17.3 kJ mol^{-1} ein deutlich höherer Betrag als für die CD-Bindung ($\tilde{\nu}_{CD} \sim 2100\,cm^{-1}$; 12.5 kJ mol^{-1}). Diese Differenz resultiert aus der höheren Masse des Deuteriums. Im symmetrischen Übergangszustand ist im Gegensatz zum Grundzustand die Kopplung der Valenzschwingungen C—H und H—B sehr stark, und die Schwingungsenergien sind unabhängig von der Masse des Isotops; jede Schwingung längs der Reaktionskoordinaten führt entweder zum Produkt oder zurück zu den Reaktanden. Der gemessene primäre ki-

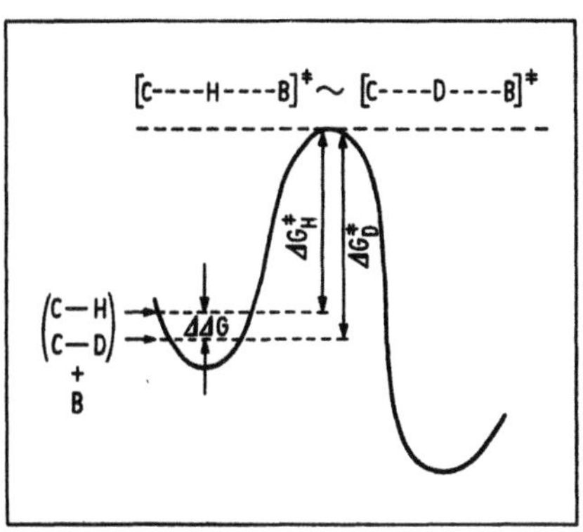

Abb. 1-26. Die durch den unterschiedlichen Energiegehalt der Valenzschwingungen bedingte Differenz in den Nullpunktsenergien der isotopen Bindungen C—H bzw. C—D im Ausgangszustand sind in einem symmetrischen aktivierten Komplex nicht mehr vorhanden. Der primäre kinetische Deuterium-Isotopieeffekt wird in diesem Falle durch $\Delta G^{\ddagger}_H - \Delta G^{\ddagger}_D = \Delta\Delta G$ bestimmt.

netische Isotopieeffekt für den symmetrischen Übergangszustand ist somit direkt proportional den Differenzen in den Nullpunktsenergien der isotopen Reaktanden.

Aus den über die Valenzschwingungen der isotopen Bindungen abgeleiteten Energiedifferenzen errechnet sich ein maximaler k_H/k_D-Wert von 6 bis 9. Kleinere Isotopieeffekte, wie sie in Abbildung 1-25 für $pK_a \neq 0$ zu beobachten sind, resultieren aus reaktandenähnlichen bzw. produktähnlichen aktivierten Komplexen, bei denen die asymmetrische Protonenposition auch im Übergangszustand zu differenten Nullpunktsenergien für beide Isotope führt.

Besonders große Isotopieeffekte mit $k_H/k_D > 10$ lassen sich allein aus den Differenzen der Nullpunktsenergien nicht erklären. In Abbildung 1-25 ist ein solcher Wert, der bei der Ablösung eines CH-Protons durch 2.6-Dimethylpyridin als Base erhalten wurde, eingezeichnet. Die Ursache für solch große Isotopieeffekte wird in Tunnelmechanismen (s. 1.4.2.) gesucht, die in diesen Fällen den Protonentransfer wesentlich bestimmen. Das Deuteron tunnelt infolge seiner größeren Masse ineffektiver als das Proton, so daß ein zusätzlicher Isotopieeffekt in den experimentellen Wert eingeht.

Die Abhängigkeit der Nullpunktsenergie von der Valenzschwingungsfrequenz bzw. der Masse der beteiligten Atome läßt auch für isotope Substitutionen anderer Elemente ($^{12}C/^{13}C$, $^{14}N/^{15}N$, $^{16}O/^{18}O$) kinetische Isotopieeffekte erwarten. Die maximal möglichen Unterschiede in den Nullpunktsenergien sind infolge der geringen Massedifferenzen jedoch sehr niedrig. Man benötigt spezielle Meßmethoden, um solche *Schweratom-Isotopieeffekte* zuverlässig bestimmen zu können.

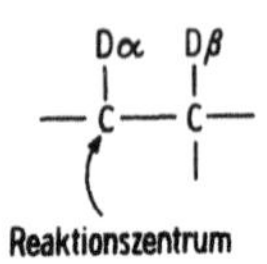

Abb. 1-27. Isotope Markierung in α- oder β-Stellung zum Reaktionszentrum.

Kinetische Isotopieeffekte können auch dann auftreten, wenn die isotope Bindung im geschwindigkeitsbestimmenden Reaktionsschritt nicht direkt berührt wird. Die isotopen Positionen sind in Abbildung 1-27 gekennzeichnet.

Solche *sekundären Isotopieeffekte* sind in der Regel nicht größer als 30% und können auch invers ausfallen. Bei *inversen Isotopieeffekten* reagiert die Verbindung mit dem schwereren Isotop schneller, so daß $k_H/k_D < 1$ wird.

α-Isotopieeffekte resultieren insbesondere bei Änderung der Hybridisierung des α-C-Atoms ($sp^2 \rightleftarrows sp^3$), aus Nullpunktsenergiedifferenzen, die durch eine Deformationsschwingung verursacht werden.

Der *β-sekundäre Isotopieeffekt* spiegelt die unterschiedliche Fähigkeit der isotopen Bindung zur hyperkonjugativen Stabilisierung benachbarter elektrophiler Zentren wider. Die CD-Bindung ist dazu weniger in der Lage als eine CH-Valenz. Daher beschleunigt ein D-Atom in β-Stellung nucleophile Additionen an die Carbonylgruppe. Auch die Gleichgewichtskonstante für die Additionsreaktion ist für die D-substituierte Verbindung größer, so daß sowohl ein inverser kinetischer als auch ein inverser *thermodynamischer Isotopieeffekt* gefunden wird.

Der Einfluß unterschiedlicher Reaktionsmechanismen auf den Betrag des kinetischen β-Isotopieeffektes bei der Hydrolyse von $CH_3(CD_3)$—CONH—C_6H_4—NO_2(4–) in alkalischer Lösung geht aus Abbildung 1-28 hervor.

Während bei hohen Hydroxylionenkonzentrationen ($k_H/k_D < 1$) die Addition von $OH^{\ominus}$ an die Carboxamidgruppe die Geschwindigkeit der Reaktion bestimmt, ist bei niedrigen pH-Werten sowohl eine Änderung des Hydrolysemechanismus als auch eine Änderung des geschwindigkeitsbestimmenden Schrittes der Reaktion ableitbar.

Wird das Lösungsmittel, in dem eine Reaktion abläuft, isotop substituiert (z. B. $H_2O \rightarrow D_2O$), so muß man die in Abbildung 1-29 aufgeführten Faktoren bei der Analyse

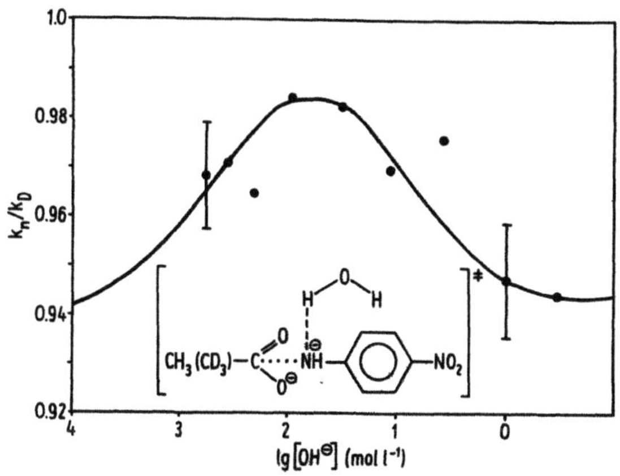

Abb. 1-28. Abhängigkeit des sekundären kinetischen D-Isotopieeffektes für die alkalische Hydrolyse von 4-Nitroacetanilid von der $OH^{\ominus}$-Konzentration und daraus abgeleiteter aktiverter Komplex (nach [14]). Für zwei der Meßpunkte sind die Fehlerbereiche mit eingezeichnet. Die Kurve entspricht dem nach der komplexen kinetischen Gleichung dieser Reaktion zu erwartenden Bruttoisotopieeffekt.

des experimentellen Isotopieeffektes in die Betrachtungen einbeziehen. In manchen Fällen sind einige der Einzelbeiträge vernachlässigbar. Bei komplexen Katalysemechanismen, wie sie für Enzymreaktionen typisch sind, ist aber mit allen diesen Faktoren zu rechnen, so daß man aus dem Wert k_{H_2O}/k_{D_2O}, dem *kinetischen Solvent-Isotopieeffekt*, kaum die Struktur von Übergangszuständen ableiten kann.

Durch eine etwas aufwendigere Technik gelingt es aber auch in Fällen, bei denen sowohl die Zahl der austauschbaren Protonen in Substrat und Katalysator groß ist, als auch eine Reihe von Übergangszuständen und Zwischenprodukten vorhanden sein können, zwischen alternativen Katalysewegen zu unterscheiden. Dabei wird eine Bilanz der Isotopieeffekte für alle Wasserstoffatome aufgestellt, die bei der Ausbildung des aktivierten Komplexes eine Änderung des Bindungszustandes erfahren.

Solche *Protonenbilanzstudien* machen sich zunutze, daß unterschiedlich gebundene Protonen mit dem isotopen Medium auch in unterschiedlichem Maße austauschen. Demzufolge muß sich der Gehalt an Deuterium im Solvent nicht im Deuteriumgehalt der Reaktanden oder des aktivierten Komplexes widerspiegeln. Dieser kann in Abhängigkeit von den Fraktionierungsfaktoren Φ_i und Φ_j der austauschbaren Protonen i und j entweder höher, gleich oder auch niedriger ausfallen.

Der *Fraktionierungsfaktor* Φ ist demnach ein Maß, ob ein in den H/D-Austausch einbezogener Molekülteil Deuterium (im Vergleich zur Zusammensetzung des Mediums) anreichert. So kann man z. B. in einem wäßrigen Medium aus dem Φ-Wert von 0.40 bis 0.46 für die SH-Gruppe ableiten, daß Deuterium die O—D-Position des Wassers gegenüber der S—D-Position im Thiol bevorzugt.

Die Geschwindigkeits- oder Gleichgewichtskonstante einer Reaktion in H_2O/D_2O-Mischungen läßt sich quantitativ durch eine Gleichung beschreiben (Gl. 1-90), die die Fraktionierungsfaktoren der Reaktanden Φ^R und des aktivierten Komplexes Φ^T mit der isotopen Zusammensetzung n des Lösungsmittels (Atomfraktion an Deuterium) verknüpft.

$$k_n = k_0 \prod_i (1-n+n\Phi_i^T) \Big/ \prod_j (1-n+n\Phi_j^R) \qquad \textbf{Gl. 1-90}$$

k_n entspricht dem untersuchten Reaktionsparameter im isotopen Gemisch der Zusammensetzung n, k_0 ist dieser Wert in H_2O.

Gleichung 1-90 gilt auch im Falle des Isotopieeffektes einer Gleichgewichtskonstanten, wobei anstelle von Φ_i^T der Fraktionierungsfaktor Φ_i^P des Reaktionsproduktes eingesetzt wird. Die in der Gross-Butler-Gleichung 1-90 benötigten Fraktionierungsfaktoren Φ^R und Φ^P sind NMR-spektroskopisch direkt zugänglich. Diejenigen der aktivierten Komplexe werden aus den Fraktionierungsfaktoren strukturell verwandter stabiler Verbindungen abgeleitet oder aus ähnlichen Reaktionsmechanismen, deren Übergangszustände be-

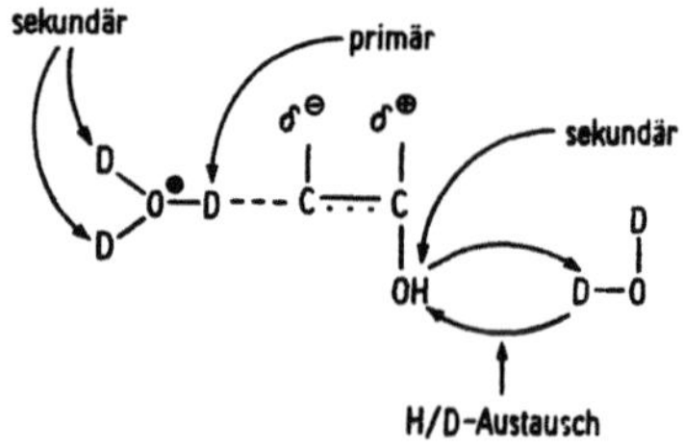

Abb. 1-29. Einzelbeiträge zum Brutto-Solvent-Isotopieeffekt beim Übergang von H_2O zu D_2O als Reaktionsmedium, demonstriert anhand der Ketonisierung eines Enols.
Nur ein Deuterium befindet sich auf der Reaktionskoordinaten. Der H/D-Austausch in den zum Reaktionszentrum benachbarten Positionen des Substrates ist der eigentlichen Reaktion vorgelagert.

kannt sind, übertragen. Aus den experimentell erhältlichen Geschwindigkeitskonstanten k_n in H_2O/D_2O-Mischungen mit unterschiedlicher Atomfraktion an Deuterium lassen sich in günstigen Fällen anhand der Kurvenform in der Auftragung k_n gegen n sowohl die Zahl der reaktiven Protonen im aktivierten Komplex als auch der Fraktionierungsfaktor Φ^T ermitteln. Aus der letzteren Größe kann man Aussagen über die Bindungseigenschaften dieser Protonen ableiten.

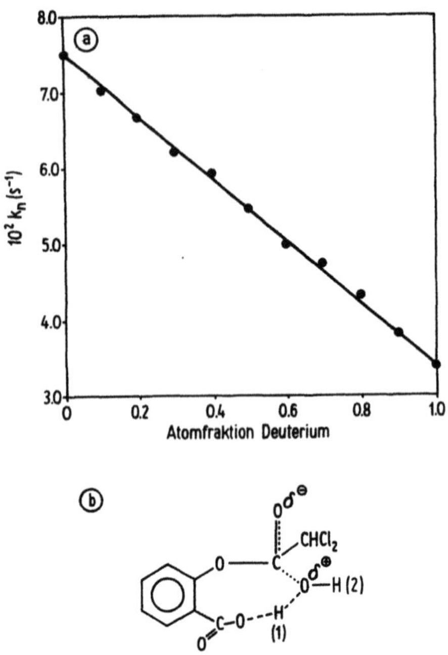

Abb. 1-30. Protonenbilanzstudie für die intramolekular katalysierte Hydrolyse von o-Dichloracetylsalicylat.
a) Abhängigkeit der Geschwindigkeitskonstanten k_n von der Atomfraktion n an Deuterium im Reaktionsmedium. Die Gerade wird durch die Gleichung $k_n = k_0\,(1 - n + 0.46\,n)$ beschrieben (nach [15]). b) Daraus abgeleitete Struktur des aktivierten Komplexes.

In Abbildung 1-30 ist eine Protonenbilanzstudie für die intramolekular katalysierte Hydrolyse von o-Dichloracetylsalicylat dargestellt.

Die lineare Abhängigkeit der Reaktionsgeschwindigkeit vom Deuteriumgehalt des Lösungsmittels läßt darauf schließen, daß im aktivierten Komplex nur ein Proton seinen Bindungszustand wesentlich ändert.

Aus dem Fraktionierungsfaktor Φ^T von 0.46, der sich ebenfalls aus dieser Abhängigkeit über Gleichung 1-90 ergibt, folgt die direkte Beteiligung dieses Protons am Katalysemechanismus. Die daraus abgeleitete Struktur des aktivierten Komplexes (Abb. 1-30b) weist auf eine intramolekulare allgemeine Basenkatalyse hin, bei der das Brückenproton H(1) den Isotopieeffekt verursacht. H(2) verändert während der Katalyse seinen Bindungszustand kaum, so daß es nicht zum Bruttoisotopieeffekt beiträgt.

1.8. Katalysen durch enzymanaloge Funktionsprinzipien

1.8.1. Intramolekularität als reaktionsfördernder Faktor

Die in den vorhergehenden Abschnitten behandelten chemischen Mechanismen der Katalyse können allein die hohe Effektivität enzymkatalysierter Reaktionen, selbst wenn mehrere Katalysearten synchron wirksam werden, nicht erklären. Sehr oft beschleunigen gerade solche Substitutionen innerhalb des Substratmoleküls die enzymatische Umsetzung, die weit vom eigentlichen Reaktionszentrum entfernt sind und die Elektronendichte in der Umgebung der reaktiven Bindung kaum verändern.

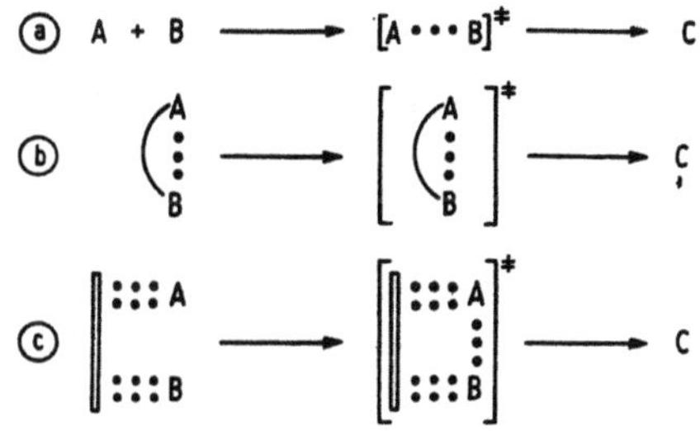

Abb. 1-31. Verschiedene Möglichkeiten für die Fixierung der Reaktanden A und B im aktivierten Komplex.
a) Bimolekulare Reaktion. b) Intramolekulare Reaktion. c) Umsetzung der präfixierten Reaktanden am Enzym.

In Abbildung 1-31 ist daher ein weiterer Unterschied zwischen einer Enzymreaktion und einer bimolekularen Umsetzung dargestellt, der auf dem spezifischen Bindungsverhalten der makromolekularen Proteinstruktur gegenüber den an der Umsetzung beteiligten Reaktanden beruht. Enzymkatalysiert verläuft die Bindungsbildung zwischen den Reaktanden A und B intramolekular, (Abb. 1-31c), während auf Weg a die Fixierung der Reaktanden erst im aktivierten Komplex erfolgt. Damit ähneln enzymkatalysierte Reaktionen mehr den intramolekularen Umsetzungen (Abb. 1-31b). Unterschiedlich ist nur die Art der Verbrückung der Reaktanden, die das Enzym nichtkovalent in einem der chemischen Katalyse vorgelagerten Reaktionsschritt erreicht (s. 4.1.3.3.).

Als Maß für die Effizienz einer intramolekularen Umsetzung gilt die *effektive Molarität*. Diese Größe ergibt sich, wenn man die Geschwindigkeitskonstante einer intermolekularen Reaktion zur gleichartigen intramolekularen Umsetzung ins Verhältnis setzt (k_{intra} (s^{-1})/k_{inter} (l^{-1} mol^{-1} s^{-1}), wobei sich ein Betrag mit der Dimension einer Molarität ergibt. Sinnvoll ist die Berechnung der effektiven Molarität aber nur, wenn die Reaktionsmechanismen der beiden Reaktionswege identisch sind.

Die Zahlenwerte für effektive Molaritäten sind sehr unterschiedlich und schwanken je nach Reaktionstyp und der Art der kovalenten Brückenglieder zwischen den Reaktanden A und B im Bereich von 0.3 mol l^{-1} bis 10^{11} mol l^{-1}.

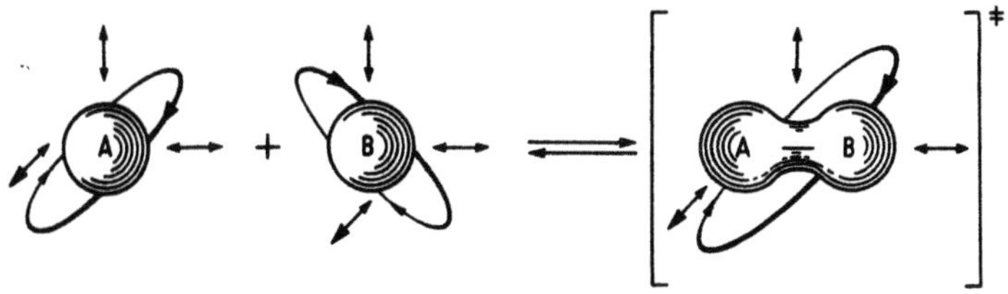

Abb. 1-32. Die Zahl der Freiheitsgrade der Bewegung verringert sich im aktivierten Komplex einer bimolekularen Umsetzung.

Tab. 1-6. Einfluß des Brückengliedes auf die Gleichgewichtskonstante der Anhydridbildung bei 25 °C (nach [17])

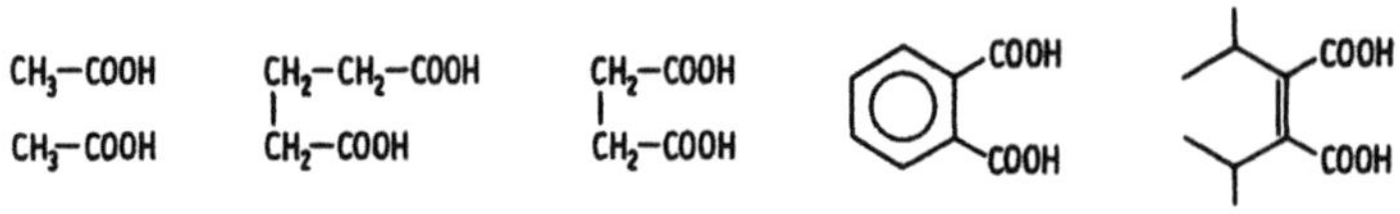

$3 \cdot 10^{-12}$	$1 \cdot 10^{-9}$	$1 \cdot 10^{-6}$	$5 \cdot 10^{-3}$	6.0

Hauptsächlich sind entropische Faktoren für die Begünstigung intramolekularer Umsetzungen verantwortlich. Wie Abbildung 1-32 ausweist, vermindert sich bei einer bimolekularen Assoziation die Teilchenzahl im Übergangszustand, was zu einer Reduktion der Freiheitsgrade der Translation und der Rotation um jeweils den Betrag von drei führt. Andererseits entstehen zusätzlich sechs neue Schwingungsfreiheitsgrade und einige zusätzliche Möglichkeiten für interne Rotationen.

Der intramolekulare Weg der Umsetzung hält alle diese Faktoren konstant. Für die Entropiebilanz einer bimolekularen Assoziation beträgt der Nettoverlust 150 J K^{-1} mol^{-1} [16]. Unter Einbeziehung von Gleichung 1-47 zur Berechnung des Geschwindigkeitsgewinns, der bei Einsparung eines Entropieanteils von -150 J K^{-1} mol^{-1} resultiert, erhält man eine Reaktionsbeschleunigung um den Faktor 10^8, die im intramolekularen Fall wirksam wird.

Die Entropieeinsparung wird nicht nur für die Bildung des aktivierten Komplexes beobachtet. Intramolekulare Umsetzungen sind auch bei der Gleichgewichtskonstanten der Produktbildung gegenüber dem intermolekularen Fall im Vorteil. Einen spezifischen „chemischen" oder „elektronischen" Effekt muß man demnach zur Erklärung der hohen intramolekularen Reaktivitäten nicht heranziehen. Die Verbrückung zwischen den reagierenden Gruppen muß nur flexibel genug sein, um ihre Annäherung auf Bindungsabstand zueinander zu ermöglichen. Die dafür notwendigen Konformationsänderungen erfolgen mit einer gesättigten Kohlenstoffkette als Brückenglied durch Rotationen um die C—C-Bindung. Beschränkt man diese Rotationsmöglichkeiten so, daß nur noch die für die Umsetzung optimale Anordnung von A und B möglich ist, so kann man pro eingeschränkter Rotationsmöglichkeit einen weiteren Geschwindigkeitsgewinn um den Faktor 5 annehmen. Zahllose Beispiele belegen, daß die Anordnung der reaktiven Bindungen im aktiven Zentrum von Enzymen in dieser Hinsicht optimal ist. Aus Tabelle 1-6 kann man den Einfluß des Brückengliedes auf die Gleichgewichtskonstante der Anhydridbildung entnehmen.

Betrachtet man andererseits die experimentell erhaltenen effektiven Molaritäten bei einer verwandten Reaktion, der nucleophil katalysierten Hydrolyse von 4-Nitrophenyl-

Tab. 1-7. Einfluß der Brückenglieder und des nucleophilen Restes auf die effektive Molarität (mol l^{-1}) bei der Hydrolyse von Phenylestern (nach [18])

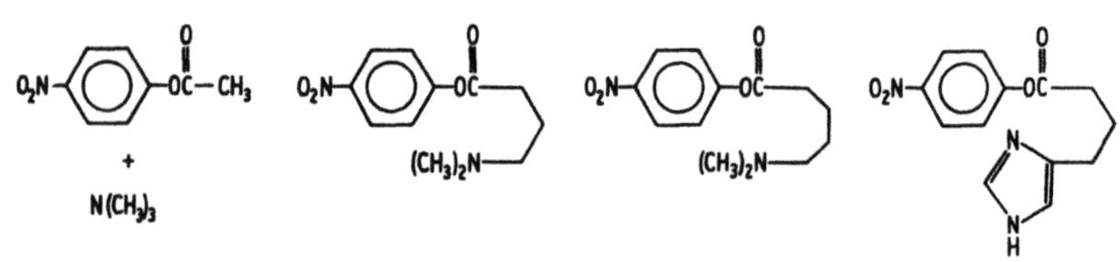

Effektive Molarität	1	$5 \cdot 10^3$	$2 \cdot 10^3$	9

estern durch tertiäre Amine (Tab. 1-7), so sind die wesentlich unter den theoretischen Vorhersagen liegenden Vorteile des intramolekularen Falls verwunderlich. Die Ursache dafür ist im unterschiedlichen Aufbau der aktivierten Komplexe zu suchen. Je nach Lage des Übergangszustandes auf der Reaktionskoordinaten ist die Einschränkung der Bewegungsfreiheitsgrade im aktivierten Komplex unterschiedlich ausgeprägt. Die Auswirkungen dieser Unterschiede auf die Entropiebilanz der bimolekularen Assoziation kann am Beispiel der sehr locker aufgebauten aktivierten Komplexe, die bei der Dimerisierung von Kohlenwasserstoffradikalen auftreten, demonstriert werden. Der geschwindigkeitsbestimmende Schritt einer solchen Radikalreaktion ist sehr früh auf der Reaktionskoordinaten verankert und liegt im Bereich des Kollisionskomplexes mit einer nur gering ausgeprägten kovalenten Bindung zwischen beiden Reaktanden.

Anstelle der 150 J K^{-1} mol^{-1}, die aktivierten Komplexen mit festen Bindungen oder Reaktionsprodukten mit normalen Kovalenzen zwischen A und B als Entropiegewinn für den intramolekularen Fall zu Buche stehen, ist für den lockeren Komplex mit 61.2 J K^{-1} mol^{-1} nur eine bescheidene Einsparung zu erreichen [19]. Mit diesem Wert errechnet sich über Gleichung 1-47 eine effektive Molarität von ca. 10^3 mol l^{-1}.

Die Beweglichkeit der Komponenten im aktivierten Komplex läßt sich auch indirekt im Experiment nachweisen, wenn man die Aktivierungsentropie der monomolekular verlaufenden Spaltung von Benzylsulfoxiden (Abb. 1-33a) ermittelt. Der radikalische Übergangszustand der Reaktion enthält nach den obigen Ausführungen wesentlich mehr Freiheitsgrade der Bewegung als das Ausgangsmolekül, so daß ein $\Delta S^{+} = +105$ J K^{-1} mol^{-1} verständlich ist. Die Umlagerung der ähnlich strukturierten Allylverbindung in Abbildung 1-33b verläuft ebenfalls monomolekular, ist aber durch einen cyclischen, fester strukturierten aktivierten Komplex gekennzeichnet. Für diese Reaktion findet man demzufolge eine Aktivierungsentropie von -9 J K^{-1} mol^{-1}.

Bisher wurde gezeigt, daß sich der Vorteil der intramolekularen Reaktionen gegenüber bimolekularen Umsetzungen in einer hohen Produktbildungstendenz bei hoher Geschwindigkeit widerspiegelt.

Wie setzt sich solche Reaktionsbereitschaft in effektive und selektive Katalyse um?

Der Unterschied zwischen Katalyse und Reaktivität, wie er für den allgemeinen Fall im Abschnitt 1.6. bereits verdeutlicht wurde, sei für eine intramolekulare Reaktion am Beispiel von Gleichung 1-91 diskutiert.

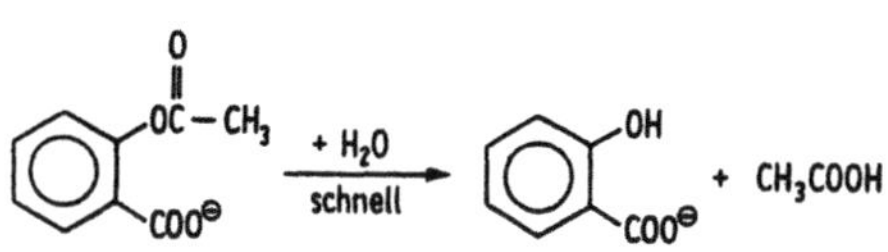

Gl. 1-91

Die Carboxylatgruppe in Acetylsalicylsäure ist bei der Hydrolyse der Esterbindung intramolekular basekatalytisch sehr wirksam. Der aktivierte Komplex für diese Reaktion entspricht etwa dem, der bei der Hydrolyse von Dichloracetylsalicylat (Abb. 1-28b) diskutiert

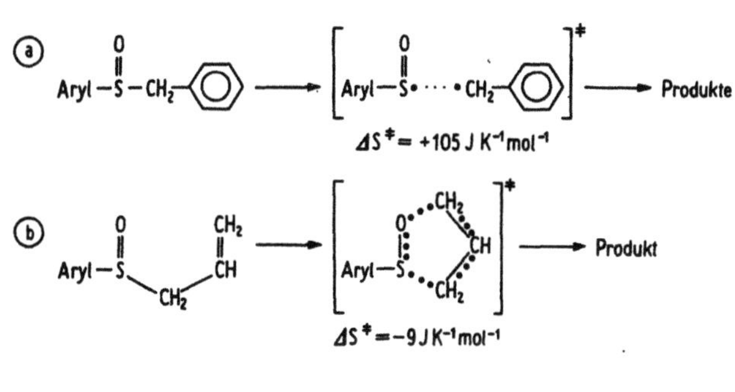

Abb. 1-33. Einfluß der Beweglichkeit der im aktivierten Komplex immobilisierten Komponenten auf die Aktivierungsentropie.
a) Benzylsulfoxide. b) Allylsulfoxide.

wurde. Untersucht man als Referenzsubstanz zur Quantifizierung der katalytischen Effizienz der —COO$^{\ominus}$-Gruppe eine Verbindung, deren Carboxylatrest durch Veresterung unwirksam gemacht wurde, so zeigt sich, daß die in Gleichung 1-91 aufgeführte Reaktion durch die intramolekulare Basekatalyse um den Faktor 650 beschleunigt wird.

Trotzdem ist Acetylsalicylsäure kein guter Katalysator für bimolekular ablaufende Esterhydrolysen, da der Vorgang in Gleichung 1-91 stöchiometrisch, das heißt mit nur einem Formelumsatz, abläuft.

Eine echte Katalyse einer bimolekularen Esterhydrolyse durch Kombination von reaktionsfördernder Intramolekularität und allgemeiner Basenkatalyse ist in Gleichung 1-92 dargestellt.

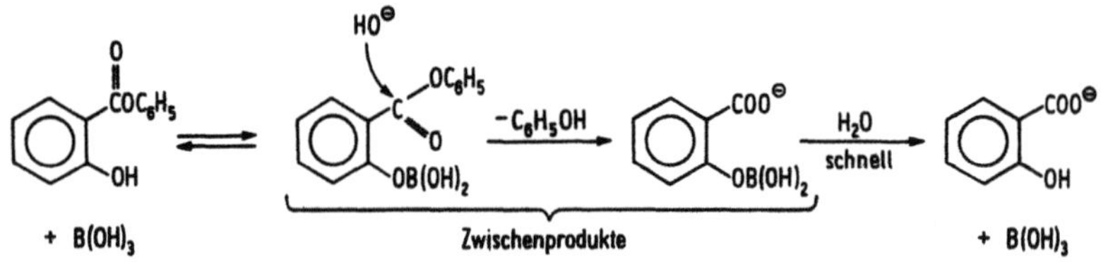

Gl. 1-92

Entscheidend für den effektiven katalytischen Ablauf in Gleichung 1-92 ist die schnelle Bildung der über einen nucleophilen Angriff zugänglichen Zwischenprodukte, die anschließend schnell, und zwar in Richtung auf die Reaktionsprodukte, zerfallen.

In Gleichung 1-92 werden diese Zwischenprodukte durch Borsäureester repräsentiert. In Gegenwart von Borat als Katalysator hydrolysiert Phenylsalicylat ca. 100mal schneller als die entsprechende 0-alkylierte Verbindung Phenyl-2-methoxybenzoat, die keine Borsäure kovalent zu binden vermag.

1.8.2. Katalyse über nichtkovalente Komplexe

Obwohl *nichtkovalente Bindungen* nur einen Bruchteil der Bindungsenergie einer Kovalenz aufweisen, können Komplexe, die durch nichtkovalente Kräfte gebildet werden, trotzdem recht stabil sein. Voraussetzung ist, daß mehrere dieser Bindungen innerhalb eines Komplexes wirksam werden und der Entropieverlust bei der Ausbildung solcher multiplen Bindungsstrukturen möglichst gering ausfällt.

Die Ausnutzung der Intramolekularität als reaktionsfördernder Faktor gelingt im Falle der nichtkovalenten Fixierung der Reaktionspartner (Abb. 1-31c) besonders gut, da der Komplex nach Ablauf der Katalyse leicht wieder in die Einzelkomponenten zerfallen kann. Als Beispiel binden Cyclodextrine als α-1,4 verbrückte D-Glucopyranoside (Abb. 1-34a) ihre Gastmoleküle in einem 0.44–0.85 nm breiten, konischen Hohlraum. Dort füllen sie den Hohlraum in einem für nichtkovalente Wechselwirkungen günstigen Abstand zu den bindenden funktionellen Gruppen des Wirtsmoleküls aus.

Bei der Zugabe von β-Cyclodextrin zu einer wäßrigen Lösung von 4-Nitrophenylacetat wird eine Beschleunigung der 4-Nitrophenolabspaltung beobachtet. Ähnlich wie für Enzymreaktionen wird mit steigender Konzentration an 4-Nitrophenylacetat eine Sättigungskinetik beobachtet. Daraus kann man ableiten, daß das Gastmolekül mit dem β-Cyclodextrin einen Komplex bildet, der schneller hydrolysiert als der unkomplexierte Ester. Die Stabilität des Komplexes resultiert aus hydrophoben Wechselwirkungen zwischen den unpolaren Teilen des Gastmoleküls und den CH-Gruppen des β-Cyclodextrins.

Die eigentlich katalytisch wirksame funktionelle Gruppe ist eine günstig angeordnete OH-Gruppe des β-Cyclodextrins, die nucleophil die Estergruppierung angreift. Dieser Additionsschritt bestimmt die Bruttoreaktionsgeschwindigkeit der Hydrolyse.

Nicht immer sind chemische Katalysemechanismen verantwortlich für die katalytische Wirkung von Cyclodextrinen. Bei der um den Faktor 44 größeren Decarboxylierungsge-

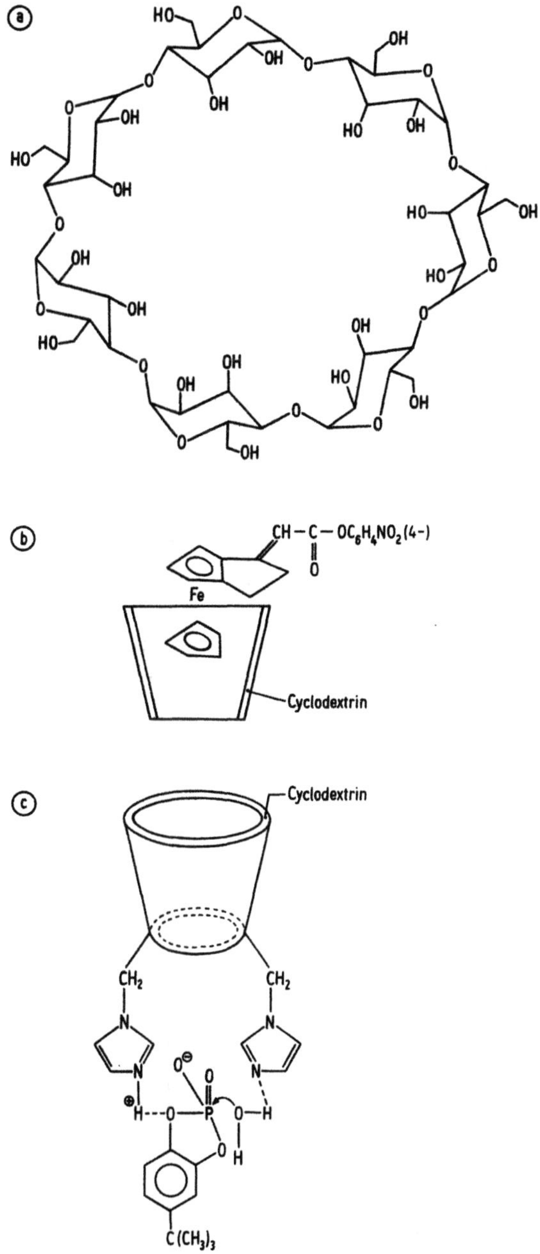

Abb. 1-34. Cyclodextrin als nichtkovalenter Komplexbildner.
a) Molekülstruktur von β-Cyclodextrin. b) Cyclodextrin-Ferrocen-Komplex mit hoher Tendenz zur 4-Nitrophenolabspaltung.
c) Imidazolsubstituiertes Cyclodextrin als Katalysator für die Hydrolyse cyclischer Brenzkatechinphosphate.

schwindigkeit von β-Cyanessigsäure im β-Cyclodextrinkomplex ist die im Vergleich zu Wasser verminderte Polarität im Hohlraum des Wirtsmoleküls die Hauptursache der Reaktionsbeschleunigung.

Paßt man das Gastmolekül dem Hohlraum des β-Cyclodextrins an, so daß die katalytisch wirksamen funktionellen Gruppen des Wirtsmoleküls optimal zum Raktionszentrum eines eingelagerten Substrates angeordnet sind, so erhält man Reaktionsbeschleunigungen, die bereits an die Umsatzgeschwindigkeiten von Enzymen heranreichen.

Für den Ferrocenylester in Abbildung 1-34b wird innerhalb des β-Cyclodextrinkomplexes eine Hydrolysegeschwindigkeit gefunden, die $1.5 \cdot 10^8$mal schneller ist als die Vergleichsreaktion des nichtgebundenen Ferrocenylesters.

Diese Verwandtschaft der durch β-Cyclodextrin katalysierten Umsetzungen mit Enzymreaktionen wird auch im Falle der Hydrolyse des cyclischen Phosphats in Abbildung 1-34c (vgl. auch Abb. 4-57b) deutlich. Ähnlich den durch Ribonuclease katalysierten Phosphatspaltungen wird eine glockenförmige Kurve für die Abhängigkeit der Reaktionsgeschwindigkeit vom pH-Wert (pH-Optimum bei 6.5) gefunden. Gleichzeitig beobachtet man eine beträchtliche Regioselektivität der Phosphatspaltung, denn im Gegensatz zur alkalischen Hydrolyse des cyclischen Phosphates wird im Cyclodextrinkomplex nur eine der beiden möglichen P-O-Bindungen gespalten, so daß ein einheitliches Reaktionsprodukt entsteht [20]. Die für Ribonucleasen typischen hohen katalytischen Effektivitäten werden allerdings bei weitem nicht erreicht.

1.8.3. Katalyse an synthetischen Polymeren

Unter den synthetischen Polymeren, die besonders gut kleine Moleküle über nichtkovalente Wechselwirkungen binden können, nehmen Polyethylenimine eine bevorzugte Stellung ein. Modifiziert man das Polymer (Abb. 1-35) durch Acylierung der primären Aminogruppen mit langkettigen Carbonsäuren, so erhält man Makromoleküle, die Rinderserumalbumin hinsichtlich des Bindungsvermögens für kleine Modellsubstrate bei weitem übertreffen. Genau wie bei einem Enzymprotein wird durch Denaturierung mit Harnstoff die Bindungskapazität des acylierten Polymers stark vermindert.

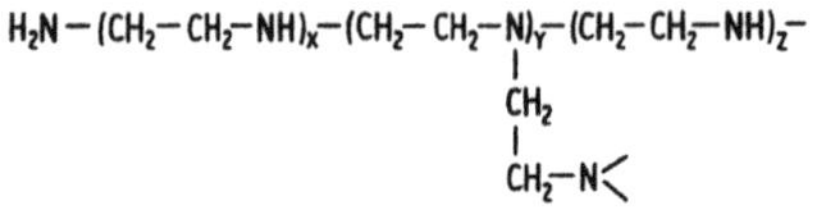

Abb. 1-35. Polyethylenimin als Trägermatrix für enzymanaloge Umsetzungen.

Dotiert man solche Acylpolyethylenimine zusätzlich mit Imidazolresten als nucleophil reaktive Gruppierungen, so kann man das Bindungsvermögen des Polymeren mit einer spezifischen chemischen Reaktivität kombinieren. Verbindungen dieser Art nennt man *Synzyme,* da sie in einigen katalytischen Eigenschaften Enzyme simulieren können.

Die imidazoldotierten Acylpolyethylenimine sind besonders gute Hydrolysekatalysatoren und können aktivierte Ester wie 4-Nitrophenylacetat mit einer dem Chymotrypsin nahekommenden Geschwindigkeit spalten (Tab. 1-8).

1.8.4. Semisynthetische Katalysatoren

Bindet man synthetische Katalysatoren kovalent an Enzyme, so erhält man semisynthetische Enzyme, deren Katalysefunktion den neu eingefügten funktionellen Gruppen entspricht. So gelang es z. B. in der über einen Thiolrest wirksamen Peptidhydrolase Papain (s. 4.5.1.2.2.), das nichtessentielle Cystein-25 kovalent mit geeigneten Flavinverbindungen

Tab. 1-8. Die Effektivität verschiedener Katalysatoren für die Hydrolyse von 4-Nitrophenylacetat [21]

Katalysator	Katalysekonstante $l\,mol^{-1}\,min^{-1}$
Imidazol	10
Chymotrypsin	10000
Polyethylenimin-600 (dotiert mit 10% Dodecyl- und 15% Methylenimidazolresten)	2700

zu modifizieren, ohne daß dadurch die Substratbindungseigenschaften des Enzyms blokkiert werden. Die proteolytische Aktivität des Papain geht bei dieser Modifizierung verloren.

Statt dessen oxidiert das „Flavopapain" nun N^1-Alkyl-1.4-dihydronicotinamid ungefähr 10^3mal schneller als das nicht an Papain gebundene Flavin. Die Oxidation verläuft nach einer für Enzymreaktionen typischen Sättigungskinetik. Ein proteolytisches Enzym ist demnach durch diese kovalente Modifizierung in eine Oxidoreductase umfunktioniert worden. In ähnlicher Weise entsteht eine semisynthetische Oxidase durch Ligandierung des Metallkomplexes $Ru(NH_3)_5^{3+}$ mit den Histidinresten des Pottwalmyoglobins. Das auf diese Weise gewonnene semisynthetische Enzym ist bei der Ascorbinsäureoxidation um den Faktor 100 aktiver als der Metallkomplex allein und erreicht damit fast die Aktivität der Ascorbat-Oxidase.

1.9. Der Einfluß des Mediums auf die Reaktionsgeschwindigkeit

1.9.1. Die Thermodynamik des Lösungsmittelwechsels

Bruttoreaktionsgleichungen beschränken sich in der Regel auf solche Stoffe, die mit einer definierten Stöchiometrie in den Reaktionsablauf eingreifen. Dazu gehören Reaktandenmoleküle, Katalysatoren und Zwischenprodukte. Eine solche einfache Betrachtungsweise ist aber höchstens für Umsetzungen in der Gasphase gültig. In Gegenwart von Lösungsmitteln kann die *Solvatation* aller der oben genannten Stoffe nicht vernachlässigt werden, da durch diese insbesondere die kinetischen Reaktionsparameter stark beeinflußt werden können.

Dieser Einfluß beruht häufig darauf, daß ungerichtete, nicht absättigbare Kräfte die Solvatation von Reaktanden und aktiviertem Komplex bestimmen. Andere Beispiele zeigen, daß bei einem Lösungsmittelwechsel geänderte Wasserstoffbrückenbindungen, Ladungsübertragungsmechanismen oder hydrophobe Kräfte ebenfalls zur Änderung der Ge-

Tab. 1-9. Geschwindigkeit der nucleophilen Reaktion einiger Anionen $X^\ominus$ mit CH_3—I unter Bildung von CH_3—X in Methanol und Dimethylformamid (nach [22])

Anion $X^\ominus$	k (DMF)	k (CH_3OH)	k (DMF)/k (CH_3OH)
$F^\ominus$	0.1	$7.0\cdot10^{-8}$	$1.4\cdot10^{6}$
$Cl^\ominus$	0.13	$1.0\cdot10^{-7}$	$1.3\cdot10^{6}$
$Br^\ominus$	0.11	$1.5\cdot10^{-6}$	$6.1\cdot10^{4}$
$N_3^\ominus$	0.136	$3\cdot10^{-6}$	$4.5\cdot10^{4}$
$SCN^\ominus$	0.011	$2\cdot10^{-5}$	$5.5\cdot10^{2}$

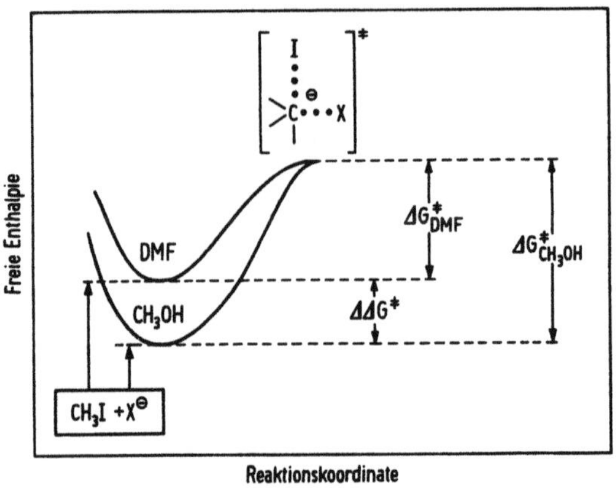

Abb. 1-36. Die Destabilisierung des Reaktandenzustandes beim Übergang von Methanol zu Dimethylformamid ist verantwortlich für den Solvent-Effekt $\Delta\Delta G^*$, der zur Beschleunigung der nucleophilen Reaktion führt.
Der aktivierte Komplex wird infolge seiner im Vergleich zum Reaktandenstatus niedrigeren Ladungsdichte von beiden Lösungsmitteln etwa gleich stabilisiert.

schwindigkeitskonstanten beitragen. Solvatationsbeziehungen dieser Art besitzen Sättigungscharakter, obwohl durch die Vielzahl der Effekte eine exakte Stöchiometrie für die Solvatation oft nicht angegeben werden kann.

Kinetische Solventeffekte können hohe Werte annehmen. Der nucleophile Angriff einfacher Anionen auf Methyliodid erfährt beim Übergang von Methanol zu Dimenthylformamid eine Beschleunigung um den Faktor $>10^6$. Wie Tabelle 1-9 zeigt, ist dieser Faktor von der chemischen Natur des Anions abhängig.

Die Ursache für die unterschiedlichen Geschwindigkeiten in beiden Lösungsmitteln kann man aus den Solvatationsunterschieden für die Reaktanden und den aktivierten Komplex ableiten. Kleine Anionen $X^\ominus$ werden durch Methanol gut solvatisiert, während der Übergangszustand, dessen negative Ladung sich über einen größeren Raum verteilt, ungünstiger solvatisierbar und damit weniger stabil ist. In Dimethylformamid, das beide Zustände gleichmäßig schwach solvatisiert, entfällt die durch die Reaktandenstabilisierung verursachte Reaktionshemmung in Methanol, so daß ein großer Beitrag des Mediums zur Umsatzgeschwindigkeit resultiert. Die Situation ist anhand des Freien Enthalpie Profils der Umsetzung in Abbildung 1-36 veranschaulicht.

Sind konkurrierende Reaktionswege möglich, so kann der Lösungsmittelwechsel nicht nur die Reaktionsgeschwindigkeit, sondern auch die Produktzusammensetzung unterschiedlich gestalten.

Bei bimolekularen Substitutionsreaktionen am tetraedrischen C-Atom lassen sich die Geschwindigkeitskonstanten in unterschiedlichen Lösungsmitteln (k und k_0) oft in einfacher Weise durch die Dielektrizitätskonstante ε des Reaktionsmediums quantitativ beschreiben (Gl. 1-93). Dabei entspricht k^0 einem Medium mit $\varepsilon = 1$.

$$\ln k = \ln k_0 - \text{const}\,\frac{\varepsilon - 1}{2\varepsilon + 1}\,. \qquad \text{Gl. 1-93}$$

Die gute Anpassung experimenteller Daten an Gleichung 1-93 deutet an, daß vorzugsweise Induktionskräfte, Austauschenergien (Abstoßung von Elektronenhüllen) und Dispersionskräfte (induzierte Dipol-Dipol-Wechselwirkungen) zur Solvatation beitragen.

Ein weiterer Faktor, der für katalytische Reaktionsbeschleunigungen durch Lösungsmittel eine Rolle spielt, ist die Löslichkeit der Reaktanden. Für den Umsatz eines lipophilen Substrates mit einem hydrophilen Reagenz ist es nicht leicht, ein gemeinsames Lösungsmittel zu finden. Abbildung 1-36 weist aber bereits darauf hin, daß die Reaktivität ionischer Ausgangsverbindungen durch die Destabilisierung des Reaktandenstatus infolge verminderter Solvatation gerade einen solchen Lösungsmitteltransfer interessant macht. Derartige Lösungsmittelwechsel sind durch die Entwicklung der *Phasentransferkatalyse* auch zwischen extremen Polaritätsdifferenzen möglich geworden.

Phasentransferkatalysatoren sind lipophile Substanzen, die mit Kationen Komplexe bilden. Diese lassen sich leicht in organische Phasen transferieren, wo die Anionen im weitgehend desolvatisiertem, chemisch besonders reaktivem Zustand vorliegen. So gelingt es z. B. in dem nicht mischbaren System Wasser/Methylenchlorid mit Hilfe der in Abbildung 1-37 dargestellten Kronenether als Phasentransferkatalysatoren, ein hydrophiles Reagenz wie $KMnO_4$ in die lipophile Phase zu überführen. In dieser Phase ist dann das Substrat für eine durch $MnO_4^{\ominus}$ induzierbare Oxidation gelöst.

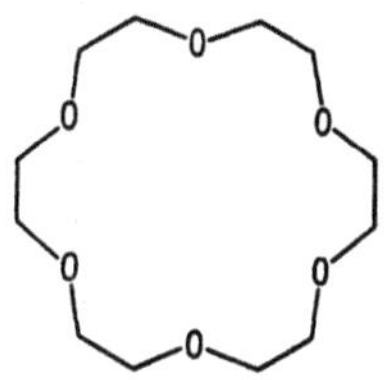

Abb. 1-37. Kronenether 18-Krone-6 als ein Vertreter der Phasentransfer-Katalysatoren.

Falls der Phasentransferkatalysator an eine Festphase gebunden ist, kann man die Reaktionsprodukte besonders einfach aufarbeiten. Man bezeichnet ein solches System als *Dreiphasenkatalyse.*

Katalytische Vorgänge in den aktiven Zentren von Enzymen müssen ebenfalls unter dem Gesichtspunkt einer veränderten Reaktandensolvatation analysiert werden, da ein Transfer des Substrates aus dem wäßrigen Medium in ein Gebiet verminderter Polarität und spezifischer Solvatation erfolgt (s. 4.1.3.1.).

1.9.2. Einfluß der Elektrolytkonzentration auf die Reaktionsgeschwindigkeit

Auch Neutralsalze können von beträchtlichem Effekt auf die Dynamik einer chemischen Reaktion sein.

Nach einer von Brönsted und Bjerrum abgeleiteten Gleichung (Gl. 1-94) sind die Geschwindigkeitskonstanten von den *Aktivitätskoeffizienten* γ der in der Lösung vorhandenen ionischen Spezies abhängig.

$k_n = k_0 \frac{\gamma_A \gamma_B}{\gamma^{\neq}}$. k_0 entspricht dabei dem Grenzwert von k_n bei unendlich kleiner Konzentration aller Ionen. Die Aktivitätskoeffizienten sind leicht über die *Ionenstärke* μ zu erhalten, die sich aus allen in der Reaktionslösung enthaltenen Ionen nach Gleichung 1-95 berechnen läßt.

$$\mu = \frac{1}{2} \sum_j c_j z_j. \qquad \text{Gl. 1-95}$$

In Gleichung 1-95 sind die molare Stoffkonzentration c_j und Ladungszahl des jeweiligen Ions z_j enthalten.

Berücksichtigt man, daß für den Aktivitätskoeffizienten des aktivierten Komplexes in Gleichung 1-95 in erster Näherung die Summe der Reaktandenladungen eingesetzt werden kann und berechnet nach der Debye-Hückel-Theorie die Aktivitätskoeffizienten, so resultiert als Näherungslösung für die Abhängigkeit der Reaktionsgeschwindigkeit von der Ionenstärke des Mediums der in Gl. 1-96 beschriebene Zusammenhang.

$$\ln k_n \sim \ln k_0 + 2 Z_A Z_B A \sqrt{\mu} \qquad \textbf{Gl. 1-96}$$

In Gleichung 1-96 ist A eine von den Reaktionsbedingungen abhängige Konstante. Trägt einer der Reaktanden keine Ladung, so wird $Z_A Z_B = 0$, und die Ionenstärke ist ohne Einfluß auf die Reaktionsgeschwindigkeit. Weisen die beiden Reaktanden Ladungen mit gleichem Vorzeichen auf, so folgt $k_n > k_0$, während für den Fall gegensinniger Ladungen $k_n < k_0$ gilt.

In der Praxis wird die Vergleichbarkeit von Geschwindigkeitskonstanten, die in unterschiedlich gepufferten Lösungen erhalten wurden, dadurch abgesichert, daß man durch Zusatz von Neutralsalz für eine konstante Ionenstärke sorgt. In vielen Fällen wird zu diesem Zwecke KCl angewandt.

Manchmal werden, um den Einfluß der Ionenstärke auszuschalten, Geschwindigkeitskonstanten auch auf die Ionenstärke 0 extrapoliert. Für sehr hohe Ionenstärken gelten die oben abgeleiteten einfachen Zusammenhänge nicht mehr, so daß man zur kinetischen Untersuchung von Katalysemechanismen bei mäßigen Salzkonzentrationen mit einer Ionenstärke von 0.5 bis 0.05 arbeiten sollte.

1.9.3. Hydrophobe Wechselwirkungen und Reaktionen unter mikroheterogenen Bedingungen

Löst man einen unpolaren Stoff wie n-Hexan in Wasser, so findet man für diesen Vorgang mit $\Delta S^0 = -125\,\mathrm{J\,K^{-1}mol^{-1}}$ einen beträchtlichen Entropieverlust. Ein großer Teil dieses Entropiebetrages resultiert daraus, daß die Wasserstoffbrückenstruktur des Wassers in der Umgebung der eingebrachten hydrophoben Kohlenwasserstoffkette einen höheren Ordnungsgrad aufweist. Die dadurch bedingte Tendenz der Kohlenwasserstoffreste, ihre Kontaktfläche zum umgebenden Wasser möglichst klein zu halten, führt zu einer Assoziation hydrophober Strukturelemente. Auf diese Weise wird indirekt über die Verminderung des Ordnungsgrades der Wasserstruktur diese hydrophobe Wechselwirkung ein thermodynamisch begünstigter Prozeß. Der fälschlich verwendete Begriff hydrophobe Bindung wird diesem Vorgang nicht gerecht. Für die Assoziation zweier CH_2-Gruppen wird ein Energiegewinn bis zu $2.9\,\mathrm{kJ\,mol^{-1}}$ gefunden.

Im Gegensatz zu anderen die Proteinstruktur aufrechterhaltenden schwachen Bindungskräften, wie H-Brücken und elektrostatische Kräfte, sinkt mit abnehmender Temperatur die Tendenz zur Ausbildung hydrophober Assoziate. Daher unterliegen Komplexe, die ihre Stabilität vorwiegend hydrophoben Wechselwirkungen verdanken, unter diesen Bedingungen zunehmend der Dissoziation. Den gleichen Effekt bewirkt auch eine Druckerhöhung.

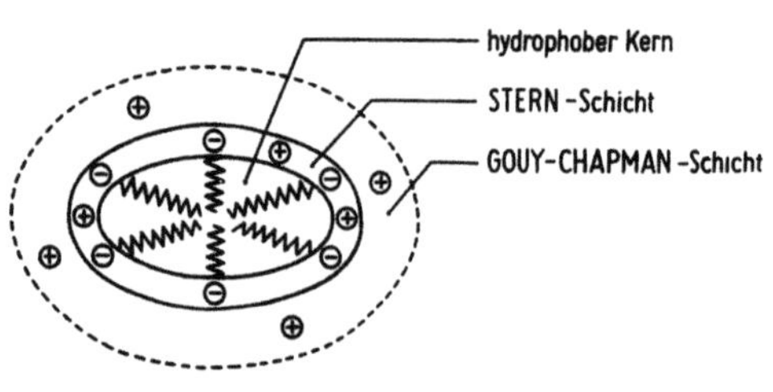

Abb. 1-38. Der Aufbau einer Mizelle.
In der Stern-Schicht bilden die Kopfgruppen des Amphiphilen zusammen mit den stark hydratisierten Gegenionen eine konzentrierte Elektrolytlösung. Die restlichen Gegenionen werden in der Gouy-Chapman-Schicht durch Coulombsche Kräfte festgehalten. Sowohl der hydrophobe Kern als auch die polaren äußeren Schichten der Mizelle sind sehr mobil und werden in ihrem Aufbau von zusätzlich in Lösung befindlichen Stoffen stark beeinflußt.

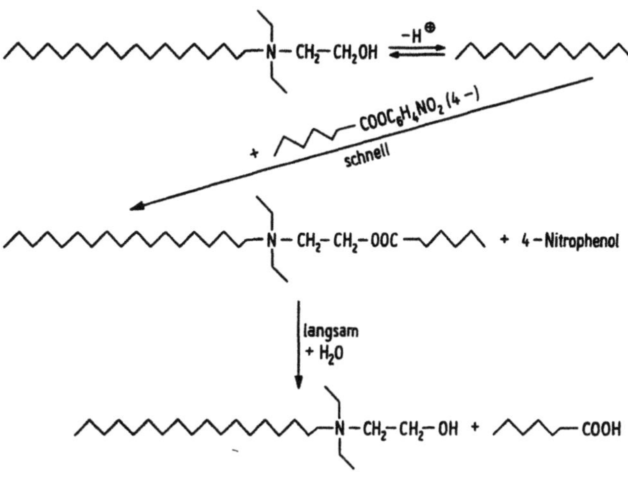

Abb. 1-39. Katalyse der 4-Nitrophenylheptanoat-Hydrolyse durch Mizellstrukturen (nach [23]).

Führt man in geeignete langkettige Kohlenwasserstoffe hydrophile Kopfgruppen ein, so erhält man in Wasser gut lösliche, *amphiphile Stoffe.* Moleküle dieser Struktur werden als *Detergenzien* bezeichnet.

Natriumdodecylsulfat ($C_{12}H_{25}OSO_3^{\ominus}\,Na^{\oplus}$), Tetradecyl-trimethylammoniumbromid ($C_{14}H_{29}N^{\oplus}(CH_3)_3\,Br^{\ominus}$ und Triton ($RO(CH_2CH_2O)_nCH_2CH_2OH$) sind ionische und nichtionische Vertreter dieser Klasse. Natürlich vorkommende amphiphile Moleküle sind die Phospholipide und die Salze der Cholsäure. Als ein charakteristisches Merkmal amphiphiler Verbindungen kann gelten, daß bei einer kontinuierlichen Erhöhung ihrer Konzentration in Wasser ein Punkt erreicht wird, bei dem sich die physikalischen und chemischen Eigenschaften der Lösung sprunghaft ändern. Die Ursache dafür ist im Auftreten spezifisch strukturierter Aggregate der amphiphilen Stoffe, den *Mizellen,* zu suchen (Abb. 1-38). Die Konzentration, oberhalb der diese neue Qualität in der Teilchenstruktur auftritt, wird als *kritische Mizellenkonzentration* bezeichnet. Sie liegt häufig im Bereich $10^{-3} - 10^{-2}\,mol\,l^{-1}$. Mizellen verdanken ihre Stabilität hauptsächlich den hydrophoben Wechselwirkungen der unpolaren Molekülteile.

Die Mikroheterogenität mizellarer Lösungen bezüglich Ladungsdichte und Solventpolarität führt dazu, daß manche Reaktionen in einem solchen System sowohl die Umsetzungsgeschwindigkeit ändern als auch neue Produktzusammensetzungen ausbilden können.

Besonders gut lassen sich monomolekulare Reaktionen für den mikroheterogenen und den homogenen Fall miteinander vergleichen, da in diesem Fall nur ein Reaktand transferiert werden muß. Generell findet man dabei, daß die Umsetzungen in den Mizellen in einem Bereich ablaufen, der eine geringere Polarität als die Umgebung aufweist. Als Reaktionsort wird in der Regel die Stern-Schicht (Abb. 1-38) angesehen.

Läßt man z. B. den nucleophilen Angriff des Thiophenolations (Aryl-$S^{\ominus}$) auf 4-Nitrophenylacetat in Gegenwart kationischer Mizellen aus Hexadecyl-trimethylammoniumbromid ablaufen, so wird eine beträchtliche Beschleunigung für die 4-Nitrophenolabspaltung beobachtet. Ursache ist die Anreicherung beider Reaktanden an der Oberfläche der Mizellen, so daß die bimolekulare Umsatzgeschwindigkeit schneller ist als in homogener Phase. Ob Reaktanden sich an Mizellen anreichern können, hängt vorwiegend von der Coulombschen Anziehung zwischen Reaktanden- und Mizellenladung ab.

Führt man in die mizellenbildende Grundstruktur eines Amphiphilen zusätzlich potentiell katalytisch wirksame, funktionelle Gruppen ein, so kann man Anreicherung und Katalysewirkung zur Reaktionsbeschleunigung ausnutzen. Wie Abbildung 1-39 demonstriert, tritt bei der Hydrolyse von 4-Nitrophenylheptanoat in nucleophilen Mizellen eine acylierte Mizellenstruktur als Zwischenprodukt auf. Dieser Reaktionsschritt ist gegenüber homogenen Modellreaktionen stark beschleunigt. Da andererseits dieses kovalente Zwischenprodukt nur in einer langsamen Reaktion die katalytische Mizellenstruktur unter Abspaltung von Heptansäure zurückbildet, ist dieses funktionalisierte Amphiphile kein guter Katalysator für die Gesamthydrolyse [23].

Besonders gut kann man das Mikromilieu, das während einer Enzymkatalyse innerhalb der Proteinmatrix vorherrscht, durch *umgekehrte Mizellen* (engl. reversed micelles) annähern. Strukturen dieser Art entstehen, wenn Detergenzien zusammen mit kleinen Mengen an Wasser in unpolaren Medien aggregieren. Auch die Solubilisation größerer Wassermengen in unpolaren Lösungsmitteln gelingt mit spezifischen Amphiphilen. So lassen sich mit Hilfe von Diethylsulfosuccinat bis zu 70 Mol Wasser pro Mol Detergenz in iso-Oktan einbringen, wobei eine optisch klare Lösung entsteht. Derartige *Mikroemulsionen*, sowie die in wäßrigen Phasen bei der Vergrößerung der hydrophoben Molekülteile des Amphiphilen auftretenden liposomenähnlichen *Vesicel*, ähneln in ihrem Einfluß auf Geschwindigkeit und Selektivität von Reaktionen den Mizellen.

1.10. Literatur

1 E. Hammori: Illustration of Free Energy Changes in Chemical Reactions. J. Chem. Educ. **52** (1975): 370–373.

2 T. L. Sayer and D. L. Rabenstein: Nuclear Magnetic Resonance Studies of the Acid-Base Chemistry of Amino Acids and Peptides III. Determination of the Microscopic and Macroscopic Acid Dissociation Constants of α, δ-Diaminocarboxylic Acids. Can. J. Chem. **54** (1976): 3392–3400.

3 E. H. Cordes and W. P. Jencks: General Acid Catalysis of Semicarbazone Formation. J. Am. Chem. Soc. **84** (1962): 4319–4328.

4 B. M. Anderson and W. P. Jencks: The Effect of Structure on Reactivity in Semicarbazone Formation. J. Am. Chem. Soc. **82** (1960): 1773–1777.

5 A. A. Frost und R. G. Pearson: Kinetik und Mechanismen homogener chemischer Reaktionen. Verlag Chemie, Weinheim 1964, pp. 45–46.

6 C. L. Perrin and G. M. Arrhenius: A Critical Test of the Theory of Stereoelectronic Control. J. Am. Chem. Soc. **104** (1982): 2839–2842.

7 R. S. Molday and R. G. Kallen: Substituent Effects on Amide Hydrogen Exchange Rates in Aqueons Solution. J. Am. Chem. Soc. **94** (1972): 6739–6745.

8 M. I. Page and W. P. Jencks: General Base and Acid Catalysis in the Hydrazinolysis of Acetylimidazole. J. Am. Chem. Soc. **94** (1972): 8828–8838.

9 A. C. Satterthwait and W. P. Jencks: The Mechanism of Partitioning of the Intermediates Formed in the Hydrolysis of Phenyl Imidates. J. Am. Chem. Soc. **96** (1974): 7031–7044.

10 J. F. Kirsch and W. P. Jencks: Non – Linear Structure-Reactivity Correlations. The Imidazole-Catalyzed Hydrolysis of Esters. J. Am. Chem. Soc. **86** (1964): 837–846.

11 P. Wooley: Metal-ion Assisted Catalysis of Nucleophilic Attack. Part 3. Co-operation between Metal Ion and Hydroxide. J. Chem. Soc. Perkin II (1977): 318–324.

12 R. L. Blakeley, A. Treston, R. K. Andrews and B. Zerner: Nickel (II)-Promoted Ethanolysis and Hydrolysis of N-(2-Pyridyl-methyl)urea. A Model for Urease. J. Am. Chem. Soc. **104** (1982): 612–614.

13 F. G. Bordwell and W. J. Boyle: Kinetic Isotope Effects as Guides to Transition-State-Structures in Deprotonation Reactions. J. Am. Chem. Soc. **93** (1971): 512–514.

14 R. L. Stein, H. Fujihara, D. M. Quinn, G. Fischer, G. Küllertz, A. Barth and R. L. Schowen: Transition-State Structural Features for Anilide Hydrolysis from β-Deuterium Isotope Effects. J. Am. Chem. Soc. **106** (1984): 1457–1461.

15 S. S. Minor and R. L. Schowen: One-Proton Solvatation Bridge in Intramolecular Carboxylate Hydrolysis of Ester Hydrolysis. J. Am. Chem. Soc. *95* (1973): 2279–2281.

16 M. I. Page: Entropie, Bindungsenergie und enzymatische Katalyse. Angewandte Chemie **89** (1977): 456–467.
17 R. D. Gandour in: Transition States of Biochemical Processes (Eds. R. D. Gandour and R. L. Schowen). Plenum Press, New York–London 1978, pp. 530–552.
18 T. C. Bruice and S. J. Benkovic: A Comparison of the Bimolecular and Intramolecular Nucleophilic Catalysis of the Hydrolysis of Substituted Phenyl Acetate by the Dimethylamino Group. J. Am. Chem. Soc. **85** (1963): 1–8.
19 M. I. Page: The Energetics of Neighbouring Group Participation. Chem. Soc. Rev. **2** (1973): 296–323.
20 R. Breslow, J. B. Doherty, G. Gulliot and C. Lipsey: β-Cyclodextrinylbisimidazole, a Model for RNase. J. Am. Chem. Soc. **100** (1978): 3227–3229.
21 I. M. Klotz: Synzymes: Synthetic Polymers with Enzymlike Catalytic Activities. Adv. Chem. Phys. **39** (1978): 109-157.
22 A. J. Parker: Solvation of Ions. II. Dipolar Aprotic Solvents as Media for Nucleophilic Substitution Reactions at a Saturated Carbon Atom. J. Chem. Soc. 1961, 1328–1337.
23 K. Martinek, A. Levashov and I. V. Beresin: Mechanism of the Catalysis by Functional Micelles Containing a Hydroxy Group. A Model of Action of Serine Proteinases. Tetrahedron Lett. 1975. 1275–1278.

Weiterführende Literatur

W. P. Jencks: Catalysis in Chemistry and Enzymology. Mc Fraw-Hill, Book Col., New York 1969.
M. J. Page: The Chemistry of Enzyme Action. Elsevier Biomedical Press, Amsterdam 1984.
M. L. Bender: Mechanisms of Homogeneous Catalysis from Protons to Proteins. Wiley-Interscience, New York 1971.
K. Schwetlick: Kinetische Methoden zur Untersuchung von Reaktionsmechanismen. Deutscher Verlag der Wissenschaften, Berlin 1971.
L. P. Hammett: Physikalische Organische Chemie. Akademie-Verlag, Berlin 1976.
P. Deslongchamps: Stereoelectronic Effects in Organic Chemistry. Pergamon Press, Oxford 1983.
M. I. Page and A. Williams: Enzyme Mechanisms. Royal Society of Chemistry, London 1987.

2. Enzymkinetik

Stoffwechselvorgänge in lebenden Zellen werden durch Enzyme katalysiert, wobei die Umsatzgeschwindigkeit sowohl von der Menge als auch von der katalytischen Potenz des jeweiligen Enzyms abhängig ist. Während die Menge eines Enzyms in der Zelle durch Biosynthese und proteolytischen Abbau kontrolliert wird, kann die katalytische Potenz, die als Aktivität des Enzyms bezeichnet wird, in starkem Maße von meist kleineren Molekülen, sogenannten Effektoren beeinflußt werden. Die Untersuchung des zeitlichen Ablaufs enzymkatalysierter Reaktionen in vitro unter den verschiedensten Bedingungen ist deshalb eine Voraussetzung zum Verständnis der Stoffwechselregulation in der lebenden Zelle.

Die mit relativ geringem experimentellen Aufwand gewinnbaren kinetischen Daten sind ferner von großer Bedeutung für die Aufklärung des Wirkprinzips enzymkatalysierter Reaktionen, da sie wichtige Hinweise zum Mechanismus der katalysierten Reaktion liefern können.

2.1. Einfluß der Enzymkonzentration auf die Reaktionsgeschwindigkeit

Typisch für Enzyme ist die Ausbildung nachweisbarer Zwischenverbindungen mit dem Substrat. Das als Katalysator wirkende Enzym wechselt also ständig zwischen freiem und substratgebundenem Zustand. Diese Frequenz bezeichnet man als *Wechselzahl* eines Enzyms.

Die Geschwindigkeit des Substratumsatzes ist von der Zahl der Enzymmoleküle abhängig. Je mehr Enzymmoleküle vorhanden sind, um so mehr Substratmoleküle können sich an die Enzymmoleküle binden und umgesetzt werden. Daraus folgt, daß die Geschwindigkeit bei konstanter Substrat- und Effektorkonzentration (sowie konstanter Temperatur, S. 1.2.1.) der Enzymkonzentration proportional sein muß,

$$v = k\,[\mathrm{E}]\,, \qquad \text{Gl. 2-1}$$

wobei [E] der Enzymkonzentration und k einem für das jeweilige Enzym und Substrat charakteristischen Proportionalitätsfaktor entsprechen.

Diese Beziehung erlaubt, die Menge eines Enzyms aus seiner Wirkung (das Substrat mit einer bestimmten Geschwindigkeit umzusetzen) zu bestimmen. Diese auf die Wirkung bezogene Enzymmenge wird als *Enzymaktivität* bezeichnet. Die allgemein gebräuchlichen *Einheiten für die Enzymaktivität* sind die *Internationale Einheit* (IE, engl. IU von unit), die der Enzymmenge entspricht, die 1 µMol (10^{-6} Mol) Substrat in einer Minute unter optimalen (zu definierenden!) Bedingungen umsetzt, sowie das *katal* (abgekürzt *kat*), das der Enzymmenge entspricht, die 1 Mol Substrat in einer Sekunde umsetzt. Bezieht man die Aktivität auf die Proteinmenge, so erhält man die *spezifische Aktivität* eines Enzyms in IE/mg oder kat/mg. Für die meisten Enzyme wird Proportionalität zwischen Aktivität und Enzymkonzentration gefunden. Gelegentlich treten jedoch Abweichungen von dieser Proportionalität auf, die ihre Ursache meist in einer konzentrationsbedingten

Assoziation beziehungsweise Dissoziation des Enzyms haben. Liegt für ein Enzym folgendes Assoziationsgleichgewicht vor

$$n\mathrm{E} \rightleftharpoons \mathrm{E}_n \qquad \text{Gl. 2-2}$$

und ist die Aktivität des Enzym-Assoziates

$$v = k_n\,[\mathrm{E}_n]\,, \qquad \text{Gl. 2-3}$$

so ist mit einer Abweichung von der Proportionalität zwischen Aktivität und Proteinkonzentration dann zu rechnen, wenn $n \cdot k \neq k_n$ ist, d.h. wenn durch die Assoziation die Katalysekonstante des Enzyms eine Änderung erfährt.

2.2. Einfluß der Substratkonzentration auf die Reaktionsgeschwindigkeit

2.2.1. Die Michaelis-Menten-Gleichung

Die Geschwindigkeit einer Enzymreaktion strebt mit steigender Substratkonzentration einem *Maximalwert* zu (Abb. 2-1). Dieser Befund wurde bereits im Jahre 1913 von Michaelis und Menten [1] so gedeutet, daß bei vollständiger Sättigung des Enzyms durch das Substrat nur die Spaltungsgeschwindigkeit des Enzym-Substrat-Komplexes (ES) den Umsatz limitiert. Daraus folgt, daß die Geschwindigkeit einer Enzymkatalyse der jeweiligen Konzentration an Enzym-Substrat-Komplex proportional ist, und daß auf eine schnelle Bildung des Enzym-Substrat-Komplexes ein vergleichsweise langsamer Zerfall in das Produkt unter Regenerierung des freien Enzyms erfolgt:

$$\mathrm{E} + \mathrm{S} \underset{\text{schnell}}{\overset{K_s}{\rightleftharpoons}} \mathrm{ES} \xrightarrow[\text{langsam}]{k} \mathrm{E} + \mathrm{P} \qquad \text{Gl. 2-4}$$

Unter diesen Voraussetzungen kann man die Bildung des ES-Komplexes, die in einer schnellen vorgelagerten Reaktion stattfindet, als *quasi-Gleichgewichtszustand* betrachten, so daß die Behandlung der Gleichung 2-4 unter solchen Gleichgewichtsbedingungen (engl. rapid equilibrium) die Berechnung der Konzentration des ES-Komplexes nach dem Massenwirkungsgesetz erlaubt. Es gilt also

$$\frac{[\mathrm{E}]\,[\mathrm{S}]}{[\mathrm{ES}]} = K_S\,, \qquad \text{Gl. 2-5}$$

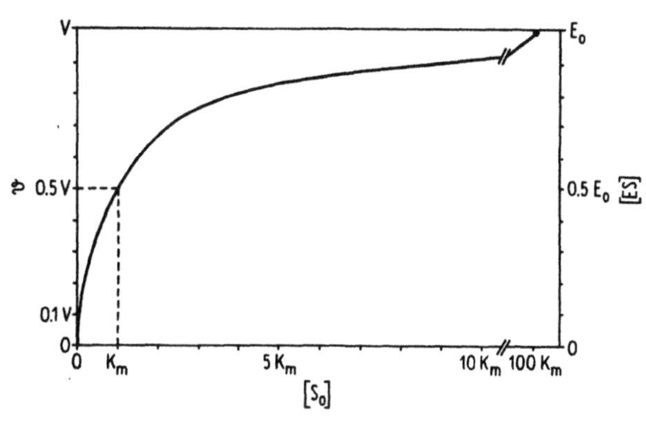

Abb. 2-1. Abhängigkeit der Konzentration des ES-Komplexes und der Anfangsgeschwindigkeit (v) einer enzymkatalysierten Reaktion von der Substratkonzentration $[S_0]$.
Der Konzentrations-Maßstab wurde aus Gründen der Zweckmäßigkeit in Vielfachen des K_m-Wertes (in diesem Falle identisch mit K_S, siehe auch S. 76) gewählt.

wobei K_S die *Dissoziationskonstante* des ES-Komplexes ist. Ersetzt man in dieser Gleichung die Gleichgewichtskonzentrationen an freiem Enzym ([E]) und Substrat ([S]) durch die Differenz zwischen eingesetzter Konzentration der jeweiligen Spezies ($[E_0]$ bzw. $[S_0]$) und der Konzentration des ES-Komplexes,

$$[E] = [E_0] - [ES] \qquad \text{Gl. 2-6}$$

und

$$[S] = [S_0] - [ES], \qquad \text{Gl. 2-7}$$

so gilt

$$\frac{([E_0] - [ES])([S_0] - [ES])}{[ES]} = K_S. \qquad \text{Gl. 2-8}$$

Unter der (bei kinetischen Versuchen in der Regel erfüllten) Voraussetzung, daß die Enzymkonzentration sehr viel kleiner als die Substratkonzentration ist, so daß die Menge Substrat, die an das Enzym gebunden ist, gegenüber der eingesetzten Substratkonzentration ($[S_0]$) vernachlässigt werden kann, gilt dann

$$\frac{([E_0] - [ES])[S_0]}{[ES]} = K_S \qquad \text{Gl. 2-9}$$

und folglich

$$[ES] = \frac{[E_0][S_0]}{[S_0] + K_S}. \qquad \text{Gl. 2-10}$$

Die dieser Gleichung entsprechende Konzentration des Enzym-Substrat-Komplexes als Funktion der eingesetzten Substratkonzentration $[S_0]$ ist in Abbildung 2-1 wiedergegeben. Sie entspricht dem Ast einer Hyperbel und ist identisch mit der experimentell gefundenen Abhängigkeit der Reaktionsgeschwindigkeit von der Substratkonzentration, die man allgemein als *v*/S-Charakteristik eines Enzyms bezeichnet.

Da die Katalysegeschwindigkeit nach Gleichung 2-4 der Konzentration an ES-Komplex proportional ist, gilt

$$v = k[ES] = \frac{k[E_0][S_0]}{[S_0] + K_S}. \qquad \text{Gl. 2-11}$$

Da ferner die bei hohen Substratkonzentrationen maximal erreichbare Konzentration an ES-Komplex durch die Konzentration des eingesetzten Enzyms $[E_0]$ limitiert ist, kann die Geschwindigkeit selbst bei hohen Substratkonzentrationen maximal den Wert

$$V = k[E_0] \qquad \text{Gl. 2-12}$$

erreichen. Diese Geschwindigkeit V (in der Literatur auch V_{max}) wird als *Maximalgeschwindigkeit*, ihr durch die Enzymkonzentration geteilter Wert ($V/[E_0]$) als *Katalysekonstante* k_{cat} bezeichnet. Wie in Abschnitt 2.2.4. gezeigt werden wird, ist die Maximalgeschwindigkeit V und folglich auch die Katalysekonstante häufig eine komplexe Größe, die sich aus mehreren Geschwindigkeitskonstanten einzelner Reaktionsschritte zusammensetzt.

Setzt man in Gleichung 2-11 für $k[E_0]$ die Maximalgeschwindigkeit V ein, so erhält man die einer Hyperbelfunktion entsprechende Michaelis-Menten-Gleichung (Abb. 2-1).

$$v = \frac{V[S_0]}{[S_0] + K_S} \qquad \textbf{Gl. 2-13}$$

Bei niedrigen Substratkonzentrationen nimmt die Reaktionsgeschwindigkeit annähernd proportional mit der Substratkonzentration zu (Bereich 1. Ordnung, s. 1.3.1.). Der Quotient aus Maximalgeschwindigkeit und K_S-Wert (V/K_S) oder der häufiger verwendete Quotient aus k_{cat}/K_m entspricht der Geschwindigkeitskonstanten der Reaktion des freien Enzyms mit dem Substrat unter Bildung der Reaktionsprodukte und kann als ein Maß für die Wirksamkeit (Effizienz) eines Enzyms gewertet werden.

Bei hohen Substratkonzentrationen, bei denen $[S_0] \gg K_S$ ist, nähert sich die Reaktionsgeschwindigkeit dem Wert V an. In diesem, als Substratsättigungsbereich bezeichneten Konzentrationsbereich ist die Katalysegeschwindigkeit unabhängig von der Substratkonzentration (Bereich 0. Ordnung).

2.2.2. Die steady-state-Gleichung von Briggs und Haldane

Briggs und Haldane [2] erweiterten die Vorstellung von Michaelis und Menten. Sie betrachteten die einer Folgereaktion entsprechende Gesamtreaktion der Enzymkatalyse, die im einfachsten Fall entsprechend Gleichung 2-4 durch die Gleichung

$$E + S \underset{k_{-1}}{\overset{k_{+1}}{\rightleftharpoons}} ES \xrightarrow{k_{+2}} E + P \qquad \text{Gl. 2-14}$$

wiedergegeben werden kann, als *quasi-stationären Zustand* (steady-state). Wie in Abschnitt 1.3.1.3. und Abbildung 1-2 für eine solche Folgereaktion gezeigt, wird sich dieser stationäre Zustand nach einer kurzen Anlaufphase, in der sich der ES-Komplex bildet, einstellen. Während der Stationärphase verlaufen Bildungs- und Zerfallsgeschwindigkeit des ES-Komplexes gleich schnell, und es gilt:

$$\frac{d[ES]}{dt} = k_{+1}[E]\,[S] - k_{-1}[ES] - k_{+2}[ES] = 0 \qquad \text{Gl. 2-15}$$

Unter der auch für die Ableitung der Michaelis-Menten-Gleichung gültigen Voraussetzung, daß $[S_0] \gg [E_0]$ und somit $[S] \sim [S_0]$ ist, gilt Gleichung 2-16

$$k_{+1}\,([E_0] - [ES])\,[S_0] - (k_{-1} + k_{+2})\,[ES] = 0\,. \qquad \text{Gl. 2-16}$$

Dabei wurde für die Konzentration an freiem Enzym aus Gleichung 2-6 der Wert $[E] = [E_0] - [ES]$ eingesetzt. Löst man Gleichung 2-16 nach [ES] auf, so erhält man für die Stationärkonzentration an ES-Komplex

$$[ES] = \frac{[E_0]\,[S_0]}{[S_0] + \dfrac{k_{-1} + k_{+2}}{k_{+1}}} \qquad \text{Gl. 2-17}$$

und nach Einsetzen dieses Wertes in die für die Produktbildungsgeschwindigkeit gültige Gleichung

$$\frac{d[P]}{dt} = v = k_{+2}[ES] \qquad \text{Gl. 2-18}$$

die Geschwindigkeitsgleichung

$$v = \frac{k_{+2}[E_0]\,[S_0]}{[S_0] + \dfrac{k_{-1} + k_{+2}}{k_{+1}}} \qquad \text{Gl. 2-19}$$

Da auch hier die Maximalgeschwindigkeit durch $V = k_{+2}[E_0]$ gegeben ist (vgl. Gl. 2-12), gilt, wenn man für $(k_{-1} + k_{+2})/k_{+1}$ die Konstante K_m einsetzt:

$$v = \frac{V[S_0]}{[S_0] + K_m}\,. \qquad \textbf{Gl. 2-20}$$

Ein Vergleich dieser Gleichung mit der Michaelis-Menten-Gleichung (Gl. 2-13) zeigt, daß die Konstante K_m, die man allgemein als *Michaelis-Konstante* bezeichnet, ein dynamisches Gleichgewicht charakterisiert. K_m entspricht nur dann der Dissoziationskonstanten der ES-Verbindung, wenn die Produktabspaltung aus dem ES-Komplex sehr viel langsamer erfolgt als die Dissoziation in freies Enzym und Substrat, wenn also $k_{+2} \ll k_{-1}$ gilt. Nur in diesem Falle ist es möglich, aus der Größe der Michaelis-Konstanten Aussagen über die Affinität des Substrats zum Enzym abzuleiten oder z. B. aus der Temperaturabhängigkeit des K_m-Wertes Rückschlüsse auf die Dissoziationswärme der ES-Bindung zu ziehen.

Der K_m-Wert ist für ein bestimmtes Enzym und Substrat eine charakteristische Größe. Er hat stets die Dimension einer Konzentration und liegt für die meisten Enzyme in einem Bereich von 10^{-2} M bis 10^{-6} M. Sein Wert ist, wie Gleichung 2-20 zeigt, von der Enzymkonzentration unabhängig, solange die für die Ableitung gemachte Voraussetzung, daß $[S_0] \gg [E_0]$ ist, erfüllt ist.

2.2.3. Die integrierte Michaelis-Menten-Gleichung

Sowohl die Michaelis-Menten-Gleichung (Gl. 2-13) als auch die Gleichung von Briggs und Haldane (Gl. 2-20) gelten exakt nur für die Anfangsgeschwindigkeit einer Enzymreaktion, wenn die Substratkonzentration noch den Wert $[S_0]$ hat. Mit fortschreitender Reaktion wird diese Bedingung nicht mehr erfüllt sein. Die Substratkonzentration entspricht dann dem Wert $[S_0] - [P]$, wobei $[P]$ der Produktkonzentration zur Zeit t entspricht. Setzt man diesen Wert $[S_0] - [P]$ für die Stubstratkonzentration in die Michaelis-Menten-Gleichung ein, so erhält man:

$$v = \frac{d[P]}{dt} = \frac{V([S_0] - [P])}{[S_0] - [P] + K_m} . \qquad \text{Gl. 2-21}$$

Die Integration dieser Gleichung in den Zeitgrenzen 0 und t und in den Produktkonzentrationsgrenzen 0 und [P] liefert

$$t = \frac{K_m}{V} \ln \frac{[S_0]}{[S_0] - [P]} + \frac{[P]}{V} . \qquad \text{Gl. 2-22}$$

Diese Gleichung gibt den Zusammenhang zwischen der Produktkonzentration und der Reaktionszeit wieder und zeigt, daß die Produktkonzentration der Reaktionszeit nicht proportional ist. Gleichung 2-22 kann zu folgender Form umgestellt werden:

$$\frac{t}{[P]} = \frac{K_m}{V} \cdot \frac{1}{[P]} \ln \frac{[S_0]}{[S_0] - [P]} + \frac{1}{V} . \qquad \textbf{Gl. 2-23}$$

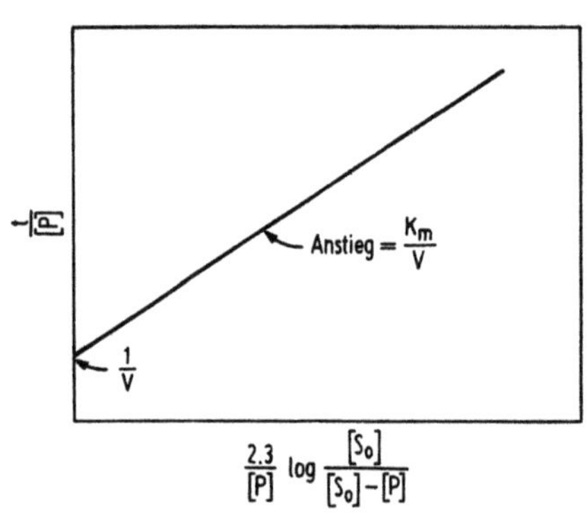

Abb. 2-2. Verlauf der integrierten Michaelis-Menten-Gleichung.

Entsprechend Gleichung 2-23 kann K_m und V durch Bestimmung der Produktkonzentration zu verschiedenen Reaktionszeiten nach der in Abbildung 2-2 dargestellten graphischen Methode vorgenommen werden.

2.2.4. Kinetische Gleichungen komplexer Reaktionsfolgen und reversibler Enzymreaktionen

Erfolgt die Produktabspaltung nicht aus dem sich zunächst bildenden Enzym-Substrat-Komplex, sondern erfährt dieser vor seiner Spaltung Umwandlungen, wie sie der in Gleichung 2-24 dargestellte Mechanismus wiedergibt

$$E + S \underset{k_{-1}}{\overset{k_{+1}}{\rightleftharpoons}} ES \underset{k_{-2}}{\overset{k_{+2}}{\rightleftharpoons}} EP \xrightarrow{k_{+3}} E + P\,, \qquad \text{Gl. 2-24}$$

so ergibt die Lösung des linearen Gleichungssystems, das man aus der Bedingung für den Stationärzustand

$$\frac{d[ES]}{dt} = \frac{d[EP]}{dt} = 0 \qquad \text{Gl. 2-25}$$

erhält, folgende Geschwindigkeitsgleichung:

$$v = \frac{\dfrac{k_{+2}k_{+3}}{k_{+2} + k_{-2} + k_{+3}}[E_0]}{\dfrac{k_{-1}k_{+3} + k_{-1}k_{-2} + k_{+2}k_{+3}}{k_{+1}(k_{+2} + k_{-2} + k_{+3})} + [S_0]}\,. \qquad \text{Gl. 2-26}$$

Eine allgemein anwendbare, einfache schematische Methode zur Ermittlung der Geschwindigkeitsgleichungen von komplexen Reaktionsfolgen, für die die Ableitung über das aus dem Stationärzustand erhältliche Gleichungssystem schwierig ist, ist bei King und Altman [3] gegeben.

Maximalgeschwindigkeit und K_m-Wert sind in Gleichung 2-26 komplexe Größen. In der Praxis sind bei solch komplexen Reaktionsfolgen oft einzelne monomolekulare Reaktionsschritte in ihren Geschwindigkeiten sehr unterschiedlich, so daß sich die Maximalgeschwindigkeit aus dem Produkt von $[E_0]$ und der Geschwindigkeitskonstanten des langsamsten monomolekularen Reaktionsschritts in Richtung der Reaktionsprodukte ergibt. Ist z. B. $k_{+2} \gg k_{-2}, k_{+3}$, so ergibt sich die Maximalgeschwindigkeit zu

$$V = k_{+3}[E_0]\,. \qquad \text{Gl. 2-27}$$

Der langsamste Reaktionsschritt limitiert also die Geschwindigkeit der Gesamtreaktion.

Verläuft eine Enzymreaktion reversibel, im einfachsten Fall nach folgendem Mechanismus,

$$E + S \underset{k_{-1}}{\overset{k_{+1}}{\rightleftharpoons}} ES \underset{k_{-2}}{\overset{k_{+2}}{\rightleftharpoons}} E + P\,, \qquad \text{Gl. 2-28}$$

so resultiert unter Stationärbedingungen die Geschwindigkeitsgleichung

$$v = \frac{k_{+1}k_{+2}[E_0][S_0] - k_{-1}k_{-2}[E_0][P_0]}{(k_{-1} + k_{+2}) + k_{+1}[S_0] + k_{-2}[P_0]}\,. \qquad \text{Gl. 2-29}$$

Auf Grund der Möglichkeit, Gleichung 2-28 nach beiden Richtungen (von S nach P und von P nach S) auszuwerten, erhält man zwei Michaelis-Konstanten, nämlich $K_{m_S} = (k_{-1} + k_{+2})/k_{+1}$ als Michaelis-Kosntante für das Substrat und $K_{m_P} = (k_{-1} + k_{+2})k_{-2}$ als Michaelis-Konstante für das Produkt. Berücksichtigt man, daß $k_{+2}[E_0]$ die Maximalgeschwindigkeit der Hinreaktion $\vec{V}$ und $k_{-1}[E_0]$ die der Rückreaktion $\overleftarrow{V}$ ist, so läßt sich Gleichung 2-29 auch in folgender Form schreiben:

$$v = \frac{\vec{V}\frac{[S_0]}{K_{m_S}} - \overleftarrow{V}\frac{[P_0]}{K_{m_P}}}{1 + \frac{[S_0]}{K_{m_S}} + \frac{[P_0]}{K_{m_P}}} . \qquad \text{Gl. 2-30}$$

Diese Gleichung gibt die Geschwindigkeit für *reversible Enzymreaktionen* in Abhängigkeit von der Substrat- und Produktkonzentration wieder. Sie zeigt, daß die Reaktion den Gleichgewichtszustand erreicht, wenn

$$\vec{V}\frac{[S]}{K_{m_S}} = \overleftarrow{V}\frac{[P]}{K_{m_P}} \qquad \text{Gl. 2-31}$$

ist und wenn das Substrat/Produkt-Verhältnis den Wert

$$\frac{[S]}{[P]} = \frac{\overleftarrow{V}K_{m_S}}{\vec{V}K_{m_P}} \qquad \text{Gl. 2-32}$$

angenommen hat.

2.2.5. Methoden zur Bestimmung der Michaelis-Konstante und der Maximalgeschwindigkeit

Zur Bestimmung der beiden fundamentalen kinetischen Parameter K_m und V einer enzymkatalysierten Reaktion wird die Reaktionsgeschwindigkeit in Abhängigkeit von der Substratkonzentration unter sonst konstanten Reaktionsbedingungen gemessen. Dazu wird in einer Serie von Einzelmessungen die Anfangsgeschwindigkeit bei verschiedenen Substratkonzentrationen bestimmt, wobei die Substratkonzentration, wenn es meßtechnisch möglich ist, von $K_m/10$ bis 10 K_m variiert werden sollte. Insbesondere bei sehr niedrigen Substratkonzentrationen ist die Bestimmung der Anfangsgeschwindigkeit oft fehlerhaft, zumal die Umsatz/Zeit-Kurven von Beginn an gekrümmt sind. Bei empfindlichen Testmethoden, welche eine exakte Bestimmung von geringen Produktkonzentrationen ermöglichen und somit auch bei relativ geringem Gesamtumsatz an Substrat auswertbare Meßwerte liefern, ist diese Krümmung geringer als bei unempfindlichen. In solchen Fällen, bei denen keine Produkthemmung auftritt, sollte unabhängig von den im folgenden beschriebenen Auswerteverfahren auch die in Abschnitt 2.2.3. beschriebene Methode zur Bestimmung des K_m-Wertes und der Maximalgeschwindigkeit herangezogen werden.

Entsprechend der Michaelis-Menten-Gleichung (Gl. 2-20) erreicht die Reaktionsgeschwindigkeit einer enzymkatalysierten Reaktion bei der Substratkonzentration, die dem K_m-Wert entspricht, den Wert V/2 (s. Abb. 2-1). Die Substratkonzentration, bei der die halbe maximale Geschwindigkeit erreicht wird, ist also numerisch mit dem K_m-Wert identisch. Die aus einer hyperbolen Geschwindigkeits/Konzentrations-Kurve über den Wert V/2 ermittelten K_m-Werte sind jedoch relativ ungenau, da die Asymptotenbildung bei einer Hyperbelfunktion, die aus experimentellen Meßdaten mit den entsprechenden Fehlerschwankungen konstruiert werden muß, schwierig ist. Zum anderen läßt sich der K_m-Wert nach dieser Methode nur dann bestimmen, wenn die Maximalgeschwindigkeit meßbar ist, wenn also Bedingungen erfüllt sind, die Messungen im Substratsättigungsbereich ermöglichen. Das ist jedoch, wie später gezeigt werden wird (s. 2.3.2.), in vielen Fällen prinzipiell nicht möglich.

Eine allgemein anwendbare Methode zur Bestimmung des K_m-Wertes ist die Methode nach Lineweaver und Burk [4]. Hiernach wird Gleichung 2-20 wie folgt umgestellt:

$$v = \frac{V}{1 + \frac{K_m}{[S_0]}} \quad \text{Gl. 2-33}$$

Schreibt man diese Gleichung in der reziproken Form, so erhält man

$$\frac{1}{v} = \frac{1}{V} + \frac{K_m}{V} \cdot \frac{1}{[S_0]} \quad \textbf{Gl. 2-34}$$

Die Auftragung der reziproken Geschwindigkeit gegen die reziproke Substratkonzentration liefert eine *Gerade* mit dem Anstieg K_m/V, die bei $1/V$ die Ordinate und bei $-1/K_m$ die Abszisse schneidet (Abb. 2-3).

Gleichung 2-34 als ein Beispiel für die zahlreichen, in der Literatur beschriebenen *Linearisierungs-Verfahren* gestattet, K_m-Wert und Maximalgeschwindigkeit eines Enzyms auch dann zu bestimmen, wenn keine Messungen im Substratsättigungsbereich vorliegen. Darüber hinaus erlaubt diese Methode, das Vorliegen einer hyperbolen v/S-Charakteristik zu überprüfen. Wie später (2.4.) gezeigt werden wird, gibt es neben hyperbolen auch nichthyperbole v/S-Charakteristiken, die sich im Lineweaver-Burk-Diagramm durch eine Abweichung von der Geraden zu erkennen geben.

Ein Nachteil des Verfahrens nach Lineweaver-Burk ist, daß die doppelt reziproke Auftragung eine Wichtung der experimentellen Werte erschwert. So werden solche Meßwerte, die bei sehr niedrigen Substratkonzentrationen erhalten werden und daher mit einem relativ großen Fehler behaftet sind, in dieser Auftragung bei der Festlegung der Geraden leicht überbewertet.

Diesen Nachteil umgeht ein von Eadie [5] vorgeschlagenes Linearisierungs-Verfahren. Multipliziert man nämlich Gleichung 2-34 mit $v \cdot V$, so erhält man

$$V = v + \frac{K_m}{[S_0]} \cdot v \quad \text{Gl. 2-35}$$

und nach Umformen

$$v = V - K_m \frac{v}{[S_0]} \quad \textbf{Gl. 2-36}$$

Entsprechend dieser Gleichung liefert die Auftragung von v gegen $v/[S_0]$ eine Gerade mit dem Anstieg $-K_m$, die bei V die Ordinate und bei V/K_m die Abszisse schneidet

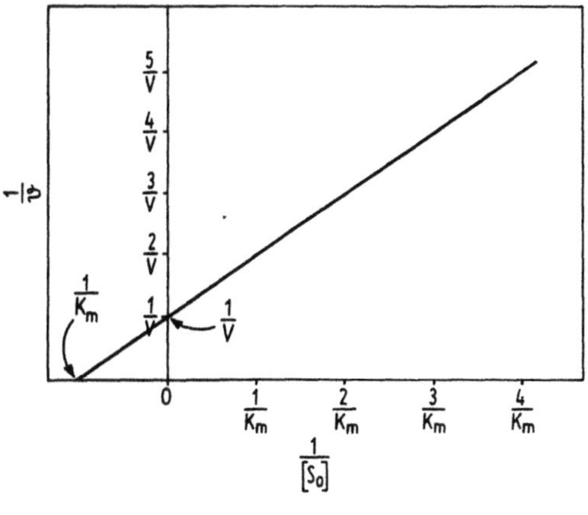

Abb. 2-3. Doppelt reziproke Lineweaver-Burk-Auftragung.

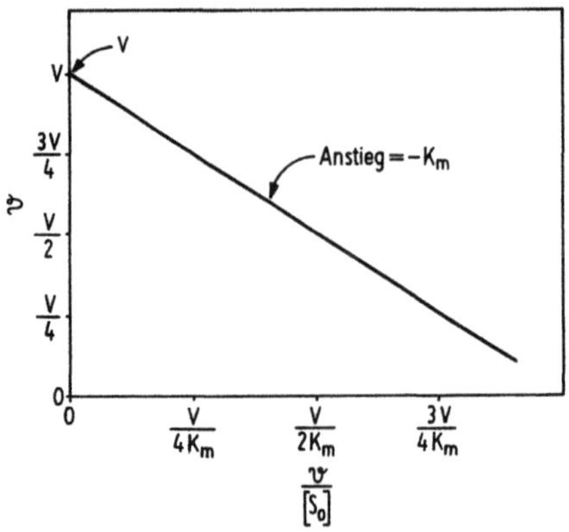

Abb. 2-4. Auftragung von v gegen $v/[S_0]$ nach Eadie.

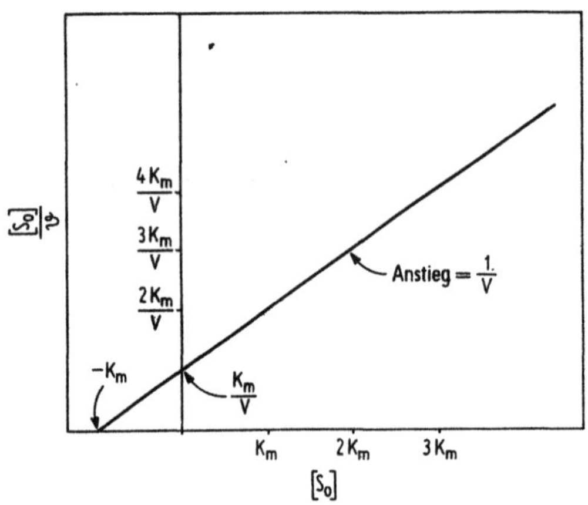

Abb. 2-5. Auftragung von $[S_0]/v$ gegen $[S_0]$ nach Hanes.

(Abb. 2-4). Schließlich erhält man durch Multiplikation von Gleichung 2-34 mit $[S_0]$ Gleichung 2-37.

$$\frac{[S_0]}{v} = \frac{K_m}{V} + \frac{[S_0]}{V} . \qquad \text{Gl. 2-37}$$

Diese von Hanes [6] vorgeschlagene Auftragung (Abb. 2-5) von $[S_0]/v$ gegen $[S_0]$ liefert eine Gerade mit dem Anstieg 1/V, die bei K_m/V die Ordinate und bei $-K_m$ die Abszisse schneidet. Die Bestimmung des K_m-Wertes nach den Verfahren von Eadie und Hanes ist mit kleineren Auswertefehlern behaftet als das Verfahren nach Lineweaver-Burk. Eine kritische Einschätzung der Verfahren zur Bestimmung des K_m-Wertes ist in [7] zu finden.

Auch die direkte lineare Auftragung der Meßwerte einer hyperbolen v/S-Charakteristik nach Eisenthal und Cornish-Bowden [8] hat sich bewährt. Bei diesem Verfahren werden die Substratkonzentrationen als Negativwerte auf der Abszisse, die den Substratkonzentrationen entsprechenden Geschwindigkeiten auf der Ordinate aufgetragen. Verbindet man die sich entsprechenden $[S_0]$- und v-Werte durch Geraden, so erhält man V als Ordinatenwert des gemeinsamen Schnittpunktes aller Geraden und als Abszissenwert K_m (Abb. 2-6).

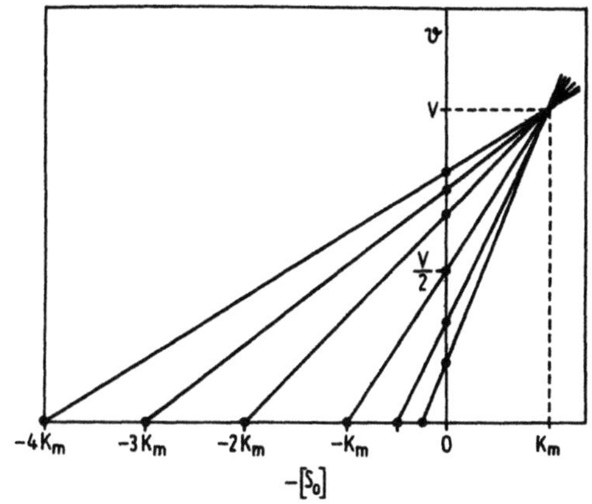

Abb. 2-6. Direkte lineare Auftragung der Meßwerte v und $-[S_0]$ nach Eisenthal und Cornish-Bowden.

2.2.6. Bestimmung der Teilkonstanten einer Enzymreaktion

Wie in Abschnitt 2.2.2. gezeigt wurde, ist der K_m-Wert eine aus verschiedenen Teilkonstanten zusammengesetzte, komplexe Größe. Eine generell anwendbare Methode zur Bestimmung der Teilkonstanten ist die Ausnutzung der Kinetik vor Erreichen des Stationärzustandes *(pre steady-state-Kinetik)*.

Dem Mechanismus nach ist eine Reaktion gemäß Gleichung 2-14 eine Folgereaktion. Da die Zeit bis zum Erreichen der maximalen Konzentration der Zwischenverbindung ES eine Funktion der Teilkonstanten ist, besteht die Möglichkeit, diese aus der zeitlichen Änderung der Konzentration des ES-Komplexes zu erhalten. In Abbildung 2-7 ist der zeitliche Verlauf der Konzentration aller in Gleichung 2-14 aufgeführten Reaktanden schematisch wiedergegeben.

Zu Beginn der Reaktion bildet sich aus freiem Enzym und Substrat der ES-Komplex. Bis seine Konzentration einen konstanten (von der Ausgangskonzentration $[S_0]$ abhängigen) Wert erreicht hat, nimmt die Konzentration des freien Enzyms ab. Die Konzentration des Substrats nimmt bis zum Erreichen der Stationärkonzentration des ES-Komplexes rasch ab, die Produktbildung entsprechend verzögert zu.

Eine zur Ermittlung der Teilkonstanten notwendige Bestimmung der zeitlichen Änderung der Konzentration des ES-Komplexes ist nur dann möglich, wenn sich der ES-Komplex vom freien Enzym durch eine geeignete physikalische Größe signifikant unterschei-

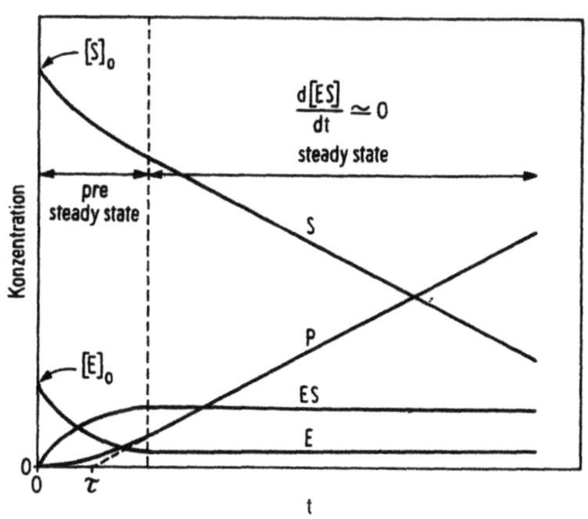

Abb. 2-7. Zeitabhängigkeit der Reaktandenkonzentrationen einer enzymkatalysierten Reaktion.

det. In der Regel muß die Konzentration des ES-Komplexes über die Geschwindigkeit der Produktzunahme oder Substratabnahme bestimmt werden.

Die Konzentration an ES-Komplex ist der Produktbildungsgeschwindigkeit proportional

$$\frac{d[P]}{dt} = k_{+2}[ES]\,, \qquad \text{Gl. 2-38}$$

so daß sich die zeitliche Änderung der Konzentration des ES-Komplexes zu

$$\frac{d[ES]}{dt} = \frac{1}{k_{+2}} \cdot \frac{d^2[P]}{dt^2} \qquad \text{Gl. 2-39}$$

ergibt.

Da die Konzentration an ES-Komplex durch die Differenz zwischen Bildungs- und Zerfallsgeschwindigkeit gegeben ist, gilt auch:

$$\frac{d[ES]}{dt} = k_{+1}([E_0] - [ES])\,[S_0] - k_{-1}[ES] - k_{+2}[ES] \qquad \text{Gl. 2-40}$$

bzw.

$$\frac{d[ES]}{dt} = k_{+1}[E_0]\,[S_0] - (k_{+1}[S_0] + k_{-1} + k_{+2})\,[ES]\,. \qquad \text{Gl. 2-41}$$

Setzt man in Gleichung 2-41 für $d[ES]/dt$ den Wert aus Gleichung 2-39 und für [ES] den Wert aus Gleichung 2-38 ein, so erhält man die folgende Differentialgleichung

$$\frac{1}{k_{+2}} \cdot \frac{d^2[P]}{dt^2} = k_{+1}[E_0]\,[S_0] - (k_{+1}[S_0] + k_{-1} + k_{+2})\,\frac{1}{k_{+2}} \cdot \frac{d[P]}{dt} \qquad \text{Gl. 2-42}$$

die nach Umformen

$$\frac{d^2[P]}{dt^2} + \frac{d[P]}{dt}\,(k_{+1}[S_0] + k_{-1} + k_{+2}) - k_{+1}k_{+2}[E_0]\,[S_0] = 0 \qquad \text{Gl. 2-43}$$

liefert. Die Lösung dieser Differentialgleichung ergibt für den Zusammenhang zwischen Produktkonzentration und Reaktionszeit Gleichung 2-44

$$[P] = \frac{k_{+2}[E_0]\,[S_0] \cdot t}{[S_0] + \dfrac{k_{-1} + k_{+2}}{k_{+1}}} + \frac{k_{+2}[E_0]\,[S_0]}{k_{+1}\left([E_0] + \dfrac{k_{-1} + k_{+2}}{k_{+1}}\right)^2} \cdot e^{-(k_{+1}[S_0] + k_{-1} + k_{+2})\,t} - \frac{k_{+2}[E_0]\,[S_0]}{k_{+1}\left([S_0] + \dfrac{k_{-1} + k_{+2}}{k_{+1}}\right)^2}\,, \qquad \text{Gl. 2-44}$$

welche die in Abbildung 2-7 dargestellte zeitliche Änderung der Produktkonzentration beschreibt. Nach genügend langen Reaktionszeiten läßt sich die zeitliche Änderung der Produktkonzentration auch durch die der Grenzgeraden entsprechende Gleichung

$$[P] = \frac{k_{+2}[E_0]\,[S_0]}{[S_0] + K_m} \cdot t - \frac{k_{+2}[E_0]\,[S_0]}{k_{+1}([S_0] + K_m)^2} \qquad \text{Gl. 2-45}$$

beschreiben, deren Schnittpunkt mit der Zeitachse eine charakteristische Zeit τ liefert. Für diese gilt

$$\tau = \frac{1}{k_{+1}([S_0] + K_m)}\,. \qquad \text{Gl. 2-46}$$

Mit τ läßt sich unter Zuhilfenahme des aus der steady-state-Kinetik erhältlichen Wertes für K_m die Konstante k_{+1} bestimmen. Da k_{+2} aus der Maximalgeschwindigkeit bei Substratsättigung bestimmt werden kann ($V = k_{+2}[E_0]$), ergibt sich die Konstante k_{-1} bei bekanntem K_m-Wert aus der Beziehung $k_{-1} = K_m k_{+1} - k_{+2}$.

Die pre steady-state-Kinetik enzymkatalysierter Reaktionen liegt normalerweise im Millisekundenbereich, bei einigen Enzymen auch im Mikrosekundenbereich. Die Anwendung spezieller Methoden der schnellen Kinetik (stopped-flow- oder Relaxationsmethoden) ist daher erforderlich.

2.2.7. Zwei-Substrat-Reaktionen

Bei den bisher behandelten Reaktionen wird das Reaktionsprodukt jeweils aus einem Substratmolekül gebildet. In den meisten Fällen sind aber für die Produktbildung zwei Substratmoleküle notwendig. Dabei kann es sich sowohl um identische als auch um verschiedene Substratmoleküle handeln. Nur für den häufigen Fall, daß das eine Substratmolekül das Lösungsmittel Wasser ist (Hydrolysereaktionen), gilt das für Ein-Substrat-Reaktionen beschriebene kinetische Verhalten. Bildet sich das Produkt einer enzymkatalysierten Reaktion aus *zwei identischen Substratmolekülen*, so läßt sich der Mechanismus durch die folgende Reaktionsgleichung symbolisieren:

$$E + S \underset{k_{-1}}{\overset{k_{+1}}{\rightleftharpoons}} ES$$

$$ES + S \underset{k_{-2}}{\overset{k_{+2}}{\rightleftharpoons}} ES_2 \xrightarrow{k_{+3}} E + P \,. \qquad \text{Gl. 2-47}$$

Unter steady-state-Bedingungen gilt für diesen Mechanismus die in Gleichung 2-48 beschriebene Geschwindigkeitsgleichung

$$v = \frac{k_{+3}[E_0]\,[S_0]^2}{[S_0]^2 + \dfrac{k_{+1}k_{+3} + k_{+1}k_{-2} + k_{+2}k_{+3}}{k_{+1}k_{+2}}\,[S_0] + \dfrac{k_{-1}k_{+3} + k_{-1}k_{-2}}{k_{+1}k_{+2}}} \,. \qquad \text{Gl. 2-48}$$

Durch das Auftreten des quadratischen Terms $[S_0]^2$ wird in diesem Falle eine *sigmoide v/S-Charakteristik* erhalten (s. a. 2.4.).

Werden die Reaktionsprodukte einer Enzymreaktion aus *zwei verschiedenen Substraten* A und B gebildet (Gl. 2-49)

$$A + B \xrightarrow{\text{Enzym}} P + Q \qquad \text{Gl. 2-49}$$

so sind mehrere Reaktionsmechanismen möglich, die sich durch ihr kinetisches Verhalten unterscheiden lassen. Für die Bezeichnung dieser Mechanismen ist von Cleland [9] eine allgemein anwendbare Nomenklatur geschaffen worden, nach der man den Reaktionsablauf durch graphische Figuren darstellt. Unter den Reaktionsweg, der durch eine Linie skizziert wird, werden die verschiedenen Enzymformen und Enzym-Substrat-Komplexe geschrieben, während die Addition von Substraten durch Pfeile, die auf diese Linie weisen, die Freisetzung von Produkten durch solche, die von dieser Linie wegweisen, symbolisiert wird. Die Geschwindigkeits- bzw. Dissoziationskonstanten werden an den entsprechenden Pfeilen notiert. Die Anzahl der durch das Enzym umgesetzten verschiedenen Substrate, sowie die Anzahl der bei der enzymatischen Umsetzung gebildeten Produkte wird dem jeweiligen Mechanismus durch die Ausdrücke Uni (für 1), Bi (für 2) bzw. Ter (für 3) nachgestellt.

Bei den sequentiellen Mechanismen erfolgt die Produktbildung bei der in Gleichung 2-49 dargestellten Enzymreaktion erst, nachdem beide Substrate A und B an das Enzym gebunden sind, also aus dem Ternärkomplex EAB heraus (s. z. B. Gl. 2-54). Ist die Reihenfolge der Bindung von A und B, wie in Gleichung 2-50, beliebig, so bezeichnet man den Mechanismus als *Zufallsmechanismus* (engl. random-mechanism). Gleichung 2-50 entspricht einem Random Bi Bi-Mechanismus.

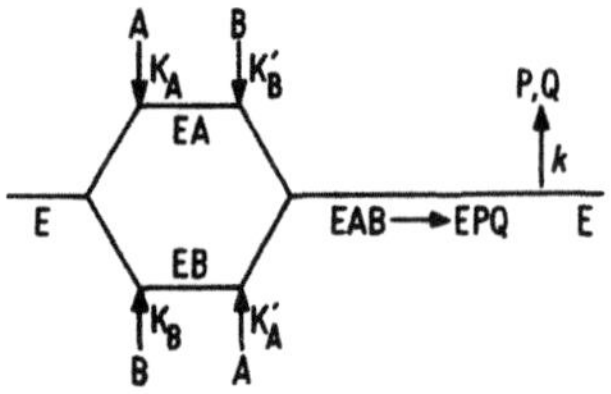

Gl. 2-50

Der Einfachheit halber wird in Reaktionsschema 2-50 die Abspaltung der Produkte P und Q in einem Schritt dargestellt. Erfolgt die Einstellung der Gleichgewichte, die zur Bildung des Ternärkomplexes EAB führen, wesentlich schneller als die Produktabspaltung, so kann die für die Aufstellung der Geschwindigkeitsgleichung notwendige Berechnung der Konzentration an EAB aus dem Gleichgewichtssystem ohne Berücksichtigung der mit der Geschwindigkeitskonstanten k erfolgenden Abflußreaktion erfolgen. Diese Behandlung von Gleichung 2-50 unter *schnellen Gleichgewichtsbedingungen* (engl. rapid equilibrium) liefert, sofern die Bedingungen des quasi Gleichgewichtszustandes erfüllt sind, die Geschwindigkeitsgleichung

$$v = \frac{V[A_0][B_0]}{K_A K'_B + K'_A[B_0] + K'_B[A_0] + [A_0][B_0]} . \qquad \textbf{Gl. 2-51}$$

Die Geschwindigkeitsgleichung unter Stationärbedingungen ist eine komplexe Gleichung, die eine Vielzahl von Geschwindigkeitskonstanten enthält und keinem hyperbolen Verlauf entspricht. Eine Zusammenfassung der steady-state-Gleichungen von Mehrsubstratreaktionen ist bei Segel [10] zu finden.

Die Bedeutung der Parameter V, K_A, K'_A und K'_B in Gleichung 2-51 wird durch folgende Grenzwertbetrachtung deutlich: Für hohe Konzentrationen an beiden Substraten ergibt sich $v = V$, die Maximalgeschwindigkeit bei Sättigung mit beiden Substraten. Ist die Konzentration des Substrats B so groß, daß $[B_0]$ $(K'_A + [A_0]) \gg K_A K'_B + K'_B[A_0]$ ist, so vereinfacht sich Gleichung 2-51 zu

$$v = \frac{V[A_0]}{K'_A + [A_0]} . \qquad \text{Gl. 2-52}$$

Folglich ist K'_A die *limitierende Michaelis-Konstante* für das Substrat A, wenn das Enzym mit dem Substrat B gesättigt ist. Analoge Überlegungen gelten für die Konstante K'_B. Wenn die Konzentration des Substrats B sehr klein wird, geht Gleichung 2-51 über in

$$v = \frac{\frac{V[B_0]}{K'_B}[A_0]}{K_A + [A_0]} . \qquad \text{Gl. 2-53}$$

K_A ist folglich die limitierende Michaelis-Konstante für das Substrat A, wenn die Konzentration des Substrats B gegen 0 geht.

Ist in einem *sequentiellen Mechanismus* die Reihenfolge der Bindung der Substrate A und B an das Enzym festgelegt (Gl. 2-54), so bezeichnet man diesen Mechanismus als *geordneten Bi Bi-Mechanismus* (engl. ordered Bi Bi-mechanism).

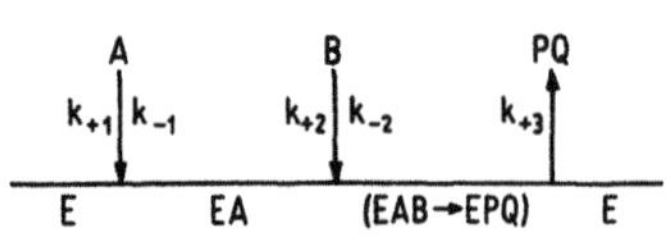

Gl. 2-54

Unter steady-state-Bedingungen gilt für diesen die Geschwindigkeitsgleichung

$$v = \frac{V[A_0][B_0]}{K_A K'_B + K'_A[B_0] + K'_B[A_0] + [A_0][B_0]}, \qquad \text{Gl. 2-55}$$

wobei $V = k_{+3}[E_0]$, $K_A = k_{-1}/k_{+1}$, $K'_A = k_{+3}/k_{+1}$ und $K'_B = (k_{-2} + k_{+3})/k_{+2}$ ist.

Unter der Bedingung, daß eine schnelle Gleichgewichtseinstellung der zu EAB führenden Reaktionen erfolgt ($k_{+3} \ll k_{-2}$), geht Gleichung 2-55 in Gleichung 2-56 über:

$$v = \frac{V[A_0][B_0]}{K_A K_B + K_B[A_0] + [A_0][B_0]}, \qquad \text{Gl. 2-56}$$

wobei K_A die Dissoziationskonstante des EA-Komplexes und K_B die des Ternärkomplexes EAB zu EA und B ist.

Ein Spezialfall des geordneten sequentiellen Mechanismus ist der Theorell-Chance-Mechanismus [11], bei dem die Abspaltung des ersten Reaktionsprodukts synchron mit der Bindung des zweiten Substrats B erfolgt und für den prinzipiell die gleiche Geschwindigkeitsgleichung wie für den geordneten Mechanismus gilt.

Ein weiterer Mechanismus, der sich prinzipiell von den vorgenannten unterscheidet, ist der sogenannte *Ping-Pong-Mechanismus,* der durch das Reaktionsschema (Gl. 2-57)

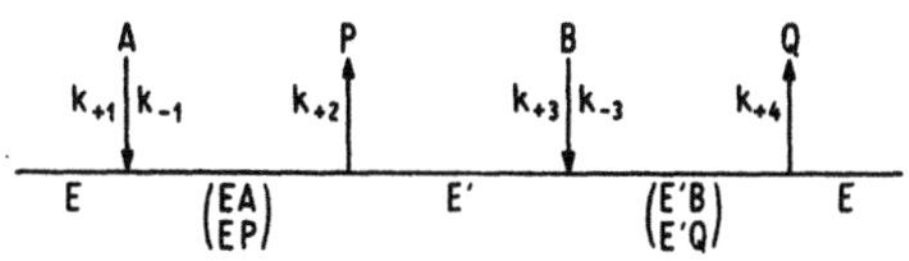

Gl. 2-57

symbolisiert werden kann. Von den bisher beschriebenen Mechanismen unterscheidet er sich durch das Fehlen eines Ternärkomplexes. Bei diesem Mechanismus gibt es *zwei* stabile Enzymformen E und E'. Das Substrat A bildet mit der Enzymform E einen Enzym-Substrat-Komplex, der unter Bildung des Reaktionsproduktes P in die Enzymform E' gespalten wird. Das Substrat B kann nur mit dieser Enzymform E' einen Enzym-Substrat-Komplex E'B bilden, der dann in das Reaktionsprodukt Q unter Rückbildung der Enzymform E gespalten wird. Unter steady-state-Bedingungen gilt für diesen Mechanismus

$$v = \frac{V[A_0][B_0]}{K_A[B_0] + K_B[A_0] + [A_0][B_0]} \qquad \text{Gl. 2-58}$$

mit $V = \frac{k_{+2}k_{+4}}{k_{+2} + k_{+4}}$, $K_A = \frac{k_{+2} + k_{-1}}{k_{+1}} \cdot \frac{k_{+4}}{k_{+2} + k_{+4}}$ und $K_B = \frac{k_{+4} + k_{-3}}{k_{+3}} \cdot \frac{k_{+2}}{k_{+2} + k_{+4}}$. Eine Grenzwertbetrachtung, wie sie für den zuvor behandelten sequentiellen Mechanismus gemacht wurde, zeigt, daß V die Maximalgeschwindigkeit bei Sättigung mit beiden Substraten, K_A die Michaelis-Konstante für das Substrat A und K_B die für das Substrat B bei Sättigung mit dem jeweils anderen Substrat ist.

Ein Vergleich der Gleichungen 2-51 und 2-55 (bzw. 2-56) mit Gleichung 2-58 läßt erkennen, daß sich die Geschwindigkeitsgleichungen für sequentielle Mechanismen von der für einen Ping-Pong-Mechanismus durch ein zusätzliches additives Glied im Nenner unterscheiden. Es ist deshalb möglich, durch kinetische Messungen zwischen einem sequentiellen und einem Ping-Pong-Mechanismus zu unterscheiden.

Am geeignetsten ist dabei die in Abschnitt 2.2.5. abgeleitete reziproke Auftragung, wobei für einen sequentiellen Mechanismus aus Gleichung 2-51 durch entsprechende Umformung Gleichung 2-59

$$\frac{1}{v} = \frac{1}{V}\left(1 + \frac{K'_B}{[B_0]}\right) + \frac{1}{V}\left(\frac{K_A K'_B}{[B_0]} + K'_A\right)\frac{1}{[A_0]} \qquad \text{Gl. 2-59}$$

erhalten wird. Hält man innerhalb einer Meßreihe die Konzentration eines Substrats (B) konstant und variiert die des anderen (A), so ergibt sich für einen sequentiellen Mechanismus, z. B. für Meßreihen mit unterschiedlichen Konzentrationen an B, die in Abbildung 2-8 wiedergegene Kurvenschar. Der gemeinsame Schnittpunkt aller Kurven liegt bei einem $-1/[A_0]$-Wert von $-1/K_A$ im Lineweaver-Burk-Diagramm. Der Ordinatenwert

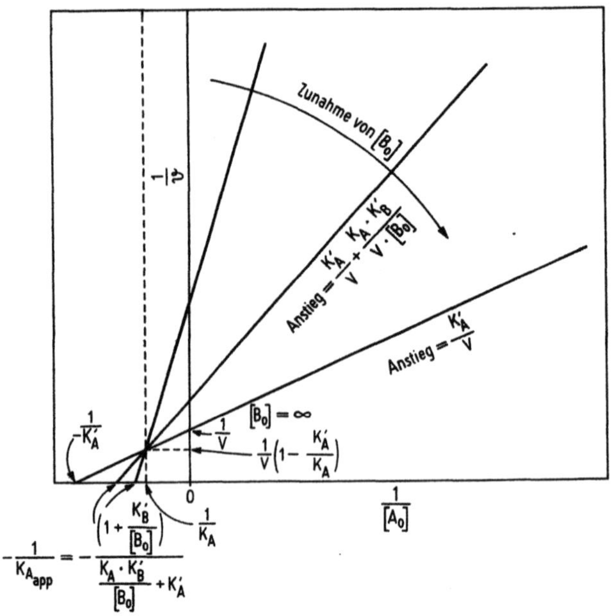

Abb. 2-8. Lineweaver-Burk-Auftragung für eine sequentielle Zweisubstratreaktion (Zufallsmechanismus mit schneller Gleichgewichtseinstellung oder geordneter Mechanismus unter steady-state-Bedingungen.
Die Auftragung $1/v$ gegen $1/[B_0]$ liefert ein analoges Bild.

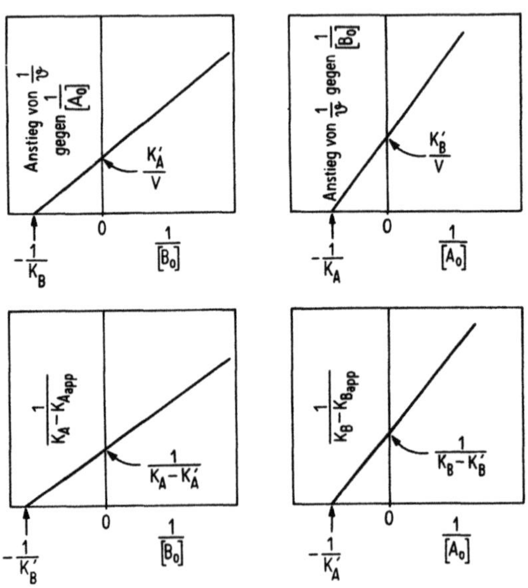

Abb. 2-9. Sekundärauftragung der aus der Auftragung von $1/v$ gegen $1/[A_0]$ bzw. $1/[B_0]$ (Abb. 2-8) erhaltenen Daten.

des Schnittpunktes ist von der Größe der Konstanten K_A und K'_A abhängig. Ist $K_A > K'_A$, so liegt der Schnittpunkt, wie in Abbildung 2-8, bei einem positiven Ordinatenwert. Ist $K_A < K'_A$, so schneiden sich die Geraden bei einem negativen Ordinatenwert. Ist $K_A = K'_A$, so liegt der Schnittpunkt auf der Abszisse.

Zur Bestimmung aller Konstanten von Gleichung 2-51 ist die in Abbildung 2-9 wiedergegebene Sekundärauftragung der aus Abbildung 2-8 erhaltenen Anstiege und Abszissenschnittpunkte vorteilhaft. Beachtet werden muß, daß bei dem im Reaktionsschema 2-50 skizzierten Mechanismus $K_AK'_B = K'_AK_B$ ist, da aus thermodynamischen Gründen ΔG für beide Reaktionswege, über die der Ternärkomplex EAB gebildet wird, gleich sein muß.

Für den Spezialfall der schnellen Gleichgewichtseinstellung in einem geordneten sequentiellen Mechanismus werden im Lineweaver-Burk-Diagramm, wenn A zuerst an E gebunden wird, die in Abbildung 2-10 dargestellten Diagramme erhalten. Sie entsprechen den aus Gleichung 2-56 folgenden Beziehungen

$$\frac{1}{v} = \frac{1}{V} + \left(\frac{K_B}{V} + \frac{K_AK_B}{V[A_0]}\right)\frac{1}{[B_0]} \qquad \text{Gl. 2-60}$$

und

$$\frac{1}{v} = \frac{1}{V}\left(1 + \frac{K_B}{[B_0]}\right) + \frac{K_AK_B}{V[B_0]}) \cdot \frac{1}{[A_0]}\,. \qquad \text{Gl. 2-61}$$

Zur Bestimmung der Konstanten K_A und K_B können auch hier die in Abbildung 2-11 dargestellten Sekundärauftragungen herangezogen werden.

Für einen Ping-Pong-Mechanismus liefert die aus Gleichung 2-50 abgeleitete reziproke Auftragung der Geschwindigkeit gegen die Substratkonzentration bei jeweils konstanter Konzentration des anderen Substrats entsprechend der Gleichung

$$\frac{1}{v} = \frac{1}{V}\left(1 + \frac{K_B}{[B_0]}\right) + \frac{K_A}{V} \cdot \frac{1}{[A_0]} \qquad \text{Gl. 2-62}$$

parallele Geraden (Abb. 2-12). Die Bestimmung der einzelnen Konstanten für diesen Mechanismus kann wiederum durch die in Abbildung 2-13 dargelegte Sekundärauftragung vorgenommen werden.

2.2.8. Umsetzung eines Substrats durch zwei, die gleiche Reaktion katalysierende Enzyme (Isoenzyme, modifizierte Enzyme)

Für eine Reaktion, bei der zwei Enzyme E_a und E_b (z. B. Isoenzyme oder durch Protein-Engineering modifizierte Enzyme, s. 4.1.3.4.2.) an der Umsetzung des Substrats beteiligt sind, wird sich, wie in Abschnitt 1.3.1.3. für komplexe Reaktionen behandelt, die Reaktionsgeschwindigkeit aus zwei Termen zusammensetzen:

$$v = \frac{V_a[S_0]}{[S_0] + K_{ma}} + \frac{V_b[S_0]}{[S_0] + K_{mb}}\,. \qquad \text{Gl. 2-63}$$

Dabei sind K_{ma} und K_{mb} die Michaelis-Konstanten, V_a und V_b die Maximalgeschwindigkeiten der beiden Enzyme. Trägt man bei einer solchen, durch zwei Enzyme katalysierten Reaktion die reziproke Geschwindigkeit gegen die reziproke Substratkonzentration auf, so erhält man die in Abbildung 2-14 wiedergegebene Abweichung von einer Geraden.

Nur wenn im angegebenen Fall $K_{ma} = K_{mb}$ ist, erhält man im Lineweaver-Burk-Diagramm eine Gerade, da dann Gleichung 2-63 in eine hyperbole Funktion übergeht (Gl. 2-64).

$$v = \frac{(V_1 + V_b)\,[S_0]}{[S_0] + K_{ma}} \qquad \text{Gl. 2-64}$$

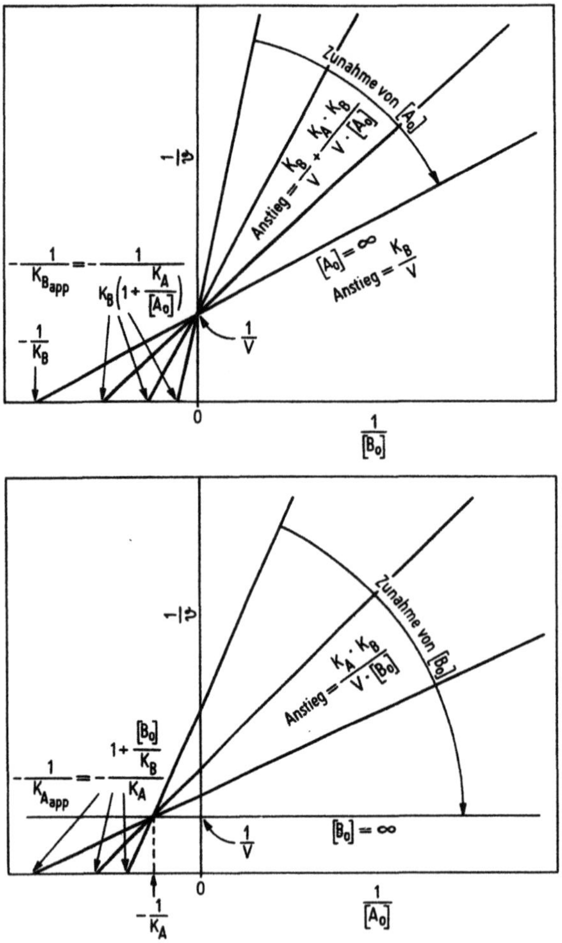

Abb. 2-10. Doppelt reziproke Auftragung für einen geordneten Mechanismus mit schneller Gleichgewichtseinstellung, bei dem das Substrat A vor dem Substrat B mit dem Enzym reagiert.

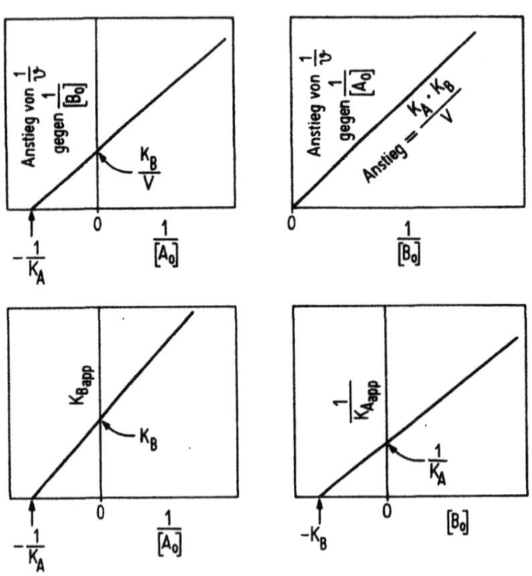

Abb. 2-11. Sekundärauftragung der aus der Auftragung von $1/v$ gegen $1/[A_0]$ bzw. $1/[B_0]$ (Abb. 2-10) erhaltenen Daten.

Ein weiterer Spezialfall ergibt sich, wenn sich die K_m-Werte für beide Enzyme um mindestens eine Größenordnung unterscheiden. Ist $K_{ma} \ll K_{mb}$, so erhält man für Substratkonzentrationen $[S_0] \gg K_{ma}$ annähernd

$$v = V_a + \frac{V_b[S_0]}{[S_0] + K_{mb}}\,. \qquad \text{Gl. 2-65}$$

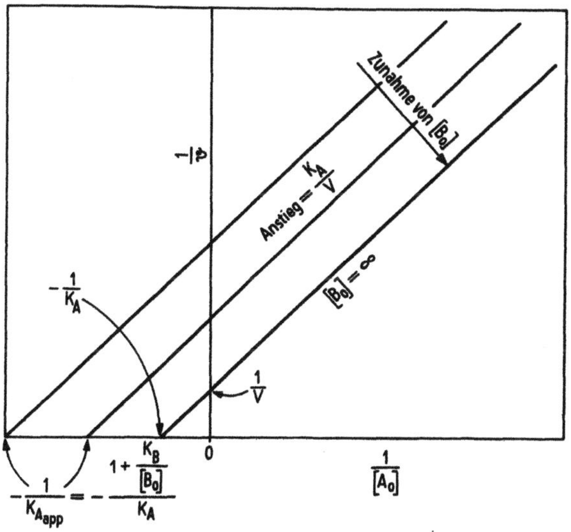

Abb. 2-12. Doppelt reziproke Auftragung für einen Ping-Pong-Mechanismus. Die Auftragung $1/v$ gegen $1/[B_0]$ liefert ein analoges Bild.

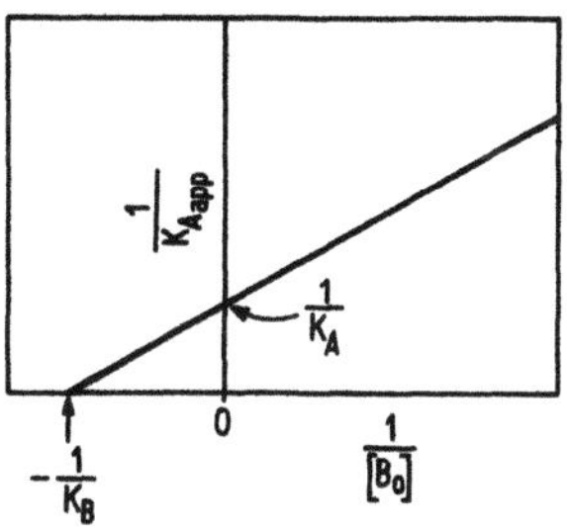

Abb. 2-13. Sekundärauftragung der aus der Auftragung von $1/v$ gegen $1/[A_0]$ (Abb. 2-12) erhaltenen Daten.
Die Auftragung der Daten aus $1/v$ gegen $1/[B_0]$ liefert ein analoges Bild.

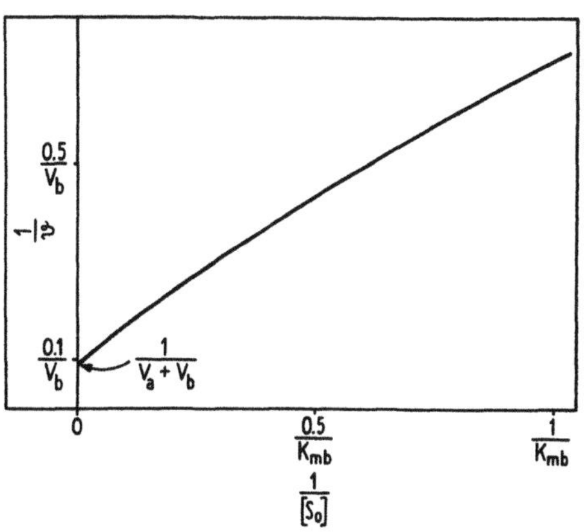

Abb. 2-14. Doppelt reziproke Auftragung für den Umsatz eines Substrats durch zwei Enzyme E_a und E_b.
$V_a = 10\,V_b$; $K_{ma} = 10\,K_{mb}$.

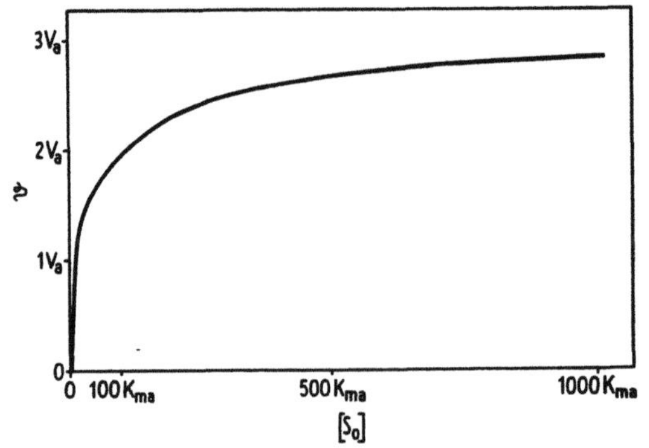

Abb. 2-15. Abhängigkeit der Anfangsgeschwindigkeit (v) von der Substratkonzentration ($[S_0]$) für zwei das gleiche Substrat umsetzende Enzyme E_a und E_b.
$V_b = 2\,V_a$ und $K_{mb} = 100\,K_{ma}$.

Abbildung 2-15 gibt die graphische Darstellung des v/S-Diagramms für diesen Spezialfall wieder.

2.3. Einfluß von Effektoren auf die Reaktionsgeschwindigkeit enzymkatalysierter Reaktionen

Unter Effektoren werden an dieser Stelle Stoffe behandelt, welche die Reaktionsgeschwindigkeit einer enzymkatalysierten Reaktion beeinflussen, *ohne in die Bruttoreaktionsgleichung einzugehen.* Dabei bezeichnet man Stoffe, die die Reaktionsgeschwindigkeit herabsetzen, als Hemmstoffe oder *Inhibitoren,* solche, die die Reaktionsgeschwindigkeit steigern, als *Aktivatoren.* Zu den Effektoren gehören nach dieser allgemeinen Definition also auch die Wasserstoffionen (*p*H-Einfluß).

2.3.1. Reversible Inhibitoren

Hierzu gehören Verbindungen, die reversibel mit dem Enzym reagieren und durch Blokkierung des aktiven Zentrums oder durch Induktion einer Konformationsänderung die Aktivität des Enzyms vermindern. Die Affinität zu den entsprechenden Enzymen ist (im Gegensatz zu den hochaffinen Inhibitoren, s. 2.3.3.) relativ gering, so daß zur Erzielung deutlicher Hemmeffekte Inhibitorkonzentrationen verwendet werden müssen, die so groß sind, daß für diese Klasse von Inhibitoren bei kinetischen Untersuchungen die Bedingung $[I_0] \gg [E_0]$ erfüllt ist.

2.3.1.1. Die kompetitive Hemmung

Substanzen, die mit dem Substrat um die Bindungsstellen im aktiven Zentrum konkurrieren, ohne dabei selbst umgesetzt zu werden, werden als kompetitive Inhibitoren bezeichnet. So wird beispielsweise die Bernsteinsäure-Dehydrogenase durch Malonsäure reversibel gehemmt, da diese gebunden wird, ohne vom Enzym dehydriert werden zu können.

Kompetitive Inhibitoren haben, wenn man von den am Ende des Abschnitts genannten Ausnahmen absieht, Ähnlichkeit mit dem Substrat. Ihr Mechanismus läßt sich durch das folgende Reaktionsschema (Gl. 2-66) beschreiben:

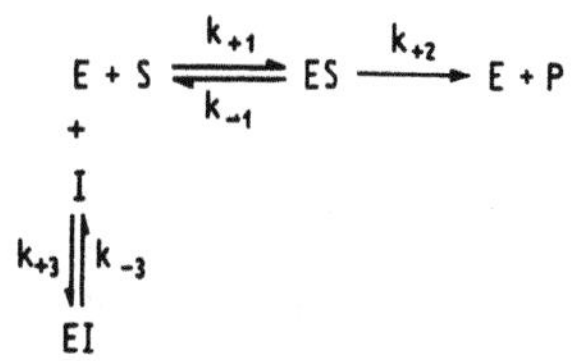

Gl. 2-66

Das Schema macht deutlich, daß eine *gleichzeitige* Bindung von Substrat S und Inhibitor I an das Enzym nicht möglich ist. Da die Bindung reversibel erfolgt, wird sich entsprechend den Konzentrationen an Substrat und Inhibitor ein Gleichgewicht zwischen freiem Enzym E, Enzym-Substratkomplex ES und Enzym-Inhibitor-Komplex EI einstellen. Im steady-state-Zustand entspricht die Konzentration des ES- bzw. EI-Komplexes der Differenz von Bildungs- und Zerfallsgeschwindigkeit,

$$\frac{d[ES]}{dt} = k_{+1}[S_0]\,[E] - k_{-1}[ES] - k_{+2}[ES] \qquad \text{Gl. 2-67}$$

(s. a. Gl. 2-15)

$$\frac{d[EI]}{dt} = k_{+3}[I_0]\,[E] - k_{-3}[EI]\,, \qquad \text{Gl. 2-68}$$

wenn sowohl $[S_0] \gg [E_0]$ als auch $[I_0] \gg [E_0]$ ist, folglich die Gleichgewichtskonzentrationen an Substrat und Inhibitor praktisch identisch mit den Ausgangskonzentrationen sind. Nach der Massenerhaltungsgleichung gilt

$$[E_0] = [E] + [ES] + [EI]\,. \qquad \text{Gl. 2-69}$$

Damit läßt sich die Konzentration an ES-Komplex zu

$$[ES] = \frac{k_{+2}[E_0]\,[S_0]}{[S_0] + \frac{k_{-1} + k_{+2}}{k_{+1}}\left(1 + \frac{k_{+3}}{k_{-3}}[I_0]\right)} \qquad \text{Gl. 2-70}$$

berechnen. Mit $v = k_{+2}[ES]$ und $V = k_{+2}[E_0]$ erhält man als Geschwindigkeitsgleichung für die kompetitive Hemmung:

$$v = \frac{V \cdot [S_0]}{[S_0] + \frac{k_{-1} + k_{+2}}{k_{+1}}\left(1 + \frac{k_{+3}}{k_{-3}}[I_0]\right)}\,. \qquad \text{Gl. 2-71}$$

Der Wert $1 + (k_{+3}[I_0]/k_{-3})$ bzw. $1 + ([I_0]/K_i)$ wird auch als *Hemmkoeffizient i* bezeichnet, wobei $k_{-3}/k_{+3} = K_i$ die Dissoziationskonstante des Enzym-Inhibitor-Komplexes *(Inhibitorkonstante)* ist. Da $(k_{-1} + k_{+2})/k_{+2}$ die Michaelis-Konstante ist, kann anstelle von Gleichung 2-71 auch

$$v = \frac{V[S_0]}{[S_0] + K_m \cdot i} \qquad \textbf{Gl. 2-72}$$

geschrieben werden.

Bei einer kompetitiven Inhibierung wird die in Gegenwart des Inhibitors gemessene Michaelis-Konstante des Substrats um den Faktor *i* vergrößert, wobei *i* eine Funktion der Inhibitorkonzentration ist. Bei hohen Substratkonzentrationen bleibt aber die erreichbare Maximalgeschwindigkeit unverändert (Abb. 2-16).

Der Reziprokwert von Gleichung 2-72 ist:

$$\frac{1}{v} = \frac{1}{V} + \frac{K_m \cdot i}{V} \cdot \frac{1}{[S_0]}\,. \qquad \text{Gl. 2-73}$$

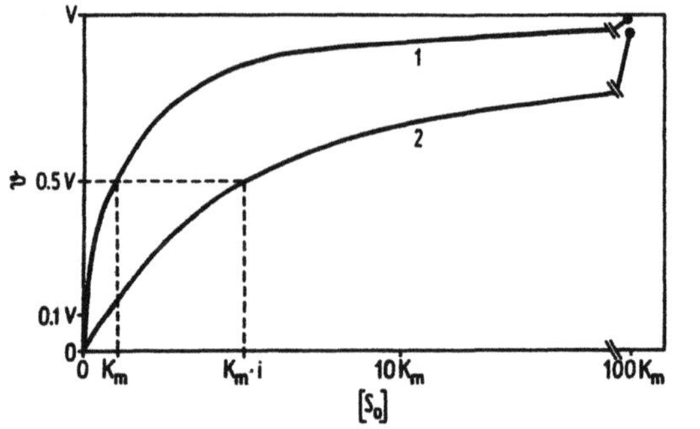

Abb. 2-16. Abhängigkeit der Anfangsgeschwindigkeit (v) von der Substratkonzentration ($[S_0]$) in Ab- und Anwesenheit eines kompetitiven Inhibitors. Kurve 1: ohne Inhibitor, Kurve 2 $[I_0] = 4\,K_i$.

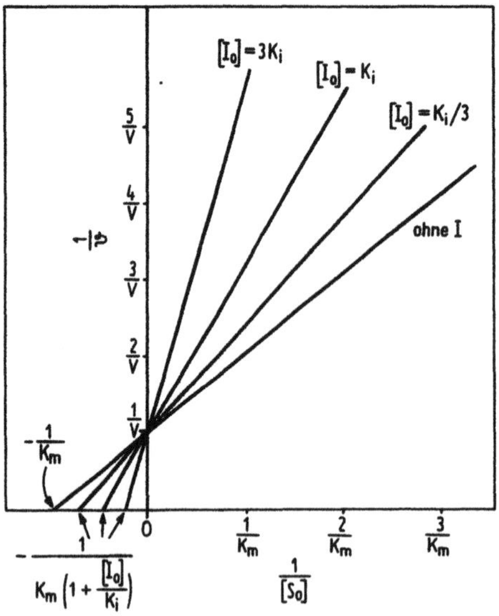

Abb. 2-17. Doppelt reziproke Auftragung in Gegenwart unterschiedlicher Konzentrationen eines kompetitiven Inhibitors.

Nach dieser Gleichung ergibt die Auftragung der reziproken Geschwindigkeit gegen die reziproke Substratkonzentration in Gegenwart eines kompetitiven Inhibitors eine i-fach steilere Gerade als in Abwesenheit des Inhibitors. Diese schneidet aber bei gleichem Wert von $1/V$ die Ordinate (Abb. 2-17).

Die Ableitung der Geschwindigkeitsgleichung für eine kompetive Inhibierung wurde aus einem Mechanismus hergeleitet, der eine gleichzeitige Bindung von Inhibitor und Substrat an das Enzym ausschließt. Diese Bedingung für eine kompetitive Inhibierung kann auch erfüllt sein, wenn der Inhibitor nicht die gleiche Bindungsstelle am Enzym besetzt wie das Substrat, sondern durch seine Bindung im Bereich des aktiven Zentrums die *Substratbindung sterisch einschränkt.* Man sollte also aus dem Vorliegen einer kompetitiven Inhibierung nicht vorbehaltlos auf identische Bindungsstellen von Substrat und Inhibitor schließen.

2.3.1.2. Inhibierung durch konkurrierenden Umsatz eines zweiten Substrats

Wird von einem Enzym das Substrat A zu dem Produkt P und das Substrat B zu dem Produkt Q umgesetzt, so wird die Produktbildungsgeschwindigkeit dP/dt durch Zugabe des Substrats A verringert, da das Enzym jeweils auch das andere Substrat binden und umsetzen wird. Jedes der in einer *Konkurrenzreaktion* umgesetzten Substrate wird also auf die Umsetzung des anderen als kompetitiver Inhibitor wirken.

$$E + A \underset{k_{-1A}}{\overset{k_{+1A}}{\rightleftharpoons}} EA \xrightarrow{k_{+2A}} E + P$$

$$E + B \underset{k_{-1B}}{\overset{k_{+1B}}{\rightleftharpoons}} EB \xrightarrow{k_{+2B}} E + Q\,. \qquad \text{Gl. 2-74}$$

Für diesen Fall ergeben sich die Geschwindigkeitsgleichungen

$$\frac{dP}{dt} = v_A = \frac{V_A[A_0]}{[A_0] + K_{mA}\left(1 + \frac{[B_0]}{K_{mB}}\right)} \qquad \text{Gl. 2-75}$$

und

$$\frac{dQ}{dt} = v_B = \frac{V_B[B_0]}{[B_0] + K_{mB}\left(1 + \frac{[A_0]}{K_{mA}}\right)}\,. \qquad \text{Gl. 2-76}$$

2.3.1.3. Die nichtkompetitive Hemmung

Wenn durch die Bindung eines Inhibitors an ein Enzym die Substratbindung nicht beeinflußt wird, so kann unter gleichzeitiger Bindung von Substrat und Inhibitor die Bildung eines *nicht in die Reaktionsprodukte zerfallenden Enzym-Substrat-Inhibitor-Komplexes erfolgen.* Dieser Hemmtyp wird als nichtkompetitiv bezeichnet (Gl. 2-77).

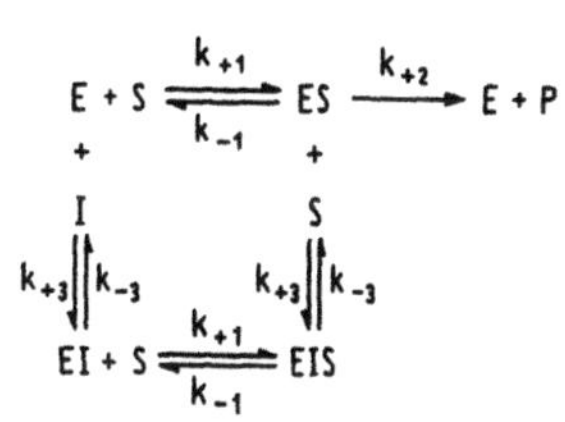

Gl. 2-77

Dem Reaktionsschema entsprechend bindet der Inhibitor I sowohl an das freie Enzym E als auch an den Enzym-Substrat-Komplex ES, das Substrat S sowohl an E als auch an EI. Die Geschwindigkeitsgleichung, die unter steady-state-Bindungen für diesen Mechanismus abgeleitet werden kann, lautet:

$$v = \frac{V[S_0]}{\left([S_0] + \frac{k_{-1}}{k_{+1}}\right)\left(1 + \frac{k_{+3}}{k_{-3}}[I_0]\right) + \frac{(k_{+1}[S_0] + k_{-1} + k_{-3}\{1 + (k_{+3}[I_0]/k_{-3})\}\,k_{+2}}{(k_{+1}[S_0] + k_{-1} + k_{-3} + k_{+3}[I_0])\,k_{+1}}}\,. \qquad \text{Gl. 2-78}$$

Diese recht komplizierte Gleichung läßt sich unter der Bedingung $k_{+2} \ll k_{-1}$ vereinfachen (nichtkompetitive Hemmung im engeren Sinne)

$$v = \frac{V[S_0]}{\left([S_0] + \frac{k_{-1}}{k_{+1}}\right)\left(1 + \frac{k_{+3}}{k_{-3}}[I_0]\right)}\,. \qquad \text{Gl. 2-79}$$

Setzt man für k_{-1}/k_{+1} den Wert K_m, für $1 + (k_{+3}[I_0]/k_{-3})$ wiederum den Hemmfaktor i ein, so ergibt sich

$$v = \frac{V[S_0]}{i([S_0] + K_m)}\,. \qquad \textbf{Gl. 2-80}$$

Diese Gleichung zeigt, daß ein nichtkompetitiver Inhibitor die Maximalgeschwindigkeit um den Faktor $1/i$ herabsetzt, während der K_m-Wert für das Substrat unverändert bleibt. In Abbildung 2-18 ist dieses Verhalten graphisch dargestellt.

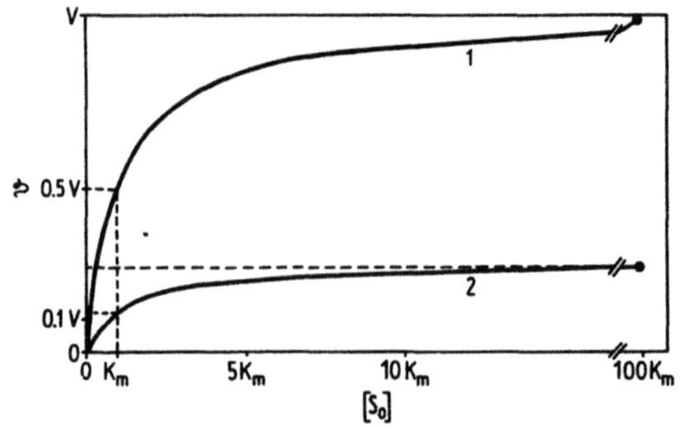

Abb. 2-18. Abhängigkeit der Anfangsgeschwindigkeit (v) von der Substratkonzentration ($[S_0]$) in Ab- und Anwesenheit eines nichtkompetitiven Inhibitors. Kurve 1: ohne Inhibitor, Kurve 2: $[I_0] = 3\,K_i$.

Transformiert man Gleichung 2-80 nach Lineweaver-Burk durch Bildung des Reziprokwertes, so erhält man Gleichung 2-81.

$$\frac{1}{v} = \frac{i}{V} + \frac{K_m \cdot i}{V} \cdot \frac{1}{[S_0]} \qquad \text{Gl. 2-81}$$

Abbildung 2-19 zeigt, daß in Gegenwart eines nichtkompetitiven Inhibitors im Vergleich zur nicht inhibierten Reaktion eine i-fach steilere Gerade resultiert. Der Schnittpunkt der in Gegenwart des Inhibitors erhaltenen Geraden mit der Ordinate liegt bei i/V, während der Abszissenschnittpunkt der Geraden für die inhibierte wie für die nicht inhibierte Reaktion den gleichen Wert $-1/K_m$ besitzt.

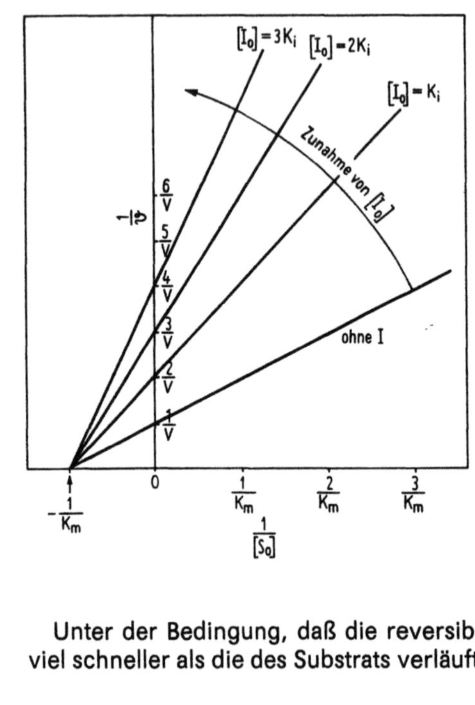

Abb. 2-19. Doppelt reziproke Auftragung in Gegenwart unterschiedlicher Konzentrationen eines nichtkompetitiven Inhibitors.

Unter der Bedingung, daß die reversible Reaktion des Inhibitors mit dem Enzym sehr viel schneller als die des Substrats verläuft, erhält man ein vom Verhalten eines nichtkompetitiven Inhibitors abweichendes Verhalten. In diesem Falle ist $k_{+3}[I_0]$, $k_{-3} \gg k_{+1}[S_0]$, k_{-1}, so daß aus Gleichung 2-78 die Geschwindigkeitsgleichung

$$v = \frac{V[S_0]}{\left([S_0] + \frac{k_{-1}}{k_{+1}}\right) i + \frac{k_{+2}}{k_{+1}}} \qquad \text{Gl. 2-82}$$

resultiert. Bei hohen Substratkonzentrationen ($[S_0] \cdot i \gg k_{+2}/k_{+1}$) entspricht die Verminderung der Reaktionsgeschwindigkeit um den Faktor $1/i$ durch den Inhibitor einer normalen nichtkompetitiven Inhibierung. Bei niedrigen Substratkonzentrationen ($S_0 \ll K_m$) ist dagegen die Verminderung der Reaktionsgeschwindigkeit in Gegenwart des Inhibitors geringer, als dem Faktor $1/i$ entspricht. Diese Besonderheit ist um so deutlicher, je kleiner der Quotient aus k_{-1}/k_{+2} ist.

Ist $k_{-1} \ll k_{+2}$ und somit $K_m = k_{+2}/k_{+1}$, so ergibt sich aus Gleichung 1-82

$$v = \frac{V[S_0]}{[S_0] \cdot i + K_m}\,. \qquad \text{Gl. 2-83}$$

Unter solchen Bedingungen kann also der inhibitorische Effekt bei einer Inhibitorkonzentration, die bei hohen Substratkonzentrationen deutlich inhibiert, vernachlässigbar klein werden [12] (Abb. 2-20). Bei der Beurteilung kinetischer Messungen in Gegenwart eines nach Reaktionsgleichung 2-77 reagierenden Inhibitors muß man mit einem solchen abweichenden Verhalten rechnen.

2.3.1.4. Die unkompetitive Hemmung

Neben dem kompetitiven und nichtkompetitiven Inhibitortyp findet man gelegentlich noch einen Typ, bei dem der Inhibitor *nur* mit dem Enzym-Substrat-Komplex reagieren kann.

Leitet man für diesen Mechanismus (Gl. 2-84)

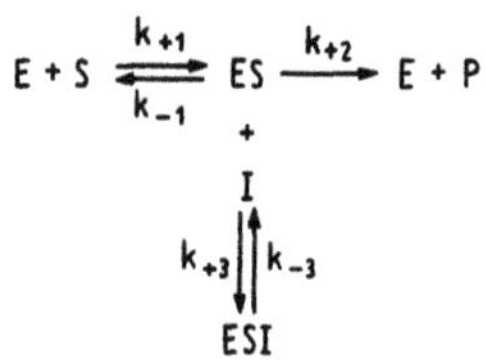

Gl. 2-84

die Geschwindigkeitsgleichung unter steady-state-Bedingungen ab, so erhält man

$$v = \frac{V\ [S_0]}{\left(1 + \frac{k_{+3}}{k_{-3}}[I_0]\right)\left(\frac{\frac{k_{-1} + k_{+2}}{k_{+1}}}{1 + \frac{k_{+3}}{k_{-3}}[I_0]} + [S_0]\right)} \qquad \text{Gl. 2-85}$$

Nach Einsetzen von i für $1 + (k_{+3}[I_0]/k_{-3})$ und K_m für $(k_{-1} + k_{+2})/k_{+1}$ ergibt sich Gleichung 2-86.

$$v = \frac{V[S_0]}{i\left(\frac{K_m}{i} + [S_0]\right)} \qquad \textbf{Gl. 2-86}$$

Bei diesem, als unkompetitiv bezeichneten Inhibitortyp wird sowohl die Maximalgeschwindigkeit als auch die Michaelis-Konstante durch den Inhibitor verändert (Abb. 2-21).

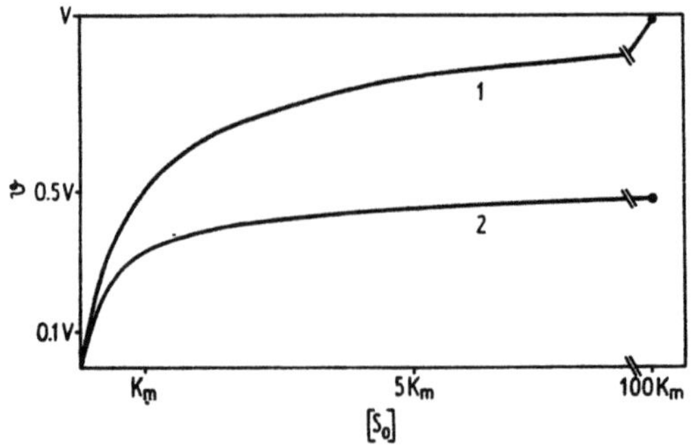

Abb. 2-20. Abhängigkeit der Anfangsgeschwindigkeit (v) von der Substratkonzentration ($[S_0]$) in Ab- und Anwesenheit eines Inhibitors, für den die Bedingungen der Gleichung 2-83 zutreffen.
Kurve 1: ohne Inhibitor, Kurve 2: $[I_0] = K_i$.

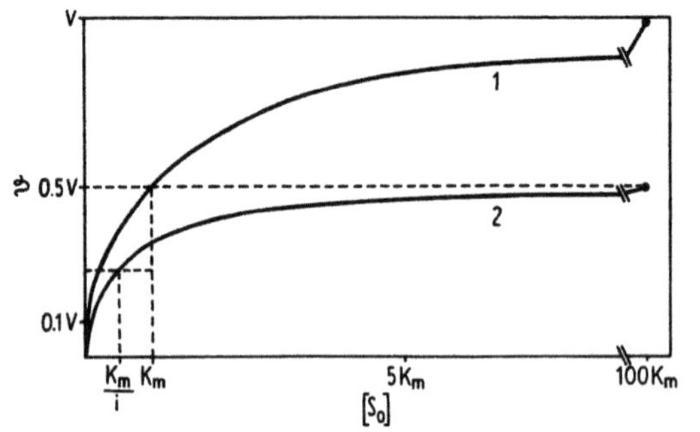

Abb. 2-21. Abhängigkeit der Anfangsgeschwindigkeit (v) von der Substratkonzentration ($[S_0]$) in Ab- und Anwesenheit eines unkompetitiven Inhibitors.
Kurve 1: ohne Inhibitor, Kurve 2: $[I_0] = K_i$.

Er wird z. B. bei Oxidasen, wenn das Enzym nur in einer bestimmten Oxidationsstufe mit dem Inhibitor reagieren kann, angetroffen. Eine unkompetitive Inhibierung kann aber auch aus einem Ordered-Mechanismus in einer Zwei-Substrat-Reaktion (s. 2.2.7.) resultieren, wenn der Inhibitor mit einem der Substrate konkurriert und somit in bezug auf das andere Substrat unkompetitiv wirkt. Schließlich kann das Verhalten einer unkompetitiven Inhibierung auch dann auftreten, wenn bei einer Enzymreaktion entsprechend Gleichung 2-14 $k_{-1} \ll k_{+2}$ ist, d. h. der K_m-Wert sich aus dem Quotienten k_{+2}/k_{+1} ergibt. Wirkt

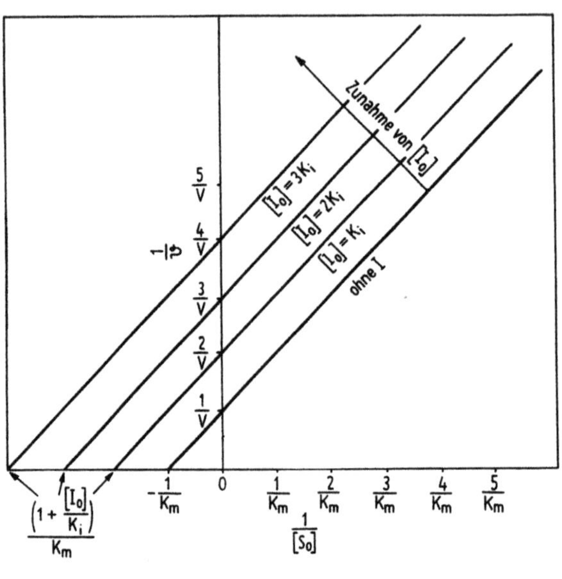

Abb. 2-22. Doppelt reziproke Auftragung in Gegenwart unterschiedlicher Konzentrationen eines unkompetitiven Inhibitors.

bei einer solchen Enzymreaktion ein Inhibitor unter Verminderung von k_{+2} auf das Enzym, so verändert er sowohl den K_m-Wert als auch die Maximalgeschwindigkeit. Er wirkt nach der oben gegebenen Definition als unkompetitiver Inhibitor (vgl. auch Gl. 2-82).

Die reziproke Form von Gleichung 2-86

$$\frac{1}{v} = \frac{i}{V} + \frac{K_m}{V} \cdot \frac{1}{[S_0]} \qquad \text{Gl. 2-87}$$

läßt erkennen, daß die in Gegenwart eines unkompetitiven Inhibitors gemessene Kurve in dieser Darstellung eine zur nicht inhibierten Reaktion parallele Kurve liefert (Abb. 2-22).

2.3.1.5. Die partiell kompetitive Hemmung

Wird durch die Bindung eines Inhibitors an ein Enzym nur die Affinität des Enzyms zum Substrat herabgesetzt, ohne daß die Geschwindigkeitskonstanten der Spaltung des Enzym-Substrat-Komplexes bzw. des Enzym-Inhibitor-Substrat-Komplexes Unterschiede aufweisen, so bezeichnet man diesen in Schema 2-88 dargestellten Inhibitortyp als partiell kompetitiv.

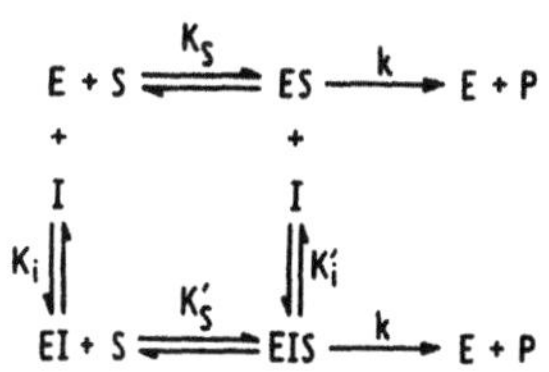

Gl. 2-88

Wenn dabei die Bindung und Dissoziation von Substrat und Inhibitor am Enzym sehr viel schneller verläuft als die Bildung des Produkts (rapid equilibrium, s. 2.2.1.), so ergibt sich als Geschwindigkeitsgleichung

$$v = \frac{V[S_0]}{[S_0] + K_S\left(\dfrac{1 + \dfrac{[I_0]}{K_i}}{1 + \dfrac{[I_0]}{K_i'}}\right)} \qquad \text{Gl. 2-89}$$

Für hohe Inhibitorkonzentrationen, für die $[I_0]/K_i'$ und $[I_0]/K_i$ sehr viel größer als 1 sind, gilt

$$v = \frac{V[S_0]}{[S_0] + \dfrac{K_S K_i'}{K_i}} \,. \qquad \text{Gl. 2-90}$$

Da aus thermodynamischen Gründen ΔG unabhängig vom Reaktionsweg ist und deshalb die Beziehung $K_S K_i' = K_S' K_i$ gegeben ist, gilt auch

$$v = \frac{V[S_0]}{[S_0] + K_S'} \,. \qquad \text{Gl. 2-91}$$

Der K_S-Wert strebt also im Gegensatz zur kompetitiven Inhibierung dem Wert K_S' zu.

Während zwischen kompetitiver und partiell kompetitiver Inhibierung im Lineweaver-Burk-Diagramm keine Unterschiede auftreten, ist aus der Abhängigkeit des K_S-Wertes von der Inhibitorkonzentration eine Unterscheidung möglich. Für eine partiell kompetitive Inhibierung besteht im Gegensatz zur kompetitiven Inhibierung kein linearer Zusam-

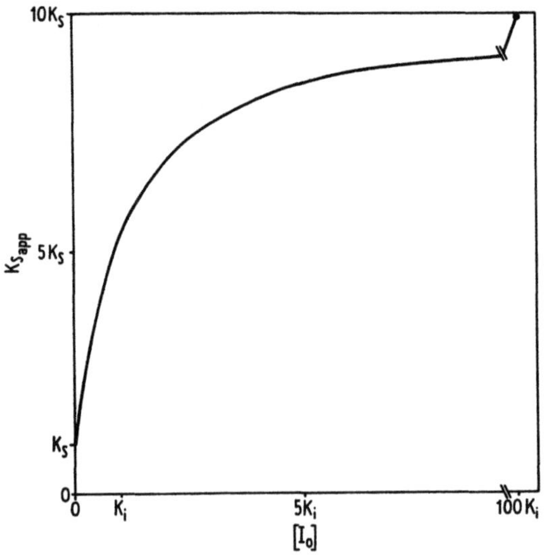

Abb. 2-23. Abhängigkeit des scheinbaren K_m-Wertes ($K_{Sapp.}$) von der Inhibitorkonzentration ($[I_0]$) für einen partiell kompetitiven Inhibitor ($K_i' = 10\ K_i$).

menhang zwischen gemessenem K_S-Wert ($K_{Sapp.}$) und Inhibitorkonzentration (Abb. 2-23).

2.3.1.6. Methoden zur Bestimmung der Inhibitorkonstanten K_i

Die Berechnung der Dissoziationskonstanten der Enzym-Inhibitor-Bindung ist aus der Lineweaver-Burk-Auftragung für die kompetitive Inhibierung aus dem Anstieg und dem Abszissenschnittpunkt (Abb. 2-17 und Gl. 2-73), für die nichtkompetitive Inhibierung aus dem Anstieg und dem Ordinatenschnittpunkt (Abb. 2-19 und Gl. 2-81) und für die unkompetitive Inhibierung aus dem Ordinaten- und Abszissenschnittpunkt (Abb. 2-22 und Gl. 2-87) möglich. Bei dieser Berechnung würde man aber für die Bestimmung der Inhibitorkonstanten nur eine einzige Inhibitorkonzentration zugrunde legen. Besser ist deshalb das

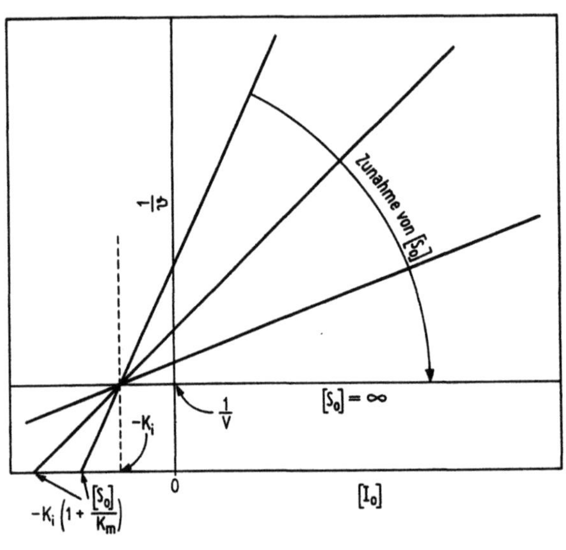

Abb. 2-24. Dixon-Auftragung für einen kompetitiven Inhibitor in Gegenwart unterschiedlicher Substratkonzentrationen.

von Dixon [13] zur Berechnung der Inhibitorkonstanten vorgeschlagene Verfahren. Danach wird bei konstanter Substratkonzentration die Inhibitorkonzentration variiert und der Reziprokwert der gemessenen Geschwindigkeit gegen die Inhibitorkonzentration aufgetragen.

Für eine kompetitive Inhibierung erhält man dabei durch Umstellen von Gleichung 2-73 die Beziehung

$$\frac{1}{v} = \frac{[S_0] + K_m}{V[S_0]} + \frac{K_m}{V[S_0]\,K_i} \cdot [I_0]\,. \qquad \text{Gl. 2-92}$$

Nach Gleichung 2-92 ergeben sich für die *kompetitive Inhibierung* Geraden, die sich bei einem der Inhibitorkonstanten entsprechenden Wert $-K_i$ und $1/V$ schneiden (Abb. 2-24).

Die Bestimmung der Inhibitorkonstanten K_i für die *nichtkompetitive Inhibierung* liefert nach dem gleichen Verfahren entsprechend der aus Gleichung 2-81 abgeleiteten Beziehung

$$\frac{1}{v} = \frac{1 + \frac{K_m}{[S_0]}}{V} + \frac{1 + \frac{K_m}{[S_0]}}{VK_i} \cdot [I_0] \qquad \text{Gl. 2-93}$$

Geraden, die sich auf der Abszisse bei einer Inhibitorkonzentration $-K_i$ schneiden (Abb. 2-25).

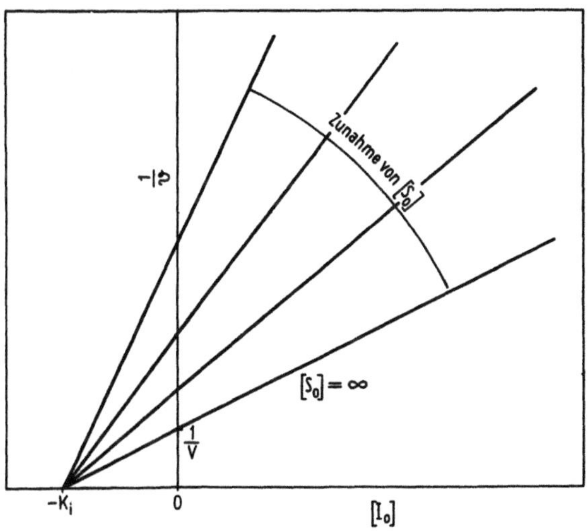

Abb. 2-25. Dixon-Auftragung für einen nichtkompetitiven Inhibitor in Gegenwart unterschiedlicher Substratkonzentrationen.

Die Inhibitorkonstante für die *unkompetitive Inhibierung* läßt sich aus dem Abszissenschnittpunkt der Geraden berechnen, die sich aus der Dixon-Auftragung entsprechend Gleichung 2-94 ergeben (Abb. 2-26).

$$\frac{1}{v} = \frac{1 + \frac{K_m}{[S_0]}}{V} + \frac{1}{VK_i} \cdot [I_0] \qquad \text{Gl. 2-94}$$

Wie ein Vergleich der Abbildung 2-24, 2-25 und 2-26 zeigt, läßt sich durch die Dixon-Auftragung neben der Lineweaver-Burk-Auftragung eine Unterscheidung zwischen den einzelnen Inhibitortypen vornehmen.

Zur Bestimmung des K_i-Wertes eines *partiell kompetitiven Inhibitors* stellt man die aus Gleichung 2-89 folgende Beziehung

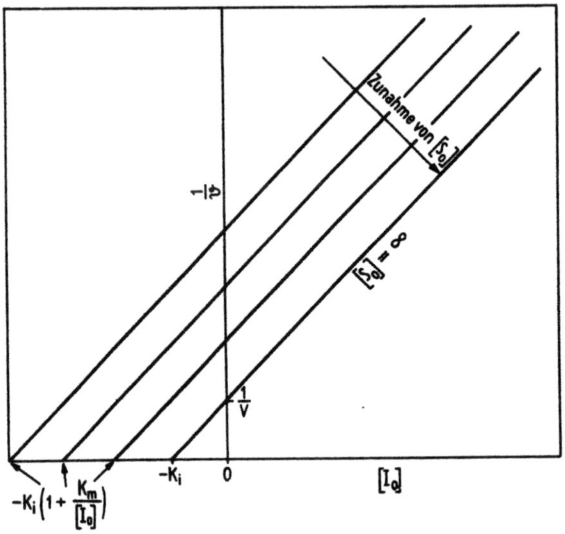

Abb. 2-26. Dixon-Auftragung für einen unkompetitiven Inhibitor in Gegenwart unterschiedlicher Substratkonzentrationen.

$$K_{m_{app.}} = K_m \left(\frac{1 + \frac{[I_0]}{K_i}}{1 + \frac{[I_0]}{K_i'}} \right) \qquad \text{Gl. 2-95}$$

so um (Gl. 2-96),

$$\frac{1}{K_{m_{app.}} - K_m} = \frac{1}{[I_0]} \cdot \frac{1}{\frac{K_m}{K_i} - \frac{K_m}{K_i'}} + \frac{1}{K_m' - K_m} \qquad \text{Gl. 2-96}$$

daß aus der in Abbildung 2-27 wiedergegebenen Auftragung K_i' und K_m' bestimmt werden können. Mit dem in Abwesenheit des Inhibitors gemessenen K_m-Wert und unter Berücksichtigung der Beziehung $K_m K_i' = K_m' K_i$ lassen sich alle Konstanten für die in Schema 2-88 wiedergegebene partiell kompetitive Inhibierung bestimmen.

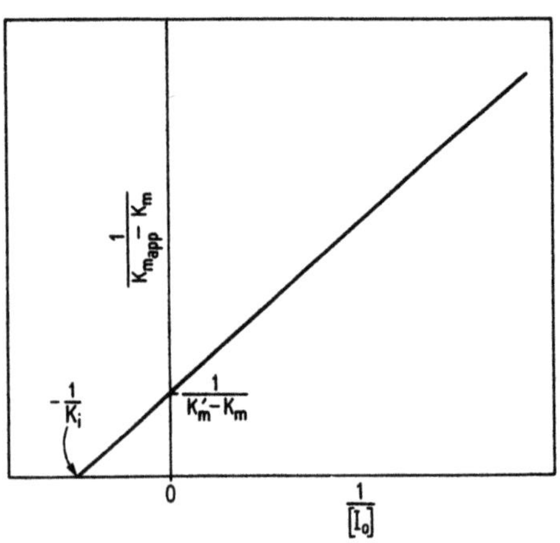

Abb. 2-27. Doppelt reziproke Auftragung von $1/(K_{m_{app.}} - K_m)$ gegen $1/[I_0]$ für einen partiell kompetitiven Inhibitor.

2.3.2. Die Substratüberschuß-Hemmung

Entsteht durch Bindung eines weiteren Substratmoleküls an den ES-Komplex ein Enzym-Substrat-Komplex (ESS), der entsprechend Gleichung 2-97 nicht in die Reaktionsprodukte

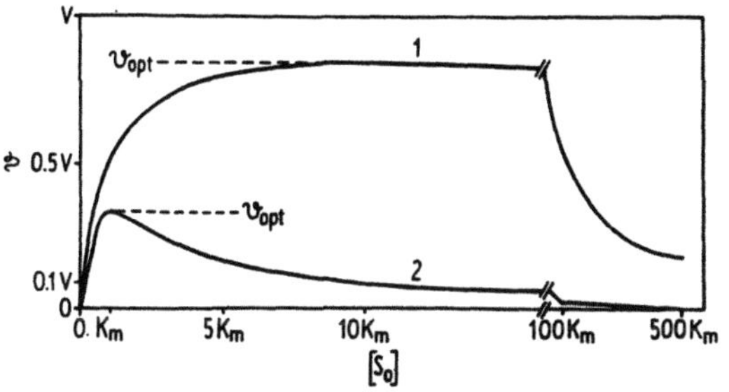

Abb. 2-28. Abhängigkeit der Anfangsgeschwindigkeit (v) von der Substratkonzentration ($[S_0]$) bei Substratüberschußhemmung.
Kurve 1: $K_i = K_m$, Kurve 2: $K_i = 100\,K_m$.

spaltet, so beobachtet man das in Abbildung 2-28 wiedergegebene kinetische Verhalten der Substratüberschuß-Hemmung.

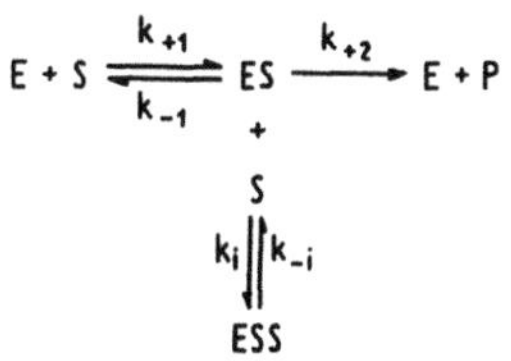

Gl. 2-97

Wenn man die Dissoziationskonstante des ESS-Komplexes mit K_i bezeichnet, so ergibt sich für diesen Mechanismus die Geschwindigkeitsgleichung

$$v = \frac{V}{1 + \frac{K_m}{[S_0]} + \frac{[S_0]}{K_i}} \qquad \text{Gl. 2-98}$$

Gleichung 2-98 läßt erkennen, daß der Verlauf der in Abbildung 2-28 wiedergegebenen Kurven von dem Verhältnis K_m/K_i abhängt. Für $K_m \ll K_i$ erhält man, da für nicht zu hohe Substratkonzentrationen $[S_0]/K_i$ gegenüber $K_m/[S_0]$ vernachlässigt werden kann, eine annähernd hyperbole v/S-Charakteristik (Abb. 2-28, Kurve 1). In diesem Falle kann der K_m-Wert nach Lineweaver-Burk bestimmt werden. Zur Bestimmung des K_i-Wertes sind Messungen bei sehr hohen Substratkonzentrationen notwendig, bei denen $K_m/[S_0]$ gegenüber $[S_0]/K_i$ vernachlässigbar ist. Dann gilt:

$$v = \frac{V}{1 + \frac{[S_0]}{K_i}} \qquad \text{Gl. 2-99}$$

bzw.

$$\frac{1}{v} = \frac{1}{V} + \frac{[S_0]}{K_i \cdot V}\,. \qquad \text{Gl. 2-100}$$

Trägt man also $1/v$ gegen $[S_0]$ auf, so erhält man die in Abbildung 2-29 wiedergegebene Kurve mit einem Abszissenschnittpunkt des linearen Teils der Kurve bei $-K_i$.

Sind dagegen K_m und K_i von vergleichbarer Größe, oder ist $K_m > K_i$, so erhält man den in Kurve 2 der Abbildung 2-28 wiedergegebenen Verlauf. In diesem Fall erreicht die Ge-

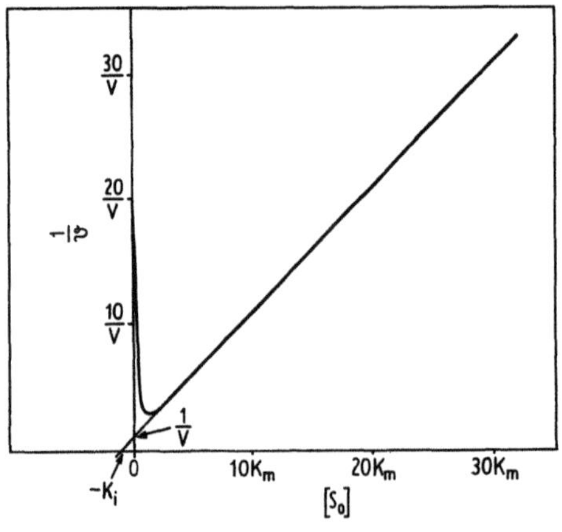

Abb. 2-29. Reziproke Auftragung von $1/v$ gegen $[S_0]$ zur Bestimmung des K_i-Wertes für die Substratüberschußhemmung.

schwindigkeit der Enzymreaktion nur einen optimalen, unter der theoretischen Maximalgeschwindigkeit liegenden Wert. Da für diesen optimalen Wert Gleichung 2-101 gilt,

$$\frac{dv}{d[S_0]} = \frac{d\left(\dfrac{V}{1+\dfrac{K_m}{[S_0]}+\dfrac{[S_0]}{K_i}}\right)}{d[S_0]} = 0 \qquad \text{Gl. 2-101}$$

ergibt sich die *optimale Substratkonzentration* durch Differentiation zu $[S_{opt.}] = \sqrt{K_i K_m}$. Setzt man diesen Wert in Gleichung 2-98 ein, so erhält man als optimale Geschwindigkeit

$$v_{opt.} = \frac{V}{1+2\sqrt{\dfrac{K_m}{K_i}}}. \qquad \text{Gl. 2-102}$$

Ist zum Beispiel $K_m = K_i$, so erreicht die Geschwindigkeit bei der optimalen Substratkonzentration den Wert $V/3$.

2.3.3. Hemmung durch hochaffine Inhibitoren

Inhibitoren, die eine sehr hohe Affinität zum Enzym haben, bewirken schon bei sehr kleinen Konzentrationen eine Inhibierung. Die in den vorangegangenen Abschnitten für die normalen Inhibitoren gemachte Voraussetzung zur Ableitung der Geschwindigkeitsgleichungen, daß $[I_0] \gg [E_0]$ und somit $[I_0] \sim [I]$ ist, trifft für solche hochaffinen, in extrem niedriger Konzentration ($<1\ \mu M$) wirksamen Inhibitoren nicht mehr zu.

Für einen solchen nichtkompetitiven Inhibitor gilt nach dem Massenwirkungsgesetz:

$$\frac{[E]\,[I]}{[EI]} = K_i \qquad \text{Gl. 2-103}$$

und

$$\frac{[ES]\,[I]}{[ESI]} = K_i. \qquad \text{Gl. 2-104}$$

Berücksichtigt man, daß

$$[E_0] = [E] + [ES] + [EIS] + [EI] \qquad \text{Gl. 2-105}$$

und

$$[I_0] = [I] + [EI] + [EIS] \qquad \text{Gl. 2-106}$$

gilt, und setzt man für die Menge des Enzyms, die nicht mit dem Inhibitor besetzt ist, den Wert α ein,

$$\alpha = \frac{[E_0] - [EI] - [EIS]}{[E_0]} \qquad \text{Gl. 2-107}$$

so lassen sich aus den Gleichungen 2-103 bis 2-107 die Größen [ES], [EI] und [EIS] eliminieren und man erhält:

$$[I_0] \cdot \frac{\alpha}{1-\alpha} = K_i + \alpha[E_0]. \qquad \text{Gl. 2-108}$$

Die Größe α ($\leqq 1$) wird auch als *Inaktivierungsgrad* bezeichnet. Aus Gleichung 2-108 ergibt sich

$$\frac{[I_0]}{1-\alpha} = \frac{K_i}{\alpha} + [E_0]. \qquad \text{Gl. 2-109}$$

Trägt man entsprechend dieser Gleichung $[I_0]/(1-\alpha)$ gegen $1/\alpha$ auf, so erhält man die in Abbildung 2-30 dargestellte Gerade, aus deren Anstieg man K_i berechnen kann.

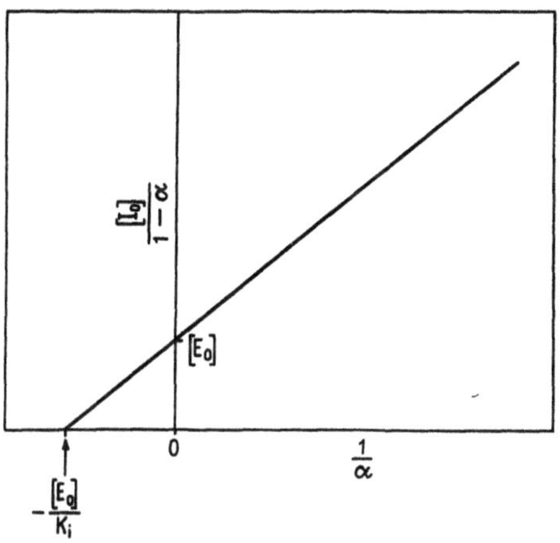

Abb. 2-30. Auftragung von $[I_0]/(1-\alpha)$ gegen $1/\alpha$ zur Bestimmung des K_i-Wertes für hochaffine Inhibitoren.

2.3.4. Hemmung durch irreversibel reagierende Inhibitoren

Zu der Klasse der irreversibel reagierenden Inhibitoren gehören z. B. die gruppenspezifischen Reagenzien (s. 3.3.3.), die mit einem Enzym quasi irreversibel unter Verminderung der katalytischen Aktivität reagieren. Die entstehenden Enzym-Inhibitor-Komplexe dissoziieren in diesem Falle nicht in freies Enzym und Inhibitor. Neben dem in der Regel zu erwartenden *linearen Zusammenhang zwischen Inhibitorkonzentration und Aktivität* (Abb. 2-31, Kurve 1) können auch Abweichungen von diesem Verlauf beobachtet werden. Blockiert z. B. ein irreversibel reagierender Inhibitor mehrere Gruppen unterschiedlicher Reaktivität und unterschiedlicher Beziehung zum Katalysemechanismus, so kann der Aktivitätsverlauf bei Titration mit dem Inhibitor auch der Kurve 2 in Abbildung 2-31 folgen. Zunächst reagieren hochreaktive Gruppen, die keine Bedeutung für die katalytische Akti-

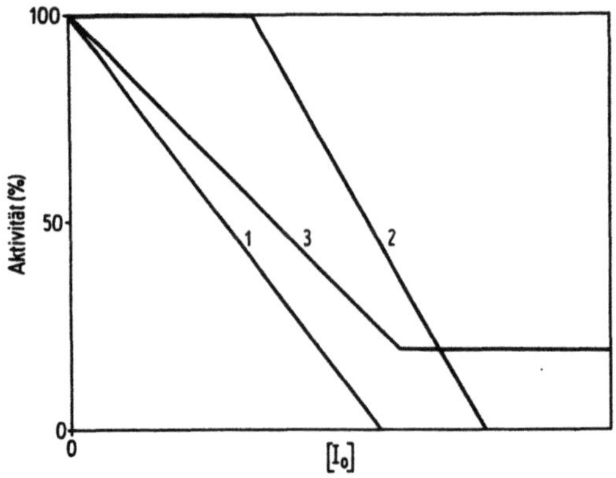

Abb. 2-31. Abhängigkeit der enzymatischen Aktivität von der Konzentration eines irreversibel reagierenden Inhibitors (Erläuterungen s. Text).

vität besitzen, bevor die Gruppen, die für den Katalysemechanismus von Bedeutung sind, modifiziert werden. Führt dagegen die Reaktion mit dem Inhibitor zu einem Komplex, der noch verminderte katalytische Aktivität aufweist, so wird der in Kurve 3 der Abbildung 2-31 wiedergegebene Verlauf beobachtet.

Die Geschwindigkeitskonstante der Reaktion des Inhibitors mit dem Enzym läßt sich unter der Bedingung, daß die Inhibitorkonzentration sehr viel größer als die Enzymkonzentration ist, durch Auswertung der Meßwerte nach einer Reaktion pseudo-erster Ordnung (s. 1.3.1.1.) vornehmen. Entsprechend der Gleichung

$$-\frac{d[E]}{dt} = -\frac{d\,\text{Aktivität}}{dt} = k[I_0]\,[E] = k'[E] \qquad \text{Gl. 2-110}$$

läßt sich aus dem Anstieg der Geraden, die man bei der Auftragung des Logarithmus der Aktivität gegen die Reaktionszeit erhält, die Geschwindigkeitskonstante pseudo-erster Ordnung k' errechnen.

Werden Enzyme durch ihre Substrate vor der Inaktivierung mit irreversibel reagierenden Inhibitoren geschützt (s. 3.3.3.5.), so wird die Geschwindigkeitskonstante der Inaktivierung wesentlich kleiner als in Abwesenheit des Substrats gefunden. Aus einem solchen Verhalten kann auf eine gleiche, Substrat und gruppenspezifischen Inhibitor bindende Gruppe im aktiven Zentrum geschlossen werden.

2.3.5. Hemmung durch Reaktion des Inhibitors mit dem Substrat

Eine Verminderung der Geschwindigkeit einer Enzymreaktion tritt auch dann ein, wenn der Inhibitor mit dem Substrat reagiert und eine Substrat-Inhibitor-Verbindung SI bildet, die vom Enzym *nicht* umgesetzt werden kann.

$$S + I \overset{K_i}{\rightleftharpoons} SI \qquad \text{Gl. 2-111}$$

Durch die Bildung dieser Substrat-Inhibitor-Verbindung vermindert sich die für die Enzymreaktion zur Verfügung stehende effektive Substratkonzentration $[S_{eff}]$ auf den Wert

$$[S_{eff}] = [S_0] - [SI]\,. \qquad \text{Gl. 2-112}$$

Bezeichnet man mit $[S_0]$ und $[I_0]$ die Ausgangskonzentrationen von Substrat und Inhibitor, so gilt nach dem Massenwirkungsgesetz

$$\frac{([I_0] - [SI])\,([S_0] - [SI])}{[SI]} = K_i\,. \qquad \text{Gl. 2-113}$$

Daraus ergibt sich für die Konzentration an Substrat-Inhibitor-Komplex

$$[SI] = \frac{[I_0] + [S_0] + K_I}{2} - \sqrt{\frac{([I_0] + [S_0] + K_I)^2}{4} - [S_0]\,[I_0]} \qquad \text{Gl. 2-114}$$

und mit Gleichung 2-112 für die effektive Substratkonzentration

$$[S_{eff}] = [S_0] - \frac{[I_0] + [S_0] + K_I}{2} + \sqrt{\frac{([I_0] + [S_0] + K_I)^2}{4} - [S_0]\,[I_0]}\,. \qquad \text{Gl. 2-115}$$

Bei hohen Substratkonzentrationen erreicht die in Gegenwart des Inhibitors gemessene Geschwindigkeit die Maximalgeschwindigkeit. Dieser Mechanismus läßt sich von einer kompetitiven Inhibierung durch Auftragung der Meßwerte nach Lineweaver-Burk unterscheiden. Ein mit dem Substrat reagierender Inhibitor gibt sich durch eine Abweichung von der Linearität zu erkennen.

2.3.6. Hemmung durch Coenzym-Antagonisten

Bei Enzymen, deren Funktion vom reversiblen Einbau eines Cofaktors in das aktive Zentrum abhängt (s. 4.3.2.), ist die Aktivität von dem Gleichgewicht

$$\text{Holoenzym} \underset{k_R}{\overset{k_D}{\rightleftharpoons}} \text{Apoenzym} + \text{Cofaktor} \qquad \text{Gl. 2-116}$$

abhängig. Wählt man Bedingungen (pH, Ionenstärke), bei denen die Abspaltung des Coenzyms irreversibel verläuft, so läßt sich die Spaltung in Gegenwart des Substrats durch die Abnahme der enzymatischen Aktivität, die einem Geschwindigkeitsgesetz 1. Ordnung folgt, verfolgen:

$$-\frac{d[\text{Holoenzym}]}{dt} = -\frac{d\,\text{Aktivität}}{dt} = k_D \cdot \text{Aktivität}. \qquad \text{Gl. 2-117}$$

Unter der gleichen Voraussetzung der Irreversibilität läßt sich auch die Rekombination zum Holoenzym durch die Zunahme der enzymatischen Aktivität verfolgen. Da die Konzentration an Apoenzym zur Zeit t durch die Differenz zwischen Ausgangskonzentration an Apoenzym ($[Apo_0]$) und der Konzentration an Holoenzym zur Zeit t ([Holo]) gegeben ist, gilt

$$-\frac{d[\text{Apo}]}{dt} = \frac{d[\text{Holo}]}{dt} = k_R[\text{Coenzym}]\,([\text{Apo}_0] - [\text{Holo}]) \qquad \text{Gl. 2-118}$$

sowie

$$\frac{d\,\text{Aktivität}}{dt} = k_R[\text{Coenzym}]\,(\text{Aktivität}_{max} - \text{Aktivität}_t). \qquad \text{Gl. 2-119}$$

Die Holoenzymkonzentration wird durch die Aktivität zur Zeit t (Aktivität_t) ausgedrückt und die nach vollständiger Rekombination maximal erreichbare Aktivität mit Aktivität_{max} bezeichnet. Werden Bedingungen gewählt ($[\text{Coenzym}] \gg [\text{Apo}_0]$), bei denen die Rekombination nach pseudo-erster Ordnung abläuft, so folgt aus Gleichung 2-119 durch Integration

$$k'_R \cdot t = 2{,}3 \log \frac{\text{Aktivität}_{max}}{\text{Aktivität}_{max} - \text{Aktivität}_t}, \qquad \text{Gl. 2-120}$$

wonach sich die Geschwindigkeitskonstante für eine nach pseudo-erster Ordnung ablaufende Rekombination $k'_R = k[\text{Coenzym}]$ ermitteln läßt.

Verläuft die Rekombination in Gegenwart eines Coenzymanalogen, welches mit dem Apoenzym einen inaktiven Holoenzymkomplex bildet *(Coenzym-Antagonisten)*, so können unterschiedliche kinetische Effekte auftreten. Erfolgt sowohl die Bindung des Coenzyms als auch die des Antagonisten an das Apoenzym *irreversibel*, so ist das Verhältnis der entstehenden „Holoenzyme“ kinetisch kontrolliert. Die Aktivität ist dann von den Geschwindigkeitskonstanten der Rekombination sowie vom Konzentrationsverhältnis Coenzym/Antagonist abhängig. Bezeichnet man die in Abwesenheit des Antagonisten nach Rekombination mit dem Coenzym erreichbare Aktivität mit A_{max}, so ist die Aktivität in Gegenwart des Antagonisten gegeben durch:

$$\text{Aktivität} = A_{max} \cdot \frac{k_R[\text{Coenzym}]}{k_{RA}[\text{Antagonist}] + k_R[\text{Coenzym}]}, \qquad \text{Gl. 2-121}$$

wenn k_R die Geschwindigkeitskonstante für die Rekombination mit dem Coenzym, k_{RA} die mit dem Antagonisten ist (vgl. auch Parallelreaktionen bei 1.3.1.3.).

Erfolgt dagegen die Bindung des Coenzyms und des Antagonisten *reversibel*, so ist das Verhältnis der entstehenden Produkte nach der Gleichgewichtseinstellung thermodynamisch kontrolliert. Hat die Dissoziationskonstante für die Apoenzym-Coenzym-Bindung den Wert K_D, die für die Bindung des Antagonisten den Wert K_{DA}, so ergibt sich als Gleichgewichtskonzentration zwischen dem Holoenzym und dem mit dem Antagonisten rekombinierten Holoenzym_A

$$\frac{[\text{Holoenzym}]}{[\text{Holoenzym}_A]} = \frac{K_{DA}[\text{Coenzym}]}{K_D[\text{Antagonist}]}. \qquad \text{Gl. 2-122}$$

In diesem Falle wirkt der Antagonist gegenüber dem Coenzym als kompetitiver Inhibitor, in bezug auf das Substrat als nichtkompetitiver Inhibitor (vgl. 2.3.1.).

Ist die Bindung des Coenzyms irreversibel, die des Antagonisten aber reversibel, so wird auch in Gegenwart des Antagonisten die maximale katalytische Aktivität erreicht. Dabei vermindert aber der Antagonist die Rekombinationsgeschwindigkeit zwischen Co- und Apoenzym, da er die zur Verfügung stehende effektive Apoenzymkonzentration durch reversible Bindung an das Apoenzym herabsetzt.

2.3.7. Aktivatoren

Als Aktivatoren bezeichnet man Verbindungen, die die katalytische Aktivität eines Enzyms erhöhen. Erfolgt die Bindung eines Aktivators an ein Enzym reversibel, so läßt sich das folgende generelle Reaktionsschema aufstellen:

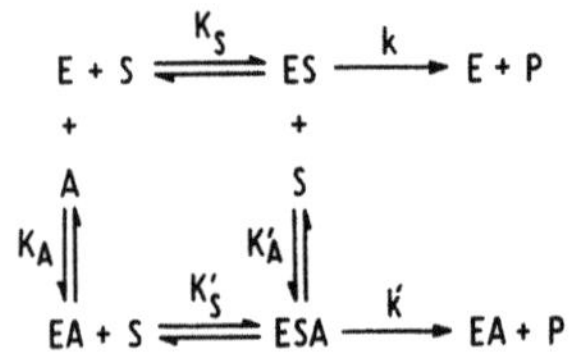

Gl. 2-123

Das Schema macht deutlich, daß durch die Bindung des Aktivators A sowohl das Substratbindungsgleichgewicht als auch die Geschwindigkeitskonstante der Produktbildung verändert werden können.

Die Geschwindigkeitsgleichung für die Produktbildung setzt sich entsprechend Schema 2-123 additiv aus den Geschwindigkeiten der Produktbildung aus dem Enzym-Substrat-Komplex ES und dem Enzym-Substrat-Aktivatorkomplex ESA zusammen.

$$v = k[\text{ES}] + k'[\text{ESA}] \qquad \text{Gl. 2-124}$$

Berechnet man die Konzentrationen an [ES] und [ESA] für quasi Gleichgewichtsbedingungen (s. 2.2.1.) und setzt diese Konzentrationen in Gleichung 2-124 ein, so erhält man:

$$v = \frac{V\frac{[S_0]}{K_S} + \frac{k'}{k} V \frac{[A_0][S_0]}{K'_A K_S}}{1 + \frac{[S_0]}{K_S} + \frac{[A_0]}{K_A} + \frac{[A_0][S_0]}{K'_A K_S}} \qquad \text{Gl. 2-125}$$

Entsprechend dieser Geschwindigkeitsgleichung ist der Einfluß eines Aktivators nicht nur von seiner Konzentration, dem Verhältnis der Geschwindigkeitskonstanten k/k' und dem Verhältnis der Dissoziationskonstanten K'_S/K_S sondern auch von der Substratkonzentration abhängig. Ist die Geschwindigkeitskonstante k' größer als k, und ist die Dissoziationskonstante K'_S kleiner oder gleich K_S, so wird ein solcher Aktivator bei jeder Substratkonzentration eine Aktivierung hervorrufen (Abb. 2-32, Kurve 2).

Ist dagegen $k' > k$, aber $K'_S > K_S$, so wird der Aktivator erst ab einer bestimmten Substratkonzentration (die dem Schnittpunkt der v/S-Kurve in Ab- und Anwesenheit des Aktivators entspricht) aktivieren, während bei Substratkonzentrationen, die kleiner als $[S_*]$ sind (Gl. 2-126), eine Inhibierung resultiert (Abb. 2-32, Kurve 3). Ist $k' < k$, aber $K'_S < K_S$, so wird bis zur Substratkonzentration $[S_*]$ eine Aktivierung, bei Substratkonzentrationen, die größer als $[S_*]$ sind, eine Inhibierung durch die Verbindung A stattfinden (Abb. 2-32, Kurve 4). Die Schnittpunkte $[S_*]$ lassen sich aus den Größen k', k, K'_S und K_S zu

$$[S_*] = \frac{\left(\frac{k' K_S}{k}\right) - K'_S}{1 - \frac{k'}{k}} \qquad \text{Gl. 2-126}$$

berechnen.

Zur Bestimmung der Dissoziationskonstanten K'_S und K_S sowie der Geschwindigkeitskonstanten k und k' trägt man die bei konstanter Aktivatorkonzentration erhaltenen Rezi-

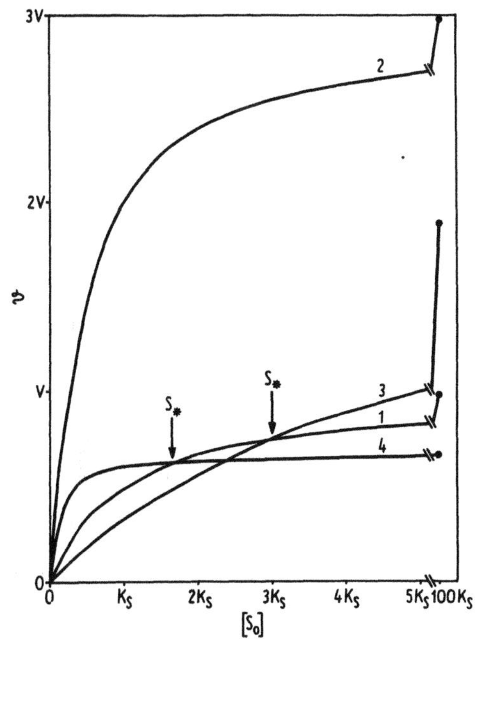

Abb. 2-32. Abhängigkeit der Anfangsgeschwindigkeit (v) von der Substratkonzentration ($[S_0]$) in Ab- und Anwesenheit eines Aktivators ($[A_0] \gg K_A, K'_A$).
Kurve 1: ohne Aktivator; Kurve 2: $K_S = 2\,K'_S$, $k' = 3\,k$; Kurve 3: $K_S = 5\,K'_S$, $k' = 2\,k$; Kurve 4: $K_S = 10\,K'_S$, $k' = 2\,k/3$.

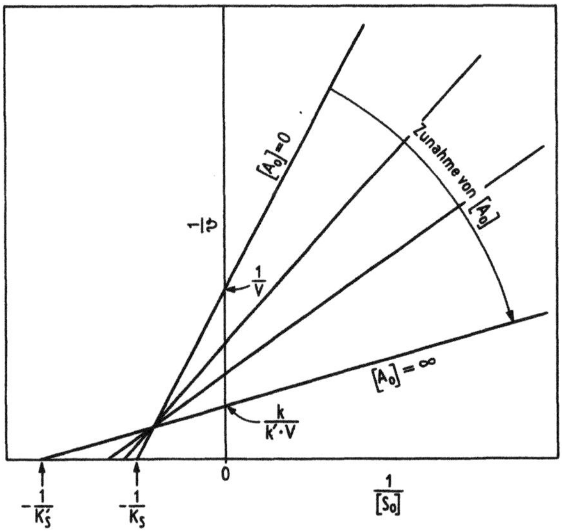

Abb. 2-33. Doppelt reziproke Auftragung in Gegenwart unterschiedlicher Konzentrationen eines Aktivators.

prokwerte der Reaktionsgeschwindigkeit gegen die reziproke Substratkonzentration auf. Dabei erhält man z. B. für den Fall, daß $k' > k$ und $K'_S < K_S$ ist, die in Abbildung 2-33 wiedergegebene Kurvenschar, deren Grenzgeraden für $[A_0] = 0$ und $[A_0] = \infty$ die Bestimmung der Konstanten aus den angegebenen Parametern ermöglicht.

Substrahiert man von der in Gegenwart des Aktivators gemessenen Geschwindigkeit (s. Gl. 2-125) die in Abwesenheit des Aktivators bei der gleichen Substratkonzentration gemessene Geschwindigkeit v_0, so erhält man:

$$v - v_0 = \frac{\frac{k'}{k} V \frac{[A_0][S_0]}{K'_A K_S}}{1 + \frac{[S_0]}{K_S} + \frac{[A_0]}{K_A} + \frac{[A_0][S_0]}{K'_A K_S}} \qquad \text{Gl. 2-127}$$

und durch Bildung des Reziprokwertes

$$\frac{1}{v - v_0} = \frac{k[S_0] + K'_S}{k' V[S_0]} + \frac{k K'_A (K_S + [S_0])}{k' V[S_0]} \cdot \frac{1}{[A_0]}. \qquad \text{Gl. 2-128}$$

Diese Gleichung ist zur Bestimmung der *Dissoziationskonstanten der Enzym-Aktivator-Bindung* geeignet. Trägt man den Wert $1/(v - v_0)$ gegen $1/[A_0]$ auf, so erhält man für unterschiedliche Substratkonzentrationen eine in Abbildung 2-34 wiedergegebene Schar von Geraden, die die Bestimmung der Konstanten K_A und K'_A ermöglicht.

Die Beschleunigung einer Enzymreaktion muß nicht nur über eine Bindung des Aktivators an das Enzym erfolgen. Sie kann auch durch Bildung einer Substrat-Aktivator-Verbindung AS hervorgerufen werden, die vom Enzym schneller umgesetzt wird oder eine größere Affinität zum Enzym aufweist (s. z. B. 4.3.2.4.).

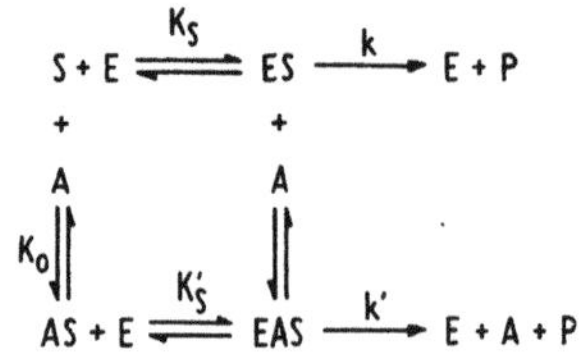

Gl. 2-129

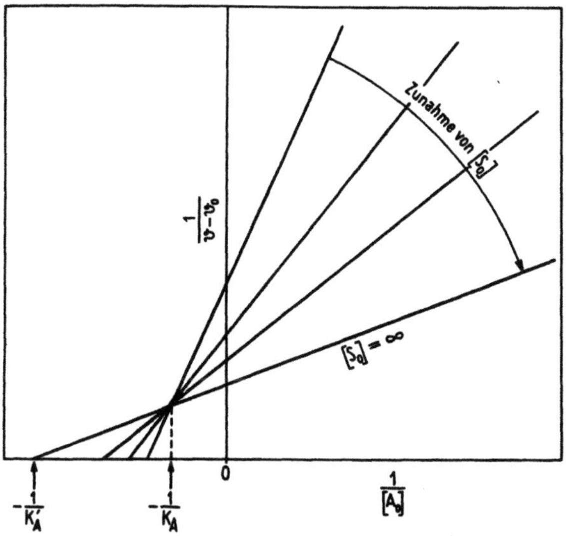

Abb. 2-34. Doppelt reziproke Auftragung von $1/(v - v_0)$ gegen $1/[A_0]$ in Gegenwart unterschiedlicher Substratkonzentrationen.

In diesem Falle setzt sich die aus Schema 2-129 abgeleitete Geschwindigkeitsgleichung aus zwei Termen zusammen, die dem Umsatz der beiden Substrate S und AS entsprechen:

$$v = k[ES] + k'[EAS]. \qquad \text{Gl. 2-130}$$

Dabei werden die beiden Verbindungen S und AS um die Bindungsstellen am Enzym konkurrieren (s. a. Gl. 2-75).

Berechnet man für quasi Gleichgewichtsbedingungen die Konzentrationen an ES und EAS

$$[ES] = \frac{[E_0]\,[S]}{[S] + K_S\left(1 + \frac{[AS]}{K_S'}\right)} \qquad \text{Gl. 2-131}$$

$$[EAS] = \frac{[E_0]\,[AS]}{[AS] + K_S'\left(1 + \frac{[S]}{K_S}\right)} \qquad \text{Gl. 2-132}$$

und setzt diese in Gleichung 2-130 ein, so erhält man

$$v = \frac{V[S]}{[S] + K_S\left(1 + \frac{[AS]}{K_S'}\right)} + \frac{\frac{k'}{k}\,V[AS]}{[AS] + K_S'\left(1 + \frac{[S]}{K_S}\right)} \qquad \textbf{Gl. 2-133}$$

Dabei ist berücksichtigt, daß $k[E_0] = V$ und somit $k'[E_0] = k'V/k$ ist. Die Konzentrationen [S] und [AS] in Gleichung 2-133 entsprechen den Gleichgewichtskonzentrationen. Deren Bestimmung entsprechend dem Gleichgewicht

$$S + A \overset{K_0}{\rightleftharpoons} AS \qquad \text{Gl. 2-134}$$

sollte unabhängig von den enzymkinetischen Messungen durch Bestimmung von K_0 erfolgen, da sonst eine Auswertung der für Gleichung 2-133 gültigen Meßwerte nicht möglich ist.

2.3.8. Einfluß des pH-Wertes auf die Geschwindigkeit enzymkatalysierter Reaktionen

Praktisch alle enzymkatalysierten Reaktionen sind an einen bestimmten, für das jeweilige Enzym charakteristischen pH-Bereich gebunden. Oberhalb und unterhalb dieses pH-Bereiches fällt die Enzymaktivität ab. Die Ursache für dieses Verhalten ist in einer pH-abhängigen Änderung des Dissoziationsgrades solcher funktioneller Gruppen des Enzyms zu suchen, die zu einer Änderung der Konformation, der Substratbindung oder der katalytischen Konstanten der Reaktion führen. Daraus resultiert eine pH-abhängige Änderung der Maximalgeschwindigkeit und des K_m-Wertes.

Neben dieser reversiblen Änderung von Dissoziationsgleichgewichten kann eine pH-Änderung auch eine irreversible Abnahme der Enzymaktivität durch Denaturierung des Enzyms oder Eliminierung von Cofaktoren zur Folge haben. Sollen aus der pH-abhängigen Änderung der katalytischen Konstanten eines Enzyms Rückschlüsse auf die Dissoziationskonstanten bestimmter funktioneller Gruppen gezogen werden, so müssen diese Änderungen reversibel sein. Ein geeignetes Modell für die pH-abhängige Änderung der Dissoziationsgleichgewichte funktioneller Gruppen in Enzymen stellt eine schwache mehrbasische Säure EH_x mit den Dissoziationskonstanten K_1, $K_2 \ldots K_x$ dar, von deren verschiedenen Dissoziationsstufen nur eine katalytische Aktivität zeigt (über Beziehungen zwischen mikroskopischen und makroskopischen Dissoziationskonstanten s. 1.2.2.). Der einfachste Mechanismus zur Erklärung der pH-Abhängigkeit enzymatischer Reaktionen kann somit durch das folgende Schema dargestellt werden:

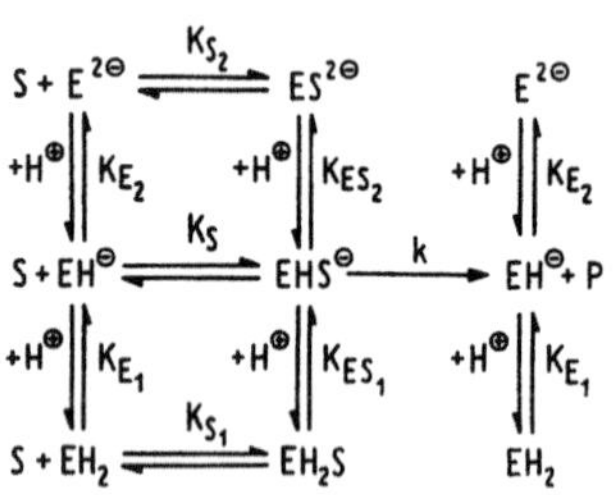

Gl. 2-135

In diesem Reaktionsschema binden alle Spezies das Substrat, aber nur die Spezies $EH^{\ominus}$ stellt die enzymatisch aktive Dissoziationsform des Enzyms dar. Da die Geschwindigkeit der Katalysereaktion

$$v = k[EHS^{\ominus}] \qquad \text{Gl. 2-136}$$

ist, läßt sich unter quasi Gleichgewichtsbedingungen aus den Dissoziationskonstanten K_{E_1}, K_{E_2}, K_{ES_1} und K_{ES_2} für die verschiedenen Spezies unter Berücksichtigung der Enzymerhaltungsgleichung

$$[E_0] = [EH_2] + [EH^{\ominus}] + [E^{\ominus\ominus}] + [EH_2S] + [EHS^{\ominus}] + [ES^{\ominus\ominus}] \qquad \text{Gl. 2.137}$$

die Geschwindigkeitsgleichung zu

$$v = \frac{\dfrac{V[S_0]}{1 + \dfrac{[H^{\oplus}]}{K_{ES_1}} + \dfrac{K_{ES_2}}{[H^{\oplus}]}}}{[S_0] + K_S\left(\dfrac{1 + \dfrac{[H^{\oplus}]}{K_{E_1}} + \dfrac{K_{E_2}}{[H^{\oplus}]}}{1 + \dfrac{H^{\oplus}}{K_{ES_1}} + \dfrac{K_{ES_2}}{[H^{\oplus}]}}\right)} \qquad \textbf{Gl. 2-138}$$

berechnen. Diese Gleichung zeigt, daß in Abhängigkeit vom Dissoziationsverhalten des Enzyms sowohl die Maximalgeschwindigkeit als auch der K_m-Wert pH-abhängige Größen sein können.

Unter Substratsättigungsbedingungen ergibt sich aus Gleichung 2-138 die *pH-abhängige Maximalgeschwindigkeit* V′ zu

$$V' = \frac{V}{1 + \frac{[H^{\oplus}]}{K_{ES_1}} + \frac{K_{ES_2}}{[H^{\oplus}]}}. \qquad \textbf{Gl. 2-139}$$

Diese Gleichung ermöglicht die Bestimmung der Dissoziationskonstanten K_{ES_1} und K_{ES_2}. Für $[H^{\oplus}]$ weit oberhalb von K_{ES_1} ($[H^{\oplus}]/K_{ES_1} \gg 1 + K_{ES_2}/[H^{\oplus}]$) gilt Gleichung 2-140.

$$V' = \frac{V}{\frac{[H^{\oplus}]}{K_{ES_1}}} \qquad \text{Gl. 2-140}$$

Liegt $[H^{\oplus}]$ weit unterhalb von K_{ES_2}, ($K_{ES_2}/[H^{\oplus}] \gg 1 + [H^{\oplus}]/K_{ES_1}$), ergibt sich Gleichung 2-141.

$$V' = \frac{V}{\frac{K_{ES_2}}{[H^{\oplus}]}} \qquad \text{Gl. 2-141}$$

Unterscheiden sich die Dissoziationskonstanten K_{ES_1} und K_{ES_2} deutlich voneinander (mindestens um vier Größenordnungen), so wird für $[H^{\oplus}]$ weit unterhalb von K_{ES_1} und weit oberhalb von K_{ES_2} ($K_{ES_1} \gg [H^{\oplus}] \gg K_{ES_2}$) $1 \gg [H^{\oplus}]/K_{ES_1} + K_{ES_2}/[H^{\oplus}]$ und folglich

$$V' = V. \qquad \text{Gl. 2-142}$$

Logarithmieren der Gleichungen 2-140 bis 2-142 liefert

$$\log V' = \log V + \log K_{ES_1} - \log [H^{\oplus}] = \log V - pK_{ES_1} + pH, \qquad \text{Gl. 2-143}$$

$$\log V' = \log V - \log K_{ES_2} + \log [H^{\oplus}] = \log V + pK_{ES_2} - pH \qquad \text{Gl. 2-144}$$

und

$$\log V' = \log V. \qquad \text{Gl. 2-145}$$

Der Verlauf dieser Funktionen ist in Abbildung 2-35a wiedergegeben. Der pH-Wert, bei dem sich die den Gleichungen 2-143 und 2-145 entsprechenden Grenzgeraden schneiden, ergibt sich aus der Beziehung

$$\log V - pK_{ES_1} + pH = \log V \qquad \text{Gl. 2-146}$$

zu $pH = pK_{ES_1}$.

Analog gilt für den Schnittpunkt der den Gleichungen 2-144 und 2-145 entsprechenden Grenzgeraden

$$\log V + pK_{ES_2} - pH = \log V \qquad \text{Gl. 2-147}$$

mit $pH = pK_{ES_2}$.

Es ist also möglich, aus der log V/pH-Kurve einer Enzymreaktion die pK-Werte der für die katalytische Aktivität entscheidenden Gruppen im Enzym zu bestimmen. Liegen diese Dissoziationskonstanten K_{ES_1} und K_{ES_2} um weniger als vier Größenordnungen auseinander, so ist das Plateau der log V/pH-Kurve zu wenig ausgeprägt und die Kurve durchläuft ein Optimum.

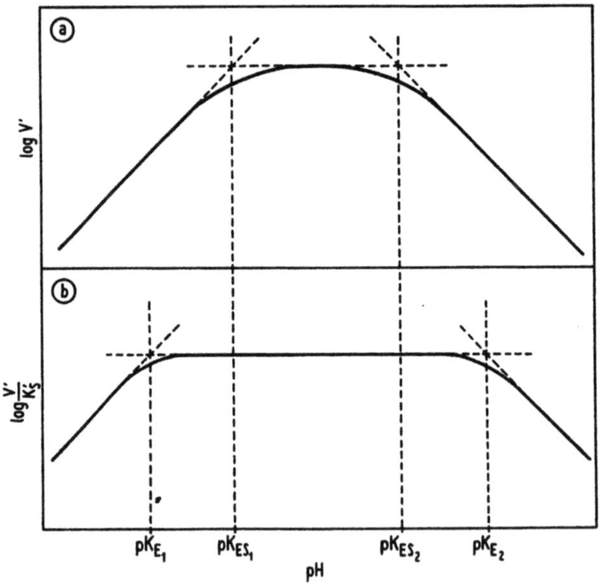

Abb. 2-35. pH-Abhängigkeit des log V' und des log (V'/K'$_s$). Gestrichelte Linien stellen extrapolierte Kurven dar. $pK_{ES_1} < pK_{E_1}$; $pK_{ES_2} > pK_{E_2}$.

In solchen Fällen ist eine Bestimmung der einzelnen Dissoziationskonstanten nicht mehr möglich.

Entsprechend Gleichung 2-138 erhält man die *pH-Abhänigkeit des K_S-Wertes* durch die Beziehung

$$K'_S = K_S \left(\frac{1 + \frac{[H^\oplus]}{K_{E_1}} + \frac{K_{E_2}}{[H^\oplus]}}{1 + \frac{[H^\oplus]}{K_{ES_1}} + \frac{K_{ES_2}}{[H^\oplus]}} \right) \qquad \text{Gl. 2-148}$$

K_S ist nur dann pH-abhängig, wenn durch die Substratbindung eine Änderung im Dissoziationsverhalten des Enzyms erfolgt ($K_{ES_1} \neq K_{E_1}$ und $K_{ES_2} \neq K_{E_2}$). Mit dem K'_S-Wert lassen sich die Dissoziationskonstanten des freien Enzyms aus dem Quotienten

$$\frac{V'}{K'_S} = \frac{V}{K_S \left(1 + \frac{[H^\oplus]}{K_{E_1}} + \frac{K_{E_2}}{[H^\oplus]}\right)} \qquad \text{Gl. 2-149}$$

bestimmen. Entsprechende Überlegungen, wie sie zuvor für die Bestimmung der pK_{ES}-Werte gemacht wurden, führen zu dem Ergebnis, daß die Schnittpunkte der Grenzgeraden bei der Auftragung von log (V'/K'$_S$) gegen den pH-Wert die Konstanten K_{E_1} und K_{E_2} liefern (Abb. 2-35b).

Die aus der pH-Abhängigkeit der Maximalgeschwindigkeit und des K_S-Wertes erhaltenen pK_a-Werte können Hinweise zur Funktion der entsprechenden dissoziierenden Gruppen liefern. Treten z. B. durch die Bindung des Substrats Änderungen der pK_a-Werte ein, unterscheiden sich also die pK_a-Werte des freien Enzyms (pK_{E_1} und pK_{E_2}) von denen des Enzym-Substrat-Komplexes (pK_{ES_1} und pK_{ES_2}), so darf mit einiger Sicherheit angenommen werden, daß die diesen pK-Werten entsprechenden Gruppen im aktiven Zentrum des Enzyms lokalisiert sind. In diesem Falle lassen sich aus den ermittelten pK_a-Werten Rückschlüsse auf die am Mechanismus beteiligten funktionellen Gruppen ziehen. Hierbei muß aber berücksichtigt werden, daß die an den freien Aminosäuren bestimmten pK_a-Werte der Seitenketten durch Wechselwirkungen im Protein erhebliche Änderungen erfahren können (s. Tab. 3-2), so daß eine Zuordnung zu einer bestimmten funktionellen Gruppe allein aus der größe des pK_a-Wertes nicht erfolgen kann.

Gelegentlich werden auch nichtsymmetrische $\log V'/pH$- bzw. $\log (V'/K_S')$-pH-Kurven beobachtet, die sich zum Beispiel bei noch komplexeren Dissoziationsverhältnissen aus Grenzgeraden mit den Anstiegen +2, +1, 0 und −1 (Modell: dreibasische Säure) zusammensetzen können.

Neben der pH-abhängigen Dissoziation funktioneller Gruppen im Enzym muß man bei Substraten, die saure oder basische Gruppen besitzen, auch mit einer pH-abhängigen Dissoziation des Substrats rechnen.

$$SH \overset{K}{\rightleftharpoons} S^{\ominus} + H^{\oplus} \qquad \text{Gl. 2-150}$$

Wird z. B. nur das undissoziierte Substrat vom Enzym gebunden und umgesetzt, so ergibt sich durch Einsetzen der dem Dissoziationsgleichgewicht entsprechenden Konzentration an undissoziiertem Substrat in Gleichung 2-138

$$K_S' = K_S \left(\frac{1 + \frac{[H^{\oplus}]}{K_{E_1}} + \frac{K_{E_2}}{[H^{\oplus}]}}{1 + \frac{[H^{\oplus}]}{K_{ES_1}} + \frac{K_{ES_2}}{[H^{\oplus}]}} \right) \left(1 + \frac{K}{[H^{\oplus}]} \right) \qquad \text{Gl. 2-151}$$

2.4. Einfluß der simultanen Bindung mehrerer Substratmoleküle auf die Geschwindigkeit einer enzymkatalysierten Reaktion

Im vorangegangenen Abschnitt wurde die Wirkung von Effektoren behandelt. In einem bei Enzymen relativ häufig beobachteten Spezialfall kann auch das *Substrat* selbst *als Effektor* wirken. Die Bildung der Reaktionsprodukte erfolgt in diesem Fall aus einem Enzym-Substrat-Komplex, in dem mehr als ein Substratmolekül gebunden ist.

2.4.1. Die Hill-Gleichung

Die der folgenden Reaktionsgleichung

$$E + nS \overset{K_S}{\rightleftharpoons} ES_n \overset{k}{\longrightarrow} ES_{n-m} + mP \qquad \text{Gl. 2-152}$$

entsprechende, sog. *multiple Substratbindung* (gleichzeitige Bindung von n Substratmolekülen) unterliegt bei Gleichgewichtsbedingungen dem Massenwirkungsgesetz

$$\frac{[E]\,[S]^n}{[ES_n]} = K_S \qquad \text{Gl. 2-153}$$

und liefert unter Voraussetzungen, wie sie bereits für die Ableitung der Gleichung 2-10 gemacht wurden, Gleichung 2-154

$$[ES_n] = \frac{[E_0]\,[S_0]^n}{[S_0]^n + K_S}. \qquad \text{Gl. 2-154}$$

Da die Geschwindigkeit der Reaktion der Konzentration an ES_n porportional ist, erhält man:

$$v = \frac{V \cdot [S_0]^n}{[S_0]^n + K_S}.$$

Diese Gleichung, die einer *sigmoiden v/S-Charakteristik* entspricht und bereits 1913 von Hill [14] für die Sauerstoffsättigung des Hämoglobins gefunden wurde, läßt sich zu

$$\frac{v}{V - v} = \frac{[S_0]^n}{K_S} \qquad \text{Gl. 2-155}$$

umstellen. Logarithmiert man Gleichung 2-155, so erhält man Gleichung 2-156.

$$\log \frac{v}{V - v} = n \log [S_0] - \log K_S. \qquad \text{Gl. 2-156}$$

Die Auftragung von $\log [v/(V - v)]$ gegen $\log [S_0]$ *(Hill-Auftragung)* liefert gemäß Gleichung 2-156 eine Gerade, deren Anstieg dem Koeffizienten n (sog. *Hill-Koeffizient*) entspricht, und die bei einem Wert $-\log K_S$ die Ordinate schneidet (Abb. 2-36). Der Hill-Koeffizient zeigt an, wie viele Substratmoleküle bei einer Enzymreaktion *gleichzeitig* gebunden sind, um den Katalysemechanismus hervorzubringen. Im Falle unvollständiger

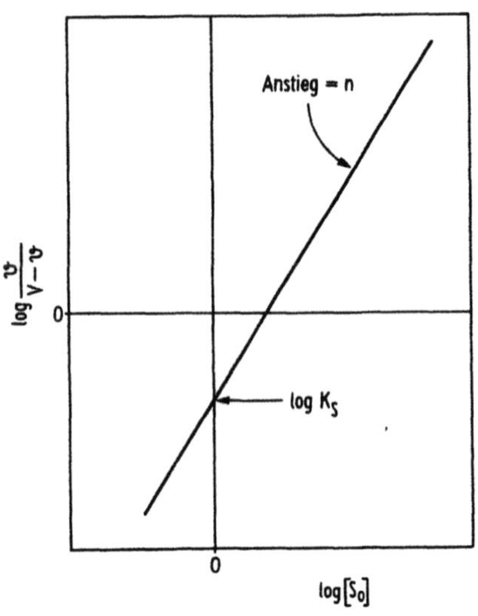

Abb. 2-36. Hill-Auftragung für ein Enzym mit multipler Substratbindung.

Kooperativität (s. 2.4.3.) kann n auch Werte annehmen, die kleiner als die Anzahl der zur Verfügung stehenden Substratbindungsplätze sind.

Das Vorliegen einer nichthyperbolen Abhängigkeit der Geschwindigkeit von der Substratkonzentration gibt sich auch in der Auftragung nach Eadie (s. 2.2.5.) zu erkennen, bei der eine in Abbildung 2-37 dargestellte Abweichung von der Linearität auftritt.

2.4.2. Das Substrat als Aktivator

Werden neben der Bindung des Substrats im aktiven Zentrum durch Bindung weiterer Substratmoleküle die kinetischen Konstanten verändert, ohne daß aus diesem zusätzlich

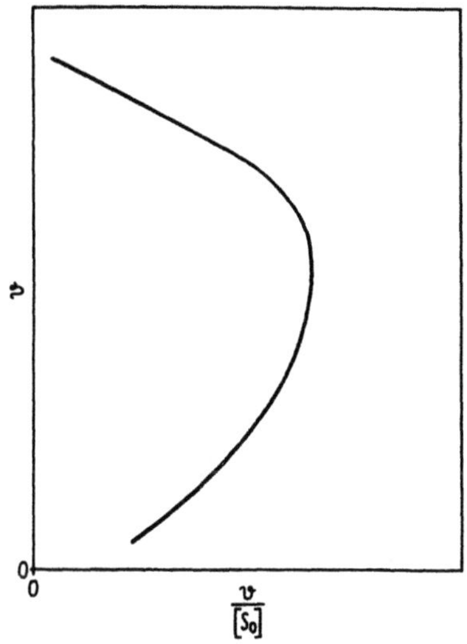

Abb. 2-37. Auftragung nach Eadie für ein Enzym mit multipler Substratbindung.

gebundenen Substrat eine Produktbildung erfolgt, so läßt sich ein dem Schema 2-123 analoges Schema für die Wirkung des Substrats als Aktivator aufstellen [15].

$$\begin{array}{ccccc} E + S & \overset{K_S}{\rightleftharpoons} & ES & \xrightarrow{k} & E + P \\ + & & + & & \\ S & & S & & \\ K_A \updownarrow & & \updownarrow K'_A & & \\ SE + S & \overset{K'_S}{\rightleftharpoons} & SES & \xrightarrow{k'} & SE + P \end{array}$$ Gl. 2-157

In diesem Schema stellt die Verbindung SE das durch Substratbindung an ein *„regulatorisches Zentrum"* aktivierte Enzym dar. Da Produktbildung nur aus den Enzym-Substrat-Komplexen ES und SES erfolgen kann, ist die Produktbildungsgeschwindigkeit gegeben durch:

$$v = k[\mathrm{ES}] + k'[\mathrm{SES}].$$ Gl. 2-158

Berechnet man unter quasi Gleichgewichtsbedingungen die Konzentrationen an ES und SES und setzt diese in Gleichung 2-158 ein, so erhält man als Geschwindigkeitsgleichung

$$v = \frac{V'\left(\frac{k[S_0]}{k'K_S} + \frac{[S_0]^2}{K'_A K_S}\right)}{1 + \frac{[S_0]}{K_S} + \frac{[S_0]}{K_A} + \frac{[S_0]^2}{K'_A K_S}}$$ **Gl. 2-159**

wenn man $k'[E_0] = V'$ setzt. Die in Abbildung 2-38 wiedergegebenen Kurven entsprechen der Gleichung 2-159.

Die bei Substratsättigung maximal erreichbare Geschwindigkeit ist V', während der Anstieg der Kurven bei $[S_0] = 0$ den Wert $V'k/K_S k'$ hat. Die Hill-Auftragung liefert für die in Abbildung 2-38 wiedergegebenen Kurven Hill-Koeffizienten, die in Abhängigkeit von der Größe der Einzelkonstanten und der Substratkonzentration Werte zwischen 1 und 2 annehmen können (Abb. 2-39).

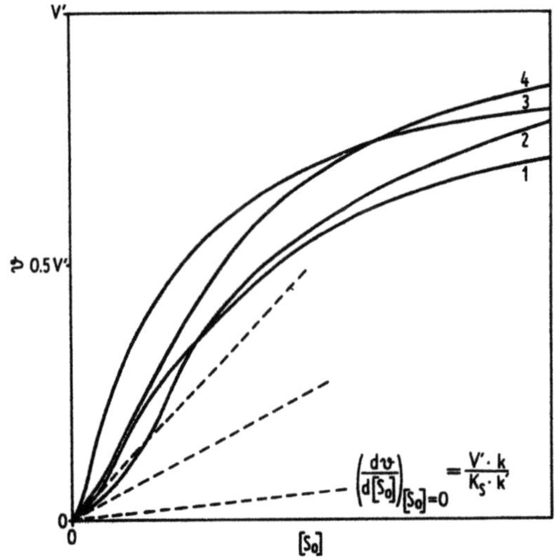

Abb. 2-38. Abhängigkeit der Anfangsgeschwindigkeit (v) von der Substratkonzentration ($[S_0]$) für verschiedene Enzyme, bei denen 1 Substratmolekül als Aktivator wirkt (n maximal 2).
Kurve 1: $k' = 10\,K$, $k_S = K'_S$, $K_A = K'_A$, $K_S = K_A$;
Kurve 2: $k' = 10\,K$, $K_S = 10\,K'_S$, $K_A = 10\,K'_A$, $K_S = K_A$;
Kurve 3: $k' = 10\,k$, $K_S = K'_S$, $K_A = K'_A$, $K_S = 10\,K_A$;
Kurve 4: $k' = k$, $K_S = 10\,K'_S$, $K_A = 10\,K'_A$, $K_S = K_A$.

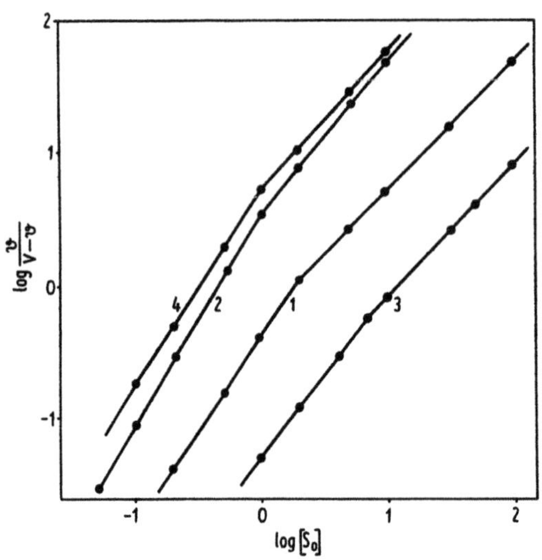

Abb. 2-39. Hill-Auftragung für verschiedene Enzyme, bei denen das Substratmolekül als Aktivator wirkt.
Bedingungen für Kurve 1–4 wie in Abbildung 2-38.

Ist die Zerfallsgeschwindigkeit des Enzym-Substzrat-Komplexes ES so klein, daß sie gegenüber der Zerfallsgeschwindigkeit des Komplexes SES vernachlässigt werden kann ($k \ll k'$), so vereinfacht sich Gleichung 2-159 zu:

$$v = \frac{V'[S_0]^2}{K'_A K_S + K'_A[S_0] + K'_S[S_0] + [S_0]^2}. \qquad \text{Gl. 2-160}$$

Diese Gleichung entspricht einer sigmoiden v/S-Charakteristik mit einem Anstieg $dv/d[S_0] = 0$ bei $[S_0] = 0$ (vergl. Abb. 4-7, 4-33, 4-36). In der Hill-Auftragung erhält man für eine der Gleichung 2-160 entsprechende Reaktion eine gekrümmte Kurve, deren Anstieg nur für kleine Substratkonzentrationen, für die $[S_0] \ll (K'_A K_S)/(K'_S + K'_A)$ und somit

$$v = \frac{V'[S_0]^2}{K'_A K_S + [S_0]^2} \qquad \text{Gl. 2-161}$$

gilt, einen Wert von $n = 2$ hat. Mit steigenden Substratkonzentrationen geht diese Kurve in eine Gerade mit dem Anstieg $n = 1$ über.

Ist die Affinität der Komplexe SE und ES zum Substrat sehr viel größer als die des freien Enzyms E ($K'_S \ll K_S$ und $K'_A \ll K_A$), so gilt Gleichung 2-161 praktisch für den gesamten Substratkonzentrationsbereich. In der Hill-Auftragung resultiert dann ein Anstieg von $n = 2$ über den gesamten Bereich.

Ist die Affinität der Substratmoleküle zum regulatorischen Zentrum sehr viel größer als zum aktiven Zentrum (K'_A, $K_A \ll K'_S$, K_S), so gilt für nicht zu kleine Substratkonzentrationen die einem hyperbolen Verlauf der v/S-Charakteristik entsprechende Gleichung

$$v = \frac{V'[S_0]}{K'_S + [S_0]}. \qquad \text{Gl. 2-162}$$

2.4.3. Wechselwirkungen zwischen den aktiven Zentren von Oligomer-Enzymen

Bei Enzymen, die sich aus mehreren gleichen oder verschiedenen Untereinheiten zusammensetzen (sog. Oligomer-Enzyme), wird häufig beobachtet, daß die auf den Untereinheiten lokalisierten aktiven Zentren miteinander in Wechselwirkung stehen, wobei durch die Bindung eines Substratmoleküls die Konstanten für die Bindung weiterer Substratmoleküle verändert werden ([16], s. 4.4.). In diesem Falle gelten für ein Enzym mit vier aktiven Zentren die folgenden Gleichgewichte:

$$E + S \overset{K_1}{\rightleftharpoons} ES \qquad K_1 = \frac{[E]\,[S]}{[ES]} \qquad \text{Gl. 2-163}$$

$$ES + S \overset{K_2}{\rightleftharpoons} ES_2 \qquad K_2 = \frac{[ES]\,[S]}{[ES_2]} \qquad \text{Gl. 2-164}$$

$$ES_2 + S \overset{K_3}{\rightleftharpoons} ES_3 \qquad K_3 = \frac{[ES_2]\,[S]}{[ES_3]} \qquad \text{Gl. 2-165}$$

$$ES_3 + S \overset{K_4}{\rightleftharpoons} ES_4 \qquad K_4 = \frac{[ES_3]\,[S]}{[ES_4]} \qquad \text{Gl. 2-166}$$

Besitzt bei *gleichen* Bindungszentren die mikroskopische Dissoziationskonstante der ES-Bindung den Wert K_S, so gilt aus statistischen Gründen $K_1 = K_S/4$, $K_2 = 2K_S/3$, $K_3 = 3K_S/2$ und $K_4 = 4K_S$. Für den Fall, daß sich durch die Bindung eines Substratmoleküls die mikroskopische Dissoziationskonstante für die Bindung des folgenden um den Faktor a erniedrigt, erhält man

$$K_1 = K_S/4,\ K_2 = 2aK_S/3,\ K_3 = 3a^2K_S/2 \text{ und } K_4 = 4a^3K_S. \qquad \text{Gl. 2-167}$$

Der Faktor a wird als *Kooperativitätsfaktor* oder *Interaktions-Koeffizient* bezeichnet (s. 3.7.2.).

Eine Verringerung der Dissoziationskonstanten um jeweils eine Größenordnung ($a = 0.1$) würde einer schrittweisen Erniedrigung der Freien Standardenthalpie um 5.7 kJ mol^{-1} (bei 25 °C) entsprechen.

Erfolgt die Produktbildung aus allen gebundenen Substratmolekülen mit der gleichen mikroskopischen Geschwindigkeitskonstanten k, so gilt für die Produktbildungsgeschwindigkeit

$$v = k([ES] + 2[ES_2] + 3[ES_3] + 4[ES_4])\,. \qquad \text{Gl. 2-168}$$

Berechnet man aus den Gleichgewichtsbedingungen 2-163 bis 2-166 sowie aus der Enzymerhaltungsgleichung 2-169

$$[E_0] = [E] + [ES] + [ES_2] + [ES_3] + [ES_4] \qquad \text{Gl. 2-169}$$

und der Beziehung 2-167 die Konzentrationen aller Enzym-Substrat-Komplexe und setzt diese in Gleichung 2-168 ein, so erhält man:

$$v = \frac{V\left(\frac{[S_0]}{K_S} + \frac{3[S_0]^2}{aK_S^2} + \frac{3[S_0]^3}{a^3K_S^3} + \frac{[S_0]^4}{a^6K_S^4}\right)}{1 + \frac{4[S_0]}{K_S} + \frac{6[S_0]^2}{aK_S^2} + \frac{4[S_0]^3}{a^3K_S^3} + \frac{[S_0]^4}{a^6K_S^4}} \qquad \text{Gl. 2-170}$$

wobei $V = 4k[E_0]$ ist.

In Abbildung 2-40 ist der Verlauf dieser Funktion, die einer sigmoiden v/S-Charakteristik entspricht, für verschiedene Interaktionskoeffizienten a wiedergegeben.

Wie die Kurven erkennen lassen, sinkt die Halbsättigungskonzentration für das Substrat mit zunehmender Kooperativität, d. h. abnehmenden Werten des Interaktionskoeffizienten a. Für den Fall, daß keine Wechselwirkungen zwischen den aktiven Zentren bestehen ($a = 1$), ergibt sich aus Gleichung 2-170

$$v = \frac{\frac{V[S_0]}{K_S}\left(1 + \frac{[S_0]}{K_S}\right)^3}{\left(1 + \frac{[S_0]}{K_S}\right)^4} = \frac{V[S_0]}{K_S + [S_0]} \qquad \text{Gl. 2-171}$$

d. h. ein hyperboler Verlauf der v/S-Charakteristik.

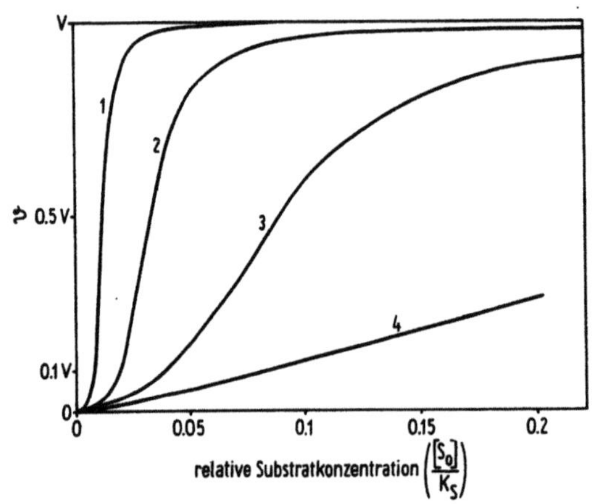

Abb. 2-40. Einfluß des Interaktionskoeffizienten a auf die v/S-Charakteristik eines tetrameren Enzyms. Kurve 1: $a = 0.05$, Kurve 2: $a = 0.1$, Kurve 3: $a = 0.2$, Kurve 4: $a = 0.5$.

Berechnet man aus den Werten der Abbildung 2-40 den Quotienten aus $v/(V - v)$ und trägt den Logarithmus dieses Wertes gegen den Logarithmus der Substratkonzentration auf, so erhält man für ein vier aktive Zentren enthaltendes Enzym die in Tabelle 2-1 wiedergegebene Abhängigkeit des Hill-Koeffizienten vom Interaktionskoeffizienten a.

Tab. 2-1. Abhängigkeit des Hill-Koeffizienten vom Interaktionskoeffizienten für ein vier aktive Zentren enthaltendes Enzym

Interaktionskoeffizient (a)	Hill-Koeffizient (n)
1	1
0.5	1.6
0.2	2.7
0.1	3.6
0.05	3.8

Der Hill-Koeffizient ist also sowohl von der Zahl als auch von der Stärke der Wechselwirkungen zwischen den aktiven Zentren abhängig.

2.4.4. Konformeren-Gleichgewichte bei oligomeren Enzymen

Wie in Abschnitt 4.4 aus mechanistischer Sicht behandelt, gibt es oligomere Enzyme, bei denen die Untereinheiten zwei oder mehrere Konformationen annehmen können. Auf diesem Phänomen basieren Modelle, die eine für viele Enzyme gefundene sigmoide Abhängigkeit der Reaktionsgeschwindigkeit von der Substrat- und Effektorkonzentration erklären können.

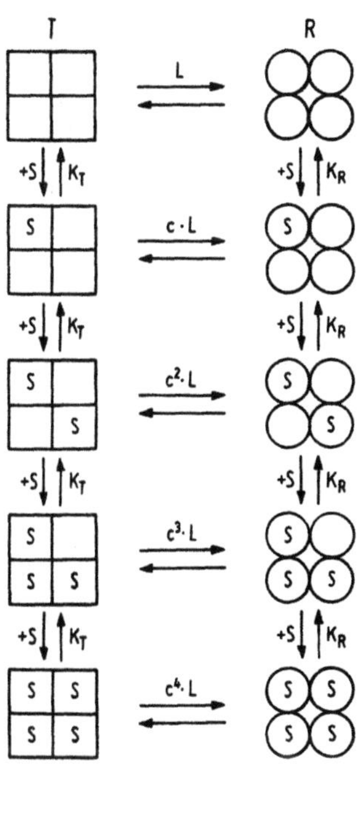

Abb. 2-41. Symmetrie-Modell eines tetrameren Enzyms nach Monod, Wyman und Changeux mit T als wenig affinem und R als hochaffinem Zustand gegenüber dem Substrat.

2.4.4.1. Das konzertierte Modell

Monod, Wyman und Changeux [17] entwickelten ein Modell, das sigmoide v/S-Charakteristiken mit dem Vorliegen eines Gleichgewichts zwischen zwei Konformationen eines oligomeren Enzyms erklärt. Dabei wird vorausgesetzt, daß die Untereinheitswechselwirkungen so stark ausgeprägt sind, daß in einem gegebenen Enzymmolekül alle Untereinheiten stets die gleiche Konformation besitzen und beim Übergang einer Konformation des Enzymmoleküls in die andere alle Untereinheiten die Konformation unter Erhalt der molekularen Symmetrie ändern. Das Modell wird deshalb auch als das *„konzertierte"* oder *„Symmetriemodell"* bezeichnet.

Die beiden Konformationen des Enzyms zeigen unterschiedliche Affinität zum Substrat (oder spezifischen Effektoren). In Abwesenheit des Substrats liegt das Gleichgewicht zwischen den beiden Konformationen weitgehend auf der Seite der Konformation mit der geringeren Affinität zum Substrat. Mit steigender Substratkonzentration wird das Gleichgewicht in Richtung der Konformation mit der höheren Affinität verschoben. In Abbildung 2-41 sind alle möglichen Enzym-Substrat-Komplexe eines tetrameren Enzyms für das Symmetrie-Modell dargestellt. Die Untereinheiten der einen Konformation (R-*Zustand*, engl. relaxed = entspannt) sind durch Kreise, die der anderen (T-*Zustand*, engl. tense = gespannt) durch Quadrate symbolisiert. Bezeichnet man die Dissoziationskonstanten der Bindung des Substrats an die Untereinheiten im R- bzw. T-Zustand mit K_R bzw. K_T, so gelten aus statistischen Gründen die folgenden Beziehungen:

$$\frac{[R][S_0]}{[RS]} = \frac{K_R}{4} \qquad \frac{[T][S_0]}{[TS]} = \frac{K_T}{4} \qquad \text{Gl. 2-172}$$

$$\frac{[RS][S_0]}{[RS_2]} = \frac{2K_R}{3} \qquad \frac{[TS][S_0]}{[TS_2]} = \frac{2K_T}{3} \qquad \text{Gl. 2-173}$$

$$\frac{[RS_2][S_0]}{[RS_3]} = \frac{3K_R}{2} \qquad \frac{[TS_2][S_0]}{[TS_3]} = \frac{3K_T}{2} \qquad \text{Gl. 2-174}$$

$$\frac{[RS_3][S_0]}{[RS_4]} = 4K_R \qquad \frac{[TS_3][S_0]}{[TS_4]} = 4K_T \qquad \text{Gl. 2-175}$$

Bezeichnet man die Gleichgewichtskonstante zwischen ligandfreiem R- und T-Zustand mit L (auch *allosterische Konstante* genannt)

$$\frac{[T_0]}{[R_0]} = L \qquad \text{Gl. 2-176}$$

und führt für die *relative Substratkonzentration* den Wert α,

$$\frac{[S_0]}{K_R} = \alpha \qquad \text{Gl. 2-177}$$

für das Verhältnis der Dissoziationskonsanten den Wert c

$$\frac{K_R}{K_T} = c \qquad \text{Gl. 2-178}$$

ein, so läßt sich der Anteil der Untereinheiten, die das Substrat gebunden enthalten ($\bar{Y}_S$), aus den vorstehenden Gleichungen berechnen. Da dieser Anteil dem Quotienten v/V entspricht, gilt z. B. für ein aus vier Untereinheiten bestehendes Enzym:

$$\bar{Y}_S = \frac{\alpha(1+\alpha)^3 + \alpha c L(1+c\alpha)^3}{(1+\alpha)^4 + L(1+c\alpha)^4} = \frac{v}{V}. \qquad \textbf{Gl. 2-179}$$

Für ein aus n Untereinheiten bestehendes Enzym haben die Exponenten im Zähler der Gleichung 2-179 den Wert $n-1$, die im Nenner den Wert n.

Abbildung 2-42 und Abbildung 2-43 geben für ein aus vier Untereinheiten aufgebautes Enzym die Abhängigkeit der Geschwindigkeit von der relativen Substratkonzentration α für unterschiedliche Werte von L und c wieder.

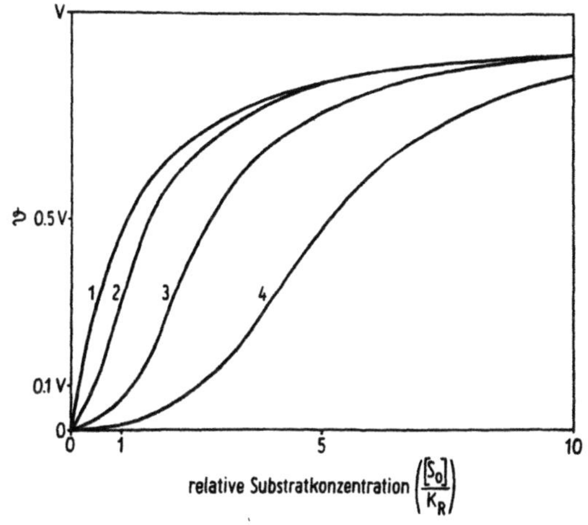

Abb. 2-42. Einfluß der allosterischen Konstante auf die v/S-Charakteristik eines tetrameren Enzyms mit ausschließlicher Bindung des Substrats an den R-Zustand ($c = 0$). Kurve 1: $L = 1$; Kurve 2: $L = 10$; Kurve 3: $L = 100$; Kurve 4: $L = 1000$.

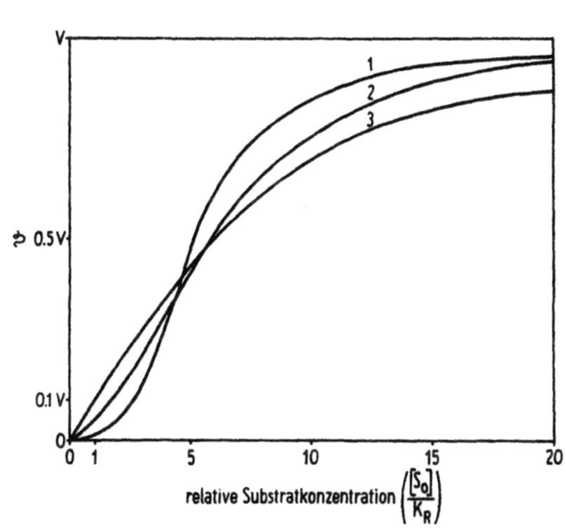

Abb. 2-43. Einfluß der Affinität des Substrats zu den beiden Zuständen eines allosterischen tetrameren Enzyms auf die v/S-Charakteristik ($L = 1000$). Kurve 1: $c = 0$; Kurve 2: $c = 0.05$; Kurve 3: $c = 0.1$.

Die Sigmoidität der Kurven kann als Maß für die Stärke der Wechselwirkungen *(Kooperativität)* gewertet werden. Die Wechselwirkungen sind dann am ausgeprägtesten, wenn das Gleichgewicht zwischen den beiden Konformationen des Enzyms in Abwesenheit von Substrat oder Effektor weitgehend auf der Seite der Konformation liegt, die eine geringere Affinität zum Substrat (T-Zustand) zeigt, d.h. wenn L groß und c klein ist. Im betrachteten Fall wird die aus den Wechselwirkungen resultierende Kooperativität als *positiv*, und, – da der Effekt von identischen Bindungszentren (Substratbindungszentren) ausgeht –, als *homotrop* bezeichnet.

Hat das Substrat zu beiden Konformationen des Enzyms die gleiche Affinität ($c = 1$), so ergibt sich ein hyperboler Verlauf der Sättigungsfunktion, da sich in diesem Falle Gleichung 2-176 zu:

$$\bar{Y}_S = \frac{\alpha}{1+\alpha} = \frac{[S_0]}{K_R + [S_0]} = \frac{v}{V} \qquad \text{Gl. 2-180}$$

reduziert.

Bei ausschließlicher Bindung des Substrats an die R-Konformation ($K_R/K_T = c = 0$) gilt Gleichung 2-181.

$$\frac{v}{V} = \frac{(1+\alpha)^{n-1}}{(1+\alpha)^n + L} \qquad \text{Gl. 2-181}$$

Stellt man Gleichung 2-181 zu

$$\frac{\alpha \cdot V}{v} - \alpha - 1 = \frac{L}{(1+\alpha)^{n-1}} \qquad \text{Gl. 2-182}$$

um, und logarithmiert diese Gleichung:

$$\log\left(\frac{\alpha \cdot V}{v} - \alpha - 1\right) = \log L - (n-1)\log(1+\alpha), \qquad \text{Gl. 2-183}$$

so ist zu erkennen, daß die in Abbildung 2-44 wiedergegebene lineare Auftragung [18] die Bestimmung von L und n erlaubt, sofern eine ausschließliche Bindung des Substrats an den R-Zustand erfolgt.

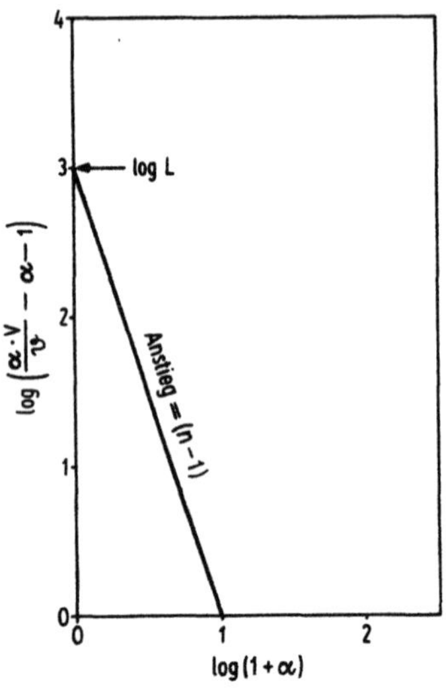

Abb. 2-44. Horn-Börnig-Auftragung von $\log\left(\frac{\alpha \cdot V}{v} - \alpha - 1\right)$ gegen $\log(\alpha + 1)$ für die ausschließliche Bindung des Substrats an den R-Zustand eines allosterischen tetrameren Enzyms. $L = 1000$; $n = 4$.

Der Einfluß von Effektoren ist in dem beschriebenen Symmetriemodell von der Affinität des entsprechenden Effektors zu den beiden Konformationszuständen des Enzyms abhängig. Dabei bezeichnet man Effektoren, die an einer vom katalytischen Zentrum räumlich getrennten Bindungsstelle angreifen und eine unterschiedliche Affinität zu den beiden Konformationszuständen haben, als *allosterische Effektoren* (griech. allos stereos = anderer Ort) und die von ihnen auf die Substratbindung ausgehenden Effekte als *heterotrope Effekte*.

Hat ein Effektor zu dem Konformationszustand die größere Affinität, zu dem das Substrat die geringere Affinität zeigt (T-Zustand), so bezeichnet man einen solchen Effektor als allosterischen Inhibitor. Ein solcher Inhibitor wird das Gleichgewicht zwischen R- und T-Zustand eines allosterischen Enzyms in Richtung des T-Zustandes verschieben. Unter der Bedingung, daß das Substrat ausschließlich an den R-Zustand ($c = 0$), der Inhibitor ausschließlich an den T-Zustand gebunden wird ($K_{IR}/K_{IT} \gg 1$), läßt sich die Reaktionsgeschwindigkeit durch die Gleichung 2-184 beschreiben.

$$\frac{v}{V} = \frac{(1+\alpha)^{n-1}}{(1+\alpha)^n + L\left(1 + \frac{[I_0]}{K_{IR}}\right)^n} \qquad \text{Gl. 2-184}$$

K_{IR} und K_{IT} sind die Dissoziationskonstanten für die Enzym-Inhibitor-Bindung des R- und T-Zustandes des Enzyms. Wie Gleichung 2-184 erkennen läßt, nimmt die *scheinbare allosterische Konstante* L' ($L' = L(1 + [I_0]/K_{IT})^n$ und folglich der sigmoide Charakter der v/S-Kurven mit steigender Inhibitorkonzentration zu (s. auch Abb. 2-42). Auch der sigmoide Charakter der v/I-Kurven nimmt in dem angenommenen Fall mit steigender Substratkonzentration zu (Abb. 2-45).

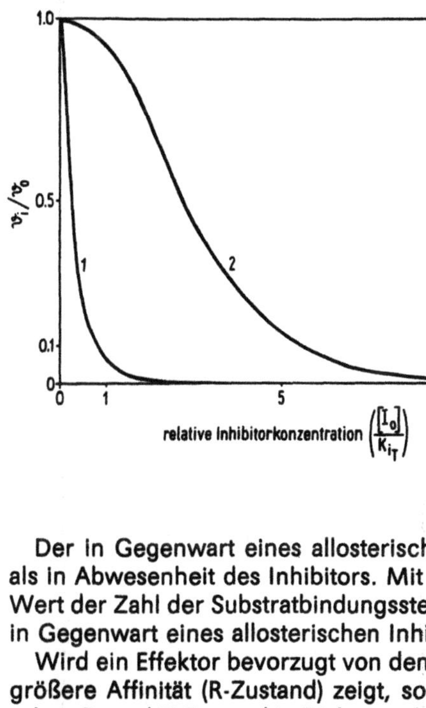

Abb. 2-45. Einfluß der Substratkonzentration auf die v/I-Charakteristik eines allosterischen Inhibitors, der ausschließlich an den T-Zustand gebunden wird ($K_{I_R}/K_{I_T} \gg 1$). $L = 1000$; $c = 0$; $n = 4$. Kurve 1: $[S_0]/K_R = 2$; Kurve 2: $[S_0]/K_R = 20$.

Der in Gegenwart eines allosterischen Inhibitors ermittelte Hill-Koeffizient ist größer als in Abwesenheit des Inhibitors. Mit steigender Inhibitorkonzentration nähert sich sein Wert der Zahl der Substratbindungsstellen. Bei hohen Substratkonzentrationen wird auch in Gegenwart eines allosterischen Inhibitors die Maximalgeschwindigkeit erreicht.

Wird ein Effektor bevorzugt von dem Zustand gebunden, zu dem auch das Substrat die größere Affinität (R-Zustand) zeigt, so wird ein solcher Effektor das Gleichgewicht zwischen R- und T-Zustand in Richtung des R-Zustandes verschieben und folglich als *Aktivator* (A) wirken. Erfolgt die Bindung von Substrat und Aktivator ausschließlich an den R-Zustand ($c = 0$, $K_{AR}/K_{AT} \ll 1$, K_{AR} und K_{AT} sind die Dissoziationskonstanten der Bindung des Aktivators an den R- bzw. T-Zustand), so gilt die Geschwindigkeitsgleichung

$$\frac{v}{V} = \frac{\alpha(1+\alpha)^{n-1}}{(1+\alpha)^n + \frac{L}{\left(1 + \frac{[A_0]}{K_{AR}}\right)^n}} \qquad \text{Gl. 2-185}$$

Entsprechend dieser Gleichung nimmt mit steigender Aktivatorkonzentration der sigmoide Charakter der v/S-Kurven ab und geht bei sehr hohen Aktivatorkonzentrationen, für die aus Gleichung 2-185

$$\frac{v}{V} = \frac{\alpha(1+\alpha)^{n-1}}{(1+\alpha)^n} = \frac{\alpha}{1+\alpha} = \frac{[S_0]}{K_R + [S_0]} \qquad \text{Gl. 2-186}$$

resultiert, in eine hyperbole Kurve über.

Im Falle eines mit dem Substrat um die Bindungsstellen am Enzym konkurrierenden Effektors wird die Reaktionsgeschwindigkeit allosterischer Enzyme in Abhängigkeit von der Substratkonzentration positiv oder negativ beeinflußt. Werden Substrat und kompetitiver Inhibitor nur an den R-Zustand gebunden ($c = 0$; $K_{IT}/K_{IR} \gg 1$), so wird diese Situation durch die Geschwindigkeitsgleichung 2-187 beschrieben.

$$\frac{v}{V} = \frac{\alpha\left(1 + \alpha + \frac{[I_0]}{K_{iR}}\right)^{n-1}}{\left(1 + \alpha + \frac{[I_0]}{K_{iR}}\right)^{n} + L} \qquad \text{Gl. 2-187}$$

Abbildung 2-46 zeigt, daß ein kompetitiver Inhibitor durch Verschiebung des Gleichgewichts in Richtung des R-Zustandes bei niedrigen Substratkonzentrationen aktiviert, bei hohen Substratkonzentrationen inhibiert.

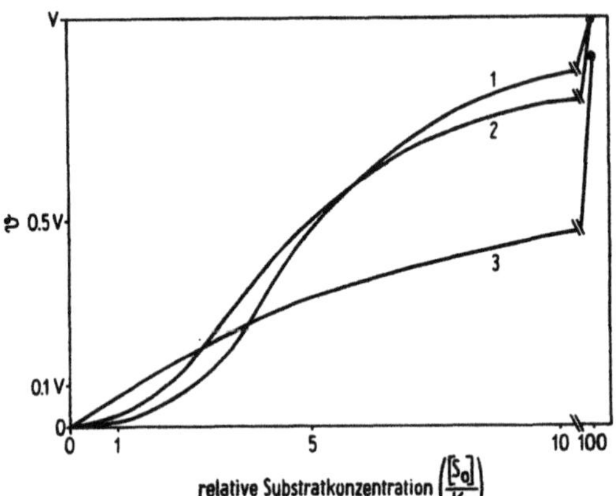

Abb. 2-46. Einfluß der Konzentration eines kompetitiven Inhibitors auf die v/S-Charakteristik eines allosterischen tetrameren Enzyms bei ausschließlicher Bindung des Substrats und des Inhibitors an den R-Zustand ($c = 0$; $K_{I_T}/K_{I_R} \gg 1$).
Kurve 1: ohne Inhibitor; Kurve 2: $[I_0] = K_{I_R}$; Kurve 3: $[I_0] = 10\,K_{I_R}$.

Neben dem auf unterschiedlicher Affinität der beiden Konformationen eines oligomeren Enzyms beruhenden, als K-*System* bezeichneten Typ, wurde bei anderen oligomeren Enzymen noch ein weiterer Typ gefunden, bei dem sich die beiden, nur gegenüber Effektoren unterschiedliche Affinität zeigenden Konformationen bei gleicher Affinität zum Substrat durch ihre unterschiedliche Maximalgeschwindigkeit auszeichnen. Enzyme dieses Typs (als V-*System* bezeichnet), zeigen hyperbole v/S-Charakteristik. Hat der Effektor, ohne das Substratbindungsgleichgewicht zu beeinflussen, höhere Affinität zur aktiveren Konformation, so spricht man von einem *positiven* V-*System*, zeigt er dagegen zur weniger aktiven Konformation höhere Affinität, so bezeichnet man das System als *negatives* V-*System*.

2.4.4.2. Das sequentielle Modell

Während das Modell von Monod, Wyman und Changeux ein oligomeres Protein voraussetzt, in dem alle Untereinheiten in einem Enzymmolekül gleiche Konformation aufweisen, der bindende Ligand also keine Konformationsänderungen hervorruft, wurde von Koshland, Nemethy und Filmer [19] ein alternatives *„sequentielles Modell"* aufgestellt, das ebenfalls auf der Wechselwirkung der Untereinheiten eines oligomeren Enzymmoleküls beruht, bei dem aber durch die Bindung eines Liganden an eine Untereinheit die Affinität des Liganden zu einer benachbarten Untereinheit verändert wird. Dieses Modell läßt somit die Existenz von *Hybrid-Oligomeren* zu.

Voraussetzungen für dieses Modell sind, daß eine durch Ligandbindung hervorgerufene Konformationsänderung in einer Untereinheit eines oligomeren Enzymmoleküls eine Änderung der Konformation einer nicht durch den Liganden besetzten benachbarten Untereinheit verursacht und daß der Ligand bevorzugt an eine Konformation gebunden wird. Für den einfachsten Fall eines aus zwei Untereinheiten bestehenden Enzyms läßt sich der beschriebene Sachverhalt durch das in Abbildung 2-47 dargestellte Schema verdeutlichen, wobei wiederum die eine Konformation (A) durch Kreise, die andere (B) durch Quadrate symbolisiert wird.

Abb. 2-47. Sequentielles Modell für ein dimeres Enzym.

Die Wechselwirkungen der Untereinheiten in diesem Modell werden durch die Konstanten $K_{AA} = [A_2]/[A]^2$, $K_{AB} = [AB][A]/[A_2][B]$ und $K_{BB} = [B_2][A]^2/[A_2][B]^2$ beschrieben. K_{AA} ist die Wechselwirkungskonstante zwischen zwei nicht mit Liganden besetzten Untereinheiten A, K_{AB} die zwischen einer freien (A) und einer mit einem Liganden besetzten Untereinheit B und K_{BB} die zwischen zwei mit Liganden besetzten Untereinheiten B. Bezeichnet man die Gleichgewichtskonstante zwischen den beiden Konformationen mit K_t ($= [B]/[A]$) und die mikroskopische Bindungskonstante (im Gegensatz zum konzertierten Modell wird hier die Bindungskonstante benutzt) mit K_S ($= [BS]/[B][S_0]$), so gilt für die Gleichgewichtskonstanten K_1 und K_2 (s. Abb. 2-47)

$$K_1 = \frac{K_t K_S K_{AB}}{K_{AA}} \qquad \text{Gl. 2-188}$$

und

$$K_2 = \frac{K_t K_S K_{BB}}{K_{AB}}\,. \qquad \text{Gl. 2-189}$$

Mit den genannten Konstanten (K_{AA} ist, da es sich bei den Wechselwirkungskonstanten um relative Größen handelt, definitionsgemäß gleich 1) lassen sich die Konzentrationen an ABS und B_2S_2 berechnen. Unter Berücksichtigung, daß die Geschwindigkeit durch die Beziehung

$$v = k[\text{ABS}] + 2k[B_2S_2] \qquad \text{Gl. 2-190}$$

gegeben ist, resultiert als Geschwindigkeitsgleichung

$$\frac{v}{V} = \frac{K_t K_S K_{AB}[S_0] + K_t^2 K_S^2 K_{BB}[S_0]^2}{1 + 2K_t K_S K_{AB}[S_0] + K_t^2 K_S^2 K_{BB}[S_0]^2}\,. \qquad \textbf{Gl. 2-191}$$

Für den Fall, daß die Wechselwirkungskosntante zwischen den Untereinheiten bei Bindung des Substrats zunimmt, bewirkt die durch die Substratbindung induzierte Konformationsänderung in einer Untereinheit (B) eine Destabilisierung der A-Konformation in Richtung B-Konformation. Der voll ligandierte Komplex B_2S_2 ist dann stabiler als A_2 und ABS ($K_{BB} > K_{AB} \geqq 1$), und die der Gleichung 2-190 entsprechende *v*/*S*-Charakteristik zeigt einen sigmoiden Verlauf (Abb. 2-48, Kurve 3). Gilt hingegen $K_{AB} > 1$ und $K_{BB} \leqq 1$, so ist der teilligandierte Komplex BSA stabilder als das unligandierte (A_2) und das voll ligandierte Enzymmolekül (B_2S_2). In diesem Fall dominieren mit steigender Substratkonzentration die partiell besetzten Komplexe. Die resultierende *v*/*S*-Charakteristik zeigt in diesem Falle

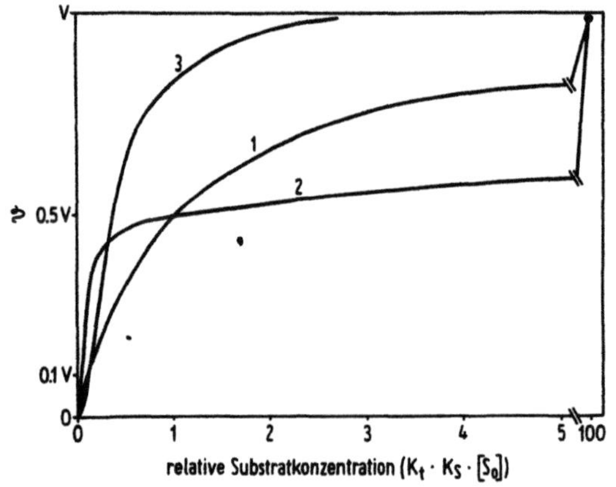

Abb. 2-48. Einfluß der Substratkonzentration ($[S_0]$) auf die Anfangsgeschwindigkeit (v) eines dimeren Enzyms nach dem Modell von Koshland, Nemethy und Filmer.
Kurve 1: keine Wechselwirkungen ($K_{AB} = 1$, $K_{BB} = 1$),
Kurve 2: negative Kooperativität ($K_{AB} = 10$, $K_{BB} = 1$),
Kurve 3: positive Kooperativität ($K_{AB} = 1$, $K_{BB} = 10$).

den in Abbildung 2-48, Kurve 2 dargestellten Verlauf, der in der Hill-Auftragung einen Hill-Koeffizienten < 1 ergibt.

Im Gegensatz zu einer sigmoiden Kurve, die im steilen Bereich eine große Empfindlichkeit der Geschwindigkeit gegenüber Substratkonzentrationsänderungen anzeigt, wird in diesem Falle *negativer Kooperativität* mit steigender Substratkonzentration eine bestimmte Geschwindigkeit rasch erreicht, die mit weiter steigender Substratkonzentration nur noch langsam zunimmt. Ein Extremfall negativer Kooperativität ist die sogenannte *Halbseitenreaktivität* (engl. half-of-the-sites-reactivity) (s. Abb. 4-8). Sie resultiert aus einer sehr starken negativen Kooperativität ($K_{AB} > 1$ und $K_{BB} \ll 1$) und führt dazu, daß in einem gegebenen dimeren Enzymmolekül jeweils nur die Hälfte der Bindungsplätze vom Substrat besetzt sind [20], oder, wie im Falle des sogenannten Flip-Flop-Mechanismus, das Substratmolekül wechselseitig gebunden und umgesetzt wird (Abb. 4-24).

Bei der Erweiterung des sequentiellen Modells auf tetramere Enzyme spielen die in Abbildung 2-49 dargestellten verschiedenen Möglichkeiten der geometrischen Anordnung und der damit verbundenen unterschiedlichen Wechselwirkungen der Untereinheiten eine zusätzliche Rolle.

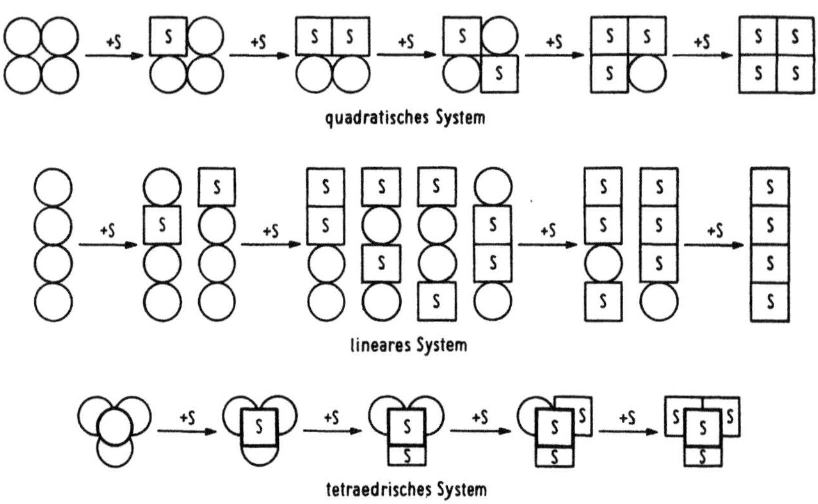

Abb. 2-49. Geometrische Anordnung der Untereinheiten und deren Beeinflußbarkeit in einem tetrameren Enzym nach Koshland, Nemethy und Filmer.

Im *quadratischen System* werden diagonale Wechselwirkungen ausgeschlossen. Jede Untereinheit steht nur mit zwei anderen in Wechselwirkung. Im *linearen System* bleiben die Wechselwirkungen je nach Lage der Untereinheiten auf eine oder zwei benachbarte Untereinheiten beschränkt. Im *tetragonalen System* dagegen kann jede Untereinheit mit den übrigen drei in Wechselwirkung treten. Da bei der Aufstellung der Geschwindigkeitsgleichungen in diesem Falle nicht nur die Zahl, sondern auch die relative Anordnung der Untereinheiten eine Rolle spielt und so auch unterschiedliche Wechselwirkungen auftreten können, enthalten die Gleichungen für ein aus mehr als zwei Untereinheiten aufgebautes Enzym eine Vielzahl von Konstanten, die anhand graphischer Verfahren aus den experimentellen Daten nicht mehr bestimmt werden können. Auch eine mögliche Annäherung einer theoretischen Kurve an die experimentellen Daten liefert bei der Vielzahl der zur Verfügung stehenden Variablen meist keinen Beweis für die Gültigkeit eines bestimmten Modells. Generell kann festgestellt werden, daß die meisten *v*/*S*-Charakteristiken, die aus einer positiven Kooperativität resultieren, sowohl an das Symmetriemodell als auch an das sequentielle Modell angepaßt werden können. Im Falle negativer Kooperativität hingegen lassen sich die Effekte in einfacher Weise nur durch das sequentielle Modell beschreiben.

2.4.4.3. Das slow-transition-Modell

Ein interessantes Modell, das sigmoide *v*/*S*-Charakteristiken auch bei monomeren Enzymen mit nur einem Bindungszentrum für das Substrat erklären kann, wurde von Ainslie, Schill und Neet [21] entwickelt. Es geht von der Annahme aus, daß zwei unterschiedlich aktive Konformationen eines monomeren Enzyms im Gleichgewicht stehen, und daß die Gleichgewichtseinstellung im Vergleich mit den katalytischen Reaktionsschritten sehr langsam verläuft. Das Substrat begünstigt den Übergang in den aktiveren Zustand (s. Abb. 4-9). Daher wird mit steigender Substratkonzentration eine zunehmende „Substrataktivierung" stattfinden, aus der eine sigmoide Abhängigkeit der Geschwindigkeit von der Substratkonzentration resultiert. In der folgenden Reaktionsgleichung ist das durch einen langsamen Konformationswechsel charakterisierte slow-transition-Modell schematisch dargestellt, wobei E′ die aktivere Konformation darstellt.

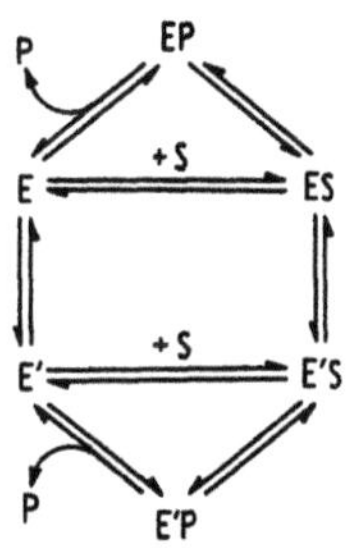

Gl. 2-192

Leitet man für das Reaktionsschema 2-192 die Geschwindigkeitsgleichung für steady-state-Bedingungen ab, so erhält man die einer sigmoiden *v*/*S*-Charakteristik entsprechende Gleichung 2-193

$$v = \frac{d[S_0]^2 + e[S_0]}{a[S_0]^2 + b[S_0] + c}. \qquad \text{Gl. 2-193}$$

Die Konstanten *a, b, c, d* und *e* in Gleichung 2-193 stellen Kombinationen der 16 Geschwindigkeitskonstanten des Reaktionsschemas 2-192 dar.

Dieses einfache Modell erklärt also die bei einigen monomeren Enzymen gefundene sigmoide *v*/*S*-Charakteristik ohne die Annahme kooperativer Wechselwirkungen zwischen mehreren Substratbindungsstellen.

2.5. Einfluß von Isotopen-Substitutionen im Substrat auf die kinetischen Parameter enzymkatalysierter Reaktionen

Im Abschnitt 1.6. wurde ausgeführt, daß der Einbau von Isotopen in das Substrat dann von Einfluß auf die Reaktionsgeschwindigkeit ist, wenn eine von diesem Isotop ausgehende Bindung gespalten oder gebildet wird oder wenn das Reaktionszentrum durch Isotopensubstitution in einer benachbarten Bindung beeinflußt wird. Bei den über Vielschrittreaktionen wirkenden Enzymen ist die Größe des zu beobachtenden Isotopieeffekts jedoch nicht nur von der geometrischen Struktur des Übergangszustandes sondern auch vom Größenverhältnis der einzelnen Geschwindigkeitskonstanten der betreffenden Reaktion abhängig. Ist also der beobachtete *kinetische Isotopieeffekt* kleiner als von der Theorie her zu erwarten, so besteht auch die Möglichkeit, daß der durch die Isotopensubstitution beeinflußte Reaktionsschritt nicht geschwindigkeitsbestimmend ist. Nur in solchen Fällen, in denen sich der *intrinsische* (wahre) kinetische Isotopieeffekt für einen bestimmten Reaktionsschritt bestimmen läßt, sind Aussagen über die Struktur des Übergangszustandes dieses Reaktionsschritts möglich. Daneben zeigen enzymkatalysierte Reaktionen auch Lösungsmittelisotopieeffekte. In der Regel lassen sich jedoch aus diesen Effekten auf Grund der Komplexität ihres Zustandekommens (s. 1.7.) keine Aussagen über die Struktur von Übergangszuständen erhalten. In günstigen Fällen gelingt es jedoch, Aussagen über die Zahl der in einer Reaktion transferierten Protonen zu machen [22].

2.5.1. Einfluß auf Maximalgeschwindigkeit und K_m-Wert

Für unterschiedliche Substrate, auch wenn die Unterschiede nur aus dem Einbau unterschiedlicher Isotope eines Elements resultieren, werden für eine bestimmte Enzymreaktion in der Regel unterschiedliche Werte für die beiden fundamentalen kinetischen Parameter K_m und V gefunden. Für den speziellen Fall, daß eine Enzymreaktion nach Gleichung 2-194 mit irreversiblem Übergang ES→EP verläuft (vgl. Gl. 2-24)

$$E + S \underset{k_{-1}}{\overset{k_{+1}}{\rightleftharpoons}} ES \xrightarrow{k_{+2}} EP \xrightarrow{k_{+3}} E + P\,, \qquad \text{Gl. 2-194}$$

ist die Maximalgeschwindigkeit durch die Beziehung

$$V = \frac{k_{+2}k_{+3}[E_0]}{k_{+2} + k_{+3}} \qquad \text{Gl. 2-195}$$

und der Quotient aus Maximalgeschwindigkeit und K_m-Wert durch die Beziehung

$$\frac{V}{K_m} = \frac{k_{+1}k_{+2}[E_0]}{k_{-1} + k_{+2}} \qquad \text{Gl. 2-196}$$

gegeben. Wie die Gleichungen 2-195 und 2-196 erkennen lassen, reflektiert die Maximalgeschwindigkeit alle Reaktionsschritte mit Ausnahme des Substratbindungsschritts (k_{+1}) und der Dissoziation des Enzym-Substrat-Komplexes (k_{-1}). Der Quotient V/K_m ist dagegen von den Geschwindigkeitskonstanten für die reversible Substratbindung und allen Geschwindigkeitskonstanten für die folgenden Reaktionsschritte bis einschließlich des ersten irreversiblen Schritts in der Reaktionsfolge abhängig. Folglich lassen sich aus dem Vergleich der Maximalgeschwindigkeiten für zwei mit unterschiedlichen Isotopen ausgestatteten Substraten keine Aussagen über den Substratbindungsschritt machen, und der Quotient V/K_m erlaubt keine Aussagen über Reaktionsschritte, die nach dem ersten irreversiblen Schritt liegen.

Für den in Reaktionsgleichung 2-197 formulierten Mechanismus folgt aus den Gleichungen 2-195 und 2-196 für den speziellen Fall, daß die Umwandlung ES→EP für die beiden mit unterschiedlichen Isotopen ausgestatteten Substrate mit unterschiedlicher Geschwindigkeit abläuft (k_{+2} *isotopsensitiv*)

$$\frac{V_L}{V_S} = \frac{k_{+2L}/k_{+2S} + k_{+2L}/k_{+3}}{1 + k_{+2L}/k_{+3}} \qquad \text{Gl. 2-197}$$

und

$$\frac{V_L/K_{mL}}{V_S/K_{mS}} = \frac{k_{+2L}/k_{+2S} + k_{+2L}/k_{-1}}{1 + k_{+2L}/k_{-1}} . \qquad \text{Gl. 2-198}$$

V_L und K_{mL} sind Maximalgeschwindigkeit und Michaelis-Konstante für das Substrat mit dem leichteren Isotop, V_S und K_{mS} gelten für das Substrat mit dem schwereren Isotop. Der beobachtete kinetische Isotopieeffekt $(L/S)_{obs}$ ist mit dem intrinsischen Isotopieeffekt L/S durch die Beziehung

$$(L/S)_{obs} = \frac{L/S + b}{1 + b} \qquad \text{Gl. 2-199}$$

verknüpft, wobei sich die als *Partitionierungsfaktor* bezeichnete Konstante b, entsprechend den Gleichungen 2-197 und 2-198 aus verschiedenen Geschwindigkeitskonstanten zusammensetzt. Nur wenn der Partitionierungsfaktor b klein ist (wenn in Gleichung 2-197 $k_{+2L} \ll k_{+3}$ und in Gleichung 2-198 $k_{+2L} \ll k_{-1}$ ist), reflektiert der gemessene Isotopieeffekt den wahren Isotopieeffekt. Mit größer werdenden b wird der gemessene Effekt kleiner und nimmt im Grenzfall (wenn in Gleichung 2-197 $k_{+2L} \gg k_{+3}$ und in Gleichung 2-198 $k_{+2L} \gg k_{-1}$ ist) den Wert 1 an.

Ist der isotopsensitive Reaktionsschritt (ES → EP) reversibel wie in Gleichung 2-24, so kann aus einem Vergleich der Maximalgeschwindigkeiten für die in ihrer Isotopenzusammensetzung unerschiedlichen Substrate nur dann ein intrinsischer Effekt für k_{+2} abgeleitet werden, wenn $k_{+2}, k_{-2} \ll k_{+3}$ ist, so daß für die Maximalgeschwindigkeit unter dieser Bedingung aus Gleichung 2-26

$$V = k_{+2}[E_0] \qquad \text{Gl. 2-200}$$

folgt. Für den Fall, daß $k_{-2}, k_{+3} \ll k_{+2}$ ist und die Maximalgeschwindigkeit durch Gleichung 2-27 gegeben ist, wird kein Effekt beobachtet. Unter der Bedingung $k_{+2}, k_{+3} \ll k_{-2}$ und der daraus resultierenden Beziehung

$$V = \frac{k_{+2}k_{+3}[E_0]}{k_{-2}} , \qquad \text{Gl. 2-201}$$

entspricht der beobachtete Effekt einem Gleichgewichtsisotopieeffekt (s. 1.7.).

Analoge Betrachtungen für den Quotienten aus V/K_m führen zu dem Resultat, daß nur dann der intrinsische Effekt für k_{+2} beobachtet wird, wenn $k_{-2} \ll k_{+3}$ und $k_{+2} \ll k_{-1}$ ist, so daß

$$\frac{V}{K_m} = \frac{k_{+1}k_{+2}[E_0]}{k_{-1}} \qquad \text{Gl. 2-202}$$

gilt. Ist hingegen $k_{+2}, k_{+3} \ll k_{-2}$ und somit

$$\frac{V}{K_m} = \frac{k_{+1}k_{+3}k_{+2}[E_0]}{k_{-1}k_{-2}} , \qquad \text{Gl. 2-203}$$

entspricht der gemessene Isotopieeffekt wieder einem Gleichgewichtseffekt.

2.5.2. Bestimmung des intrinsischen Isotopieeffekts

Durch Vergleich der Isotopieeffekte von deuterierten und tritiierten Substraten ist es möglich, den wahren (intrinsischen) Isotopieeffekt für einen einzelnen Reaktionsschritt einer enzymkatalysierten Reaktion zu ermitteln [23]. Da tritiierte Substrate nur in teilsubstituierter Form eingesetzt werden können, liefern diese Messungen nur Werte für V/K_m, so daß nur Aussagen über Reaktionsschritte bis zum ersten irreversiblen Schritt möglich sind.

Auf Grund des gegebenen Masseunterschiedes zwischen Wasserstoff, Deuterium und Tritium ist der Unterschied zwischen kinetischen Deuterium- und Tritiumisotopieeffekten durch die Beziehung [24]

$$\left(\frac{k_H}{k_D}\right)^{1.44} = \frac{k_H}{k_T} \qquad \text{Gl. 2-204}$$

gegeben. Da für beide Isotope der Partitionierungsfaktor gleich ist, gilt auch

$$\frac{V_H/K_{mH}}{V_D/K_{mD}} = \frac{k_H/k_D + b}{1 + b} \qquad \text{Gl. 2-205}$$

und

$$\frac{V_H/K_{mH}}{V_T/K_{mT}} = \frac{(k_H/k_D)^{1.44} + b}{1 + b} \qquad \text{Gl. 2-206}$$

Die Gleichungen 2-205 und 2-206 lassen sich zu Gleichung 2-207 zusammenfassen:

$$\frac{[(V_H/K_{mH})/(V_D/K_{mD})] - 1}{[(V_H/K_{mH})/(V_T/K_{mT})] - 1} = \frac{(k_H/k_D) - 1}{(k_H/k_D)^{1.44} - 1}\,. \qquad \text{Gl. 2-207}$$

Wie die Gleichung 2-207 erkennen läßt, kann aus den für Deuterium und Tritium gemessenen Isotopieeffekten im Quotient V/K_m, der intrinsische Isotopieeffekt, berechnet werden.

2.5.3. Methoden zur Bestimmung des Isotopieeffekts bei enzymkatalysierten Reaktionen

Ist der Isotopieeffekt groß (z. B. bei Substitution von Wasserstoff in einem Substratmolekül durch Deuterium), so läßt er sich für die Parameter V und V/K_m durch *direkten* Vergleich der Reaktionsgeschwindigkeit bestimmen. Diese direkte Methode kann nicht angewandt werden, wenn die Unterschiede in den Reaktionsgeschwindigkeiten (wie sie bei einer Substitution schwerer Atome, z. B. $^{13}C/^{12}C$, $^{15}N/^{14}N$ oder $^{18}O/^{16}O$ im Substratmolekül beobachtet werden) sehr klein sind oder wenn die Untersuchungen mit Substraten durchgeführt werden, die das schwerere Isotop nur in kleinen Mengen enthalten. In solchen Fällen kann man auf das Gemisch der beiden mit unterschiedlichen Isotopen versehenen Substrate das Enzym als Katalysator einwirken lassen und bestimmt die Unterschiede in den Reaktionsgeschwindigkeiten durch einen Vergleich der Isotopenzusammensetzung im Substrat und im Reaktionsprodukt. Bei dieser Methode, bei der beide Substrate in einer Konkurrenzreaktion umgesetzt werden (s. 2.3.1.2.), wird oft die natürliche Isotopenzusammensetzung im Substrat für die Untersuchungen ausgenutzt.

Für den konkurrierenden Umsatz der beiden sich in ihrer Isotopenzusammensetzung unterscheidenden Substrate S_L und S_S gilt

$$v_L = \frac{V_L[S_{L_0}]}{[S_{L_0}] + K_{m_L}\left(1 + \frac{[S_{S_0}]}{K_{m_S}}\right)}$$ Gl. 2-208

und

$$v_S = \frac{V_S[S_{S_0}]}{[S_{S_0}] + K_{m_S}\left(1 + \frac{[S_{L_0}]}{K_{m_L}}\right)}.$$ Gl. 2-209

Die mit dem Index L versehenen Symbole stehen für die Parameter des Substrats mit dem leichteren Isotop, die mit S versehenen für diejenigen des schwereren Isotops.

Da sowohl beim Arbeiten mit Tracermengen als auch bei der Ausnutzung der natürlichen Häufigkeit des schwereren Isotops im Substratmolekül das Substratmolekül mit dem schwereren Isotop in wesentlich geringerer Konzentration als das mit dem leichteren Isotop vorliegt, ist $[S_{S_0}] \ll [S_{L_0}], K_{m_S}$.

Die Umsetzung des Substrats mit dem leichteren Isotop wird folglich durch das Substrat mit dem schwereren Isotop nicht gehemmt, so daß

$$v_L = \frac{V_L[S_{L_0}]}{[S_{L_0}] + K_{m_L}}$$ Gl. 2-210

gilt. Für die Umsetzung des Substrats mit dem schwereren Isotop gilt entsprechend

$$v_S = \frac{V_S[S_{S_0}]}{K_{m_S}\left(1 + \frac{[S_{L_0}]}{K_{m_L}}\right)}.$$ Gl. 2-211

Aus den Gleichungen 2-210 und 2-211 folgt, daß das Verhältnis der Umsatzgeschwindigkeiten beider Substrate

$$\frac{v_L}{v_S} = \frac{(V_L/K_{m_L})\,[S_{L_0}]}{(V_S/K_{m_S})\,[S_{S_0}]}$$ Gl. 2-212

ist. Zur Bestimmung von v_L/v_S wird die Isotopenzusammensetzung im Substrat und Produkt der Reaktion untersucht. In der Praxis vergleicht man entweder die Ausgangsisotopenzusammensetzung des Substrats mit der des Produkts nach einem Umsatz von 5% des eingesetzten Substrats oder die Isotopenzusammensetzung des Produkts nach vollständigem Umsatz mit der nach einem Umsatz von 5%. Die Isotopenzusammensetzung wird entweder durch Massenspektrometrie oder, wenn das schwerere Isotop radioaktiv ist, durch Radioaktivitätsmessungen bestimmt. Mit dieser *kompetitiven Methode* können jedoch, wie Gleichung 2-212 zeigt, nur Aussagen über den Quotienten V/K_m und somit über Reaktionsschritte bis zum ersten irreversiblen Schritt gemacht werden.

2.6. Literatur

1 L. Michaelis und M. L. Menten: Die Kinetik der Invertinwirkung. Biochem. Z. **49** (1913): 333–369.
2 G. E. Briggs and J. B. S. Haldane: A Note on the Kinetics of Enzyme Action. Biochem. J. **19** (1925): 338–339.
3 E. King and C. Altman: A Schematic Method of Deriving the Rate Law for Enzyme-Catalyzed Reactions. J. Phys. Chem. **60** (1956): 1375–1378.
4 H. Lineweaver and D. Burk: The Determination of Enzyme Dissociation Constants. J. Am. Chem. Soc. **56** (1934): 658–660.

5 G. S. Eadie: The Inhibition of Cholinesterase by Physostigmine and Prostigmine. J. Biol. Chem. **146** (1942): 85–93.

6 C.S. Hanes: Studies on Plant Amylases. I. The Effect of Starch Concentration upon the Velocity of Hydrolysis by the Amylase of Germinated Barley. Biochem. J. **26** (1932): 1406–1421.

7 M. Markus, B. Hess, J. H. Ottaway and A. Cornish-Bowden: The Analysis of Kinetic Data in Biochemistry. A Critical Evaluation of Methods. FEBS-Letters **63** (1976): 225–230.

8 R. Eisenthal and A. Cornish-Bowden: The Direct Linear Plot. A New Graphical Procedure for Estimating Enzyme Kinetic Parameters. Biochem. J. **139** (1974): 715–720.

9 W. W. Cleland: The Kinetics of Enzyme-catalyzed Reactions with Two or More Substrates or Products. Biochim. Biophys. Acta **67** (1963): 104–137.

10 I. H. Segel: Enzyme Kinetics. Wiley and Sons, New York–Sydney–London–Toronto 1975.

11 H. Theorell and B. Chance: Studies on Liver Alcohol Dehydrogenase. II. The Kinetics of the Compound of Horse Liver Alcohol Dehydrogenase and Reduced Diphosphopyridine Nucleotide: Acta Chem. Scand. **5** (1951): 1127–1144.

12 G. Hübner und A. Schellenberger: Untersuchungen zum Mechanismus der Produkthemmung bei der Pyruvat-Decarboxylase-Reaktion. Hoppe-Seyler's Z. Physiol. Chem. **351** (1970): 1435–1440.

13 M. Dixon: The Determination of Enzyme Inhibitor Constants. Biochem. J. **55** (1953): 170–171.

14 A. V. Hill: The Combinations of Hemoglobin with Oxygen and with Carbonmonoxide. Biochem. J. **7** (1913): 471–480.

15 C. Frieden: Treatment of Enzyme Kinetic Data. I. The Effect of Modifiers on the Kinetic Parameters of Single Substrate Enzymes. J. Biol. Chem. **239** (1964): 3522–3531.

16 D. E. Atkinson, J. A. Hathaway and E. C. Smith: Kinetics of Regulatory Enzymes. Kinetic Order of the Yeast Diphosphopyridine Nucleotide Isocitrate Dehydrogenase Reaction and a Model for the Reaction. J. Biol. Chem. **240** (1965): 2682–2690.

17 J. Monod, J. Wyman and J.-P. Changeux: On the Nature of Allosteric Transitions. A Plausible Model. J. Mol. Biol. **12** (1965): 88–118.

18 A. Horn and H. Börnig: Analysis of Kinetic Data of Allosteric Enzymes by a Linear Plot. FEBS-Letters **3** (1969): 325–329.

19 D. E. Koshland, G. Nemethy and D. Filmer: Comparison of Experimental Binding Data and Theoretical Models in Proteins Containing Subunits. Biochemistry **5** (1966): 365–385.

20 A. Levitzki and D. E. Koshland: The Role of Negative Cooperativity and Half-of-The-Sites Reactivity in Enzyme Regulation. In: Current Topics in Cellular Regulation (Ed. By Horecker and Stadtman). Vol. 10. pp. 1-40. Academic Press, New York 1976.

21 G. R. Ainslie, J. P. Shill and K. E. Neet: Transients and Cooperativity. A Slow Transition Model for Relating Transient and Cooperative Kinetics of Enzymes. J. Biol. Chem. **247** (1972): 7088–7096.

22 C. R. Hopper, R. L. Showen, K. S. Venkatasubban and H. Jayaraman: Proton Inventuries of the Transition States for Solvation Catalysis and Proton-Transfer Catalysis. Decomposition of the Tetrahedral Intermediate in Amide Methanolysis. J. Am. Chem. Soc. **95** (1973): 3280–3283.

23 D. B. Northrop: Steady State Analysis of Kinetic Isotope Effects in Enzymatic Reactions. Biochemistry **14** (1975): 2644–2651.

24 C. G. Swain, E. C. Stivers, J. F. Reuwer and L. J. Schaad: Use of Hydrogen Isotope Effects to Identify the Attacking Nucleophile in the Enolization of Ketones Catalyzed by Acetic Acid. J. Am. Chem. Soc. **80** (1958): 5885–5893.

Weiterführende Literatur

R. D. Gandour and R. L. Schowen: Transition States of Biochemical Processes. Plenum Press, New York–London 1978.

T. Keleti: Basic Enzyme Kinetics. Akademie Verlag, Budapest 1986.

3. Das Proteinmolekül als Gleichgewichtsstruktur

3.1. Allgemeine Bemerkungen zur Proteinstruktur

Obwohl Enzymproteine auf Grund ihres Molekulargewichts zwischen 10000 und einigen Millionen typische Makromoleküle darstellen, sind sie nur aus fünf Elementen, Kohlenstoff, Wasserstoff, Sauerstoff, Stickstoff und Schwefel aufgebaut. In der gewaltigen Vielfalt ihrer physikalischen und chemischen Eigenschaften verkörpern sie die Vielgestaltigkeit der biologischen Struktur- und Funktionsprinzipien, in der strengen Einheitlichkeit ihrer durch die Abfolge der Elemente $\cdots CO—NH—CHR_n—CO—NH—CHR_{n+1}—CO\cdots$ gekennzeichneten Grundstruktur die Einheitlichkeit biologischer Synthesemechanismen. In Anbetracht des hohen Molekulargewichts ist es nicht verwunderlich, daß man lange Zeit die Möglichkeit einer exakten physikalischen und chemischen Charakterisierbarkeit dieser Verbindungsklasse in Zweifel zog. Erst nachdem 1926 durch Sumner das erste Enzym in kristallisierter Form erhalten worden war, konnte man hinter dieser komplizierten Klasse von Naturstoffen einheitliche Strukturprinzipien vermuten. In der Folgezeit setzte eine stürmische Entwicklung des methodischen Arsenals ein, die schließlich 1960 in der Wiedergabe der Raumstrukturen von Myoglobin und Hämoglobin durch Kendrew und Perutz [1] ihren ersten Höhepunkt erlebte.

Trotz der zunächst verwirrenden Vielgestaltigkeit der auf diese Weise gewonnenen Raumstrukturen ließ die genauere Betrachtung der Anordnung der Atome im Molekül sehr bald gewisse Regelmäßigkeiten erkennen, die das gesamte Bild vom Aufbau der Proteine im Verlauf der weiteren Untersuchungen beträchtlich vereinfacht haben. So finden sich in Proteinen neben „geordneten", das heißt, in ihrer räumlichen Anordnung definier- und systematisierbaren Bereichen auch „ungeordnete" Abschnitte, bei denen ein bestimmtes System molekularer Wechselwirkungen nicht ohne weiteres erkennbar ist (Abb. 3-1).

Da die ersten Erkenntnisse zur räumlichen Anordnung der Atome in Proteinen aus Kristallstrukturanalysen stammten, ist es verständlich, daß die Vorstellungen zur Funktion der Enzyme zunächst von einer relativ starren Proteinstruktur ausgingen. Heute mehren sich in zunehmendem Maße die Hinweise, daß die katalytische Funktion der Proteine eine dynamische Molekülstruktur voraussetzt, wobei besonders die Oberflächenbereiche und aus dem Molekül herausragende Strukturanteile eine beträchtliche Flexibilität aufweisen.

Der katalytische Prozeß erfolgt im wesentlichen an der Oberfläche der Enzymmoleküle, also an den mit dem Medium Wasser in unmittelbarem Kontakt stehenden Bereichen. Diese Oberflächenbereiche spielen daher bei der Erforschung der Enzymmechanismen eine besondere Rolle. Daher ist es nicht verwunderlich, daß eine Vielzahl von physikalischen und chemischen Methoden entwickelt worden sind, die Auskunft über die Lage, Reaktivität und Mobilität der an der Oberfläche gelegenen Molekülbereiche geben können.

Andererseits ist der innere, vom Lösungsmittelkontakt weitgehend isolierte Kern vorwiegend für die Gesamtstruktur des Proteinmoleküls verantwortlich. Er stellt nicht nur das stabilisierende Element des Proteinmoleküls dar, sondern verhält sich auch gegenüber Milieuveränderungen wesentlich starrer als die Oberflächenbereiche.

3.2. Die Hauptkette als Strukturelement der Proteine

Die Hauptkette eines Proteins besteht aus der sog. *Rückgratsequenz*, die durch amidartige Verknüpfung (↓) von L-α-Aminosäuremolekülen gemäß

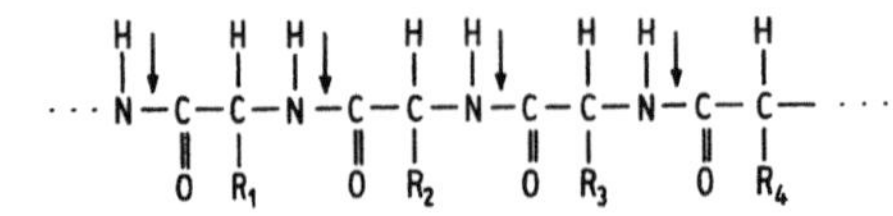

gebildet wird. Amidgruppe (—NH—CO—) und α-C-Atom wechseln in regelmäßiger Reihenfolge, während die Abfolge der Seitenketten R_n (sog. Primärstruktur) den Code für die komplizierte Raumstruktur der Proteine liefert.

ⓐ

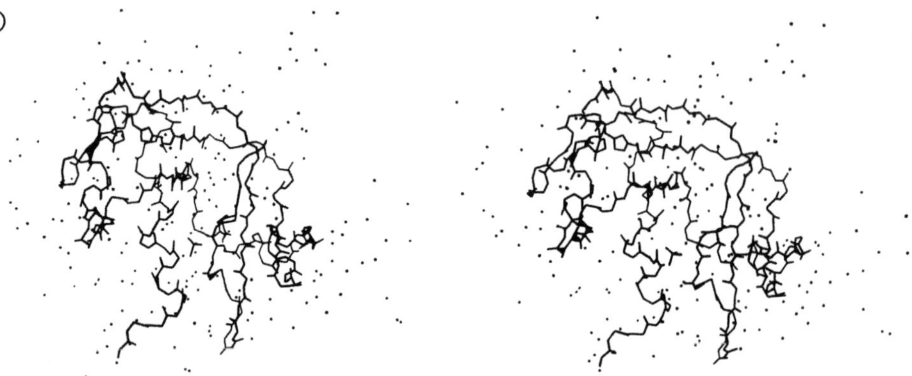

ⓑ

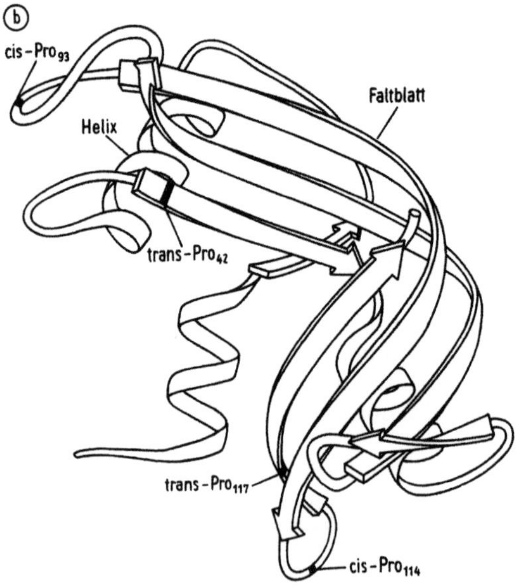

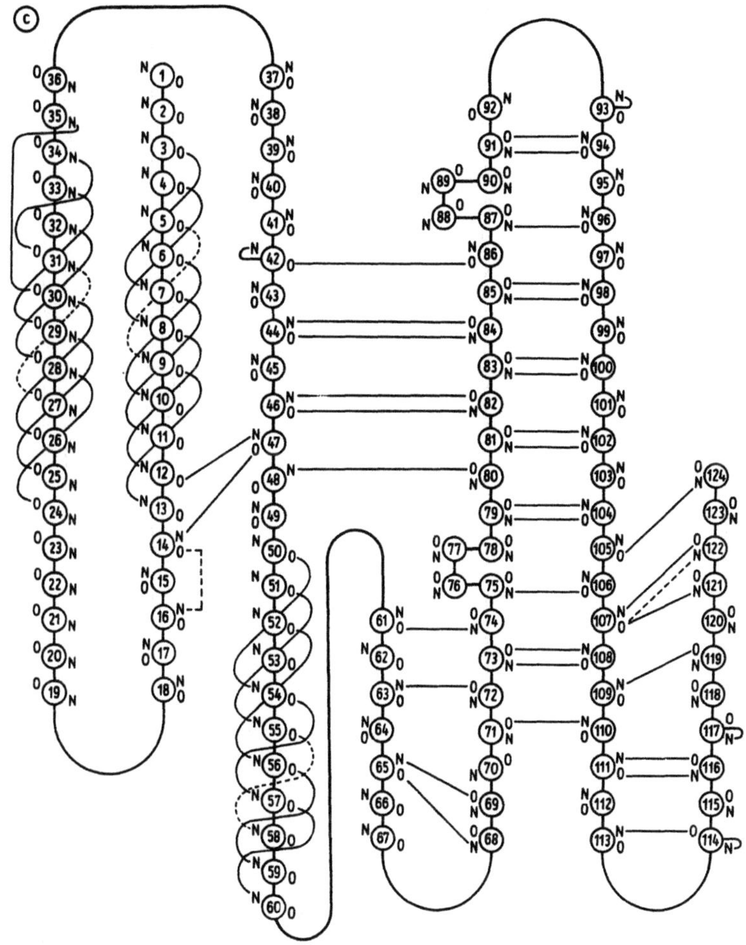

Abb. 3-1. Drei Darstellungsarten der Proteinstruktur.
a) Stereozeichnung*) der Hauptkettengeometrie von Ribonuclease A einschließlich der durch Röntgenstrukturanalyse abgebildeten Wassermoleküle (·) und dem im aktiven Zentrum lokalisierten $SO_4^{2\ominus}$-Rest (+) (nach [2]). b) Ribonucleasestruktur in der für die Sekundärstruktur üblichen Symbolisierung. c) Diagramm der durch die Hauptkette der Ribonuclease gebildeten H-Brückenstruktur (——— Bindungslänge <0.315 nm, - - - - - Bindungslänge 0.315–0.335 nm, nach [3]).

*) Um den räumlichen Eindruck von Stereozeichnungen zu erhalten, versuche man, die Abbildung im Abstand von ca. 20 cm völlig entspannt so lange zu betrachten, bis sich die beiden Bilder in der Mitte zu einem räumlichen Eindruck vereinigen. Eventuell hilft es bei den ersten Malen, durch Aufstellen einer Postkarte zwischen den beiden Bildern die getrennte Erfassung der Abbildungen durch beide Augen zu erleichtern.

3.2.1. Stereochemie der Hauptkette

Peptidgruppe

Für die Betrachtung der räumlichen Anordnung der Hauptkette ist es zweckmäßig, die Peptidgruppe —NH—CO— als *chemische und sterische Einheit* aufzufassen. Bei planarer Anordnung der 4 beteiligten Atome kommt es zu mesomeren Wechselwirkungen

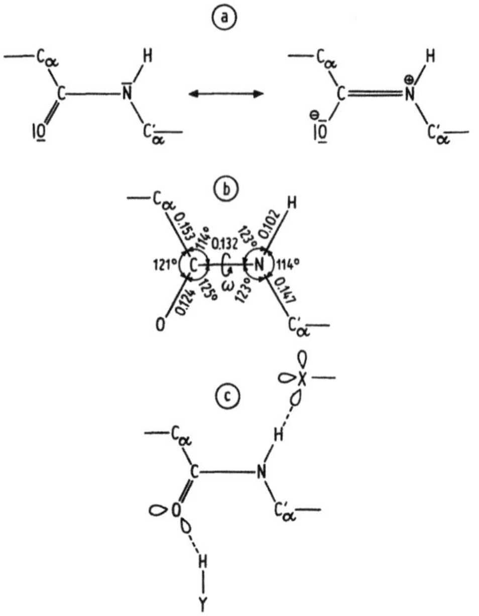

Abb. 3-2. Struktur und Geometrie der Peptidgruppe (trans-Anordnung).
a) Mesomeriedarstellung zur Verdeutlichung der planaren Anordnung der beteiligten Atome. b) Peptidgeometrie [4]. Während die C_α—C- und N—C'_α-Bindungen mit 0.153 nm und 0.147 nm praktisch der Bindungslänge normaler Einfachbindungen (0.154 nm, freie Drehbarkeit) entsprechen, sind sowohl die C—O-, als auch die C—N-Bindungen mit 0.124 nm und 0.132 nm deutlich verkürzt (partieller Doppelbindungscharakter entsprechend a). Der Winkel ω ist bei der trans-Form mit 0°, bei der cis-Form mit 180° definiert. Beide Anordnungen sind eben und durch eine Rotationsbarriere von ca. 80 kJ mol^{-1} getrennt. c) Die Peptidgruppe als Donator (NH···X) und Acceptor (O···HY) von H-Brückensystemen (quer zur Hauptkette oientiertes Vernetzungselement, s. 3.4.).

(Abb. 3-2a), wodurch sowohl die C—O- als auch die C—N-Bindung partiellen Doppelbindungscharakter annehmen. Dies äußert sich sowohl in einer gegenüber der normalen Einfachbindung (z. B. C—C = 0.154 nm) erheblich verkürzten Bindungslänge (Abb. 3-2b) als auch im Auftreten von stabilen *cis- bzw. transisomeren Strukturen* der Peptidgruppe als Folge der eingeschränkten Drehbarkeit um die C—N-Bindung. Von den beiden ebenen Strukturtypen (ω = 0° bzw. 180°) wurde bisher in Proteinen mit Ausnahme von Prolin (s. u.) fast ausschließlich die um ca. 8 kJ mol^{-1} energieärmere trans-Form beobachtet, während die cis-Form vorwiegend in niedriggliedrigen Ringsystemen auftritt. Cis- und trans-Form trennt eine Rotationsbarriere von etwa 80 kJ mol^{-1}. Sie bewirkt, daß die Peptidgruppe als relativ starre Struktureinheit in die Proteinmoleküle eingebaut ist. In Struktursystemen (s. 3.4.) fungiert sie gleichzeitig als Donator und Acceptor von H-Brücken (Abb. 3-2c).

α-C-Atom

Das jeweils zwei Peptidgruppen verbindende α-C-Atom ist von kovalenten Einfachbindungen umgeben, die, abgesehen von den später diskutierten sterischen Behinderungen im Gesamtmolekül, auf Grund ihrer niedrigen Rotationsbarrieren von 1–4 kJ mol^{-1} *freie Drehbarkeit* aufweisen (Abb. 3-3). Die hohe Drehbeweglichkeit der vom C_α ausgehenden Bindungen ist Ursache für die große Flexibilität der Proteinstrukturen. Abbildung 3-3 zeigt, daß auf Grund der ebenen Struktur der Peptidgruppe die Anordnung einer Peptideinheit i innerhalb der Kette durch die zwei *Rotationswinkel φ und ψ* festgelegt wird und

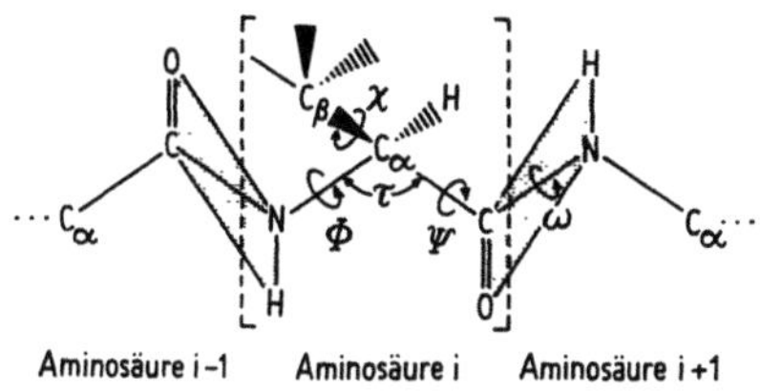

Abb. 3-3. Anordnung eines Aminosäurebausteins in der Peptidkette mit dem für die Mobilität verantwortlichen Rotationswinkeln. Die Werte der Winkel φ (phi) und ψ (psi) betragen in der dargestellten, voll gestreckten Form 180°.

daß weitere Winkel X_{1-n} nur erforderlich werden, wenn auch die spezielle Konformation der Seitenketten mit in Betracht gezogen werden soll. Definitionsgemäß liegt die völlig gestreckte Standardkonformation ($\varphi = -180°$, $\psi = +180°$, Abb. 3-3) dann vor, wenn die beiden dem C_α benachbarten Peptidebenen koplanar mit der aus den Atomen N, C_α und C gebildeten Ebene angeordnet sind. Der Winkel zwischen N, C_α und C beträgt im spannungsfreien Zustand 109°28′ (Tetraederwinkel). Es ist gebräuchlich, ihn mit τ zu bezeichnen. In cyclischen Peptiden oder unter dem sterischen Einfluß der Reste R kann τ beträchtlichen Schwankungen unterliegen.

Die Rotationswinkel φ und ψ könnten im Prinzip alle Werte zwischen 0° und 360° annehmen. Aus der Betrachtung einfacher Modelle geht aber bereits hervor, daß die möglichen Winkelbereiche durch sterische Wechselwirkung zwischen den beteiligten Atomen stark eingeschränkt sind.

Noch stärker ist das beim Einbau in die komplexe Proteinstruktur der Fall. Dies bestätigen Konformationsdiagramme, die man durch Auftragung der aus Röntgenstrukturdaten entnommenen Rotationswinkel φ und ψ erhält (sog. *Ramachandran-Diagramm* [5], z. B.

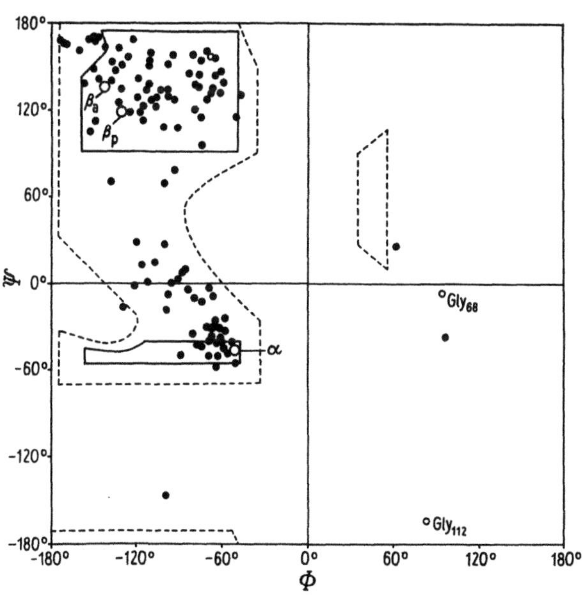

Abb. 3-4. Auftragung der Rotationswinkel φ und ψ für Ribonuclease A (nach [3]) im Ramachandran-Diagramm [5].
Die stereochemisch bevorzugten Regionen sind dick, noch erlaubte Regionen gestrichelt umrandet. Für die wichtigsten Sekundärstrukturen (3.4.) sind die Vorzugslagen markiert: α = α-Helix, β_a = antiparalleles Faltblatt, β_p = paralleles Faltblatt. Die offenen Symbole entsprechen Gly-Resten, deren Auftreten in Extrembereichen häufiger ist.

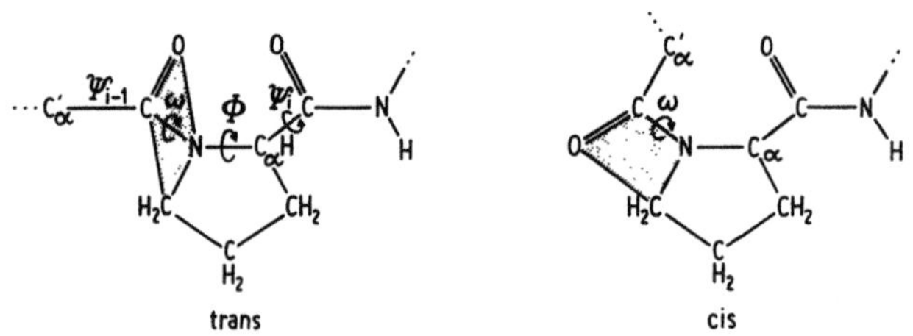

Abb. 3-5. Prolinrest mit trans- und cis-Anordnung der in das Ringsystem einbezogenen Peptidbindung ($\omega = 0°$ bzw. $180°$). Aus sterischen Gründen kann der Winkel ψ_{i-1} (vor Pro) nur Werte von ca. 170° und 80° annehmen, so daß ein Einbau in Helixstrukturen ($\psi = -47°$) nicht möglich ist.

für Ribonuclease A [2], Abb. 3-4). Der weitaus größte Teil der Rotationswinkel findet sich dabei in Bereichen, die dem jeweiligen Struktursystem (Helix, Faltblatt) entsprechen, in das die betreffende Aminosäure eingebaut ist (s. 3.4.).

Zusätzliche kovalente Bindungen der Hauptkette (Prolin)
Prolin beschränkt durch kovalente Bindung seiner Seitenkette an die Hauptkette die Flexibilität der Proteinmatrix. Durch den Ringschluß zwischen Seitenkette und Amid-Stickstoff kommt es zur Bildung relativ starrer Pyrrolidinring-Strukturen und damit zur Aufhebung der freien Drehbarkeit um den Winkel φ. Die Auswertung der Röntgenstrukturanalysen von Proteinen hat gezeigt, daß auch die Mehrzahl der Prolylpeptidbindungen in der um ca. 8 kJ mol^{-1} energieärmeren trans-Konformation vorliegt (Abb. 3-5). Andererseits werden, wenn dies die Gesamt-Enthalpiebilanz der Kettenfaltung begünstigt, auch cis-Prolin-Anordnungen gefunden. Zum Beispiel liegen von den vier Pro-Seitenketten der Ribonuclease A (Rind) zwei (Pro_{42} und Pro_{117}) in der trans-Form und zwei (Pro_{93} und Pro_{114}) in der cis-Form vor (s. Abb. 3-1b).

In jüngster Zeit konnte festgestellt werden, daß die Einstellung des Prolin-cis/trans-Isomerengleichgewichts durch spezielle Enzyme *(Peptidyl-prolyl-cis/trans-Isomerasen)* katalysiert wird [6]. Da der Prozeß der schrittweisen Strukturierung des als all-trans-Kette am Ribosom synthetisierten Proteinmoleküls eine hohe Mobilität der intermediär entstehenden Struktursysteme voraussetzt (s. 3.5.3.1.), fördert die katalytische Beschleunigung der cis/trans-Umwandlung die Gesamtgeschwindigkeit der Protein-Strukturierung.

Das Auftreten von Prolin in einer Sequenz bewirkt infolge der Starrheit des in die Peptidgruppe einbezogenen Pyrrolidinringsystems einen Knick in der Hauptkette. Dadurch wird der Einbau dieser Aminosäure in bestimmte geordnete Strukturbereiche von Proteinen (z. B. Helix) behindert (sog. *Prolin-Knick,* s. 3.4.1. und Tab. 3-8).

3.2.2. Bindungsstabilität der Hauptketten-H-Atome

C_α-H-Bindung
Die hohe Stabilität der C_α-H-Bindung im pH-Bereich <1 bis 9.0 ist u. a. Voraussetzung für die gegen pH-Änderungen weitgehend resistente L-Konfigurationsstabilität der Aminosäurereste in Proteinen. Grundsätzlich wird die Abspaltung eines Protons aus der C_α-H-Bindung von Aminosäuren nach Gleichung 3-1

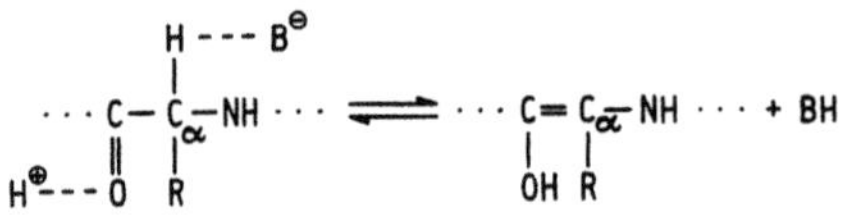

Gl. 3-1

unter Racemisierung der L-Konfiguration durch Säuren, Basen und spezielle Enzyme (Racemasen) katalysiert. Oberhalb von pH 10 kann daher in Abhängigkeit von der Elektronegativität der Seitenkette R *Racemisierung* eintreten.

N—H-Bindung
Im Gegensatz zur C—H-Bindung zeigen an Heteroatome (N, O, S) gebundene H-Atome bei kleinen, „unstrukturierten" Amiden und Modellpeptiden einen raschen säure- und basekatalysierten Protonenaustausch (Abb. 1–19 u. 3-6a). Aus der katalysierenden Wirkung von Säuren und Basen erklärt sich, daß es für jede NH-Bindung einen pH-Wert mit *minimaler* Austauschgeschwindigkeit (k_{min}) gibt, bei dem die Summe der Katalyseterme ihren niedrigsten Wert aufweist (Abb. 3-6b).

Kernresonanz-Untersuchungen an geeigneten Modellpeptiden mit bekannter Raumstruktur (Trypsin-Inhibitor aus Pankreasgewebe (PTI), 58 Aminosäuren, MG 6.5 kD) wie auch die an größeren Molekülen (Ribonuclease A, 124 Aminosäuren, 12.6 kD) über längere Zeitbereiche ermittelten H/D-Austauschraten haben gezeigt, daß die im Molekülverband gefundenen Austauschgeschwindigkeiten der NH-Protonen um bis zu 8 Größenordnungen differieren können. Damit eröffnet sich eine wertvolle Möglichkeit, Einblick in die *Oberflächenstruktur* von Proteinen und deren Veränderungen (z. B. bei der Denaturierung oder bei Wechselwirkung mit Substraten, Effektoren oder Cofaktoren) zu erhalten.

So zeigt ein Vergleich der *Austauschgeschwindigkeiten* (k_{min}-Werte) von an der Oberfläche, d. h. im Lösungsmittelkontakt angeordneten Aminosäuren des PTI, daß einzelne

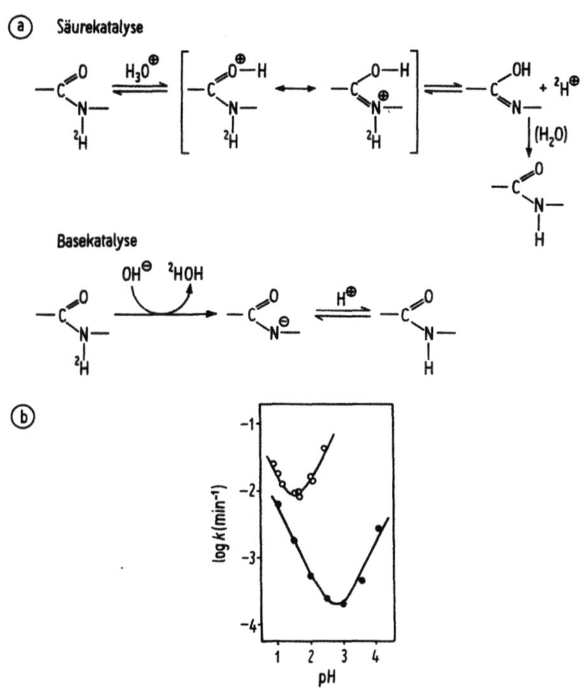

Abb. 3-6. $^2H/H$-(D/H)-Austausch im Oberflächenbereich von Proteinen.
a) Reaktionsschema der für den Austausch verantwortlichen Säure- und Basekatalyse. b) pH-Abhängigkeit der Geschwindigkeitskonstante für den Austausch der Amidprotonen von Val-34 (●) und Arg-39 (○) im Oberflächenbereich des Trypsin-Inhibitors aus Pankreas (25 °C nach [7]).

NH-Bindungen bis zu drei Größenordnungen langsamer austauschen als die NH-Gruppen von Modellpeptiden. Wichtigste Ursache für diesen verzögerten NH-Austausch im Oberflächenbereich ist die Beteiligung solcher Amidgruppen an *intramolekularen* Struktursystemen (Helix-, Faltblattsysteme) des Proteins (s. 3.4.). Dabei gehen die Carbonylgruppen der betreffenden Amidbindungen sehr stabile intramolekulare H-Bindungen ein, so daß die entsprechenden O-Atome für eine Säurekatalyse über das Lösungsmittel blokkiert werden ([7], s. 1.5.2.).

Noch stärker verzögerte Austauschgeschwindigkeiten werden vor allem bei den im Molekülinneren gelegenen NH-Bindungen durch den begrenzten Lösungsmittelkontakt beobachtet *(maskierte Amidbindungen)*. In einem ebenfalls am PTI erarbeiteten Modell werden die differierenden Austauschgeschwindigkeiten aller Amidprotonen des Moleküls über „globale Fluktuationsbewegungen" *(Entfaltungs-Schwingungen)* der Proteinstruktur erklärt [8].

Der Einfluß funktioneller, z. B. durch Cofaktorbindung hervorgerufener Strukturänderungen auf die NH-Austauschgeschwindigkeit konnte in mehreren Fällen nachgewiesen werden. So zeigen z. B. über 30% der erfaßbaren NH-Bindungen von Lactat-Dehydrogenase nach Einbau von NADH verzögertes Austauschverhalten.

3.3. Die Seitenkette – Basis der Variabilität von Proteinstrukturen

3.3.1. Struktur und Mobilität der Seitenketten

Die am C_α-Atom der Hauptkette lokalisierten Seitenketten (R) bestimmen Struktur und Variabilität der Enzymproteine. Die Reihenfolge der Seitenketten im Proteinmolekül wird als *Primärstruktur* bezeichnet. In dieser Primärstruktur ist zugleich der Code für die funktionsfähige Raumstruktur mit allen spezifischen Eigenschaften des Proteins verankert.

In Tabelle 3-1 sind die in Enzymproteinen vorkommenden Reste zusammengefaßt. Es zeigt sich, daß diese hinsichtlich physikalischer und chemischer Eigenschaften beträchtliche Unterschiede aufweisen.

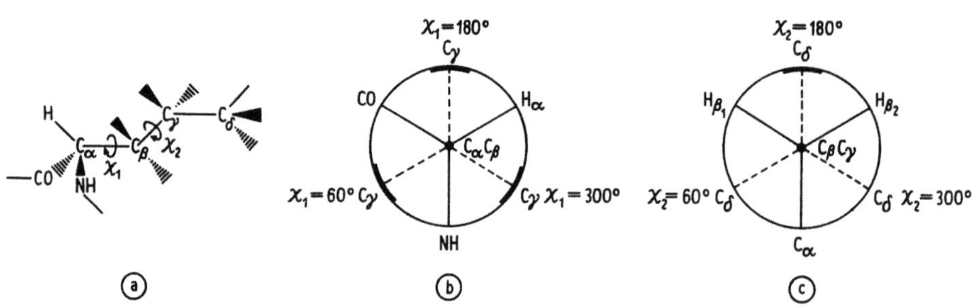

Abb. 3-7. Drehbeweglichkeit der Seitenketten (Vorzugslagen).
a) Anordnung der Diederwinkel χ_1 und χ_2. b) Newman-Projektion mit Sicht auf das α-C-Atom. Die Abbildung zeigt die gestaffelte Anordnung des γ-C-Atoms bei 60°, 180° und 300° (gestrichelt) zu den drei anderen Substituenten am α-C-Atom. c) Gleiche Darstellung für das β-C-Atom. Die Abbildung zeigt die gestaffelte Anordnung des δ-C-Atoms zu den anderen drei Substituenten am β-C-Atom. Durch die trans-Anordnung zum C_α wird hier die Lage bei 180° begünstigt.

Tab. 3-1. Struktur, Seitenkettenvolumen und Freie Transferenergie (ΔG_{xfer}) der in Enzymproteinen vorkommenden Aminosäuren (geordnet nach dem Molekulargewicht). Strukturformeln und Molekulargewichte entsprechen dem unter physiologischen Bedingungen (Wasser, pH 7) vorliegenden Ionisationszustand. Die Volumenangaben für die maskierten Seitenketten wurden aus den Röntgenstrukturanalysen von 9 Proteinen ermittelt [9]. Das von diesen Resten eingenommene Volumen erweist sich als relativ konstant und liegt nur wenig unter dem entsprechenden Volumen im Kristallverband (ΔG_{xfer}: Freie Energie des Seitenkettentransfers aus wäßriger in organische Phase in kJ mol^{-1} [10])

Name	Symbole		Mol.-Gew.	Struktur	Volumen der Seitenkette Å³ (1 Å = 0,1 nm)		ΔG_{xfer}
	IUPAC-IUB-Abk.	Sequenz-Abk.			Kristall	maskiert	
Glycin	Gly	G	75.08	$H_3N^{\oplus}-CH_2-CO_2^{\ominus}$	66.5	66.4	0
Alanin	Ala	A	89.10	$CH_3-CH(NH_3^{\oplus})-CO_2^{\ominus}$	96.6	91.5	2.1
Serin	Ser	S	105.10	$HO-CH_2-CH(NH_3^{\oplus})-CO_2^{\ominus}$	102.2	99.1	0
Valin	Val	V	117.15	$(CH_3)_2CH-CH(NH_3^{\oplus})-CO_2^{\ominus}$	143.4	141.7	6.3
Threonin	Thr	T	119.12	$CH_3-CHOH-CH(NH_3^{\oplus})-CO_2^{\ominus}$	124.3	122.1	0
Cystein	Cys	C	121.16	$HS-CH_2-CH(NH_3^{\oplus})-CO_2^{\ominus}$	108.7	105.6	2.1
Leucin	Leu	L	131.18	$(CH_3)_2CH-CH_2-CH(NH_3^{\oplus})-CO_2^{\ominus}$		167.9	7.5
Isoleucin	Ile	I	131.18	$CH_3-CH_2-(CH)_3CH-CH(NH_3^{\oplus})-CO^{\ominus}$	169.7	168.8	7.5
Asparaginsäure	Asp	D	132.10	${}^{\ominus}O_2C-CH_2-CH(NH_3^{\oplus})-CO_2^{\ominus}$	122.0	124.5	0
Asparagin	Asn	N	132.12	$H_2NCO-CH_2-CH(NH_3^{\oplus})-CO_2^{\ominus}$		135.2	0
Glutaminsäure	Glu	E	146.13	${}^{\ominus}O_2C-CH_2-CH_2-CH(NH_3^{\oplus})-CO_2^{\ominus}$	143.9	155.1	0
Glutamin	Gln	Q	146.15	$H_2NCO-CH_2-CH_2-CH(NH_3^{\oplus})-CO_2^{\ominus}$	148.0	161.1	0
Lysin	Lys	K	147.20	${}^{\oplus}H_3N-CH_2-CH_2-CH_2-CH_2-CH(NH_3^{\oplus})-CO_2^{\ominus}$		171.3	0

Fortsetzung Tab. 3-1.

Name	Symbole		Mol.-Gew.	Struktur	Volumen der Seitenkette Å³ (1 Å = 0,1 nm)		ΔG_{xfer}
	IUPAC-IUB-Abk.	Sequenz-Abk.			Kristall	maskiert	
Mehtionin	Met	M	149.22	$H_3C-S-CH_2-CH_2-CH(NH_3^{\oplus})-CO_2^{\ominus}$	176.1	170.8	5.4
Histidin	His	H	156.17	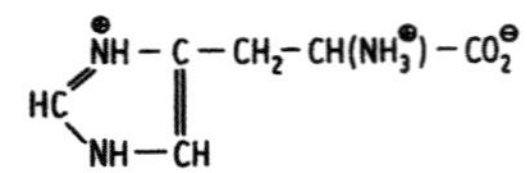	166.3	167.3	0
Phenylalanin	Phe	F	165.20	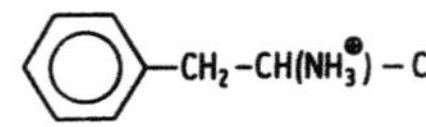		203.4	10.5
Arginin	Arg	R	175.22	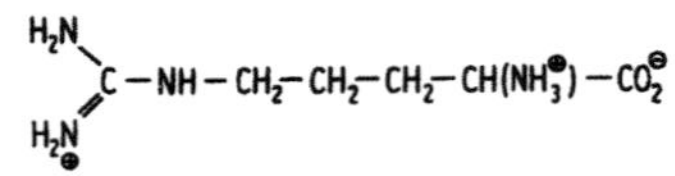			0
Tyrosin	Tyr	Y	181.20	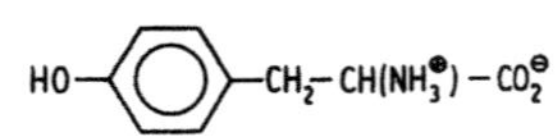	201.7	203.6	9.6
Tryptophan	Trp	W	204.23	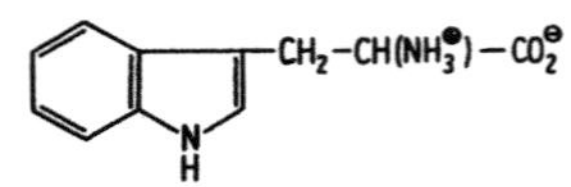		237.6	14.2
Cystin	Cys-Cys	C-C	240.31	$^{\ominus}O_2C-CH(NH_3^{\oplus})-CH_2-S-S-CH_2-CH(NH_3^{\oplus})-CO_2^{\ominus}$	123.1	117.7	0
Prolin	Pro	P	115.14	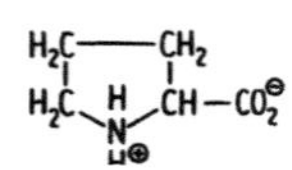	124.4	129.3	0

Die *Geometrie* der Seitenketten in Proteinmolekülen wird durch die Dieder-Winkel $\chi_{1,2...n}$ bestimmt (Abb. 3-7a). Abbildung 3-7b zeigt, daß sich aus der Newman-Projektion auf die C_α-C_β-Achse für den Drehwinkel χ_1 drei Vorzugslagen mit gestaffelter Anordnung der verschiedenen Reste bei 60°, 180° und 300° vorhersagen lassen, denen bei Abwesenheit anderer Wechselwirkungen ein Energieminimum entsprechen würde. Gleiches gilt für die C_β-C_γ-Bindung (χ_2), wo eine Vorzugsanordnung bei 180° durch die trans-Stellung von C_α und C_δ resultiert (Abb. 3-7c).

Die Auswertung der Röntgenstrukturanalysen von Proteinen hat gezeigt, daß tatsächlich ein erheblicher Teil der Seitenketten-Rotationswinkel diesen einfachen Gesetzmäßigkeiten gehorcht.

3.3.2. Physikochemische Differenzierung der Seitenketten

Zur qualitativen Differenzierung der verschiedenen Seitenketten gibt es zahlreiche Möglichkeiten. Im einfachsten Falle könnte man die Größe *(Raumerfüllung)* der Reste in Betracht ziehen, wie es z. B. in Tabelle 3-1 an Hand der *Seitenkettenvolumina* dargestellt ist. Dabei zeigt sich, daß erwartungsgemäß mit zunehmendem Molekulargewicht der Seitenketten auch das eingenommene Volumen ansteigt. Ausnahmen bilden lediglich die relativ „leichten" Kohlenwasserstoffreste von Val, Leu und Ile, wobei durch die hohe Drehbeweglichkeit der Reste um die Diederwinkel $\chi_{1,2...n}$ der Raumbedarf dieser Gruppen besonders hoch ausfällt.

Im Inneren von Proteinen finden sich hydrophobe Kohlenwasserstoffreste bevorzugt angeordnet. Da sich die aus den Röntgenstrukturdaten von Proteinen ermittelten Volumenwerte nur wenig von den aus Aminosäurekristallen ermittelten Werten unterscheiden, nimmt man an, daß die Packungsdichte der Reste im Inneren von Proteinmolekülen etwa der von Aminosäurekristallen entspricht (s. Tab. 3-1).

3.3.2.1. Säure-Base-Verhalten

Als quantitatives Maß für die Differenzierung des Säure-Base-Verhaltens der Aminosäuren und Proteine kann man den *isoelektrischen Punkt* (IP) heranziehen. Er entspricht dem pH-Wert, bei dem das betreffende Molekül keine Überschußladung aufweist, also z. B. in der zwitterionischen Form $^{\oplus}NH_3$—CHR—$COO^{\ominus}$ vorliegt. Bei den neutralen Aminosäuren ergibt sich der IP als arithmetisches Mittel der beiden pK_a-Werte (Gl. 3-2):

$$IP = \frac{pK_a(\text{—COO}^{\ominus}) + pK_a(\text{—NH}_3^{\oplus})}{2} \qquad \text{Gl. 3-2}$$

Bei den sauren Aminosäuren wird der IP durch die pK_a-Werte der ω-Carboxylgruppen nach niederen, bei den basischen durch die ω-ständigen basischen Reste nach höheren Werten verschoben (Tab. 3-2). Demzufolge werden in Tabelle 3-2 Aminosäuren mit einem IP zwischen 5.0 und 6.3 als neutral bezeichnet, während saure Aminosäuren IP-Werte von 2.7 bis 3.3, basische IP-Werte >7.5 aufweisen.

In günstigen Fällen (Ribonuclease A, Abb. 3-8) gelingt es, das heteropolare Ladungsmuster der vorwiegend an der Oberfläche von Proteinen gelegenen Seitenketten durch das *Dissoziationsverhalten* zu charakterisieren [11]. In solchen Fällen zeigen die elektrometrisch ausgewerteten Titrationskurven der Proteine Pufferbereiche, die nach Lage und Größe den pK_a-Werten und der erfaßbaren Anzahl der verschiedenen Seitenketten entsprechen.

Aus Tabelle 3-2 geht hervor, daß die in Proteinmolekülen gefundenen pK_a-Werte im Vergleich zu den im direkten Lösungsmittelkontakt befindlichen Seitenketten beträchtliche Schwankungen aufweisen können. Als Ursachen sind sowohl elektrostatische Wech-

Tab. 3-2. Dissoziationskonstanten und Polarität von Aminosäuren in freier Form und in Proteinen

Amino-säure	Freie Aminosäure (Wasser)				In Proteinen gefundene pK'_a-Werte der ω-Funktion	Seitenkette polar (+) apolar (−) (nach [9])
	pK_a α-COOH	pK_a α-$NH_3^{\oplus}$	pK_a ω-Funkt.	Iso-elektr. Punkt		
Neutrale Aminosäuren						
Gly	2.34	9.60	–	5.97		–
Ala	2.34	9.69	–	6.01		–
Val	2.32	9.62	–	5.96		–
Leu	2.36	9.60	–	5.98		–
Ile	2.36	9.68	–	6.02		–
Phe	1.83	9.13	–	5.48		–
Pro	1.99	10.06	–	6.30		–
Ser	2.21	9.15	–	5.68		+
Thr	2.71	9.62	–	6.16		+
Met	2.28	9.21	–	5.74		–
Trp	2.38	9.39	–	5.89		+
Asn	2.02	8.80	–	5.41		+
Gln	2.17	9.13	–	5.65		+
Tyr	2.20	9.11	10.07 (4-OH)	5.66	9–10.5	+
Cys	1.71	10.78	8.33 (SH)	5.02	8–11	+
Saure Aminisäuren						
Asp	1.88	9.60	3.65 (β-COOH)	2.77	1.5–5.0	+
Glu	2.16	9.96	4.32 (γ-COOH)	3.24	3–5.0	+
Basische Aminosäuren						
His	1.82	9.17	6.00 (Imidazol$^{\oplus}$)	7.59	5.5–7.0	+
Lys	2.18	9.12	10.53 (ε-$NH_3^{\oplus}$)	9.82	8.5–11	+
Arg	2.17	9.04	12.84 (Guanyl$^{\oplus}$)	10.76	>11	+

selwirkungen mit benachbarten Gruppen des Proteinmoleküls als auch der Einfluß des in unmittelbarer Umgebung der Gruppe herrschenden Mikromilieus zu diskutieren (s. 4.1.3.1.).

Verhältnis saure/basische Aminosäuren

Da die sauren bzw. basischen Seitenketten ihrer hydrophilen Natur zufolge bevorzugt an der Oberfläche von Proteinen lokalisiert sind, sollten Beziehungen zwischen dem Verhältnis von sauren zu basischen Aminosäuren und dem isoelektrischen Punkt des Proteins bestehen. So erlaubt z. B. die in Gleichung 3-3 dargelegte empirische Beziehung

$$IP = -10 \log Q_{IP} + 7.0 \qquad \text{Gl. 3-3}$$

(wobei Q_{IP} die Summe der Differenzen der IP-Werte der freien Aminosäuren zum Neutralpunkt berücksichtigt (s. Tab. 3-3), in günstigen Fällen eine Abschätzung der IP-Werte aus den Daten der Aminosäureanalyse. Die Formel versagt vorwiegend bei Proteinen, die ex-

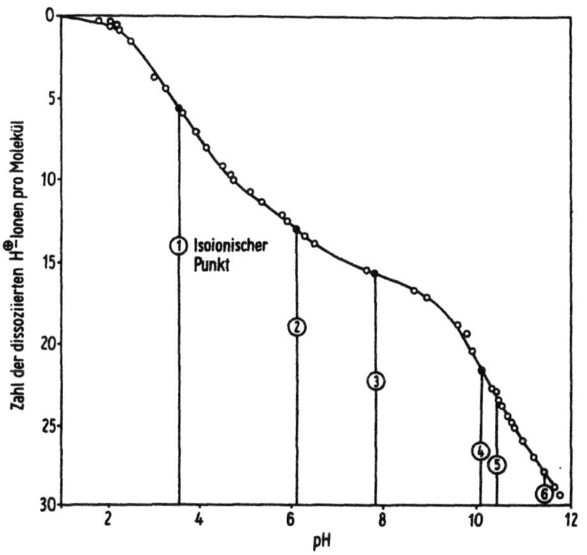

Abb. 3-8. Elektrometrische Titrationskurve der Ribonuclease A bei 25 °C (nach [11]). Ionenstärke 0.15. Die Wendepunkte entsprechen: ① α-Carboxylgruppe + 9 Asp + 1 Glu; ② 4 His; ③ α-Ammoniumgruppe; ④ 6 Tyr; ⑤ 10 Lys; ⑥ 4 Arg.

treme IP-Werte aufweisen (Pepsin), oder bei denen saure bzw. basische Gruppen maskiert vorliegen, also dem Lösungsmittelkontakt entzogen sind (Lysozym).

Tab. 3-3. Einfluß des Anteils saurer/basischer Seitenketten auf den IP von Proteinen (IP-Differenzen entspr. Gl. 3-3)

$$Q_{IP} = \frac{4.23 \cdot n\,\text{Asp} + 3.76 \cdot n\,\text{Glu}}{3.76 \cdot n\,\text{Arg} + 2.82 \cdot n\,\text{Lys} + 0.59 \cdot n\,\text{His}}$$

Protein	Q_{IP}	lg Q_{IP}	IP gemessen	IP berechnet	ΔIP
Desoxyribonuclease	1.74	0.24	4.7	4.6	−0.1
Kohlensäure-Anhydrase	1.31	0.12	5.3	5.8	+0.5
Carboxypeptidase A	1.17	0.07	6.0	6.3	+0.3
Glycerolaldehyd-3-phosphat-Dehydrogenase	1.28	0.10	6.3	5.9	−0.4
Aldolase	0.93	−0.03	6.6	7.3	+0.8
Alkohol-Dehydrogenase	1.13	0.05	6.5	7.0	+0.5
Ribonuclease A	0.88	−0.06	7.8	7.6	−0.2
α-Chymotrypsin	1.16	0.06	8.1	6.4	−1.7
Papain	0.69	−0.16	9.0	8.6	−0.4
Lysozym	0.70	−0.15	11.0	8.5	−2.5

3.3.2.2. Polarität der Seitenketten

Obwohl grundsätzlich jede Bindung zwischen Atomen unterschiedlicher Elektronegativität polar ist, sind die relativen Elektronegativitätsdifferenzen solcher Bindungen wie C—H oder C—S so niedrig, daß deren polarisierender Einfluß auf die Umgebung vernachlässigbar gering ist. Daher ist es berechtigt, Seitenketten, die nur die beiden o.g. Bindungstypen enthalten, als *unpolar* zu bezeichnen (Tab. 3-2). Wie in Abschnitt 1.9.3. erläutert, zeigen unpolare Reste das Bestreben, unter Reduzierung der Kontaktbereiche zum Wasser zu assoziieren. Daher werden die unpolaren Seitenketten auch als *hydrophobe Seitenketten* bezeichnet.

Dagegen bewirkt das Auftreten von C—N- oder C—O-Bindungen in den Seitenketten Polarisierungen, deren Richtung durch die Elektronegativität der beteiligten Atome bestimmt wird. Noch stärker polarisierend wirken geladene Gruppen wie $—COO^{\ominus}$ oder $—NH_3^{\oplus}$. Im Umfeld solcher *polaren Seitenketten* wird daher über H-Brücken und Dipol-Dipol-Wechselwirkungen eine beträchtliche Strukturierung der das Protein umgebenden Wassermoleküle beobachtet.

Verhältnis hydrophobe/hydropile Aminosäuren

Proteine mit einem erhöhten Anteil an hydrophoben Seitenketten sollten stabilere und kompaktere Kernstrukturen aufweisen und sich daher bevorzugt in die Reihe der *globulären Proteine* einordnen lassen. Ferner kann ein größerer Anteil an hydrophoben Seitenketten auch deren gehäuftes Auftreten in den Oberflächenbereichen verursachen, so daß die Bildung stabiler Oligomerstrukturen begünstigt wird.

Dagegen fördert ein erhöhter Gehalt an hydrophilen Seitenketten die Einlagerung von Wassermolekülen in die inneren Bereiche des Proteins, was zur Bevorzugung „schwammartiger" Strukturen führen kann, die in der Regel auch eine höhere Flexibilität aufweisen.

Wie aus Tabelle 3-4 hervorgeht, liegt der *Polaritätsquotient* Q, der aus der Summe der eindeutig polaren (Asp, Glu, Asn, Gln, Ser, Thr, Trp, Lys, Arg, His) und unpolaren (Ala, Val, Leu, Ile, Phe, Pro, Met) Seitenketten erhalten wird (s. Tab. 3-2) im Falle der meisten Enzymproteine zwischen 0.9 und 2. So findet man für die typisch globulären Proteine Hämoglobin, Myoglobin, Chymotrypsin, Lactat-Dehydrogenase oder Glycerolaldehyd-3-phosphat-Dehydrogenase Werte zwischen 0.9 und 1.3. Andererseits zeigen fibrilläre Proteine und Moleküle, die zu offeneren Knäuelstrukturen neigen (Ribonuclease A, Lysozym) Werte zwischen 1.5 und 1.9.

Tab. 3-4. Quotient der polaren/apolaren Seitenketten für einige ausgewählte Proteine (n = Anzahl der jeweiligen Aminosäurereste)

$$Q = \frac{n\,\text{Asp} + n\,\text{Glu} + n\,\text{Asn} + n\,\text{Gln} + n\,\text{Ser} + n\,\text{Thr} + n\,\text{Lys} + n\,\text{Arg} + n\,\text{His}}{n\,\text{Ala} + n\,\text{Val} + n\,\text{Leu} + n\,\text{Ile} + n\,\text{Phe} + n\,\text{Pro} + n\,\text{Met}}$$

Protein	Mol.-Gew. (kD)	Q
Hämoglobin (Mensch)	64.5	0.90
Myoglobin	17.5	1.25
Lactat-Dehydrogenase (Hefe)	235	0.89
Glycerolaldehyd-3-phosphat-Dehydrogenase	120	1.04
Lysozym	13.9	1.56
Ribonuclease A	12.6	1.89

3.3.3. Chemische Differenzierung der Seitenketten

3.3.3.1. Spezifische Markierung der Seitenketten

Während die Kohlenwasserstoffreste der unpolaren Aminosäuren durch geringe Reaktivität bei chemischen Umsetzungen gekennzeichnet sind, zeigen alle polaren Seitenketten die Fähigkeit, mit geeigneten Reagenzien in mehr oder weniger spezifischer Weise zu reagieren. Für die Erforschung der funktionellen Strukturbereiche hat besonders die *chemische Charakterisierung* solcher Seitenketten entscheidende Beiträge geliefert, die – direkt oder indirekt – mit der katalytischen Funktion des Enzyms verbunden sind. Dabei haben sich u. a. solche Verbindungen bewährt, bei denen die für die Seitenkette spezifische Bindungsgruppe in Strukturen integriert ist, die dem Substrat, Coenzym, Produkt oder einem bei der Umsetzung zu erwartenden Übergangszustand analog sind (*funktionsspezifische Reagenzien*, engl. active site marker).

Bei der Suche nach geeigneten Reagenzien hat man die Ausbildung möglichst stabiler (kovalenter) Bindungen bevorzugt. Derartige *„irreversibel" bindende Reagenzien* haben den Vorteil, daß sie bei der Reaktion mit dem Enzymmolekül quantitative Aussagen über die Anzahl der modifizierten Seitenketten liefern. Von besonderem Vorteil ist es, wenn die geknüpfte Bindung auch bei der Totalhydrolyse des Proteins (z. B. durch 6 N Salzsäure) erhalten bleibt, so daß eine qualitative und quantitative (Subtraktionsverfahren) Bestätigung der Markierungsrate durch Aminosäureanalyse möglich wird. Aber auch *reversibel bindende Reagenzien* können in Verbindung mit kinetischen Studien wichtige Hinweise zum Substratbindungs- und Katalysemechanismus liefern (s. 2.3.1.).

Tab. 3-5. Verhältnis der Geschwindigkeitskonstanten 1. Ordnung bei der Umsetzung von 2.4-Dinitrofluorbenzen mit freien Aminosäuren unter identischen Reaktionsbedingungen (nach [13]) Cys—SH = 100 gesetzt

—SH	Prolin—NH	Tyr—OH	Lys—NH_2	Imidazol—NH
100	3.58	1.09	0.60	0.06

Der Umgang mit *gruppenspezifischen Reagenzien* setzt voraus, daß man sich im klaren ist, daß es absolute Gruppenspezifität nicht gibt ([12], s. Tab. 3-5). Darüber hinaus können sich die an den freien Aminosäuren ermittelten Reaktivitäten durch die spezifischen Wechselwirkungen im Protein deutlich verändern (Ladungsänderungen!). Das Ergebnis eines Modifizierungsexperimentes sollte also möglichst durch Aminosäureanalyse oder mehrere Modifizierungsvarianten abgesichert werden.

Die Carboxylgruppe (C-terminal, Asp, Glu)

Die spezifische Modifizierung der Carboxylgruppe gelingt am einfachsten durch Umsetzung mit (wasserlöslichen) *Carbodiimiden*. Nach anschließender Einführung geeigneter Amine läßt sich durch die Bildung der entsprechenden Amide eine relativ stabile Modifizierung erzielen (Abb. 3-9). Bei Verwendung optisch erfaßbarer Carbodiimide wie *N-Phe-*

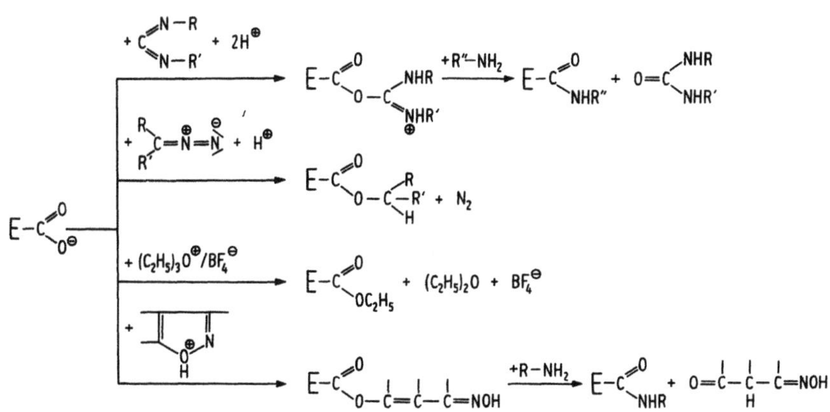

Abb. 3-9. Modifizierungsreaktionen der Carboxylgruppe (Asp, Glu, C-term.).

nylazophenyl-N'-(N,N-dimethylaminopropyl)-carbodiimid oder durch Einführung radioaktiv markierter Aminosäureester lassen sich die Markierungsraten auch quantitativ erfassen. Da sowohl Carbodiimid als auch das Nucleophil breit variiert werden können, lassen sich leicht Aussagen über die sterische Zugänglichkeit der Carboxylgruppen erzielen.

Auch die Veresterung reaktiver Carboxylgruppen mittels energiereicher Elektrophiler (Carbeniumionen, Oxoniumionen) hat sich bewährt. So haben bei der Aufklärung des Katalysemechanismus von Pepsin besonders Derivate des Diazomethans (z. B. *α-Diazo-p-bromazetophenon*) wichtige Hinweise über Anzahl und Ionisationszustand der am Mechanismus beteiligten Carboxylgruppen geliefert. Da diese Verbindungsklasse ihrer hohen Reaktivität zufolge jedoch auch mit anderen aciden Gruppierungen reagieren kann, ist zur endgültigen Entscheidung eine zusätzliche Sicherung der Experimente über andere Verfahren angebracht.

Ferner gelang bei Lysozym die direkte Überführung der dissoziiert vorliegenden Carboxylgruppe von Asp_{51} mittels *Triethyloxoniumsalzen* (Meerwein-Reagenz) in den entsprechenden Ethylester. Mit *Isooxazoliumsalzen* (Woodward-Reagenz) läßt sich eine Aktivierung der Carboxylfunktion unter Bildung der Enolester bewirken. Letztere lassen sich leicht mit geeigneten Aminen in die entsprechenden Amide überführen (Abb. 3-9).

Die Aminogruppe (N-terminal, Lys)

Bei der Modifizierung der Aminogruppen hängt es häufig von der durch die Anordnung im Proteinmolekül bestimmten Reaktivität ab, inwieweit Nebenreaktionen mit anderen

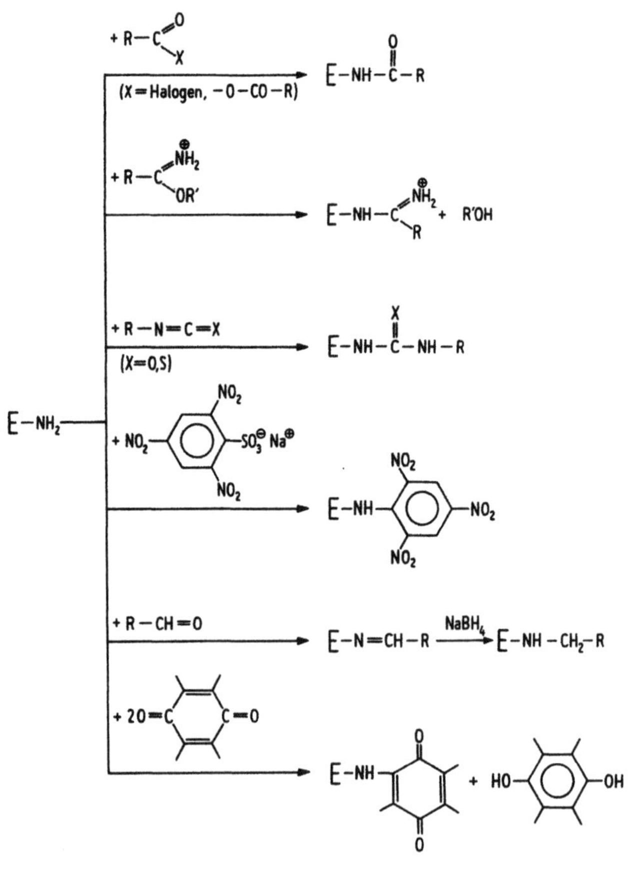

Abb. 3-10. Modifizierungsreaktionen der Aminogruppe (Lys, N-term.).

Aminosäuren wie Ser, Thr, Tyr, Cys aber auch Arg und His zurückgedrängt werden können. Sicherheit über das Ausmaß der erzielten Modifizierung kann in solchen Fällen nur durch Aminosäureanalyse erzielt werden. Dies gilt in besonderem Maße für die Modifizierung von Aminogruppen mit elektrophilen Verbindungen, wobei vorwiegend *aktivierte Halogenverbindungen*, Säureanhydride, Imidoester, Cyanate, Thiocyanate sowie aromatische Fluor- oder Sulfoverbindungen eingesetzt werden (Abb. 3-10).

Eine spezifischere Gruppe von Reagenzien bedient sich der Elektrophilie von Carbonylverbindungen wie *Pyridoxalphosphat*, wobei sich anschließende Hydrierung der intermediär gebildeten Schiffschen Basen mittels Natriumborhydrid zur Stabilisierung der Reaktionsprodukte bewährt hat (Abb. 3-10).

Die Mercaptogruppe (Cys)

Die SH-Gruppe ähnelt in ihrem Reaktionsverhalten der Aminogruppe am meisten. Daher treten Umsetzungen von SH- und NH_2-Gruppen häufig als Konkurrenzreaktionen auf, und gruppenspezifische Reagenzien, die normalerweise (z. B. im Falle der freien Aminosäure) bevorzugt mit SH-Gruppen reagieren, können besonders dann auch quantitative Umsetzungen mit Aminogruppen zeigen, wenn deren Reaktivität infolge spezieller Einflüsse der benachbarten Bereiche des Proteinmoleküls erhöht ist (sog. *„Superreaktivität"*).

Die Vielzahl der zur Markierung von SH-Gruppen verwendeten Reagenzien macht, wenn man den Rahmen einer Einführung nicht überschreiten will, eine Beschränkung auf die wichtigsten *Grundtypen* erforderlich. Insgesamt lassen sich die im Gebrauch befindlichen Reagenzien in 5 Gruppen zusammenfassen (Abb. 3-11).

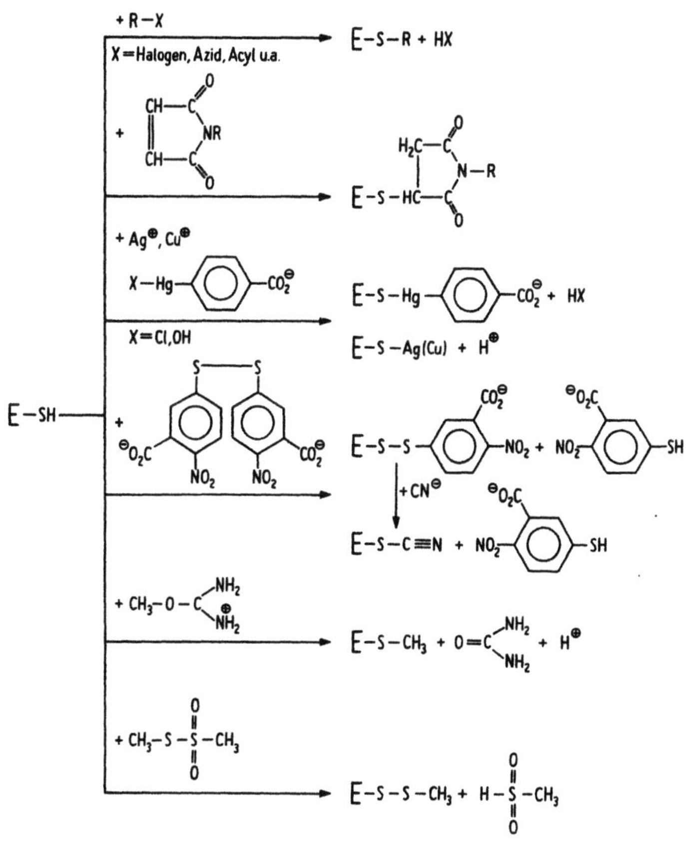

Abb. 3-11. Modifizierungsreaktionen der Mercaptogruppe (Cys).

1. Verbindungen mit aktivierten Halogen- (oder Halogenanalogen-) Bindungen
Die Umsetzung zwischen Mercaptiden und Halogenverbindungen erfolgt als nucleophile Substitutionsreakton gemäß Gleichung 3-4.

$$E{-}S^{\ominus} + R{-}X \rightleftharpoons E{-}S{-}R + X^{\ominus} \qquad \text{Gl. 3-4}$$

Da die Nucleophilie des Mercaptidions größer als die der undissoziierten SH-Gruppe ist, sind pH-Werte >7 günstig. In den meisten Fällen werden Halogenverbindungen verwendet, deren Reaktivität durch eine nachbarständige Carbonyl- oder Carboxylgruppe (*α-Halogensäuren*, -ester und -amide, Brompyruvat) erhöht ist. Bei höheren Carbonsäuren (z. B. D- bzw. L-α-Brompropionsäure) lassen sich durch Verwendung von optischen Antipoden Aussagen über die Stereoselektivität der Markierungsreaktion gewinnen.

Arylhalogenbindungen werden durch Einführung o- und p-ständiger Nitrogruppen ebenfalls zur nucleophilen Substitution befähigt *(2.4-Dinitrofluorbenzen)*. Den gleichen elektronischen Effekt bewirken ringständige N-Atome *(α-Brompyridin)*. Die bei diesen Umsetzungen entstehenden Bindungen sind relativ stabil, so daß die erzielten Markierungsraten durch Totalhydrolyse des Proteins und anschließende Aminosäureanalyse geprüft werden können.

2. Addition an aktivierte Alkenbindungen
Für die Addition von SH-Verbindungen an aktivierte Doppelbindungen hat sich *Maleinimid* und seine Derivate (z. B. N-Ethylmaleinimid, Abk. NEM) auf Grund der relativ hohen Stabilität der entstehenden C—S-Bindungen gegen Säurehydrolyse bewährt. Zum anderen lassen sich aus der Größe oder Polarität des N-Alkylrestes Aussagen zur Topographie und Hydrophobie des Bindungsortes erhalten. Zur quantitativen Erfassung der modifizierten SH-Gruppen eignet sich das optisch gut erfaßbare *N-(N-Acetyl-4-sulfamoylphenyl)-maleinimid* (Pfleiderer-Reagenz, Abk. ASPM). Ferner ermöglicht die Bindung fluoreszenzaktiver *(N-(1-Anilinonaphtyl-4)-maleinimid*, Abk. ANM) oder ESR-aktiver Reste *(2.2.5.5-Tetramethylpyrrolidinyl-1-oxid)* die physikalische Charakterisierung der Umgebung der SH-Gruppe.

3. Markierung mit Schwermetallionen und Schwermetallverbindungen
Schwermetallionen, insbesondere $Ag^{\oplus}$, $Hg^{\oplus}$ und $Cu^{\oplus}$-Ionen bilden mit SH-Verbindungen in schneller Reaktion (Geschwindigkeitskonstante 10^9 l mol^{-1} s^{-1}) Verbindungen, deren extrem niedrige Löslichkeitsprodukte ($L = [Me^{\oplus}][RS^{\ominus}]$) mit Werten um 10^{-40} (R—S—Hg) und 10^{-20} mol^2 l^{-2} (R—S—Ag) praktisch vollständige Umsetzung anzeigen. Der Verlauf kann z. B. elektrometrisch verfolgt werden. Da jedoch die quantitative Verfolgung der Reaktion mit Schwermetallionen Schwierigkeiten bereitet, haben sich *Mercuribenzoate*, die mit den Protein-SH-Gruppen spektroskopisch bei 250 nm gut erfaßbare Mercaptide bilden, neben einer Reihe ähnlich strukturierter Hg-Verbindungen durchgesetzt. Obwohl die Umsetzung praktisch irreversibel verläuft, kann man durch Zugabe von überschüssigem Mercaptan (meist Mercaptoäthanol) die SH-Gruppe wieder freisetzen.

4. Das Mercaptid-Disulfid-Gleichgewicht
Mercaptide reagieren mit Disulfidverbindungen bei pH-Werten um 8 in Form einer Gleichgewichtsreaktion gemäß Gleichung 3-5:

$$E{-}S^{\ominus} + R{-}S{-}S{-}R \rightleftharpoons E{-}S{-}S{-}R + R{-}S^{\ominus} \qquad \text{Gl. 3-5}$$

Zur quantitativen Erfassung reaktiver SH-Gruppen von Proteinen hat sich *5.5'-Dithiobis-(2-nitrobenzoesäure)* (Ellman-Reagenz, Abk. DTNB) bewährt. Das gebildete 3-Carboxylato-4-nitro-thiophenolation ($R{-}S^{\ominus}$) ist auf Grund seines Absorptionsmaximums bei 405 nm exakt bestimmbar. Als analog gebautes Disulfid, dessen Thiolat im UV-Bereich bei 324 nm absorbiert, wird *4.4'-Dipyridyldisulfid* empfohlen.

Möglichkeiten zur quantitativen Erfassung von *Disulfidbindungen* beruhen auf deren Oxidation mit Perameisensäure zu Cysteinsäure oder auf der Reduktion mittels Natriumborhydrid zu Cystein und anschließender Differenzbestimmung mit SH-spezifischen Reagenzien oder in der Aminosäureanalyse.

5. Modifizierung der SH-Gruppe mit kleinen Resten
Bei der Charakterisierung des Einflusses von SH-Gruppen auf die Proteinstruktur oder -funktion ist es bisweilen günstig, kleine und möglichst ungeladene Reste zur Blockierung einzusetzen. So gelingt die Methylierung der SH-Gruppen mit *Methyliodid* oder *Methylisoharnstoff* und die Einführung von CH_3—S-Gruppen mittels *Methylthiosulfonylmethan.* Die Modifizierung der SH-Gruppe durch den Cyanidrest erfolgt rasch und quantitativ durch Umsetzung des mittels Ellman-Reagenz substituierten Dithionitrobenzoat-Enzyms mit Kaliumcyanid (Abb. 3-11).

Die Hydroxylgruppe (Ser, Thr)
Die Hydroxylgruppe ist unter nativen Bedingungen praktisch undissoziiert. Es bedarf somit starker Protonenacceptoren und eines wasserfreienMikromilieus, um deren Dissoziation unter diesen Bedingungen hervorzurufen. Da aber nur das Alkoholat-Ion ausreichende Nucleophilie aufweist, um mit acylierenden Reagenzien wie *Diisopropylfluorphosphat* (Abk. DIP, Abb. 3-12) zu reagieren, wird verständlich, daß die freien Aminosäuren Serin und Threonin unter physiologischen Bedingungen nicht modifiziert werden. Andererseits wurde gefunden, daß DIP z. B. mit den Serin-Proteasen Chymotrypsin oder Trypsin schnell und quantitativ unter vollständigem Aktivitätsverlust der Enzyme reagiert. Dieses Reaktionsverhalten geht nach Auflösung der nativen Proteinstruktur verloren [14], ist also an spezifische Wechselwirkungen im aktiven Zentrum der Enzyme gebunden, die unter physiologischen Bedingungen einen dissoziierten Zustand der Hydroxylgruppe hervorrufen (s. 4.5.1.2.1.).

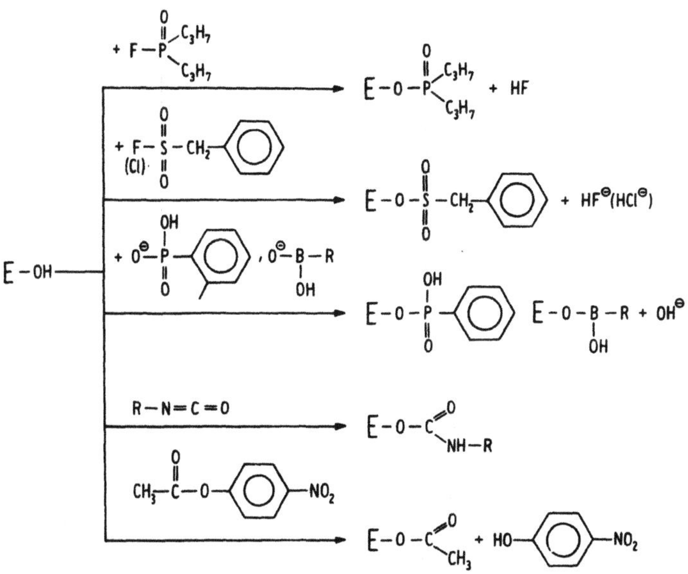

Abb. 3-12. Modifizierungsreaktionen der Hydroxylgruppe (Ser, Thr).

Als spezifische Modifizierungsreagenzien (Abb. 3-12) haben sich vor allem die Fluoride von Phosphorsäuren (DIP) und Sulfonen *(Phenylmethansulfonylfluorid*, Abk. PMSF) sowie Alkylborate und Alkylphosphonate bewährt. Ferner reagieren aktivierte Carbonylverbindungen (Nitrophenylacetat, Isocyanate) relativ unspezifisch auch mit Serin- und Threoninseitenketten.

Die Phenolgruppe (Tyr)

Phenolderivate liegen zwar unter nativen Bedingungen zu weniger als 1% in der Phenolatform vor ($pK_a \sim 10$), doch ist diese Menge ausreichend, um das hohe Reaktionsvermögen der phenolischen Hydroxylgruppe gegenüber *Acylierungsreagenzien* wie Säureanhydride, Säurechloride, Arylsulfonylchloride, Diazoalkane, Diazoniumsalze und Keten sowie *Alkylierungsreagenzien* wie Methyliodid und Dinitrofluorbenzol zu erklären (Abb. 3-13). Da sich das UV-Spektrum von Phenolderivaten bei der Dissoziation wie auch bei Umsetzungen am Benzolring ändert, besteht in günstigen Fällen die Möglichkeit, die Anzahl der modifizierten Reste aus den veränderten optischen Eigenschaften des Proteins abzuleiten.

Häufigste, weil relativ spezifische Markierungsreaktion für Tyr-Reste ist die Kernnitrierung mittels *Tetranitromethan*. Die Umsetzung erfolgt bevorzugt aus der Phenolatform. Der entstehende Nitrophenylrest zeigt neben verändertem optischen Verhalten eine beträchtlich erhöhte Acidität (pK_a 8.5) und große Stabilität bei der Säurehydrolyse des Proteins. Ähnliches gilt auch für die Umsetzung mit *Iod* zum Iodphenylderivat. Eine relativ spezifische O-Acylierung wird bei Anwendung von *2-Acetylimidazol* beobachtet. Auch eine Diazotierung der Phenolreste, z. B. mittels *Diazonium-1-H-tetrazol*, gelingt bei sterischer Zugänglichkeit der Seitenketten.

Der Imidazolring (His)

Wie aus Gleichung 3-6 hervorgeht, ist der Imidazolring sowohl in seiner deprotonierten (anionischen) als auch in der protonierten (kationischen) Form zur Delokalisierung der resultierenden Überschußladungen befähigt.

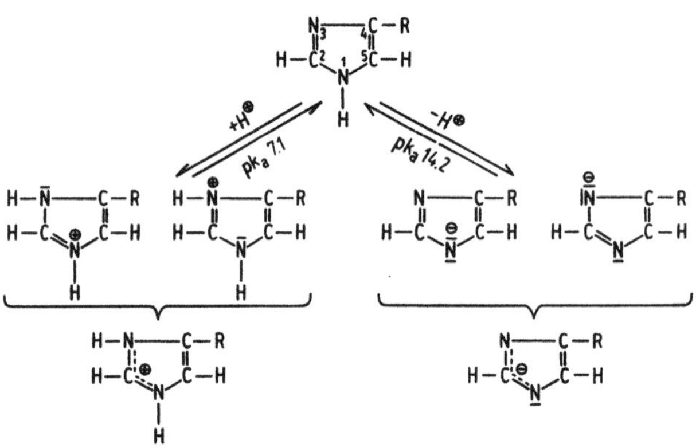

Gl. 3-6

Die positive Überschußladung des unter nativen Bedingungen bevorzugt vorliegenden Imidazoliumringes äußert sich u. a. in einer deutlichen *Acidifizierung der C_2—H-Bindung*, wodurch deren ^{1}H-Signal im Kernresonanzspektrum um 1 ppm zu niedrigeren Feldstärken verschoben wird. Daher lassen sich His-Reste in ihrer Wechselwirkung mit den sie umgebenden Bereichen des Proteins durch NMR-Spektroskopie gut charakterisieren [15].

Als Substanzen zur spezifischen Markierung von Imidazolresten (s. Abb. 3-14) werden *Diethylpyrocarbonat* (Nebenreaktionen [16]) oder Alkylierungsreagenzien eingesetzt. *α-Halogen (I, Br)-Acetate* oder -amide und Chlormethylketone substituieren elektrophil in 1- (bzw. 3-)Stellung. Bewährt haben sich in einigen Fällen auch die Kupplung mit *Diazoniumsalzen* (Diazonium-1-H-tetrazol) sowie Iod-Addition. Beide Umsetzungen werden durch Konkurrenzreaktion mit Tyr gestört.

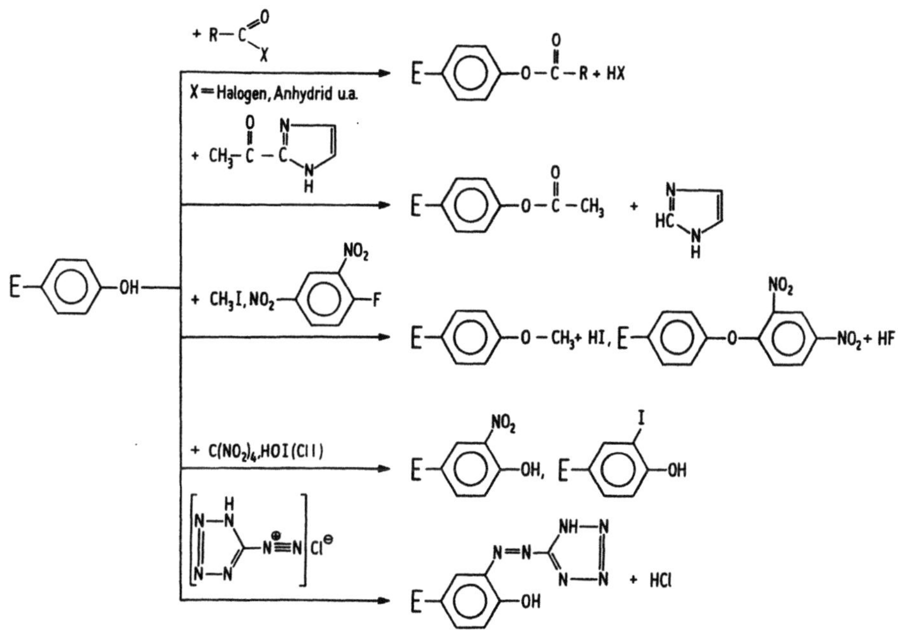

Abb. 3-13. Modifizierungsreaktionen der Phenolgruppe (Tyr).

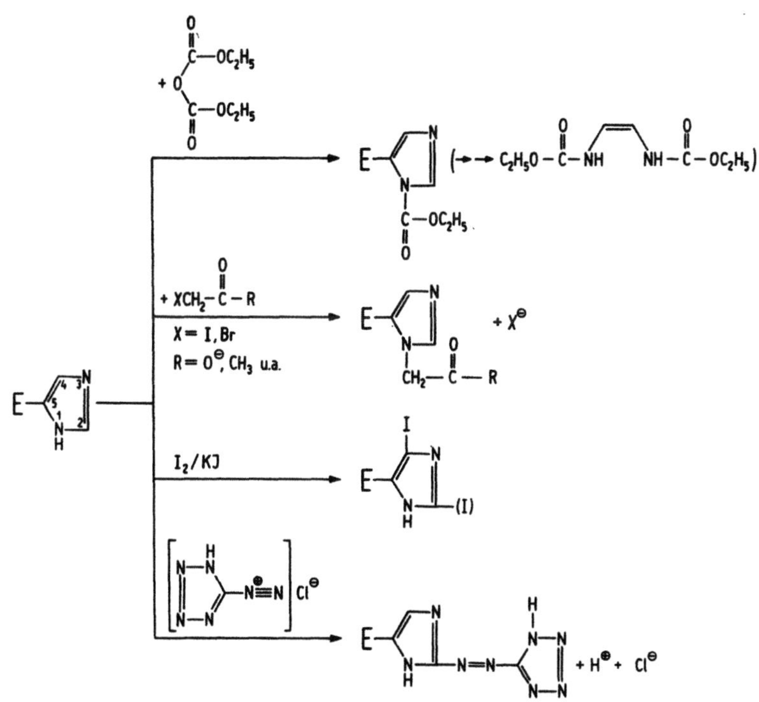

Abb. 3-14. Modifizierungsreaktionen der Imidazolgruppe (His).

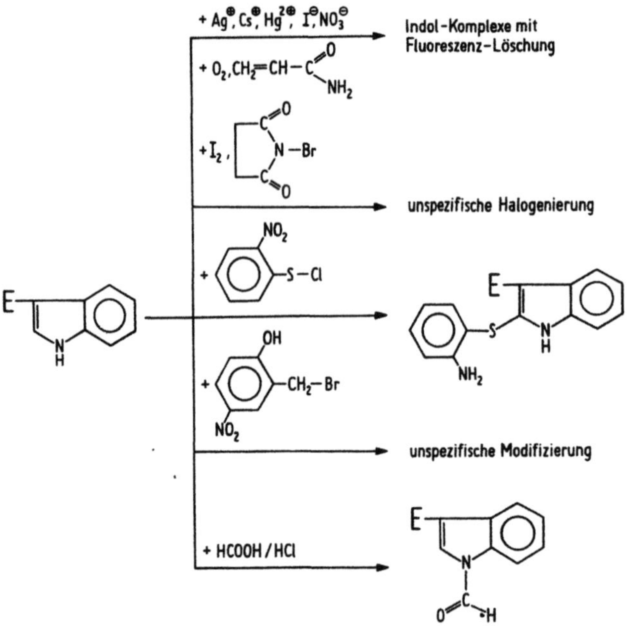

Abb. 3-15. Modifizierungsreaktionen der Indolgruppe (Trp).

Durch *Photooxidation* in Gegenwart geeigneter Sensibilisatoren wie Methylenblau oder Bengalrosa werden His-Reste zu Asparaginsäure und Harnstoff abgebaut. Die daraus resultierende Abnahme an His kann aus der Aminosäureanalyse ermittelt werden.

Der Indolring (Trp)
Spezifische Reaktionen des Indolringes, die eine Differenzierung zu den anderen aromatischen Seitenketten erlauben, konnten bisher nicht gefunden werden. Daher ist bei allen Trp-Markierungen größte Sorgfalt bei der Sicherung der Ergebnisse angebracht.

Mit Erfolg angewandte Modifizierungsreagenzien (s. Abb. 3-15) sind *Iod, N-Bromsuccinimid* sowie aromatische Derivate des *Sulfenylchlorids* und *Benzylbromide*. Auch die

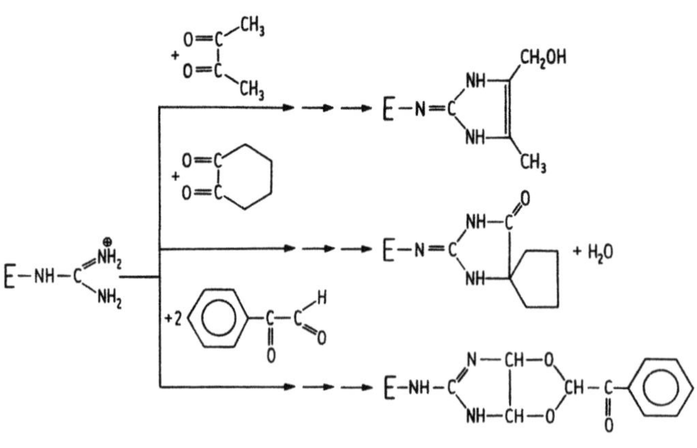

Abb. 3-16. Modifizierungsreaktionen der Guanidinogruppe (Arg).

N-Formylierung mit *Ameisensäure/HCl* hat sich bewährt. In den meisten Fällen werden die erzielten Markierungsraten durch Aminosäureanalyse (Trp-Abnahme) gesichert. Durch Ozonisierung erfolgt Abbau der Trp-Reste zu Kynureninderivaten.

Zahlreiche Arbeiten, die sich vor allem mit der Lage und Zugänglichkeit der Trp-Reste in Proteinen befassen, nutzen die Tatsache, daß die spezifischen *Fluoreszenzeigenschaften* des Indolringes durch Wechselwirkung mit benachbarten, fluoreszenzaktiven Gruppen des Proteins (Cofaktoren, Schwermetallionen, Iodid- und Nitrationen, aber auch Neutralmolekülen wie molekularer Sauerstoff oder Acrylamid) unterdrückt (engl. quenching) bzw. modifiziert werden.

Die Guanidinogruppe (Arg)

Die durch Resonanzstabilisierung unter nativen Bedingungen stets protoniert vorliegende Guanidiniumgruppe wird häufig im aktiven Zentrum von Enzymen gefunden. Oft hat sie dort eine *Erkennungsfunktion für anionische Substrate oder Cofaktoren* (meist Polyphosphate) inne [17].

Zur Markierung von Arg-Resten werden vorwiegend Verbindungen mit hoher Carbonylaktivität *(1.2-Dicarbonylverbindungen, Formaldehyd)* eingesetzt. Dabei bilden sich in komplexen Reaktionen Imidazolinderivate [18] (Abb. 3-16), die bei der Säurehydrolyse des Proteins nicht gespalten werden, so daß quantitative Bestimmungen des Modifizierungsgrades durch Aminosäureanalyse möglich sind.

Die Thioethergruppe (Met)

Die physikalischen Eigenschaften der Thioethergruppe lassen sich mit denen der inerten CH_2-Gruppe vergleichen (Tab. 3-2). Andererseits läßt sich das Schwefelatom mit seinen reaktiven d-Orbitalen bei niedrigen pH-Werten (um pH 3) durch Alkylierungsreagenzien wie *Iodacetat* oder durch *Bromcyan* unter Substitution des Methylrestes umsetzen. Bei Verwendung von Bromcyan kommt es unter Abspaltung von Methylisocyanat zur Spaltung der Peptidkette (*Methioninspaltung*, Abb. 3-17). Auch die Oxidation der Thioetherbindung mittels farbstoffinduzierter Photooxidation oder durch Einwirkung von Peroxiden oder N-Bromamiden hat sich bewährt.

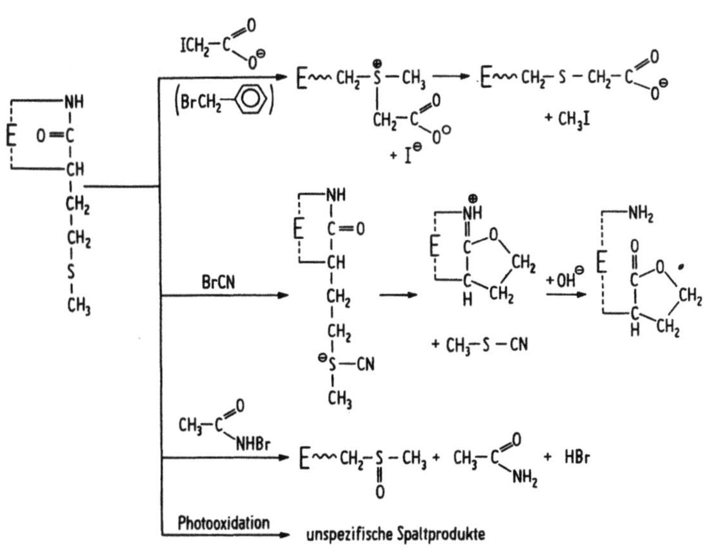

Abb. 3-17. Modifizierungsreaktionen der Thioethergruppe (Met).

Die Kohlenwasserstoffreste (Ala, Val, Leu, Ile, Phe)

Die gehäufte Anordnung von Kohlenwasserstoffresten in einem räumlich begrenzten Bereich der Proteinstruktur erzeugt ein sog. *„hydrophobes Mikromilieu"*, das sich in seiner Wirkung auf chemische Umsetzungen etwa mit einem aus reinen Kohlenwasserstoffen bestehenden Lösungsmittel vergleichen läßt. Zur Charakterisierung der Hydrophobie eines an der Enzymfunktion beteiligten Bereiches haben sich vor allem solche Verbindungen bewährt, die einerseits selbst in ihrer Struktur größere hydrophobe Areale aufweisen und daher erhöhte Affinität zu den hydrophoben Bereichen der Proteinstruktur zeigen, andererseits ein optisches Verhalten aufweisen, das auf Veränderungen der dielektrischen Eigenschaften der Umgebung empfindlich anspricht. Grundsätzlich kann bereits der Einbau sehr kleiner hydrophober Moleküle wie *Inertgase* (N_2, Edelgase) oder Ethylen in die hydrophoben Bereiche von Proteinen zu erheblichen Veränderungen im katalytischen Verhalten führen. So werden durch *Ethylen* Peroxidasen aktiviert, Katalasen inhibiert und die Struktur der Alkohol-Dehydrogenase stabilisiert. Auch größere Kohlenwasserstoffreste werden durch die hydrophoben Bereiche von Proteinen teilweise mit beträchtlicher Affinität gebunden. Auf diesem Effekt beruht u. a. ein elegantes Verfahren zur Trennung bzw. Reinigung von Proteinmolekülen *(hydrophobe Affinitätschromatographie)*.

Besonders bewährt haben sich Verbindungen vom Typ des *2-Aminonaphthalin-6-sulfonats* (Abk. ANS) und *2-p-Toluidinonaphthalin-6-sulfonats* (Abk. TNS), deren *Fluoreszenzeigenschaften* stark von der Dielektrizitätskonstante (DK) des Lösungsmittels abhängen (Tab. 3-6, Abb. 3-18). Auf Grund des hydrophoben Naphthalingerüstes weisen sie hohe Bindungsaffinität zu den hydrophoben Bereichen von Proteinen auf. Zusätzlich kann die Bindung durch günstig gelagerte positive Reste im aktiven Zentrum, die mit der negativ geladenen Sulfonatgruppe in Wechselwirkung treten können, gefördert werden. So gelang es zum Beispiel, das Coenzym Thiaminpyrophosphat (s. 4.3.2.8.) im aktiven Zentrum von Pyruvat-Decarboxylase auf Grund von Ähnlichkeiten in der Molekülstruktur durch TNS zu substituieren. Die hierbei beobachtete starke Erhöhung der Quantenausbeute von TNS ließ auf starke Hydrophobie im aktiven Zentrum dieses Enzyms schließen [20]).

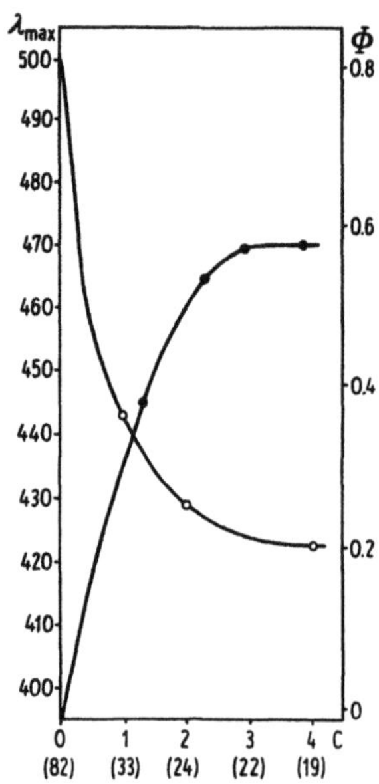

Abb. 3-18. Quantenausbeute φ (●) und Wellenlänge der maximalen Emission (λ_{max} (○)) von 2-p-Toluidinonaphthalin-6-sulfonat (TNS) in primären Alkoholen steigender Kettenlänge (C). Die Werte in Klammern entsprechen den Dielektrizitätskonstanten (Wasser DK 81.6, nach [19]).

Tab. 3-6. Reagenzien zur Markierung hydrophober Areale in Proteinmolekülen

Name	Formel	Messung der Einbaurate durch:
Ethylen	$CH_2{=}CH_2$	Gas-Flüssig-Chromatographie
2-Aminonaphthalin-6-sulfonat (ANS)	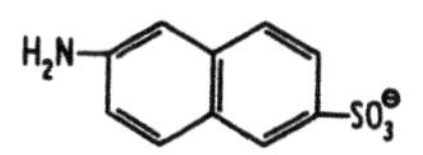	Fluoreszenz Anregung 375 nm Emission 515 nm
2-p-Toluidino-naphthalin-6-sulfonat (TNS)	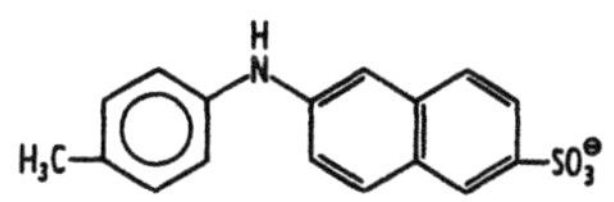	Fluoreszenz Anregung 375 nm Emission 420–450 nm
4-Benzoylamido-4'-aminostilben-2.2'-disulfonat	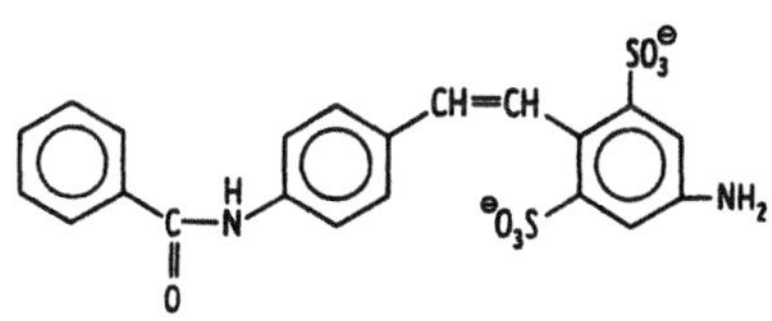	Fluoreszenz Anregung 300–370 nm Emission 480 nm

3.3.3.2. Kovalente Verknüpfung von Seitenketten mittels bifunktioneller Reagenzien

Bifunktionelle Reagenzien enthalten in einem durch die Molekülstruktur definierten Abstand *zwei reaktive Gruppen*, deren Umsetzung mit dem Protein eine Verknüpfung entsprechender, räumlich benachbarter Seitenketten ermöglicht. Der auf diese Weise ermittelte Abstand kann *Hinweise zur Raumstruktur* des Proteins oder für das Zusammenwirken zweier Reste beim Funktionsmechanismus des Enzyms liefern [21]. Als Beispiel sei das Papain genannt, dessen aktives Zentrum eine am Funktionsmechanismus beteiligte SH-Gruppe (Cys_{25}) in unmittelbarer Nachbarschaft zu einem His-Rest (His_{159}) aufweist (s. 4.5.1.2.2.). Durch Umsetzung mit dem bifunktionellen Reagenz 1.3-Dibromaceton erfolgt Inaktivierung des Enzyms, wobei neben der SH-Gruppe auch der räumlich benachbarte Imidazolring (Abstand in der Primärstruktur 124 Reste) reagiert. Nach Totalhydrolyse konnte das gebildete Brückenglied (Cys—CH_2—CO—CH_2—His) isoliert werden [22].

Neben der Abstandsbestimmung gibt es zwei weitere Anwendungsbereiche, welche die Bedeutung der bifunktionellen Reagenzien wesentlich erweitert haben. Zahlreiche Befunde weisen darauf hin, daß wichtige Eigenschaften der Enzymfunktion (Wechselwirkung mit Substraten oder Effektoren, Regulationsprozesse) auf *Strukturänderungen* der Proteinkomponente beruhen, die ihre Ursache in der hohen *Flexibilität der Proteinstruktur* haben. Es liegt nahe, daß diese Beweglichkeit durch den Einbau bifunktioneller Reagenzien in die Proteinstruktur reduziert wird. Auf diese Weise konnten Einblicke in die Bedeutung solcher Strukturänderungen für die Funktion der Enzyme gewonnen werden.

Als Beispiel sei das Hämoglobin genannt, dessen sigmoides Sauerstoff-Bindungsvermögen (Abb. 4-33a) auf Konformationsänderungen beruht, die sich u. a. in einer geänderten gegenseitigen Anordnung der 4 Untereinheiten widerspiegeln (s. 4.4.1.2.). Der Einbau bifunktioneller Reagenzien behindert diese Wechselwirkungen zwischen den Untereinheiten, so daß nun (hyperbole) Bindungskurven resultieren, die dem Bindungsvermögen der isolierten Untereinheiten entsprechen [21].

Tab. 3-7. Wichtige bifunktionelle Reagenzien und deren Eigenschaften (gekürzt aus [21])

Reagenz	Formel	Erfaßte Gruppen	Abstand (nm)	Neben-reaktion	Hinweise
Diimido-dicarbon-säureester (und Azide)	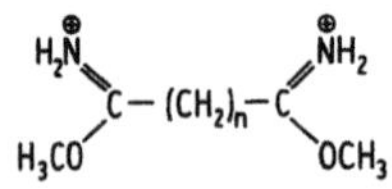	Lys, N-term. NH_2-Gr.	Abh. von n	–	
ω,ω′-Dithiobis-imidocarbon-säureester	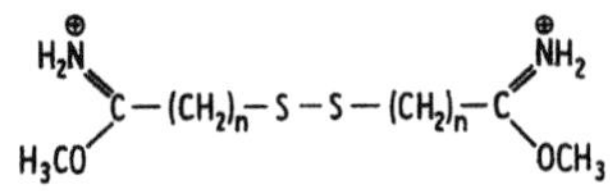	Lys, N-term. NH_2-Gr.	Abh. von n	–	Spaltung mit Mer-capto-ethanol
p,p′-aktivierte Azobenzene X: —N=C=O —N=C=S	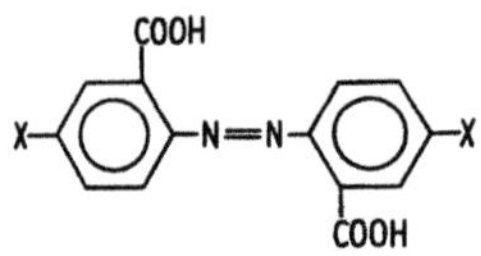	Lys, N-term. NH_2-Gr.	0.6–2.4	Cys Tyr Ser His	Spaltung mit Dithionit
Maleinimide	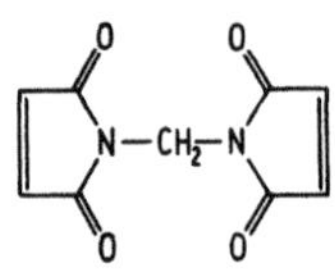	Cys	0.4–1.4	His Lys	
Alkyl- und Aryl-halo-genide	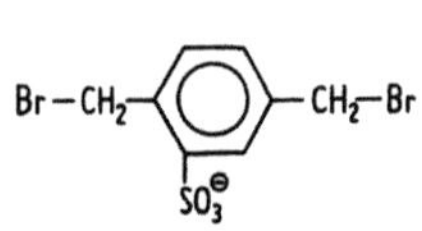	Cys	0.4–1.6	His Lys	Stabil bei Total-hydrol.
Arylfluoride	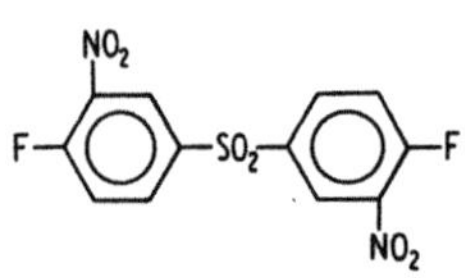	Lys	0.6–1.8	Cys Tyr His	Stabil bei Total-hydrol.
Dicyanate	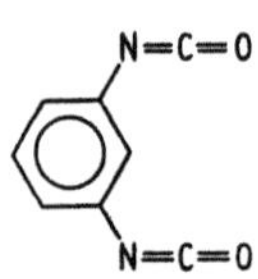	Lys	0.4–1.4	Cys Tyr Ser His	

Der Einbau bifunktioneller Reagenzien kann aber auch eine *Stabilisierung der Proteinkonformation* – und damit der Enzymfunktion – z. B. gegenüber Temperaturänderungen bewirken. So konnte durch Behandlung der Ribonuclease A mit Adipinsäure-diimidomethylester (Tab. 3-7) nachgewiesen werden, daß die in das Proteinmolekül eingebauten Quervernetzungen eine erhebliche Thermostabilisierung der Enzymfunktion bewirken (Abb. 3-19, [23]).

Ferner kann man mittels bifunktioneller Reagenzien nicht nur die Aminosäurereste innerhalb einer Untereinheit (UE), sondern auch zwischen gleichen oder verschiedenen Untereinheiten verknüpfen. Auf diese Weise gelang es, ein einfaches Verfahren zur Ge-

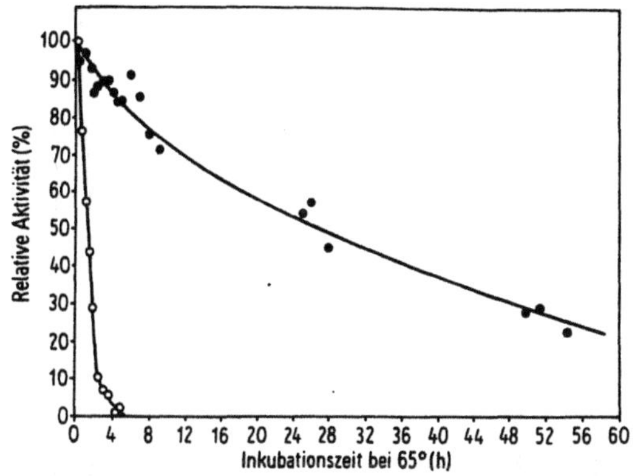

Abb. 3-19. Inaktivierung von nativer (○) und durch Einbau von Dimethyladipimidat verbrückter (●) Ribonuclease A (Substrat: 2.3-cyclisches Cytidinmonophosphat). Für die Stabilisierung der Proteinstruktur wird eine Brücke Lys_{31}—Lys_{37} oder Lys_7—Lys_{37} verantwortlich gemacht (nach [23]).

winnung von Hinweisen über *Quartärstrukturen* zu entwickeln, das auf der Analyse der nach Einwirkung der Reagenzien gebildeten Aggregationsmuster beruht (s. 3.7.3.2.).

Die wichtigsten Typen bifunktioneller Reagenzien sind in Tabelle 3-7 zusammengefaßt. Neben den *Diimidocarbonsäureestern*, deren Vorteil in der hohen Reaktivität gegenüber Aminogruppen und in der großen Variabilität des Abstandes der beiden Bindungsfunktionen besteht, werden vor allem Moleküle mit der relativ starren Azobenzolstruktur (Spaltung der Azobindung mittels Dithionit) zwischen den bindenden Gruppen bevorzugt.

Auch *Dialdehyde* (besonders Glutardialdehyd) werden häufig zur Vernetzung von Proteinmolekülen verwendet, jedoch sind wegen der sehr komplexen Nebenreaktionen, die besonders Glutardialdehyd bei der Wechselwirkung mit Proteinen eingeht [24], Schlußfolgerungen zum Bindungsmechanismus bzw. -abstand fragwürdig.

Weitere häufig verwendete Reagenzien werden durch Kombination von bereits in früheren Abschnitten erwähnten Gruppen erhalten.

3.3.3.3. Aussagebereich chemischer Modifizierungsreaktionen

Als Ergebnis von Modifizierungsreaktionen kann das katalytische Verhalten eines Enzyms entweder unverändert oder variiert gefunden werden. Durch *unverändertes Verhalten* wird angezeigt, daß die vorgenommene Modifizierung ohne Einfluß auf die jeweils gemessene Funktion(und daher auch auf die Konformation der entsprechenden Bereiche) ist.

Dagegen sind die Aussagen, die bei *geändertem katalytischen Verhalten* des Enzyms aus den Modifizierungsexperimenten abgeleitet werden können, weniger eindeutig. So wird aus dem Befund, daß nach quantitativer Modifizierung einer bestimmten Aminosäureseitenkette totaler Aktivitätsverlust eintritt, häufig geschlossen, daß die Modifizierung im aktiven Zentrum erfolgt ist. Aus zahlreichen Beispielen läßt sich jedoch belegen, daß auch folgende Effekte zur partiellen oder vollständigen *Inaktivierung* führen können:

1. Änderung der Proteinkonformation, welche sich auf Anordnung und Reaktivität der am Katalysemechanismus beteiligten Seitenketten auswirkt (*intrinsische Modifizierung* des kinetischen Verhaltens). Bei reversiblen Modifizierungen dieser Art wird der kinetische Befund einer nichtkompetitiven Hemmung beobachtet.
2. Einführung von Resten in unmittelbarer Nachbarschaft zum aktiven Zentrum. Durch *sterische Behinderung* des Katalysemechanismus (z. B. durch Blockierung der Substratanlagerung) wird bei reversibler Modifizierung der kinetische Befund einer kompetitiven Hemmung beobachtet (s. 2.3.1.1.). So erklärt sich, daß bisweilen bei Verwendung von gruppenspezifischen Reagenzien unterschiedlicher Größe stark differierende Hemmeffekte beobachtet werden.

3. Beeinflussung der Wechselwirkung des Enzyms mit spezifischen *Effektoren*, woraus ebenfalls Veränderungen im katalytischen Verhalten resultieren können.

Aus den genannten Gründen geht hervor, daß Schlußfolgerungen über spezifische Markierungen im aktiven Zentrum stets zusätzlicher Bestätigung bedürfen. So ist in erster Linie eine Reaktion im aktiven Zentrum zu vermuten, wenn die Modifizierung durch das Substrat oder substratanaloge Verbindungen, aber auch durch andere, im aktiven Zentrum spezifisch gebundene Moleküle wie Coenzyme oder Metallionen ge- oder verhindert wird. Im Falle von reversibel bindenden Reagenzien entsteht so das kinetische Bild einer kompetitiven Hemmung. Die kinetischen Grundlagen für die Gewinnung quantitativer Aussagen sowie Möglichkeiten der Korrelation von Modifizierungs- und Aktivitätsdaten wurden im Abschnitt 2.3.4. behandelt.

3.3.3.4. Extremes chemisches Verhalten von Seitenketten (Superreaktivität und Maskierung)

Aus Tabelle 3-2 geht hervor, daß die pK_a-Werte der Seitenketten von Proteinen infolge von Wechselwirkungen innerhalb des Proteinmoleküls erheblich differieren können. Die meisten Modifizierungsreaktionen sind elektrophile Substitutionsreaktionen, die bevorzugt an den deprotonierten, anionischen Seitenketten ablaufen. Die Reaktivität solcher Gruppen wird daher beträchtlich erhöht, wenn z. B. durch den *Einfluß benachbarter basischer Gruppen* des Proteins (Arg, His) eine verstärkte Dissoziation unter Bildung des reaktiven Anions erfolgt. Seitenketten dieser Art werden als superreaktiv bezeichnet. Ihr pK_a-Wert kann um mehrere Größenordnungen niedriger liegen als bei den freien Aminosäuren. Auch *hydrophobe Reste* in unmittelbarer Umgebung einer Gruppe können deren Dissoziationsverhalten erheblich beeinflussen.

Neben dieser unmittelbar durch das Protein bewirkten Veränderung der chemischen Eigenschaften der Seitenkette (E*) (Gl. 3-7) kann auch eine bevorzugte Affinität des Proteins zum Modifizierungsreagenz (M) (Gl. 3-8) erhöhte Reaktivität der Seitenketten vortäuschen. Zwischen beiden Mechanismen kann man gemäß

$$E^* + M \xrightarrow{k} E' \quad k_{obs} = k[M] \qquad \text{Gl. 3-7}$$

$$E + M \underset{K_1}{\rightleftharpoons} E\cdots M \xrightarrow{k_2} E' \quad k_{obs} = \frac{k_2[M]}{[M] + K_1} \qquad \text{Gl. 3-8}$$

kinetisch unterscheiden.

Der mikroskopische pK_a-Wert von Seitenketten *(pK'_a-Wert)* ist wegen des Polyelektrolytcharakters von Proteinmolekülen nicht durch die üblichen titrimetrischen Verfahren zugänglich. In solchen Fällen können aber aus der *chemischen Reaktivität* gegenüber geeigneten Reagenzien [25] oder aus dem veränderten physikalischen Verhalten der dissoziierten Gruppen (z. B. NMR-Spektren [15]) Rückschlüsse auf das Ausmaß der Dissoziationsänderungen gezogen werden.

Sind Seitenketten durch ihre Anordnung im Protein der Umsetzung mit einem gruppenspezifischen Reagenz entzogen, so bezeichnet man diese als *maskiert*. Maskierungen können auch nach Anlagerung von Cofaktoren entstehen und spielen daher bei der Ermittlung von Bindungsstrukturen im aktiven Zentrum eine Rolle.

3.4. Struktursysteme in Proteinen (Sekundärstruktur) und deren Beziehung zur Raumstruktur

Die Suche nach allgemein gültigen Ordnungsprinzipien hat das Verständnis für die innere Architektur und Funktion der Proteinmoleküle erheblich erweitert. Bei bestimmten Anordnungen der Diederwinkel φ und ψ können sich zwischen den Peptidgruppen regelmäßige *H-Brückenstrukturen* ausbilden, wobei Struktur*systeme* entstehen, die durch eine *charakteristische Faltung der Hauptkette* gekennzeichnet sind. Dabei decken die Bindungsenergien der H-Brücken im wesentlichen den Bedarf an Freier Bindungsenthalpie für diese Struktursysteme, während die Seitenketten durch ihre sterischen und chemischen Eigenschaften diesen Prozeß lediglich unterstützen oder einengen. Übersteigt der limitierende Einfluß der Seitenketten die durch die H-Brücken bereitgestellten Enthalpiebeträge, so kommt es zum Abbruch des betreffenden Struktursystems, dem entweder der Aufbau eines anderen Systems (z. B. Wendeknick) oder ein *systemfreier Zustand* (sog. Knäuelstruktur, engl. random coil) folgt.

Aus der Vielzahl der bisher ausgewerteten, durch Röntgenstrukturanalyse ermittelten Raumstrukturen lassen sich *drei Systeme* erkennen: die Helixstruktur (α-Struktur, engl. helix), die Faltblattstruktur (β-Struktur, engl. pleated sheet, β-strand, β-band) und der Wendeknick (engl. β-turn). Mehrere, über die Seitenketten miteinander in relativ stabiler Wechselwirkung stehende Struktursysteme (sog. *Super-Sekundärstrukturen*, z. B. $\alpha\beta\alpha$-$\beta\alpha\beta$) können sich innerhalb des Proteinmoleküls zu einer relativ selbständigen Struktureinheit assoziieren und werden als Domänen (engl. domains) bezeichnet (s. 3.4.4.).

3.4.1. Helikale Struktursysteme

Ein häufig in Proteinen beobachtetes Struktursystem ist die rechtsgängige α-Helix (Abb. 3-20). Es ist durch H-Brücken stabilisiert, die jeweils zwischen der Carbonylgruppe der n-ten und der NH-Gruppe der n + 3-ten Aminosäure ausgebildet werden, so daß unter Einbeziehung der H-Brücke ein *13gliedriger Ring* (Index der Helixklassifizierung s. u.) entsteht. Die drei letzten Aminosäuren finden innerhalb der Helix keinen Partner, was für die Helixbildung einem Energiedefizit von ca. 20 kJ mol^{-1} entspricht. Dieses Defizit muß im wesentlichen durch die *intramolekularen* H-Brücken der Helix ausgeglichen werden. Daher müssen Peptide eine Mindestlänge (etwa 15–20 Aminosäuren) aufweisen, um zur Helixbildung befähigt zu sein. Die Bildung von Helixstrukturen ist ein innerhalb der Hauptkette ablaufender, kooperativer Prozeß. Nach Herausbildung erster Windungselemente ist die Basis für die weitere Strukturierung geschaffen. Dieser Mechanismus erklärt die hohe Faltungsgeschwindigkeit von Helixstrukturen (Helix-Knäuel-Übergang 10^{-5} s).

Die α-Helix enthält 3.6 Aminosäuren pro Windung (daher 3.6_{13}-Helix). Der Durchmesser des aus der Hauptkette gebildeten Zylinders beträgt 0.515 nm, die Steighöhe pro Aminosäure, die sich als typischer Reflex (Meridianreflex) in der Röntgenstrukturanalyse zu erkennen gibt, beträgt 0.15 nm, woraus sich eine Steighöhe pro Windung (Ganghöhe) von 0.54 nm (3.6×0.15) errechnet.

Die *Seitenketten* besetzen in relativ dicht gedrängter Form die Oberfläche des Zylinders (Abb. 3-20 und 3-27) und bestimmen durch ihr Volumen und ihre chemischen Eigenschaften die Stabilität der Helixstruktur. Die Analyse zahlreicher Proteinstrukturen hat ergeben, daß Aminosäuren wie Glu, Ala und Leu besonders häufig an α-Helixstrukturen beteiligt sind. In Tabelle 3-8 sind für die einzelnen Aminosäuren die *„Strukturierungstendenzen"* für die verschiedenen Struktursysteme α-Helix, Faltblatt und Wendeknick zusammengefaßt.

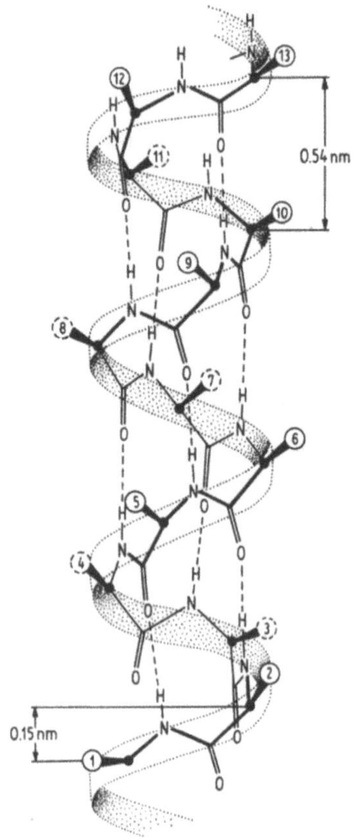

Abb. 3-20. α-Helix mit H-Brückenstruktur. Die umrandeten Ziffern symbolisieren Seitenketten, die sich – in Abhängigkeit vom Volumen – in engem räumlichen Kontakt befinden (s. auch Abb. 3-27).

Helixsysteme werden besonders durch solche Seitenketten eingeschränkt, die durch Ausbildung zusätzlicher H-Brücken mit anderen Bereichen der Proteinstruktur (Ser, Thr, Tyr) oder durch Einengung der Drehbeweglichkeit um die Diederwinkel φ und ψ (Pro, Cys_2) die Ausbildung der regelmäßigen Geometrie der Hauptkette behindern.

Der Helixgehalt wird besonders häufig zur Charakterisierung der inneren Struktur von Proteinmolekülen herangezogen. Aus der Optischen Rotationsdispersion (ORD) gelingt die Abschätzung des Helixgehaltes gelöster Proteine, da die Peptidcarbonyle als generelle Chromophore des Proteinmoleküls durch die H-Bindungen in den spezifischen Struktursystemen typische Veränderungen in ihrer elektronischen Struktur ($n \rightarrow \pi^*$-Übergang) erfahren.

Helixstrukturen stellen auf Grund ihrer durch die richtungs- und abstandsempfindlichen H-Brücken vermittelten Grundstrukturen relativ starre Stabanordnungen dar. Sie werden sowohl an der Oberfläche als auch im Inneren von Proteinen gefunden. Die α-Helix (3.6_{13}-Helix) ermöglicht mit Diederwinkeln (φ, ψ) um $-50°$ (Abb. 3-4) eine weitgehend spannungsfreie Anordnung der H-Brücken, jedoch werden in Proteinen auch geringfügige Abweichungen von den üblichen Werten gefunden, die sowohl durch Biegung oder Stauchung der Helixstäbe innerhalb der Proteinmoleküle als auch durch Umeinanderwindung von 2 oder 3 α-Helices zu einer „Superhelix" (z. B. in Keratin oder Myosinstrukturen) hervorgerufen werden können. Weitere Helixstrukturen mit stabiler H-Brückenanordnung sind die z. B. in Lysozym beobachtete 3.0_{10}-Helix sowie die in Myo-

Tab. 3-8. Klassifizierung der Aminosäuren entsprechend ihrem Vorkommen in den drei verschiedenen Struktursystemen (nach [26])

Strukturierungstendenz*)	α-Helix	Faltblatt	Wendeknick [27]
Starke Begünstigung	Glu	Met	Pro
	Ala	Val	Gly
	Leu	Ile	Asn
Indifferent	Cys	Gly	Tyr
	Ser	Arg	Glu
	Thr		His
Starke Behinderung	Tyr	Glu	Leu
	Pro	Pro	Ile
	Gly		Val

*) Die Strukturierungstendenzen wurden aus dem Vorkommen der betreffenden Aminosäuren in den verschiedenen Struktursystemen von 15 Proteinen mit bekannter Raumstruktur ermittelt. Sie sind lediglich als Orientierungshilfe zu werten.

globin gefundene 4.4_{16}-Helix (π-Helix). Sie werden bisweilen als einzelne Windungen auch am Ende von α-helikalen Abschnitten beobachtet.

3.4.2. Faltblatt-Struktursysteme

Eine weitere Möglichkeit der Ausbildung von stabilen H-Brücken wird zwischen den Peptidbindungen von zueinander *parallel* angeordneten Kettenabschnitten beobachtet (Abb. 3-21). Im Falle einer gegenläufigen *(antiparallelen)* Anordnung der Aminosäurebausteine, bei der besonders günstige Voraussetzungen für die Ausbildung der H-Brücken

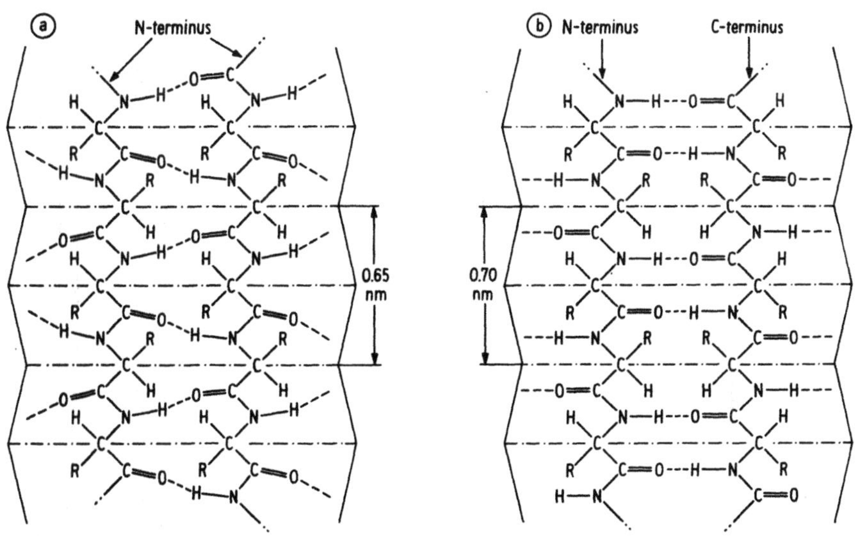

Abb. 3-21. Faltblattsysteme mit H-Brückenstrukturen.
a) Paralleles Faltblatt. b) Antiparalleles Faltblatt. Man beachte die abwechselnd oberhalb und unterhalb der durch die H-Brücken gebildeten Strukturen angeordneten Seitenketten.

bestehen, zeigen φ und ψ bei entgegengesetzter Drehrichtung etwa 40° (−139°, +135°) Abweichung von der ebenen Struktur (Abb. 3-3 und 3-4), so daß ein gefaltetes Band entsteht, das der Struktur den Namen gegeben hat.

Auch die parallele Anordnung der Hauptketten wird gefunden (paralleles F.). Aus der Größe der Winkel φ und ψ (−119°, +113°) geht hervor, daß diese Struktur etwas stärker gefaltet ist, so daß die mittlere *Identitätsperiode* (Abb. 3-21) mit 0.65 nm kleiner ist als bei der antiparallelen Variante (0.70 nm).

Auf Grund der trans-Struktur der Peptidgruppe (Abb. 3-21) ist in Faltblattstrukturen jede zweite Peptidbindung in der Lage, weitere Faltblattsysteme zu assoziieren. Dadurch entstehen die für viele Proteine typischen vielsträngigen Konformationsbereiche (Abb. 3-23 und 3-26).

Die Seitenketten von aufeinanderfolgenden Aminosäuren stehen in der Faltblattstruktur abwechselnd oberhalb und unterhalb der durch die α-C-Atome gebildeten Ebene. Ihre sterischen und chemischen Eigenschaften beeinflussen nicht nur die Stabilität, sondern auch die Abstände zwischen den verbundenen Sequenzabschnitten erheblich. Besonders häufig an Faltblattsystemen beteiligte Aminosäuren sind gemäß Tabelle 3-8 Met, Val und Ile.

3.4.3. Der Wendeknick als Struktursystem

Eine Struktur, bei der die Hauptkette im Bereich von vier aufeinanderfolgenden Resten eine Richtungsänderung von 180° erfährt (wobei der Abstand zwischen α-C_n und α-C_{n+3} unter 0.7 nm liegt), wird als Wendeknick bezeichnet (Abb. 3-22, [27]). Diese Struktur, die am globulären Aufbau der Proteine entscheidenden Anteil hat, wird ebenfalls durch eine H-Brücke, und zwar zwischen der Carbonylgruppe der n-ten und der NH-Gruppe der $n+3$-ten Aminosäure stabilisiert. In Abhängigkeit von den an der Knickstruktur beteiligten Aminosäuren kann man an Hand der Winkel φ und ψ mehrere Strukturtypen unterscheiden. Die Seitenketten von Gly, Asn, Pro und Asp fördern, Ile, Leu und Val behindern die Ausbildung des Wendeknicks (Tab. 3-8).

Durch Einbau in antiparallele Faltblattstrukturen sowie in Helix-Helix- oder Helix-Faltblatt-Systeme erfährt der Wendeknick eine weitere Stabilisierung.

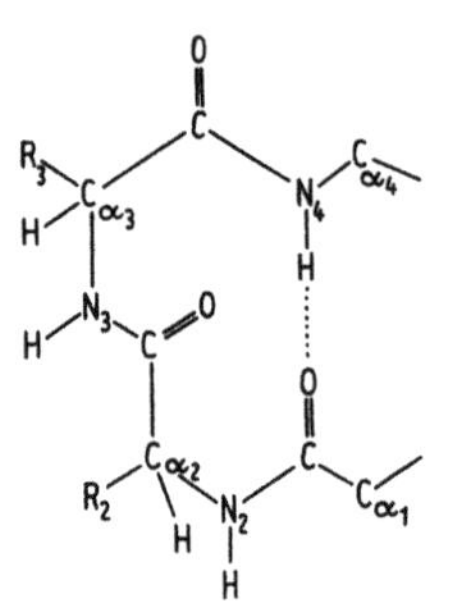

Abb. 3-22. Der Wendeknick (β-turn) als Struktursystem.
Auch diese Struktur wird durch eine H-Brücke stabilisiert. Neben dem Wendeknick gibt es weitere Strukturformen, die in mehr oder weniger zufälliger Anordnung der Aminosäuren eine Rückfaltung der Kette bewirken (sog. Schleifen, engl. loops) [27]).

Interessant ist in diesem Zusammenhang der Einfluß der *Pro- und Gly-Reste.* Wie aus Tabelle 3-8 hervorgeht, weisen diese das höchste Knick- aber das niedrigste Helix- sowie ein indifferentes Faltblatt-Bildungspotential auf. Durch diese die α- und β-Struktur auflösende und den Wendeknick begünstigende Wirkung wird die Faltung zu globulären Proteinstrukturen begünstigt.

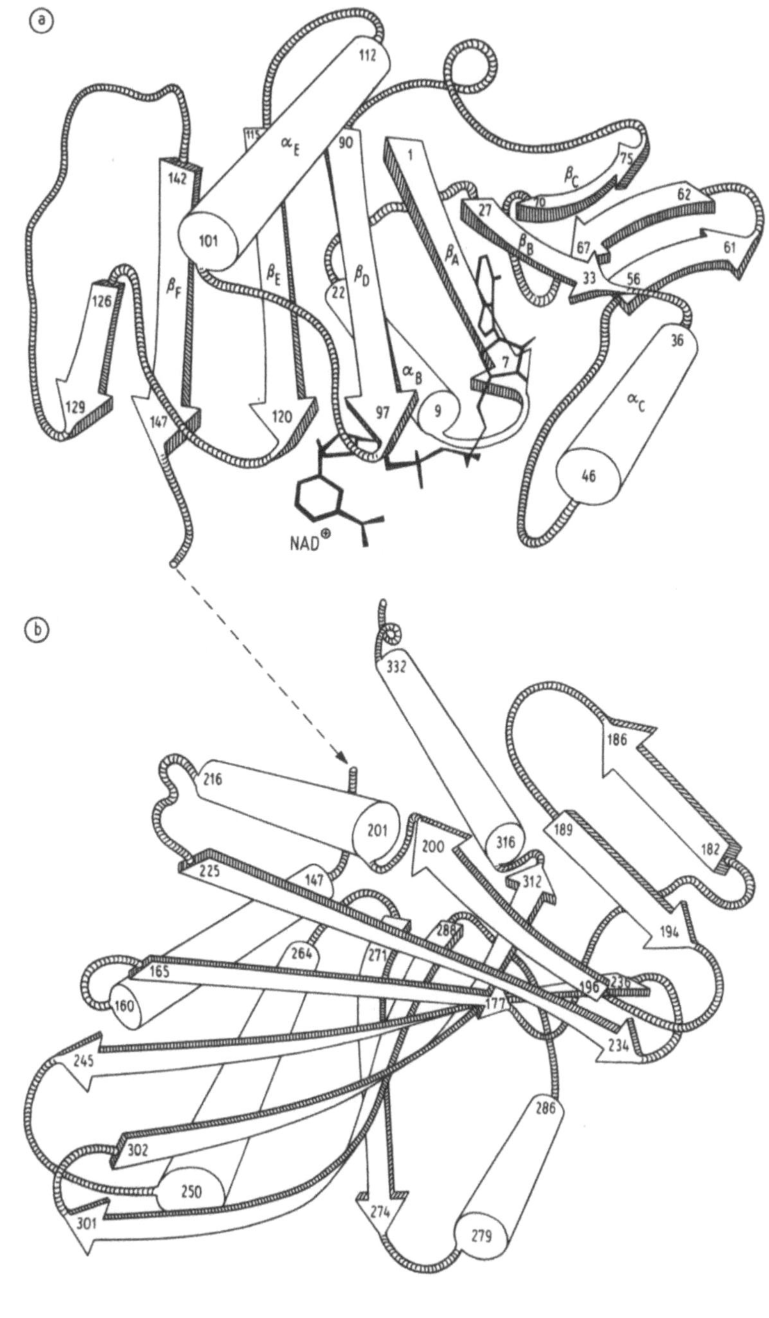

Abb. 3-23. Coenzym (a)- und Substratbindungsdomäne (b) von D-Glycerolaldehyd-3-phosphat-Dehydrogenase (nach [31]).
Domäne a enthält die Bindungsspalte für das Coenzym (sog. Rossmann-Spalte), wobei der AMP-bindende Strukturbereich in weitgehend analoger Struktur auch bei anderen NAD⊕- und ATP-umsetzenden Enzymen zu finden ist. Die Substratbindungsdomäne (b) ist für Katalyse und Spezifität des Enzyms verantwortlich. Charakteristisch für viele NAD⊕-Enzyme ist das breit angelegte, gewundene Faltblattsystem, das aus zahlreichen parallel und antiparallel angeordneten Strängen besteht.

3.4.4. Komplexe Struktursysteme – Domänen

Die im Proteinmolekül beobachteten Strukturtypen verdanken ihre innere Struktur und Stabilität im wesentlichen den H-Brücken, die zwischen den Peptidbindungen ausgebildet werden. Die von den Seitenketten ausgehenden Wechselwirkungen entscheiden nicht nur, welches Struktursystem entsteht sondern bewirken auch die Ausbildung von übergeordneten Strukturkomplexen, die man als *„Domänen"* bezeichnet. Die hohe Affinität, mit der sich bei der Domänenbildung die einzelnen Sekundärstrukturen assoziieren, resultiert im wesentlichen aus dem räumlichen und chemischen Zueinanderpassen der entsprechenden Kontaktregionen [28]. Die meisten Proteinmoleküle mit Molekulargewichten >20 kD enthalten solche in sich geschlossenen Strukturbereiche, die sich durch ein *minimales Oberfläche/Volumen-Verhältnis* (hohe Kompaktheit) und relativ geringe Wechselwirkungen zu den benachbarten Strukturbereichen auszeichnen. Ihre Größe liegt im Mittel zwischen 50 und 150 Aminosäuren, wobei es Hinweise gibt, daß sich diese relativ *„autarken"* Strukturbereiche bei der Faltung des Proteins weitgehend unabhängig voneinander ausbilden [29]. Man schätzt, daß im Verlaufe der Evolution der Enzyme etwa 100 Domänen mit unterschiedlicher Funktion (z. B. AMP-Bindung, Abb. 3-24) entstanden sind, die in unterschiedlichen Enzymen – nach Art eines Baukastensystems – analoge Funktionen verrichten [30]. Größere Proteine wie z. B. *Glycerolaldehyd-3-phosphat-Dehydrogenase* (Abb. 3-23) enthalten in der Regel *mehrere Domänen*, die durch sog. *Scharnier-Regionen* (engl. hinge regions, bewegliche, relativ frei liegende Segmente der Hauptkette (s. Abb. 3-24c)) verbunden sind. Dadurch wird eine Mobilität dieser komplexen Strukturbereiche gegeneinander ermöglicht. Jede der aus 334 Aminosäuren gebildeten Untereinheiten dieses Enzyms weist zwei Domänen auf, an denen sich einerseits die $NAD^{\oplus}$-Bindung (Abb. 3-23a, Reste 1–149, sowie Abb. 3-24a), zum anderen der Katalyseprozeß des Enzyms (Reste 150–334) vollzieht [31]. Auch die *Phosphoglycerat-Kinase* (Abb. 3-24b, c) sowie andere Kinasen [32] bestehen aus 2 Domänen, denen die Funktion der ATP-Bindung (Domäne A) bzw. Phosphat-Übertragung (Domäne B) zukommt.

Die generelle Funktion der Domänen ist vielseitig. Durch ihre innere Strukturierung stellen sie Einheiten dar, die auf induzierte Strukturänderungen (z. B. bei der Substrat- oder Cofaktor-Anlagerung) als *komplexes System* antworten. In zahlreichen Fällen liegt das aktive Zentrum in einer Mulde zwischen zwei Domänen (Abb. 3-24c). Diese Anordnung ermöglicht, daß sich das aktive Zentrum nach der Bindung des Cofaktors oder Substrates gegenüber dem Medium abschließen kann. Dadurch können Wasser und ungeeignete Substanzen vom Reaktionsort entfernt und die für die Funktion entscheidenden Gruppen des Proteins in Kontakt zum Substrat gebracht werden. Auch die durch Cofaktor-Bindung häufig bewirkte Stabilisierung des Enzyms, z. B. gegen thermische Inaktivierung, läßt sich aus der Domänenstruktur verstehen.

Abb. 3-24. Strukturhomologien in den Nucleotid-Bindungsdomänen von
a) Lactat-Dehydrogenase ($NAD^{\oplus}$) und b) Phosphoglycerat-Kinase (PGK, Mg-ATP-Komplex nach [32]). Unterschiedlich ist bei der PGK vor allem die große, zwei Helices enthaltende Schleife um den Cofaktor-Bindungsbereich. Die ATP- und $NAD^{\oplus}$-Bindungsorte sind so angelegt, daß die jeweils mit der Funktion verbundenen Gruppen (γ-Phosphat bzw. Nicotinamidring) in äquivalenter Position liegen. c) Gesamtstruktur des PGK-Mg-ATP-Komplexes. Man erkennt die beiden, durch eine Scharnierregion beweglich verbundenen und in sich hochstrukturierten Domänen sowie die für den Katalyseprozeß optimale Anordnung des Mg-ATP-Komplexes.

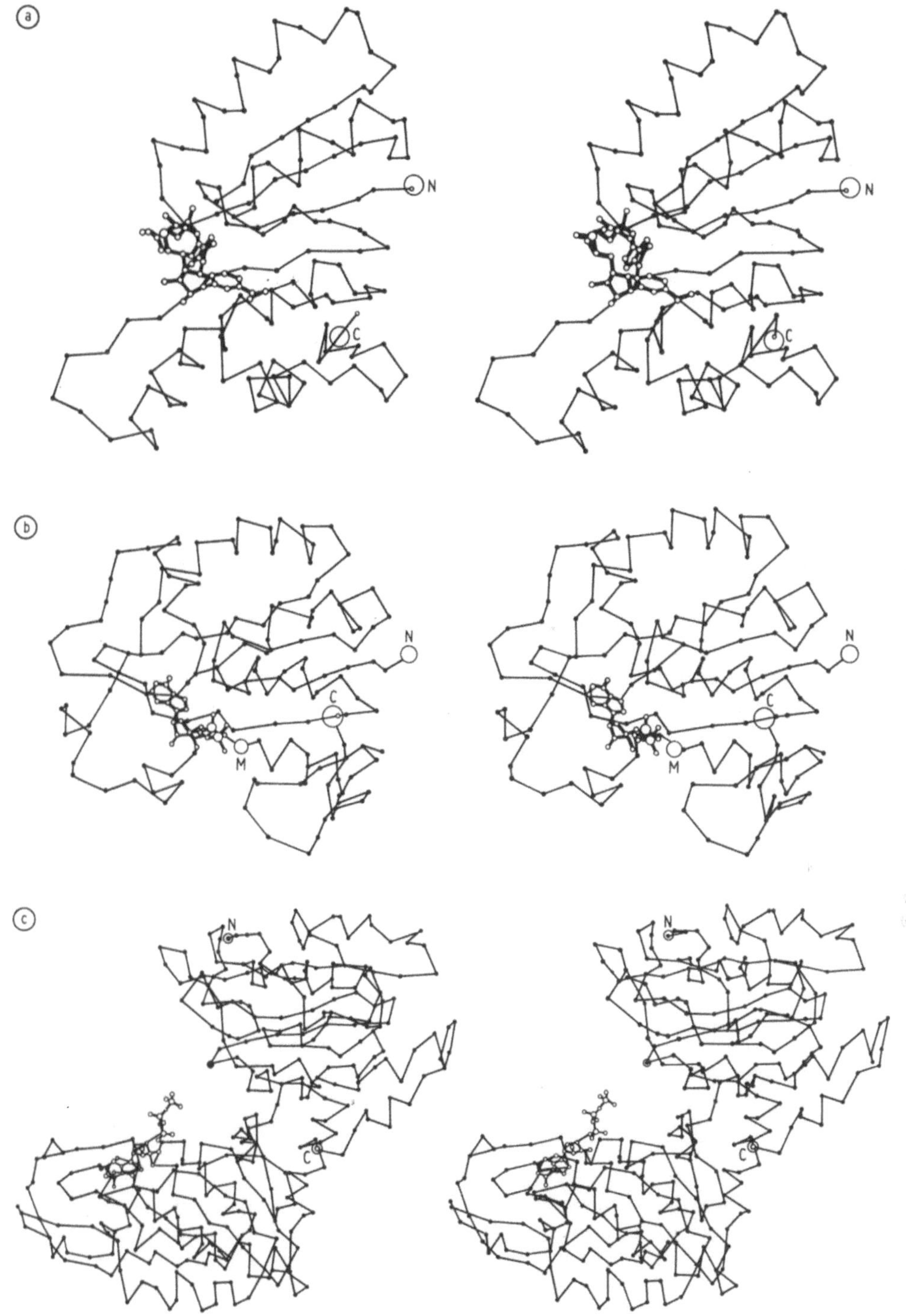
a
N
C
b
N
C
M
c
N
C

3.5. Die Raumstruktur von Proteinmolekülen (Tertiärstruktur)

3.5.1. Die Röntgenkristallstrukturanalyse – Möglichkeiten und Grenzen

Beim Auftreffen von monochromatischem Röntgenlicht auf ein regelmäßiges dreidimensionales Atomgitter, wie es z. B. in einem *Protein-Einkristall* vorliegt, werden Beugungsreflexe erzeugt, deren Anordnung und Intensität im wesentlichen der Lage der schweren Atome (C, N, O, S, nicht H) im Gitter entspricht. Die Berechnung der Elektronendichte und damit der Atomlagen im Kristall mittels Fourier-Synthese erfordert als zusätzliche Information die Phasenverschiebung der zu den Reflexen gehörigen Einzelschwingungen im Vergleich zum eingestrahlten Röntgenlicht, die sich aus den Reflexintensitäten nicht gewinnen läßt. Erst die Einführung von *Schwer-Ionen* (meist Hg, Pt, Au, U oder I) in definierte Positionen des Proteinkristalls führte zur entscheidenden Lösung des „Phasen-Problems" (Perutz, Nobelpreis 1963). Unter der Voraussetzung, daß durch die Einlagerung des Schwer-Ions die ursprüngliche Konformation des Proteinkristalls erhalten bleibt (so daß *isomorphe Strukturen* entstehen, die keine Änderungen der Reflexlagen aufweisen), kommt es zur Interferenz der Streuwellen des Proteinmoleküls mit den Streuwellen des Schwer-Ions. Aus den Differenzen der Intensitäten mit und ohne Schwer-Ion *(Differenz-Patterson-Diagramme)* lassen sich in erster Näherung die Phasen der einzelnen Streuwellen berechnen. Steht nur ein kristallisiertes isomorphes Schweratomderivat des Proteins zur Verfügung, so bleibt für jede Streuwelle (Reflex) eine Zweideutigkeit bei der Bestimmung des Phasenwertes erhalten. Experimentell gesicherte Aussagen zur eindeutigen Lösung des Phasenproblems erfordern daher die Gewinnung weiterer isomorpher Schweratomderivate. Das Verfahren stellt somit höchste Anforderungen sowohl in bezug auf die Herstellung der unterschiedlichen isomorphen Schweratomderivate als auch bei der Gewinnung der entsprechenden Einkristalle mit homogen orientierter Gitterstruktur von geeigneter Qualität und Größe. Erst bei Erfüllung dieser komplizierten Bedingungen sind alle Voraussetzungen für die Ermittlung der räumlichen Verteilung der Elektronendichte im Kristall erfüllt.

Rechenaufwand und Aussagefähigkeit der auf diese Weise entstehenden „Abbildungen" des Proteinmoleküls sind stark von der angestrebten *Auflösung* abhängig. So läßt sich bei einer Auflösung von 5–6 Å (0.5–0.6 nm) zwar nicht die Lage der Einzelatome, jedoch der räumliche Verlauf der Hauptkette rekonstruieren. Dagegen liefern Auflösungen im Bereich unter 3 Å (0.3 nm) die Lage der Streuatome und damit ein relativ genaues Abbild der Tertiärstruktur.

Die untere Grenze der Auflösung ist durch die Wellenlänge des verwendeten Röntgenlichtes festgelegt. Wie weit man sich ihr zu nähern vermag, hängt wesentlich von der Qualität der Einkristalle, d. h. deren regelmäßiger Gitterstruktur ab. Auch innerhalb der Proteinmoleküle lassen sich Bereiche höherer Mobilität (Schleifen, Oberfläche) und geringerer Mobilität (Kernbereiche, Domänen) unterscheiden, wobei sich die erhöhte Beweglichkeit der Streuatome aus der Intensitätsabnahme der Reflexe ermitteln läßt.

Hohe Auflösungen werden auch bei *Strukturvergleichen* von modifizierten Proteinmolekülen (Enzym-Substrat- bzw. Enzym-Inhibitor-Komplexe) erreicht. Derartige Untersuchungen nutzen die Unterschiede in den Reflexintensitäten und bilden daher nur die in ihrer Atomanordnung differierenden Bereiche ab. Die Gewinnung und Bewertung von röntgenstrukturanalytisch gewonnenen Abbildungen der Tertiärstruktur umfaßt somit folgende Etappen:

1. Herstellung von möglichst fehlerfreien Protein-Einkristallen und Gewinnung isomorpher Referenzkristalle mit eingebauten Schwer-Ionen.

2. Vermessung der Beugungsreflexe im Diffraktometer und Ermittlung der Schweratom-Anteile in den Reflexen.
3. Errechnung der Elektronendichteverteilung und Zuordnung der erfaßbaren Atomspezies (C, N, O, S) unter Einbeziehung bekannter Strukturdaten (Primärstruktur).
4. Einschätzung des Aussagewertes der erhaltenen Abbildungen, besonders in bezug auf mechanistische Interpretationen.

3.5.1.1. Gewinnung von Proteinkristallen

Die Methoden zur Gewinnung von Proteinkristallen sind besonders in den siebziger Jahren systematisch verbessert worden. Durch optische Charakterisierung der *Prä-Nucleationsphase,* welche der Bildung von Kristallen bzw. amorphen Präzipitaten vorausgeht, konnte die für eine Optimierung der Kristallisationsbedingungen erforderliche Zeit beträchtlich gesenkt werden [33]. Am Anfang bediente man sich im wesentlichen der gleichen Methoden, die unter drastischeren Bedingungen die Ausfällung des Proteins bewirken. Heute kennt man bereits eine ganze Reihe von „Tricks", die sich vielfach bewährt und die notwendigen Enzymmengen erheblich reduziert haben. Einige Verfahren seien genannt:

1. Eine extrem verzögerte Einstellung der zur Kristallisation erforderlichen Salz- bzw. Lösungsmittelgradienten läßt sich erreichen, indem man die Fällungsmittel durch Membranen, Gelpfropfen oder aus der Gasphase in die Proteinlösung diffundieren läßt [34] oder die Proteinlösung über wasserbindenden Salzlösungen konzentriert (Methode der „hängenden Tropfen"). Auch läßt sich durch schonende Wiederablösung von auf Polymeroberflächen adsorbierten Proteinen durch flach abfallende Salz- oder Lösungsmittelgradienten *(reverse Gradienten-Chromatographie)* eine für die Kristallisation günstige Situation herbeiführen [35].
2. Der Zusatz spezifischer Kationen (z. B. $Cu^{2\oplus}$ oder $Cd^{2\oplus}$) oder Anionen (z. B. $NO_3^{\ominus}$, $I^{\ominus}$, $SO_4^{2\ominus}$) beeinflußt nicht nur die Kristallisationstendenz, sondern auch die Struktur des entstehenden Kristallgitters.
3. Durch Veränderung des pH-Wertes (bisweilen um einige Zehntel Einheiten) läßt sich die Ladungsstruktur der Oberfläche und damit die Kristallisationstendenz ebenfalls beeinflussen.
4. Die Anwendung von Temperaturgradienten meist in Verbindung mit den o. g. Fälloperationen hat sich häufig bewährt. Dabei kann sowohl Erniedrigung als auch Erhöhung der Temperatur um einige Grade den gewünschten Effekt herbeiführen.

Umfassende Untersuchungen zum *Aufbau der Proteinkristalle* haben gezeigt, daß diese in großen Mengen *Wasser* bzw. die zur Herstellung verwendeten Salzlösungen eingeschlossen enthalten [36]. Durchschnittlich wird bei Proteinen etwa die Hälfte des Kristallvolumens von Lösungsmittelmolekülen eingenommen. Dicht gepackte Proteine enthalten etwa 30%, größere Proteine bis zu 80% Lösungsmittel. Diese Lösungsmittelanteile durchziehen den Proteinkristall ohne innere Strukturierung in Form von *„Kanälen".* Der Kristallisationsprozeß erfordert daher die Ausbildung von nur relativ wenigen, dafür aber sehr präzise und stabil angeordneten Kontaktbereichen zwischen den Makromolekülen. Dies erklärt nicht nur, daß die für die Kristallbildung von Proteinen gemessenen Gitterstabilisierungsenthalpien mit 25 kJ mol^{-1} relativ niedrig liegen sondern auch, daß solche Prozesse, die eine Veränderung der Oberflächeneigenschaften der Proteinmoleküle bewirken, von großem Einfluß auf Kristallisationstendenz und Struktur der Proteinkristalle sind.

3.5.1.2. Übertragbarkeit der Röntgenstrukturdaten auf das gelöste Protein

Da die Raumstruktur von Proteinmolekülen nur als *Gleichgewichtszustand mit dem Medium* verstanden werden kann, erübrigt sich die Frage nach der absoluten Identität der

Proteinstruktur im Kristallverband und in Lösung. Selbst wenn man den hohen Prozentsatz an eingeschlossenem Lösungsmittel in Rechnung stellt, sind die Wechselwirkungen zwischen den Proteinmolekülen im Kristallgitter anderer Art als im gelösten Zustand.

Der *Einfluß der Gitterstruktur* auf das kinetische Verhalten konnte z. B. an Aspartat-Aminotransferase nachgewiesen werden, wo es im Kristall zu einer Nichtäquivalenz der beiden im gelösten Zustand identischen Untereinheiten kommt [37].

Andererseits gibt es zahlreiche Hinweise, daß die im Kristallverband erzeugten Strukturänderungen nicht so erheblich sind, daß dadurch die *funktionellen Eigenschaften* verloren gehen. An Ribonuclease S und A, Carboxypeptidase A sowie verschiedenen Serin- und Cystein-Proteasen konnte nachgewiesen werden, daß auch im Kristall die katalytischen Eigenschaften (zumindest qualitativ) erhalten bleiben. Es war sogar möglich, Kristalle der Adenylat-Kinase mit ihren beiden Substraten (ATP und AMP) zu beladen und die dabei erfolgenden Änderungen der Proteinstruktur mittels Differenz-Fourier-Technik nachzuweisen [38]. Schließlich gelang an Glycerolaldehyd-3-phosphat-Dehydrogenase durch mikrospektrometrische Analyse der in den Einkristallen ablaufenden Reaktionsschritte der kinetische Nachweis, daß die Gitterwechselwirkungen weder den Katalyseverlauf noch die für dieses Enzym typische Halbzentrenreaktivität (2.4. und 4.2.) behindern [39]. An der *prinzipiellen Übertragbarkeit* der mittels Röntgenstrukturanalyse gewonnenen Daten auf die im gelösten Protein vorhandenen Funktionsstrukturen gibt es also, sofern man sich der prinzipiellen Grenzen dieser Methode bewußt ist, keine Zweifel.

3.5.1.3. Raumstruktur kristallisierter Enzym-Substrat- und Enzym-Inhibitor-Komplexe

Die Kristallisation und anschließende Strukturanalyse von Enzymen in Gegenwart von Substraten und kompetitiven Inhibitoren (insbesondere sog. Übergangszustands-analoger Substanzen, s. Tab. 4-1) oder Produkten hat in besonderem Maße den Kenntnisstand über die Lage und *funktionsspezifische Mobilität* der Molekülbereiche im aktiven Zentrum erweitert. So hat ein Vergleich der Molekülstrukturen von Trypsin mit dem von der Natur außerordentlich spezifisch auf die Struktur des aktiven Zentrums optimierten Trypsininhibitor-Trypsin-Komplex nicht nur Auskunft über die in die Substratbindung einbezogenen Proteinstrukturen sondern auch über deren (sehr geringfügige) räumliche Veränderungen beim Bindungsprozeß geliefert. Auch im Falle der Ribonuclease A konnten die mit der Bindung substratanaloger Inhibitoren (modifizierte Purin-mononucleotide) verbundenen Strukturänderungen im aktiven Zentrum nachgewiesen werden [40].

Besonders aufschlußreiche Befunde wurden an Lactat-Dehydrogenase erzielt, bei der es gelang, das Enzym im Stationärzustand mit seinen Substraten und Produkten zu kristallisieren. Durch Vergleich der verschiedenen Kristallspezies gelang der Nachweis, daß das Enzym in Abwesenheit des Cosubstrates ($NAD^{\oplus}$ bzw. NADH) zwei tiefe Furchen aufweist, die nach Bindung von Cosubstrat und Substrat (oder geeigneter kompetitiver Inhibitoren) zum Medium hin abgeschlossen werden (Abb. 3-25). Die damit verbundenen, relativ umfassenden Strukturänderungen werden im wesentlichen durch die Verlagerung separater, für Cofaktorbindung bzw. Katalyse verantwortlicher Domänen hervorgerufen, deren innere Struktur sich bei diesen Vorgängen kaum ändert. Es wurde auch festgestellt, daß der auslösende Faktor für die Strukturänderungen das Cosubstrat ist, das über zahlreiche molekulare Kontakte auf die Proteinstruktur einwirkt [41]. Dieser Befund steht im Einklang mit den aus kinetischen Studien resultierenden Erkenntnissen zur Sequenz der Substratanlagerung (s. 2.2.7.).

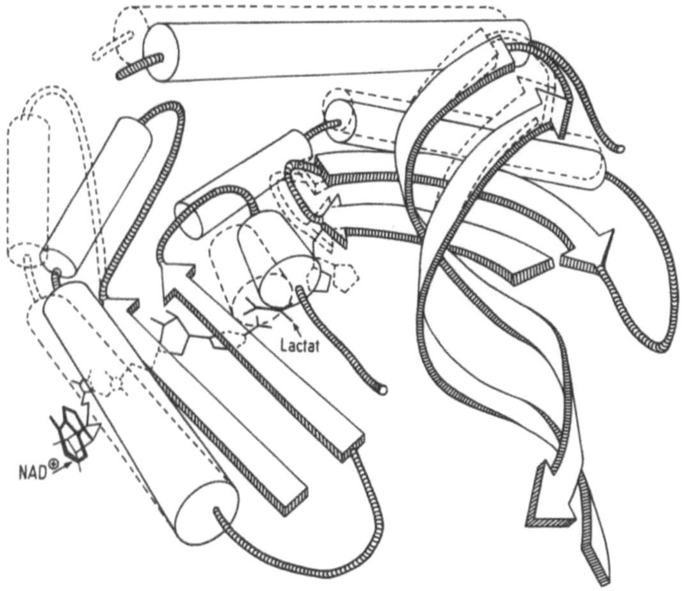

Abb. 3-25. Substratinduzierte Konformationsänderungen bei Lactat-Dehydrogenase (nach [41]). Das aktive Zentrum, im Apoenzym zum Lösungsmittel geöffnet, schließt sich, nachdem nacheinander NAD$^{\oplus}$ und Lactat angelagert sind und ermöglicht damit den Ablauf der Katalysereaktion (H$^{\ominus}$-Transfer) unter Ausschluß des Lösungsmittels. (Die Konformation des Ternärkomplexes ist durch ausgezogene Linien, die des Apoenzyms gestrichelt dargestellt.)

3.5.2. Raumstrukturen von Proteinen aus intramolekularen Abstandsparametern

Außer der Röntgenstrukturanalyse haben in den letzten Jahren vor allem Verfahren zur Ermittlung intramolekularer Abstandsparameter die Kenntnisse über Struktur und Mobilität von Proteinmolekülen erweitert.

Eine besonders erfolgreiche und aussichtsreiche Methode, die bereits im Falle kleinerer Proteinmoleküle (Trypsin-Inhibitor) relativ genaue Angaben zur Sekundär- und Raumstruktur sowie zur Mobilität spezieller Strukturbereiche (s. 3.2.2.) geliefert hat, bedient sich der *Protonen-NMR-Spektroskopie*. Zur Auflösung der außerordentlich komplexen Proteinspektren werden über unterschiedliche zweidimensionale Aufnahmeverfahren die *Abstandsbeziehungen* (engl. connectivities) zwischen ausgewählten Protonen der Polypeptidkette ermittelt.

Grundsätzlich können mit diesem Verfahren alle räumlichen H—H-Abstände $\leqq 0.30$ nm zwischen Amid-Protonen (NH_{i+1}—NH_{i+2} bzw. NH_{i+1}—NH_i), Amid-C_α-Protonen (NH_{i+1}—$C_\alpha H_i$), Amid-C_β-Protonen (NH_{i+1}—$C_\beta H_i$), C_α-Protonen ($C_\alpha H_i$—$C_\alpha H_{i+1}$) und C_α—C_β-Protonen ($C_\alpha H_i$—$C_\beta H_{i+1}$) von aufeinanderfolgenden Aminosäureresten erfaßt werden. Auch die den o.g. Abstandsbedingungen gehorchenden H-H-Kontakte in Sekundärstrukturen lassen sich bestimmen [42].

Die große Fülle des auf diese Weise anfallenden Datenmaterials macht spezielle Verfahren der Registrierung und rechnergestützten Aufarbeitung erforderlich. Diese Methode erhält ihren Wert auch dadurch, daß Proteinstrukturen in Lösung und deren H/D-Austauschverhalten ermittelt und verglichen werden können [8].

Eine weitere Möglichkeit, Abstände spezifischer Gruppen innerhalb eines Proteinmoleküls abzuschätzen, bietet die *Fluoreszenz-Spektroskopie*. Grundlage ist die Beobachtung, daß sich die nach Lichtanregung von Proteinen abgegebene Fluoreszenz-Strahlung durch Energietransfer zwischen geeigneten Donator- und Acceptorgruppen nach höheren Wellenlängen verschiebt, sofern die Fluoreszenzbanden derselben überlappen und der Abstand zwischen beiden Gruppen im Bereich 0.1–0.6 nm liegt *(„Spektroskopisches Lineal")*. Die inneren Fluoreszenz-Eigenschaften von Proteinen werden im wesentlichen durch die Trp-Seitenketten (im geringeren Maße auch durch die anderen aromatischen Seitenketten) hervorgerufen. Daneben können im aktiven Zentrum lokalisierte Coenzyme (Pyridoxalphosphat) sowie künstlich eingebaute Fluoreszenz-Sonden (z. B. $Eu^{3\oplus}$ oder $Tb^{3\oplus}$ an Stelle essentieller Metallionen) zu Abstandsbestimmungen herangezogen werden. Untersuchungen an bekannten Raumstrukturen haben die Richtigkeit der aus dem Energietransfer ermittelten Abstandsdaten und deren Brauchbarkeit vor allem zur Ermittlung relativer Abstandsveränderungen bestätigt.

3.5.3. Die Primärstruktur als Code der Raumstruktur von Proteinen

3.5.3.1. Sequenz und Molekülgeometrie

In der Sequenz der Aminosäuren ist die Raumstruktur und damit auch das katalytische Verhalten von Enzymen verschlüsselt. Daher hat die *vergleichende Betrachtung der Primärstrukturen* von aus verschiedenen Organismen isolierten Proteinen, wie am Beispiel von Hämoglobin, Cytochrom c, Lysozym oder proteolytischen Enzymen gezeigt werden konnte, wichtige Erkenntnisse zur Optimierung spezifischer Enzymeigenschaften bei der Evolution erbracht.

Mehrfach wurde nachgewiesen, daß die für die katalytische Funktion der Enzyme entscheidenden Strukturbereiche außerordentlich konstante Aminosäuresequenzen (und somit auch konstante Geometrien) aufweisen. Dies gilt besonders für stark verwandte Enzyme, wie es in Tabelle 3-9 für die Sequenzen um die an der Funktion von Serin-Proteasen unmittelbar beteiligten Aminosäuren Ser_{195} und His_{57} gezeigt wird. Jede durch Mutation hervorgerufene Veränderung der Seitenketten in der unmittelbaren Um-

Tab. 3-9. Konstanz der Primärstruktur im Bereich der katalytisch essentiellen Aminosäuren Ser_{195} und His_{57} von Serinproteasen

Enzymspezies	Nr. der Aminosäure in der Primärstruktur (nach [4-89])									
	55	56	57	58	59	193	194	195	196	197	198
Chymotrypsin (Rind)	Ala	Ala	His	Cys	Gly	Gly	Asp	Ser	Gly	Gly	Pro
Trypsin (Rind)	Ala	Ala	His	Cys	Tyr	Gly	Asp	Ser	Gly	Gly	Pro
Trypsin (Schwein)	Ala	Ala	His	Cys	Tyr	Gly	Asp	Ser	Gly	Gly	Pro
Trypsin (Hai)	Ala	Ala	His	Cys	Tyr	Gly	Asp	Ser	Gly	Gly	Pro
Elastase (Schwein)	Ala	Ala	His	Cys	Val	Gly	Asp	Ser	Gly	Gly	Pro
Thrombin (Rind)	Ala	Ala	His	Cys		Gly	Asp	Ser	Gly	Gly	Pro

gebung dieser Reste war daher mit einer Verschlechterung der funktionellen Eigenschaften dieser Enzyme verbunden *(kritische Austausche)*, so daß eine Eliminierung der Trägerorganismen die Folge war.

Andererseits gibt es unter verwandten Enzymen auch große Bereiche, bei denen der Austausch von Aminosäuren mindestens mit dem Erhalt der Molekülgeometrie und der funktionellen Eigenschaften *(konservative Austausche)*, bisweilen auch mit funktionellen Verbesserungen (z. B. bei Evolutionsprozessen) verbunden ist *(progressive Austausche)*. Die diesen Austauschprozessen zugrunde liegenden genetischen Mechanismen beruhen vorwiegend auf *Punktmutationen* in den codierenden Genen (Änderung von nur einer Base im Triplett). So ergab z. B. ein Vergleich der Ribonuclease A (Pankreas) von Schaf und Ratte, daß von 124 Aminosäuren noch 83 in identischer Position auftreten. Von den 41 differierenden Seitenketten sind 31 durch einfachen, 10 durch doppelten Basenaustausch mutiert.

Eine *Analyse der Austauschprozesse* hat gezeigt, daß Mutationen der Aminosäuren an der Oberfläche (herausragende Molekülbereiche, besonders Schleifen (engl. loops)) wesentlich häufiger toleriert werden, als im dicht gepackten Kern der Proteine. Dies gilt besonders auch für Veränderungen der Hauptkette durch Einfügung oder Auslassung von Sequenzabschnitten. In allen Fällen werden Austausche bei chemisch verwandten Aminosäuren (Asp-Glu oder Val-Ile-Leu-Met, sog. *homologe Austausche*) häufiger beobachtet als z. B. der Austausch von hydrophilen gegen hydrophobe Aminosäuren.

Zur Qantifizierung der strukturellen Verwandtschaft von Primärstrukturen hat die Einführung einfacher numerischer Operationen beigetragen und das Feld der erfaßten Sequenzen erheblich erweitert [43]. In ähnlicher Weise gibt es auch Verfahren, die *Verwandtschaft von Molekülgeometrien* zu analysieren [30]. Als Resultat dieser Studien gibt es heute neben dem klassischen (morphologisch begründeten) Stammbaum der Lebewesen auch einen molekularbiologisch begründeten Einblick in die Evolutionsprozesse [30], der wesentlich frühere Bereiche der Entwicklung mit erfaßt.

Da homologe Aminosäuren auf Grund der chemischen Verwandtschaft der Seitenketten ähnliche strukturierende Effekte beim Einbau in das Proteinmolekül hervorrufen, ist verständlich, daß auch unterschiedliche Primärstrukturen die Ausbildung ähnlicher Molekülgeometrien ermöglichen. Dieser Effekt wird allgemein beim Vergleich der Tertiärstrukturen von Proteinen mit homologen Sequenzen und analogen katalytischen Funktionen bestätigt. Im Extremfall konnten bei solchen Strukturvergleichen aber auch geometrisch verwandte Moleküle gefunden werden, die weder eine vergleichbare Primärstruktur (in Abb. 4-43 noch 12% identische Seitenketten), noch analoge katalytische Funktionen aufweisen [30]. In solchen Fällen wird vermutet, daß die zweifellos vorhandene Strukturverwandtschaft zwischen den Proteinen so weit zurückliegt, daß zwar die *bevorzugt konservierte Kettenfaltung* erhalten geblieben ist, die Primärstruktur und der Katalysemechanismus aber auf der Basis der o. g. Austauschmechanismen gewandelt worden sind.

Die Vielzahl der inzwischen bekannten Raumstrukturen legt nahe, nach allgemeinen Prinzipien zur Systematisierung der verschiedenen Sekundärstrukturkomplexe in Proteinen zu suchen [44]. Als vergleichbare Einheiten eignen sich hierfür die etwa 100 inzwischen bekannten Domänen (s. 3.4.4.), deren innere Architektur sich in drei *Strukturklassen* widerspiegelt. Die erste, etwa 50% aller Domänen umfassende Klasse umfaßt alle Strukturen, die aus zwei Schichten, einer hydrophilen Außenschicht und einem hydrophoben Kern, bestehen. Etwa 30% der bekannten Domänen besitzen Dreischichtstruktur, die durch zwei unterschiedliche hydrophobe Kernstrukturen (z. B. zentrales β-Faltblatt, umgeben von zwei helikalen Schichten) gekennzeichnet sind. Schließlich gibt es auch aus vier und fünf Schichten zusammengesetzte Strukturen, welche die dritte Strukturklasse bilden (Abb. 3-26).

Innerhalb dieser drei Klassen hat es sich als zweckmäßig erwiesen, nach den folgenden vier stabilitätsbestimmenden Sekundärstrukturkomplexen zu unterteilen:

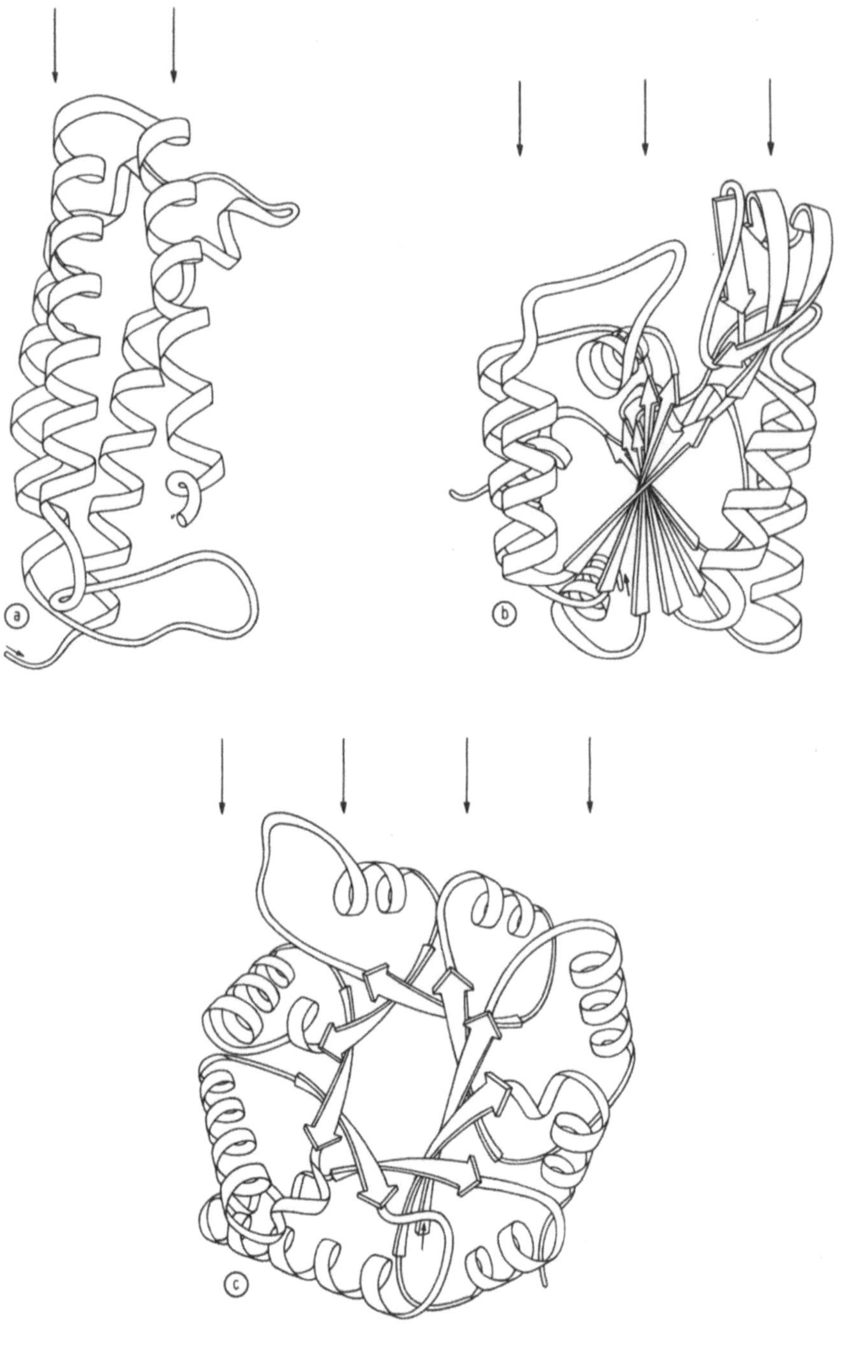

Abb. 3-26. Klassifizierung von Proteinen nach dem Prinzip der Schichtstruktur (nach [44]).
a) Zweischichtstruktur von Cytochrom c. b) Dreischichtstruktur von Phosphoglycerat-Kinase (s. a. Abb. 3-24c). c) Vierschichtstruktur von Triosephosphat-Isomerase (sog. TI-Barrel). Die Pfeile sollen die Schichtung verdeutlichen (s. Text).

I Antiparallele α-Strukturen (Abb. 3-26a)
II Parallele α-β-Strukturen (Abb. 3-23b 236→, 250→, 271→, 279→ und 288→, s. a. Abb. 3-24b und c)
III Antiparallele β-Strukturen (Abb. 3-23a 56→, 62→ und 70→)
IV Kleine disulfid- oder metallionreiche Strukturen.

Die beiden β-strukturhaltigen Kategorien II und III überwiegen mit je 30–35% aller Strukturen alle anderen Systeme erheblich.

Diese Gliederung und die daraus abgeleiteten „Idealstrukturen" [44] sind ein erster Schritt zum Verständnis der geometrischen Vielfalt von Proteinmolekülen, die sich im Laufe der Evolution herausgebildet hat. Es ist aber noch ein weiter Weg, bis die zahlreichen strukturbildenden Faktoren soweit beherrscht sind, daß eine verbindliche Vorhersage von Raumstrukturen aus der Sequenz möglich sein wird.

3.5.3.2. Raumstrukturen aus Sequenzdaten (Faltungsmodelle)

Ein einfaches Beispiel für die Suche nach empirischen Regeln für die Wahrscheinlichkeit einer gegebenen Sequenz, in Form von z. B. *Helixstrukturen* aufzutreten, geht von einer

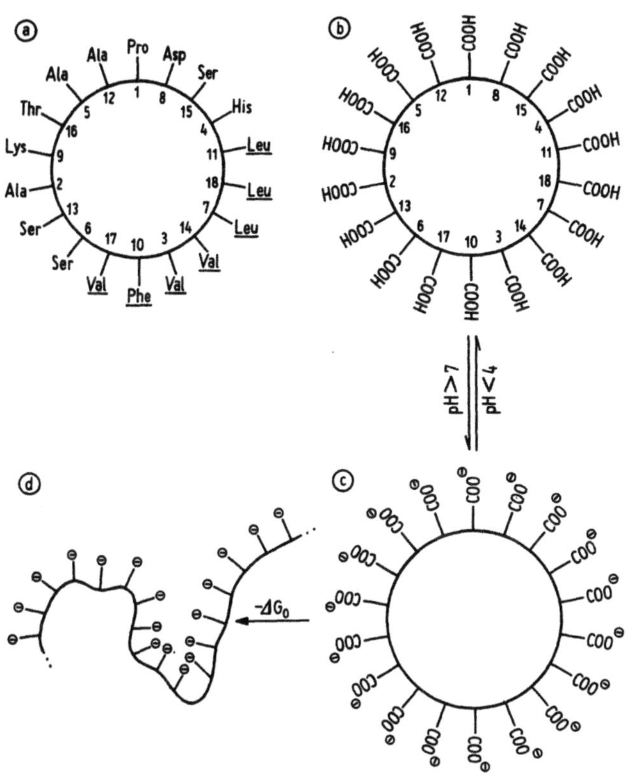

Abb. 3-27. Symbolisierung der sterischen Wechselwirkung der Seitenketten einer gegebenen Primärstruktur bei der Bildung einer α-Helix in Form von „Helixrädern" [45].
a) Die unterstrichenen Seitenketten zeigen innerhalb des untersuchten Bereiches $n + 1$ bis $n + 18$ (H-Helix von Human-Hb, α-Kette) ein erhöhtes Helix-Bildungspotential an (sog. Amphipathische Struktur). b–d) Im Falle von Polypeptiden aus sauren (oder basischen) Aminosäuren wie Poly-L-Glu (Poly-L-Lys) wird verständlich, daß bei niedrigen (hohen) pH-Werten die Helixstruktur, bei erhöhten (erniedrigten) pH-Werten (c, d) totale Entfaltung beobachtet wird.

Darstellung aus, welche die Nachbarständigkeit der einzelnen Seitenketten in einer helikalen Anordnung erkennen läßt [45]. Bei der α-Helix liegt zwischen jeder Seitenkette bei senkrechter Betrachtung des Helixzylinders ein Winkel von 100° (360°/3.6), so daß die Seitenkette der ersten Aminosäure in räumlichen Kontakt mit der 8. und 12. Seitenkette steht. Dieser Sachverhalt läßt sich mit den in Abbildung 3-27 dargestellten *„Helixrädern"* gut symbolisieren. Bei der Übertragung dieser Darstellungsform auf nachweislich helikal angeordnete Sequenzen hat sich gezeigt, daß die Häufung helixfördernder Seitenketten auf bestimmten Segmenten der „Helixräder" (amphipathische Struktur) eine erhöhte, gleichsinnig geladener und sperriger Reste eine verminderte Tendenz zur Helixbildung anzeigt.

Diese räumliche Darstellung der Helixstrukturen läßt auch verstehen, daß die Häufung gleichsinnig geladener Seitenketten, wie sie z. B. in Poly-L-Lys im sauren Bereich oder Poly-L-Asp im basischen Bereich vorliegen, durch die gegenseitige Abstoßung der Seitenketten keine Helixbildung ermöglichen. Dagegen lassen die im sauren Bereich (< pH 2) ungeladenen Seitenketten von Poly-L-Asp, wie die aus den ORD-Spektren ermittelten Befunde ausweisen, eine helikale Strukturierung zu (Abb. 3-27b und d). Mit diesen Modellen gelang es, die Faltungsgeschwindigkeit von Helixstrukturen zu ermitteln.

Ein weiterer empirischer Ansatz, der vor allem für die Differenzierung von Helix- bzw. Faltblattbereichen und Knick- oder Schleifenstrukturen gute Ergebnisse geliefert hat, geht von den *Hydrophobie-Profilen* der Primärstrukturen aus. Diese erhält man, wenn man die aus Verteilungsgleichgewichten (s. Tab. 3-1) ermittelte Freie Enthalpie für den Transfer der verschiedenen Seitenketten aus wäßriger in organische Phase (ΔG_{xfer} [10]) gegen die jeweilige Position in der Sequenz aufträgt (Abb. 3-28). Es zeigt sich, daß die Minima im Hydrophobie-Profil die für die Kettenrückfaltung verantwortlichenStrukturen (s. 3.4.3.) sowie andere an der Oberfläche angeordnete „systemlose" Strukturbereiche anzeigen. Maxima finden sich dagegen für die im Molekülinneren gelegenen Bereiche der Primärstruktur, wo Helix- und Faltblattsysteme vorherrschen.

Ein auf der Basis dieses Ansatzes ausgearbeitetes *„hierarchisches" Faltungsmodell* geht von der Annahme aus, daß in der Sequenz zunächst die hydrophoben Segmente zu kleineren *„Faltungsmodulen"* von geringer Stabilität kondensieren, die sich anschließend schrittweise über zahlreiche intermediäre Gleichgewichtszustände zum nativen Molekül umfalten [46].

Um die Erarbeitung eines grundsätzlichen, die Proteinstruktur aus Primärstrukturdaten begründenden Regelwerkes bemühen sich seit genauerer Kenntnis der Proteinstrukturen zahlreiche Arbeitsgruppen. Ansatzpunkte sind einerseits die ab initio Simulation der Kettenfaltung auf der Basis *thermodynamischer Energie-Minimierungsmodelle* (thermodynamischer Ansatz [47]), andererseits die Aufdeckung der Grundmechanismen, die den Verlauf der Kettenfaltung aus einer gegebenen, unstrukturierten Aminosäuresequenz nachvollziehen lassen (kinetischer Ansatz [48]).

Der thermodynamische Ansatz geht davon aus, daß der Prozeß der Proteinfaltung von den gleichen interatomaren Kräften dirigiert wird, die auch die Struktur kleinerer Moleküle bestimmen. Gegenwärtig versucht man, aus den zahlreichen, die Proteinstruktur definierenden Faktoren eine überschaubare Anzahl von geeigneten Variablen herauszuarbeiten und durch systematische Anpassung eine der tatsächlichen Struktur entsprechende Minimierung der Gesamtenergie des Moleküls vorzunehmen. Die bisher erfolgreichsten Ansätze bedienen sich hierzu einer stark vereinfachten Geometrie der Seitenketten. Zur Einschätzung des molekularen Kräftefeldes werden für die Bindungslängen und -winkel und für die van der Waalsschen Wechselwirkungen der Seitenketten Standardwerte verwendet.

Als erfolgreicher Ansatz für eine kinetische Simulierung der Faltungsprozesse hat sich das *„Faltungskeim-Modell"* erwiesen [49]. Es geht davon aus, daß in jeder Sequenz ein oder mehrere meist kurze Abschnitte mit einem erhöhten Potential zur Ausbildung von geordneten Strukturen (Struktursystemen) vorhanden sind. Da die Bildung einer α-Helix gegenüber anderen Strukturen kinetisch begünstigt ist und um mehrere Größenordnungen schneller als die endgültige Faltung des Proteinmoleküls abläuft, wird der erste Schritt der Selbstorganisation aus ungeordneten Proteinsequenzen in der Vororientierung und anschließenden Ausbildung *lokaler α-Helix-Strukturen* vermutet. Daher besteht auch der erste Schritt der kinetisch orientierten Strukturermittlung in einer Differenzie-

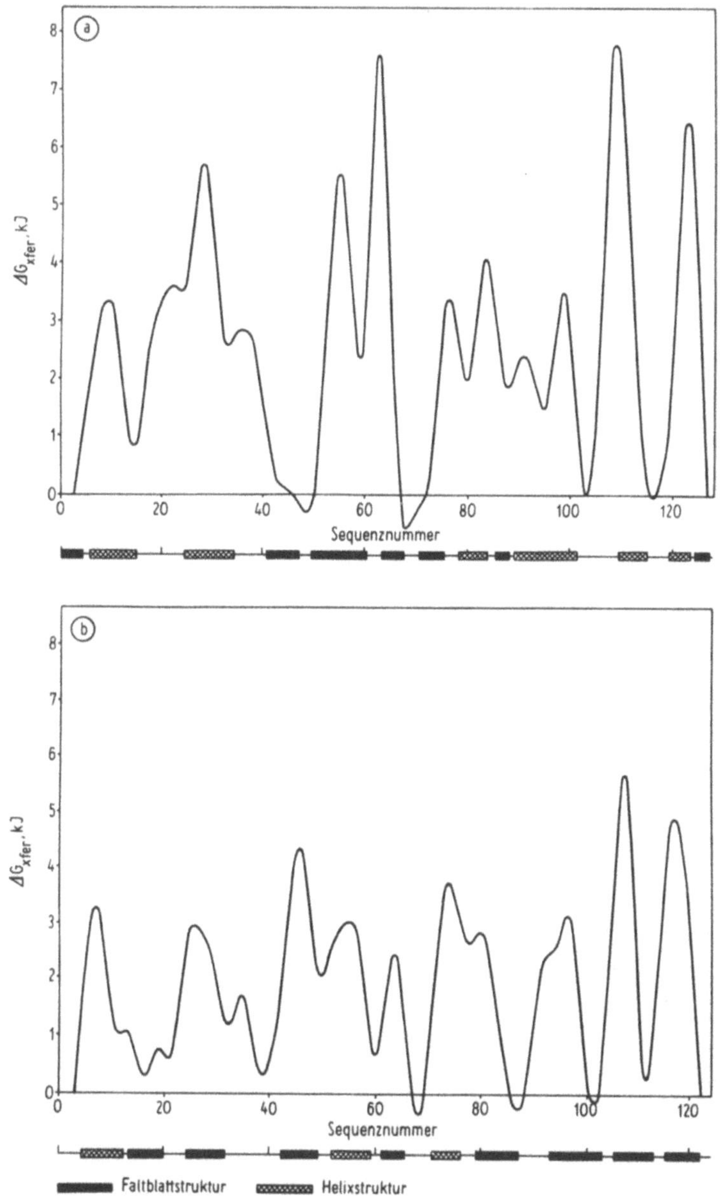

Abb. 3-28. Hydrophobieprofile (mathematisch „geglättet", woraus auch die negativen ΔG_{xfer}-Werte resultieren) der Aminosäuresequenzen von Lysozym (a) und Ribonuclease A (b) sowie die aus der Röntgenstruktur ermittelten Helix- und Faltblattstrukturen.
Werte für ΔG_{xfer} s. Tabelle 3-1 (nach [46]).

rung von Abschnitten mit hohem und niedrigem Helixpotential, also der Ermittlung von „Faltungskeimen". Anschließend wird die Lage der verschiedenen Helixabschnitte auf der Sequenz unter Berücksichtigung von helixfeindlichen Aminosäuren (Prolin) und komplexeren Wechselwirkungen zu anderen Sekundärstrukturen optimiert.

Obwohl beide Ansätze zum gegenwärtigen Zeitpunkt noch mit stark vereinfachenden Voraussetzungen operieren, werden in günstigen Fällen bereits Vorhersagen von Sekundärstrukturanteilen erreicht, die den experimentell ermittelten Raumstrukturen zu mehr als 50% entsprechen [50]. Dieser Erfolg ist deshalb hoch zu bewerten, da mit diesen Verfahren die bisher allein gültige Voraussetzung zur Ermittlung von Raumstrukturen der Proteine, nämlich das Vorliegen geeigneter Proteineinkristalle, durch die ausbaufähige Kombination von *Sequenzanalyse plus Rechentechnik* ersetzt wird. Durch die Einbeziehung weiterer, am gelösten Protein erhältlicher Strukturparameter (z. B. mittels kernmagnetischer Resonanz [8]) konnten weitere Erfolge, auch im Hinblick auf die dynamischen Eigenschaften der Proteinstruktur und deren Beeinflussung durch das Lösungsmittel, erreicht werden.

3.6. Stabilität und Mobilität der Raumstruktur von Proteinmolekülen

3.6.1. Die Raumstruktur des Proteinmoleküls als Gleichgewichtszustand

Im Abschnitt 3.2.1. war bei der Beschreibung der Hauptkette herausgearbeitet worden, daß diese durch die hohe Drehbeweglichkeit der Bindungen um das α-C-Atom (die nur von den „verbotenen" Winkelbereichen entsprechend dem Ramachandran-Diagramm eingeengt wird) keinen strukturierenden Einfluß auf das Proteinmolekül ausüben kann. Die spezifische Raumstruktur der Proteine ist also das Resultat vielfältiger Wechselwirkungen, die sich erst während des Strukturierungsprozesses zwischen den Seitenketten und der Peptidbindung entwickeln können. Da diese mit Ausnahme der Disulfidbindung zur Gruppe der nichtkovalenten Wechselwirkungen gehören, sind die energetischen Beiträge der einzelnen Bindungen relativ gering. Das für die Gesamtstruktur verantwortliche Freie Enthalpie-Minimum weist daher als Resultat aller dieser Wechselwirkungen eine hohe Feinstruktur auf (s. Abb. 3-29), die eine auf kleinste (energetische) Effekte ansprechende Atomanordnung ausweist.

Diese „mobile Gleichgewichtsstruktur" von Proteinen ist u. a. für den Informationstransfer bei Regulationsprozessen (s. 4.2.), aber auch für die bei der Denaturierung von Enzymen beobachteten „kooperativen Destrukturierungsprozesse" (s. u.) verantwortlich.

Am Beispiel des Myoglobins (153 Aminosäuren, 179 kD) konnte anhand der Proteinrelaxation nach Photodissoziation von CO-Myoglobin bei tiefen Temperaturen gezeigt werden, daß sich die bei der CO-Abspaltung ausgelösten Strukturänderungen „erdbebenartig" über das Molekül fortpflanzen und in einer komplizierten Hierarchie von energetisch differenzierbaren *Unter-Konformationszuständen* (CS_1 bis CS_4, Abb. 3-29) widerspiegeln [51]. Die Energiebarrieren zwischen den einzelnen Konformationszuständen nehmen mit zunehmender Untergliederung der Strukturzustände ab und betragen im Zustand CS_3 noch 1–5 kJ/mol, im Zustand CS_4 noch $\leq$0.4 kJ/mol. Möglicherweise spielen solche energetisch „gleichwertigen" Strukturzustände auch bei den Prozessen der Protein-Alterung eine Rolle [52]. Der Mobilitätseffekt als Resultat komplex ausbalancierter Strukturhierarchien zeigt sich auch in der geringen *Freien Stabilisierungsenthalpie von Proteinen* mittlerer Größe ($\Delta G_{stab} \sim 40$ kJ/mol). Offenbar halten sich auch über das Gesamtmolekül die strukturstabilisierenden und -destabilisierenden Kräfte etwa die Waage [53].

Der hier charakterisierte Gleichgewichtszustand des Proteinmoleküls wie auch die im folgenden dargelegten Bindungsmechanismen beschränken sich nicht nur auf das Innere von Proteinen sondern wirken auch zwischen den Untereinheiten von Proteinkomplexen oder zwischen den Enzymkomponenten von Multienzym-Komplexen. Da die spezifische Anordnung der Untereinheiten auf der sterischen und physikalischen Komplementarität der Bindungsareale beruht, unterliegt auch der Informations- (bzw. Konformations) transfer zwischen den Untereinheiten gleichen Gesetzmäßigkeiten.

Die sorgfältige Auswertung der Röntgenkristallstrukturdaten ausgewählter Proteine in bezug auf die Intensität der Streureflexe (die mit zunehmender Beweglichkeit der Atome im Gitter abnimmt) hat ergeben, daß sich die *thermische Mobilität* der einzelnen Atome nicht gleichmäßig über das Proteinmolekül verteilt. So werden besonders an herausra-

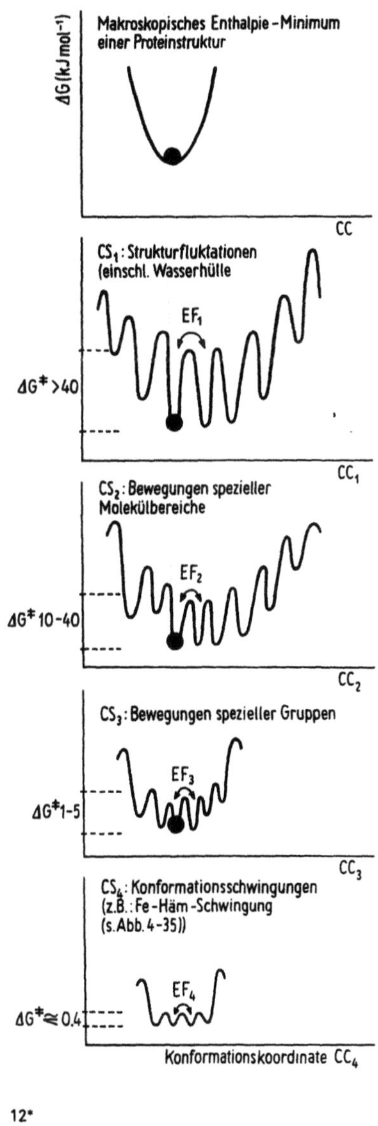

Abb. 3-29. Hierarchisches Modell der konformativen Unterzustände (CS) in Myoglobin (nach [51]). Der Zustand CS_2 entspricht z. B. der mit dem schwarzen Punkt gekennzeichneten Energiemulde von CS_1. EF_{1-4}: Gleichgewichtsfluktuationen innerhalb der verschiedenen Unterzustände. Diesen überlagern sich im Falle funktionsorientierter Prozesse *gerichtete Strukturänderungen* (z. B. Informationstransfer bei Regulationsprozessen). CC_{1-4}: Konformationskoordinaten der Unterzustände (s. Text).

genden Molekülstrukturen (Schleifen) und häufig auch in den für die katalytische oder regulatorische Funktion verantwortlichen Arealen der Oberfläche höhere Strukturbeweglichkeiten gefunden, wobei ein erhöhter Anteil an Gly die Mobilität solcher Bereiche begünstigt. Andererseits befinden sich besonders im Inneren der Moleküle stark immobile, dem Zustand von Kristallen entsprechende Strukturen, die in der Regel einen erhöhten Gehalt an aromatischen Aminosäuren und ein dichteres Netzwerk von Wechselwirkungen zwischen den Seitenketten aufweisen.

3.6.2. Wechselwirkungen zwischen den Seitenketten und deren Bedeutung für die Gesamtstruktur

3.6.2.1. Disulfidbindung

Die Bedeutung der *Disulfid-„Spange"* für die Raumstruktur und die räumliche Stabilität von Proteinmolekülen ist erheblich. Infolge ihres Bindungsenergiebeitrages von 200 kJ mol^{-1} (vgl. C—C: 330 kJ mol^{-1}, C—H: 410 kJ mol^{-1}, C—N: 260 kJ mol^{-1}) werden Disulfidbindungen durch Zufuhr thermischer Energie nicht gespalten. Daher werden auch bei Denaturierungsvorgängen zwei über Disulfidbrücken verknüpfte Hauptketten als stabile Einheit nachgewiesen.

Trotz der strukturstabilisierenden Wirkung der Disulfidbindungen hat sich gezeigt, daß deren Eliminierung (z. B. durch Reduktion) oder Verlängerung (z. B. durch Einbau von Hg-Ionen zur —S—Hg—S-Bindung) nicht immer zum totalen Verlust der katalytischen Aktivität führt. Dementsprechend wird auch bei der Resynthese gespaltener Disulfidbindungen (z. B. durch Reoxidation) nahezu vollständige Rückgewinnung der katalytischen Aktivität beobachtet [54]. Dies alles darf als Hinweis gelten, daß die Ausbildung der korrekten Disulfidstrukturen bei der Proteinbiosynthese auf den Prinzipien der Selbstorganisation beruht, also kein „künstlich" erzwungenes Strukturelement darstellt.

3.6.2.2. Elektrostatische Wechselwirkungen

Ionenbeziehung

Die Oberfläche von Proteinen ist durch ein heterogenes Muster von positiven und negativen Ladungen gekennzeichnet, dessen Gesamtwert sich im Isoelektrischen Punkt des Proteins widerspiegelt. Diese Ladungsstruktur ist u. a. verantwortlich für die Immobilisierung einer beträchtlichen Anzahl von Wassermolekülen (Hydrathülle s. Abb. 3-1a), die in Wechselwirkung mit der nativen Proteinstruktur deren Verhalten entscheidend mitgestalten.

Das *elektrostatische Gleichgewicht mit dem Medium* erstreckt sich nicht nur auf das Lösungsmittel, sondern auch auf die im Medium enthaltenen Ionen. Daher ist bei in-vitro-Versuchen mit Enzymen stets eine konstante und definierte Ionenstärke erforderlich, um zu reproduzierbaren Resultaten gelangen zu können.

Eine starke *Erhöhung der Salzkonzentration* führt zu einer verstärkten Bindung der Wassermoleküle durch die zugesetzten „Fremd-Ionen", so daß ein allmählicher Abbau der um das Protein lokalisierten Hydrathülle erfolgt. Durch den Wegfall der partiell-neutralisierenden Wirkung des Wassers werden die ionischen Wechselwirkungen zwischen den Proteinmolekülen verstärkt. Dadurch werden *Aggregationsprozesse* begünstigt, die schließlich zur Ausfällung des Proteins führen. Da die Salzkonzentration, die zur *Aussalzung* des Proteins erforderlich ist, sehr spezifisch von den Oberflächeneigenschaften des Enzyms abhängt, andererseits die bewirkten Aggregationsprozesse in den meisten Fällen reversibel sind (Rückerhalt der nativen Form bei Verdünnung), ist dieses Verfahren für die fraktionierte Ausfällung und Isolierung von Enzymen von besonderer Bedeutung.

Einen ähnlichen Effekt bewirkt die Veränderung der Dielektrizitätskonstante (DK) des Mediums durch Zugabe geeigneter *organischer Lösungsmittel* wie Ethanol oder Azeton.

Auch am Zusammenhalt solcher Enzyme, deren Molekül aus mehreren Untereinheiten (UE) besteht, können ionische Wechselwirkungen beteiligt sein. Da die Kontaktbereiche streng definierte, untereinander komplementäre Ladungsmuster aufweisen müssen, sind ionische Wechselwirkungen besonders für die Erzeugung der Feinstruktur von UE-Komplexen geeignet.

Von besonderer Bedeutung für die Funktion der Enzyme sind *ionische Wechselwirkungen innerhalb der aktiven Zentren.* Unter physiologischen Bedingungen fungieren im Proteinmolekül lediglich die C-terminalen und seitenkettenständigen Carboxylgruppen als *Anionen.* Ferner können durch spezifische Wechselwirkungen innerhalb der Proteinmatrix Mercaptid- (Papain), Alkoholat- (Trypsin) und Phenolat-Ionen (Hämoglobin) stabilisiert werden.

Als *Kation* werden in der Reihenfolge abnehmender Bindungsstärke zum Carboxylat-Ion das Guanidinium- (Arg), Ammonium- (Lys, N-terminale Aminogruppen) und das Imidazolium-Ion (His) gefunden. Die gleiche Reihenfolge gilt auch für Wechselwirkungen mit dem Phosphatrest, wobei der relativ stabilen *Arg-Phosphatbindung* besondere Bedeutung bei der Fixierung entsprechender Cofaktoren und Substrate im aktiven Zentrum zukommt [17].

Die bei elektrostatischen Wechselwirkungen erzeugten Freien Bindungsenthalpien sind proportional $e_1 \cdot e_2/\varepsilon \cdot r$, wobei e_1 und e_2 der Ladung der ionischen Gruppen entsprechen, r den Abstand zwischen den Ladungszentren und ε die Dielektrizitätskonstante im Bindungsbereich kennzeichnen. Aussagen über die bei Betätigung von Ionenbindungen erhältlichen Bindungsenthalpien sind daher nur unter Berücksichtigung der spezifischen Verhältnisse im Bindungsbereich möglich.

Wasserstoffbrücke

Zur Gesamtstruktur der Proteine tragen vor allem die im Inneren lokalisierten, d. h. dem Lösungsmittelkontakt entzogenen H-Brückensysteme bei. Daneben sind H-Brücken an den Mechanismen der Wasser- und Substratbindung sowie an Katalyse- und Regulationsprozessen beteiligt.

Die *Bindungsenthalpie* der in Proteinen auftretenden H-Brücken wird in Abhängigkeit von Abstand und Kolinearität der an der H-Brücke beteiligten Orbitale mit 10–50 kJ mol^{-1} angegeben (s. 1.5.2.). An Modellen wurde die *Bildungsdauer* von H-Bindungen zu 10^{-9} s ermittelt. Daher kann man selbst bei komplexen H-Bindungssystemen, wie sie in Helixstrukturen vorliegen, mit Faltungs- bzw. Entfaltungszeiten von 10^{-5} s rechnen. Dies ist für das Verständnis von Denaturierungs- und Renaturierungsprozessen von Bedeutung.

Der Gesamtanteil von aus H-Brücken resultierenden Bindungsenergiebeiträgen wird für Proteine auf mehrere hundert kJ mol^{-1} geschätzt [55]. Dieser hohe Energieanteil erklärt, daß niedermolekulare Verbindungen wie *Harnstoff oder Guanidin-HCl*, die auf Grund ihrer Struktur zur Ausbildung von H-Brücken besonders befähigt sind, eine Auflösung der nativen Proteinstruktur bewirken. Untersuchungen zur *Denaturierung* verschiedener Proteine mittels Guanidin-HCl haben ergeben, daß zur totalen Auflösung der Proteinstruktur etwa 1 Molekül auf 3 bis 4 Peptidbindungen erforderlich ist.

Van der Waalssche Wechselwirkungen

Unter diesem Begriff werden unspezifische Anziehungskräfte zusammengefaßt, die bei der Annäherung von Molekülorbitalen wirksam werden. Wichtigste Beiträge liefern der durch die gegenseitige Ausrichtung polarer Molekülteile hervorgerufene *Orientierungseffekt*, der durch die gegenseitige Polarisierung der Atomorbitale entstehende *Induktionseffekt* und der auf der Störung von Elektronenbewegungen beruhende *Dispersionseffekt* (London-Effekt). Die hierbei freigesetzten *Wechselwirkungsenthalpien* sind um 1–2 Größenordnungen niedriger als die Bindungsenthalpien kovalenter Bindungen

(~5 kJ mol^{-1}), können sich aber durch ihre Vielzahl besonders in den dichtgepackten inneren Bereichen von Proteinen und bei der spezifischen Wechselwirkung von Bindungszentren mit Coenzymen, Substraten u. a. zu beträchtlichen Gesamtenthalpien summieren.

3.6.2.3. Hydrophobe Strukturierungseffekte

Die Faltung einer beliebigen, z. B. aus 200 Aminosäuren bestehenden Sequenz zur nativen Raumstruktur ist mit einer beträchtlichen Einschränkung der Bewegungsfreiheit verbunden. Der hieraus resultierende *Entropieverlust* bewirkt, daß bei der Faltung dieser Sequenz ca. 800–1000 kJ mol^{-1} Freie Enthalpie zur Stabilisierung der Raumstruktur erforderlich werden. Dieser Energieverlust wird, wie die Analyse der Raumstruktur zahlreicher Proteine gezeigt hat, zu einem erheblichen Teil durch die Verlagerung hydrophober Seitenketten in das Innere der Moleküle abgedeckt. Nach einer groben Schätzung gewinnt das Proteinmolekül bei der Überführung einer hydrophoben Seitenkette (z. B. Val, Oberfläche ca. 130 Å^2, 1 Å = 0.1 nm) aus dem Wasserkontakt in den Kern pro 1Å^2 etwa 0.1 kJ mol^{-1} [56]. Andererseits verliert die Proteinstruktur mit steigender Temperatur an Stabilität. Daher können hydrophobe Beiträge, die mit steigender Temperatur an Effektivität zunehmen müßten (s. 1.9.3.) nicht allein für die Stabilität der Proteinstruktur verantwortlich sein.

Auch an der Assoziation zu UE-Komplexen sind hydrophobe Prozesse beteiligt, woraus sich die Empfindlichkeit von Oligomerstrukturen gegen Detergenzien erklärt.

3.6.3. Denaturierung und Renaturierung

Setzt man Proteine *thermischen oder chemischen Belastungen* aus, so kommt es in Abhängigkeit von der Stabilität der intramolekularen Bindungen zu Strukturänderungen. Bei geringer Belastung können diese zunächst lokal begrenzt bleiben, so daß sich z. B. keine Beeinträchtigung der katalytischen Aktivität erkennen läßt (Abb. 3-30). Bei Überschreiten eines bestimmten, häufig in relativ engen Grenzen liegenden *Schwellwertes* kommt es aber auf Grund des kooperativ vernetzten Bindungsgerüstes zu durchgreifenden Änderungen der Molekülstruktur (Denaturierung), die schließlich bis zur „totalen" Entfaltung der Kette unter Bildung *statistischer Knäuelstrukturen* führen.

In den meisten Fällen verläuft der durch Wärme oder Denaturantien bewirkte, zunächst *reversible* Übergang aus der nativen Enzymstruktur (N) in den inaktiven, entfalteten Zustand (I) über mehrere, kinetisch und teilweise auch strukturell separierbare Stufen (U_s, U_e, Gl. 3-9).

$$N \underset{K_s}{\overset{\text{schnell}}{\rightleftharpoons}} U_s \underset{K_e}{\overset{\text{langsam}}{\rightleftharpoons}} U_e \underset{k_I}{\longrightarrow} I \qquad \text{Gl. 3-9}$$

Im Falle der gut meßbaren Renaturierung von entfalteter Ribonuclease A ($U_e \rightarrow U_s \rightarrow N$) sind U_s und U_e z. B. entfaltete, inaktive Proteinketten, die sich nur durch ihren Entropie-, nicht aber durch den Enthalpiezustand unterscheiden. Der langsame Übergang der U_s-Form in die U_e-Form beruht in diesem Falle auf cis/trans-Umwandlungen der vom Prolinstickstoff ausgebildeten Peptidbindungen [57]. Die Anzahl der erfaßbaren *Zwischenzustände* ist von der spezifischen Bindungsstruktur des Proteins abhängig. In günstigen Fällen haben falsch geknüpfte Disulfidbrücken (Trypsin-Inhibitor) oder die Stabilisierung von Intermediaten mittels bifunktioneller Reagenzien (oligomere Proteine) zur molekularen Charakterisierung der Intermediate beigetragen. Auch konnte gezeigt werden, daß die Zwischenzustände im Falle der Denaturierung und Renaturierung nicht identisch sein müssen.

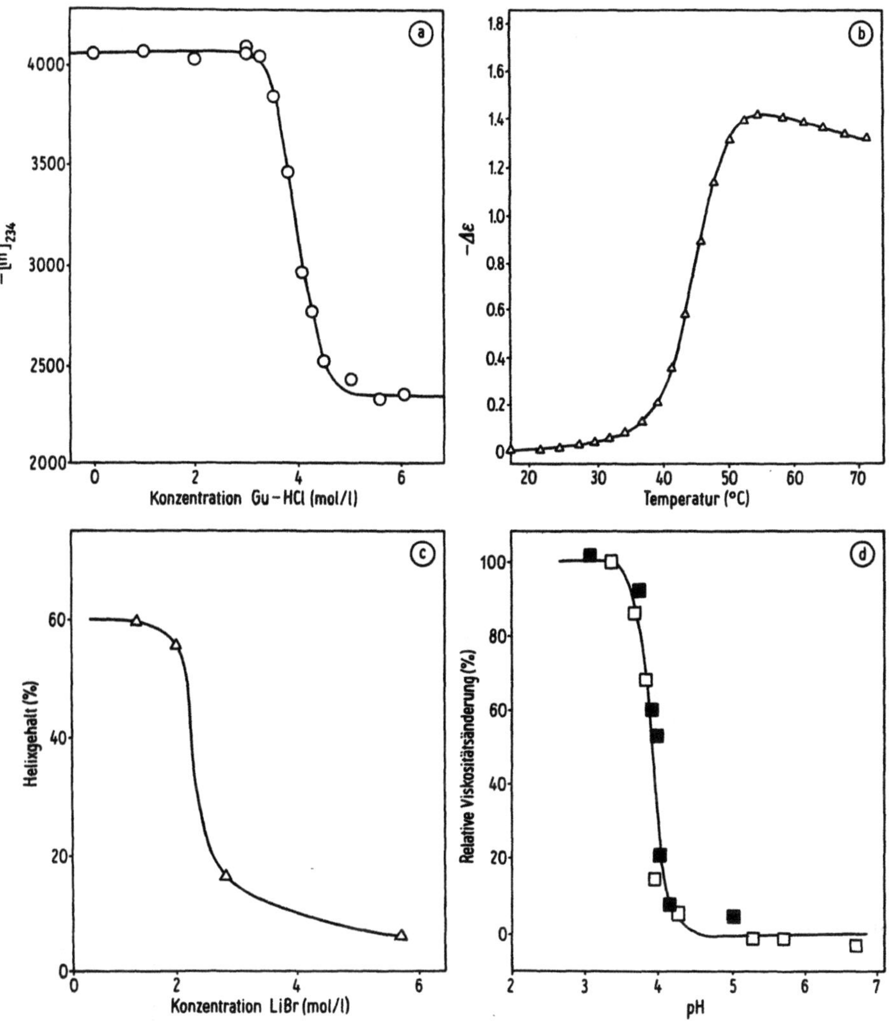

Abb. 3-30. Kooperativität von Denaturierungsprozessen.
a) Einwirkung von Guanidin-HCl auf Lysozym (Abnahme des Gehaltes an geordneter Struktur im ORD-Spektrum durch Messung der spezifischen optischen Drehung bei 234 nm). b) Thermische Denaturierung von Ribonuclease A bei pH 3.15 (Differenzspektrum, bezogen auf das native Protein). c) Denaturierung von Myosin mittels LiBr bei pH 7.0 (Helixgehalt, nach [58]). d) Säuredenaturierung von Nuclease (relative Viskositätsänderung bei Denaturierung und Renaturierung, nach [53]).

Die Renaturierung von Proteinstrukturen spielt bei der gentechnisch bewirkten Expression eukaryotischer Proteine in Prokaryoten (z. B. Escherichia coli) auch eine praktisch bedeutsame Rolle. Die hierbei häufig beobachtete Entstehung von falsch strukturierten Molekülen, die sich als unlösliche Teilchen im Wirtsorganismus anreichern (sog. *Inklusionskörper*), läßt sich nach totaler Entfaltung mit hochkonzentrierten Detergenzien durch eine stufenweise Überführung zu weitgehend nativen Milieubedingungen rückgängig machen.

Die exakte Definition des denaturierten Zustandes bereitet Schwierigkeiten, da es keine Möglichkeit gibt, die Abnahme an „nativer" Raumstruktur bei größeren Molekülen direkt zu verfolgen. Daher ist man auf indirekte Verfahren, wie die Verfolgung der katalytischen Aktivität, der Viskosität, der Veränderung spezifischer optischer Eigenschaften, z. B. der mit dem Gehalt an Sekundärstruktur korrelierbaren optischen Rotationsdispersion (ORD), angewiesen. Auch die Änderung des Isoelektrischen Punktes als Ausdruck veränderter Säure-Base-Gleichgewichte oder die kalorimetrische Messung der durch die Strukturänderungen hervorgerufenen Wärmeumsätze hat zur Beschreibung der Denaturierungsphänomene beigetragen. Abbildung 3-30a zeigt am Beispiel der mittels ORD verfolgten Denaturierung von Lysozym durch Guanidin-HCl, daß die native Struktur und katalytische Aktivität bei Zugabe des denaturierenden Agens zunächst erhalten bleibt, dann aber in einem relativ engen Konzentrationsbereich zusammenbricht. Dieser Prozeß ist reversibel, denn bei Reduzierung der Guanidin-HCl-Konzentration wird die gleiche Kurve in umgekehrter Richtung durchlaufen. Ähnliche *kooperative Destrukturierungs- bzw. Strukturierungsprozesse* werden auch bei der thermischen Denaturierung (sog. Schmelztemperaturen), bei der Einwirkung von Neutralsalzen (LiBr) oder von $H^{\oplus}$-Ionen beobachtet (Abb. 3-30b-d).

Die Bedingungen, unter denen Denaturierung eintritt, hängen stark von den spezifischen Eigenschaften des Proteins ab. So wird die Mehrzahl der bekannten Proteine, wenn sie einige Minuten einer Temperatur von 50 °C oder einer 6 M Harnstofflösung ausgesetzt werden, in ihrer katalytischen Aktivität nach einem *Geschwindigkeitsgesetz 1. Ordnung* denaturiert. Andererseits kennt man Enzyme aus thermophilen Mikroorganismen (Organismen, die in heißen Quellen gefunden werden), deren optimale Funktionstemperatur bei 70–80 °C liegt und die daher besonders im Hinblick auf eine praktische Nutzung an Bedeutung gewinnen. Auch sind Enzyme bekannt, deren katalytische Aktivität durch 6 M Harnstofflösungen kaum beeinflußt wird (Lysozym, Urease). Trotz intensiver Forschung ist es bisher nicht gelungen, allgemeingültige Regeln für das Auftreten von *Thermo- oder Chemostabilität* anzugeben. Sicher ist aber, daß diese Stabilisierungseffekte auf vermehrten intra- (z. B. Disulfidbrücken, Chelatstrukturen, hydrophobe Wechselwirkungen) oder intermolekularen Bindungsstrukturen, vermittelt z. B. durch Oligosaccharide im Oberflächenbereich, beruhen.

Der ebenfalls in Gleichung 3-9 erfaßte Prozeß der *irreversiblen Denaturierung* erzeugt Proteinstrukturen, deren Rückfaltung in den nativen Zustand auf Grund von unspezifischen Aggregationsprozessen oder anderen irreparablen Strukturschäden nicht mehr möglich ist. Beobachtet werden die Deamidierung von Gln oder Asn, Peptidspaltung, β-Eliminierung oder die falsche Knüpfung von Disulfidgruppen. Irreversible Denaturierung wird auch beobachtet, wenn die Abspaltung stabilisierender Strukturelemente (Membranbestandteile, Cofaktoren oder Metallionen) bei der Denaturierung zu irreversibel veränderten Molekülzuständen führt.

3.7. Strukturelle Aspekte der oligomeren Proteinstruktur (Quartärstruktur)

3.7.1. Stöchiometrie und Geometrie oligomerer Proteine

Die *Definition eines Molekülbegriffes* bei Enzymen erfordert infolge des Auftretens von Untereinheitsstrukturen die Einbeziehung funktioneller Aspekte. So ist es zweckmäßig, als „Enzymmolekül" die kleinste stabile Struktureinheit zu definieren, welche in nativer Umgebung die *volle katalytische und regulatorische Kapazität* aufweist. Diese Definition grenzt nach oben von unspezifischen Aggregaten (die z. B. bei der Isolierung oder bei Milieuveränderungen auftreten können), nach unten von Spaltprodukten (z. B. Untereinheiten (UE) mit noch teilweise vorhandener katalytischer Aktivität) ab.

Bei Enzymmolekülen, die aus mehreren Untereinheiten aufgebaut sind, werden häufig die Ausdrücke Dimer, Trimer, Tetramer ... Oligomer verwendet. Streng genommen sollten diese Bezeichnungen nur für Enzymmoleküle, die (soweit dies experimentell gesichert ist) aus gleichen Untereinheiten aufgebaut sind (homomere Moleküle α_2, α_3, $\alpha_4 \ldots \alpha_n$-Typ), Verwendung finden. Bei Proteinmolekülen aus morphologisch und besonders funktionell unterschiedlichen Untereinheiten (z. B. Hämoglobin, $\alpha_2\beta_2$) sollte der Präfix „hetero" (z. B. Hetero-Tetramer) diesen Sachverhalt verdeutlichen.

Der weitaus größte Teil von Enzymmolekülen ist aus 2, 4 oder 6 Untereinheiten aufgebaut [59]. In geringerem Maße werden auch Moleküle aus 8, 10 und 12 Untereinheiten beschrieben, während Moleküle aus 3 oder 5 Untereinheiten sehr selten auftreten.

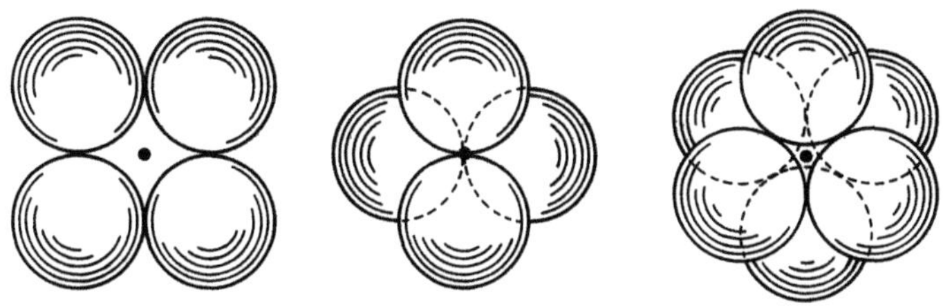

Abb. 3-31. Die wichtigsten Symmetrieformen für Enzyme aus 4 und 6 Untereinheiten. C: Cyclische Symmetrie. Der Index 4 bedeutet, daß das Molekül nach einer Drehung von 360/4 = 90° um eine senkrechte Rotationsachse zur Deckung gebracht wird.
D: Diedrische Symmetrie. Der Index 2 bzw. 3 bedeutet, daß zur Rotationsachse noch 2 bzw. 3 weitere zweizählige Achsen senkrecht angeordnet sind (•: Rotationsachsen).

Für die wichtigsten Typen von UE-Komplexen (4, 6) sind sowohl *cyclische* (C_4, C_6) als auch *diedrische Symmetrieformen* (D_2, D_3) möglich (Abb. 3-31).

Beispiele für die C_4-Symmetrie findet man bei Tryptophanase und Pyruvat-Carboxylase. Als Beispiel für D_2-Symmetrie seien die Lactat-Dehydrogenase, die Glycerolaldehyd-3-phosphat-Dehydrogenase und das Hämoglobin genannt. Ein Beispiel für oktaedrische D_3-Symmetrie ist die Leucin-Aminopeptidase, deren Struktur elektronenmikroskopisch und durch Röntgenkleinwinkelstreuung ermittelt worden ist [60].

Die relative Häufigkeit der *D_2-Symmetrie* läßt vermuten, daß dieser Strukturtyp durch die höhere Anzahl an UE-Kontakten (C_4 : 4, D_2 : 6) bevorzugt wird.

Aus den Symmetrieformen lassen sich Rückschlüsse auf das Dissoziationsverhalten oligomerer Proteine ableiten [59].

3.7.2. Assoziations-Dissoziations-Gleichgewichte bei oligomeren Proteinen

Gemäß Definition sind Wechselwirkungen zwischen Untereinheiten nichtkovalenter Natur. Die dafür in Frage kommenden Bindungstypen sind die gleichen, die auch die Raumstruktur der Proteine bestimmen: elektrostatische und hydrophobe Wechselwirkungen.

Daher ist auch die Lage des Gleichgewichts zwischen dem oligomeren Protein A_n und seinen Untereinheiten A

$$nA \overset{K_{Ass}}{\rightleftharpoons} A_n$$

(charakterisiert durch die Assoziationskonstante K_{Ass} oder die Dissoziationskonstante K_D Gl. 3-10)

$$K_{Ass} = \frac{[A_n]}{[A]^n} = \frac{1}{K_D} \qquad \text{Gl. 3-10}$$

eine vom Medium abhängige und beeinflußbare Größe. Präzise Angaben erfordern daher stets die Definition von Proteinkonzentration, Ionenstärke, pH-Wert, Temperatur u.a.

Die Assoziation eines Proteins aus seinen Untereinheiten würde bei gleicher Größe der die aufeinanderfolgenden Schritte charakterisierenden Einzelkonstanten (K) ein stark von der Proteinkonzentration abhängiger Prozeß sein. Häufig werden jedoch *kooperative Mechanismen,* bei denen die Anlagerung einer Untereinheit die anschließende Assoziation weiterer Untereinheiten begünstigt (oder zurückdrängt), beobachtet, so daß die Ermittlung der Gleichgewichtskonstanten für die Elementarschritte Schwierigkeiten bereitet.

Solche Kooperativitätsphänomene können bereits bei sehr geringen Abweichungen von den Mittelwerten der Freien Bindungsenthalpien ΔG°_M

$$\Delta G^\circ_M = \frac{\Delta G^\circ_{Ass}}{n} = -\frac{1}{n} RT \ln K_{Ass}$$

zu erheblichen Veränderungen des beobachteten Aggregationsmusters führen. Als Maß für die Zu- oder Abnahme zweier aufeinanderfolgender Assoziationskonstanten K_{i+1} und K_i wurde der *Kooperativitätsfaktor* a_p

$$a_p = \frac{K_{i+1}}{K_i}$$

eingeführt [59]. Werte von $a_p > 1$ zeigen eine Begünstigung des folgenden Assoziationsschrittes *(positive Kooperativität),* solche von $a_p < 1$ eine Behinderung des folgenden Assoziationsschrittes *(negative Kooperativität)* an.

Die Bedeutung kooperativer Assoziationsphänomene sei am Beispiel des aus 8 Untereinheiten aufgebauten Hämerythrins ($K_{Ass} = 3.4 \times 10^{36}$, $\Delta G^\circ_{Ass} = 194$ kJ mol^{-1}) erläutert. Wird die für die Gleichverteilung der Freien Bindungsenthalpie ($a_p = 1$) pro Monomer errechnete Freie Enthalpie von 24 kJ mol^{-1} (194/8) um nur 4 kJ mol^{-1} nach oben (28 kJ mol^{-1}) oder unten (20 kJ mol^{-1}) verschoben, so zeigt das resultierende Assoziationsmuster beträchtliche Veränderungen. Während im ersten Falle bei einer Proteinkonzentration von 0.5 mg/ml das Molekül praktisch vollständig als Oktamer vorliegt, wäre es im letzteren Falle nahezu komplett in die Untereinheiten dissoziiert.

Derartige Veränderungen der ΔG°_M-Werte können bereits aus geringen Veränderungen der Umgebung polarer Gruppen in den Kontaktarealen resultieren. So würde bereits die Überführung einer an der Oberfläche gelegenen Carboxylgruppe aus der wäßrigen in eine apolare Umgebung (im Oligomer) durch die bewirkte Änderung der Dielektrizitätskonstanten (Rückdrängung des Dissoziationsgleichgewichtes) mit einer Energieänderung von ca. 20 kJ mol^{-1} verbunden sein.

Ein wichtiger Hinweis für die Bedeutung der aus Modellbetrachtungen abgeleiteten molekularen Vorstellungen konnte am Hämoglobin (Typ Kansas) gewonnen werden. Dieses Protein dissoziiert im Gegensatz zum normalen Hämoglobin (Hb) leicht gemäß $\alpha_2\beta_2 \rightleftharpoons 2\,\alpha\beta$ (Hb: $K_{Ass} = 0.8 \cdot 10^6$, Hb-Kansas: $0.5 \cdot 10^4$ lmol^{-1}). Die Aufklärung der genauen Molekülstruktur dieser Mutante hat gezeigt, daß bei Hb-Kansas lediglich eine H-Brücke zwischen den Untereinheiten von $Asn_{102\beta}$ nach $Asp_{94\alpha}$ durch den Austausch von $Asn_{102\beta}$ gegen $Thr_{102\beta}$ fehlt.

3.7.3. Verfahren zur Ermittlung der Geometrie von Oligomerstrukturen

Wie bei der Tertiärstruktur ist die Röntgenkristallstrukturanalyse bisher das einzige Verfahren, mit dem man Struktur und Anordnung der Untereinheiten sowie die genaue Lage der in den Kontaktarealen lokalisierten Atome ermitteln kann. Trotzdem sollen hier einige Verfahren, die mit geringerem experimentellen Aufwand verknüpft sind, dafür aber nur *Teilaspekte* der Gesamtstruktur liefern, vorgestellt werden.

3.7.3.1. Elektronenmikroskopie

Die Abbildung von Proteinmolekülen im Elektronenstrahl vermittelt in günstigen Fällen nicht nur relativ detaillierte Aussagen über die Molekülkonturen, sondern läßt auch die geometrische Anordnung der Untereinheiten besonders bei Verwendung der informationsverstärkenden Methoden der *Bildverarbeitung* (engl. image processing), erkennen. Für die Aufnahmen werden entweder hochgereinigte Enzymlösungen oder *kristalline Monoschichten* des Objekts auf eine als Objektträger dienende Kollodiummembran aufgebracht. Anschließend werden die Kontrasteigenschaften des Proteins durch Einlagerung von Schwermetallverbindungen (Uranylacetat, Phosphorwolframsäure) verbessert und eine schrittweise Entwässerung der Objekte durch Behandlung mit Alkohollösungen steigender Konzentration vorgenommen. Zur *Erhöhung der Abbildungsqualität* können auch Fixierungsmaßnahmen (Einbau kovalenter Brückenstrukturen mittels Osmiumtetroxid oder Glutardialdehyd) oder die Bedampfung der Objekte (z. B. mit Platin- oder Kohlenstoffschichten) dienen, wobei durch geeignete Wahl des Bedampfungswinkels die Herausarbeitung struktureller Details gelingt.

Alle aufgeführten Operationen führen zwar zu einer Verbesserung der Bildqualität, modifizieren aber die ursprüngliche Molekülstruktur ganz beträchtlich. Dies gilt besonders auch für den anschließenden, unter beträchtlicher Erhitzung des Objekts im Hochvakuum erfolgenden Elektronenbeschuß, bei dem ein Abbau der ursprünglichen Molekülstruktur bis zu einem im wesentlichen aus Kohlenstoffatomen bestehenden Skelett erfolgt. Daher erfordert die *kritische Auswertung* der resultierenden Abbildungen viel Sorgfalt und Erfahrung. Weit mehr noch als bei der Röntgenstrukturanalyse wird die Auflösungsgrenze weniger vom Verfahren, als vor allem von der Vorbehandlung und Stabilisierung der Untersuchungsobjekte sowie von den Bedingungen der Bildauswertung bestimmt.

3.7.3.2. Bifunktionelle Reagenzien zur Ermittlung der räumlichen Anordnung von Untereinheitskomplexen

Wie im Abschnitt 3.3.3.2. dargelegt, sind bifunktionelle Reagenzien durch ihre Fähigkeit, mit zwei Seitenketten (meist Lys) gleichzeitig kovalente Bindungen auszubilden, in der Lage, Brückenstrukturen sowohl innerhalb von Untereinheiten als auch zwischen den Untereinheiten eines Proteinmoleküls auszubilden. Im letzteren Falle kommt es nach Auflösung der ursprünglich vorhandenen nichtkovalenten Wechselwirkungen zwischen den Untereinheiten, z. B. durch Zugabe von Natrium-dodecylsulfat (engl. sodium dodecyl-sulfate SDS), zu *Vernetzungsmustern,* die u. a. den geometrischen Verhältnissen im Oligomer entsprechen und die sich nach Polyacrylamidgel-Elektrophorese leicht qualitativ und quantitativ auswerten lassen [61].

Die anschließende *Umsetzung in geometrische Modelle* setzt voraus, daß eine gewisse Gleichverteilung der modifizierbaren Aminogruppen an der Oberfläche der Untereinheiten herrscht und daß die Länge und Konzentration des bifunktionellen Reagenz (meist werden Dicarbonsäurediimidate der Kettenlänge C_3–C_{12} eingesetzt) ausreichend optimiert worden ist, um alle modifizierbaren Aminogruppen zu erfassen. Ferner sollten

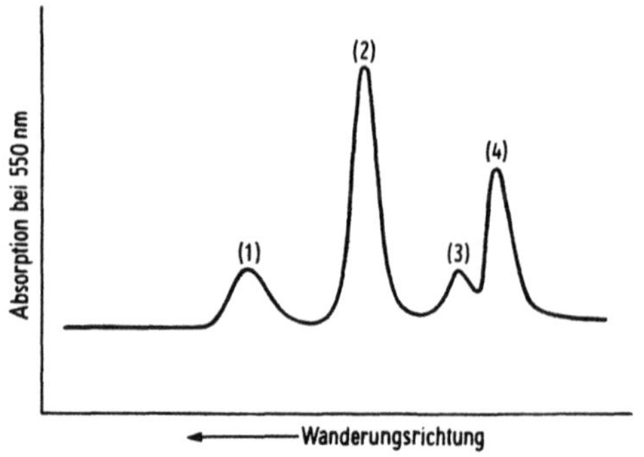

Abb. 3-32. Gelelektropherogramm eines durch Umsetzung mit Sebazinsäurediimidat vernetzten Oligomer-Enzyms.
Das Vernetzungsmuster entsteht durch Auflösung der nichtkovalenten Wechselwirkungen zwischen den Untereinheiten mittels Natrium-dodecylsulfat (Beispiel: Pyruvat-Kinase). Die bevorzugte Dimerbildung (2) deutet eine (tetraedrische) D_2-Symmetrie an (nach [61]).

durch Verwendung niedriger Enzymkonzentrationen *intermolekulare* Vernetzungen weitgehend unterdrückt werden.

Abbildung 3-32 zeigt das erhaltene Vernetzungsmuster von Pyruvat-Kinase nach Umsetzung mit Sebazinsäurediimidat. Man erkennt eine starke Bevorzugung von dimeren und tetrameren gegenüber trimeren Vernetzungsformen, was auf D_2-Symmetrie (Dimer aus Dimeren, s. 3.7.1.) schließen läßt. Ähnliche Vernetzungsmuster wurden auch für andere α_4-Enzyme wie Lactat-Dehydrogenase, Aldolase, Fumarase und Katalase erhalten, so daß diese Moleküle verwandte Untereinheits-Geometrien aufweisen sollten.

3.7.3.3. Modellierung von Oligomerstrukturen anhand von Streukurven

Beim Auftreffen von Röntgen- (oder Neutronen-) Strahlen auf gelöste Makromoleküle wird ein Bruchteil des Primärstrahls aus seiner ursprünglichen Richtung abgelenkt. Die Intensität dieser *„Sekundärstrahlung"* wird in ihrer Abhängigkeit vom Streuwinkel registriert. Auf diese Weise erhält man Streukurven, die auf der Grundlage der (berechenbaren) Wechselwirkung zwischen den Röntgenstrahlen und den Elektronen des Makromoleküls vor allem im Bereich *kleiner Ablenkungswinkel* (daher *Röntgenkleinwinkelstreuung)* Informationen über die Oberfläche der Teilchen und deren Feinstruktur enthalten. Da eine direkte Berechnung von Strukturdaten aus den erhaltenen Streukurven nicht möglich ist, erfolgt die Auswertung der Kurven durch Vergleich mit Streukurven von systematisch angenäherten *Modellkörpern.* Viel Erfahrung ist erforderlich, um mit dieser Methode auch kompliziertere Molekülstrukturen von Proteinen zu charakterisieren [62].

Aus Streukurven lassen sich nicht nur die strukturellen Feinheiten der Oberflächenbereiche von Protein-Oligomeren, sondern auch (besonders bei Einführung von *Schweratomen* als zusätzliche Streuzentren) Moleküldimensionen, Abstandsparameter und funktionsbedingte relative Strukturänderungen der Moleküle erfassen. Eine Erhöhung der Aussagefähigkeit der Streukurven gelingt, wenn bei bekannter Raumstruktur ein Vergleich mit den berechneten Streukurven des Proteinmoleküls möglich ist.

Die folgenden Beispiele gewinnen dadurch besonders an Wert, daß sie – im Gegensatz zur Röntgenstrukturanalyse – an *gelösten Proteinmolekülen* erhalten wurden. So konnte im Falle der Phosphoglycerat-Kinase (Abb. 3-24c) die bei der Substratbindung (Mg-ATP und 3-Phosphoglycerat) erfolgende *Domänenverschiebung*, die zur Verschließung des aktiven Zentrums führt, bestätigt werden [63]. Auch in anderen Fällen gelang es, die bei der Substratanlagerung *induzierten Strukturänderungen* nachzuweisen. Im Falle des Hämoglobins wurden die mit der Sauerstoffanlagerung verbundenen Umlagerungen der Untereinheiten (s. Abb. 4-31, 4.4.1.2.) auch am gelösten Molekül gemessen [64].

3.8. Nichtproteinstrukturkomponenten

Unter dem Begriff Nichtproteinstrukturkomponenten werden abschließend Strukturanteile zusammengefaßt, die – ohne chemische Verwandtschaft zur Proteinmatrix – über kovalente oder andere Bindungskräfte mit dem Molekül verbunden und am Aufbau und Erhalt der nativen Proteinstruktur beteiligt sind (Strukturkomponenten). Daneben gibt es spezielle Moleküle oder Ionen, die durch ihren sterisch streng determinierten Einbau in die katalytisch aktiven Bereiche zur Funktion der Proteine beitragen. Für letztere, am Funktionsmechanismus direkt beteiligte Nichtproteinkomponenten werden wir den Ausdruck „Cofaktoren" verwenden und sie im Abschnitt 4.3. vorstellen.

3.8.1. Wasser

Native Proteinstrukturen werden unter Einbau von Wassermolekülen gebildet und stabilisiert. In Abhängigkeit von der Zusammensetzung der Proteinkomponente werden in das Proteinmolekül bis zu 50 Gew.-% Wassermoleküle eingebaut, wobei diese, vor allem in Wechselwirkung mit polaren Gruppen des Proteins, einen hohen Ordnungsgrad aufweisen können. Die Sauerstoffatome dieser Moleküle erscheinen demzufolge bei der Röntgenstrukturanalyse als *stabile Gitter-Reflexe.* Obwohl diese Wassermoleküle nur über nichtkovalente Bindungen (H-Brücken) in das Proteinmolekül eingebaut sind, gelingt die totale Entwässerung von Proteinen nur im Hochvakuum und bei erhöhten Temperaturen, was mit einem irreversiblen Verlust der nativen Struktur und der katalytischen Aktivität verbunden ist.

Tab. 3-10. Zuordnung gebundener Wassermoleküle in kristallisierten Enzymen ([2], [65]).

<table>
<tr><th rowspan="2">Enzym</th><th colspan="2">Hauptkette</th><th rowspan="2">Polare Seitenketten</th><th rowspan="2">Maskiert</th><th rowspan="2">Aktiv. Zentrum</th><th rowspan="2">Total</th></tr>
<tr><th>NH</th><th>CO</th></tr>
<tr><td>α-Chymotrypsin</td><td>19</td><td>32</td><td>26</td><td>12</td><td>4</td><td>50</td></tr>
<tr><td>Lysozym</td><td></td><td></td><td></td><td>3</td><td>15</td><td>185</td></tr>
<tr><td>Ribonuclease A</td><td colspan="2">49</td><td>46</td><td></td><td>3</td><td>127</td></tr>
</table>

Die Lage der 127 immobilen, d. h. in der Röntgenstruktur abgebildeten Wassermoleküle von Ribonuclease A zeigt Abbildung 3-1 [2]. Weitere mittels Röntgenstrukturanalyse (2 Å (0.2 nm)-Auflösung) gewonnene Daten zur Verteilung der Solventmoleküle auf bestimmte Strukturbereiche finden sich in Tabelle 3-10. Auffallend ist der große Anteil gebundener Wassermoleküle bei Lysozym, das durch einen besonders hohen Gehalt an polaren Aminosäuren ausgezeichnet ist (s. Tab. 3-4).

3.8.2. Polysaccharide

Zahlreiche Enzyme enthalten vor allem in ihren dem Medium ausgesetzten Bereichen Polysaccharidanteile, deren Einfluß auf Löslichkeit und Stabilitätsverhalten beträchtlich sein kann. Es ist aber bis heute nicht möglich, eine allgemeingültige Erklärung zur Funktion dieser Strukturen zu geben. Eingehende Untersuchungen wurden besonders an Invertase durchgeführt, bei der sich aus Hefe sowohl eine polysaccharidfreie Form (Cytoplasma), als auch ein zu etwa 50 Gew.-% mit Kohlenhydratresten (vorwiegend Mannose) beladenes externes Zellwandenzym mit praktisch identischer Proteinstruktur isolieren lassen. Dabei wurde gefunden, daß die Zuckeranteile keinen erheblichen Einfluß auf den Entfaltungs-, Faltungs- oder Untereinheits-Assoziationsmechanismus ausüben. Durch erhöhte Löslichkeit rufen die Polysaccharidanteile aber besonders nach Denaturierung einen äußerst wirksamen Schutz vor irreversiblen Aggregationsprozessen hervor, der auch bei der Proteinfaltung oder Biosynthese eine Rolle spielen könnte [66]. Andererseits wurde im Falle der Glucoamylase nachgewiesen, daß durch Periodat-Oxidation oder enzymatischen Abbau der Kohlenhydratreste zwar die enzymatische Aktivität kaum beeinflußt, die Stabilität des Enzyms gegenüber physikalischer oder chemischer Denaturierung aber erheblich vermindert wird [67].

Generell gilt, daß sich kohlenhydrathaltige Proteine durch erhöhte Löslichkeit auszeichnen, so daß sie – im Gegensatz zu den normalen Proteinen – bei Behandlung mit wäßriger Trichloressigsäure oder Perchlorsäure (auch bei erhöhten Temperaturen) in Lösung verbleiben. Da ferner das *spezifische Volumen* der Zuckerreste niedriger ist als das von Aminosäuren, sind besonders bei kohlenhydratreichen Proteinen auch die mittels hydrodynamischer oder elektrophoretischer Methoden gewonnenen Aussagen zur Molekülgestalt und -größe mit Vorsicht zu bewerten. Auch die üblichen Methoden zur Bestimmung der Proteinkonzentration (z. B. nach Lowry) können bei erhöhtem Kohlenhydratanteil gestört sein.

Bei sialinsäurehaltigen Enzymen (Tab. 3-11) bewirken die Kohlenhydratreste eine Zunahme negativ geladener Gruppen an der Oberfläche, so daß Senkungen des isoelektrischen Punktes um bis zu 2 Einheiten beobachtet werden.

Wichtige Hinweise zur Struktur der Polysaccharidkomponenten verdankt man Untersuchungen an der Ribonuclease [68], von der man sowohl kohlenhydratfreie (Ribonuclease A) als auch kohlenhydrathaltige Spezies (Ribonuclease B, C, D) kennt, die sich weder im Aufbau der Proteinkomponente noch in der katalytischen Aktivität wesentlich unterscheiden. So ist z. B. eine aus 6 Mannose- und 2 Acetylglukosamin-Resten bestehende Polysaccharidkette der Ribonuclease B an eine in unmittelbarem Lösungsmittelkontakt befindliche Asparagin-Seitenkette (Asn 34) über folgende Struktur fixiert:

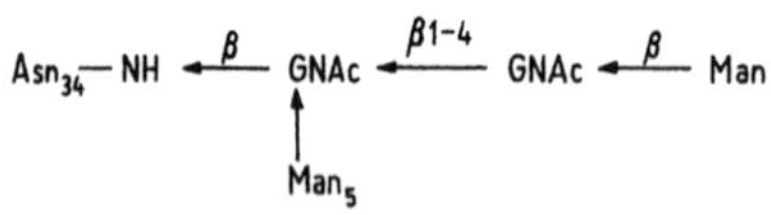

(GNAc: N-Acetyl-glucose; Man: Mannose)

Die Bindung der Polysaccharidkomponenten an das Protein erfolgt bei den meisten Enzymen cotranslational über Asn-Reste, seltener (Glukoamylase) 0-glykosidisch an Ser- oder Thr-Reste. Eine Abspaltung der Kohlenhydratreste gelingt entweder durch Behandlung mit polysaccharidspaltenden Enzymen wie Neuraminidase, β-Galactosidase, β-N-Acetylglukosaminidase oder chemisch, z. B. durch Umsetzung mit alkalischem Borhydrid, oder durch Oxidation mit Periodat.

3.8.3. Phosphatgruppen

Während der Einbau von Polysaccaridresten in Proteine im wesentlichen die physikalisch-chemischen Eigenschaften der Proteinkomponente beeinflußt, verändert die Bindung der negativ geladenen Phosphatgruppen in erster Linie das *Funktionsverhalten* der Enzyme. Da aber dieses funktionsbeeinflussende Verhalten letztlich ebenfalls über strukturelle Veränderungen der Proteinkomponente wirksam wird, halten wir es für gerechtfertigt, den esterartig gebundenen Phosphatrest als Strukturkomponente an dieser Stelle mit zu behandeln.

Meist genügt der durch Protein-Kinasen (s. 4.5.3.2.2.) katalysierte Einbau von einem Phosphatrest/Untereinheit, um die entsprechende Enzymspezies in ihrer katalytischen Wirkung zu aktivieren bzw. zu desaktivieren (Tab. 3-12). Durch Abspaltung des Phosphatrestes mittels Protein-Phosphatasen wird dieser Effekt aufgehoben. Auf diese Weise entsteht ein äußerst wirkungsvolles Regulationsprinzip, da durch die kovalente Modifizie-

Tab. 3-11. Kohlenhydratzusammensetzung einiger Enzym-Glykoproteine (nach [68]) (PS: Polysaccharid)

Enzym	Mol.-Gew. kD	a)	Gal	Man	Fuc	GlcN	GalN	Sialinsre.	Glc	b)
Ribonuclease B (Schwein)	22	5	5	17	3	18	–	3	–	38
α-Amylase (Asp. oryzae)	53	1	–	6	–	2	–	–	–	2.6
Glucoamylase (Asp.niger)	75	45	2	80	–	–	–	–	20	10.2
Invertase (Hefe)	270		–	750	–	38	–	–	–	48
Glucose-Oxydase (Asp.niger)	150		3	128	–	19	–	–	–	17
Esterase (Plasma)	82		16	8	3	15	7	12	–	15
Lipase (Pankreas)	50		–	4	–	3	–	–	–	2.5
Bromelain	33		–	2–3	1	2	–	–	Xyl:1	3.5

Gal: Galaktose; Man: Mannose, Fuc: Fucose, GlcN: Glukosamin, GalN: Galaktosamin, Glc: Glucose, Xyl: Xylose
a) PS-Ketten pro Molekül; b) PS-Anteil am MG (%).

Tab. 3-12. Einige Enzyme, deren Aktivität durch Phosphorylierung beeinflußt wird (nach [69])

Enzym	Modifizierungsmechanismus	Durch die Modifizierung bewirkte Änderung der katalytischen Aktivität
Glykogen-Phosphorylase (Eukaryoten)	Phosphorylierung ⇅ Dephosphorylierung	erhöht ⇅ erniedrigt
Phosphorylase b-Kinase (Säugetiere)	Phosphorylierung ⇅ Dephosphorylierung	erhöht ⇅ erniedrigt
Glykogen-Synthetase (Eukaryoten)	Phosphorylierung ⇅ Dephosphorylierung	erniedrigt ⇅ erhöht
Pyruvat-Dehydrogenase (Säugetiere, Vögel)	Phosphorylierung ⇅ Dephosphorylierung	erniedrigt ⇅ erhöht
Fructose-1.6-Diphosphatase (Schweineniere)	Phosphorylierung ⇅ Dephosphorylierung	erniedrigt ⇅ erhöht
Glutamin-Synthetase (E. coli)	Adenylierung ⇅ Deadenylierung	erniedrigt ⇅ erhöht

rung eine langfristige und, im Gegensatz zu den allosterischen Regulationen, von momentanen Metabolitkonzentrationen unabhängige Beeinflussung der katalytischen Aktivität resultiert (*Enzymregulation durch Interkonvertierung,* s. Abb. 4-8, [69]).

In Tabelle 3-12 sind einige wichtige Enzyme zusammengestellt, deren katalytische Aktivität durch den Einbau von Phosphat- bzw. Adenylatresten beeinflußt wird.

Ursache für die durch Phosphorylierung bewirkten Struktur- und Funktionsänderungen ist der in das Protein eingeführte, *doppelt-negative Ladungsschwerpunkt* in definierter (meist hydrophober) Umgebung. In wäßrigem Milieu würde dies für die Ester der Phosphorsäure einer Senkung des pK_a-Wertes um mindestens 3 Einheiten (entsprechend einer Änderung der Freien Enthalpie um 17.1 kJ mol^{-1}) entsprechen. Dieser Ladungseffekt erfaßt nicht nur die polaren Reste der unmittelbaren Umgebung, sondern auch größere Bereiche einschließlich der funktionellen Areale der Proteinstruktur.

Die *Bindung* der Phosphatreste erfolgt meist esterartig über spezielle Ser-Reste, seltener über Thr und Tyr. Diese müssen sich sowohl durch spezifische Zugänglichkeit und Affinität für die entsprechenden Protein-Kinasen als auch durch funktionsgemäße Anordnung zum aktiven Zentrum auszeichnen.

3.8.4. N-terminale Acylreste

Die endständigen Aminogruppen zahlreicher Enzymproteine wie z. B. Alkohol-Dehydrogenase, Lactat-Dehydrogenase oder Kohlensäure-Anhydrase sind durch amidartig gebundene Acetylreste besetzt. In über 60% dieser Fälle fungieren Ser und Ala als Träger der Acetylreste [70] (Tab.3-13). Ein genaueres Studium hat ergeben, daß zumindest ein Teil dieser Enzyme durch eine starke *Exposition* ihrer N-terminalen Aminosäuresequenz zum Lösungsmittel gekennzeichnet ist. Es wird daher vermutet, daß durch die Acetylierung ein Schutz vor N-terminal angreifenden Proteasen entsteht.

Tab. 3-13. Einige Enzyme mit N-terminal acetylierter Sequenz (aus [70])

Enzym	N-terminale Aminosäure	Exposition zum Lösungsmittel nachgewiesen (+)
Alkohol-Dehydrogenase (Pferdeleber, Hefe)	Ac-Ser	+
Kohlensäure-Anhydrase C (Mensch)	Ac-Ser	+
Kohlensäure-Anhydrase B (Mensch)	Ac-Ala	
Lactat-Dehydrogenase (Rinder, Küken)	Ac-Ala	+
Phosphoglycerat-Kinase (Mensch)	Ac-Ser	

In selteneren Fällen wurden in N-terminaler Position auch *längerkettige Carbonsäuren* (Palmityl-, Palmitoleyl-, Myristylsäure) nachgewiesen. Diese hydrophoben Reste begünstigen das Eintauchen des endständigen Strangbereiches in den hydrophoben Kern des Proteins.

3.9. Literatur

1 J.C.Kendrew: Myoglobin and the Structure of Proteins – Crystallographic Analysis and Data-processing Techniques reveal the Molecular Architecture. Science **139** (1963): 1259–1266.
M. F. Perutz: X-ray Analysis of Hemoglobin – The Results Suggest that a Marked Structural Change Accompanies the Reaction of Hemoglobin with Oxygen. Science **140** (1963): 863–869.

2 N. Borkakoti, D. S. Moss, M. J. Stanford and R. A. Palmer: The Refined Structure of Ribonuclease-A at 1.5 Å Resolution. J. Cryst. Spectrosc. Res. **14** (1984): 467–494.
3 A. Wlodawert, R. Bott and L. Sjolin: The Refined Crystal Structure of Ribonuclease A at 2.0 Å Resolution. J. Biol. Chem. (1982): 1325–1332.
4 L. Pauling, R. B. Corey and H. R. Branson: The Structure of Proteins: Two Hydrogen-bonded Helical Configurations of the Polypeptide Chain. Proc. Natl. Acad. Sci. **37** (1951): 205–213.
5 G. N. Ramachandran and V. Sasisekharan: Conformation of Polypeptides and Proteins. Adv. Protein Chem. **23** (1968): 283–437.
6 G. Fischer, H. Bang und C. Mech: Nachweis einer Enzymkatalyse für die cis-trans-Isomerisierung der Peptidbindung in prolinhaltigen Peptiden, Biomed. Biochim. Acta **43** (1984): 1101–1111.
7 E. Tüchsen and C. Woodward: Hydrogen Exchange Kinetics of Peptide Amide Protons at the Bovine Pancreatic Trypsin Inhibitor. Protein-Solvent Interface. J. Mol. Biol. **185** (1985): 405–419 and 420–430.
8 G. Wagner and K. Wüthrich: Correlation between the Amide Proton Exchange Rates and the Denaturation Temperatures in Globular Proteins Related to the Basic Pancreatic Trypsin Inhibitor. J. Mol. Biol. **130** (1979): 31–37.
9 C. Chothia: Structural Invariants in Protein Folding. Nature **254** (1975): 304–308.
10 T. Nozaki and C. Tanford: The Solubility of Amino Acids and Two Glycine Peptides in Aqueous Ethanol and Dioxane Solutions. J. Biol. Chem. **246** (1971): 2211–2217.
11 C. Tanford and J. D. Hauenstein: Hydrogen Ion Equilibria of Ribonuclease. J. Am. Chem. Soc. **78** (1956): 5287–5291.
12 B. L. Vallee and J. F. Riordan: Chemical Approaches to the Properties of Active Sites of Enzymes. Ann. Rev. Biochem. **38** (1969): 733–794.
13 K. Wallenfels und L. Streffer: Das Dissoziationsverhalten von Cystein und verwandten SH-Verbindungen. Biochem. Z. **346** (1966): 119–132.
14 G. H. Dixon, W. J. Drever and H. Neurath: The Reaction of p-Nitrophenyl Acetate with Chymotrypsin. J. Am. Chem. Soc. **78** (1956): 4810.
15 C. C. McDonald and W. D. Phillips: A Nuclear Magnetic Resonance Study of Structures of Cobalt (II)-Histidine-Complexes. J. Am. Chem. Soc. **85** (1963): 3736–3742.
16 F. Schneider: Histidin im aktiven Zentrum von Enzymen. Angew. Chem. **90** (1978): 616–625.
17 J. F. Riordan, K. D. McElvany and C. L. Borders Jr.: Arginyl Residues: Anion Recognition Sites in Enzymes. Science **195** (1977): 884–886.
18 F. Schneider: Die Funktion des Arginins in den Enzymen. Naturwiss. **65** (1978): 376–381.
19 W. O. McClure and G. M. Edelman: Fluorescent Probes for Conformational States of Proteins. Mechanism of Fluorescence of 2-p-Toluidinylnaphtalene-6-sulfonate, a Hydrophobic Probe. Biochemistry **5** (1966): 1908–1912.
20 J. Ullrich and I. Donner: Fluorimetric Study of 2-p-Toluidinonaphtalene-6-sulfonate Binding to Cytoplasmatic Yeast Pyruvate Decarboxylase. Hoppe-Seyler's Z. Physiol. Chem. **351** (1970): 1030–1034.
21 H. Fasold, J. Klappenberger, Ch. Mayer und H. Reinhold: Bifunktionelle Reagentien zur Quervernetzung von Proteinen. Angew. Chem. **83** (1971): 875–882.
22 S. S. Husain and G. Lowe: Evidence for Histidine in the Active Site of Papain. Biochem. J. **108** (1968): 855–860.
23 O. R. Zaborsky: Stabilization and Immobilization of Enzymes with Imidoesters. In „Enzyme Engineering" (Ed. L. B. Wingard Jr.), John Wiley (New York) **2** (1973): 115–121.
24 R. Lubig, P. Kusch, K. Röper und H. Zahn: Zum Reaktionsmechanismus von Glutaraldehyd mit Proteinen. Monatsh. Chemie **112** (1981): 1313–1323.
25 M. H. Garner, W. H. Garner and F. R. N. Gurd: Determination of α-Amino Group pK by Cyanate Reaction. J. Biol. Chem. **248** (1973): 5451–5455.
26 P. Y. Chou and G. D. Fasman: Prediction of Protein Conformation. Biochemistry **13** (1974): 222–245.
27 P. Y. Chou and G. D. Fasman: β-Turns in Proteins. J. Mol. Biol. **115** (1977): 135–175.
28 C. Chothia and J. Janin: Relative Orientation of Closepacked β-Pleated Sheets in Proteins. Proc. Natl. Acad. Sci. USA **78** (1981): 4146–4150.
29 O. B. Ptitsyn and A. V. Finkelshtein: Relation of the Secondary Structure of Globular Proteins with their Primary Structure. Biofizika **15** (1970): 759–768.
30 G. E. Schulz: Protein-Differenzierung: Entwicklung neuartiger Proteine im Laufe der Evolution. Angew. Chem. **93** (1981): 143–151.

31 M. Buehner, G. C. Ford, D. Moras, K. W. Olsen and M. G. Rossman: Three-Dimensional Structure of D-Glyceraldehyde-3-phosphate Dehydrogenase. J. Mol. Biol. **90** (1974): 25–49.

32 C. C. Blake and P. R. Evans: Structure of Horse Muscle Phosphoglycerate Kinase. Some Results on the Chain Conformation, Substrate Binding and Evolution of the Molecule from a 3 Å Fourier Map. J. Mol. Biol. **84** (1974): 585–601.

33 Z. Kam, H. B. Shore and G. Fehrer: On the Crystallization of Proteins. J. Mol. Biol. **123** (1978): 539–555.

34 M. Zeppezauer, H. Eklund and E. S. Zeppezauer: Micro Diffusion Cells for the Growth of Single Protein Crystals by Means of Equilibrium Dialysis. Arch. Biochem. Biophys. **126** (1968): 564–573.

35 K. Gulewitz, D. Adamiak and M. Sprinzl: A New Approach to the Crystallization of Proteins. FEBS-Letters **189** (1985): 179–182.

36 V. M. Matthews: X-ray Chrystallographic Studies of Proteins. Ann. Rev. Phys. Chem. **27** (1976): 493–523.

37 H. Kirsten, H. Gehring and Ph. Christen: Crystalline Aspartate Aminotransferase: Lattice-induced functional Asymmetry of the Two Subunits. Proc. Natl. Acad. Sci. USA **80** (1983): 1807–1810.

38 E. F. Pai, W. Sachsenheimer, R. H. Schirmer and G. E. Schulz: Substrate Positions and Induced-fit in Crystalline Adenylate Kinase. J. Mol. Biol. **114** (1977): 37-45.

39 M. Vas, R. Berni, A. Mozarelli, M. Tegoni and G. L. Rossi: Kinetic Studies of Crystalline Enzymes by Single Crystal Micro Spectrometry. J. Biol. Chem. **254** (1979): 8480–8486.

40 N. Borkakoti: The Active Site of Ribonuclease A from the Crystallographic Studies of Ribonuclease A-Inhibitor Complexes. Eur. J. Biochem. **132** (1983): 89–94.

41 H. Eklund, J. P. Samama, L. Wallén, C.-I. Brändén, Å. Åkeson and T. A. Jones: Structure of a Triglinic Ternary Complex of Horse Liver Alcohol Dehydrogenase at 2.9 Å Resolution. J. Mol. Biol. **146** (1981): 561–587.

42 K. Wüthrich, M. Billeter and W. Braun: Polypeptide Secondary Structure Determination by Nuclear Magnetic Resonance Observation of Short Proton-Proton Distances. J. Mol. Biol. **180** (1984): 715–740.

43 I. E. Haber and D. E. Koshland Jr.: An Evaluation of the Relatedness of Proteins Based on Comparison of Amino Acid Sequences. J. Mol. Biol. **50** (1970): 617–639.

44 J. S. Richardson: The Anatomy and Taxonomy of Protein Structure. Adv. Protein Chem. **34** (1981): 167–339.

45 M. Schiffer and A. B. Edmundson: Use of Helical Wheels to Represent the Structures of Proteins and to Identify Segments with Helical Potential. Biophys. J. **7** (1967): 121–135.

46 G. D. Rose and S. Roy: Hydrophobic Basis of Packing in Globular Proteins. Proc. Natl. Acad. Sci. USA **77** (1980): 4643–4647.

47 C. B. Anfinsen, E. Haber, M. Sela and F. H. White: The Kinetics of Formation of Native Ribonuclease During Oxidation of the Reduced Polypeptide Chain. Proc. Natl. Acad. Sci. USA **47** (1961): 1309–1314.

48 P. N. Lewis, N. Go, M. Go, D. Kotelschuk and H. A. Scheraga: Helix Probability Profiles of Denatured Proteins and their Correlation with Native Structures. Proc. Natl. Acad. Sci. USA **65** (1970): 810–815.

49 A. V. Finkelshtein and O. B. Ptitsyn: A Theory of Protein Molecule Self-organization IV. Helical and Irregular Local Structures of Unfolded Protein Chains. J. Mol. Biol. **103** (1976): 15–24.

50 G. E. Schulz: Comparison of Predicted and Experimentally Determined Secondary Structure of Adenyl Kinase. Nature **250** (1974): 140–142. Siehe auch W. Kabsch and C. Sander: How Good are Predictions of Protein Secondary Structure? FEBS-Letters **155** (1983): 179–182.

51 A. Ansari, J. Brendzen, S. F. Bowne, H. Frauenfelder, I. E. T. Iben, T. B. Sauke, E. Shyamsunder and R. D. Young: Proteinstates and Proteinquakes. Proc. Natl. Acad. Sci. USA **82** (1985): 5000–5004.

52 A. Sadana and J. P. Henley: A Mathematical Analysis of the Influence of Aging on Enzyme Deactivation Kinetics. Mech. Ageing and Development **32** (1985): 113–130.

53 R. Jaenicke: Proteinfaltung und Proteinassoziation. Angew. Chem. **96** (1984): 385–402.

54 C. B. Anfinsen: Principles that Govern the Folding of Protein Chains. Science **181** (1973): 223–230. Siehe auch D. B. Wetlaufer and S. Ristow: Acquisitation of threedimensional Structure of Proteins. Ann. Rev. Biochem. **42** (1973): 135–158.

55 C. Tanford: Contribution of Hydrophobic Interactions to the Stability of the Globular Conformation of Proteins. J. Am. Chem. Soc. **84** (1962): 4240–4247.

56 C. Chothia: The Nature of the Accessible and Burried Surfaces in Proteins. J. Mol. Biol **105** (1976): 1–14.

57 L.-N. Lin and J. F. Brandts: Isomerization of Proline-93 during the Unfolding and Refolding of Ribonuclease A. Biochemistry **22** (1983): 559–563.
58 C. Tanford: Protein-Denaturation. Adv. Protein Chem. **23** (1986): 121–282.
59 J. M. Klotz, N. R. Langermann and D. W. Darnall: Quarternary Structures of Proteins. Ann. Rev. Biochem. **39** (1970): 25–62.
60 M. Ludewig, H. Hanson, N. A. Kiselev, V. Ya. Stelmashchuk and V. L. Tsuprun: On the Quarternary Structure of Leucine Aminopeptidase. Acta biol. med. germ. **36** (1977): 157–165.
61 F. Hucho, H. Müller and H. Sund: Investigation of the Symmetry of Oligomeric Enzymes with Bifunctional Reagents. Eur. J. Biochem. **59** (1975): 79–87. Siehe auch: J. Hajdu, F. Bartha and P. Friedrich: Crosslinking with Bifunctional Reagents as a Means for Studying the Symmetry of Oligomeric Proteins. Eur. J. Biochem. **68** (1976): 373-383.
62 G. Damaschun und H.-V. Pürschel: Untersuchung der Quartärstruktur von Proteinen mittels Röntgen-Kleinwinkelstreuung. Acta biol. med. germ. **24** (1970): 65–69 (und vorangegangene Publikationen dieser Reihe).
63 C. A. Pickover, D. B. McKay, D. M. Engelman and D. A. Steitz: Substrate Binding Closes the Cleft between the Domains of Yeast Phosphoglycerate Kinase. J. Biol. Chem. **254** (1979): 11323–11329.
64 R. Schneider, A. Mayer, W. Schmatz, J. Schelten, R. Francel and H. Eicher: X-ray and Neutron Small-Angle Scattering from Hemoglobin in Aqueous Solution and in Crystal. Eur. J. Biochem. **20** (1971): 179–182.
65 A. Liljas and M. G. Rossman: X-ray Studies of Protein Interactions. Ann. Rev. Biochem. **43** (1974): 475–507.
66 N. Schülke and F. X. Schmid: The Stability of Yeast Invertase Is Not Significantly Influenced by Glycosylation. J. Biol. Chem. **263** (1988): 8827–8831.
67 J. H. Pazur, K. Kleppe and B. M. Ball: The Glycoprotein Nature of some Fungal Carbohydrases. Arch. Biochem. Biophys. **103** (1963): 515–516.
68 R. G. Spiro: Glycoproteins. Adv. Protein Chem. **27** (1973): 411–416.
69 H. Holzer and W. Duntze: Ann. Rev. Biochem. **40** (1971): 345–374.
70 H. Jörnvall: Acetylation of Protein N-terminal Amino Groups. Structural Obervations on α-Amino Acetylated Proteins. J. theor. Biol. **55** (1975): 1–12.

Weiterführende Literatur

H.-D. Jakubke und H. Jeschkeit: Aminosäuren – Peptide – Proteine. 3. Aufl. Akademie-Verlag, Berlin 1983.
G. E. Schulz and R. H. Schirmer: Principles of Protein Structure. Springer Verlag, New York – Heidelberg – Berlin 1979.
Ch. Ghelis and J. Yon: Protein Folding (aus der Reihe Molecular Biology). Academic Press, New York 1982.
R. Jaenicke: Folding and Association of Proteins. Progr. Biophys. molec. Biol. **49** (1987): 117–237.

4. Enzymkatalyse

4.1. Das Aktive Zentrum

4.1.1. Enzyme als Mikro-Heterogenkatalysatoren

Unter dem Gesichtspunkt, daß die Proteinmatrix eine vom Medium (Makromilieu) deutlich abgegrenzte Phase darstellt, muß man die Enzyme zur Klasse der *Heterogenkatalysatoren* rechnen. Neben dem kolloiden Löslichkeitsverhalten unterscheiden sich diese Katalysatoren vor allem dadurch von den Homogenkatalysatoren, daß ihre Aktivität bei hohen Substratkonzentrationen infolge der Absättigung der katalytisch aktiven Oberflächenbereiche einem Maximalwert (V, s. 2.2.) zustrebt.

Auch der Katalysemechanismus läßt zahlreiche Analogien zu den typischen Heterogenkatalysatoren, wie sie z. B. in der chemischen Technik eingesetzt werden, erkennen. In beiden Fällen ist die katalytische Aktivität nicht homogen über die Gesamtoberfläche der Partikel verteilt, sondern auf räumlich begrenzte Areale, sog. „Aktive Zentren", konzentriert. Bei den üblichen Heterogenkatalysatoren zeigt sich dies besonders im Verhalten gegen sog. „Kontaktgifte", von denen oft außerordentlich geringe Mengen (beträchtlich weniger, als zur Bedeckung der gesamten Oberfläche erforderlich sind) ausreichen, um eine totale Inaktivierung der katalytischen Eigenschaften hervorzurufen. In analoger Weise führt bei den Enzymen als *„Mikro-Heterogenkatalysatoren"* (auf Molekülebene wirkende Heterogenkatalysatoren) häufig bereits die Modifizierung einer einzigen, am Funktionsmechanismus beteiligten Seitenkette zur Blockierung der katalytischen Aktivität des gesamtem Makromoleküls.

Im folgenden Abschnitt werden die spezifischen Beiträge der Proteinstruktur zum Katalysemechanismus zusammengefaßt. Dabei wird keinesfalls der Versuch unternommen, eine Vollständigkeit der zahlreichen mechanistischen Details anzustreben, welche die Natur zur Realisierung der rund 2500 unterschiedlichen Enzymvarianten bereithält. Vielmehr ist es unser Anliegen, anhand willkürlich ausgewählter Enzymreaktionen ein Grundverständnis für die Strategien zu entwickeln, derer sich die belebte Natur zur Gestaltung ihres Stoffwechsels bedient.

Enzymkatalyse vollzieht sich im *„Aktiven Zentrum"* (engl. active site, a. centre). Darunter werden diejenigen Teile der Proteinstruktur zusammengefaßt, die von der Substratanlagerung bis zur Produktablösung den Katalyseprozeß tragen. Der Begriff sollte daher nicht zu eng (z. B. nur topologisch) gesehen werden. Neben der sterischen Anordnung der am Funktionsmechanismus beteiligten Gruppen muß er auch deren spezifische Mobilität sowie das Milieu im unmittelbaren Reaktionsbereich mit berücksichtigen.

Das aktive Zentrum umfaßt alle am Funktions- und Regulationsmechanismus des Enzyms beteiligten Bereiche. Will man zwischen diesen differenzieren, so ist es zweckmäßig, die Begriffe *katalytisches und regulatorisches Zentrum* zu verwenden.

4.1.2. Zur Evolution der Enzymkatalyse

Die Anpassung der Enzyme an ihre Funktion in der Zelle geschah nach zwei nicht voneinander trennbaren Richtungen: nach der *Substrat- und Wirkungsspezifität* (Ausschluß unkontrollierter Nebenreaktionen) und nach der *katalytischen Effizienz* (Reduzierung der Freien Aktivierungsenthalpie). Dabei muß zusätzlich berücksichtigt werden, daß die funktionelle Optimierung der Enzyme immer auf deren Wirksamkeit als Katalysatoren unter den jeweils vorherrschenden zellulären oder extrazellulären, *„nativen" Reaktionsbedingungen* (Temperatur, Ionenstärke u. a.) gerichtet war.

In den folgenden Abschnitten wird gezeigt werden, daß ein generelles Funktionsprinzip von Proteinkatalysatoren darauf beruht, die bei der Substratbindung freigesetzte Bindungsenthalpie zur Reduzierung der Freien Aktivierungsenthalpie zu nutzen. Dies geschieht dadurch, daß das aktive Zentrum zur spezifischen sterischen und elektronischen Situation des Übergangszustandes einschließlich der nicht unmittelbar am Reaktionsmechanismus beteiligten Strukturbereiche von Substrat und Enzym stärkere Wechselwirkungen ausbildet, als zur Ausgangsstruktur des Substrates (Pauling [1]). Der auf diese Weise erzielte Gewinn an Freier Bindungsenthalpie fördert die Entstehung des aktivierten Komplexes, indem er energetisch ungünstige Schritte wie die Destabilisierung der Substratstruktur oder die Desolvatation der Reaktionsbereiche unterstützt.

Dieses Funktionsprinzip hat die Evolution der Enzyme entscheidend geprägt. Nur die *Makromolekülstruktur der Proteine* besitzt die Fähigkeit, die hierfür erforderlichen *Vielzentrenbindungen* zwischen Enzym und Substrat auszubilden. Bereits 1894 hat E. Fischer aus Versuchen zur Konfigurationsspezifität von Enzymen die These abgeleitet, daß sich *Enzym und Substrat wie Schloß und Schlüssel* verhalten [2]. Auf den Übergangszustand bezogen – um ihr damit eine dynamische Interpretation zu geben – hat diese Formulierung bis heute nichts an Aktualität verloren.

4.1.3. Mechanistische Grundlagen der Enzymkatalyse

4.1.3.1. Makromilieu und Mikromilieu

Das aktive Zentrum als Gesamtheit der an der Katalysereaktion beteiligten Atomgruppen weist häufig eine eingeschränkte Zugänglichkeit für die Moleküle des Lösungsmittels (Makromilieu) auf. Es ist daher zweckmäßig, das in der unmittelbaren Umgebung der am Funktionsmechanismus beteiligten Gruppen vorherrschende Reaktionsmilieu als *„Mikromilieu"* abzugrenzen.

Die *eingeschränkte Solvent-Zugänglichkeit* läßt sich z. B. durch Substanzen erfassen, die nachweisbar (z. B. kompetitiv, s. 2.3.1.1.) im aktiven Zentrum fixiert werden und gleichzeitig die Hydrophobie des umgebenden Mediums anzeigen. Meist handelt es sich hierbei um Fluoreszenzfarbstoffe, deren optische Eigenschaften stark von der Dielektrizitätskonstanten des Mediums abhängen (s. Abb. 3-18).

Zwischen dem das Enzymmolekül umgebenden Makromilieu mit seinen relativ frei beweglichen Wassermolekülen und dem Mikromilieu, das aus der Anordnung und Konzentration hydrophober und hydrophiler Seitenketten sowie aus der begrenzten Zugänglichkeit der Lösungsmittelmoleküle resultiert, gibt es somit eine *Phasengrenze*, die von allen an der Reaktion beteiligten Stoffen durch Diffusion, meist aber mit Hilfe spezieller Transportmechanismen, überwunden werden muß.

Ein *hydrophobes Mikromilieu* ruft durch Ausschluß der Wassermoleküle eine Verstärkung der säure- oder basekatalytischen Wirkung entsprechender Seitenketten [3] oder der elektrostatischen Effekte von Metallionen hervor (s. 1.6.2.). Besonders der *Übergangszustand* (ÜZ) ist in seiner Struktur und Energetik vom Mikromilieu abhängig, da dieser mit einer veränderten Polarisierung der am Prozeß beteiligten Bindungen einhergeht. Im aktiven Zentrum wird diese Polarisierung durch eine entsprechende Komplementärstruktur begünstigt. Als Beispiel seinen bestimmte Proteasen aufgeführt, bei denen die Aktivierung der Substrat-Carbonylgruppe gemäß

$$>C=O \longrightarrow\ >\!\overset{\oplus}{C}-\overline{\underline{O}}|^{\ominus}$$

durch $Zn^{2\oplus}$-Ligandierung des Sauerstoffatoms (Carboxypeptidase A) unterstützt wird. Durch ein hydrophobes Mikromilieu wird diese Wechselwirkung unterstützt.

4.1.3.2. Substratbindung und Substratspezifität

Der Vorgang der Substratbindung ist nicht nur für die Selektivität sondern auch für die Effektivität der Enzymkatalyse von großer Bedeutung. Er ist in der Regel mit mehr oder weniger tiefgreifenden *Veränderungen der Proteinstruktur* (Abb. 3-25), häufig auch mit einer deutlichen *Stabilisierung* des Enzyms, z. B. gegen thermische oder chemische Denaturierung, verbunden.

Bei der Substraterkennung und -bindung entsteht eine Vielzahl molekularer Kontakte zwischen Enzym und Substrat (sog. *Vielzentrenbindung*), wobei alle bekannten Formen der chemischen Wechselwirkung (kovalente Bindung, H-Brücken, Ionenpaarbeziehungen, hydrophobe Wechselwirkungen und van der Waals-Kontakte) genutzt werden (s. z. B. Abb. 4-13b). In der Regel weist das aktive Zentrum nicht nur zu den unmittelbar im Reaktionsbereich gelegenen Strukturen des Substratmoleküls (sog. *Primärspezifität*, s. Abb. 4-1) sondern auch zu nicht unmittelbar am Reaktionsmechanismus beteiligten Strukturen (sog. *Sekundärspezifität*, s. 4.5.1.3.) eine chemisch und physikalisch komplementäre Anordnung auf, wodurch die Selektivität der Katalysemechanismen eine zusätzliche Unterstützung erfährt. Diese Selektivität bezüglich der Substratstruktur kann sich zweckentsprechend sowohl in der ausschließlichen Bindung von nur einer (nativen) Molekülspezies *(Absolute Substratspezifität)* als auch in der spezifischen Erkennung bestimmter Atomgruppierungen *(Relative Substratspezifität)* äußern. Abbildung 4-1 zeigt am Beispiel der Serin-Proteasen die Bedeutung des *Komplementaritätsprinzips* für die Auswahl der zu spaltenden Peptidbindung. Man erkennt, daß die Substratbindungszentren der verschiedenen mechanistisch verwandten Enzyme Strukturen aufweisen, die komplementär zu der den Spaltort determinierenden Seitenkette P_1 (Primärspezifität) sind.

Diese Komplementarität der Bindungsareale nutzen spezielle Verbindungen, welche über die selektiven Bindungsmechanismen der Enzyme in das aktive Zentrum eingelagert und dort mittels geeigneter Gruppen kovalent fixiert werden. Man bezeichnet sie als *Affinitätsmarker* (engl. affinity label). Ihre hohe und spezifische Affinität hat diesen Substanzen wichtige Anwendungsbereiche in der Forschung, z. B. bei der Charakterisierung der aktiven Zentren, und in der Praxis (Wirkstoffentwicklung) erschlossen.

Präzisere Einblicke in den Bindungs- und Selektivitätsmechanismus von Enzymen hat der gezielte Austausch von Seitenketten im Substratbindungsbereich mittels genetischer Methoden (sog. *Protein-Engineering*) geliefert. So gelang es, durch Austausch eines Gly-Restes (Gly_{166}) im Bindungszentrum der Serin-protease Subtilisin BPN (Abb. 4-1b), die in

---

Abb. 4-1. Komplementarität zwischen Substrat und aktivem Zentrum (Substratbindungsbereich) am Beispiel der Serin-Proteasen.
a) Primärspezifität (P_1-Spezifität) von Chymotrypsin (Tyr, Phe), Trypsin (Lys, Arg) und Elastase (kleinere Seitenketten). b) Stereozeichnung des Substratbindungsbereiches von Subtilisin BPN' mit wichtigen, am Funktionsmechanismus beteiligten Seitenketten sowie Gly_{166} im Substratbindungsbereich (Tyr-Substrat, nach [47]. C_{166} entspricht α-C-Atom von Gly_{166}. c) Einfluß der Substitution von Gly_{166} durch Ala, Met, Phe und Trp auf die Geschwindigkeit ($\log k_{cat}/K_m$) der Hydrolyse von Suc-Ala-Ala-Pro-X_{aa}-p-nitroanilid (X_{aa} = Met, Phe und Tyr). d) Einfluß der durch Cys und Ser bewirkten Hydrophobie im Bindungszentrum auf die Hydrolysegeschwindigkeit des o. g. Peptids mit Ala, Met und Phe in X-Position.

Abbildung 4-1c aufgezeigten Enzymvarianten darzustellen [4]. Dabei stellte sich heraus, daß das Bindungs- und Katalyseverhalten von Subtilisin durch hydrophobe und sterische Effekte stark beeinflußt wird. Die erhaltenen Befunde ließen sich durch die Verwendung von Peptidsubstraten der Struktur Succinyl-Ala-Ala-Pro-Xaa-p-nitroanilid (verschiedene Seitenketten im Primärbindungsbereich Xaa) weiter präzisieren und sind für das Verständnis von Substratbindungsprozessen von hoher Allgemeingültigkeit. Sie besagen er-

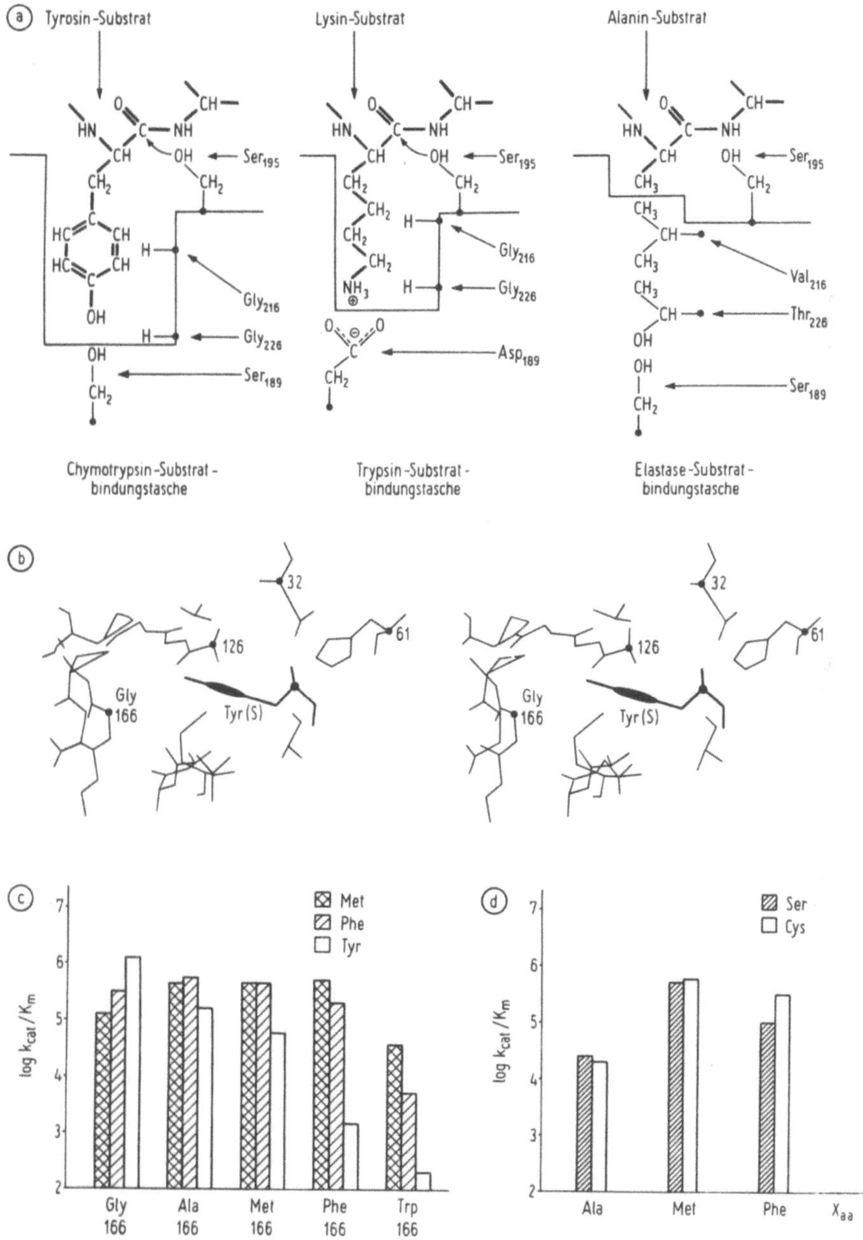

stens, daß sich mit zunehmendem Volumen der anstelle von Gly-166 in das Substratbindungszentrum eingeführten Seitenketten (Gly < Ala < Met < Phe < Trp) die Substratspezifität für die P_1-Position (Xaa) von größeren nach kleineren Seitenketten verschiebt. Dies wird besonders deutlich, wenn man die katalytischen Aktivitäten (k_{cat}/K_m-Werte) vergleicht, die z. B. für das in P_1-Position mit Tyr modifizierte Substrat erhalten wurden.

Zweitens erzeugen bei ähnlicher Struktur der Reste in Position 166 (Ser-Cys) solche Seitenketten eine höhere katalytische Effektivität (k_{cat}/K_m), die eine größere Hydrophobie im Substratbindungsbereich hervorrufen (s. Tab. 3-1). Cys ist zwar größer (0.109 nm^3), aber hydrophober als Ser (0.102 nm^3). Daher nimmt die Wirkung von Cys-166 mit steigender Hydrophobie des Substrates in P_1-Position entspr. Ala < Met < Phe zu (Abb. 4-1d).

Die strengen räumlichen Anforderungen bei der Substraterkennung zeigen sich besonders deutlich auch in der *Stereospezifität der Bindungsprozesse* durch das auf Grund der Proteinmatrix grundsätzlich chiral strukturierte Enzymmolekül. Das Enzym unterscheidet daher prinzipiell zwischen den *enantiomorphen*, das heißt spiegelbild-symmetrischen (z. B. durch asymmetrisches C-Atom Cabcd, Abb. 4-2) Formen eines Substrates, wie es zum Beispiel in der Spezifität von Enzymen gegenüber D- und L-Aminosäuren zum Aus-

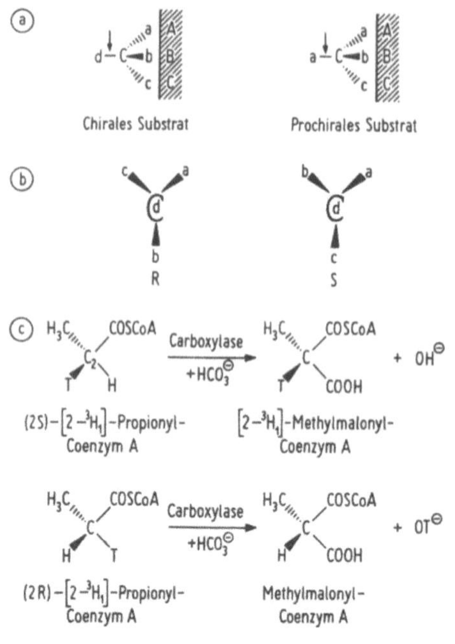

Abb. 4-2. Stereoselektivität von Enzymkatalysen bei chiralen und prochiralen Substraten.
a) Ein Enzym mit den geometrisch festgelegten Bindungsorten A, B und C für das Substrat C (a, b, c, d) oder C (a, a, b, c) bewirkt in beiden Fällen stereospezifische Folgereaktionen am 4. (freien) Substituenten (↓). b) Zur Spezifikation der molekularen Chiralität hat sich die R/S-Nomenklatur (R von rectus, S von sinister (lat.)) bewährt. Dabei werden zunächst die vier Substituenten a, b, c und d nach einer definierten Rangordnung qualifiziert [5]. Beim Betrachten der C-d-Achse (d mit der niedrigsten Rangordnung nach hinten) liegen die Reste a b c mit abnehmender Rangordnung beim R-System im Uhrzeigersinn, beim S-System entgegen gesetzt. c) Nachweis stereospezifischer Enzymreaktionen mit enantiotopen Substraten durch ^{3}H-Markierung am Beispiel der Propionyl-Coenzym-A-Carboxylase-Reaktion (nach [6]). (Ein Vorschlag für den damit nachgewiesenen retentiven Carboxylierungsmechanismus am C_2 findet sich in Abbildung 4-15b).

druck kommt. Daneben werden aber auch *enantiotope* Substrate (Caabc), die also nur durch ihre spezifische geometrische Anordnung zur chiralen Enzymmatrix differenzierbar werden, stereoselektiv gebunden und umgesetzt. In diesem Fall ist eine wesentliche Voraussetzung, daß die Reste a, b und c über eine Dreipunktfixierung definiert im aktiven Zentrum gebunden werden, so daß für den verbleibenden Rest a nur eine räumlich ebenfalls definierte Position gegenüber dem Enzym *(prochirale Anordnung)* übrig bleibt.

Als Beispiel für die Umsetzung enantiotoper Substrate sei die Propionyl-CoA-Carboxylase genannt, welche als Biotin-Enzym die Carboxylierung von Propionyl-CoA katalysiert (s. 4.3.2.4.). Der in Abbildung 4-2c vorgestellte Mechanismus [6] erklärt, daß nur *eine* Position der beiden α-ständigen H-Atome von Propionyl-CoA durch die Carboxylgruppe substituiert wird. Ein weiteres Beispiel für Prochiralität sind die in Abschnitt 4.3.2.1. vorgestellten NADH-Enzyme, die zwischen den beiden 4ständigen H-Atomen des Dihydronicotinamid-Ringes unterscheiden (Abb. 4-11).

Der Nachweis stereospezifischer Substitutionen (s. a. 4.5.3.) wird in der Regel durch Verwendung von Isotopen geführt. Im Beispiel der Abbildung 4-2c wird nur bei Verwendung von (2S)-[2-$^3H_1$]-Propionyl-CoA das Tritium in das Methylmalonyl-CoA überführt, während es bei Verwendung des 2R-markierten Substrates in das Medium übergeht.

In speziellen Fällen, wo die Substratspezifität von Enzymen auch bei der Unterscheidung von sehr ähnlichen Strukturen wie Ile und Val bis zur äußersten Leistungsfähigkeit gefordert ist (z. B. bei den an der Proteinbiosynthese beteiligten *Aminoacyl-tRNA-Synthetasen*), wird dem Komplementaritätsprinzip noch ein zusätzlicher, unabhängiger *Kontrollmechanismus* überlagert. Auf diese Weise entstehen die für die Proteinbiosynthese erforderlichen Strukturspezifitäten von 10^5 bis 10^6 (1–10 Fehler auf 10^6 aktivierte Aminosäuremoleküle). Im Falle der o. g. tRNA-Reaktion wird das dadurch erreicht, daß nach der mit einer Präzision von 100:1 erfolgenden Differenzierung der Seitenketten von Ile und Val bei der Synthese der Aminosäure-tRNA-Komplexe ein ständiger, ATP-verbrauchender hydrolytischer Abbau der aktivierten Aminosäuren erfolgt. Bei diesem werden mit einer Genauigkeit von ca. 1000:1 die falsch verknüpften Produkte (Val-$tRNA^{Ile}$) bevorzugt eliminiert [7]. Die Gesamtgenauigkeit dieser *„aktiven Substratspezifität"* ergibt sich als Produkt der beiden Teilschritte.

4.1.3.3. Substratorientierung und Substratdestabilisierung

Die besonders für Enzyme charakteristische Aufspaltung einer katalysierten Reaktion in mehrere Teilschritte verursacht die Bildung von Intermediärprodukten (ES, ES' ..., EP, EP' ...), die sich im Reaktionsprofil in einer entsprechenden Anzahl von Energieminima widerspiegeln (Abb. 4-3b, c, 4–5). Im Reaktionsgemisch können diese als mehr oder weniger stabile, chemisch oder physikalisch nachweisbare Molekülspezies gefunden werden. Dabei ist der vom Enzym diktierte Reaktionsweg vom Substrat- zum Produktgemisch in erster Linie auf einen Ausgleich (Nivellierung) der Energieniveaus der in der Gesamtreaktion durchlaufenen Übergangszustände orientiert. Möglichkeiten für diese Nivellierung bestehen in der Bildung und Stabilisierung energiereicher Intermediate oder in der bevorzugten Bindung (Anreicherung) von Reaktionspartnern. In günstigen Fällen (Triosephosphat-Isomerase) werden durch diese *Nivellierung der Übergangszustände* auf niedrigerem Energieniveau Katalysegeschwindigkeiten erreicht, die durch die Geschwindigkeit der Substratbereitstellung (Substratdiffusion) limitiert werden ($\Delta G^* \sim 12\,kJ\,mol^{-1}$ [8]).

Die bei der Bindung der Substrate erfolgende reaktionsspezifische Orientierung der funktionellen Bereiche ist bei Mehrsubstrat-Reaktionen oder makromolekularen Substraten (Proteine, Kohlenhydrate) mit beträchtlichem Entropieverlust der Reaktanden verbunden. Am Enzym erfolgt diese „Immobilisierung der Reaktionspartner" vor der Entstehung des ES-Intermediates in der Regel über nichtkovalente Wechselwirkungen. Der Entropieverlust ($+\Delta S_S^{\ddagger}$, Abb. 4-3b) wird aus der Enthalpie der dabei entstehenden Bindungsstrukturen ($-\Delta G_B^0$) unter Einbeziehung von Sekundärbindungen (s. 4.5.1.3.) weitgehend kompensiert. Dieser aus der makromolekularen Proteinstruktur resultierende (und diese mit begründende) Reaktionsvorteil entlastet den geschwindigkeitsbestimmenden Katalyseschritt ($\Delta G_T^{\neq}$) vom Entropieterm, sodaß der eigentliche Katalysemechanismus unter den Bedingungen intramolekularer Reaktionen (s. 1.8.1.) ablaufen kann.

Die Freie Aktivierungsenthalpie einer enzymkatalysierten Reaktion ($\Delta G_T^{\neq}$) setzt sich somit additiv aus der Bildungsenthalpie des ES-Komplexes ($-\Delta G_B^0$) und der Freien Aktivierungsenthalpie für dessen Überführung in den aktivierten Komplex ($\Delta G_K^{\neq}$) zusammen (Abb. 4-3b und 4-5). Da die Effizienz von Enzymkatalysen gemäß Abschnitt 2.2.1. durch den experimentell zugänglichen Wert von k_{cat}/K_m beschrieben wird, gilt unter Berücksichtigung von Gleichung 1-12 und Gleichung 1-44

$$\Delta G_T^{\neq} = \Delta G_K^{\neq} + (-\Delta G_B^0) = -RT \ln k_{cat}/K_m + RT \ln kT/h . \qquad \text{Gl. 4-1}$$

Spezifitätsdifferenzen, die bei Enzymstudien z. B. durch Modifizierung des Substrates (Substratanaloga S_1, S_2) oder des Enzyms (Enzyme Engineering E_1, E_2) auftreten, werden daher nicht nur in dem die Affinität des Reaktanden (Enzym + Substrat) beschreibenden ΔG_B^0-Wert (K_m-Wert), sondern gemäß Gleichung 4-1 auch im $\Delta G_T^{\neq}$-Wert erkennbar. Sie lassen sich quantitativ als Differenzen der Freien Bindungsenthalpien für die jeweils durchlaufenen Übergangszustände ($\Delta(\Delta G_T^{\neq})$) entsprechend Gleichung 4-2 beschreiben:

$$\Delta(\Delta G_T^{\neq}) = -RT \ln [(k_{cat}/K_m)_{S_1(E_1)}/(k_{cat}/K_m)_{S_2(E_2)}] . \qquad \text{Gl. 4-2}$$

Der Übergang in den aktivierten Komplex ($ES^{\neq}$) wird durch Ausbildung zusätzlicher Wechselwirkungen zwischen Substrat und aktivem Zentrum begünstigt. Die damit verbundene Überführung von zusätzlicher Bindungsenthalpie in katalytische Potenz ($\Delta G_{B^{\neq}}$, 4-3c, vgl. auch Gl. 4-5) setzt voraus, daß die Struktur des aktiven Zentrums zur *Substratstruktur im Übergangszustand* ein höheres Maß an Bindungskapazität (*Komplementarität*) aufweist als zur Ausgangsstruktur des Substrates.

Weitere Beiträge zur Effektivität von Enzymkatalysen resultieren aus der spezifischen Ausrichtung und Destabilisierung der an der Reaktion beteiligten Gruppen. Dadurch wird die Population der reaktiven Bindungsbereiche erhöht (*„Stereopopulationskontrolle"* [9]), wobei die gemessenen Reaktionsgeschwindigkeiten der Zeit entsprechen, in der sich die reagierenden Gruppen innerhalb einer „kritischen Distanz" aufhalten [10]. Insgesamt erfährt das Substratmolekül bei diesen Aktivierungsprozessen eine *Destabilisierung* der in die Katalysereaktion einbezogenen Bindungen, wobei Polarisierung, Desolvatisierung, Winkeldeformation (Tab. 4-1) und Stauchung (Abb. 4-4) nachgewiesen werden konnten.

4.1.3.4. Übergangszustand bei Enzymkatalysen

Der Übergangszustand (ÜZ) der Katalysereaktion, durch eine maximale Freie Aktivierungsenthalpie der Reaktionspartner gekennzeichnet ($\Delta G^{\neq}$, Abb. 4-3), läßt sich nur mittels *indirekter* Verfahren erfassen und beschreiben. Mit den folgenden Beispielen sollen einige in der Enzymchemie besonders bewährte Methoden vorgestellt werden.

4.1.3.4.1. Kinetische Isotopieeffekte

Durch *Isotopenaustausch im Reaktionsbereich* lassen sich anhand der gemessenen Isotopieeffekte (s. 1.7.) Rückschlüsse auf die bei der Reaktion durchlaufenen Bindungszustände ableiten. Ein interessantes Beispiel für die *Stauchung* einer unmittelbar am Katalysemechanismus beteiligten kovalenten Bindung im Übergangszustand wurde bei Modellstudien mit Catechol-O-methyl-Transferase (MG 23 kD, $Mg^{2\oplus}$-Enzym) gefunden [11]. Dieses Enzym katalysiert die Übertragung der S-Methylgruppe von S-Adenosylmethionin auf nucleophile Acceptoren wie Catechol über einen S_N2-Mechanismus (Abb. 4-4). Durch Messung des kinetischen Isotopieeffekts bei der Katalysereaktion ($V_{CH_3/CD_3} = 0{,}8$; $V_{^{12}CH_3/^{13}CH_3} = 1{,}1$) konnten Rückschlüsse auf die *Struktur und Geometrie des Übergangszustandes* gezogen werden (s. 1.7. und 2.5.). Der inverse CD_3-Effekt spricht für eine Stau-

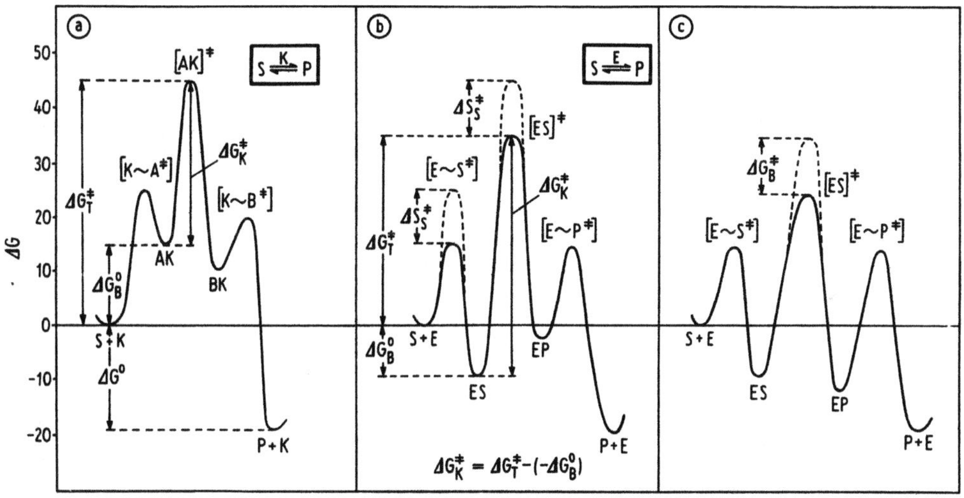

Abb. 4-3. Vergleich der Energieprofile analoger nichtenzymatischer und enzymatischer Katalysemechanismen.
a) Nichtenzymatische Katalyse der Reaktion $S \rightleftharpoons P (\Delta G° = -20\,kJ\,mol^{-1})$ durch einen niedermolekularen Katalysator K mit Zwischenproduktbildung AK und BK. b) Die entsprechende Reaktion am Enzym E erfolgt über spezifische, auf die Gesamtstruktur des Substrates S orientierte Zwischenprodukte ES... und EP... Bei der Substratbindung (unter Einbeziehung der Sekundärbindungen) gewonnene Freie Enthalpie ($\Delta G_B°$) trägt zur Kompensation des für den Ablauf der Katalysereaktion nach dem Intramolekularitätsprinzip (s. 1.8.1.) erforderlichen Aufwandes an Aktivierungsentropie ($\Delta S_S^{\ddagger}$) bei (ausgezogene Kurve). Der eigentliche chemische Katalyseschritt ($ES \rightarrow ES^{\ddagger}$, $\Delta G_K^{\ddagger}$) wird dadurch von diesem Term entlastet. Die Freie Aktivierungsenthalpie der Katalysereaktion ($\Delta G_T^{\ddagger}$) ergibt sich aus $\Delta G_K^{\ddagger}$ abzüglich der aus der Substratbindung gewonnenen Freien Enthalpie $\Delta G_B°$. c) Die bevorzugten Bindungseigenschaften des Enzyms für den Übergangszustand ($\Delta G_{B\ddagger}$) tragen zur weiteren Reduzierung der Freien Gesamtaktivierungsenthalpie $\Delta G_T^{\ddagger}$ bei (s. a. Gl. 4-6).

chung der im Übergangszustand der Enzymreaktion gebildeten S···C···O-Bindung um wenigstens 0.03 nm, der ^{13}C-Effekt für eine hohe Symmetrie des durchlaufenen S···C···O-Komplexes in bezug auf die Bindungsabstände S—C und C—O.

4.1.3.4.2. Austausch von Seitenketten im Reaktionsbereich („Enzyme Engineering")

Die Beteiligung spezifischer Bereiche der Proteinkomponente an der Bildung und Stabilisierung des Übergangszustands läßt sich durch eine *gezielte Modifizierung der am Katalysemechanismus beteiligten Seitenketten* nachweisen. Derartige Modifizierungen unter

Erhalt der nativen Raumstruktur der Proteine sind in günstigen Fällen auf *chemischem* Wege möglich.

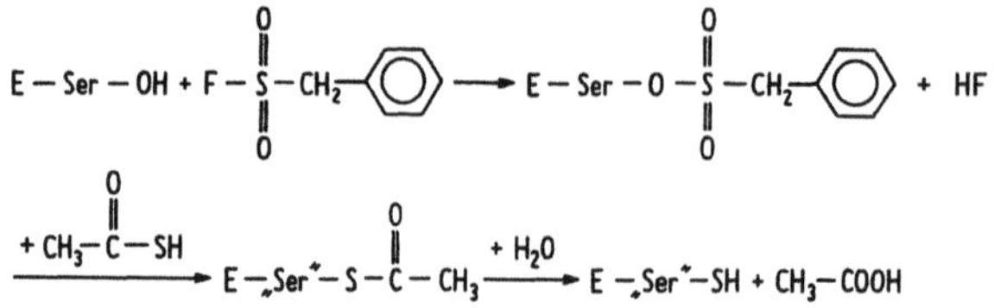

Gl. 4-3

So entstanden durch Austausch der am Enzymmechanismus von Subtilisin oder Trypsin beteiligten Ser_{195}-Seitenkette gegen Cys_{195} (Gl. 4-3) die Enzymvarianten *Thiosubtilisin* und *Thiotrypsin*. Beide modifizierten Enzyme sind inaktiv gegen Peptide, zeigen aber esterolytische Aktivität [12]. Eine Erklärung für dieses Reaktionsverhalten findet sich in Abschnitt 4.5.1.

Weit größere Bedeutung für die energetische Beschreibung von Enzymmechanismen haben inzwischen *gentechnische* Verfahren erlangt. Mit deren Hilfe gelingt es, den Beitrag spezifischer, aus der Raumstruktur abgeleiteter Seitenketten für den Bindungs- und Katalysemechanismus, zum Beispiel aus den Veränderungen der K_m und k_{cat}-Werte abzuleiten. So sollte, wenn die betreffende Seitenkette *gleiches* Bindungsverhalten zum Grund- und Übergangszustand der Substratstruktur aufweist, die Affinität zwischen Enzym und Substrat nach deren Eliminierung abnehmen (Zunahme des K_m-Wertes), während k_{cat}, die Geschwindigkeitskonstante der Gesamtreaktion, unbeeinflußt bleibt. Bindet dagegen die betreffende Seitenkette das Substrat *bevorzugt* im Übergangszustand der Katalysereaktion, so sollte deren Eliminierung ohne Einfluß auf K_m sein, aber die Katalysegeschwindigkeit (k_{cat} bzw. $\Delta G_T^{\ddagger}$) erniedrigen (Abb. 4-5).

Als Beispiel sei die Tyrosyl-tRNA-Synthetase aufgeführt, deren Untersuchung wesentlich zur Bestätigung der Leistungsfähigkeit dieser Methode beigetragen hat [14]. Dieses

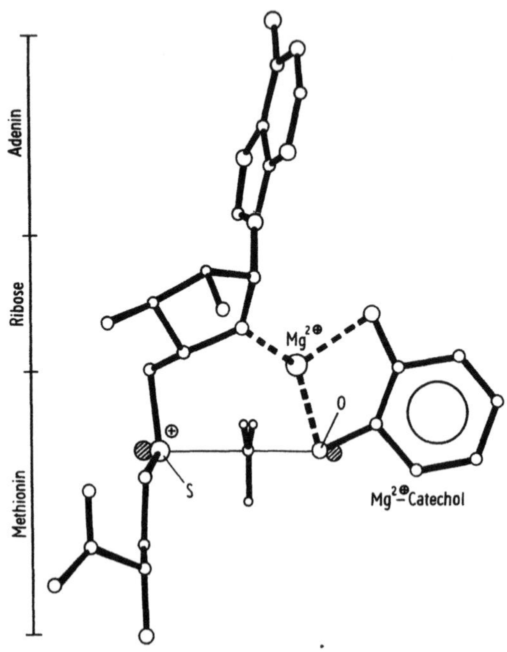

Abb. 4.4. Auf Grund von Isotopieeffekten berechnete Stauchung der S···C···O-Bindung im Übergangszustand der durch die Catechol-O-Methyltransferase katalysierten Methyltransferreaktion (nach [11]). Die Lage der schraffiert gezeichneten S- und O-Atome würde dem bei einer nicht-enzymkatalysierten S_{N_2}-Reaktion zu erwartenden Übergangszustand entsprechen.

Enzym katalysiert die Bildung von Tyr-tRNA nach dem in Gleichung 4-4 dargelegten Zweischritt-Mechanismus:

1. Schritt: $E \xrightleftharpoons{+Tyr} E\text{-}Tyr \xrightleftharpoons{+ATP} E\text{-}Tyr\text{-}ATP \underset{k_{-3}}{\overset{k_3}{\rightleftharpoons}} [E\text{-}Tyr\text{-}ATP]^{\ddagger} \rightleftharpoons$

$E\text{-}Tyr\text{-}AMP \cdots P\text{-}P \rightleftharpoons E\text{-}Tyr\text{-}AMP + P\text{-}P_i$ Gl. 4-4

2. Schritt: $E\text{-}Tyr\text{-}AMP + tRNA \rightleftharpoons Tyr\text{-}tRNA + AMP + E.$

Das Intermediat E-Tyr-AMP ist in Abwesenheit des zweiten Substrates (tRNA) stabil. Daher liegen die mittels Röntgenstrukturanalyse ermittelten Raumstrukturen des Enzyms und seines Intermediates zum Vergleich vor. Die Bildungskinetik für das Zwischenprodukt sowie der vorgelagerten Teilschritte konnte durch radiochemische Methoden mit hoher Präzision ermittelt werden [13]. In Abbildung 4-6a sind für die einzelnen Reaktionsschritte die *Freien Enthalpie-Differenzen* dargestellt, die beim Austausch verschiedener am Funktions- und Bindungsmechanismus beteiligter Seitenketten resultieren. Es zeigt sich, daß z. B. Thr_{40} an der Stabilisierung des Übergangszustandes und des produktähnlichen Intermediates E-Tyr-AMP···PP beteiligt ist. Aus den Strukturdaten wurde abgeleitet, daß im *Übergangszustand* eine H-Bindung zum γ-Phosphatrest entsteht (Abb. 4-6b). Die Mutante ($Thr_{40} \rightarrow Ala_{40}$) zeigt daher erheblich reduzierte k_{cat}-Werte, aber kaum verminderte Affinität in bezug auf Tyr und ATP [13]. Das gleiche gilt für Cys_{35}, wo weder Tyr- noch ATP-Bindung beeinflußt werden, der Übergangszustand aber einen um etwa 6 kJ mol^{-1} erhöhten Energiezustand aufweist (Abb. 4-5). Aus der Kristallstruktur wurde abgeleitet, daß diese Seitenkette daher nur im Übergangszustand in Wechselwirkung mit der 3'-OH-Gruppe des Riboseteils von ATP tritt. Die Seitenkette von Tyr_{169} ist dagegen an der Substratbindung beteiligt, denn Tyr und ATP werden im Grund- und Übergangszustand der Enzymreaktion mit gleicher Affinität gebunden [13].

4.1.3.4.3. Affinitätsstudien mit „übergangszustandanalogen" Verbindungen

Ein Verfahren, das in geeigneten Fällen zu genaueren Vorstellungen über die im Übergangszustand ausgebildeten Struktur- und Affinitätsverhältnisse geführt hat, beruht auf

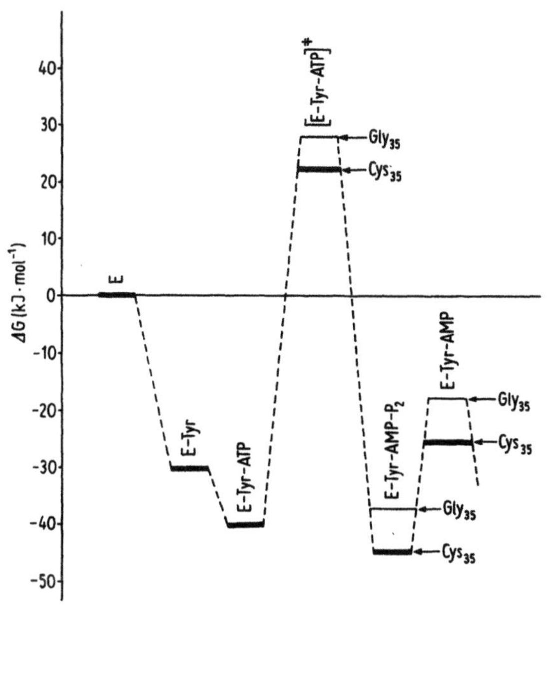

Abb. 4-5. Energieprofil der Tyrosyl-tRNA-Synthasereaktion (nach [13]). Substitution der an der ÜZ-Stabilisierung beteiligten Seitenkette von Cys_{35} durch Gly_{35} beeinflußt die Energiebilanzen des ÜZ (Zunahme des $\Delta G_T^{\ddagger}$-Wertes für [E-Tyr-ATP]‡) sowie der anschließenden EP-Intermediate.

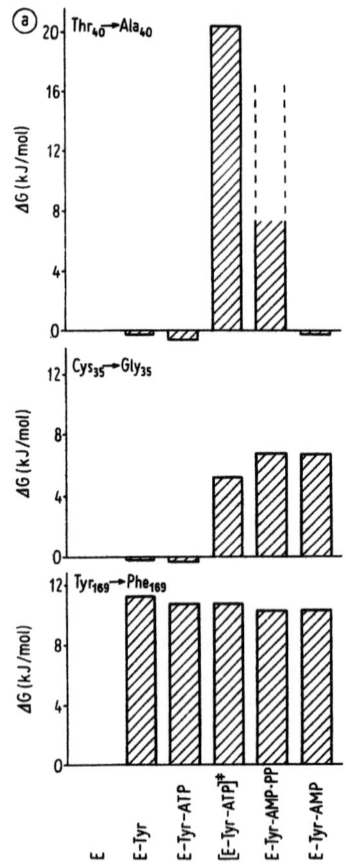

Abb. 4-6. Beeinflussung des Energieprofils der Katalysereaktion von Tyrosyl-tRNA-Synthetase durch Enzyme Engineering (nach [13, 14]).
a) Freie Enthalpie-Differenzen nach gezieltem Aminosäureaustausch in den Positionen 40, 35 und 169 (s. a. Abb. 4-5). b) Daraus abgeleitetes Modell des pentakoordinierten ÜZ bei der Bildung des E-Tyr-AMP-Komplexes.

der Überlegung [14], daß solche Substratanaloga, die eine dem Übergangszustand *angenäherte Molekülstruktur* aufweisen, eine *größere* Affinität zum aktiven Zentrum aufweisen sollten, als das eigentliche Substrat der Enzymreaktion. Diesen Sachverhalt soll Gleichung 4-5 verdeutlichen. Bezeichnet man die Assoziationskonstante für das Substrat mit dem Enzym mit K_S, die von S^* mit dem Enzym mit K_{S^*}, so sollte gelten $K_{S^*} \gg K_S$. Für eine Einsubstratreaktion gilt damit das in Gleichung 4-5 dargelegte Schema:

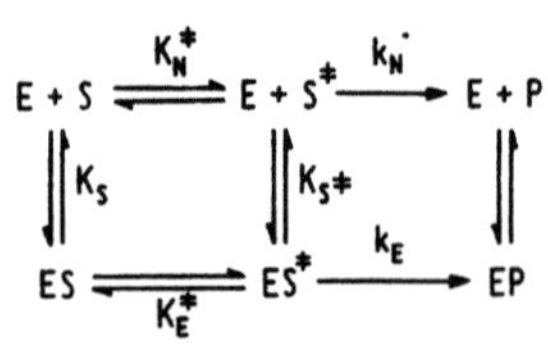

Gl. 4-5

$K_E^{\ddagger}$, die Gleichgewichtskonstante für die ÜZ-Bildung im Enzymmolekül und $K_N^{\ddagger}$, (für die unkatalysierte Reaktion $S \rightleftharpoons S^* \rightarrow P$) sollten sich diesem Schema entsprechend verhalten wie

$$\frac{K_{S^*}}{K_S} = \frac{K_E^{\ddagger}}{K_N^{\ddagger}} \sim \frac{k_E}{k_N}. \qquad \text{Gl. 4-6}$$

ⓑ

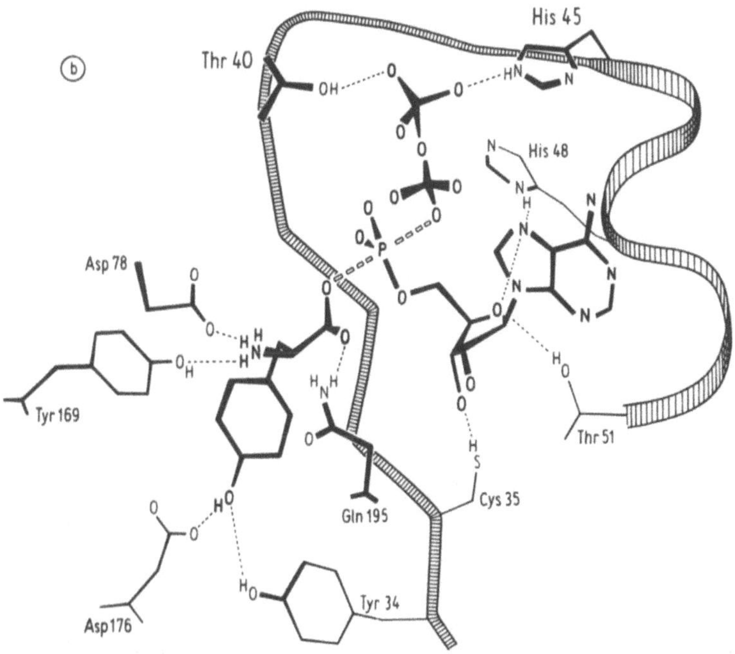

Da entsprechend Gleichung 1-46 die K^*-Werte des energiereichsten Übergangszustands einer Reaktionsfolge ($\Delta G_T^{\ddagger}$) den Geschwindigkeitskonstanten der Umwandlung von ES^* in EP (k_E) bzw. S^* in P (k_N) proportional sind, ergibt sich die wichtige Aussage, daß sich die stabilere Bindung von S^* zum aktiven Zentrum (ΔG_{B^*}) in der erhöhten Effektivität der Enzymkatalyse, ausgedrückt durch den Quotienten k_E/k_N, widerspiegeln sollte (Gl. 4-6) [14].

Diese Erwägung hat zur Suche nach *realen* Molekülstrukturen geführt, die eine gewisse Verwandtschaft zur elektronischen und sterischen Situation des Übergangszustands und damit eine erhöhte Affinität zum aktiven Zentrum aufweisen sollten (sog. *ÜZ-Analoga*). Sofern diese Substratanaloga auf Grund ihrer veränderten Struktur nicht vom Enzym umgesetzt werden, erhält man auf diese Weise kompetitiv wirkende Inhibitoren, deren K_I-Wert deutlich kleiner sein sollte als der entsprechende K_m-Wert der Enzymreaktion.

Die in Tabelle 4-1 aufgeführten Beispiele belegen, daß aus den genannten Überlegungen eine Methode hervorgegangen ist, die einerseits die gezielte Entwicklung von effektiven kompetitiven Inhibitoren gefördert, zum anderen auch wichtige Hinweise zur sterischen und elektronischen Situation des Übergangszustandes bei Enzymreaktionen geliefert hat.

Der experimentelle Nachweis, daß ÜZ-analoge Inhibitoren komplementär zur funktionsspezifischen Struktur der aktiven Zentren strukturiert sind, hat zur Entwicklung einer auch aus praktischer Sicht bedeutsamen Methode beigetragen, welche die bei der Bildung von (monoklonalen) Antikörpern beobachtete hochspezifische Adaptation von Proteinstrukturen an körperfremde Moleküle (sog. Antigene) zur Synthese künstlicher Enzymproteine *(„Enzymdesigning")* nutzt. So wurden z. B. auf der Basis geeigneter Phosphonate als ÜZ-Analoga von Proteasen und Esterasen (vergl. Abb. 3-12) Antikörper entwickelt, die bei hoher Selektivität der katalysierten Modellreaktionen Ester- und Amidspaltungen katalysieren. Im Falle des Phosphatanalogons von Acetylcholin (Tab. 4-1, Phosphorylcholin) zeigten die gewonnenen Antikörper nicht nur hohe Katalyseraten und Substratspezifität, sondern auch eine dem Enzym entsprechende Komplementarität der Bindungsstrukturen (Röntgenstrukturanalyse der kristallisierten Antigen-Antikörper-Komplexe [15]).

Tab. 4-1. Beispiele für Übergangszustand (ÜZ)analoge Inhibitoren

Enzym	a. Substrat (bzw. S-Analogon) b. vermutlicher ÜZ c. ÜZ-analoger Inhibitor		K_m (mmol l^{-1})	K_i (mmol l^{-1})
Elastase	a. Ac–Pro–Ala–Pro↓Ala–NH$_2$	I	3.9	
	b. 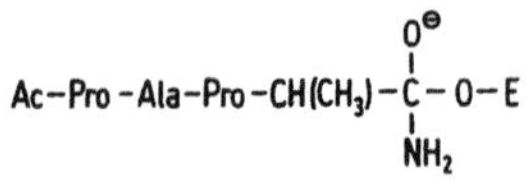	II		
	c. 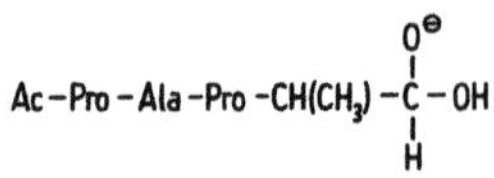	III		0.0008*)
Acetylcholin-Esterase	a. $(CH_3)_3–\overset{\oplus}{N}–CH_2–CH_2–O↓\overset{O}{\overset{\Vert}{C}}–CH_3$		0.1	
	a. 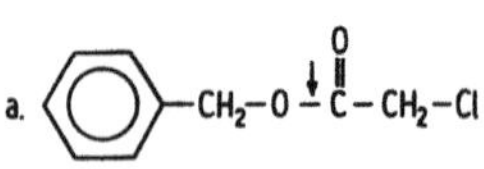	IV	0.11	
	b. 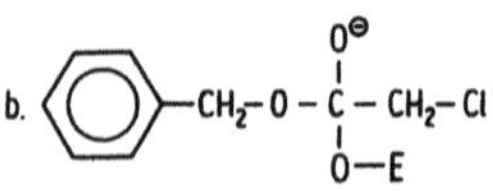	V		
	c. 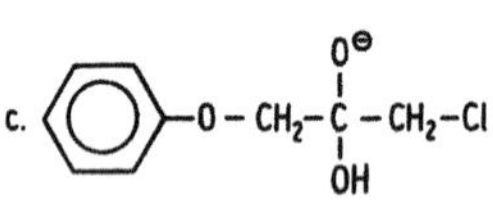	VI		0.0008
Triosephosphat-Isomerase	a. 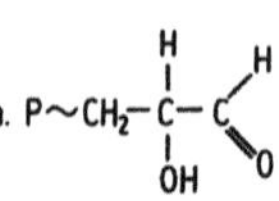	VII	0.1	
	b. 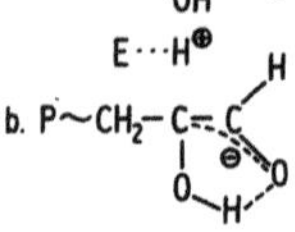	VIII		
	c. 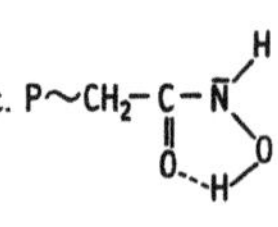	IX		0.003
	a. 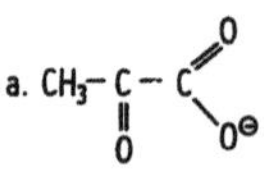	X	0.08	
Pyruvat-Kinase	b. 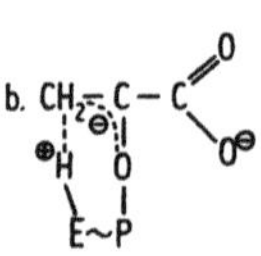	XI		
	c. 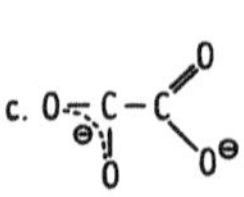	XII		0.02

Fortsetzung Tab. 4-1.

Enzym	a. Substrat (bzw. S-Analoges) b. vermutlicher ÜZ c. ÜZ-analoger Inhibitor		K_m (mmol l^{-1})	K_i (mmol l^{-1})
Lysozym	a. 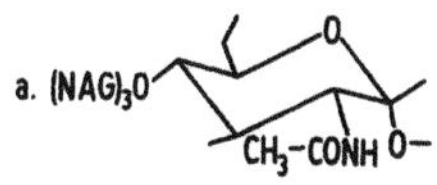	XIII	0.01	
	b. 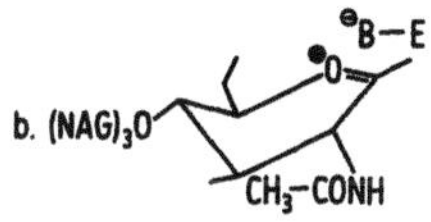	XIV		
	c. 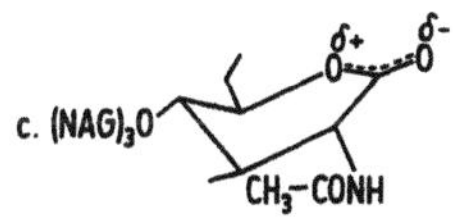	XV		0.003

*) Dixon-Auftragung mit Acetyltrialanin-methylester als Substrat
NAG: N-Acetylglucosamin

ÜZ-Analoge der Amid- und Esterhydrolyse:

Aus Modellreaktionen der Amid- und Esterhydrolyse ist bekannt, daß dieser Reaktionstyp durch die nucleophile Addition eines Basemoleküls (z. B. $OH^{\ominus}$) an die Carbonylgruppe unter Bildung eines tetraedrischen Intermediates eingeleitet wird. Es war daher naheliegend, diese Situation im Reaktionsverlauf, wie sie sich z. B. für die Amidspaltung durch Elastase aus Formel II (Tab. 4-1) ergibt, durch geeignete Verbindungen mit besonders reaktivem Carbonyl-C-Atom zu simulieren, um auf diese Weise zu ÜZ-analogen Inhibitoren zu gelangen. Aus Tabelle 4-1 geht hervor, daß in der Tat solche Verbindungen, die anstelle der enzymatisch spaltbaren endständigen Amidgruppe (I) eine gegenüber Nucleophilen erheblich reaktivere Aldehydgruppe (III, Hydratform) aufweisen, um mehrere Größenordnungen höhere Affinität zum Enzym zeigen [16]. Der ursprünglich nur kinetisch gesicherte Befund konnte inzwischen durch Einbeziehung weiterer (für die Substratbindung über die Sekundärbindungsorte verantwortlicher) Strukturparameter ergänzt werden, so daß eine weitgehende Analogie zu den bei der enzymatischen Amidhydrolyse durchlaufenen ÜZ-Strukturen abgeleitet werden kann.

Die inhibitorische Wirkung der Peptidaldehyde wird auch bei anderen Serin- und Cystein-Proteasen gefunden. Die Aldehydgruppe dient ferner als Wirkprinzip einer Reihe von natürlichen Protease-Inhibitoren (Leupeptin).

Nach einem ähnlichen Prinzip, nämlich der Einführung einer reaktiven Carbonylgruppe, wirken bestimmte Ketone als ÜZ-analoge Inhibitoren der Acetylcholin-Esterase [17]. Ersetzt man z. B. die —O—CO-Gruppe im künstlichen Substrat Chloracetylbenzylester (IV) durch die nichthydrolysierbare —CH_2—CO-Gruppe (VI, Hydratform), so entstehen Verbindungen, die zur bevorzugten Bildung eines kovalenten tetraedrischen Additionsproduktes mit dem reaktiven Serinrest (Schutz vor CH_3—SO_2—F-Blockierung) im aktiven Zentrum der Acetylcholin-Esterase befähigt sind.

ÜZ-Analoge für ungesättigte Intermediärzustände:

ÜZ-Analoge der Triosephosphat-Isomerase wurden auf der Basis des postulierten Protonentransferschrittes (Bildung eines Endiol-Intermediates (VIII, Tab. 4-1) erhalten. Der Übergangszustand sollte der partiellen Ablösung des Protons vom C_1 bzw. C_2 entsprechen. Daher weist das Hydroxamat (IX) mit seiner ebenen Anordnung der in den Protonenübergang einbezogenen Atome eine um das ca. 30fache höhere Affinität zum aktiven Zentrum auf als das Substrat [14].

Im Falle der Phosphoenolpyruvat-Synthetase zeigt die im Vergleich zum Substrat (X) erhöhte Affinität von Oxalat (XII), daß die Enzymreaktion über einen dem Enolpyruvat ähnlichen Übergangszustand (XI) verläuft [18].

Ein weiteres Beispiel für ÜZ-analoge Inhibitoren wurde bei den Enzymen der Glykosidspaltung gefunden (s. 4.5.2.). Die entstehende Carboniumstruktur in XIV wird durch Beisteuerung eines *n*-Elektronenpaares des benachbarten O-Atoms delokalisiert. Die damit verbundene Konformationsänderung des Pyranringes von der Sessel- zur Halbsesselstruktur ist charakteristisch für den Übergangszustand und wird in 5-Gluconolactonen der Struktur XV simuliert. Die um das $3{,}6 \cdot 10^{-3}$fache erhöhte Affinität von XV zum Enzym bestätigt die Richtigkeit dieser Annahme [19].

4.1.3.5. Mechanismusabhängige Inhibitoren

Wie das Beispiel III in Tabelle 4-1 zeigt, kann man die Wirkung von ÜZ-Analoga dadurch steigern, daß man diese über den selektiven Sekundär-Bindungsmechanismus (s. 4.5.1.3.) in das aktive Zentrum einführt.

Eine weitere Steigerung der Spezifität von Inhibitoren wird dadurch erreicht, daß man neben der Substrataffinität auch den *Katalysemechanismus* in die Selektivität der Inhibitorreaktion einbezieht. Dies gelingt, wenn man in geeignete Substanzen solche Gruppen einbringt, die erst durch den spezifischen Katalysemechanismus in die reaktive, d. h. blockierend wirkende Form überführt werden (sog. *Suizid-Inhibitoren* oder *k_{cat}-Inhibitoren*, engl. suicide oder mechanism based inhibitors [20]). Suizid-Inhibitoren sind durch besonders hohe Selektivität unter nativen Bedingungen gekennzeichnet. Sie finden daher zunehmend (z. B. in der Medizin) Anwendung.

Tab. 4-2. Beispiele für „mechanismusorientierte" (Suizid-)Inhibitoren

Substrat Suizidsubstrat	ES-Komplex	Produkt(e) Blockierungsmechanismus	Enzymbeispiele
ⓐ Inhibitorbildung über Carbanionintermediate			
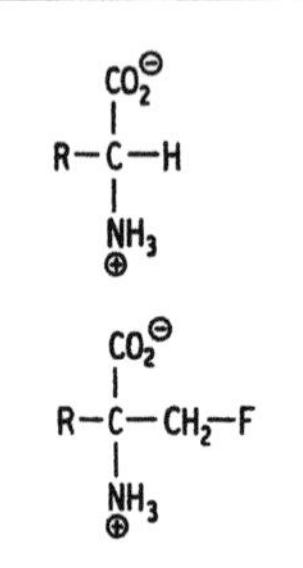	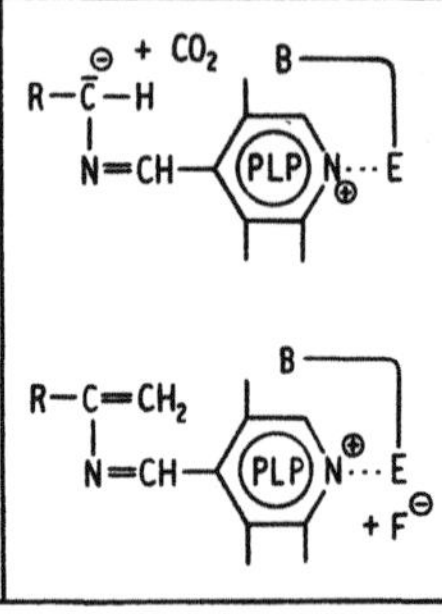	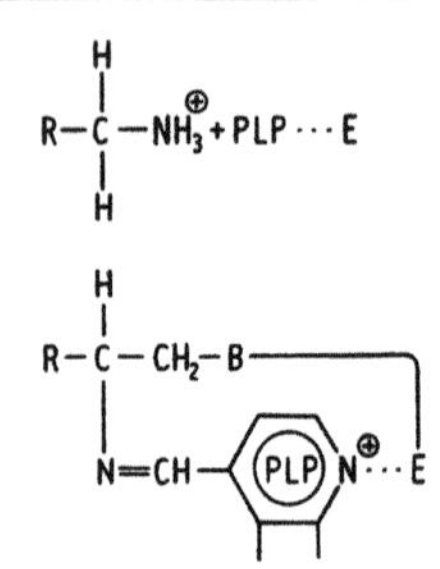	Aminosäure-Decarboxylasen, Racemasen, Transaminasen u.a.
ⓑ Inhibitorbildung durch Halogenaktivierung			
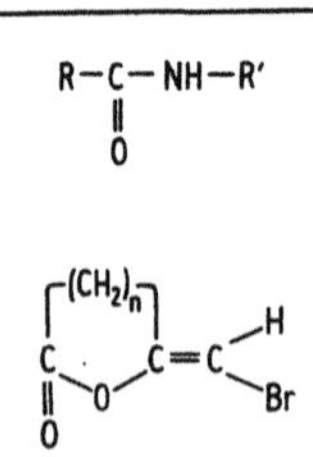	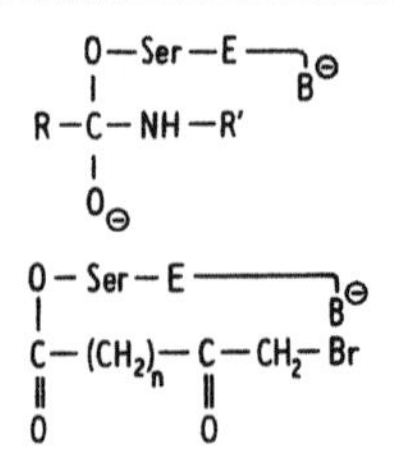	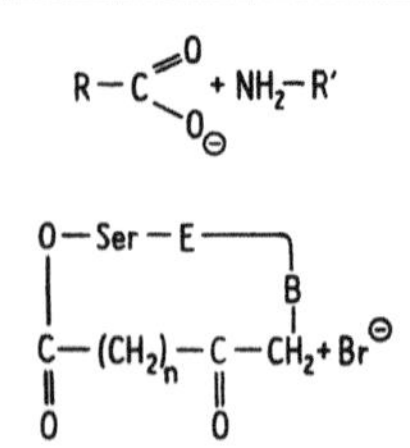	Serin-Proteasen

Besonders eindeutige Verhältnisse liegen bei solchen Enzymmechanismen vor, die über die Stufe eines intermediär gebildeten Carbanions ablaufen, wie es z. B. bei den Pyridoxalphosphat-Enzymen (s. 4.3.2.) der Fall ist. Bei diesen führt die Einführung eines F-Atoms in Nachbarschaft zum entstehenden Carbanion der Aminosäure unter Halogenid-Eliminierung zur Bildung reaktiver Alkenstrukturen (Tab. 4-2a [20]). Als Beispiel für Protease-Inhibitoren seien ferner Halogen-enollactone vorgestellt, die auf der hohen Reaktivität des Serinrestes basieren (Tab. 4-2b, [21]). Bei der Anlagerung entstehen α-Halogen-Ketone, die durch Umsetzung mit einer geeigneten, durch die Größe des Lactonringes beeinflußbaren nucleophilen Gruppe des aktiven Zentrums zur Blockierung der Enzymreaktion führen.

4.1.4. Klassifizierung der Enzyme nach der katalysierten Reaktion

Mit der immer schneller voranschreitenden biochemischen Forschung hat sich auch die Anzahl der bekannten Enzyme ständig vergrößert. Aus diesem Grunde wurde die Forderung nach einer *systematischen Klassifizierung und Nomenklatur* dieser Naturstoffe immer dringlicher. Daher berief 1955 die Internationale Union der Biochemiker (IUB) eine Kommission von Fachleuten, die nach sorgfältiger Prüfung geeigneter Nomenklaturprinzipien eine systematische Benennung und Klassifizierung der inzwischen bekannten etwa 2500 Enzymspezies vorgenommen hat [22].

Grundlage dieser Klassifizierung ist die durch das Enzym *katalysierte Reaktion* (bei komplexen Reaktionen der erste enzymkatalysierte Schritt). Für die Bezeichnung der Enzyme innerhalb einer Klasse gilt stets die gleiche Reaktionsrichtung, selbst wenn das Enzym unter physiologischen Konzentrationsverhältnissen für die Rückreaktion verantwortlich ist.

Die auf diese Weise entwickelten *systematischen Namen* haben sich einschließlich der dazugehörigen vierstelligen Dezimalklassifikation inzwischen als Basis für eine einheitliche Enzymnomenklatur durchgesetzt. Sie konnten aber in vielen Fällen die langjährig verwendeten *Trivialnamen* nicht aus der Literatur verdrängen, so daß heute beide Bezeichnungen Verwendung finden. Im letzteren Falle wird aber empfohlen, hinter dem Namen die Klassifikationsnummer zur eindeutigen Deklaration des Enzyms anzufügen.

Für die Klassifizierung der Enzyme wurden *sechs Reaktionstypen* ausgewählt, wobei weniger chemische, sondern vor allem funktionelle und auch historische Aspekte berücksichtigt wurden. Zur weiteren Systematisierung innerhalb der Klassen dienen Untergliederungen, die in geeigneter Weise die *Spezifität* der Reaktion, das mechanistische *Reaktionsprinzip* und schließlich das spezielle Enzym bezeichnen. Die Enzymbezeichnung erfolgt unabhängig von Speziesunterschieden, die z. B. durch die Isolierung aus verschiedenen biologischen Objekten oder auch aus dem gleichen Organismus durch Differenzierung der Proteinkomponente (Isoenzyme) entstanden sein können.

1. Oxidoreductasen

In diese Klasse gehören alle Enzyme, die Redoxreaktionen katalysieren, wobei das oxidierte Substrat als Wasserstoffdonator festgelegt wurde. Auf diese Weise resultiert als systematischer Name Donator: Acceptor-Oxidoreductase, als Trivialname wird Donator-Dehydrogenase empfohlen. Die zweite Ziffer entspricht der Gruppe im H-Donator, die oxidiert wird (z. B. Alkohol-, Aldehydgruppe), die dritte Ziffer bezeichnet den beteiligten H-Acceptor (z. B. $NAD^{\oplus}$).

2. Transferasen

Diese Klasse von Enzymen überträgt Gruppen (z. B. Methyl-, Glykosid- oder Phosphatgruppen) von einem Donator auf einen Acceptor, so daß sich als systematischer Name Donator: Acceptor-Gruppentransferase ergibt. Die zweite Ziffer bezeichnet die übertragene

Gruppe (z. B. C_1-Reste), die dritte Ziffer spezifiziert diese (im Falle der C_1-Gruppen finden sich z. B. die Methyl-, Methoxy- oder Formyl-Transferasen).

3. Hydrolasen
Transferreaktionen mit Wasser als Acceptor haben sich durch ihre Vielseitigkeit als eine der wesentlichen Enzymfunktionen herausgestellt. Daher werden die Hydrolasen, welche die Hydrolyse von C—O-, C—N-, C—C- oder P—P-Bindungen u. a. katalysieren, als eine eigene Klasse aufgeführt. Durch die zweite Ziffer wird die Art der hydrolysierten Bindung (Esterasen, Glykosidasen u. a.), durch die dritte Ziffer der Substrattyp (Carbonsäureester, Thiocarbonsäureester) festgelegt.

4. Lyasen
Lyasen spalten C—C-, C—O-, C—N- und andere Bindungen, z. B. durch Decarboxylierung oder Eliminierung unter Bildung von Doppelbindungen (Thr→Gly + Acetaldehyd). Zu ihnen gehören auch die *Synthasen*, also Enzyme, bei denen die entgegengesetzte Reaktion (z. B. C—C-Synthese (Citrat-Synthase s. Tab. 4-5)) dominiert. Die zweite Ziffer im Enzymcode bezeichnet den gespaltenen Bindungstyp (C—C, C—O u. a.), die dritte informiert über die eliminierte Gruppe (z. B. CO_2).

5. Isomerasen
Diese Enzyme katalysieren konformative oder auch strukturelle Veränderungen innerhalb des Substrates. Zu ihnen gehören die Racemasen (s. Abb. 4-18), cis/trans-Isomerasen, cyclo-Isomerasen u. a. Die Unterklassen ergeben sich aus dem Isomerisierungstyp und aus den Substratklassen.

6. Ligasen (Synthetasen)
Dieser Enzymtyp faßt eine Klasse von häufig gefundenen Enzymen zusammen, bei denen die Freie Enthalpie für die Verknüpfung zweier Moleküle aus der Hydrolyse von ATP (oder anderen Polyphosphaten) resultiert. Der systematische Name X:Y-Ligase oder X:Y-Synthetase wird in den Unterklassen durch die Art der gebildeten Bindung (C—O, C—S u. a.) präzisiert.

Die auf diese Weise entstandene Enzymnomenklatur sei abschließend am *Beispiel* der *Alkohol-Dehydrogenase* (Trivialname) erläutert. Dieses Enzym gehört zur Klasse der Oxidoreductasen (1.), wirkt auf die CH—OH-Gruppe des Donorsubstrats (1.1.) und ist in diejenige Unterklasse einzureihen, die mit $NAD^{\oplus}$ (oder $NADP^{\oplus}$) als Acceptor arbeitet (1.1.1.). Als erstes Enzym dieser Unterklasse erhält es in der Enzymklassifizierung (enzyme classification) die *Code-Nummer* EC 1.1.1.1. Der systematische Name dieses Enzyms ist *Alkohol:NAD$^{\oplus}$-Oxidoreductase*. In der Literatur findet sich ferner der Name Aldehyd-Reductase.

Abb. 4-7 Enzymregulation.
a) Beispiel einer durch das Enzym E_1 katalysierten Reaktion $a + b \rightleftharpoons c + d$ mit dem regulatorischen Zentrum R und dem Interkonvertierungs- (Phosphorylierungs-) Zentrum P. ± bedeutet Erhöhung oder Erniedrigung der Enzymaktivität. Diese kann zwischen einem höheren und niederen Wert, im Extremfalle zwischen aktiver und inaktiver Enzymform eingestellt werden [25]. Ferner wird zwischen Signalaufnahme durch reversibel (- - - - →) oder kovalent modifizierende Effektoren (⁓⁓⁓→) unterschieden. b) Komplexes Regelsystem der Glykolysekette (nach [23]) (F-6-P, G-6-P, FDP, PEP s. Abb. 1-2) ——→ Stöchiometrische Prozesse; - - - - → Informationstransfer. c) Regelmechanismus des Glykogen Auf- und Abbaus durch kovalente Modifizierung (nach [3-77]). Es bedeuten: *a*: aktive(re) Enzymform; *b*: inaktive(re) Enzymform.

(a)

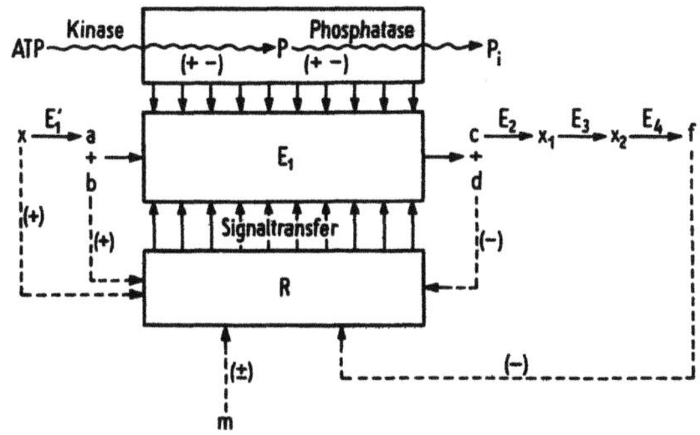
ATP
Kinase
(+ −)
P
Phosphatase
(+ −)
P_i
x
E_1'
a
+
b
E_1
c
+
d
E_2
x_1
E_3
x_2
E_4
f
(+)
(+)
Signaltransfer
(−)
R
(±)
m
(−)

(b)

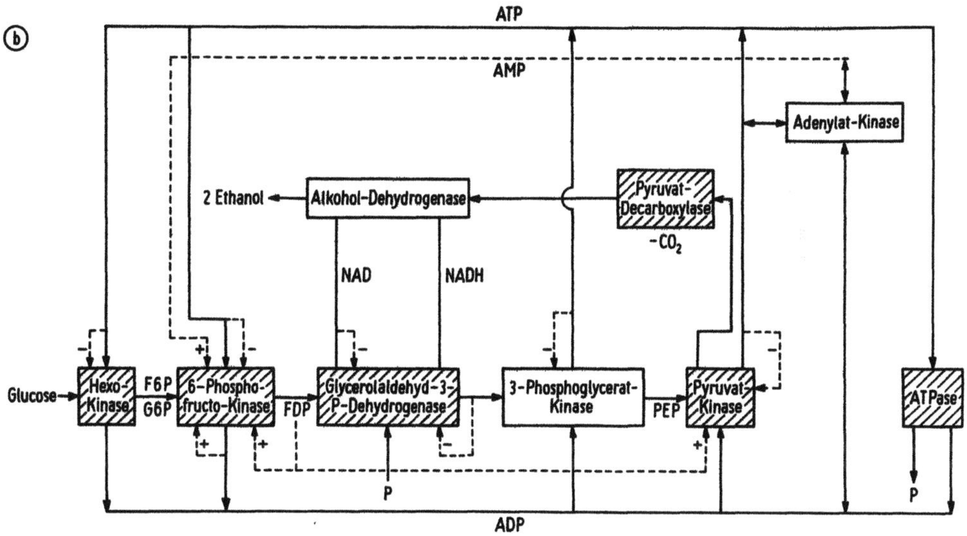
ATP
AMP
Adenylat-Kinase
2 Ethanol
Alkohol-Dehydrogenase
Pyruvat-Decarboxylase
$-CO_2$
NAD
NADH
Glucose
Hexo-Kinase
F6P
G6P
6-Phospho-fructo-Kinase
FDP
Glycerolaldehyd-3-P-Dehydrogenase
3-Phosphoglycerat-Kinase
PEP
Pyruvat-Kinase
ATPase
P
P
ADP

(c)

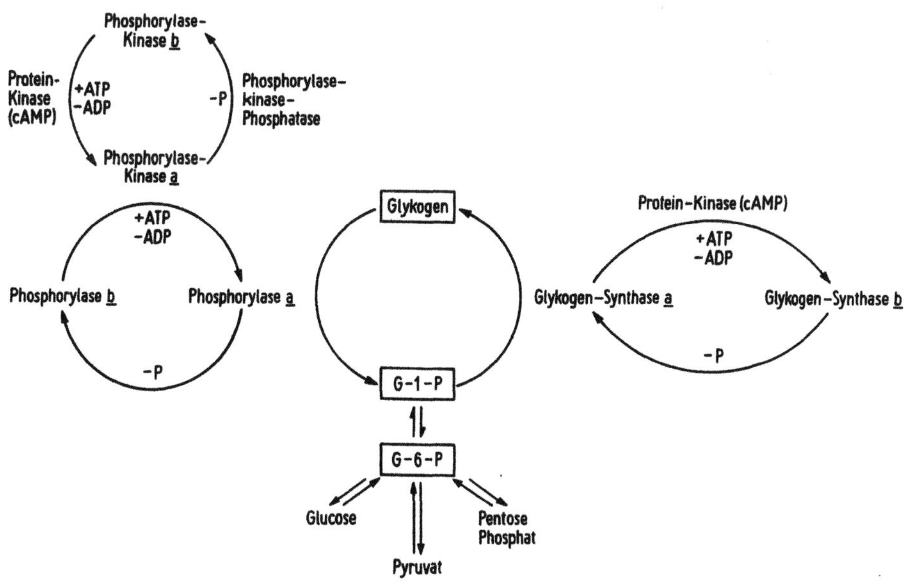
Phosphorylase-Kinase b
Protein-Kinase (cAMP)
+ATP
−ADP
−P
Phosphorylase-kinase-Phosphatase
Phosphorylase-Kinase a
+ATP
−ADP
Phosphorylase b
Phosphorylase a
−P
Glykogen
G-1-P
G-6-P
Glucose
Pyruvat
Pentose Phosphat
Protein-Kinase (cAMP)
+ATP
−ADP
Glykogen-Synthase a
Glykogen-Synthase b
−P

4.2. Regulation der Enzymaktivität

4.2.1. Enzymaktivität als kontrollierbarer Zustand

Änderungen im Katalyseverhalten komplexer biologischer Systeme können im einfachsten Falle über die bereitgestellte Menge an aktivem Enzym erfolgen. Durch Induktion oder Reprimierung der Enzymsynthese, durch aktivitätsbeeinflussende („quasi-irreversible") Modifizierungen (*„Interkonvertierung"*, [3-77], s. 3.8.3. und Abb. 4-7c) oder durch enzymatischen *Abbau von Enzymen* werden die stationären Enzymaktivitäten in der Zelle reguliert.

Daneben ist aber auch das Enzymmolekül selbst in der Lage, auf Änderungen der Metabolitkonzentrationen in seiner Umgebung mit Aktivitätsänderungen zu antworten.

Wie in Kapitel 3 dargelegt, ist die funktionelle Proteinstruktur das Resultat einer Vielzahl vorwiegend nichtkovalenter Wechselwirkungen, die sich innerhalb des Proteinmoleküls sowie zwischen Protein und Medium ausbilden. Dabei ist als „Medium" nicht nur die wäßrige Umgebung mit allen in ihr enthaltenen Komponenten (Ionen, Metabolite, Makromoleküle u. a.) zu verstehen, sondern auch – z. B. bei Membranenzymen – die mit dem Enzym kontaktierenden, nichtwäßrigen Strukturelemente der Zelle.

Innerhalb dieser allgemeinen Milieu-Wechselwirkungen gibt es Substanzen, die über spezifische Reaktionen mit geeigneten Acceptorbereichen des Proteins Strukturänderungen und damit Verhaltensänderungen bewirken. Dazu gehören vor allem die durch Substrate und Produkte oder andere spezifische Metabolite hervorgerufenen Aktivitätsänderungen (Abb. 4-7a, s. a. 2.4.). Solche, die Funktion der Enzyme beeinflussenden *reversiblen* Umsetzungen werden vorwiegend an oligomeren Enzymstrukturen gefunden (Aspartat-Carbamoyltransferase, s. 4.4.2.), so daß dem Stabilitätsverhalten der zwischen den häufig unterschiedlichen Untereinheiten ausgebildeten Kontaktareale eine wichtige Funktion zukommt (s. 2.4.4.).

4.2.2. Induzierte Aktivitätsänderungen

Regelprozesse an Enzymen umfassen drei Teilschritte: Signalerkennung und -aufnahme, Signaltransfer durch die Proteinmatrix und Signalrealisierung am Ort der Katalysereaktion. Resultat solcher reversibel induzierten Aktivitätsänderungen ist eine veränderte Katalyse konstante (k_{cat}), die besonders in gekoppelten katalytischen Systemen zur Kontrolle von Durchflußgeschwindigkeiten genutzt wird. So erlauben z. B. innerhalb der Glykolysekette (Abb. 1-4 und Abb. 4-7b) die Enzyme Phosphofructo-Kinase und Pyruvat-Kinase auf Grund ihrer relativ langsamen Katalysegeschwindigkeiten eine besonders wirksame Kontrolle des Gesamtumsatzes. An dieser sind neben den Substraten bzw. Produkten (*homotrope Kooperativität*, s. 2.4.4. und Abb. 4-7a) auch Metabolite anderer Reaktionen *(heterotrope Kooperativität)* beteiligt. Besonders die Aktivierung der Katalyseprozesse durch Substrate *(Substrataktivierung)*, die Inhibierung durch Produkte und Metabolite anschließender Stoffwechselschritte *(Rückkoppelungsinhibierung*, engl. feed back i.) sowie die Kontrolle der Umsätze durch Substanzen, welche den Energiestatus des Gesamtsystems markieren (ATP, AMP, Abb. 4-7b), tragen entscheidend zur Konstanz der Metabolitkonzentrationen in der Zelle bei.

In Abbildung 4-7 sind die an Enzymen beobachteten verschiedenen Regulationstypen (einschließlich der durch enzymatische Modifizierung gesteuerten Interkonvertierung) zusammengefaßt. Substrataktivierung gibt sich, wie in Kapitel 2 ausführlich begründet, in sigmoiden Beziehungen von Katalysegeschwindigkeit und Substratkonzentration (v/S-Auftragung) zu erkennen. Sie bewirkt, daß die katalytische Aktivität auf Änderungen der

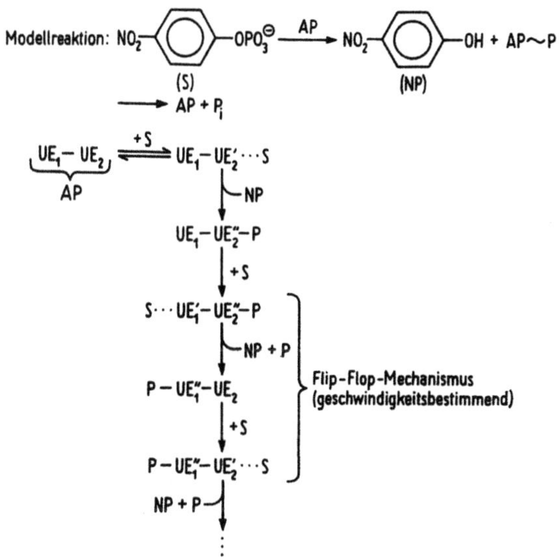

Abb. 4-8. Flip-Flop-Mechanismus als Beispiel der Halbzentren-Aktivität am Beispiel der Alkalischen Phosphatase (AP, nach [24]).
$UE_{1,2}$, $UE'_{1,2}$ und $UE''_{1,2}$ sind verschiedene Formen der UE 1 oder 2. $S \cdots UE'_1$: Nichtkovalente Bindung von Substrat an UE_1. UE''_2-P: Kovalent (über Serin) gebundenes Phosphat. Aus UE″-P entsteht durch Dephosphorylierung wieder die UE-Form, wobei dieser Schritt möglicherweise durch Anlagerung von S an die andere UE begünstigt wird. Der Umkehrmechanismus $UE'_1 - UE''_2 \rightleftharpoons UE''_1 - UE'_2$ (Flip-Flop) ist das Resultat der wechselnden Bindungsarten zwischen Enzym, Substrat und Phosphat.

Substrat-(Effektor-) Konzentration innerhalb bestimmter Regelbereiche, die dem steilsten Abschnitt der *v*/S-Auftragung entsprechen, außerordentlich sensibel anspricht.

Relativ häufig wird beobachtet, daß bei Oligomerenzymen jeweils nur die Hälfte der (z. B. identischen) aktiven Zentren in die Katalysereaktion einbezogen sind (sog. *Halbzentren-Aktivität*, engl. half of the sites reactivity). Möglicherweise bildet dieser Reaktionstyp eine weitere Variante der Nivellierung des ÜZ-Profils entlang der Reaktionskoordinate (vgl. Abb. 4-3c). Durch die starken Koppelungseigenschaften der Untereinheiten werden Teilschritte der Katalyse (z. B. Substratbindung) auf noch ausgedehntere Bereiche des Moleküls verlagert (s. 2.4.3.).

Ein interessantes Beispiel für diesen Mechanismus liefert die alkalische Phosphatase (E. coli, α_2, MG 86 kD), bei der nachgewiesen werden konnte, daß die beiden katalytischen Zentren des Enzyms *halbseitig im Wechsel* am Katalysemechanismus teilnehmen (sog. *Flip-Flop-Mechanismus* [24]). Die mechanistisch (und daher auch energetisch) unterschiedlichen Zustände, welche die beiden Untereinheiten wechselseitig durchlaufen, zeigt Abbildung 4-8.

4.2.3. Zeitlich verzögerte Regulationsprozesse

Regulationsmechanismen sind in der Regel mit Konformationsänderungen größerer Bereiche des Proteinmoleküls verbunden (Signaltransfer). Die effektorinduzierten Aktivitätsänderungen erreichen daher häufig erst nach Millisekunden bis Sekunden ihre volle Wirksamkeit, so daß diese Prozesse mittels Relaxations- oder stopped flow-Techniken erfaßt werden können. Dieses verzögerte Ansprechen von Regulationsprozessen auf Änderungen der Effektorkonzentration könnte auch im Zellverband als ein zusätzlicher Dämpfungsfaktor bei der Kontrolle der Metabolitumsätze beteiligt sein.

Ein besonders eindrucksvolles Beispiel für eine *verzögerte Substrataktivierung* wurde bei der Pyruvat-Decarboxylase gefunden. Dieses Enzym, das die irreversible Decarboxylierung von Pyruvat zu Acetaldehyd und Kohlendioxid katalysiert, ist in Abwesenheit von Pyruvat katalytisch praktisch inaktiv (sog. *Intrinsische Inaktivität*) [25]. Im Bereich physiologischer Substratkonzentrationen zwischen 10^{-4} und 10^{-3} mol l^{-1} dauert es bereits meh-

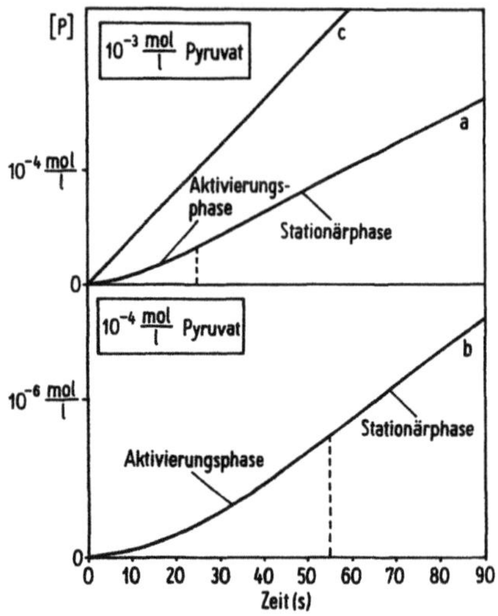

Abb. 4-9. Substrataktivierung von Pyruvat-Decarboxylase (PDC) als Beispiel für einen verzögert einsetzenden Regulationsprozeß.
Die Dauer der lag-Phase in der Produktbildung [P] ist stark konzentrationsabhängig. Bei einer Pyruvatkonzentration von 10^{-3} mol l^{-1} dauert es 25 Sekunden (a), bei 10^{-4} mol l^{-1} 55 Sekunden (b), bis die Stationärgeschwindigkeit (steady state, linearer Teil der Kurven) erreicht ist (30 °C). Kurve c wurde nach Präinkubation mit Pyruvamid erhalten, das somit die aktivierende Funktion des Substrates zu ersetzen vermag (nach [26]).

rere Sekunden (Abb. 4-9), bis sich das Enzym auf die der jeweiligen Substratkonzentration entsprechende Umsatzgeschwindigkeit (steady state) umstellt [26]. Ähnlich verzögerte Regulationsprozesse wurden auch bei anderen Enzymen, zum Beispiel Aspartat-Transcarbamylase beobachtet [27].

4.2.4. Regulation gekoppelter Enzymsysteme

Die Eigenschaften zahlreicher Enzyme, auf Änderungen spezifischer Metabolitkonzentrationen mit Aktivitätsänderungen zu reagieren, kann bei komplexen, im thermodynamischen Zustand der *„Offenen Systeme"* befindlichen Stoffwechselsequenzen (kontinuierlicher Substratdurchsatz) zu zeitlich und räumlich inhomogenen Zuständen *(Dissipativen Strukturen)* führen.

1964 wurden im glykolytischen System von Hefezellen erstmalig periodisch oszillierende Metabolitkonzentrationen festgestellt [28]. Diese Befunde wurden später an konzentrierten zellfreien Hefeextrakten bestätigt [29], wobei sich herausstellte, daß Kurvenverlauf und Schwingungsperiode in hohem Maße von der *Geschwindigkeit der Substratzufuhr* abhängen. Dabei war für das Verständnis der die Inhomogenitäten verursachenden Enzyme wichtig, daß nur solche Substrate Oszillationen bewirken, die in der Glykolysekette *vor* der Phosphofructo-Kinase (PFK) liegen [Glucose, Fructose, Glucose-6-P, Fructose-6-P, aber nicht z. B. Fructose-1.6-diphosphat (FDP)]. Die periodischen Schwankungen der Metabolitkonzentrationen lassen sich besonders leicht und genau durch automatische Registrierung der NADH-Konzentrationen (Fluoreszenzverhalten) oder des pH-Wertes verfolgen. Ein typisches Beispiel ist in Abbildung 4-10a wiedergegeben.

Wie Tabelle 4-3 ausweist, existiert zwischen Substrat-Zufuhrgeschwindigkeiten von >20 mmol h^{-1} (stationärer, NADH-gesättigter Zustand) und <160 mmol h^{-1} (stationärer, $NAD^{\oplus}$-gesättigter Zustand) ein ausgedehnter Bereich, in dem bei kontinuierlicher Substratzufuhr Oszillation der glykolytischen Metabolitkonzentrationen auftritt. Da diese Konzentrationen im physiologischen Bereich liegen, wird vermutet, daß dieses Verhalten zur Stabilisierung der glykolytischen Fluxraten beiträgt, da sich oszillierende Systeme gegen-

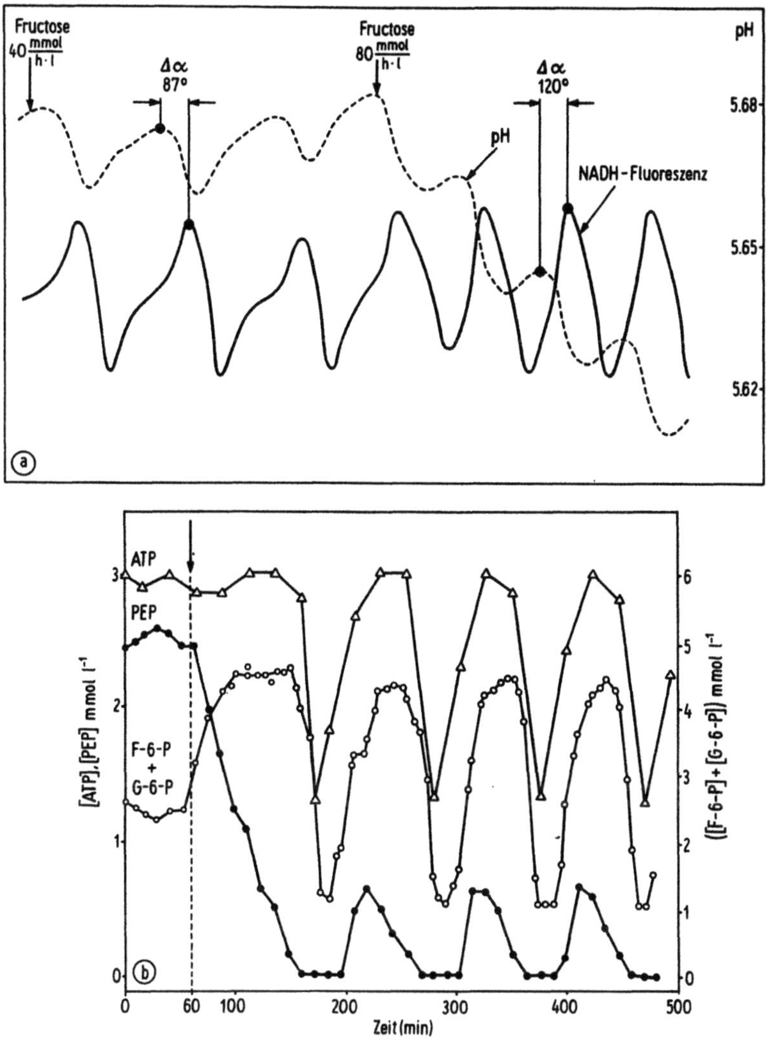

Abb. 4-10. Metabolitoszillationen in gekoppelten Enzymsystemen.
a) Verlauf der in zellfreien Hefeextrakten gemessenen NADH- und pH-Oszillationen. Zufuhrgeschwindigkeit des Substrates (Fructose) 40 und 80 mmol l^{-1} h^{-1}. NADH-Skala willkürlich aus Fluoreszenzverhalten. Erhöhte Substrat-Zufuhrgeschwindigkeit vergrößert den Phasenverschiebungswinkel $\Delta\alpha$ von 87° auf 120° (nach [29]). b) Oszillationen in einem aus 5 Enzymen (Phosphofructo-Kinase (PFK), Fructose-1.6-bisphosphatase (FDP), Pyruvat-Kinase, Adenylat-Kinase und Glucose-6-phosphat-Isomerase) rekonstituierten System (nach [30]). Start der Oszillationen nach 60 min Vorinkubation durch Zugabe von FDP (↓). Gemessen wurden die Konzentrationsänderungen von ATP, Phosphoenol-pyruvat (PEP), sowie von Fructose-6-phosphat (F-6-P) + Glucose-6-phosphat (G-6-P).

über stochastischen (d. h. unregelmäßig einwirkenden) Störfaktoren resistenter verhalten als stationäre.

Das entscheidende, für die Oszillationen verantwortliche Enzym ist die *Phosphofructo-Kinase* (PFK) (Abb. 4-7b). Dafür sprechen sowohl die zur Oszillation führenden Substratspezies als auch eine deutliche Phasenverschiebung der Schwingungsperiode ($\Delta\alpha$), die

Tab. 4-3. Einfluß der Zufuhrgeschwindigkeit von Substrat (Glucose oder Fructose) auf die Entstehung von glykolytischen Oszillationen in Hefeextrakten (nach [29])

Zufuhrgeschwindigkeit mmol $l^{-1}h^{-1}$	Länge der Perioden (min)	Amplitude in mmol · l^{-1} NADH	Wellenform
<20	–	Stationärzustand (oberer NADH-Spiegel)	–
20	8.6	0.2–0.4	Doppelwellen (nicht sinusförmig)
60–80	5.0	0.3	Stabile Sinuswelle
>160	–	Stationärzustand (unterer NADH-Spiegel)	–

sich zwischen dem oberen und unteren Abschnitt der Glykolysekette einstellt (Abb. 4-11) und die ebenfalls von der Geschwindigkeit der Substratzufuhr beeinflußt wird (Abb. 4-10a).

Die Aktivität der PFK wird stark durch das die Energieversorgung charakterisierende Konzentrationsverhältnis ATP/AMP beeinflußt. Abnahme des Quotienten (Energieverarmung) führt zur Aktivierung, Zunahme zur Inhibierung des Enzyms. Die hierbei erzeugten Produkt (ADP)-Pulse werden unter Phasenverschiebung auf die anschließenden Phosphotransferasen (Phosphoglycerat-Kinase und Pyruvat-Kinase) übertragen, welche beide durch ADP aktiviert werden.

Die PFK kann diesen zeitlich inhomogenen Funktionsverlauf offenbar nur im Zusammenwirken mit anderen Enzymen entwickeln. Auf der Grundlage sorgfältiger Modellstudien ist es aber gelungen, ein aus 5 Enzymen der Glykolysekette bestehendes System zu-

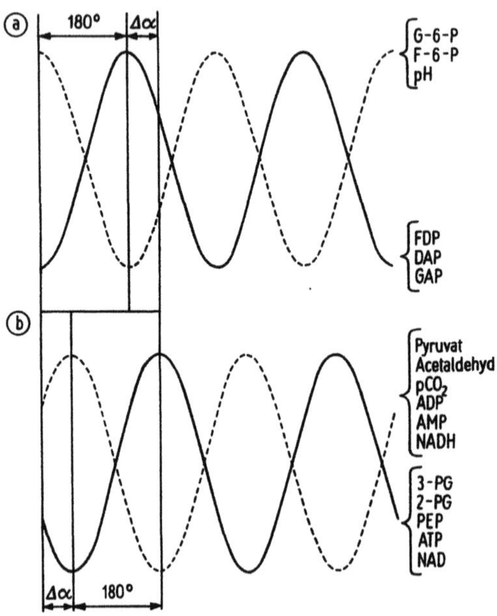

Abb. 4-11. Phasenverschiebung $\Delta\alpha$ der oszillierenden glykolytischen Intermediate (normierte Konzentrationsamplituden) zwischen oberem und unterem Abschnitt der Glykolysekette (s. Text, nach [29]).
a) Substrate vor der Phosphofructo-Kinase (PFK). b) Substrate nach der PFK (DAP Dihydroxyaceton-phosphat, GAP, 3-FG, 2-PG s. Ab. 1-3 und 4-7).

sammenzustellen, das *spontan* zu diskontinuierlichem Substratfluß übergeht [30]. In Abbildung 4-10b ist das Oszillationsverhalten dieses rekonstituierten Mehrenzymsystems wiedergegeben. Im Falle der Pyruvat-Decarboxylase war es dagegen bei Einhaltung spezifischer Reaktionsbedingungen möglich, auch am Einzelenzym einen oszillierenden Funktionsverlauf zu erzeugen [25].

4.3. Funktionsmechanismen von Cofaktoren

4.3.1. Zur Definition

Die im Proteinmolekül vorhandenen Donator- und Acceptorfunktionen für elektronische Wechselwirkungen mit dem Substrat sind durch die Struktur und Reaktivität der Seitenketten begrenzt. Für die Vielfalt der durch Enzyme katalysierten Reaktionen reicht dieses Arsenal nicht. So fehlen z. B. als katalytisch aktive Strukturen die (aktivierte) Carbonylgruppe oder delokalisierbare Elektronensysteme zur Realisierung von Redoxreaktionen.

Dieser Mangel wird durch den mehr oder weniger stabilen Einbau niedermolekularer Cofaktoren in das Proteinmolekül ausgeglichen, wobei gleichzeitig durch die spezifische Anordnung der an der Katalysereaktion beteiligten Atomgruppen von Protein, „Gastmolekül" und Substrat günstige Voraussetzungen für den Ablauf der Katalysereaktion geschaffen werden. Derartige unmittelbar an der Katalysefunktion beteiligte Partnermoleküle bezeichnet man als *Coenzyme.* Sie bilden gemeinsam mit den ebenfalls an der Enzymfunktion beteiligten Metallionen die Gruppe der Cofaktoren (Abb. 4-12). Das cofaktorfreie, inaktive Protein wird als *Apoenzym* bezeichnet.

Auch die isolierten Cofaktoren sind in der Lage, bestimmte Teilreaktionen des Katalysemechanismus einzugehen. Aber nur der Einbau in das entsprechende Apoenzym schafft die spezifischen *sterischen Voraussetzungen* und das erforderliche *Mikromilieu* im unmittelbaren Reaktionsbereich, die für die hohe Effektivität der Enzymreaktionen Voraussetzung sind.

Die *Bindung der Coenzyme* im aktiven Zentrum der entsprechenden Apoenzyme erfolgt über eine Vielzahl unterschiedlicher Wechselwirkungen, wobei der erreichte Kenntnisstand bei den einzelnen Coenzymen sehr unterschiedlich ist. Neben kovalenten Bindungen spielen alle Formen der nichtkovalenten Wechselwirkungen eine Rolle. Häufig übt hierbei das Coenzym auch einen *strukturierenden Einfluß* auf das Proteinmolekül aus, was sich z. B. in den beträchtlich modifizierten Raumstrukturen nach Einbau der Cofaktoren widerspiegelt (Abb. 3-25).

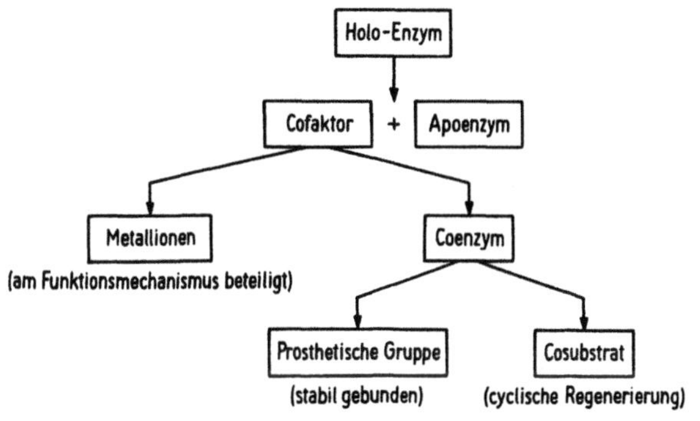

Abb. 4-12. Systematik cofaktorhaltiger Enzyme.

Über die Konformation der Coenzyme im Enzym geben neben der vergleichenden Röntgenstrukturanalyse auch Untersuchungen mit chemisch modifizierten *„Coenzym-Analoga"* Auskunft. Meist erweist sich hierbei, daß die Raumstruktur im aktiven Zentrum nicht identisch ist mit der Struktur des Coenzyms in Lösung oder im Kristallverband [31].

Bei der Definition des Begriffes „Coenzym" bereiten solche Substanzen Schwierigkeiten, die zwar ebenfalls die für den Ablauf der Katalysereaktion verantwortlichen Strukturbereiche ganz oder teilweise enthalten, aber gleichzeitig durch ihre reversible Bindung an das Protein und durch ihre chemische Modifizierung beim Katalyseprozeß als zweites Substrat fungieren. So werden z. B. die Nikotinamid-Coenzyme ($NAD^{\oplus}$, $NADP^{\oplus}$), ATP oder Coenzym A nach erfolgter Umsetzung mit einem Substratmolekül in chemisch modifizierter Form in das Medium abgegeben (NADH, NADPH, ADP oder AMP, Acyl-Coenzym A). Erst nach ihrer ebenfalls enzymkatalysierten Regenerierung können sie wieder in den ursprünglichen Katalyseprozeß eintreten. Diese *„cyclische Regenerierung"* unterscheidet diese Verbindungsklasse, die man daher auch als *„Cosubstrate"* bezeichnet, von den „normalen" Substraten. Dagegen werden die stabil an das Protein fixierten Coenzyme auch als *„Prosthetische Gruppen"* gekennzeichnet (Abb. 4-12). Im folgenden Abschnitt werden neben den stabil integrierten Coenzymen auch die Cosubstrate einer Darlegung ihres chemischen Verhaltens und ihres Beitrages zum Katalyseprozeß unterzogen.

Eine weitere Möglichkeit, die Struktur der katalytisch aktiven Bereiche von Enzymproteinen durch effektive Elektronenunterschußfunktionen zu erweitern, bietet die Einlagerung von *Metallionen*. Diese werden über Chelatstrukturen an definierter Stelle im aktiven Zentrum fixiert. Durch das umgebende Mikromilieu wird deren Wirkung ebenfalls den Erfordernissen der Katalysereaktion angepaßt.

4.3.2. Coenzyme

4.3.2.1. Nikotinamid-Coenzyme [Nikotinamid-adenindinucleotid ($NAD^{\oplus}$) und Nikotinamid-adenindinucleotid-phosphat ($NADP^{\oplus}$)]

Beide Coenzyme fungieren als typische *Cosubstrate*. Mit einem Redoxpotential von −0.32 V (Standardbedingungen, pH 7) dienen sie in zahlreichen Enzymreaktionen als Acceptor bzw. Donator von Hydridionen ($H^{\ominus}$-Ionen). Untersuchungen in D_2O haben nicht nur die elektrophile 4-Stellung des Pyridiniumringes (Abb. 4-13a) als $H^{\ominus}$-Acceptorposition bestätigt sondern zugleich bewiesen, daß durch die stereospezifische Bindung des NADH bzw. NADPH an die Proteinkomponente die beiden 4ständigen H-Atome sterisch differente Positionen einnehmen (*prochirales Zentrum*, s. 4.1.3.2.). Die meisten Enzyme, wie Alkohol-Dehydrogenase, Malat-Dehydrogenase, Lactat-Dehydrogenase oder Glycerat-Dehydrogenase, sind *„A-spezifisch"*, d. h. sie addieren bzw. eliminieren das Hydridion auf Grund ihrer weitgehend ähnlich gebauten Coenzym-Bindungsdomänen ausschließlich aus der A-(pro-R) Position des Nikotinamidringes (Abb. 4-13b) [32].

$NAD^{\oplus}$, NADH sowie ihre in 2'-Position phosphorylierten Analoga $NADP^{\oplus}$ und NADPH sind sehr flexibel gebaute Moleküle, die nur in Wechselwirkung mit der Proteinkomponente ihre katalytisch produktive Konformation einstellen. Aus Abbildung 4-13b gehen die vielseitigen, durchweg nichtkovalenten Wechselwirkungen, die das $NAD^{\oplus}$-Molekül im aktiven Zentrum von Dehydrogenasen ausbildet, hervor. Besonders der AMP-Bereich ist über zahlreiche H-Brücken und hydrophobe Wechselwirkungen im aktiven Zentrum verankert *(AMP-Anker!)*, wobei die H-Brücke zwischen der 2'-OH-Gruppe und der Asp-Seitenkette für das $NAD^{\oplus}$-System charakteristisch ist. Ein 2'-ständiger Phosphatrest ($NADP^{\oplus}$) bewirkt elektrostatische Abstoßung, worauf die Unterscheidung der Coenzyme durch die entsprechenden Apoenzyme u. a. beruht. Der Pyrophosphatrest ist über H-

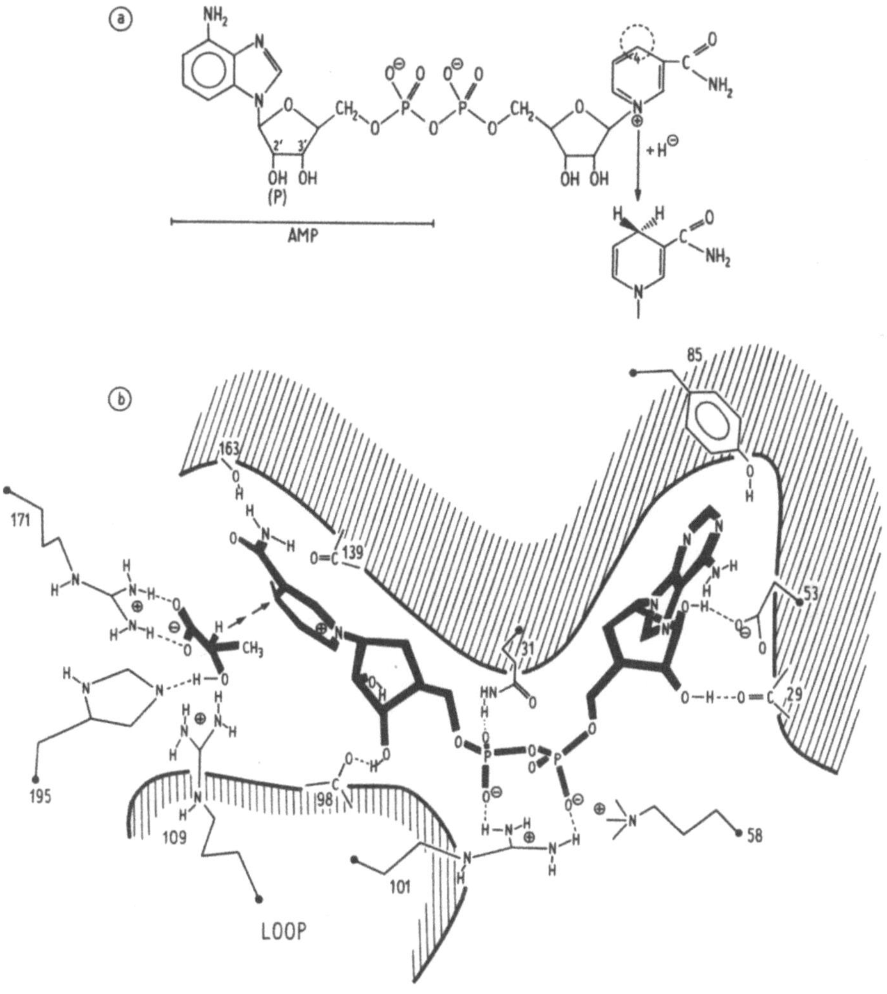

Abb. 4-13. Funktionsmechanismus von Niktotinamid-Coenzymen.
a) Molekülstruktur von NAD$^{\oplus}$ bzw. NADP$^{\oplus}$ (Funktionsbereich umrandet). b) Konformationsspezifität des Hydridtransfers (A-Spezifität) am Beispiel des aktiven Zentrums von Lactat-Dehydrogenase (nach [32]).

Brücken mit spezifischen Sekundärstrukturelementen der Proteinkomponente und basischen Seitenketten verknüpft. Der Nikotinamidring wird (ebenfalls über H-Brücken) so im aktiven Zentrum fixiert, daß die eine Seite der Ringebene (B-Seite) mit den hydrophoben Arealen der Coenzym-Bindungsdomäne in Wechselwirkung treten kann. Daraus resultierende *charge-transfer-Wechselwirkungen* sind für das Auftreten einer charakteristischen Absorptionsbande (sog. *Racker-Bande*) verantwortlich. Die andere Seite (A-Seite) ist dem Substratmolekül zugewandt (Abb. 4-13b).

Die Coenzym-Bindungsdomänen der verschiedenen Nikotinamid-Enzyme zeigen erwartungsgemäß untereinander weitgehende Analogien, während die katalytischen Domänen den spezifischen Funktionen entsprechende Unterschiede aufweisen. Das aktive Zentrum liegt in einer Kluft zwischen beiden Domänen (sog. *Rossmann-Spalte*), wird somit vom Nikotinamid-Teil auf der einen und von der Substratbindungsregion auf der anderen Seite begrenzt (Abb. 3-23). Diese Struktur ermöglicht durch präzise Justierung der am Reaktionsablauf beteiligten Bereiche von Substrat und Cosubstrat die starke Erniedrigung der Freien Aktivierungsenthalpie des Hydridüberganges.

Auf Grund kinetischer Untersuchungen zum Substratbindungsmechanismus zeigen Nikotinamid-Enzyme in der Regel einen *geordneten, sequentiellen Reaktionsablauf* (Gl. 2-54). Zunächst erfolgt im aktiven Zentrum die Bindung des Cosubstrats, anschließend die Anlagerung des zweiten Substratmoleküls (s. Abb. 4-30c). Die Röntgenstruktur des Apoenzyms zeigt, daß das aktive Zentrum vom Lösungsmittel aus für beide Substrate bequem zugänglich ist. Die katalytische Reaktion, insbesondere der Hydridtransfer zwischen Coenzym und Substrat, wird aber durch ein wasserfreies Mikromilieu begünstigt. Dieses entsteht einerseits durch die Einlagerung der beiden Substratmoleküle, andererseits durch eine vom Cosubstrat induzierte Konformationsänderung (Abb. 3-25), bei der Teile der Proteinkomponente eine Lageveränderung bis zu 10 Å (0.10 nm) erfahren und das aktive Zentrum zum Medium hin abgeschlossen wird.

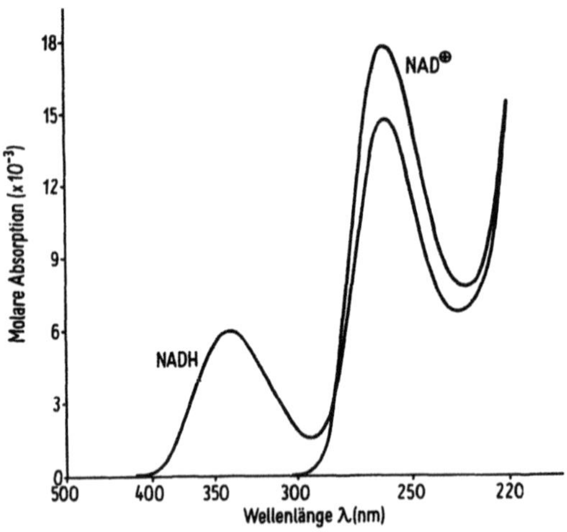

Abb. 4-14. Absorptionsspektren von NAD⊕ und NADH (die Spektren der 2'-phosphorylierten Cosubstrate sind praktisch identisch). Die bei 340 nm gemessene Absorptionsdifferenz ist proportional der Menge an umgesetztem Cosubstrat.

Der Umsatz nikotinamidabhängiger Dehydrogenasereaktionen läßt sich durch die spektralen Unterschiede, die das aromatische NAD⊕-Molekül beim Übergang in das semichinoide NADH-Ringsystem erfährt, bequem verfolgen. Aus Abbildung 4-14 geht hervor, daß die bei 340 nm liegende NADH-Bande beim Übergang in die aromatische NAD⊕-Form verschwindet. Da auch die Substrate und Produkte zahlreicher anderer Enzymreaktionen durch Nikotinamid-Enzyme umgesetzt werden können, erlaubt die Messung des NAD⊕-NADH-Überganges direkt oder im *gekoppelten Test* mit anderen „Hilfsenzymen" die Verfolgung zahlreicher Enzymreaktionen.

Der Ablauf der Katalyseraktion von NAD⊕ und NADP⊕-haltigen Enzymen weist keine prinzipiellen Unterschiede auf. Es entsteht daher die Frage, welche Bedeutung das Nebeneinander dieser beiden Coenzymvarianten hat. Ein Vergleich der Coenzym-Dissoziationskonstanten verschiedener Apoenzyme zeigt, daß die entsprechenden aktiven Zentren unterschiedliche Affinität zur oxidierten bzw. reduzierten Form aufweisen. Dabei dient das NAD⊕-System bevorzugt der Dehydrierung *(Oxidation)*, das NADP⊕-System mehr der Hydrierung *(Reduktion)* (Tab. 4-4). Einige Nikotinamid-Enzyme (z. B. Alkohol-Dehydrogenase aus Leber) enthalten als zweiten Cofaktor $Zn^{2\oplus}$-Ionen, deren spezielle Funktion in einer zusätzlichen Substratorientierung über einen intermediär gebildeten Zn-Akoholat-Komplex besteht (Abb. 4-30c [33]).

Tab. 4-4. Coenzyme des Hydrid- bzw. Elektronentransfers. Reaktionstyp und Enzymbeispiele

Coenzym	Reaktionstyp	Enzymbeispiele
Nikotinamid-adenindinucleotid (NAD^+)	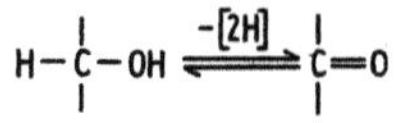	Alkohol-Dehydrogenase; Lactat-Dehydrogenase; Malat-Dehydrogenase
Nikotinamid-adenindinucleotid-phosphat ($NADP^+$)	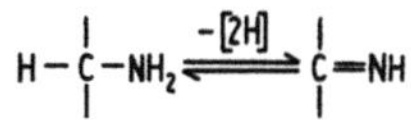	Aminosäure-Oxidasen
	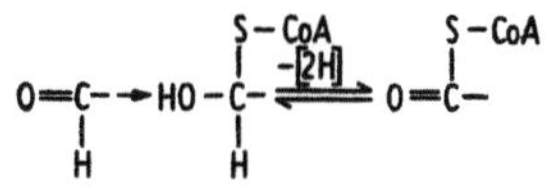	Glycerolaldehyd-3-phosphat-Dehydrogenase
	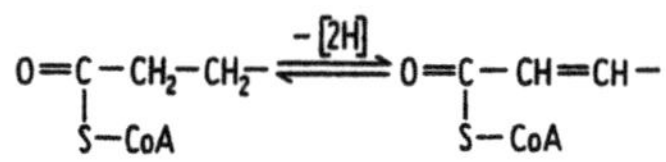	Acyl-CoA-Dehydrogenase (C_4—C_{16}; opt. C_6)
Flavin-adenindinucleotid (FAD)	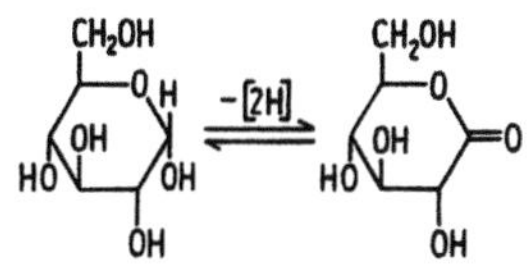	Glucose-Oxidase
Riboflavin-5'-phosphat	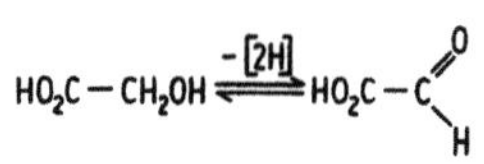	Glykolsäure-Oxidase
Flavin-mononucleotid (FMN)	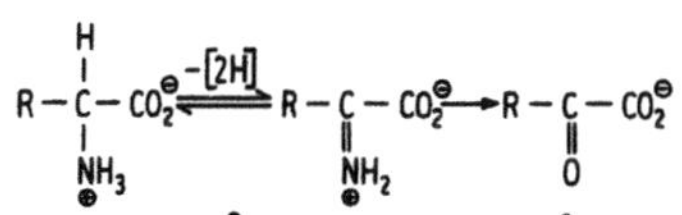	Aminosäure-Oxidasen
	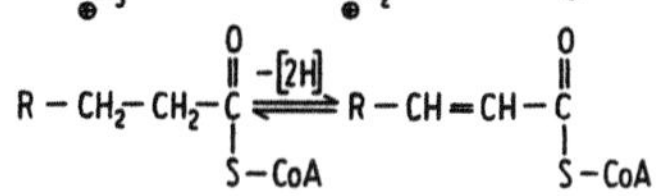	Bernsteinsäure-Dehydrogenase; Acyl-CoA-Dehydrogenase (Fettsäure-Synthetase-Komplex)
	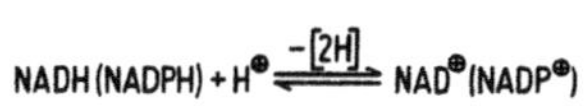	NADH-Oxidase (Mitochondrial)
		Dihydrolipoat-Dehydrogenase (α-Ketosäuredehydrogenase-Komplex); Glutathion-Reductase

4.3.2.2. Flavin-Coenzyme [Flavin-adenindinucleotid (FAD) und Riboflavin-5'-phosphat (Flavin-mononucleotid, FMN)]

Das Flavin-Ringsystem (z. B. Riboflavin) weist mit −0.21 V (Standardbedingungen, pH 7) ein etwas höheres Redoxpotential auf als der Nikotinamid-Ring. Wie bei den Nikotinamid-Coenzymen ist der stärker resonanzstabilisierte, oxidierte Zustand (Isoalloxazin-Ring) begünstigt (Abb. 4-15). Im Gegensatz zu den Nikotinamid-Enzymen ist aber das Flavinmolekül meist fest (teilweise sogar kovalent über eine 8-Methylen-Histidinbrücke, z. B. in Succinat-Dehydrogenase) im aktiven Zentrum fixiert. Es fungiert damit als typische *prosthetische Gruppe*, deren Regeneration im aktiven Zentrum erfolgen muß.

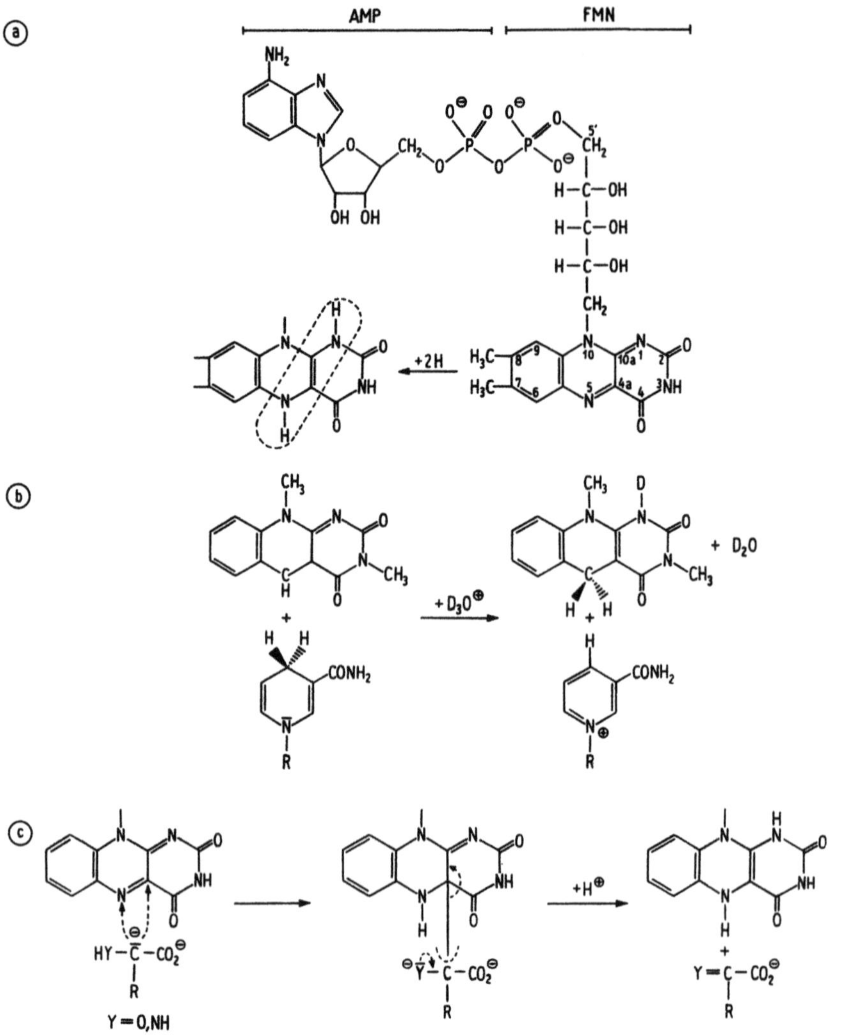

Abb. 4-15. Struktur und Funktion von Flavinenzymen.
a) Struktur von Flavin-adenindinucleotid (FAD) und Riboflavin-5'-phosphat (FMN) (Funktionsbereich umrandet). b) Modellversuch zum Nachweis des $H^{\ominus}$-Transfers zwischen 5-Deaza-5-carbo-Flavin (DF) und NADH (nach [34]). c) Vermuteter Oxidationsmechanismus für α-Carbanionen (nach [35]).

Da die Affinität der Proteinkomponente zur reduzierten oder oxidierten Form über die Höhe des in vivo wirksamen Redoxpotentials entscheidet, werden für die verschiedenen Flavinenzyme Werte zwischen +0.19 (stärker oxidierend als $NAD^{\oplus}$) und −0.49 (stärker reduzierend als NADH) gefunden. Dieser Breite des Redoxpotentials sowie der Fähigkeit, neben Zwei- auch Einelektronen-Übergänge (Radikal- oder Übergangsmetall-Katalysen) zu katalysieren, verdanken die Flavinenzyme ihre vielseitigen Einsatzbereiche in der Zelle (s. Tab. 4-4).

Der *Mechanismus von Flavinenzymen*, besonders die Frage des Elektronentransfers zwischen Substrat und Coenzym ist auf Grund fehlender Röntgenstrukturdaten noch unklar. Daß ein Hydridtransfer gemäß Abbildung 4-15 prinzipiell möglich ist, zeigt die nichtenzymatische Umsetzung von 5-Desaza-5-carboflavin (DF) mit NADH in D_2O [34]. Bei dieser Modellverbindung ist der beim Isoalloxazin-Ring mögliche, schnelle H/D-Austausch mit dem Medium unterbunden. Da das hydrierte Flavinanaloge DF · H_2 am C_5-Atom kein Denterium aus dem Medium aufgenommen hat, kann der Austausch nur über einen $H^{\ominus}$-Transfer innerhalb eines DF-NADH-Komplexes erfolgt sein.

Andererseits kann auch die 5- oder 4a-Stellung als Angriffsort für Carbanionen R—$\bar{C}^{\ominus}$—COOH z. B. von α-Aminosäuren (L- und D-Aminosäure-Oxidasen), α-Hydroxysäuren (Lactat-Oxidase) oder Dicarbonsäuren (Bernsteinsäure-Oxidase) fungieren [35]. Die Oxidation erfolgt in diesem Falle durch Übernahme des α-ständigen Elektronenpaares in das Flavinringsystem und anschließende Stabilisierung gemäß Abbildung 4-15c. Für einen solchen Mechanismus spricht u.a. der an Lactat-Oxidase erhaltene Befund, daß Oxalat und Malat, die beide als *ÜZ-Analoga* die negative Ladung des Carbanions in stabiler Struktur enthalten, deutliche Affinität zum aktiven Zentrum aufweisen. Ferner gibt es Hinweise, daß Flavinenzyme auch den Transfer einzelner Elektronen unter Bildung von *Radikalstrukturen* (Semichinonen) katalysieren können. Das Auftreten solcher Radikale konnte spektroskopisch nachgewiesen werden.

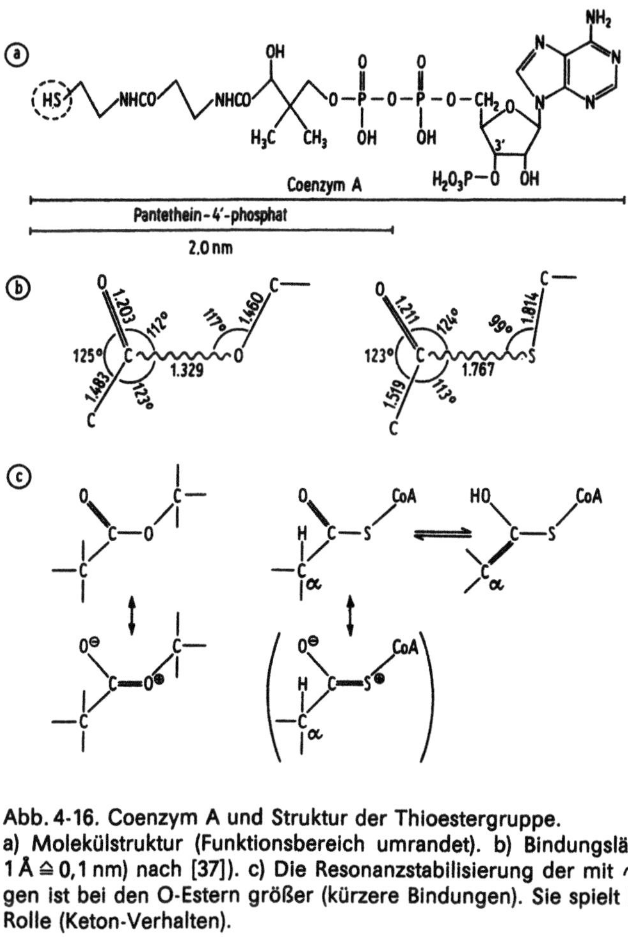

Abb. 4-16. Coenzym A und Struktur der Thioestergruppe.
a) Molekülstruktur (Funktionsbereich umrandet). b) Bindungslängen von O- und S-Estern (in Å; 1 Å ≙ 0,1 nm) nach [37]). c) Die Resonanzstabilisierung der mit ∿∿∿ gekennzeichneten Bindungen ist bei den O-Estern größer (kürzere Bindungen). Sie spielt bei den Thioestern praktisch keine Rolle (Keton-Verhalten).

Auch in Wechselwirkung mit *Übergangsmetallionen* (Fe, Mo) ist das Flavinringsystem an Redoxreaktionen beteiligt. Es wird vermutet, daß (z. B. im Falle der Xanthin-Oxidase) ein Wertigkeitswechsel Mo VI→Mo V beteiligt ist.

4.3.2.3. Coenzym A (CoA)

Coenzym A (A von Acylierung) und seine Acylderivate (z. B. Acetyl-CoA) sind typische *Cosubstrate*, deren relativ komplizierte Molekülstruktur über zahlreiche nichtkovalente Bindungen mit den entsprechenden Apoenzymen verknüpft ist. Der katalytisch aktive Bestandteil von CoA ist die endständige SH-Gruppe, die mit der in 3'-Stellung phosphorylierten *AMP-Ankergruppe* über ein Zwischenglied von 2.0 nm Länge *(Pantethein-4'-phosphat)* verbunden ist (Abb. 4-16).

Versuche mit wesentlich einfacher strukturierten Coenzymanaloga (z. B. HS—CH_2—CH_2—$COOCH_3$:HS—MP [35]) haben gezeigt, daß die bei der Enzymkatalyse beobachteten hohen Umsatzgeschwindigkeiten zu einem wesentlichen Teil aus den *Wechselwirkungen der nicht am Katalyseprozeß beteiligten Strukturbereiche* des Cofaktors mit dem Protein gespeist werden. So bewirkt im Vergleich zu HS—MP die komplette Coenzymstruktur eine Steigerung der CoA-Transfergeschwindigkeit (Gl. 4-7) um 12 Größenordnungen. Bei diesen Versuchen konnte – wie auch in anderen Fällen – nachgewiesen werden, daß die *Bindungsenergie* des Cosubstrates hauptsächlich verwendet wird, um die Reaktionspartner in Richtung des Übergangszustandes zu *destabilisieren* und die mit der Enzymreaktion verbundene Entropiebarriere zu überwinden.

Eine genauere Analyse der bei der Coenzym-A-Bindung umgesetzten Energiebeträge gelang durch Vergleich der drei SH-Verbindungen HS—MP, HS-Pantethein und HS—CoA. Im Falle einer *β*-Ketosäure-CoA-Transferasereaktion [36] (Gl. 4-7) konnte festgestellt werden, daß die Wechselwirkung des Apoenzyms mit der Pantetheinstruktur von CoA für die Destabilisierung des bei der Reaktion gebildeten E—CO—SCoA-Intermediates,

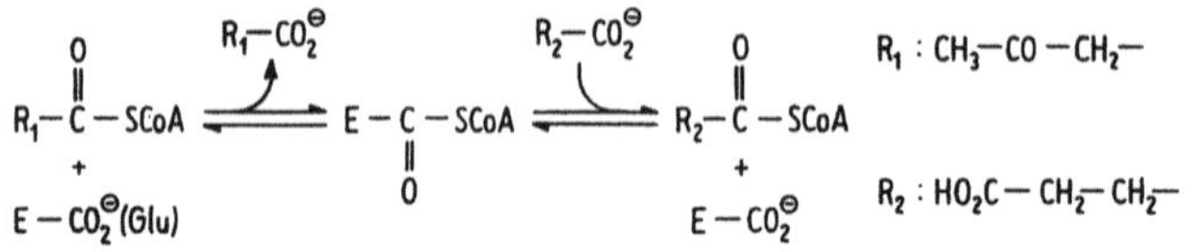

Gl. 4-7

also für die Geschwindigkeitserhöhung der Enzymkatalyse verantwortlich ist. Dagegen wird aus der Wechselwirkung mit der 3'-Phospho-ADP-Struktur der Entropiebedarf für die Substratbindung (Acyl-CoA) und -destabilisierung abgedeckt.

Die günstige Gleichgewichtslage, welche bei der Umsetzung von S-Acylestern als Cosubstrat der Acyltransferasen beobachtet wird, resultiert vorwiegend aus der *hohen Carbonylaktivität*, welche diese Verbindungsklasse im Vergleich zu den O-Acylestern aufweist. Vergleicht man die Hydrolysewärmen von S-Estern und O-Estern, so zeigt sich, daß erstere eine um 55–60 kJ mol^{-1} *geringere Resonanzstabilisierung* aufweisen. Die fehlende Resonanz in den Thioestern offenbart sich z. B. in den durch Röntgenstrukturanalyse zahlreicher Modellverbindungen bestimmten Bindungslängen (Abb. 4-16b, [37]). Auch andere Methoden (^{13}C—NMR, IR-Spektroskopie u. a.) haben gezeigt, daß die Reaktivität der Carbonylgruppe in Thioestern mit der von Ketonen vergleichbar ist. Das hohe Gruppenübertragungspotential der Thioester erklärt sich also aus der starken Elektrophilie der Carbonylgruppe im Zusammenwirken mit der hohen Polarisierbarkeit der austretenden Mercaptogruppe.

Erster Schritt aller CoA-Reaktionen ist die *Synthese der energiereichen Thioesterbindung* zwischen der SH-Gruppe des Cosubstrates und der Carboxylgruppe des Substrates. Die hierfür erforderliche Energie kann z. B. aus der Ringspannung des Dithiolanringes (Abb. 4-25) oder der ATP-Hydrolyse (Acetat-Kinasen oder Acetyl-CoA-Synthetasen) stammen. Die Freie Enthalpie der Hydrolyse von Thioesterbindungen (ΔG^0 (pH 7) -35 kJ mol^{-1}) entspricht etwa der Hydrolyseenthalpie der ATP-Phosphatbindungen.

Versuche mit ^{18}O-Acetat haben ergeben, daß sich der Acetatrest bei der *Acetyl-CoA-Synthetase-Reaktion* zunächst nucleophil aus apikaler Position (Inversion, s. 4.5.3.) an das α-P-Atom von ATP unter Substitution des Pyrophosphatrestes anlagert. Das gebildete Acetyl-adenylat besitzt in der Anhydridbindung die erforderliche Energie, um den aktivierten Acetylrest auf die SH-Gruppe des Cosubstrates zu übertragen. Ein ähnlicher Mechanismus, bei dem die Energie der β, γ-Phosphatbindung von ATP für die Synthese von Acetyl-CoA genutzt wird, ist in Abbildung 4-56 bilanziert.

Tab. 4-5. Acetyl-CoA als Cosubstrat. Reaktionstyp und Enzymbeispiele

Reaktionstyp		Enzymbeispiele
Acyltransfer:	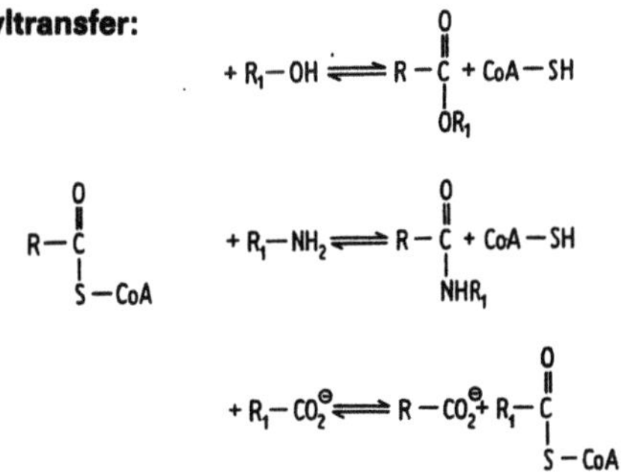	Cholinacetyl-Transferase; Carnitinacetyl-Transferase Arylaminoacetyl-Transferase; Aminosäureacetyl-Transferase CoA-Transferasen
C-C-Synthese:	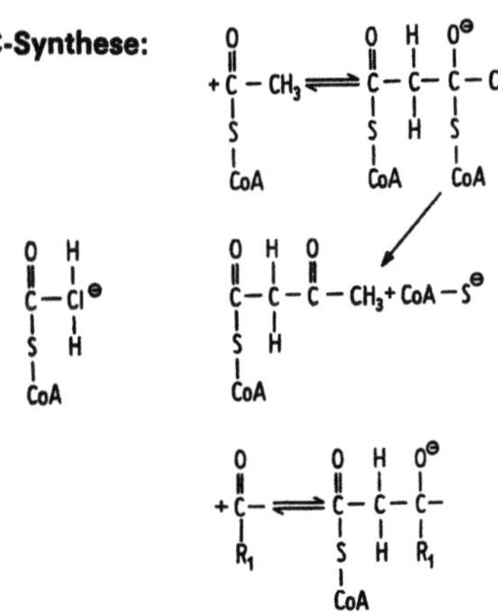	Acetyl-CoA-Acetyltransferase Malat-Synthase; Citrat-Synthase

Die Funktion von CoA besteht nicht nur in der Übertragung von aktivierten Acylresten auf Alkohole, Amine und andere Carbonsäuren (Tab. 4-5) sondern auch in einer *Aktivierung der zur Thioestergruppe benachbarten C_α-H-Bindungen* (Abb. 4-16c), so daß diese in Form potentieller Carbanionen für elektrophile Substituenten (Carbonylverbindungen) zugänglich gemacht werden. Als typisches Beispiel sei die Kondensation von Acetyl-CoA mit Oxalacetat durch die Citrat-Synthase genannt (Tab. 4-5).

4.3.2.4. Adenosintriphosphat (ATP)

Auch ATP (Abb. 4-17) gehört zu den typischen *Cosubstraten*. Der Nucleotid-Teil (Adenosinmonophosphat, AMP) dient wie in den drei voranstehenden Fällen der Erkennung und den Übergangszustand begünstigenden Fixierung des Cosubstrates im aktiven Zentrum. Die energiereiche Anhydridbindung zwischen P_α und P_β sowie zwischen P_β und P_γ ermöglicht die Realisierung zahlreicher Phosphorylierungsreaktionen, wobei Zwischenstufen (Energiekonservierung) oder energiereiche Endprodukte gebildet werden.

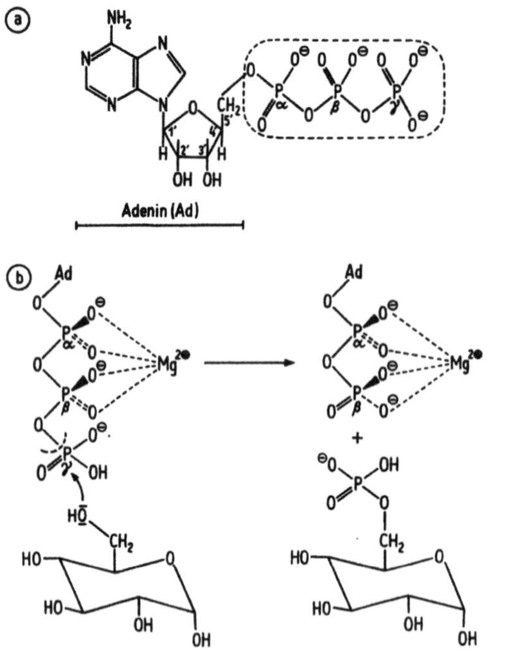

Abb. 4-17. Adenosintriphosphat (ATP) (Funktionsbereich umrandet).
a) Struktur. b) Beispiel eines Pγ-Transfers aus dem Mg-ATP-Komplex (Hexo-Kinase).

Die relativ hohe Freie Enthalpie von ca. 35 kJ mol^{-1}, die bei der Hydrolyse der β, γ-Phosphatbindung von ATP (Hydrolyseenergie von Pyrophosphat in 2 Moleküle Orthophosphat 33.5 kJ mol^{-1}) freigesetzt wird, ist das Resultat mehrerer Faktoren. Besonders die Häufung *negativer Ladungen* im Polyphosphatteil (bei neutralem pH ist ATP 4fach negativ geladen) sowie die *Resonanzstabilisierung* der bei der Hydrolyse gebildeten Spaltprodukte begünstigen Hydrolyse- bzw. Phosphat-Transferreaktionen.

Wichtigste phosphatübertragende Enzyme sind die *Kinasen*. Gemäß Gleichung 4-8

$$\text{ATP} + \text{Acceptor} \rightarrow \text{ADP} + \text{Acceptor} \sim \text{P}\ (-\Delta G) \qquad \text{Gl. 4-8}$$

wird dabei meist der γ-ständige Rest des ATP auf geeignete Acceptorgruppen (Tab. 4-6) übertragen. Stereochemie und Katalysemechanismus von Phosphat-Transferreaktionen sind im Abschnitt 4.5.3. beschrieben.

Enzyme, welche die Übertragung des Phosphatrestes von ATP auf Wasser als Acceptor katalysieren, wobei die freigesetzte Energie für spezifische Leistungen der Zelle (Transport, Wärme) genutzt werden kann, heißen *Adenosintriphosphatasen* (ATPasen). Andererseits kann aber auch der AMP-Rest unter Freisetzung der Pyrophosphatgruppe auf geeignete Acceptoren (Glutamin-Synthetase, Tab. 3-12) transferiert werden (Nucleotidyl-Transferasen). Allen Reaktionen ist gemeinsam, daß durch die Acceptorgruppe ein apikal nucleophiler Angriff am α, β oder γ-P-Atom erfolgt, wobei die Freie Enthalpie der Poly-

Tab. 4-6. ATP (UTP, CTP) als Cosubstrate von Kinasen.
Die aufgeführten Beispiele sollen die Vielseitigkeit der Phosphat-Transfermechanismen verdeutlichen (zum Mechanismus s. 4.4.3.). ATP: Ad-P_α-P_β-P_γ

Transfer-mechanismus	Reaktion	Enzymbeispiele
1. **Alkohol-P_γ**	ATP + D-Hexose → ADP + D-Hexose-6-P	Hexokinase
	ATP + D-Glycerat → ADP + 3-Phospho-D-glycerat	Glycerat-Kinase
	ATP + Pyruvat → ADP + Phosphoenolpyruvat	Pyruvat-Kinase
	ATP → 3′,5′-cAMP + Pyrophosphat	Adenylat-Cyclase
	ATP + Protein-Ser-OH → ADP + Protein-Ser-O ~ P	Protein-Kinasen
Alkohol-$P_\beta P_\gamma$	ATP + Thiamin → AMP + Thiaminpyrophosphat	Thiaminpyrophosphatase
2. **Carbonsäure-P_γ**	ATP + Acetat → ADP + Acetylphosphat	Acetat-Kinase
	ATP + Asp → ADP + 4-Phospho-Asp	Aspartat-Kinase
3. **Amin-P_γ**	ATP + Kreatin → ADP + Phosphokreatin	Kreatin-Kinase
	ATP + Arg → ADP + N_ω-phospho-Arg	Arginin-Kinase
4. **Phosphat-P_γ**	ATP + AMP ⇌ 2 ADP	Adenylat-Kinase
5. **Phosphat-AdP_α**	ATP + Nikotinamidmononucleotid → Pyrophosphat + NAD$^\oplus$	NMN-Adenyltransferase
6. **Sulfat-AdP_α**	ATP + Sulfat → Pyrophosphat + Adenylsulfat	Sulfat-Adenyltransferase

phosphatbindungen eine günstige Gleichgewichtslage in bezug auf die Endprodukte ermöglicht.

Oft wird ATP in Form seiner *Mg-Komplexe* als Cosubstrat wirksam. In diesem Falle begünstigt das Metallion durch Abzug der Elektronen von den α- und β-ständigen P-Atomen die Abspaltung des γ-ständigen Phosphatrestes (Abb. 4-17b).

Durch Röntgenstrukturuntersuchungen hat man Einblick in die Struktur der *aktiven Zentren von Kinasen* bekommen. In allen untersuchten Fällen besteht das Enzymprotein aus zwei Domänen. Bei der Katalysereaktion lagert sich der ATP(Mg)-Komplex so an, daß der AMP-Teil auf der einen Domäne liegt, während sich der P_γ-Rest in der Spalte zwischen den beiden Domänen befindet, in die auch das zu phosphorylierende Substratmolekül eingelagert wird (s. Abb. 3-24c).

Hinweise zur Struktur und Funktion der aktiven Zentren ATP-umsetzender Enzyme finden sich in Abbildung 4-31 sowie im Abschnitt 4.5.3. Wichtige ATP-Reaktionen sind in Tabelle 4-6 zusammengefaßt.

4.3.2.5. Pyridoxalphosphat (PLP) und Pyridoxaminphosphat (PMP)

Die Reaktionen von PLP gehen (bis auf eine Ausnahme, s. S. 233) von der 4ständigen Aldehydgruppe aus, deren Reaktivität gegenüber primären Aminen durch das N-Atom des Pyridinringes und seine Wechselwirkung mit der Proteinkomponente stark erhöht ist (Abb. 4-18). Der Cofaktor ist stabil im aktiven Zentrum fixiert *(Prosthetische Gruppe)*. Meist sind es Aminosäuren, die mit der Carbonylgruppe unter Bildung Schiffscher Basen reagieren. Dabei bewirkt der auf das α-C-Atom übertragene Elektronenmangel die Abspaltung eines der drei gebundenen Reste (Reihe a). Das danach am α-C-Atom verbleibende Elektronenpaar wird über das aromatische Ringsystem unter Ausbildung einer chinoiden Struktur (Verschiebung der Pyridin-Absorptionsbande von 340 auf 440 nm) und Protonierung des Ring-N-Atoms (bei Transaminasen Asp_{222}) *delokalisiert*. Dieser Prozeß wird ferner durch die Ausbildung einer H-Brücke zwischen der 3ständigen Hydroxylgruppe und dem Substrat-N-Atom unter Bildung eines ebenen Resonanzsystems unterstützt (Reihe b).

Das Apoenzym dient sowohl der Erzeugung eines aprotischen (protonenfreien) Mikromilieus, als auch – ähnlich den TPP-Enzymen – der Einstellung einer katalytisch aktiven

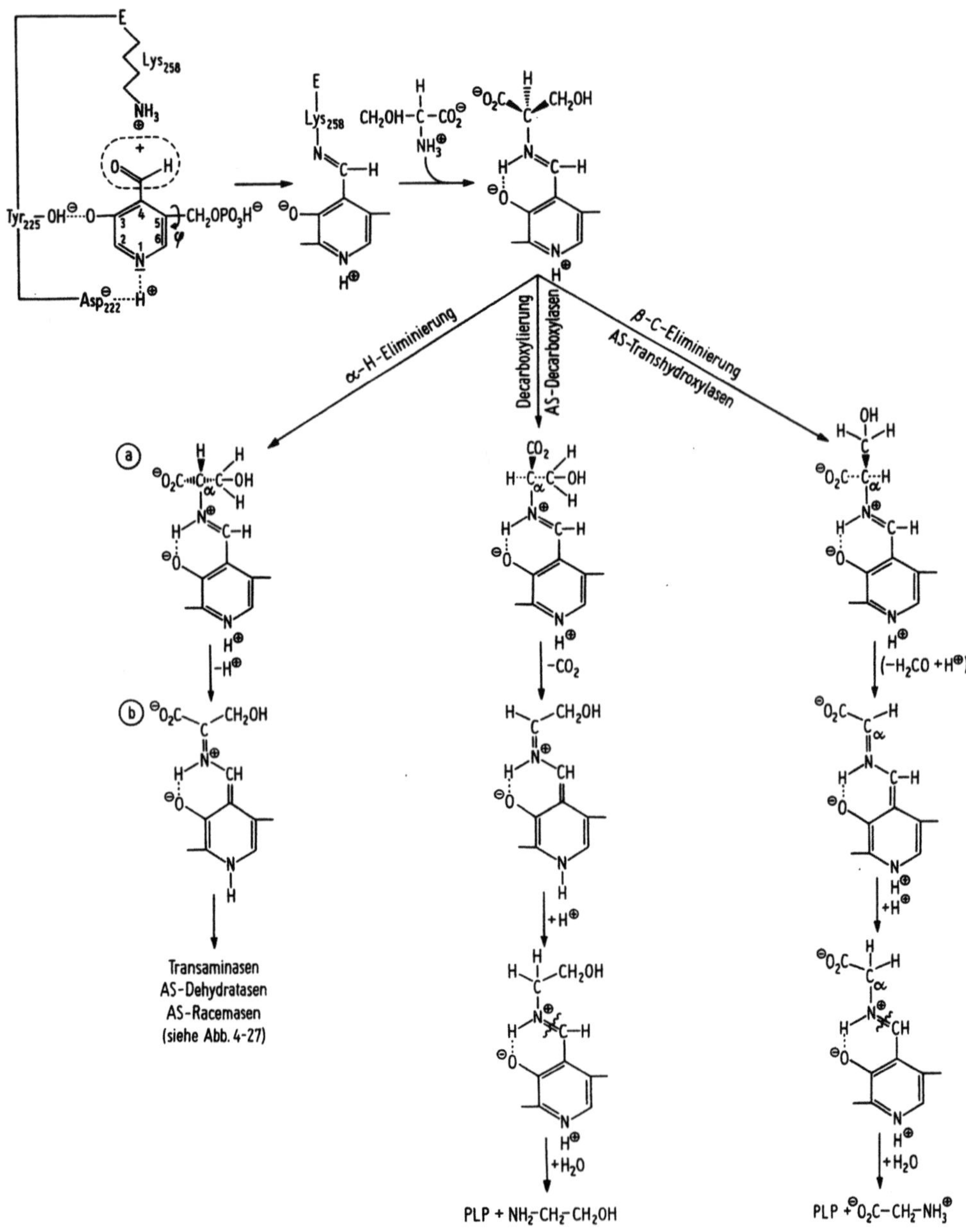

Abb. 4-18. Pyridoxalphosphat (PLP) (Funktionsbereich umrandet). Die drei Grundreaktionstypen mit α-Aminosäuren (Nummerierung der Seitenkettenstruktur für Transaminasen, s. [40]).
∿∿∿ : Hydrolyse der C=N-Bindung.

Konformation des Coenzyms. Dabei konnte nachgewiesen werden, daß – zumindest im Falle der am besten studierten Transaminasen – der Katalysemechanismus durch eine *Schwingbewegung* des Coenzyms um die 5-5'-Bindung (Winkel φ Abb. 4-18) unterstützt wird [38]. Eine weitere Funktion des Apoenzyms besteht in der exakten Substratorientierung und damit der Festlegung des speziellen Reaktionstyps, der sich am α-C-Atom vollzieht.

Die *Bindung des Coenzyms* an das Protein erfolgt im Falle des PLP *kovalent* über eine Aldiminbindung zwischen der Aldehydgruppe und einer Lys-Seitenkette (Lys_{258}) im aktiven Zentrum. Bei allen Enzymen, deren Mechanismus von der Aldehydgruppe ausgeht, liefert demzufolge die Hydrierung mittels Natriumborhydrid inaktive Produkte, aus denen sich nach Totalhydrolyse ε-pyridoxalmodifiziertes Lysin isolieren läßt. Im Falle des PMP, bei dem die 4-ständige Aldehydgruppe durch eine Aminomethylgruppe substituiert ist, kann diese Bindung nicht existieren. Trotzdem wird auch dieses, die Rückreaktion der Transaminasen katalysierende Coenzym (α-Ketosäuren → α-Aminosäuren, s.u.) vom gleichen Apoenzym stabil fixiert. Damit steht im Einklang, daß ein Austausch von Lys_{258} gegen Ala_{258} die stabile Bindung der Cofaktoren nicht beeinträchtigt [39]. Aus diesem Grunde kommt auch dem Phosphatrest des Coenzyms eine wichtige Bindungsfunktion zu.

Weitere Einzelheiten zum *Funktionsmechanismus* wurden im wesentlichen an *Transaminasen* ermittelt. Die Reaktion beginnt damit, daß ein Substratmolekül unter 30°-Drehung der φ-Bindung mit seiner Aminogruppe an die Stelle der Lys-Seitenkette tritt und

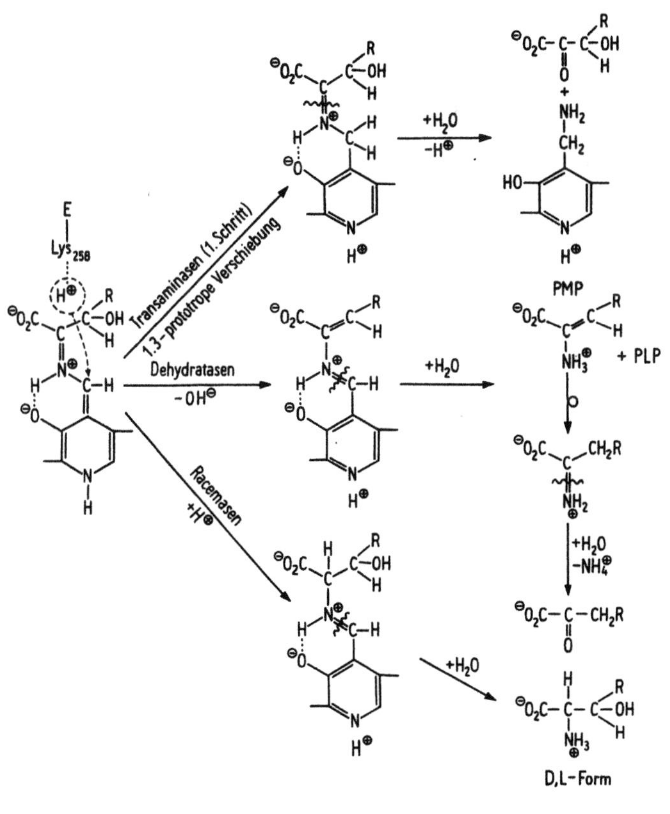

Abb. 4-19. Schema der PLP-Folgereaktionen nach α-H-Eliminierung
∿∿∿∿ : Hydrolyse der C=N-Bindung.

damit dem Elektronensog des Pyridinringes ausgesetzt wird. Die durch die Substratbindung freigesetzte ε-Aminogruppe von Lys_{258} dient bei dem folgenden Katalysemechanismus als Protonenrelais, indem sie die 1.3-prototrope Verschiebung zwischen dem α-C-Atom des Substrates und dem Carbonyl-C-Atom des Coenzyms vermittelt (Abb. 4-19) [40].

Für die anschließende *Abspaltung des α-ständigen Restes* unter Bildung des entsprechenden Carbanions sind nur solche Gruppen geeignet, deren Bindung in einer Ebene liegt, die senkrecht zu der durch das aromatische Ringsystem gebildeten Ebene angeordnet ist. Nur aus dieser Position kann bei maximaler σ-π-Überlappung der zu lösenden Bindung mit dem aromatischen Ringsystem eine beträchtliche Reduzierung der Freien Aktivierungsenthalpie für die Spaltreaktion eintreten [41] (Abb. 4-18, Reihe a). Auf diese Weise wird durch spezifische Wechselwirkungen des Substrates mit der Proteinkomponente die *Funktionsspezifität* der verschiedenen PLP-Enzyme gesteuert. Im Falle der *Aspartat*-Aminotransferasen werden z. B. die beiden Carboxylgruppen des Substrates durch zwei Arg-Reste fixiert.

Entsprechend den drei zur Abspaltung befähigten Substituenten am α-C-Atom von Aminosäuren katalysiert PLP in Abhängigkeit von der Anordnung des Substrates im aktiven Zentrum folgende drei Reaktionstypen:

1. Die *α-H-Eliminierung*, als deren Folgereaktionen *Transaminierung*, *β-Eliminierung* oder *Racemisierung* auftreten können (Abb. 4-19)
2. Die *Decarboxylierung* unter Bildung der entsprechenden Amine (Abb. 4-18)
3. Die *β-C-Eliminierung*, wobei unter Spaltung der C_α-C_β-Bindung Glycin und ein Derivat der Seitenkette (Formaldehyd, Acetaldehyd) entstehen (Abb. 4-18).

1. Eliminierung des α-H-Atoms

Die Abspaltung des α-ständigen H-Atoms geht den in Abbildung 4-19 beschriebenen Enzymreaktionen voraus. Die anschließende Stabilisierung des gebildeten α-Carbanions der Aminosäure erfolgt über folgende drei Varianten:

Transaminierung

Transminasen, die den Übergang von Aminosäuren (bzw. Aminen) in die entsprechenden Carbonylverbindungen sowie deren Umkehrreaktionen katalysieren, finden sich auf Grund der hohen Seitenkettenspezifität der Apoenzyme in großer Zahl. Gemäß der Gleichung

$$\alpha\text{-Aminosäure}_a + \text{E-PLP} \rightleftharpoons \alpha\text{-Ketosäure}_a + \text{E-PMP}$$

$$\text{E-PMP} + \alpha\text{-Ketosäure}_b \rightleftharpoons \alpha\text{-Aminosäure}_b + \text{E-PLP}$$

ist in Abbildung 4-19 nur eine Hälfte der Gesamtreaktion wiedergegeben. Das modifizierte Coenzym (PMP) wird in einer analog ablaufenden Rückreation wieder in die Aldehydform überführt. Hin- und Rückreaktion spiegeln sich durch die Unterschiedlichkeit der beteiligten Coenzyme auch im kinetischen Verhalten wider (sog. *Ping-Pong-Mechanismus*, s. 2.2.7.).

β-Eliminierung

β-Eliminierungsreaktionen setzen das Vorhandensein von basisch abspaltbaren Resten ($OH^{\ominus}$, Indolring) am β-C-Atom voraus, wie es beispielsweise bei Ser, Thr oder Trp der Fall ist (Serin-Dehydratasen, Threonin-Dehydratasen, Tryptophanase, s. 4.4.3.3.). Als Reaktionsprodukte entstehen aus dem zunächst gebildeten Aminoacrylat nach Übergang in die tautomere Iminosäure und anschließende Hydrolyse die entsprechenden α-Ketosäuren (Abb. 4-19).

Racemisierung

In Racemasen erfolgt nach stereospezifischer Anlagerung der L-α-Aminosäuren und Deprotonierung gemäß Abbildung 4-19 eine anschließende unspezifische Reprotonierung am α-C-Atom, so daß gleiche Anteile an D- und L-Form entstehen (D-Aminosäuren werden z. B. für spezifische Stoffwechselleistungen bei Bakterien benötigt).

2. Decarboxylierung
Durch Decarboxylierung von Aminosäuren (Abb. 4-18) entstehen in irreversibler Reaktion wichtige primäre Amine (sog. *biogene Amine*). Von besonderer Bedeutung ist die Bildung von γ-Aminobuttersäure aus Glutaminsäure (Glutaminsäure-Decarboxylase), die Bildung von Histamin aus Histidin (Histidin-Decarboxylase) oder die Bildung von Dopamin aus Dioxyphenylalanin (Dioxyphenylalanin-Decarboxylase).

3. β-C-Eliminierung
Die β-C-Eliminierung setzt wie bei der β-Eliminierung das Vorhandensein einer β-ständigen Hydroxylgruppe voraus, die eine Abspaltung und Stabilisierung der Seitenkette ermöglicht (Abb. 4-18). So entsteht aus Serin bzw. Threonin unter der Mitwirkung von Serin-Transhydroxylase Formaldehyd (als Tetrahydrofolsäure-Derivat, s. 4.3.2.10.) bzw. Acetaldehyd und Glycin. In umgekehrter Richtung kann Glycin in seiner durch PLP aktivierten Form Esterkondensationen mit aktivierten Carbonylverbindungen eingehen. Ein Beispiel ist die Synthese von δ-Aminolävulinsäure durch Anlagerung von Succinyl-CoA an den aktivierten Glycinrest (Gl. 4-9).

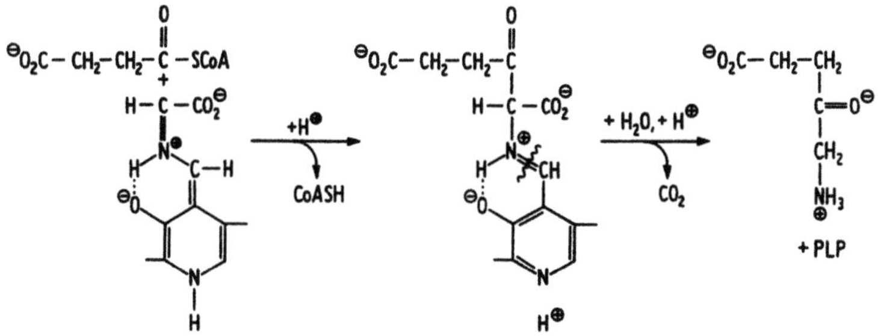

Gl. 4-9

Pyridoxalphosphat als Träger einer doppelt-negativen Phosphatgruppe
Während die bisher beschriebenen Reaktionen des PLP durchweg von der aktivierten Aldehydbindung ausgingen, kennt man in den Glykogen-Phosphorylasen Enzyme, die ebenfalls PLP als Cofaktor (über eine His-Seitenkette gebunden) enthalten, aber durch Hydrierung mit Natriumborhydrid *nicht* inaktiviert werden.

Neuere Untersuchungen mit ^{31}P-NMR-Spektroskopie haben gezeigt, daß bei diesem Enzym die Phosphatgruppe als Di-Anion vorliegt. Man vermutet daher, daß dieses (möglicherweise unter Einbeziehung eines weiteren Phosphatrestes) *als Protonenrelais* (allgemeine Säure-Base-Katalyse) beim Transfer eines Glucosylrestes beteiligt ist [42].

4.3.2.6. Pyruvat und α-Ketobutyrat

Eine weitere Variante der Bereitstellung aktivierter Carbonylgruppen wurde bei der Untersuchung der Prolin-Reductase und von bakteriellen Histidin-Decarboxylasen entdeckt. Diese Enzyme tragen im aktiven Zentrum *kovalent* über die Carboxylgruppe gebundenes Pyruvat (in anderen Fällen auch α-Ketobutyrat), das vermutlich durch Modifizierung eines N-terminalen Alanin- bzw. Threoninrestes entstanden ist.

Im Falle der Aminosäure-Decarboxylasen verläuft die Katalysereaktion weitgehend analog den entsprechenden Reaktionen des PLP, was durch Reduktion mittels Natriumborhydrid und Isolierung der entsprechenden Zwischenprodukte nachgewiesen werden konnte.

4.3.2.7. Biotin (B)

Biotin ist als Coenzym stabil *(prosthetische Gruppe)* in Multienzymkomplexen fixiert, die in reversibler Reaktion Hydrogencarbonationen mittels ATP aktivieren und auf das eben-

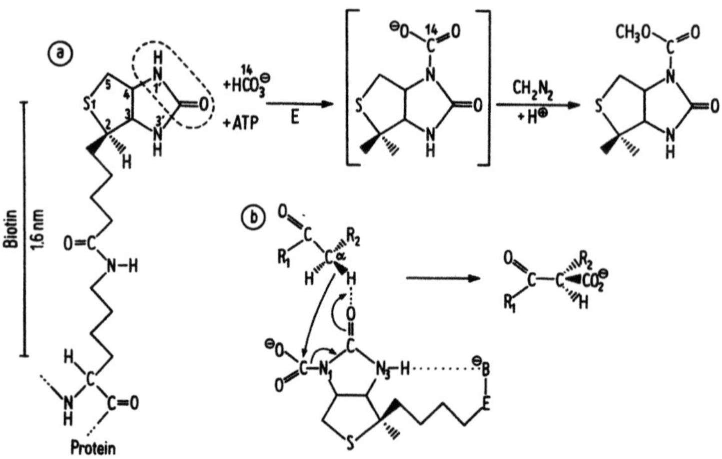

Abb. 4-20. Biotin (Funktionsbereich umrandet).
a) Molekülstruktur. Der Nachweis der N_1'-Carboxylierung gelang durch Veresterung des labilen, ^{14}C-markierten Zwischenproduktes mit Diazomethan [43]. b) Möglicher Ablauf der unter Retention der Konfiguration am α-C-Atom erfolgenden Carboxyl-Transferreaktion (Konzertierter Transfermechanismus nach [44]).

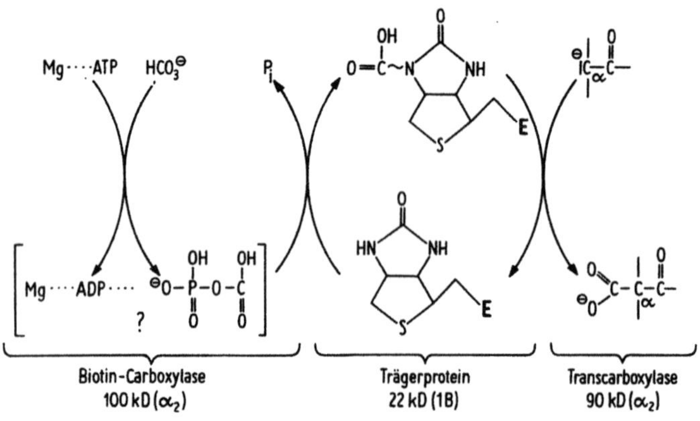

Abb. 4-21. Katalyse der α-Carboxylierung von Carbonylverbindungen durch Biotin-Enzyme am Beispiel der Acetyl-CoA-Carboxylase aus E. coli.

falls aktivierte α-C-Atom von Carbonylverbindungen übertragen (s. Tab. 4-7). Das für die Coenzymfunktion verantwortliche Ringsystem (Abb. 4-20) ist über einen flexiblen Arm *kovalent* mit dem Trägerprotein verknüpft, wobei die Seitenketten eines Lysinrestes als Träger für das Coenzymmolekül fungieren. Daraus resultiert ein Abstandsglied von 1.6 nm Länge.

Das Carbonation selbst ist in hohem Maße resonanzstabilisiert. Sein C-Atom ist daher ohne Aktivierung nicht in der Lage, mit potentiellen Carbeniatstrukturen des Typs $^{\ominus}|\overset{|}{\underset{|}{C}}-\overset{O}{\overset{\|}{C}}-$ (Pyruvat, Acetyl-CoA u. a.) elektrophil in Reaktion zu treten. Da Carboxylierungsreaktionen unter Retention der Konfiguration des Acceptorsubstrates verlaufen und bei der Umsetzung kein Austausch der α-ständigen H-Atome mit dem Medium erfolgt, wird der in Abbildung 4-20b dargestellte Mechanismus vorgeschlagen [44].

An geeigneten Modell-Enzymen, wie Acetyl-CoA-Carboxylase (E. coli), wurde gefunden, daß der komplette Carboxyl-Übertragungsmechanismus über mindestens zwei Stufen abläuft (Abb. 4-21). Zunächst wird das Hydrogencarbonat-Ion mittels einer ATP-abhängigen *Biotin-Carboxylase* (MG 100, kD, α_2) aktiviert und auf das an ein Trägerprotein (MG 22 kD) fixierte Biotinmolekül übertragen. Es wird vermutet, daß bei dieser Reaktion als energiereiches Zwischenprodukt Phosphocarbonat oder ein entsprechender [$Mg^{2\oplus}$-ATP-$HCO_3^{\ominus}$]-Komplex auftritt, dessen energiereiche Anhydridbindung zur Umsetzung mit dem N_1'-Atom des Biotinmoleküls befähigt ist.

Tab. 4-7. Biotin als Coenzym des Gruppentransfers. Reaktionstyp und Enzymbeispiele

Reaktionstyp	Enzymbeispiele
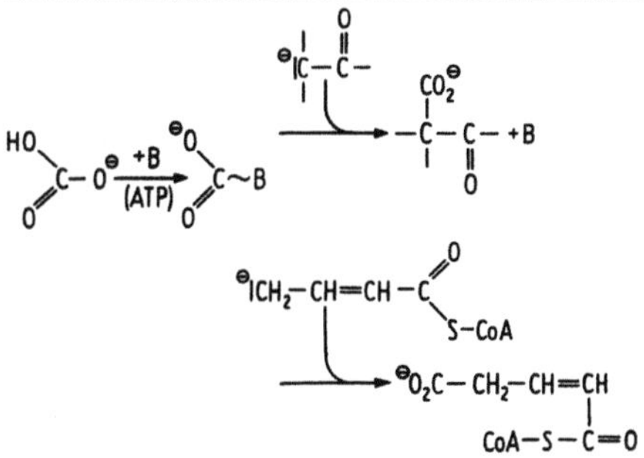	Pyruvat-Carboxylase Acetyl-CoA-Carboxylase Propionyl-CoA-Carboxylase Methylcrotonyl-CoA-Carboxylase

Die durch die Biotinbindung aktivierte Carboxylgruppe wird anschließend auf das Acceptorsubstrat übertragen, wobei das kovalent fixierte Biotinmolekül eine Trägerfunktion ausübt. Letzteres ist an der *Transcarboxylase*-Komponente (MG 90, kD, α_2) so fixiert, daß der zwischen beiden Reaktionszentren pendelnde Biotinring in eine für den Carboxyltransfer günstige Stellung zum α-C-Atom gerät.

4.3.2.8. Thiaminpyrophosphat (TPP)

Thiaminpyrophosphat katalysiert als Coenzym in Gegenwart zweiwertiger Metallionen ($Mg^{2\oplus}$) die C-C-Spaltung und Synthese von α-Ketosäuren und α-Hydroxycarbonylverbindungen. Obwohl die Bindung des Coenzyms an die Proteinkomponente ausschließlich über nichtkovalente Wechselwirkungen erfolgt, werden bei einigen Enzymen (z. B. Pyruvat-Decarboxylase) unter nativen Reaktionsbedingungen (~pH 6) stabile, d. h. nicht mit den Komponenten im Gleichgewicht stehende Holoenzymkomplexe gefunden [31]. Im Falle der funktionsverwandten α-Ketosäure-Dehydrogenasen lassen sich dagegen die Cofaktoren leicht (z. B. durch Gelfiltration) abtrennen.

Bei der Bindung des TPP im aktiven Zentrum sind neben elektrostatischen Wechselwirkungen, die unter Einbeziehung des Metallions von der Pyrophosphatgruppe [45] und vom Pyrimidinring ausgehen, auch Donator-Acceptor-Komplexe (sog. charge-transfer-Komplexe) zwischen Thiazoliumring und Tryptophanresten der Proteinkomponente sowie hydrophobe Wechselwirkungen beteiligt. Dabei wird dem Coenzym durch Torsion der beiden Ringebenen um die Methylenbrücke eine *enzymspezifische*, für die Funktion erforderliche *Konformation* im aktiven Zentrum aufgezwungen [31] (Abb. 4-22).

Eine weitere Funktion der Proteinkomponente besteht in der Herausbildung eines die Reaktion begünstigenden Mikromilieus um das Coenzym. Im Falle der Pyruvat-Decarbox-

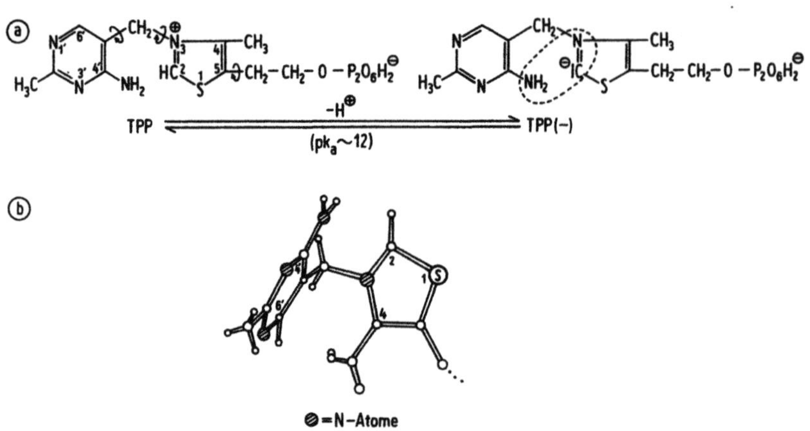

Abb. 4-22. Thiaminpyrophosphat (TPP).
a) Molekülstruktur (Funktionsbereich umrandet). Die katalytisch aktive Form des Coenzyms ist das Ylid, das durch Deprotonierung der C_2-H-Bindung entsteht (pK_a ca. 12). b) Struktur des Coenzyms im aktiven Zentrum von Pyruvat-Decarboxylase (nach [31]).

ylase und der Pyruvat-Dehydrogenase wurde eine hydrophobe Umgebung [3-20], im Falle der Transketolase eine mehr polare Umgebung [46], ermittelt.

Zur Aufklärung des Funktionsmechanismus von TPP haben vor allem Modellversuche an Thiazoliumderivaten [47] sowie der Nachweis der bei der Enzymreaktion gebildeten, *C_2-substituierten Zwischenprodukte* [48] beigetragen. Neben der reaktiven C_2-H-Bindung (pK_a ca. 12) des Thiazoliumringes (Abb. 4-22) ist auch das 4′-Aminopyrimidinring-System am Katalysemechanismus beteiligt [31].

Das Substrat (in allgemeiner Formulierung R_1-CO-X) wird gemäß Abbildung 4-23 zunächst an das dissoziiert vorliegende C_2-Atom (*Ylid-Form von TPP*, Abb. 4-22) angelagert. Diese Reaktion wird unterstützt durch die in unmittelbarer Nähe lokalisierte, über das Pyrimidinringsystem acidifizierte 4′-Aminogruppe. Wird diese nämlich durch eine andere Gruppe (H, OH, SH, $NH(CH_3)$) substituiert, so wird im Enzymversuch Inaktivität des entsprechenden Coenzym-Analogons gefunden.

Das Substratmolekül ist nach seiner Anlagerung an den Thiazoliumring dem Elektronensog dieses Ringsystems ausgesetzt, was die Eliminierung der am α-C-Atom gebundenen abspaltbaren Gruppe X (CO_2, R_2-CHO) fördert. Das hierdurch gebildete *α-Carbanion* (Abb. 4-23) wird in seiner Reaktivität entscheidend von der räumlichen Anordnung der beiden α-ständigen Reste beeinflußt. Bei mehr *senkrechter* Anordnung zum Thiazoliumring wird das Elektronenpaar an der Resonanz mit dem Thiazoliumring gehindert und steht – wie in der Abbildung dargestellt – für die anschließenden Katalyseschritte zur Verfügung. Bei *ebener* Anordnung würden sich dagegen stabile (energieärmere) Enolaminstrukturen ausbilden, deren Abspaltung durch die hohe Bindungsordnung am α-C-Atom behindert wird. Substrate, welche durch die Ausbildung ausgedehnter Resonanzstrukturen diese Enolform stabilisieren (4-(4-Chlorophenyl)-2-Ketobutensäure) wirken demzufolge als ÜZ-analoge Inhibitoren [49].

Die anschließende Addition des Elektrophils Y an die bei den verschiedenen Enzymspezies unterschiedlich ausgebildeten α-Carbanionstrukturen (Abb. 4-23) führt zur Entstehung eines zweiten tetraedrischen Intermediats TI_2. Dabei wird gemäß Abbildung 4-24 entweder ein Proton (Pyruvat-Decarboxylase) oder ein Carbonyl-C-Atom (Transketolase, Acetolactat-Synthase, Glyoxylat-Carboligase) oder eine Disulfidgruppe (α-Ketosäure-Dehydrogenase) an das α-C-Atom angelagert.

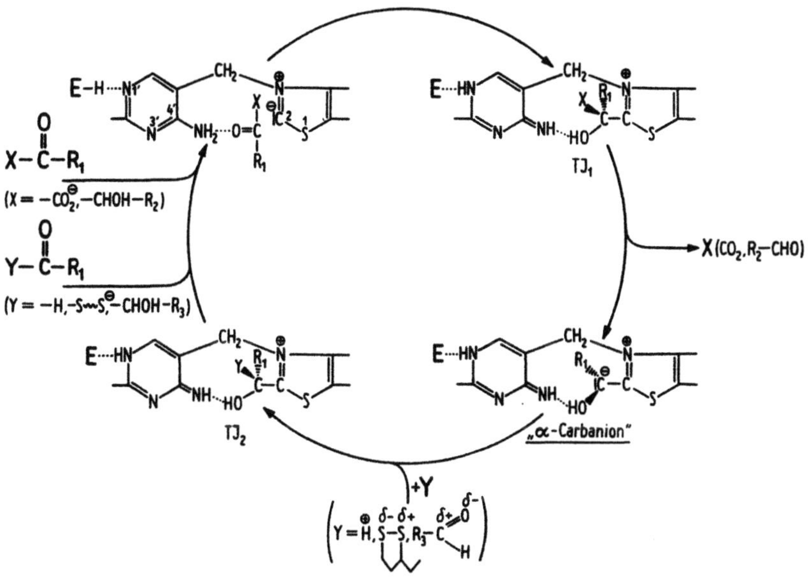

Abb. 4-23. Funktionszyklus von Thiamonpyrophosphat-Enzymen.
Die 4'-ständige Aminogruppe unterstützt die Anlagerung des Substrates R_1-CO-X an die Ylidform von TPP durch Protonierung der Carbonylgruppe. Das entstandene Tetraedrische Intermediat TI_1 eliminiert X (CO_2, Aldehyd) unter Bildung des enzymgebundenen α-Carbanions (sog. „Aktiver Aldehyd" [48]). Durch elektrophile Addition von Y an das Carbanion entsteht das zweite tetraedrische Intermediat TI_2, aus dem unter Deprotonierung durch die 4'-ständige Iminogruppe das Produkt R_1-CO-Y gebildet wird.

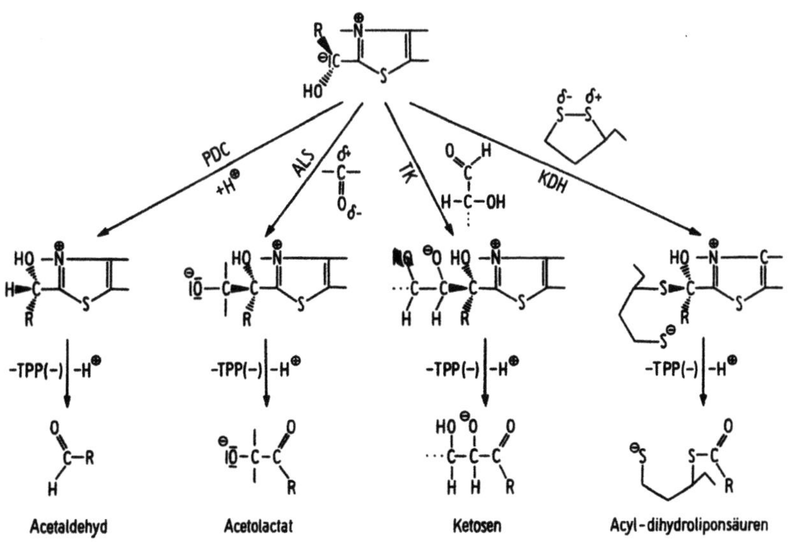

Abb. 4-24. Thiaminpyrophosphat-Enzyme: Reaktionsverhalten des α-Carbanions (aktiver Aldehyd) in den verschiedenen Enzymvarianten. PDC: Pyruvat-Decarboxylase; TK: Transketolasen; ALS: Acetolactat-Synthase; KDH: α-Ketosäure-Dehydrogenasen.

Die Eliminierung des 4bindigen α-C-Atoms vom Thiazoliumring wird durch Deprotonierung der α-Hydroxylgruppe unterstützt. Im Falle der Pyruvat-Decarboxylase konnte anhand eines ^{15}N-kinetischen Isotopieeffekts (s. 2.5.1.) nachgewiesen werden, daß dieser Schritt die Reaktionsgeschwindigkeit des gesamten Katalysemechanismus limitiert [50].

4.3.2.9. Liponsäure (LS)

Liponsäure ist als *Coenzym der Lipoat-Acyltransferase* am Funktionsmechanismus der α-Ketosäure-Dehydrogenasen (s. 4.4.3.2.3.) beteiligt. Seine hohe Reaktivität gegenüber Carbanionen (z. B. Cyanid) wie auch sein Redoxpotential, mit −0.30 V (pH 7, Standardbedingungen) etwa gleich dem von $NAD^{\oplus}$, verdankt es zum Teil der Ringspannung des 5gliedrigen *Dithiolanringes* (25 kJ mol^{-1}).

Liponsäure ist über eine Amidbindung *kovalent* an eine Lysin-Seitenkette des Apoproteins fixiert (Abb. 4-25). Dadurch erlangt der Dithiolanring entsprechend seiner oxidierenden Transportfunktion im Multienzymkomplex eine *hohe Beweglichkeit*, die noch durch die Mobilität der an der Liponsäurebindung beteiligten Proteinbereiche erhöht wird [51]. Die Länge des Abstandsgliedes zwischen Dithiolanring und Proteinhauptkette beträgt 1.5 nm.

Die Funktion der Liponsäure im α-Ketosäure-Dehydrogenase-Komplex besteht in der Übernahme des in der Carbanionstruktur herausgebildeten Elektronenpaares, das bei der Decarboxylierung der α-Ketosäuren am Thiaminpyrophosphat entsteht (Abb. 4-25). Die unter Ausnutzung der Ringspannung gebildete energiereiche Thioesterbindung (Acyldihydroliponsäure) ermöglicht die anschließende Übertragung des Acylrestes auf das Coenzym A Die Regenerierung der dabei gebildeten Dihydroliponsäure erfolgt im Enzymkomplex durch die Dihydrolipoyl-Dehydrogenase (Abb. 4-41).

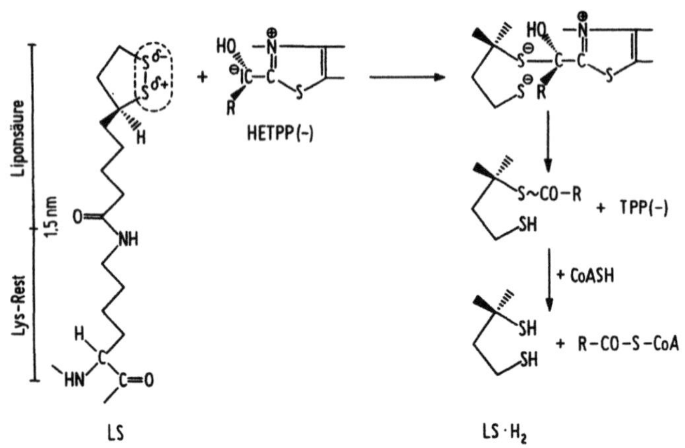

Abb. 4-25. Struktur und Coenzymfunktion von Liponsäure (LS) (Funktionsbereich umrandet). HETPP(−): 2-(1-Hydroxyethyl)-TPP-carbanion (Aktiver (Acet)-Aldehyd, s. 4.3.2.8.), R = CH_3: Pyruvat-Dehydrogenase, R = CH_2—CH_2—$CO_2^{\ominus}$: α-Ketoglutarat-Dehydrogenase. R—CO—S—CoA: Acyl-Coenzym A. LS · H_2: Dihydroliponsäure.

4.3.2.10. Tetrahydrofolsäure (THF)

5.6.7.8-Tetrahydrofolsäure (Tetrahydropteroyl-Glutaminsäure, Abb. 4.26) dient als Cosubstrat der Übertragung von C_1-Resten unterschiedlicher Oxidationsstufen (Methyl, Hydroxymethyl-, Formyl- und Formiatreste, Tab. 4-8). Der endständige Glutamylrest ist mit

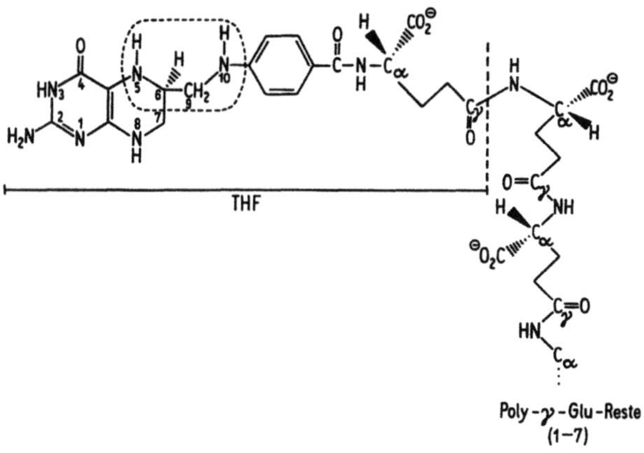

Abb. 4-26. Tetrahydrofolsäure (THF) (Funktionsbereich umrandet).

weiteren Glutaminsäuremolekülen amidartig über die γ-Carboxylgruppen verknüpft. Diese „Konjugate" unterstützen die spezifische Erkennung durch die entsprechenden Proteinkomponenten [52].

Als Lieferant für den C_1-Rest dient in der Regel Serin. Dessen β-C-Atom wird mit Hilfe von Serinhydroxymethyl-Transferase (s. Abb. 4-18) als *„reaktiver" Formaldehyd* abgespalten und direkt mit den 5- und 10ständigen N-Atomen unter Bildung von *5.10-Methylen-THF als Speicherform* auf Formaldehydebene verknüpft (Abb. 4-27). Im Modellversuch ist auch Formaldehyd zur Bildung der Methylen-THF-Form befähigt. Als weitere C_1-Lieferanten können auch die Formiminoderivate von Gly oder Glu fungieren, wobei über

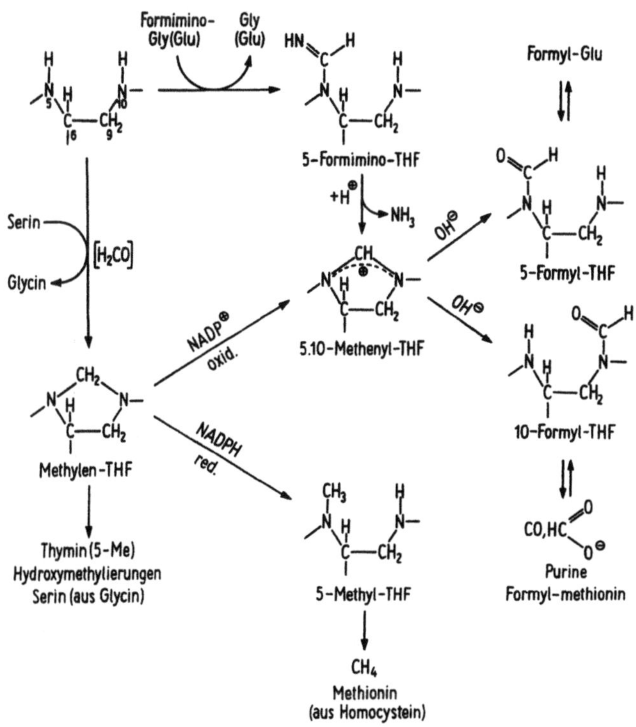

Abb. 4-27. C_1-Übertragungsmechanismen von THF-Enzymen.

5-Formimino-THF durch Ammoniakabspaltung das *Methenyl-THF* als Cosubstrat von Formylierungsreaktionen (Formiat-Ebene) entsteht (Abb. 4-27).

Methylen-THF ist als Cosubstrat an den Synthesen von Nucleinbasen, z. B. als Donator von Hydroxymethylgruppen oder Methylgruppen beteiligt. Es wird vermutet, daß bei diesen Reaktionen zunächst unter Protonierung des N_{10} durch die Proteinkomponente eine Aufspaltung der N_5-CH_2-N_{10}-Bindung erfolgt (Gl. 4-10).

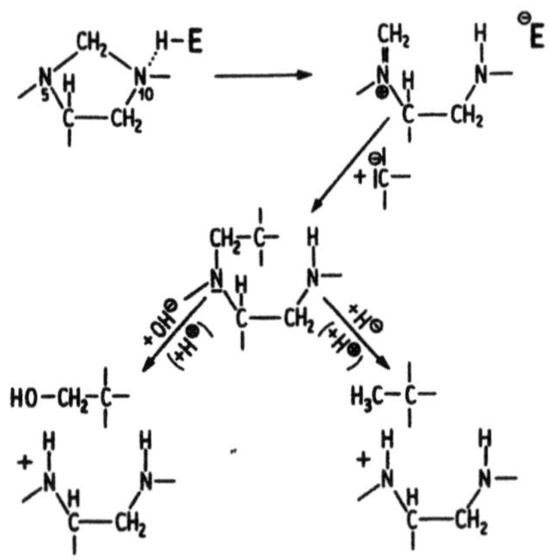

Gl. 4-10

Das entstehende elektrophile Methyleniminium-Kation addiert an das zu modifizierende Carbanion und ermöglicht durch $OH^{\ominus}$- oder $H^{\ominus}$-Substitution die Ausbildung einer Hydroxymethyl- oder Methylgruppe [53].

Weitere Umsetzungen der Methylen-THF führen unter Hydrid-Eliminierung mittels NADP $^{\oplus}$ *(Oxidation)* zur *5.10-Methenyl-THF*, aus der sich durch Hydrolyse 5- oder 10-Formyl-THF als weiteres Cosubstrat bilden kann (Abb. 4-27). In der Methenylform steht der C_1-Rest auch für Formylierungsreaktionen (z. B. von Aminosäuren: Formyl-Methionin) oder für spezielle Schritte bei Purinsynthesen zur Verfügung. Bei diesen Reaktionen lagert sich zunächst eine basische Gruppe (z. B. der Aminosäure) an das Carbenium-C-Atom an, und nach anschließender Spaltung zum 5- oder 10-Formimidoyl-Derivat wird durch Hydrolyse der Formylrest (Formiatstufe) gebildet (Gl. 4-11).

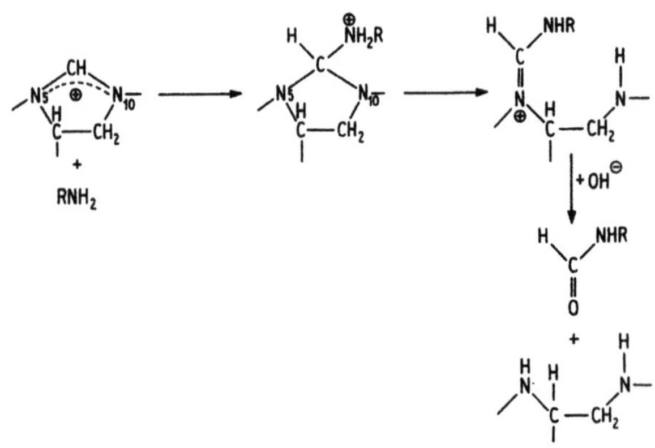

Gl. 4-11

Schließlich kann auch durch *Reduktion* der Methylen-THF mittels NADPH der Übergang zur 5-Methyl-THF erfolgen. Diese Verbindung fungiert als Cosubstrat für Methylierungsreaktionen (Synthese von Methionin aus Homocystein) oder zur Freisetzung von Methan durch bestimmte Bakterien (Abb. 4-27).

Tab. 4-8. Tetrahydrofolsäure (THF) als Coenzym (Cosubstrat) des C_1-Gruppentransfers. Reaktionstyp und Enzymbeispiele

Reaktionstyp	Enzymbeispiele
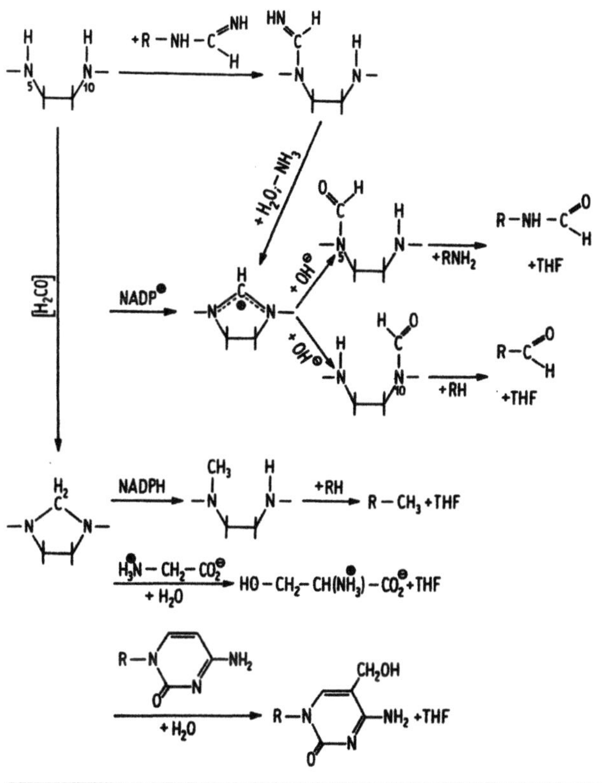	Glycin-formimino-Transferase; Glutamat-formimino-Transferase Glutamat-formyl-Transferase Methionyl-tRNS-formyl-Transferase Methionin-Synthase Serinhydroxymethyl-Transferase Deoxycytidylat-hydroxymethyl-Transferase

4.3.2.11. 5'-Desoxyadenosyl-Cobalamin und Methyl-Cobalamin

Mit den Alkyl-Cobalaminderivaten werden in das Spektrum der enzymatischen Katalysen auch die Reaktionen von *cobaltorganischen* Verbindungen einbezogen. Die relativ stabile σ-Bindung zwischen dem $Co^{3\oplus}$-Ion und dem 5'-Desoxyadenosyl- (bzw. Methyl)-Carbanion (Abb. 4-28) liefert in Verbindung mit der leicht zur Elektronenaufnahme bzw. -abgabe befähigten Übergangsmetallstruktur ein geeignetes Werkzeug zur Umlagerung von Verbindungen mit elektronegativ substituiertem C-Atom.

Die am $Co^{3\oplus}$-Ion resultierende Nettoladung beträgt, da je eine kovalente Bindung zum C-Atom und zum *Corrin-Ringsystem* ausgebildet werden, +1. In Abbildung 4-29 ist ein Mechanismus dargestellt, der den typischen Verlauf einer durch Cobalamin-Enzyme katalysierten Umlagerungsreaktion beschreibt (Enzymbeispiele s. Tab. 4-9). Ob dabei der Austausch der benachbarten Substituenten X und H über ionische Zwischenzustände (wie in Abb. 4-29 als $H^{\ominus}$-Transfer zum hypothetischen 5'-Adenosyl-Kation formuliert), oder über radikalische Intermediate verläuft, und in welcher Weise der Wertigkeitswechsel des Co-Ions in den Mechanismus eingreift, ist im einzelnen noch ungeklärt. Durch ^3H-Markierung des C_2-ständigen Substratwasserstoffes konnte aber festgestellt werden, daß ein quantitativer Übergang des Tritiums vom Substrat zum Adenosinteil des Coenzyms

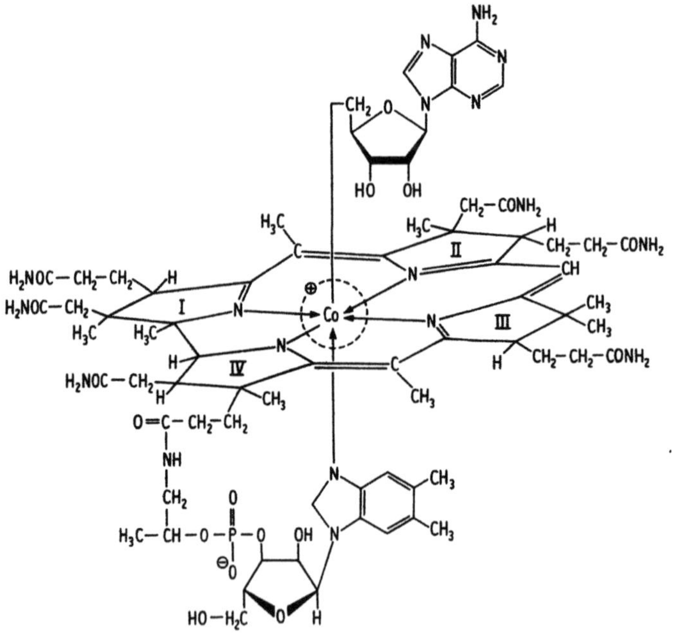

Abb. 4-28. Struktur von Desoxyadenosyl-cobalamin (Coenzym B_{12}, Funktionsbereich umrandet).

erfolgt [54]. Im weiteren Verlauf der Reaktion erfolgt am nunmehr cobaltgebundenen Substrat der Base-Austausch durch Lagewechsel der metallorganischen Bindung mit dem elektronegativen Rest X und schließlich die Rückführung des $H^{\ominus}$-Ions an das nach Spaltung der metallorganischen Bindung gebildete C_1-Carbenium-Ion.

Nach einem ähnlichen Mechanismus könnte sich auch die Katalyse des Transfers von Methylgruppen durch das Methyl-Cobalamin vollziehen. So verläuft z. B. der Übergang eines Methyl-Kations von 5-Methyl-THF auf das Homocystein im Falle der Methionin-Synthase über Methyl-Cobalamin, wobei möglicherweise ebenfalls ein Wechsel der Wertigkeit des Co-Ions eine Rolle spielt.

Über die Bindung der Cobalaminderivate an die entsprechenden Apoproteine ist wenig bekannt.

4.3.3. Metallionen als Cofaktoren und Stabilisatoren

4.3.3.1. Allgemeine Bemerkungen zur Funktion von Metallionen

Metallionen können durch ihre konzentrierte positive Ladung und ihr Komplexbildungsvermögen in vielfältiger Weise das Verhalten von Enzymen beeinflussen. In zahlreichen Fällen ist das Metallion unmittelbar am Katalysemechanismus beteiligt, fungiert also gemäß der in Abbildung 4-12 gegebenen Definition als *Cofaktor*. Häufig werden Metallionen bei solchen Enzymen gefunden, die kleine Substratmoleküle umsetzen. Da bei diesen zusätzliche Selektivitätsmechanismen über Sekundär-bindungszentren fehlen, spielt in diesem Falle ihr Einfluß auf die Selektivität von Enzymkatalysen eine wichtige Rolle.

Tab. 4-9. Cobalaminderivate als Coenzyme, Reaktionstyp und Enzymbeispiele

	Reaktionstyp	Enzymbeispiele
5'-Desoxy-adenosyl-cobalamin	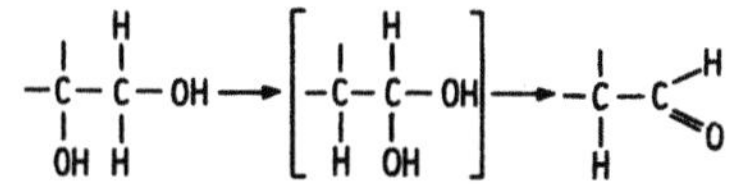	1.2-Propandiol-Dehydratase; Glycerol-Dedratase
	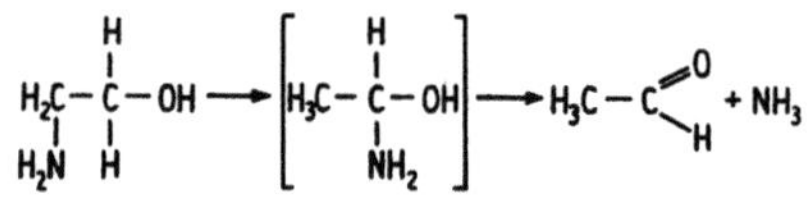	Ethanolamin-Ammoniaklyase
	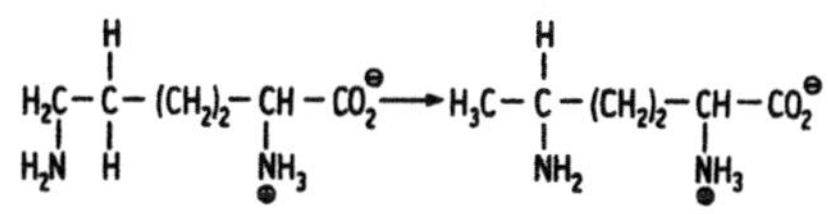	D-α-Lysin-Mutase
	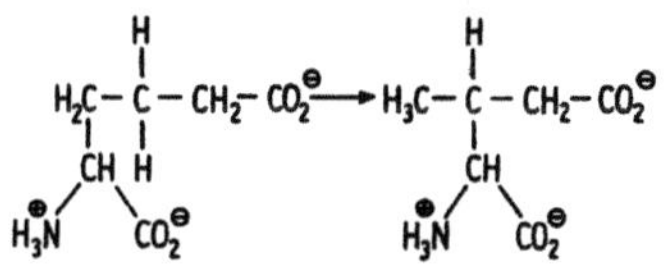	Glutamat-Mutase
	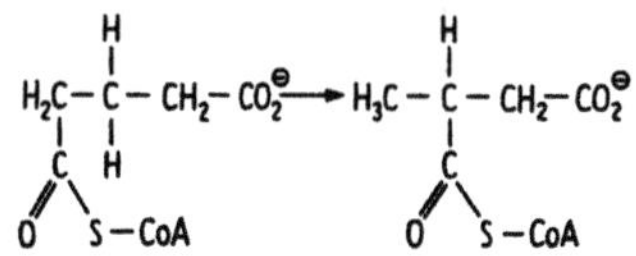	Methylmalonyl-CoA-Mutase
	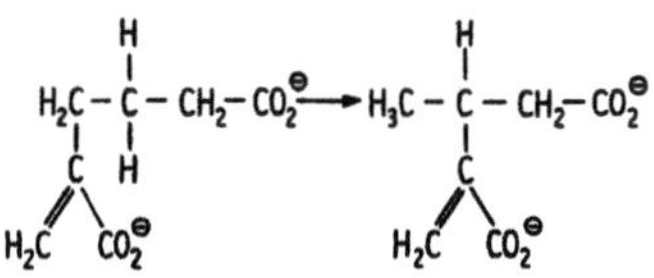	α-Methylenglutarat-Mutase
Methyl-cobalamin	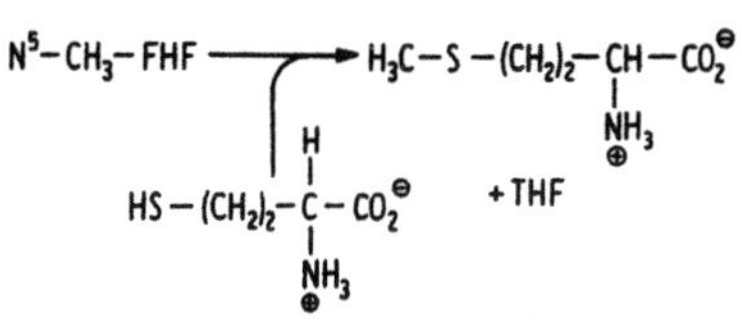	Methionin-Synthase

Schließlich kennt man eine große Anzahl von Enzymen, bei denen vorwiegend $Ca^{2\oplus}$-Ionen über stabile Chelatstrukturen mit der Proteinkomponente an der Bildung und *Stabilisierung* der aktiven Enzymstruktur beteiligt sind.

Etwa 30% der bekannten Enzyme benötigen Metallionen zur Erfüllung ihrer katalytischen und regulatorischen Funktionen. Dabei ist die Stabilität der Metallionbindungen sehr unterschiedlich. Es gibt Vorschläge, Enzyme mit einer Bindungskonstante größer $10^8\,l\,mol^{-1}$ als *Metallo-Enzyme*, die darunter liegenden Spezies als Metall-Enzym-Komplexe zu bezeichnen.

Als Metalle in Enzymen werden neben Alkali-Ionen ($Na^{\oplus}$, $K^{\oplus}$, $Li^{\oplus}$, „NH_4"$^{\oplus}$) besonders die zweiwertigen Ionen der Erdalkali- ($Mg^{2\oplus}$, $Ca^{2\oplus}$) und Übergangselemente ($Zn^{2\oplus}$, $Co^{2\oplus}$, $Mn^{2\oplus}$, $Fe^{2\oplus}$ u. a.) gefunden. Letztere zeichnen sich durch eine hohe Tendenz zur Ausbildung von Koordinationsverbindungen (Metallkomplexen) aus, bei denen das (Metallion) eine größere Anzahl (bevorzugt 4, 6, 8) von Liganden mit freien Elektronenpaaren bindet.

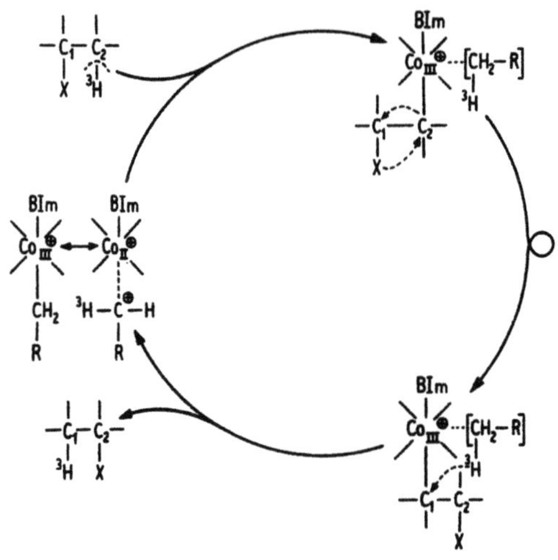

Abb. 4-29. Reaktionsschema für Umlagerungsreaktionen durch Cobalamin-Enzyme (nach [54]).
R—CH_2: 5'-Desoxyadenosylrest, Blm: Dimethyl-benzimidazol.
X = —OH, —NH_2, —CO—SCoA u. a. (s. Tab. 4-9).

Diese Elektronenpaare werden dem Zentralatom zur Stabilisierung seiner Elektronenkonfiguration zur Verfügung gestellt. Die Anzahl der koordinierten Liganden richtet sich demzufolge sowohl nach der Elektronenstruktur des Zentralatoms als auch nach geometrischen Aspekten, wobei die vierfach ligandierten Komplexe entweder tetraedrische oder quadratisch planare Strukturen, die sechsfach ligandierten Komplexe meist oktaedrische Bindungsformen aufbauen. Besonders stabile Komplexe bilden sich, wenn, wie dies bei Proteinen der Fall ist, der Ligand über mehrere, zur Komplexbildung chemisch und sterisch befähigte Gruppen verfügt *(Chelatstrukturen)*. Ursache ist hierbei besonders die starke Entropiezunahme, die, wie Gleichung 4-12 als Modellreaktion zeigt, aus der Freisetzung von Wassermolekülen bei der Chelatbildung (z. B. mit Ethylendiamin-tetraacetat (EDTA)) resultiert. Durch diesen Entropieeffekt qualifizieren sich die Chelate besonders für thermische Stabilisierungsmechanismen (s. 3.6.2.3.).

$$2\,[Ca(H_2O)_6]^{2\oplus} + EDTA^{4\ominus} \rightleftharpoons [Ca_2(EDTA)] + 12H_2O \qquad \text{Gl. 4-12}$$

Von Bedeutung für die Cofaktorfunktion der Metallionen sind unvollständig ligandierte Chelatstrukturen, bei denen also die Proteinkomponente in der Umgebung des Metallions nur eine *unterschüssige* Anzahl von zur Komplexbildung befähigten Gruppen bereithält. Derartige Strukturen zeichnen sich auch im Modellversuch durch hohe katalytische Aktivität aus [55]. Auch Konfigurationen, bei denen die Anordnung der Liganden geometrisch verzerrt ist, oder bei denen die Bindungsabstände zwischen Metallion und Ligand deformiert sind (sog. *„tentatische"* Zustände) bilden Katalysatoren von hoher Effizienz. So hat das Studium des Koordinationsverhaltens von $Co^{2\oplus}$-Enzymen ($Co^{2\oplus}$ wird wegen seiner chromophoren Eigenschaften häufig im Austausch mit dem schwer charakterisierbaren $Zn^{2\oplus}$ verwendet, wobei die auf diese Weise gewonnenen „künstlichen" Enzyme ebenfalls katalytische Aktivität aufweisen) gezeigt, daß im Falle der Carboxypeptidase A und der Kohlensäure-Anhydrase eine verzerrte Tetraedersymmetrie vorliegt [3-65], [56].

Häufig erstreckt sich die Funktion des Metallions auch auf die *Aktivierung des Substratmoleküls.* In diesem Falle wird nicht das Substrat selbst (z. B. ATP), sondern ein Substrat-Metallkomplex (Mg-ATP) durch das Enzymprotein gebunden und umgesetzt. Es ist verständlich, daß durch die Komplexbildung die Eigenschaften des Substratmoleküls, z. B.

Tab. 4-10. Elektronische, physikalische und chemische Eigenschaften von an Enzymreaktionen beteiligten Metallionen

Metall-ion	Elektronen-konfiguration	Charakterist. Koord.-zahl	NMR-Verhalten		Bevorzugte Komplex-geometrie	Ionen-radius (nm)	Geschw. konst. 1. Ord. für Komplex-bildung	Stabilitäts-Konst. mit		Bevorz. Ligandg. zu O/N
			Kern-spin I	Magn. Kernmo-ment				OS*)	ED	
$Na^{\oplus}$	$(He)2s^2 2p^6$	–	$\frac{3}{2}$	2.216	–	0.102	8.8×10^7	–	–	–
$K^{\oplus}$	$(Ne)3s^2 3p^6$	–	$\frac{3}{2}$	0.391	–	0.151	1.5×10^8	–	–	–
$Mg^{2\oplus}$	$(He)2s^2 2p^6$	4	$\frac{5}{2}$	− 0.854	tetraedr.	0.072	10^5	3.5	2.9	0
$Ca^{2\oplus}$	$(Ne)3s^2 3p^6$	4	$\frac{7}{2}$	− 1.315	tetraedr.	0.112	10^8	2.7	2.7	0
$Zn^{2\oplus}$	$(Ne)3s^2 3p^6 3d^{10}$	4	$\frac{5}{2}$	0.873	tetraedr.	0.073	3×10^7	4.9	5.7	N(O)
$Co^{2\oplus}$	$(Ne)3s^2 3p^6 3d^7$	6	$\frac{7}{2}$	4.616	oktaedr.	0.075	2×10^6	4.7	5.9	N(O)
$Fe^{2\oplus}$	$(Ne)3s^2 3p^6 3d^6$	6	$\frac{1}{2}$	0.090	oktaedr.	0.078	3×10^6	4.3	4.3	O(N)
$Mn^{2\oplus}$	$(Ne)3s^2 3p^6 3d^5$	6	$\frac{5}{2}$	3.444	oktaedr.	0.083	3×10^7	3.9	2.7	O(N)

*) OS: Oxalsäure; ED: Ethylendiamin

die Polarität der an der Reaktion beteiligten Bindungen, erheblich verändert werden (Abb. 4-17).

Tabelle 4-10 faßt einige wesentliche Eigenschaften der an Enzymreaktionen besonders häufig beteiligten Metallionen zusammen. Sie enthält die Elektronenstruktur, aus der sich das Komplexbildungsverhalten und optische Eigenschaften ableiten und weitere für das Funktionsverhalten wichtige Größen, wie Kernspinquantenzahl, Ionenradius und Komplexbildungsgeschwindigkeit (Austauschgeschwindigkeit von Aquokomplexen in wäßrigem Medium). Ferner geben die Stabilitätskonstanten gegen die als Referenzligand dienenden Chelatbildner Ethylendiamin (N) und Oxalsäure (O) Auskunft über die bei der Proteinbindung bevorzugten Ligand-Atome. Selbstverständlich können solche Werte lediglich Hinweise zum Funktionsverhalten liefern, die durch die jeweils spezifische Situation im Enzym überlagert sein werden.

4.3.3.2. Metallionen als Cofaktoren

Von den insgesamt 20 Seitenketten der Aminosäuren sind vorwiegend Carboxylgruppen, Imidazolreste sowie SH-Gruppen in der Lage, mit Metallionen in Wechselwirkung zu treten. Dabei hängt es vom Typ des Metallions ab, welche Liganden assoziiert werden und welche Geometrie dabei aufgebaut wird (Tab. 4-10).

Metallionen können als Lewis-Säuren nucleophile Reaktionen eingehen. Dieses katalytische Verhalten nimmt mit abnehmendem Ionenradius gemäß

$$\mathrm{Mn} < \mathrm{Fe} < \mathrm{Co} < \mathrm{Ni} < \mathrm{Cu} \approx \mathrm{Zn}$$

zu und ist – im Gegensatz zur Protonenkatalyse – vom pH-Wert relativ unabhängig (s. 1.6.2.). Die Rolle des $Zn^{2\oplus}$-Ions bei Enzymkatalysen überragt demzufolge den Beitrag der anderen Metallionen beträchtlich. In Tabelle 4-11 sind wichtige Zn-Enzyme zusammengefaßt [57].

Neben diesem unmittelbaren Beitrag zum Funktionsmechanismus im aktiven Zentrum können auch die Orientierung der am Mechanismus beteiligten Gruppen von Enzym und Substrat sowie die Stabilisierung reaktiver Intermediate durch das Metallion begünstigt werden.

Von besonderer Bedeutung für die Funktion von $Zn^{2\oplus}$-Ionen bei Enzymreaktionen ist deren Fähigkeit zur *Bereitstellung reaktiver Hydroxidionen* unter physiologischen rele-

Tab. 4-11. Repräsentative Zn-Enzyme (nach [56])

Enzym	Quelle (z. B.)
Alkohol-Dehydrogenase	Leber (Pferd, Mensch), Hefe
Aspartat-Transcarbamylase	E. coli
RNA-Polymerase	E. coli, Hefe, E. gracilis
DNA-Polymerase	E. coli, Seeigel
Reverse Transkriptase	Säuger-Viren
Alkalische Phosphatase	Säugerleber, -nieren, -placenta, -leukozyten, E. coli
α-D-Mannosidase	Sojabohne
Leucin-Aminopeptidase	Säugerniere, Rinderlinsen, Schweineniere
Carboxypeptidase A	Rind, Humanpankreas
Carboxypeptidase B	Rinder- und Schweinepankreas
Dipeptidase	Schweineniere, Mäuse-Ascites, Tumorzellen, E. coli
Aldolase	Hefe, Asp. niger
Kohlensäure-Anhydrase	Säuger-Erythrozyten
Pyruvat-Carboxylase	Schweineleber, Hefe
Methionyl-tRNA-Synthetase	E. coli

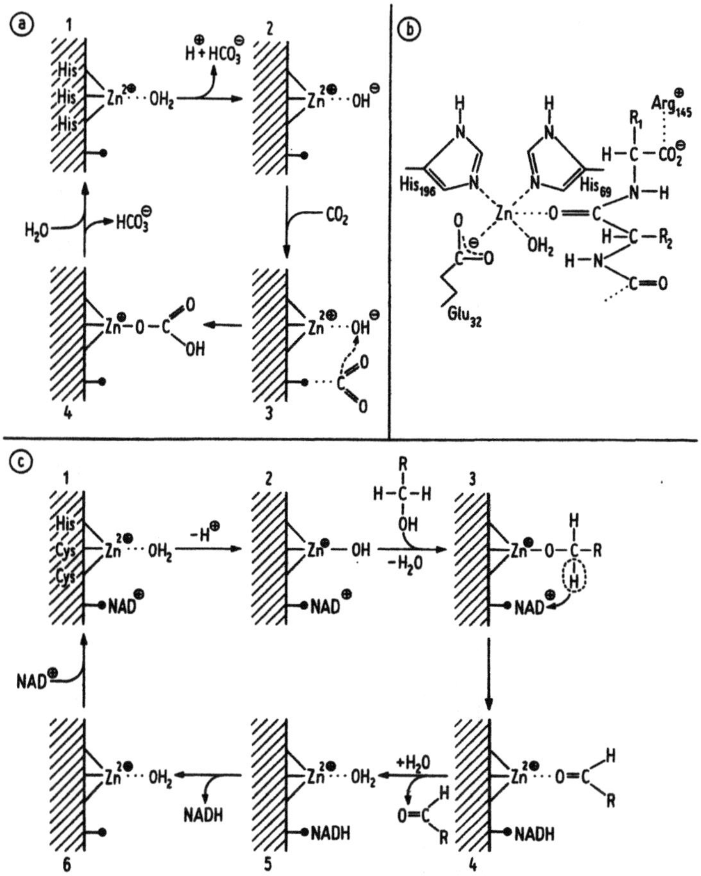

Abb. 4-30. Funktion des $Zn^{2\oplus}$-Ions bei Enzymkatalysen.
a) Kohlensäure-Anhydrase. b) Carboxypeptidase A, aktives Zentrum (nach [58]). c) Alkohol-Dehydrogenase (Leber, nach [59]).

vanten pH-Bedingungen (Gl. 1-87). Dieser Mechanismus spielt zum Beispiel bei der Zn-abhängigen Kohlensäure-Anhydrase eine wichtige Rolle. Bei diesem Enzym ist das Zn in hydrophober Umgebung von 3 Imidazolresten und einem Wassermolekül ligandiert. Kohlensäure-Anhydrase beschleunigt die Geschwindigkeit der CO_2-Hydratisierung bzw. Dehydratisierung um das 10^9fache. Als Mechanismus wird vorgeschlagen, daß das $Zn^{2\oplus}$-ligandierte Wassermolekül auf Grund seines niedrigen $pK_a < 7$ deprotoniert und an ein im aktiven Zentrum vororientiertes CO_2-Molekül addiert. Dabei werden die normalerweise langsam erfolgende Dissoziation des Wassers (Schritt 1 → 2) sowie der Ligandaustausch von $OR^{\ominus}$ durch H_2O (Schritt 4 → 1, Austauschgeschwindigkeit $10^7\ s^{-1}$) durch den Einfluß des $Zn^{2\oplus}$-Ions beträchtlich beschleunigt (Abb. 4-30a).

Auch in der Carboxypeptidase A und B, der alkalischen Phosphatase und im Thermolysin (Abb. 4-32a) spielen Zn-gebundene Wassermoleküle die entscheidende Rolle. Die Ligandstrukturen der Apoproteine um das $Zn^{2\oplus}$-Ion ähneln sich: 3 His in alkalischer Phosphatase, 2 His und 1 Glu in Carboxypeptidase A und B sowie in Thermolysin. Bei allen Enzymen wurde eine *verzerrte Tetraeder-Ligandsymmetrie* um das Metallion nachgewiesen. Ferner haben chemische und spektrokopische Befunde an den entsprechenden

$Co^{2\oplus}$-Enzymen gezeigt, daß das zunächst tetrakoordinierte $Zn^{2\oplus}$-Ion bei der Fixierung des Substratmoleküls einen *pentakoordinierten* Zustand durchläuft ([58], Abb. 4-30b). Abbildung 4-50 beschreibt die Funktion des $Zn^{2\oplus}$-Ions im Falle der Peptidspaltung durch Carboxypeptidase A. Neben einer in der Abbildung dargestellten, direkten Ligandierung des Carbonyl-Sauerstoffatoms wird auch ein Mechanismus diskutiert, bei dem ein durch $Zn^{2\oplus}$ aktiviertes $OH^{\ominus}$-Ion am Carbonyl-Kohlenstoff angreift.

In den bisher aufgeführten Beispielen wirkt das Metallion ($Zn^{2\oplus}$) vorwiegend durch seine Fähigkeit zur Erzeugung reaktiver $Zn^{\oplus}OH$-Komplexe unter „neutralen" pH-Bedingungen. Bei der Alkohol-Dehydrogenase (Leber) wurde dagegen aus mechanistischen und strukturanalytischen Studien [33] ein Reaktionsverlauf abgeleitet, der in weitgehender Analogie zur Meerwein-Ponndorf-Reduktion das Metallion in einen Hydrid-Transfer-Komplex einbezieht (Abb. 4-30c, s. auch Abb. 4-13).

Die Bindung des Metallions an das Protein erfolgt in diesem Falle über einen Histidin- und zwei Cysteinreste. Röntgenstrukturaufnahmen des Apoenzyms, Holoenzyms sowie geeigneter Substrat- und Inhibitorkomplexe [59] haben gezeigt, daß in diesem Falle das Substrat-O-Atom *direkt* an das $Zn^{2\oplus}$-Ion gebunden wird. Im Apoenzym wird diese Stellung durch ein Wassermolekül besetzt. Das im Verlaufe der Katalyse transferierte $H^{\ominus}$-Ion (Schritt 3→4) ist in einer sterisch günstigen Lage zum C_4-Atom des Nikotinamidringes angeordnet.

Die Destabilisierung des Substrates erfolgt häufig auch durch Komplexbildung bereits *vor* der Anlagerung an das Enzym. So findet man im Falle der *Kinasen* sowohl Enzyme, die das zweiwertige Metallion ($Mg^{2\oplus}$, $Ca^{2\oplus}$) im Protein gebunden enthalten, als auch Enzyme, bei denen der Mg-ATP-Komplex als eigentliches Substrat fungiert. Letzteres ist z. B. bei den am besten studierten Kinasen Hexokinase, Phosphoglycerat-Kinase (Abb. 3-24c), Adenylat-Kinase und Phosphofructo-Kinase der Fall. Aus den Daten der Röntgenstrukturanalyse läßt sich ableiten, daß durch die Komplexbildung die Abspaltung des γ-ständigen Phosphatrestes gemäß Abbildung 4-17 begünstigt wird [3-32].

Neben der Bindung und Aktivierung von Substraten können Metallionen auch an der *Fixierung bzw. Aktivierung von Coenzymen* mitwirken. So ist bei allen Thiaminpyrophosphat-Enzymen (α-Ketosäure-Dehydrogenasen, Pyruvat-Decarboxylase, Transketolase u. a.) das Coenzym über $Mg^{2\oplus}$-Ionen mit der Proteinkomponente verknüpft. Während im Falle der Pyruvat-Dehydrogenase ein Austausch des Mg durch andere zweiwertige Metallionen zur Inaktivierung führt, wird bei der Pyruvat-Decarboxylase

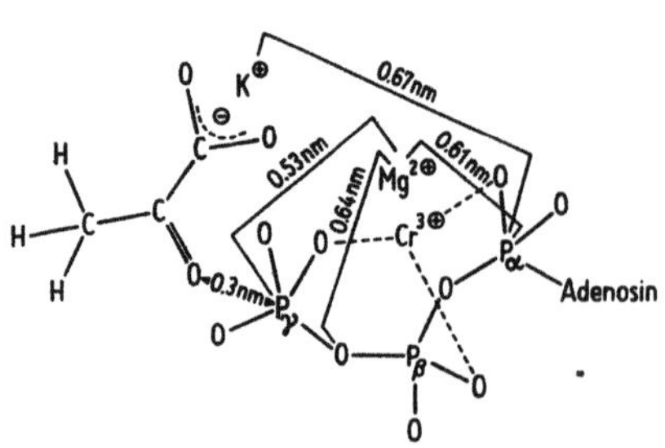

Abb. 4-31. Aus NMR-Daten ermittelte Abstände im aktiven Zentrum von Pyruvat-Kinase (ATP-Pyruvat-Reaktion nach [60]).
Das aktive Zentrum enthält zwei zweiwertige und ein einwertiges Kation. Das einwertige ($K^{\oplus}$) und ein zweiwertiges ($Mg^{2\oplus}$) Kation sind direkt am Enzym gebunden, das andere zweiwertige Kation ligandiert zum β- und γ-P-Atom des ATP (in der Abb. aus meßtechnischen Gründen durch $Cr^{3\oplus}$ ersetzt). Die angegebenen Bindungsverhältnisse basieren auf insgesamt 20 Distanzbestimmungen in unterschiedlichen Systemen.

auch bei Einbau von $Mn^{2\oplus}$ oder $Co^{2\oplus}$ oder $Ca^{2\oplus}$ in das aktive Zentrum volle Aktivität gefunden. Lediglich die Stabilität der Coenzymbindung nimmt in der Reihenfolge Mg > Mn > Co > Ca ab, so daß im letzten Falle das Metallion vorwiegend für die korrekte Fixierung des Coenzyms im aktiven Zentrum verantwortlich ist [31].

Zur Funktion der *einwertigen Metallionen* bei der Erzeugung bzw. Steuerung der katalytischen Aktivität von Enzymen liegen vor allem wegen der sehr geringen Stabilität der gebildeten $Me^{\oplus}$-Enzym-Komplexe nur wenige Befunde vor. Für die Pyruvat-Kinase wurde eine essentielle Funktion von $K^{\oplus}$-Ionen (aber auch von $Li^{\oplus}$, $NH_4^{\oplus}$, $Tl^{\oplus}$ u. a.) nachgewiesen. Das tetramere Enzym enthält 4 $Me^{\oplus}$-Bindungsorte, die jeweils in der Nähe des aktiven Zentrums liegen ($^{205}Tl^{\oplus}$-NMR). Offenbar koordiniert das $K^{\oplus}$-Ion zur Carboxylgruppe des Phosphoenolpyruvat-Substrates (Abb. 4-31) und beeinflußt auf diese Weise nicht nur die Affinität zwischen Enzym und Substrat, sondern auch die Konformation im aktiven Zentrum des Enzyms. Daneben enthält das aktive Zentrum von Pyruvat-Kinase 2 bivalente Kationen ($Mg^{2\oplus}$), von denen eins über einen His-Rest direkt an das Enzym gebunden ist, das andere zu den β- und γ-P des ATP koordiniert [60]. Die in Abbildung 4-31 wiedergegebene Strukturvorstellung wurde am $Mn^{2\oplus}$-Enzym ($Mn^{2\oplus}$ paramagnetisch, s. Tab. 4-10) mittels NMR-Technik ermittelt. Es wird vermutet, daß die Phosphatübertragung als nucleophile Substitution (s. 4.5.3.) apikal zwischen dem β-P-Atom von ADP und der α-OH-Gruppe von Phosphoenolpyruvat erfolgt. Sie vollzieht sich innerhalb der um das $Me^{2\oplus}$-Ion ligandierten Substrat- bzw. Produktmoleküle.

4.3.3.3. Metallionen als Stabilisatoren der funktionellen Proteinstruktur

Enzyme aus thermophilen (z. B. aus heißen Quellen isolierten) Mikroorganismen sind häufig durch eine bemerkenswerte Stabilität ihrer katalytischen Funktionen bei erhöhten Temperaturen (50–90 °C) ausgezeichnet. Diese erhöhte Stabilität basiert in der Regel auf einer stark erniedrigten Denaturierungsgeschwindigkeit, muß also nicht thermodynamischen Ursprungs sein. Häufig sind an diesem Stabilisierungseffekt $Ca^{2\oplus}$-Ionen beteiligt.

Zur Kennzeichnung der spezifischen Wirkung von Metallionen teilt man die zur Stabilisierung von Proteinstrukturen beitragenden Prozesse zweckmäßigerweise in *„intrinsische"* und *„metallioninduzierte"* ein [61]. Unter den intrinsischen Komponenten werden die Beiträge der reinen Proteinstruktur (einschließlich Coenzym, Kohlenhydratanteilen, Substraten u. a.) zur Thermostabilität verstanden. Der Beitrag der Metallionen zur Stabilisierung der Proteinstruktur ergibt sich aus deren Fähigkeit zur komplexen Ligandierung mit mehreren räumlich benachbarten Strukturelementen der Proteinmatrix (Abb. 4-32a). Die auf diese Weise (vorwiegend mit $Ca^{2\oplus}$-Ionen) gebildeten Chelatstrukturen erweisen sich meist als außerordentlich stabil. So verdanken z. B. verschiedene disulfidfreie thermophile Enzyme (Proteasen, Amylasen) ihre Thermostabilität im wesentlichen einem einzigen, in die Struktur eingebauten $Ca^{2\oplus}$-Ion. Dessen Eliminierung ist nur unter Denaturierung und Aktivitätsverlust möglich. Daneben erfahren z. B. Amylasen durch den Einbau weiterer $Ca^{2\oplus}$-Ionen eine *zusätzliche Stabilisierung* (Abb. 4-32b). Diese Funktionen können auch andere zweiwertige Metallionen ($Sr^{2\oplus}$, $Mg^{2\oplus}$) zumindest teilweise übernehmen [63].

Daß der Verlust an Enzymaktivität bei erhöhter Temperatur mit Strukturveränderungen der Proteinkomponente einhergeht, zeigt Abbildung 4-32c. Dort werden die Temperaturabhängigkeit der Geschwindigkeitskonstanten der thermischen Inaktivierung mit der thermischen Denaturierung (CD-Spektrum als Maß für den Verlust an Sekundärstruktur) verglichen. Sowohl bei der mit einem 1 $Ca^{2\oplus}$/Molekül stabilisierten α-Amylase als auch in Gegenwart zusätzlicher $Ca^{2\oplus}$-Ionen geht die irreversible Inaktivierung mit der Auflösung der Sekundärstruktur konform. Dabei konnte aus den thermodynamischen Daten entnommen werden, daß die durch $Ca^{2\oplus}$-Ionen bewirkte Zunahme der Freien Aktivierungsenthalpie der Denaturierungsreaktion vorwiegend aus einer Abnahme der *Aktivierungsentropie* resultiert.

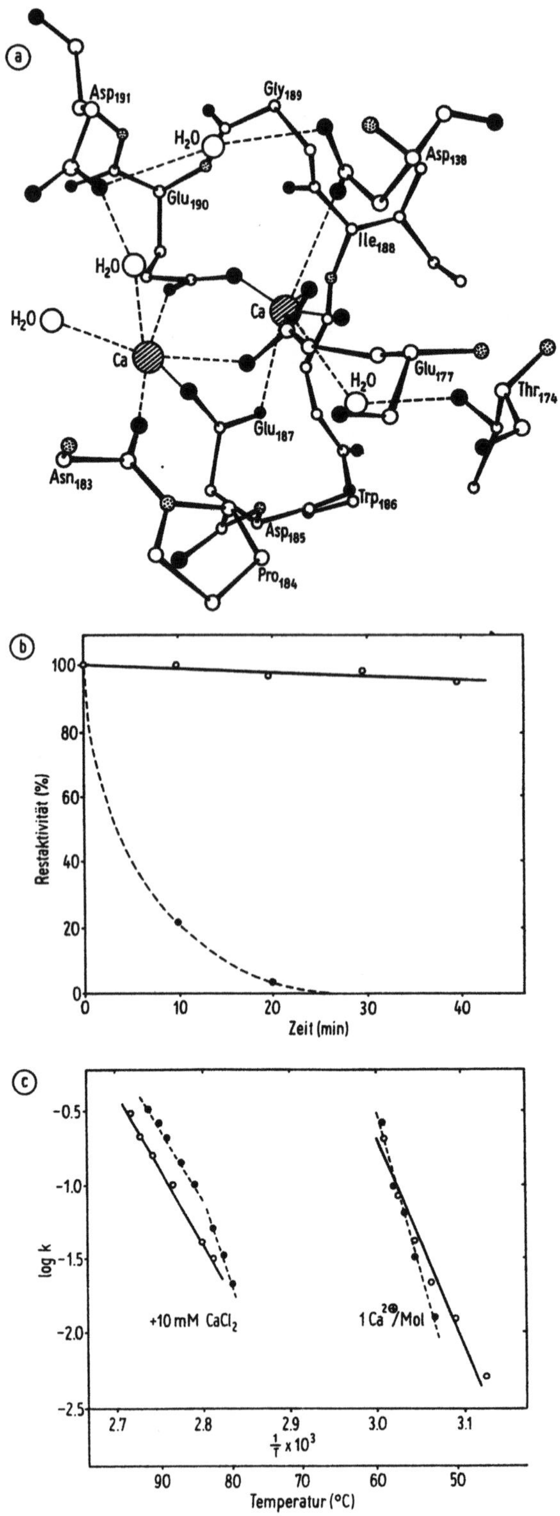

Abb. 4-32. Stabilisierung der Proteinstruktur durch $Ca^{2\oplus}$-Ionen.
a) Thermolysin als Beispiel einer durch den Einbau von 4 $Ca^{2\oplus}$ stabilisierten Proteinstruktur. Die Abbildung zeigt das zwei $Ca^{2\oplus}$-Ionen bindende „Doppelzentrum", bei dem drei Carboxylgruppen die beiden 6bindigen Ca-Ionen verbrücken (●: O-Atome, nach [62]). b) Einfluß zusätzlicher $Ca^{2\oplus}$-Ionen auf die Thermostabilität einer thermophilen α-Amylase (nach [63]). Das Enzym selbst enthält ein fest gebundenes $Ca^{2\oplus}$-Ion. Inkubation mit 10 mmol l^{-1} $Ca^{2\oplus}$-Ionen bei pH 7.5 und 75 °C. c) Temperaturabhängigkeit der Geschwindigkeitskonstanten der thermischen Denaturierung (●, CD-Spektren) und thermischen Inaktivierung (o) von thermophiler α-Amylase (1 $Ca^{2\oplus}$/Mol) bei Zugabe weiterer $Ca^{2\oplus}$-Ionen (nach [63]).

Durch Messung der Denaturierungsgeschwindigkeit in Ab- und Anwesenheit von Metallionen ($Ca^{2\oplus}$) können in geeigneten Fällen die intrinsischen (ΔG^{+}) und $Ca^{2\oplus}$-spezifischen Beiträge ($-\Delta(\Delta G_{Ca})$) zur kinetisch kontrollierten Stabilität, d. h. zur Freien Aktivierungsenthalpie der Denaturierung ($\Delta(G_D^{\ddagger})$ entsprechend Gleichung 4-13 separat ermittelt werden [61].

$$\Delta G_D^{\ddagger} = \Delta G^{+} - \Delta(\Delta G_{Ca}). \qquad \text{Gl. 4-13}$$

Die Nützlichkeit dieses Ansatzes, der für den intrinsischen Term eine Freie Aktivierungsenthalpie, für den Ca-spezifischen Term eine Freie Reaktionsenthalpie kombiniert, konnte mit Beispielen belegt werden (s. Tab. 4-12).

ΔG^{+} läßt sich für die über einen aktivierten Intermediärzustand ablaufende Denaturierungsreaktion $N \rightarrow X \rightarrow D$ in Abwesenheit von $Ca^{2\oplus}$-Ionen (Zugabe von EDTA) entsprechend Gleichung 1-46 aus der gemessenen Inaktivierungsgeschwindigkeitskonstante k_0 erhalten (Gl. 4-14).

$$k_0 = \lim_{[Ca]\rightarrow 0} k_{obs} = \frac{kT}{h} e^{\frac{-\Delta G^{+}}{RT}} \qquad \text{Gl. 4-14}$$

Die Freie Enthalpieänderung, die der Stabilisierung der Proteinkonformation durch z. B. ein $Ca^{2\oplus}$-Ion entspricht ($\Delta(\Delta G_{Ca})$), ergibt sich mit der in Gegenwart von $Ca^{2\oplus}$-Ionen gemessenen Denaturierungsgeschwindigkeitskonstanten k_∞ (Gl. 4-15)

$$k_\infty = \lim_{[Ca]\rightarrow \infty} k_{obs} = k_0 \frac{K_X}{K_N} \qquad \text{Gl. 4-15}$$

entsprechend Gleichung 1-11 zu

$$\Delta(\Delta G_{Ca}) = \Delta G_{Ca,N} - \Delta G_{Ca,X} = -RT \ln \frac{K_N}{K_X} = -RT \ln \frac{k_0}{k_\infty}, \qquad \text{Gl. 4-16}$$

wobei K_N und K_X die Assoziationskonstanten des nativen (N) bzw. aktivierten (X) Proteinzustandes für ein $Ca^{2\oplus}$-Ion sind. Mit Hilfe der Gleichung 4-13 ist es möglich, den Beitrag des

Tab. 4-12. $Ca^{2\oplus}$-Bindungskonstanten und die aus der Denaturierungsgeschwindigkeit ermittelten intrinsischen (ΔG^{+}) und totalen ($\Delta G_D^{\ddagger}$) Freien Aktivierungsenthalpien sowie $Ca^{2\oplus}$-spezifische Änderungen der Freien Gleichgewichtsenthalpien ($-\Delta(\Delta G_{Ca})$) für einige ausgewählte, $Ca^{2\oplus}$-stabilisierte Enzyme (nach [61])

Enzym	Anzahl gebund. $Ca^{2\oplus}$-Ionen	K_{Ca} [mol l^{-1}]	ΔG^{+} [kJ mol^{-1}]	$\Delta G_D^{\ddagger}$ [kJ mol^{-1}]	$-\Delta(\Delta G_{Ca})$
Thermomycolase	1	$5 \cdot 10^5$	100.1	111.7	2.7
Subtilisin Carlsberg	1	10^6	94.2	106.7	3.0
Subtilisin BPN' (Novo)	1	10^{11}	93.7	103.0	2.2
Thermolysin	4	10^9 [a]	85.8	119.7	8.1
Neutrale Protease A	2		92.0	95.8	0.8
α-Amylase (Thermophil)	1	[b]		99.6 108.8 [c]	

[a]) Produkt der Bindungskonstanten der ersten beiden $Ca^{2\oplus}$-Ionen ($K_1 \cdot K_2 mol^2 l^{-2}$)

[b]) Nur unter irreversibler Denaturierung entfernbar

[c]) Zusätzlicher Stabilisierungseffekt bei Zugabe von freien $Ca^{2\oplus}$-Ionen (+10 mmol l^{-1} $CaCl_2$ nach [63])

Metallions zur Stabilität für verschiedene $Ca^{2\oplus}$-stabilisierte Enzyme abzuschätzen (Tab. 4-12). Die in der Tabelle aufgeführten Proteine, die durchweg durch Einbau von mindestens einem $Ca^{2\oplus}$-Ion gegen thermische Denaturierung stabilisiert sind, lassen erhebliche Unterschiede der verschiedenen Beiträge zur Gesamtstabilität erkennen. So weist der große Stabilisierungsbeitrag des $Ca^{2\oplus}$-Ions im Falle des Thermolysins ($-\Delta(\Delta G_{Ca}) = 8.1$) dieses Enzym als spezifisch Calcium-stabilisiert aus, während die Thermomycolase als das thermostabilste Enzym in der Gruppe der Serin-Proteasen vorwiegend durch die intrinsischen Beiträge der Proteinstruktur stabilisiert wird.

4.4. Funktionelle Aspekte der oligomeren Proteinstruktur

Die meisten Enzyme sind aus einheitlichen oder unterschiedlichen Untereinheiten zusammengesetzt [3-59]. Abgesehen von der Einsparung an Informationskapazität bei der Proteinbiosynthese (verglichen mit monomeren Molekülen gleichen Molekulargewichts) und der häufig beobachteten merklichen Zunahme der Thermostabilität von Protein-Oligomeren im Vergleich zu den isolierten Untereinheiten muß es daher auch *funktionelle Vorteile* geben, die dieses Strukturprinzip begünstigt haben. So ist das Auftreten *kooperativer Effekte* (s. 2.4.4. u. 4.2.) als Basis für regulatorische Eigenschaften in der Regel an induzierte Konformationsänderungen zwischen mehreren Untereinheiten gekoppelt.

Weitere Vorteile für Oligomer-Enzyme können aus der *funktionellen Differenzierung*, z. B. in katalytische und regulatorische Untereinheiten oder in Substrukturen mit verschiedenen, mechanistisch und kinetisch aufeinander abgestimmten katalytischen Aktivitäten *(Multienzymkomplexe)*, resultieren. Ferner werden durch Oligomerisierung die Bindungs- bzw. Lokalisierungspotentiale an bestimmte Zellstrukturen (Membranen) beeinflußt.

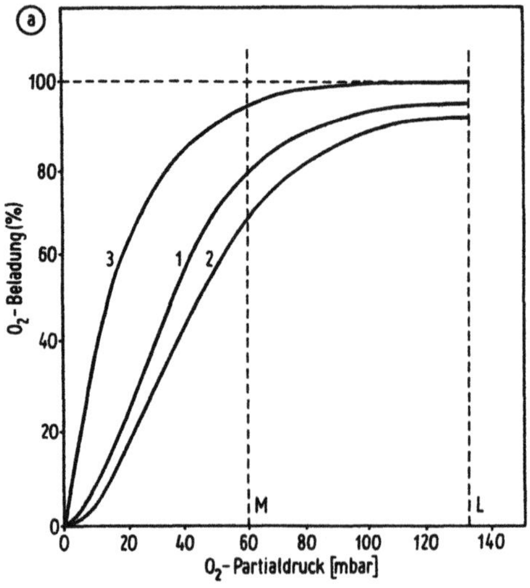

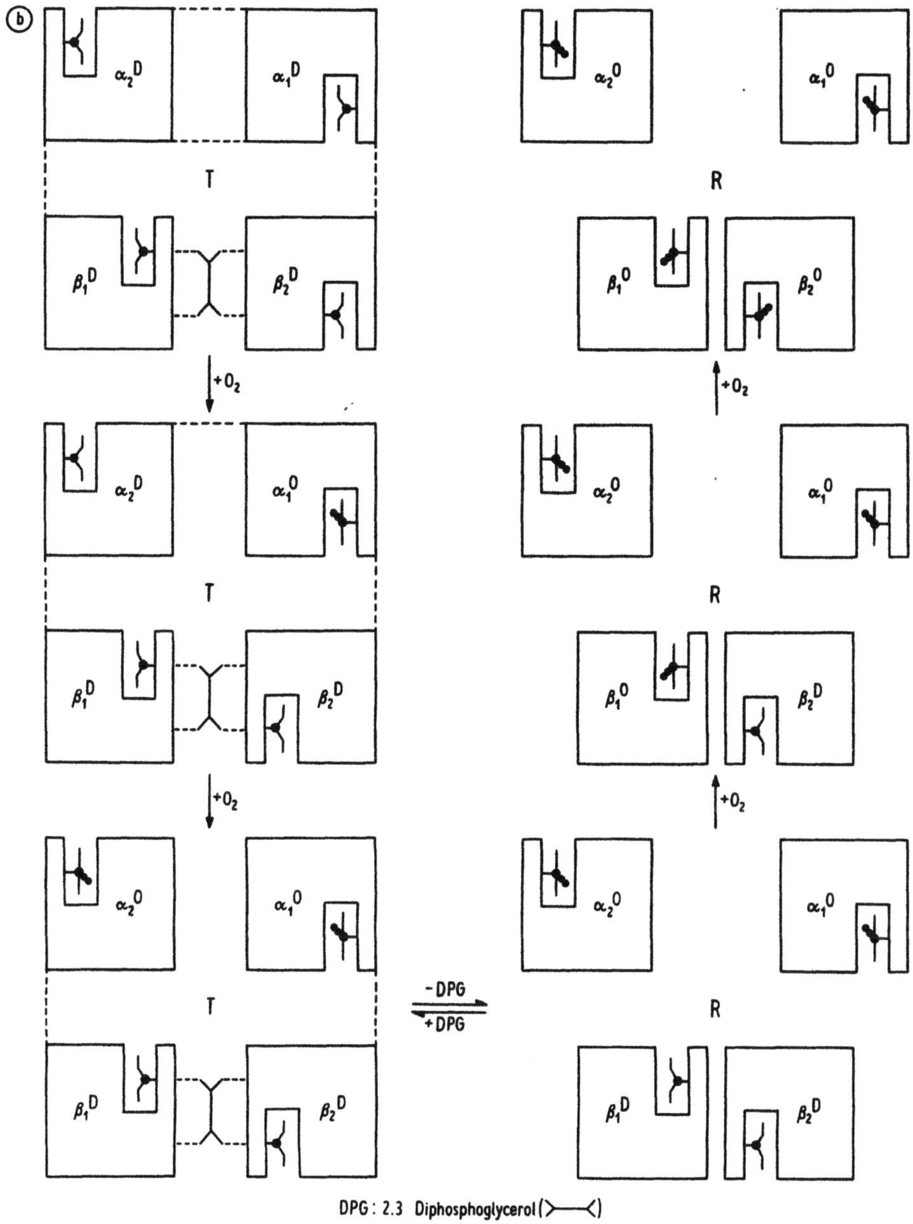

Abb. 4-33. Sigmoides Sauerstoff-Bindungsverhalten von Hämoglobin und Modellierung im Symmetriemodell (s. 2.4.4.).
a) Sauerstoff-Bindungsverhalten von Hämoglobin (1, 2) und Myoglobin (3). In der Lunge (O_2-Partialdruck 130 mbar, pH 7.4 Kurve 1) erfolgt 94%ige Beladung, in den Geweben (60 mbar, pH 7.2 Kurve 2) über 30%ige Entladung der Hämoglobinmoleküle (Myoglobin 4–6%), b) Symmetriemodell mit Konformationswechsel nach der O_2-Beladung von 2 Untereinheiten (nach [67]; --- Salzbrücken zwischen den Untereinheiten, α^D bzw. α^O desoxygenierte bzw. oxygenierte α-Untereinheit).

4.4.1. Induzierte Konformationsänderungen

4.4.1.1. Katalytische Aktivität von isolierten Untereinheiten

Die Bedeutung *induzierter Struktureffekte* bei der Wechselwirkung benachbarter Untereinheiten sei am Beispiel der Lactat-Dehydrogenase erläutert. Bei pH 2.3 dissoziiert dieses Enzym unter vollständigem Aktivitätsverlust in 4 identische Untereinheiten. Erhöht man den pH auf 7.6, so erfolgt Reassoziation zum nativen Enzym. Eine genaue kinetische Analyse dieses Prozesses hat gezeigt, daß die Wiederherstellung der katalytisch aktiven Tertiärstruktur nur in Wechselwirkung mit den benachbarten Untereinheiten, also innerhalb des Gesamtmoleküls, erfolgt. Um die beim Reassoziationsprozeß nacheinander gebildeten Oligomerstrukturen mit der Enzymaktivität korrelieren zu können, wurden nach verschiedenen Zeiten die jeweils vorhandenen Assoziate mittels *bifunktioneller Reagenzien* (Glutardialdehyd) kovalent fixiert. Anschließend wurden durch Behandlung mit Natrium-dodecylsulfat die dissoziierbaren Untereinheitskontakte gespalten und das gebildete Assoziatmuster mittels Elektrophorese analysiert. Dabei zeigte sich, daß die Zunahme an Enzymaktivität ausschließlich der Menge an jeweils gebildeter Tetramerform entsprach. Die unvollständig assoziierten Intermediate waren inaktiv [64].

Dieses eindeutige Ergebnis läßt sich aber nicht verallgemeinern. Im Falle der aus zwei identischen Untereinheiten aufgebauten Transketolase (Hefe) gelang es, das Enzym über jeweils eine der beiden Untereinheiten an Sepharose zu fixieren. Die andere ließ sich durch Erhöhung des pH-Wertes (Aufhebung der Wechselwirkungen zwischen den Untereinheiten) quantitativ von der Trägermatrix entfernen. Dabei wurde die Aktivität des an der Matrix verbliebenen Enzyms auf etwa 50% des ursprünglichen Wertes reduziert. Nach Reassoziation des abgelösten Proteins mit dem an der Matrix verbliebenen Teil bei pH 6.0 gelang es, die ursprüngliche Enzymaktivität weitgehend wiederherzustellen [65]. Daraus folgt, daß im Falle der Transketolase auch die isolierten Untereinheiten katalytisch aktiv sind.

4.4.1.2. Konformationstransfer im Hämoglobinmolekül

Der Effekttransfer durch Proteinmoleküle konnte bisher nur in einem Falle, dem Hämoglobin (Hb), bis auf die *molekulare Ebene* verfolgt werden. Nur im Falle dieses Sauerstoff-Transportproteins (ohne Katalytischen Umsatz) stehen substratfreie (Desoxy-Hb) und substrat- bzw. ligandbeladene Molekülform (Oxy-Hb, Kohlenmonoxid-Hb) für die hochauflösende Röntgenstrukturanalyse zur Verfügung (Desoxy-Hb 2.5 Å; Oxy-Hb 2.0 Å). Bei Enzymen sind dagegen homtrope, d. h. substratinduzierte Regulationsprozesse nur unter Anwendung spezieller Techniken analysierbar, z. B. durch Einsatz von ÜZ-analogen Inhibitoren anstelle des Substrates oder durch Stabilisierung der mit der Regulation verbundenen Konformationsänderungen mittels bifunktioneller Reagenzien.

Aus Abbildung 4-33a geht hervor, daß zwischen angebotenem Sauerstoffpartialdruck und dem durch das Hb-Molekül gebundenen Sauerstoff eine *sigmoide* Beziehung besteht. Dieses Verhalten ist eindeutig auf die Wechselwirkung zwischen den Untereinheiten innerhalb des Moleküls zurückzuführen. Sowohl die isolierten Untereinheiten als

---

Abb. 4-34. UE-Kontaktbereiche in Hämoglobin und deren Beeinflussung durch die O_2-Bindung.
a) Rotationsbewegung des α_2-β_2-Dimers bezogen auf das α_1-β_1-Dimer beim Übergang aus der unligandierten (Desoxy-Hb, ausgezogene Linien) in die ligandierte (Kohlenmonoxid-Hb, gestrichelte Linien) Form (nach [66]). b) α_1-β_2-Kontakt. Die bei der O_2-Beladung vorwiegend veränderten Kontaktbereiche (FG-C) sind schraffiert. Aus der Abbildung geht die sterische Behinderung der Thr_{C6}-His_{FG4}-Seitenketten bei dem durch die O_2-Beladung induzierten Übergang der Quartärstruktur vom R- zum T-Zustand hervor. Die C-Helix hat im Desoxy- und Oxy-Hb die gleiche Position (Bezugssystem).

auch verwandte Molekülformen, wie das als Monomer vorliegende Myoglobin, zeigen „normales“ Bindungsverhalten, charakterisiert durch eine hyperbole Bindungscharakteri-

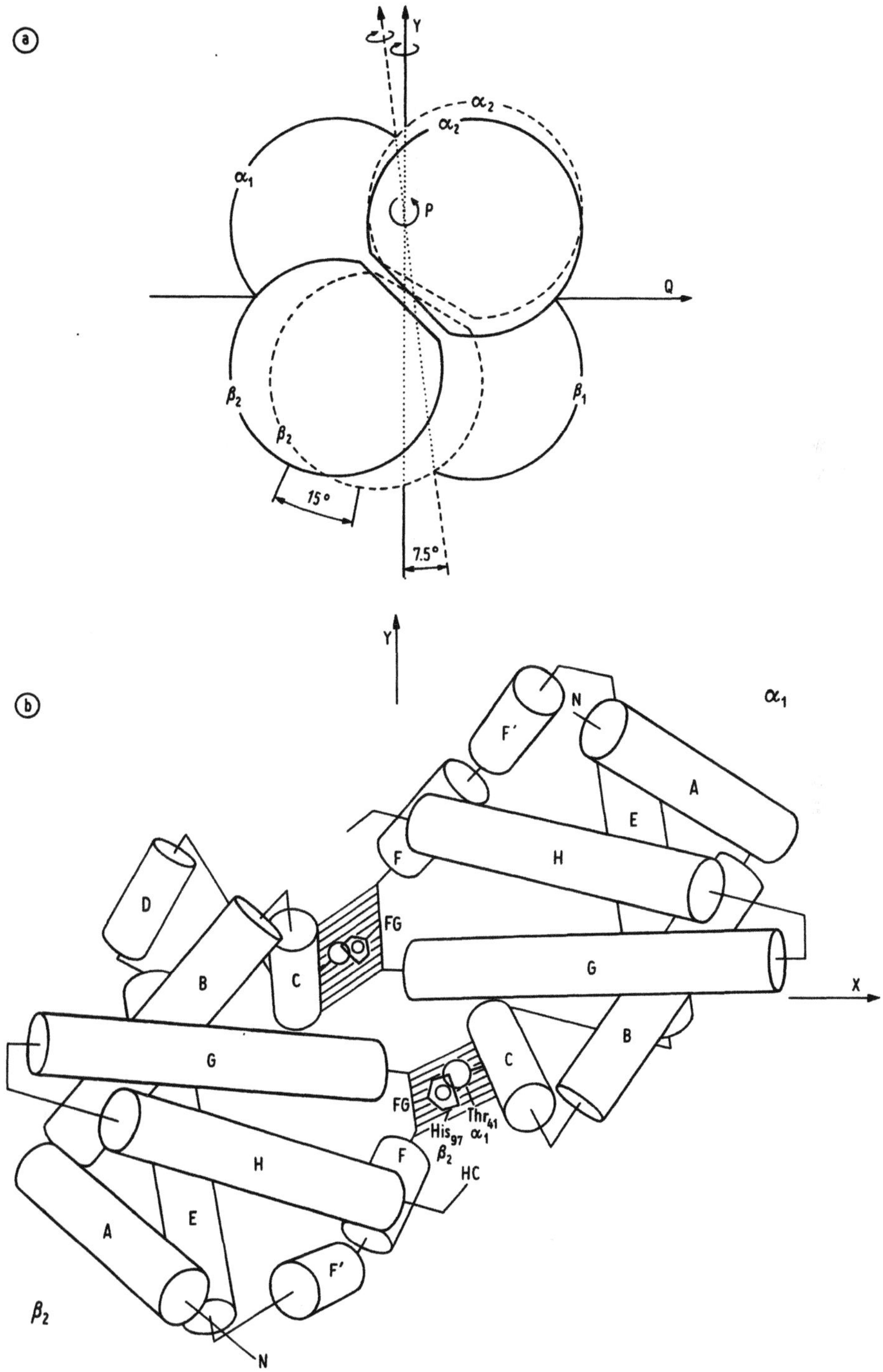

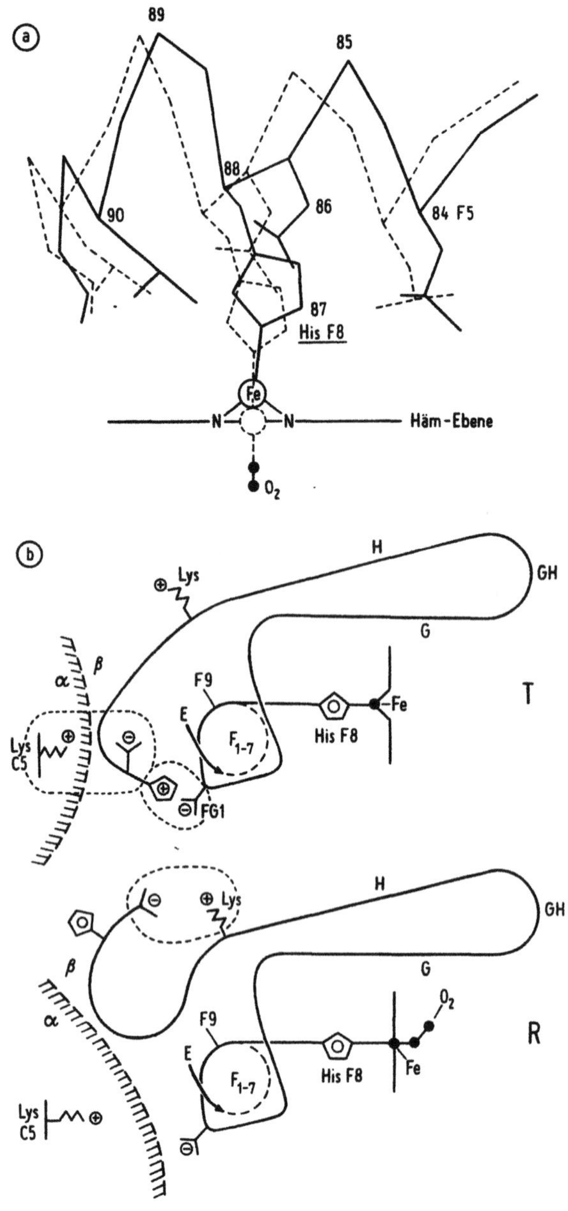

Abb. 4-35. Einfluß der Häm-Ligandierung auf die Ladungsstruktur.
a) Anordnung der F-Helix (Teil F5 bis F8) relativ zum Häm-Molekül in der unligandierten (R-Zustand) und ligandierten (T-Zustand) Form (nach [66]). b) Dadurch hervorgerufene Änderungen in der Ladungsstruktur am C-terminalen Ende der β-Kette (nach [67]). Bei der Ligandbindung wird die F-Helix in Richtung der Häm-Ebene verlagert. Diese Bewegung kann aber auf Grund der sterischen Hinderung beim Positionswechsel Thr_{C6}-His_{FG4} (Abb. 4-34b) erst nach der Besetzung von 2 Häm-Gruppen erfolgen und führt dann zur Quartärstrukturänderung unter Bildung des durch schwächere $\alpha\beta$-Kontakte gekennzeichneten, hochaffinen Zustands von Oxy-Hb (vgl. mit Abb. 4-33b).

stik. Physiologisch ist diese Eigenschaft des Hb-Moleküls von großer *Bedeutung*. Da sich die 4 Bindungszentren bei niedriger Sauerstoffbeladung (Desoxy-Zustand) durch niedrige, bei hoher Sauerstoffbeladung (Oxy-Zustand) durch hohe Affinität zum Sauerstoff auszeichnen, kommt es in Bereichen hohen Sauerstoffpartialdruckes (Lunge) zur vollständigen Beladung, in Bereichen niedrigen Sauerstoffpartialdruckes zur weitgehenden Entladung des Moleküls („molekulare Lunge", Perutz). Daraus resultiert eine hocheffektive, nicht dem vorhandenen Sauerstoffpartialdruck proportionale Auslastung der Transportkapazität der vorhandenen Hb-Moleküle.

Aus der Tatsache, daß das hyperbol bindende Myoglobin eine 50mal höhere Sauerstoffaffinität als Desoxy-Hb, dagegen eine dreimal niedrigere als Oxy-Hb aufweist, geht hervor, daß das sigmoide Sauerstoff-Bindungsverhalten von Hb vorwiegend auf einer durch die Wechselwirkung zwischen den Untereinheiten erzwungenen *Affinitätsminderung* der 4 Sauerstoff-Bindungszentren beruht. Die molekulare Beschreibung der zwischen den 4 Untereinheiten ausgebildeten Bindungsareale sowie der um die Häm-Moleküle lokalisierten Proteinbereiche hat wesentlich zur Aufklärung der Ursachen für dieses Verhalten beigetragen [66].

Die Quartärstruktur des Hb besteht aus vier paarweise unterschiedlichen Untereinheiten (α_1, α_2, β_1, β_2), die jeweils ein mit einem Häm-Ringsystem besetztes Sauerstoff-Bindungszentrum tragen. Die geometrischen Veränderungen der Quartärstruktur bei der Sauerstoffbindung sind in Abbildung 4-34a dargestellt. Betrachtet man das Molekül entlang der Rotationsachse P, so erfährt die bei der Sauerstoffbindung nicht beeinflußte und daher als stabiles Bezugssystem geeignete $\alpha_2\beta_2$-Kontaktfläche in bezug auf die $\alpha_1\beta_1$-Kontaktfläche eine Drehung um 15° und gleichzeitig eine Verschiebung in Richtung des $\alpha_1\beta_1$-Dimeren um 0.08 nm. Bei dieser Umlagerung erfahren die zwischen den $\alpha_1\beta_2$- und $\alpha_2\beta_1$-Dimeren liegenden Kontaktbereiche, die im wesentlichen aus *Wechselwirkungen zwischen der C-Helix und dem FG-Knick* bestehen (Abb. 4-34b), zwei für die Funktion des Hb-Moleküls entscheidende Veränderungen: Die α_1FG/β_2C- (bzw. α_2FG/β_1C)-Kontakte werden um etwa 0.2 nm verlagert, wobei sie für die Drehbewegung eine Art *„Gelenkfunktion"* übernehmen. Zum anderen erfahren die an den α_1C/β_2FG- (bzw. α_2C/β_1FG)-Kontakten beteiligten Seitenketten bei der Ligandierung eine gegenseitige Verschiebung um 0.6 nm. Dabei stellen sowohl der Anfangs- als auch der Endzustand *stabil gepackte* Proteinkonformationen dar, deren Übergang die Überwindung einer *sterischen Barriere* (verursacht durch den Positionswechsel der His FG4- und Thr C6-Seitenketten) erforderlich macht. So kann man sich die „Schnappfunktion" als molekulare Basis für den *sprunghaften* Übergang zwischen R- und T-Zustand vorstellen (s. Abb. 4-33b).

Innerhalb der 4 Untereinheiten gibt es Bereiche (Helices B, C, D, G und H), die bei der Ligandierung keine Strukturänderungen erfahren. Dagegen unterliegen die *äußeren Regionen* um die Häm-Moleküle und den FG-Knick starken Konformationsänderungen. Bereits Perutz fand [67], daß durch den bei der Sauerstoffbindung veränderten Koordinationszustand des Eisenatoms nicht nur die relative Anordnung zwischen Eisen und Porphyrinskelett, sondern auch die Lage des als zusätzlicher Ligand fungierenden *His F8-Restes* erheblich beeinträchtigt werden (Abb. 4-35). Letzterer liegt in der sauerstofffreien Form, bei der das nur 5fach koordinierte Eisenatom (4 Bindungen zum Häm, 1 zum His F8) um 0.06 nm *außerhalb* der Häm-Ebene angeordnet ist, asymmetrisch zum Häm-Molekül. In der ligandierten Form dagegen mit ihrem nunmehr 6fach koordinierten, in der Häm-Ebene angeordneten Eisenatom liegt die His F8-Seitenkette symmetrisch zum Häm-Molekül. Die für die Sauerstoffbindung ungünstigere Anordnung des Eisenatoms im Desoxy-Hb verursacht zum Teil dessen um das 150fache verminderte Sauerstoffaffinität.

Die in der $\alpha_1\beta_2$-Kontaktregion eingebaute Konformationsbarriere kann in enger Wechselwirkung mit der gesamten Proteinkomponente den bei der Ligandierung induzierten Positionswechsel des Eisenatoms zunächst unterdrücken und damit das nichthyperbole Affinitätsverhalten des Hb-Moleküls hervorrufen. Berechnungen haben ergeben, daß die Spannungsenergie, die durch die Behinderung des Eisenatoms, seine normale Lage einzunehmen, erzeugt wird, ca. 12 kJ mol^{-1} beträgt [68]. Erst mit zunehmender Beladung der niedrigaffinen Desoxyform mit Sauerstoff erreichen daher die in den einzelnen Untereinheiten erzeugten sterischen Spannungen die erforderliche Höhe, um den (sprunghaften) Übergang des Gesamtmoleküls in die hochaffine Oxy-Konformation mit ihren reduzierten Kontakten zwischen den α- und β-Untereinheiten zu ermöglichen (Abb. 4-35b und 4-33b).

4.4.2. Funktionelle Differenzierung innerhalb eines Enzymmoleküls (Aspartat-Transcarbamylase, ATCase)

Enzyme, deren katalytische Eigenschaften durch Effektoren reguliert werden, müssen neben dem für die katalytische Leistung verantwortlichen aktiven Zentrum über einen zusätzlichen Mechanismus verfügen, der die von den Effektoren erzeugten Signale erkennt und über die Proteinkomponente auf das katalytische Zentrum überträgt (*Effekt-Transfer,* s. 4.2.1.).

Mit der Aspartat-Transcarbamylase (ATCase, exakt: Aspartat-Carbamyltransferase) wurde 1965 erstmalig ein Enzym in Untereinheiten zerlegt [69], von denen die größere, sog. *katalytische* oder c-Einheit (MG 33 kD) ausschließlich die katalytische Funktion gemäß Gleichung 4-17

$$\text{L-Aspartat} + \text{Carbamylphosphat} \rightleftharpoons \text{N-Carbamyl-L-Aspartat} + P_i \qquad \text{Gl. 4-17}$$

besorgt. In isolierter Form (als trimerer Subkomplex c_3) zeigt diese eine normale (hyperbole) v/S-Charakteristik.

Die kleinere, sog. r-Untereinheit (MG 16 kD) ist für das *regulatorische* Verhalten des Enzyms verantwortlich. Dieses regulatorische Verhalten bezieht sich einerseits auf eine Aktivierung des Enzyms durch das Substrat Aspartat, so daß das Gesamtmolekül eine sigmoide v/S-Charakteristik *(positive homotrope Kooperativität)* aufweist. Darüber hinaus

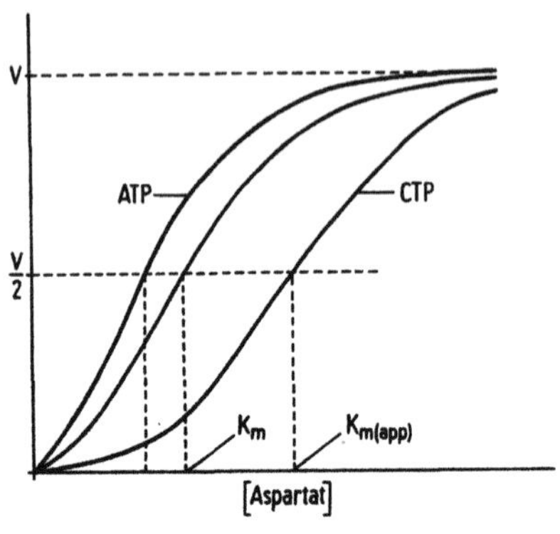

Abb. 4-36. Regulationsverhalten von Aspartat-Transcarbamylase (E. Coli). Aspartat wirkt als homotroper, ATP und CTP (Cytidintriphosphat) als heterotrope Effektoren.
CTP: Inhibitor (Erhöhung des scheinbaren K_m-Wertes), ATP: Aktivator (Erniedrigung des scheinbaren K_m-Wertes).

Abb. 4-37. Aspartat-Transcarbamylase.
a) Quartärstruktur. Die beiden katalytischen Subkomplexe c_3-A und c_3-B liegen übereinander und sind durch die drei regulatorischen Subkomplexe (r_2) verknüpft. Die für das regulatorische Verhalten verantwortliche C_A-r-r-C_B-Struktur ist schraffiert. b) Modell zur Erklärung der homotropen Kooperativität (Übergang ct $\rightleftharpoons$ cR) durch kooperative Aktivierung der katalytischen Zentren. Anlagerung von Substrat (Asp) an die A-Seite bewirkt erhöhte Affinität der B-Seite (nach [70]). Die Fixierung dieser Extremzustände ist durch „Einfrieren" mittels bifunktioneller Reagenzien [71] oder durch Modifizierung der C-terminalen Struktur der r-UE [72] gelungen. c) Überlagerung der homotropen Effekte (konzertierte Übergänge) durch lokale Strukturänderungen, die durch die heterotropen Effektoren (ATP, CTP) in den r_2-Subkomplexen erzeugt werden (h = Hill-Koeffizient, nach [72]).

wird bei ATCase aber auch eine heterotrope Aktivierung durch ATP und Inhibierung durch CTP beobachtet, wodurch die sigmoide v/S-Kurve eine Verschiebung nach links (ATP) oder rechts (CTP) erfährt (*positive bzw. negative heterotrope Kooperativität*, Abb. 4-36).

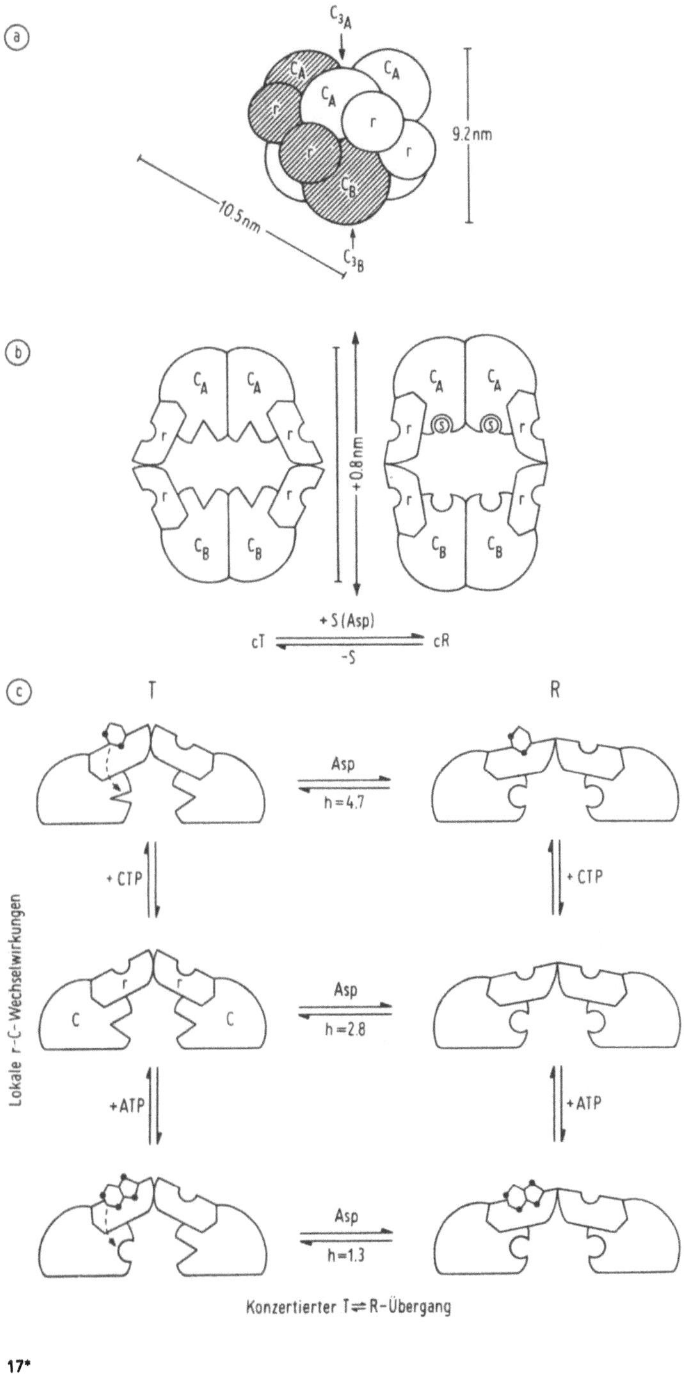

Ein genaueres Studium des Dissoziationsverhaltens von ATCase nach Hitzebehandlung oder Umsetzung mit $Hg^{\oplus}$-Ionen hat ergeben, daß die Untereinheiten im Molekül in Form von relativ stabilen *Subkomplexen* vorliegen, wobei das Enzym gemäß Gleichung 4-18

$$c_6r_6 \rightleftharpoons 2\,c_3 + 3\,r_2 \qquad \text{Gl. 4-18}$$

in zwei katalytische und drei regulatorische Subkomplexe zerfällt. An der Zusammenlagerung der Subkomplexe zum Gesamtmolekül sind $Zn^{2\oplus}$-Ionen beteiligt, die an der Grenze zwischen den katalytischen und regulatorischen Untereinheiten eingebaut sind.

Die funktionelle Differenzierbarkeit der ATCase in katalytische und regulatorische Untereinheiten war von großer Bedeutung für die weitere Aufklärung der *molekularen Basis* der ATCase-Regulation. Die über verschiedene Methoden (Röntgenstrukturanalyse, Röntgenkleinwinkelstreuung, Charakterisierung von Teilkomplexen (z. B. c_3r_6), Einsatz bifunktioneller Reagenzien, kinetische und optische Studien) gewonnenen Vorstellungen zur räumlichen Struktur der ATCase zeigt Abbildung 4-37a. Bei dem in D_3-Symmetrie vorliegenden Molekül sind die beiden c_3-Subkomplexe mittels der drei schräg angelagerten r_2-Subkomplexe so verknüpft, daß jedes regulatorische Dimer zwei katalytische Untereinheiten verschiedener Subkomplexe (c_{3A} und c_{3B}) verbindet. Die entstehenden c_A-r-r-c_B-Kontakte sind in Abbildung 4-37a herausgehoben. Die insgesamt 6 aktiven Zentren befinden sich in einer zentralen Höhle der Dimension $2.5 \times 6.0 \times 6.0$ nm. Sie sind so angeordnet, daß sie von außen über 6 Kanäle mit 1.2 nm Durchmesser zugänglich sind. Die kleinsten Abstände zwischen den regulatorischen und katalytischen Zentren betragen jeweils 6.0 nm. Über diese Abstände müssen die bei der Regulation erzeugten Signale transferiert werden.

Durch Vergleich der kristallin gewonnenen Molekülspezies im substratfreien T- und im substrataktivierten R-Zustand mittels Röntgenstrukturanalyse gelang es, die bei den Regulationsprozessen ablaufenden *Strukturänderungen* näher zu charakterisieren. Dabei dienten zur Gewinnung des kristallisierten R-Zustandes solche Substratanaloge, die im aktiven Zentrum zwar korrekt gebunden, aber nicht abgebaut werden können, wie es z. B. bei der ÜZ-analogen N-Phosphonacetyl-L-asparaginsäure (PALA, Abb. 4-38) der Fall ist.

Insgesamt haben diese Experimente gezeigt, daß das Molekül bei der Substratbindung eine Expansion um 0.8 nm entlang der dreifachen Symmetrieachse, also über die c_A-r-r-c_B-Brücken erfährt (Abb. 4-37b). Auf diese Weise wird die bei der Bindung des ersten Substratmoleküls in der c_{3A}-Einheit induzierte lokale Strukturänderung (die in einer Verfestigung der Tertiärstruktur besteht) über die r_2-Brücke auf den c_{3B}-Subkomplex übertragen. Dadurch steigt dessen Substrataffinität, was sich letztlich im sigmoiden Bindungsverhalten des Gesamtmoleküls manifestiert.

Durch Experimente mit bifunktionellen Reagenzien, die in Ab- und Anwesenheit substratanaloger Inhibitoren mit dem Enzym zur Reaktion gebracht wurden, konnte der Anstieg der Substrataffinität vom T-Zustand (K_m 66–130 mmol l^{-1}) zum R-Zustand (K_m 7 mmol l^{-1}) experimentell bestätigt werden [71].

Die beiden *heterotropen Effektoren ATP und CTP* werden an die gleichen (oder räumlich benachbarten) Bindungszentren an den regulatorischen Untereinheiten fixiert, was

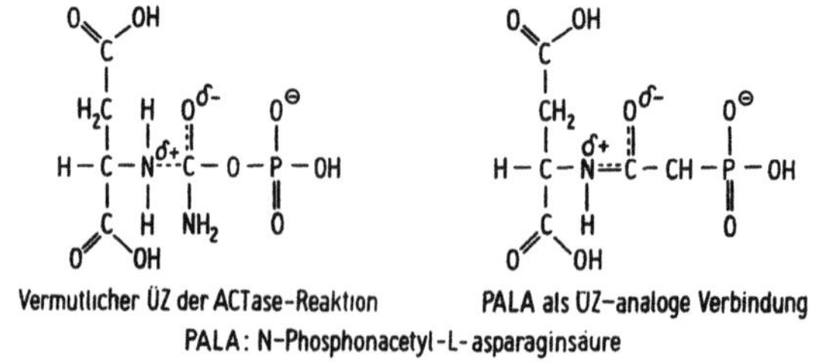

Abb. 4-38. N-Phosphonacetyl-L-asparaginsäure (PALA) als ÜZ-analoger Inhibitor von Aspartat-Transcarbamylase.

sich u. a. aus der kompetitiven Behinderung der CTP-Bindung durch ATP ergibt. Ein Modell für die komplexe Wirkung der verschiedenen Effektoren ist in Abbildung 4-37c dargestellt. Es wird angenommen [72], daß sich bei der Regulation der ATCase zwei Effekte überlagern: lokale Nachbarschaftseffekte und konzertierte R-T-Übergänge. (s. 2.4.4.1.). ATP-Bindung erhöht die Affinität des benachbarten katalytischen Zentrums für den homotropen Effektor Asp und bewirkt damit eine Verschiebung in Richtung des aktivierten R-Zustandes, so daß für Asp – wie aus dem Hill-Koeffizienten (h, in Abschnitt 2.4.1. = n) hervorgeht – eine geringere Kooperativität (h = 1.3) gefunden wird. Umgekehrt reduziert CTP die Affinität des benachbarten katalytischen Zentrums für Asp (h = 4.7).

4.4.3. Funktionelle Differenzierung in Enzymkomplexen

4.4.3.1. Systematik von Multienzymsystemen

Die Katalyse mehrerer aufeinanderfolgender Reaktionsschritte, wie sie z. B. bei den vielstufigen Synthesen zahlreicher Naturstoffe (Fettsäuren, Nucleotide, cyclische Peptidwirkstoffe u. a.) auftreten, erfolgt häufig in komplexen Struktureinheiten, die eine *lokale Konzentrierung* der an der Umsetzung beteiligten Reaktionszentren ermöglichen. Auf diese Weise wird nicht nur der *diffusive Transfer* von Zwischenprodukten innerhalb der komplexen Struktureinheit *kanalisiert*, sondern in speziellen Fällen auch ein *kontrollierter Transport* der mittels geeigneter Trägerstrukturen kovalent gebundenen Intermediärprodukte über die gesamte Reaktionskette ermöglicht.

Neben den kinetischen Vorteilen, die vor allem aus der Eliminierung von Diffusionseffekten, Verhinderung unkontrollierbarer Nebenreaktionen (z. B. Verhinderung der Hydratisierung von intermediär gebildeten Carbonylgruppen) und aus den relativ hohen *lokalen Substratkonzentrationen* um die aktiven Zentren resultieren, ermöglichen solche Multienzymsysteme über die gezielte Beeinflussung der Aktivität von Teilreaktionen durch Effektoren oder kovalente Modifizierung auch eine ökonomische *Steuerung der gesamten Synthesekette.* Ferner wird, wie im Falle der Tryptophan-Synthase nachgewiesen (s. 4.4.3.3.), auch eine spezifische Aktivierung (oder Stabilisierung) der Teilkomponenten über Protein-Protein-Wechselwirkungen beobachtet.

Zur Systematisierung der verschiedenen Varianten, die eine räumliche Konzentrierung mehrerer katalytischer Aktivitäten bewirken, ist es zunächst wichtig, zwischen Multienzymsystemen und polyfunktionellen Untereinheiten bzw. Enzymen zu unterscheiden. Unter *Multienzymsystemen* versteht man nichtkovalent verknüpfte Proteinkomplexe, bei denen die verschiedenen Aktivitäten auf unterschiedlichen Untereinheiten oder Subkomplexen (das sind relativ stabile Aggregate aus mehreren Untereinheiten, wozu auch die Enzymkomponenten von Multienzymkomplexen zählen) lokalisiert sind. Im Gegensatz dazu liegen bei den *polyfunktionellen Untereinheiten* durchgehend kovalent gebundene Polypeptide mit mehreren unterschiedlichen Aktivitäten vor (s. 4.4.3.5.).

Im Falle der Multienzymsysteme erfordert der Bindungstyp zwischen den Komponenten eine weitere Unterscheidung. Räumlich und stöchiometrisch *definiert* zusammengesetzte Systeme werden als *Multienzymkomplexe* bezeichnet. Dagegen sollen in einem späteren Abschnitt stöchiometrisch nicht exakt definierbare, ggf. auch unter Einbeziehung von Zellstrukturen (Membranen) gebildete Aggregationsformen von Enzymen als *Multienzymkonjugate* bezeichnet werden.

Im Falle der Multienzymkomplexe ermöglicht das genauere Studium der katalysierten Reaktionssequenzen noch eine weitere, für Eigenschaften und Effektivität charakteristische Unterscheidung. Bei Multienzymkomplexen mit *kovalentem Substrattransfer* treten die Zwischenprodukte der Reaktionskette nicht mit dem umgebenen Medium in Wechselwirkung. Daher beeinflussen auch zum Medium zugesetzte, z. B. radioaktiv markierte Zwischenprodukte weder die Kinetik der Gesamtreaktion, noch bewirken sie den Einbau von Radioaktivität in das Endprodukt. Im Gegensatz dazu können die Intermediärprodukte von Multienzymkomplexen mit *diffusivem Substrattransfer* zwar in Wechselwirkung mit dem umgebenen Milieu stehen, jedoch kann durch chemisch oder topologisch begünstigte Kanalisierung der Substratübergänge die Effektivität solcher Komplexe ebenfalls sehr hoch sein [73].

4.4.3.2. Multienzymkomplexe mit kovalentem Substrattransfer

4.4.3.2.1. Fettsäure-Synthetase

Die Synthese von Fettsäuren an der Fettsäure-Synthetase umfaßt insgesamt 37 einzelne Reaktionsschritte, im Verlaufe derer 30 unterschiedliche enzymgebundene Intermediate auftreten.

Acetyl-CoA + 7 Malonyl-CoA + 14 NADPH + 14 $H^{\oplus}$ ⇌
Palmityl-CoA + 7 CoA + 14 $NADP^{\oplus}$ + 7 CO_2 + 7 H_2O

Der Mechanismus der schrittweisen Kettenverlängerung, wie er z. B. bei Hefe und Eukaryoten gefunden wird, geht aus Abbildung 4-39 hervor [74]. Das *Substrat Malonyl-CoA,* durch Carboxylierung von Acetyl-CoA entsprechend Abbildung 4-21 gebildet, und in den folgenden Cyclen die sich jeweils um 2 C-Atome verlängernden Acyl-Intermediate werden zunächst unter Abspaltung von CoA an eine sog. *„zentrale SH-Gruppe"* (-S_cH) fixiert

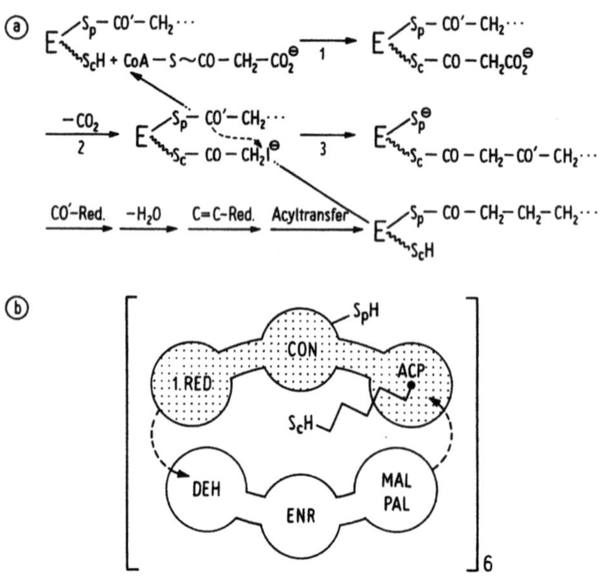

Abb. 4-39. Funktionsmechanismus der Fettsäure-Synthase.
a) Syntheseschema (—S_cH zentrale Pantethein-SH-Gruppe, —S_pH: periphere SH-Gruppe). b) Verteilung der katalytischen Aktivitäten auf die beiden polyfunktionellen Untereinheiten α und β (nach [75]). Die räumliche Reihenfolge der Aktivitäten wurde willkürlich der Reaktionsfolge entsprechend gewählt. Diese Enzymvariante wird im Cytosol von Eukaryoten gefunden. Daneben lassen sich aus Prokaryoten Enzymkomplexe isolieren, die aus 7 Enzymkomponenten (Subkomplexen) bestehen. Es bedeuten: ACP: Acyl-Trägerprotein; CON: Kondensierendes Enzym (β-Ketoacyl-Synthase); 1. RED: β-Ketoacyl-Reductase; DEH: Dehydratase (Enoyl-Hydratase; ENR: Enoyl-Reduktase; MAL: Malonyl-Transferase; PAL: Palmityl-Transferase.

(Schritt 1). Letztere stellt den reaktiven Teil des *Pantethein-4'-Phosphats* (s. Abb. 4-16) dar, das als Cofaktor über eine Serin-Seitenkette kovalent mit dem Trägerprotein verbunden ist. Die Länge des auf diese Weise gebildeten Arms von etwa 2 nm reicht aus, um das Substrat in *kovalent gebundener Form* durch die gesamte Reaktionssequenz zu schleusen. Dabei wird vermutet, daß durch die räumliche Anordnung der verschiedenen Enzym-Aktivitäten auf den Untereinheiten die Reihenfolge der nacheinander ablaufenden Reaktionsschritte festgelegt wird.

Das proteingebundene Malonsäuremolekül mit seinen durch die Thioestergruppe aktivierten α-CH-Bindungen besitzt nach der Decarboxylierung (Schritt 2) als Carbanion die Fähigkeit, von der peripher gelegenen SH-Gruppe ($-S_pH$) der β-Ketoacyl-Synthase-Komponente einen Acylrest zu übernehmen (Schritt 3). Damit ist der Prozeß des Kettenwachstums vollzogen. Mit den anschließenden Schritten, Reduktion der β-Carbonylgruppe durch die β-Ketoacyl-Reductase, Abspaltung eines Wassermoleküls durch eine Dehydratase, Hydrierung zum gesättigten Acylrest durch eine Enoyl-Reductase und schließlich Rücktransfer des um 2 C-Atome verlängerten Acylrestes an die periphere SH-Gruppe durch eine Acyl-Transferase-Aktivität wird der Komplex für den nächsten Kondensationscyclus vorbereitet.

1969 konnte die Fettsäure-Synthetase aus Hefe in kristalliner Form isoliert werden. Die weiteren Untersuchungen haben gezeigt, daß der gesamte Komplex vom MG 2.3×10^6 D aus nur zwei Typen von Untereinheiten (α-UE 185 kD, β-UE 180 kD) besteht. Auf Grund biochemischer und genetischer Befunde liegen diese im Komplex zu gleichen Anteilen vor ($\alpha_6\beta_6$) [75]. Als Resultat chemischer Modifizierungsstudien wird angenommen, daß die verschiedenen aktiven Zentren auf den Untereinheiten in jeweils spezifischen Domänen lokalisiert sind. Abbildung 4-39b stellt die vermutete Verteilung der Enzymaktivitäten auf den beiden Untereinheiten dar.

Da das komplette Molekül nur jeweils 3 Substratmoleküle (Malonyl-CoA bzw. Acetyl-CoA) gleichzeitig bindet und demzufolge auch nur 3 Produktmoleküle (Palmitat) gleichzeitig produziert werden und da ferner auch nur 3 der 6 insgesamt vorhandenen peripheren

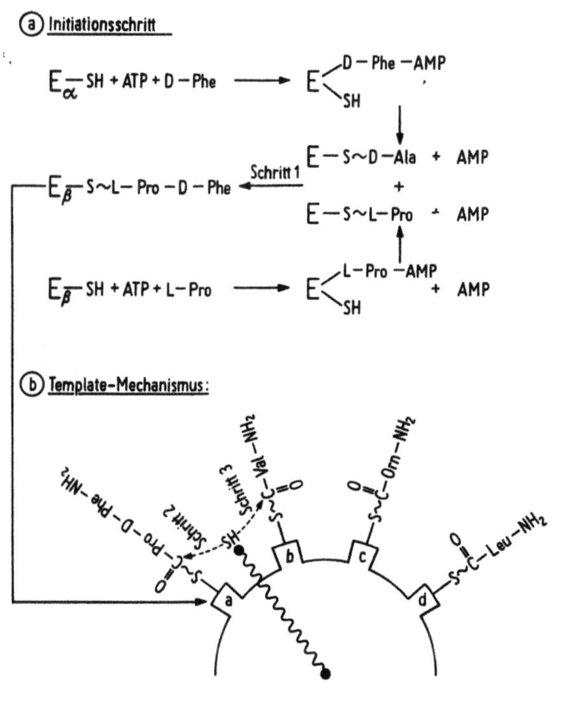

Abb. 4-40. Initiationsschritt (a) und Protein-Template-Mechanismus (b) des Gramicidin S-Multienzymkomplexes (nach [76]). (a, b, c und d sind Bindungsorte mit entsprechender Seitenkettenspezifität).

S_pH-Gruppen mit Iodacetat spezifisch blockierbar sind, wird für den Komplex eine *Halbzentren-Aktivität* mit 3 kleinsten Funktionseinheiten der Zusammensetzung $\alpha_2\beta_2$ vorgeschlagen. Die räumliche Lokalisierung der α- und β-Ketten im Komplex gelang elektronenmikroskopisch nach Anlagerung von α- bzw. β-spezifischen Antikörpern.

4.4.3.2.2. Gramicidin S-Synthetase

Nach einem ähnlichen Mechanismus vollzieht sich die Synthese von Oligopeptid-Wirkstoffen wie Gramicidin-S [76]. Der aus 2 Untereinheiten bestehende Komplex aus Bacillus-Stämmen (α 100 kD, β 280 kD) katalysiert die vielstufige Synthese ebenfalls über einen *kovalenten Substrattransport.* Auch hier ist ein *Pantethein-4'-Phosphatrest* für Transport und Reihenfolge der Reaktionsschritte verantwortlich. In Abbildung 4-40 ist der komplizierte Verlauf der Peptidsynthese dargestellt. Über einen Initiationsschritt werden zunächst D-Phe und L-Pro mittels ATP aktiviert (Aminoacyl-adenylsäuren) und zu einem Dipeptid verknüpft. Dieses wird in aktivierter Form über eine spezifische SH-Gruppe an der Peripherie des scheibenförmigen Enzyms (Ø 12 nm) gebunden (Schritt 1), vom Pantethein-4'-Phosphat-Träger übernommen (Schritt 2) und zur nächsten, aktiviert und seitenkettenspezifisch gebundenen Aminosäure transportiert (Schritt 3). Nach Synthese des Pentapeptids D-Phe—L-Pro—L-Val—L-Orn—L-Leu wird dieses in Kopf-Schwanz-Kondensation zum *cyclischen Dekapeptid* vereinigt.

4.4.3.2.3. α-Ketosäure-Dehydrogenasen

α-Ketosäure-Dehydrogenasen katalysieren die allgemeine Reaktion

$$R{-}CO{-}CO_2H + CoASH + DPN^{\oplus} \rightleftharpoons R{-}CO{-}SCoA + CO_2 + DPNH + H^{\oplus}$$

In Abhängigkeit vom Rest R findet man *3 Typen* von Multienzymkomplexen, die sich nur durch die über die Proteinkomponente induzierte *Substratspezifität,* nicht aber durch ihren prinzipiellen Funktionsmechanismus unterscheiden: Pyruvatdehydrogenase ($R{=}CH_3$), α-Ketoglutarsäure-Dehydrogenase ($R{=}CH_2{-}CH_2{-}COOH$) und verzweigtkettige (engl. branched chain) α-Ketosäure-Dehydrogenasen ($R{=}CH(CH_3)_2$ oder $CHCH_3(C_2H_5)$). Auch innerhalb gleicher Substratspezifitäten unterscheiden sich die einzelnen Komplexe in Abhängigkeit von ihrer Herkunft erheblich. Dies betrifft sowohl das Molekulargewicht als auch die Untereinheitsstruktur (Tab. 4-13 [77]). Allen Formen ist aber der Aufbau aus mindestens 3 Enzymkomponenten gemeinsam, an denen sich die oxidative Decarboxylierung der α-Ketosäuren einschließlich der Regenerierung des Komplexes vollzieht (Abb. 4-41).

Am Mechanismus des Enzyms ist *Liponsäure* als Cofaktor beteiligt (s. 4.3.2.9., Abb. 4-25). Sie ist sowohl für die Oxidation als auch für den *kovalent gebundenen Transport* des Substrates zwischen den einzelnen Reaktionszentren verantwortlich. Zu diesem Zweck ist das Liponsäuremolekül über eine Amidbindung kovalent mit dem Kernprotein (engl. core protein, E_2-Komponente) verbunden, so daß für den Dithiolanring ein flexibler Arm von etwa 1.4 nm Länge entsteht. Als Kernprotein fungiert die Dihydrolipoat-Transacylase, deren Molekulargewicht das der anderen Enzymkomponenten um das Mehrfache übersteigt.

Der *Abbau des Substrates* beginnt an der decarboxylierenden Komponente (2-Oxosäure-Decarboxylase, E_1). Dort wird es an das C_2-Atom des reversibel gebundenen Coenzyms *Thiaminpyrophosphat* (TPP) fixiert und anschließend decarboxyliert (zum Mechanismus s. Abb. 4-23). In Abhängigkeit vom Alkylrest R des Substrates entsteht als Zwischenprodukt das entsprechende *2-Hydroxyalkyl-TPP* in Form seines Carbanions (HATPP(−)). Dieses kann als Nebenprodukt nach stereoselektiver Protonierung am α-C-Atom (prochirales Zentrum) *im Medium* nachgewiesen werden [78]. Da HATPP in Abwesenheit der Cofaktoren TPP und $Mg^{2\oplus}$ mit der *gleichen* Geschwindigkeit vom Enzym um-

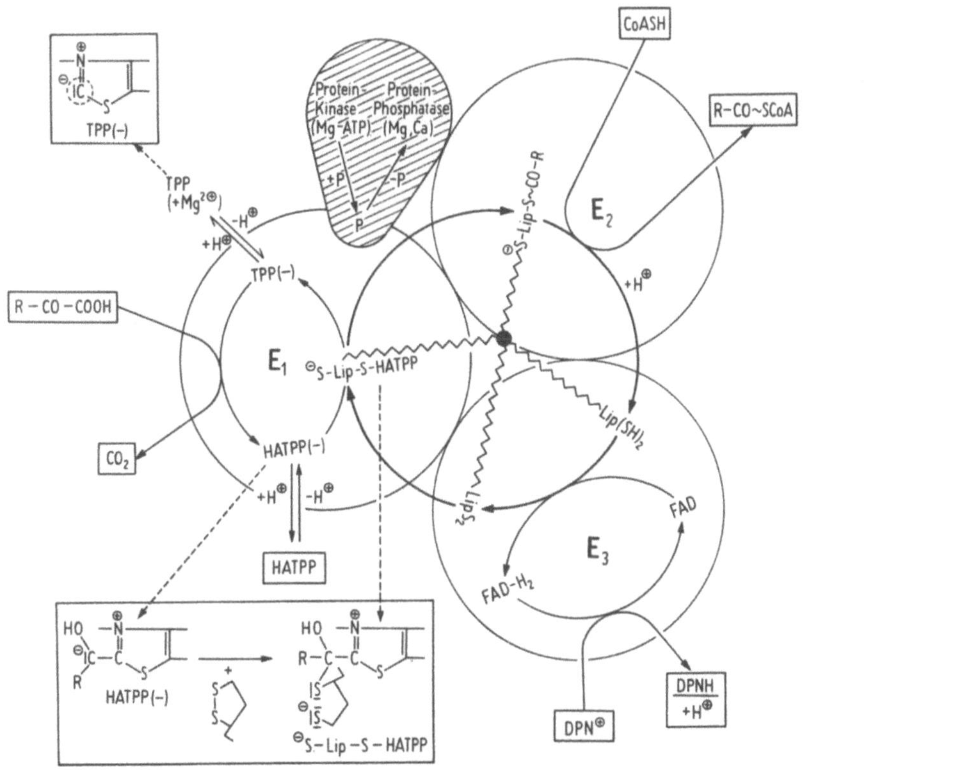

Abb. 4-41. Funktionsmechanismus von α-Ketosäure-Dehydrogenasen (schraffierter Bereich nur bei Säuger-Enzymen). Substrate und Produkte sind umrandet. TPP(−): Thiaminpyrophosphat (Ylid-Struktur); HATPP(−): Hydroxyalkyl-TPP (α-Carbanion); Lip$\cdot S_2$: Liponsäure; Lip$(SH)_2$: Dihydroliponsäure. E_1: α-KS-Decarboxylase (in der Literatur auch als α-KS-Dehydrogenase bezeichnet); E_2: Dihydrolipoat-Transacylase; E_3: Dihydrolipoat-Dehydrogenase.

Tab. 4-13. Untereinheitszusammensetzung von Pyruvat-Dehydrogenase-Komplexen (nach [77])

Enzym aus	Komponente	Mol-Gew. (kD)	UE Anz.	UE Mol.-Gew. (kD)	UE pro Komplex-molekül	Coenzym pro UE
E. coli		4600				
	E 1	192	2	96	24	1
	E 2	1700	24	65–70	24	1
	E 3	112	2	56	12	1
Rinderniere		7000*)				
	E 1	154	2(α)	41	40	2
			2(β)	36	40	–
	E 2	3100	60	52	60	?
	E 3	110	2	55	10	1
	Kinase	?	?	50	~5	1
	Phosphatase	100	1	100	~5	–

*) ohne Phosphatase, da diese bei der Präparation vom Komplex dissoziiert

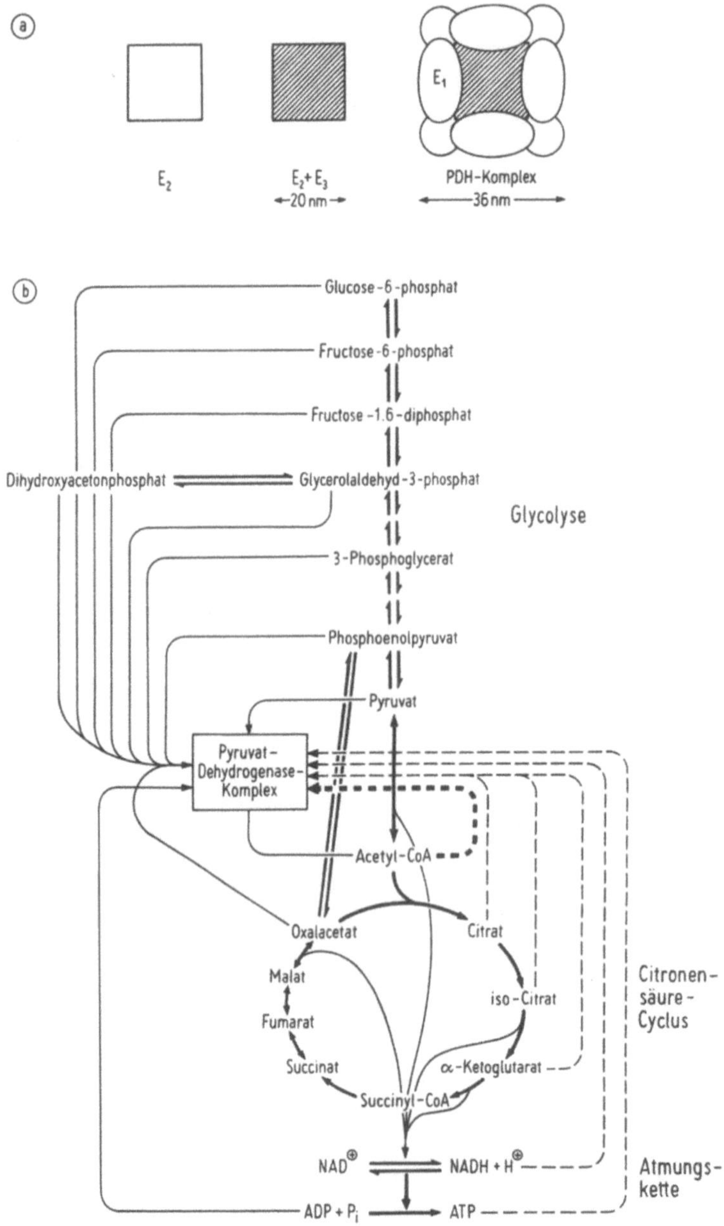

Abb. 4-42. Aufbau und Regulationsverhalten des Pyruvat-Dehydrogenase-Komplexes (E. coli). a) Mittels Scanning-Transmissions-Elektronenmikroskopie gewonnene Molekülstruktur (nach [81]). In die Flächen des E_2-Kernenzyms sind die E_3-Dimeren integriert, so daß ein kubischer Subkomplex entsteht. Die E_1-Dimeren liegen entlang der 12 Kanten. b) Regulationsverhalten des Pyruvat-Dehydrogenase-Komplexes (nach [82], ━━▶ Stoffwechselwege, ——→ Aktivierung, – – –→ Inhibierung).

gesetzt wird wie das Substrat selbst [79], steht fest, daß der Weg *bis zur kovalenten Fixierung* des Substrates an das Liponsäuremolekül über ein Intermediat (HATPP(−)) verläuft, das mit dem Medium in diffusivem Kontakt steht.

Die Reduktion des Lipoatmoleküls durch das HATPP(−)-Carbanion ist in Abbildung 4-24 beschrieben (HATPP—S—Lip—S$^{\ominus}$). Aus diesem wird durch Abspaltung von TPP(−) (Ylid-Form) nach dem bei Thiaminkatalysen üblichen Mechanismus (Abb. 4-23) das Acylderivat der Dihydroliponsäure ($^{\ominus}$S—Lip—S—CO—R) gebildet, das nun bereits die *energiereiche Thioesterbindung* des Endproduktes aufweist. Durch die Dihydrolipoyl-Transacylase wird diese Bindung auf das Coenzym A übertragen. Der dabei gebildete Dihydroliponsäurerest wird mittels eines *FAD-Enzyms*, der Dihydrolypoat-Dehydrogenase (E_3) zur energiereichen cyclischen Dithiolanringstruktur reoxidiert.

Am Beispiel der am besten studierten Pyruvat-Dehydrogenase-Komplexe verschiedener Organismen seien noch einige weitere Ergebnisse zur Struktur und zum Regulationsverhalten erläutert.

Während die Decarboxylase-Komponente bei E. coli aus einheitlichen Untereinheiten aufgebaut ist, besitzt die aus Säugern (u. a.) isolierte Komponente $\alpha_2\beta_2$-Struktur (Tab. 4-13). Mit dieser unterschiedlichen Struktur der Untereinheiten bzw. aktiven Zentren sind spezielle Eigenschaften der Säugerkomplexe, besonders deren Regulierbarkeit durch Phosphorylierung (PDH-Kinase→Inaktivierung) bzw. Dephosphorylierung (PDH-Phosphatase→Reaktivierung), verbunden (Abb. 4-41, Tab. 3-13). Diese Phosphorylierung erfolgt an speziellen Serinresten der α-Ketten, wobei bereits die Einführung *eines* Phosphatrestes zur weitgehenden Inaktivierung des gesamten Komplexes führt [80].

Genauere Vorstellungen zur räumlichen Anordnung der Enzymkomponenten konnten am E. coli-Komplex gewonnen werden, der einen Moleküldurchmesser von 36 nm aufweist und daher bei der elektronenmikroskopischen Abbildung Strukturdetails erkennen läßt. Die größte Enzymkomponente (Dihydrolipoat-Transacetylase (E_2), Kernprotein) besteht aus 24 Ketten vom MG 65 kD, die in oktaedrischer Symmetrie angeordnet sind. Sie enthält insgesamt 24 kovalent gebundene Liponsäuremoleküle. Die beiden kleineren Enzymkomponenten E_1 (MG 96 kD, α_2) und E_3 (MG 56 kD, α) binden unabhängig an das Kernprotein. Sie können von diesem abgespalten und reassoziiert werden. Ihre räumliche Anordnung im Komplex zeigt Abbildung 4-42a [81].

Die Pyruvat-Dehydrogenase nimmt eine *zentrale Stellung im Stoffwechsel* ein. Daher ist ihre Aktivität einer vielseitigen Kontrolle vor allem durch solche Metabolite unterworfen, die den *Energiestatus* der Zelle beeinflussen. Die Produkte der Pyruvatoxidation, Acetyl-CoA, ATP und NADH, inhibieren die Komplexreaktion, während vor dem Enzymkomplex entstehende Glykolysemetabolite sowie CoA und NAD$^{\oplus}$ aktivieren. Angriffspunkt der Effektoren ist die E_1-Komponente, welche die Geschwindigkeit der Gesamtreaktion limitiert.

4.4.3.3. Multienzymkomplexe mit diffusiven Substrattransfer (Tryptophan-Synthase)

Tryptophan-Synthase gehört zu den am besten studierten Multienzymkomplexen mit diffusivem Substrattransfermechanismus. Sie katalysiert die über 2 Schritte verlaufende Tryptophansynthese aus Indolyl-glycerolphosphat und L-Serin (Abb. 4-43). Der am ausführlichsten beschriebene, aus E. coli isolierte Komplex vom $\alpha_2\beta_2$-Typ besteht aus 2 leicht abdissoziierenden α-Untereinheiten (MG 29 kD) sowie aus der nur bei Verwendung von 4 M Harnstoff reversibel dissoziierenden β_2-Einheit (2 × 45 kD). Der pyridoxalphosphathaltige Enzymkomplex katalysiert auch die Umwandlung von Indol und Serin zu Tryptophan (Abb. 4-43, Gl. 2). Zwischenprodukte der Gesamtreaktionen können also, da der kovalente Substrattransport fehlt, in die Reaktionskette eingeschleust werden.

Die isolierten α und β_2-Untereinheiten katalysieren die entsprechenden Teilreaktionen ebenfalls, allerdings mit einer im Vergleich zum Komplex erheblich verminderten Ge-

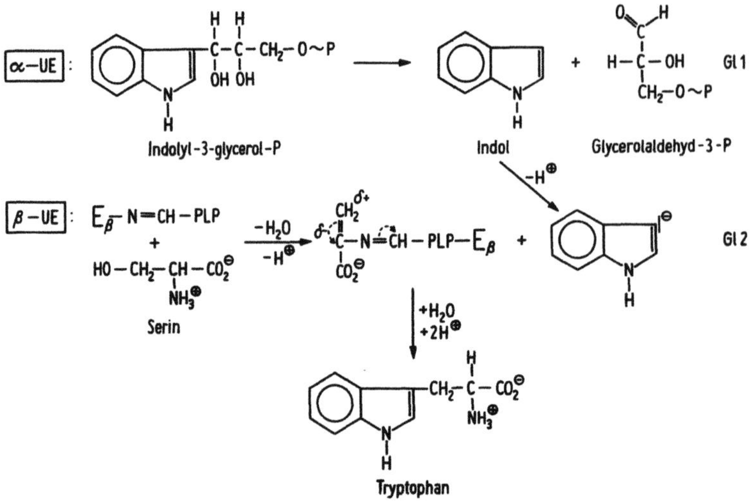

Abb. 4-43. Tryptophan-Synthase als Beispiel eines Multienzymkomplexes mit diffusivem Substrattransfer zwischen den α- und β-UE. (PLP: Pyridoxalphosphat). Zum Mechanismus von Gleichung 2 s. auch Abbildung 4-18.

schwindigkeit. Bei der Komplexreaktion kann das intermediär gebildete Indol nicht im Medium nachgewiesen werden. Es diffundiert also innerhalb des Komplexes von einem aktiven Zentrum zum anderen (engl. *channeling*). Daß dieser erleichterte Übergang des Substrates jedoch nicht allein für die Erhöhung der Gesamtaktivität verantwortlich ist, ließ sich durch Vergleich des Verhaltens der isolierten und assoziierten Untereinheiten nachweisen. So bewirkt der Einbau von aus Mutanten isolierten, inaktiven α-Untereinheiten in den Komplex, daß die Aktivität der β_2-Untereinheit gegenüber Reaktion 2 (Abb. 4-43) auf den gleichen Betrag ansteigt, der auch im intakten Komplex gefunden wird [82]. Der β_2-Subkomplex enthält 2 Moleküle Pyridoxalphosphat, die über Aldiminbindungen an das Protein fixiert sind. Reduktion mittels Natriumborhydrid führt daher zur Blokkierung der Teilreaktion 2, da eine Anlagerung des Serinmoleküls an das PLP gemäß Abbildung 4-19 nicht mehr möglich ist. Trotz der Blockierung der katalytischen Funktion der β_2-Einheit bleibt aber der aktivierende Effekt auf die Teilreaktion der α-Untereinheit erhalten [83]. Aus beiden Versuchen geht hervor, daß die *Wechselwirkung der Untereinheiten* im Multienzymkomplex strukturelle Änderungen induziert, die eine Aktivitätssteigerung des Gesamtsystems bewirken.

4.4.3.4. Multienzymkonjugate (Multienzymcluster)

Gegenwärtig mehren sich Befunde, daß Enzyme, die aufeinanderfolgende Reaktionsschritte in Metabolitketten katalysieren, bisweilen eine erhöhte und spezifische Affinität zueinander aufweisen. Solche mehr oder weniger stabil assoziierten Konjugate konnten chromatographisch, kinetisch und optisch (z. B. fluoreszenzspektrometrisch), teilweise sogar in stöchiometrisch definierten Verhältnissen, nachgewiesen werden [84]. So wird z. B. beschrieben, daß der K_m-Wert von Glycerolaldehyd-3-phosphat-Dehydrogenase (GAPDH) beträchtlich niedriger ist, wenn die Untersuchungen in Gegenwart von Aldolase durchgeführt werden. In der Tat haben Messungen der Fluoreszenzpolarisation von fluoreszeinmarkierter Aldolase eine spezifische Wechselwirkung mit GAPDH angezeigt, die z. B. bei Zugabe von Aspartat-Aminotransferase (ebenfalls im Cytosol enthalten, aber kein Glykolyse-Enzym) nicht auftritt. Für das reversibel dissoziierende Konjugat ($K_D = 3 \cdot 10^{-7}$ mol l^{-1}) wurde eine stöchiometrische Zusammensetzung von *zwei Molekülen Aldolase auf ein Molekül GAPDH* ermittelt [85].

4.4.3.5. Polyfunktionelle Untereinheiten

Das Auftreten polyfunktioneller Untereinheiten läßt sich aus der Existenz von *Domänen* mit ihrem autarken Struktur- und Funktionsverhalten verstehen. Die stabile Infrastruktur der Domänenbereiche (s. 3.4.4.) ermöglicht die Kombination mehrerer unterschiedlicher Katalysemechanismen innerhalb der gleichen Proteinsequenz, wobei meist zwei oder mehrere Funktionen der *gleichen Stoffwechselkette*, häufig von aufeinanderfolgenden Reaktionsschritten wahrgenommen werden. Für die Entstehung derartiger multifunktioneller Strukturen werden sowohl die Entstehung neuer funktioneller Aktivitäten auf ursprünglich monofunktionellen Strukturen, als auch Genfusionen diskutiert [86].

Zur eindeutigen Charakterisierung multifunktioneller Untereinheiten ist das Vorliegen einer einzelnen Polypeptidkette mit unterschiedlichen aktiven Zentren nachzuweisen. Bei den erforderlichen Reinigungsschritten muß daher das Verhältnis der katalytischen Aktivitäten mit zunehmender Homogenität der Proteinfraktion konstant bleiben. Durch spezifische Modifizierung der verschiedenen aktiven Zentren ist ferner eine mechanistische und kinetische Differenzierung erforderlich. Ein gut untersuchtes Beispiel für zwei auf einer Untereinheit (MG 86 kD) vereinigte Katalyseaktivitäten ist der Aspartat-Kinase–Homoserin-Dehydrogenase-Komplex. Das Enzym (α_4, 344 kD) ist u. a. an der Synthese der Aminosäuren Lys, Met, Thr und Ile beteiligt und katalysiert die *Reaktionen 1 und 3* der folgenden Sequenz:

1. Aspartat-Kinase:

$$\mathrm{HO_2C{-}CH_2{-}CH(NH_2){-}CO_2H + ATP \xrightleftharpoons{Mg^{2\oplus}} P \sim O_2C{-}CH_2{-}CH(NH_2){-}CO_2H + ADP}$$

2. Aspartatsemialdehyd-Dehydrogenase:

$$\mathrm{P \sim O_2C{-}CH_2{-}CH(NH_2){-}CO_2H + NADPH + H^{\oplus} \rightleftharpoons OHC{-}CH_2{-}CH(NH_2){-}CO_2H + P_i + NADP^{\oplus}}$$

3. Homoserin-Dehydrogenase:

$$\mathrm{OHC{-}CH_2{-}CH(NH_2){-}CO_2H + NADPH + H^{\oplus} \rightleftharpoons HOCH_2{-}CH_2{-}CH(NH_2){-}CO_2H + NADP^{\oplus}}$$

Die Homogenität der Untereinheiten wurde durch Aminosäureanalyse, Elektrophorese, proteolytisches Abbaumuster u. a. gesichert. Es gelang ferner, beide Aktivitäten selektiv zu inhibieren und kinetisch zu charakterisieren [87].

Weitere Beispiele für polyfunktionelle Untereinheiten wurden bereits bei der Fettsäure-Synthetase (s. 4.4.3.2.1.) und Gramicidin-S-Synthetase (s. 4.4.3.2.2.) beschrieben.

4.5. Funktionsmechanismen ausgewählter Hydrolasen

Hydrolasen zeigen bei aller Differenziertheit der umgesetzten Substratstrukturen (Proteine, Kohlendydrate, Ester von Carbonsäuren und Phosphorsäuren) auch allgemeingültige Funktionsprinzipien, die eine gesonderte Behandlung rechtfertigen. Auch ist der Kenntnisstand zum Ablauf der Katalysereaktionen durch das Zusammenwirken der vielseitigen Informationen aus den verschiedenen Enzymvarianten besonders weit fortgeschritten. Schließlich ist beabsichtigt, mit den behandelten Beispielen noch einige Katalysemechanismen von *coenzymfreien* Enzymen (wenn man von den als Cosubstrat fungierenden Nucleotidphosphaten absieht) vorzustellen.

4.5.1. Enzyme der Peptidspaltung

4.5.1.1. Klassifizierung

Die Peptidbindung ist gemeinsamer Wirkungsbereich aller proteolytischen Enzyme. Die ungewöhnliche Vielfalt der Proteasen resultiert somit ausschließlich aus der Differenzierung des Angriffsortes am Substratmolekül und aus den physiologischen Gegebenheiten ihres speziellen Wirkungsfeldes in vivo. Als *Proteasen* werden Enzyme bezeichnet, welche die Peptidbindung hydrolysieren. Bilden kleinere Ketten (bis etwa 50 Aminosäuren) das vorwiegende Substrat, so spricht man von *Peptidasen*, proteinabbauende Enzyme werden als *Proteinasen* bezeichnet. Als ein weiteres, generell verwendetes Einteilungsprinzip hat sich bei allen oligomerspaltenden Enzymen die Unterscheidung von Exo- und Endo-Enzymen bewährt. Erstere bewirken die Spaltung der endständigen, letztere der mittelständigen Bindungen des Oligomermoleküls. Im Falle der Proteasen gilt somit folgende Einteilung:

Exopeptidasen oder Exoproteinasen
Da jede Peptidkette eine entständige Amino- und Carboxylgruppe aufweist, unterscheidet man innerhalb der Exopeptidasen zwischen *Aminopeptidasen* (vom Amino- oder N-terminalen Ende her spaltend) und *Carboxypeptidasen* (vom Carboxyl- oder C-terminalen Ende her spaltend). Eine weitere Besonderheit innerhalb der Exopeptidasen sind die *Dipeptidyl-Peptidasen*, die auf Grund eines spezifischen Selektions- und Spaltmechanismus jeweils 2 Aminosäuren als Dipeptide vom Ende her abspalten. Auch hier gibt es Dipeptidyl-Aminopeptidasen und Dipeptidyl-Carboxypeptidasen.

Die biochemische Bedeutung der Exopeptidasen beruht vor allem in der schnellen Hydrolyse kleinerer Peptidmoleküle zur Wiedereingliederung der freigesetzten Aminosäuren in den Stoffwechsel.

Endopeptidasen und Endoproteinasen
Hierzu gehören alle Proteasen, die im Inneren der Proteinsequenz die Hydrolyse von Peptidbindungen katalysieren. Die physiologische Bedeutung dieser Enzyme liegt einerseits in der Spaltung größerer Proteinmoleküle als Vorstufe für den Abbau durch Exopeptidasen. Andererseits gibt es zahlreiche *spezifische Spaltprozesse*, durch die unter Herauslösung von Peptidsequenzen aus einer längeren Kette erst die eigentlichen physiologisch aktiven Peptide oder Proteine entstehen. Ein bekanntes Beispiel sind die Verdauungsproteinasen, die zum Schutze der sie synthetisierenden Gewebe zunächst als katalytisch inaktive *Zymogene* (Pepsinogen, Trypsinogen, Chymotrypsinogen) entstehen.

Im Falle des *Chymotrypsins* wird angenommen, daß es im wesentlichen die bei der Abspaltung des ersten Peptids entstehende Ammoniumgruppe des Ile_{16} (N-terminales Ende der B-Kette) ist, die eine Salzbrücke zu den im aktiven Zentrum unmittelbar neben dem essentiellen Ser_{195} liegenden Asp_{194} aufbaut. Damit wird das für die Funktion verantwortliche Bindungszentrum für das Substratmolekül zugänglich und der Katalysemechanismus ermöglicht (Abb. 4-44 [88]).

4.5.1.2. Funktionsmechanismus von Proteasen

Die Hydrolyse der Amidbindung gehört mit $\Delta G°$-Werten um -10 bis -30 kJ mol^{-1} (pH 7) zu den schwach exergonen Reaktionen. Unabhängig vom Angriffsort auf der Peptidkette

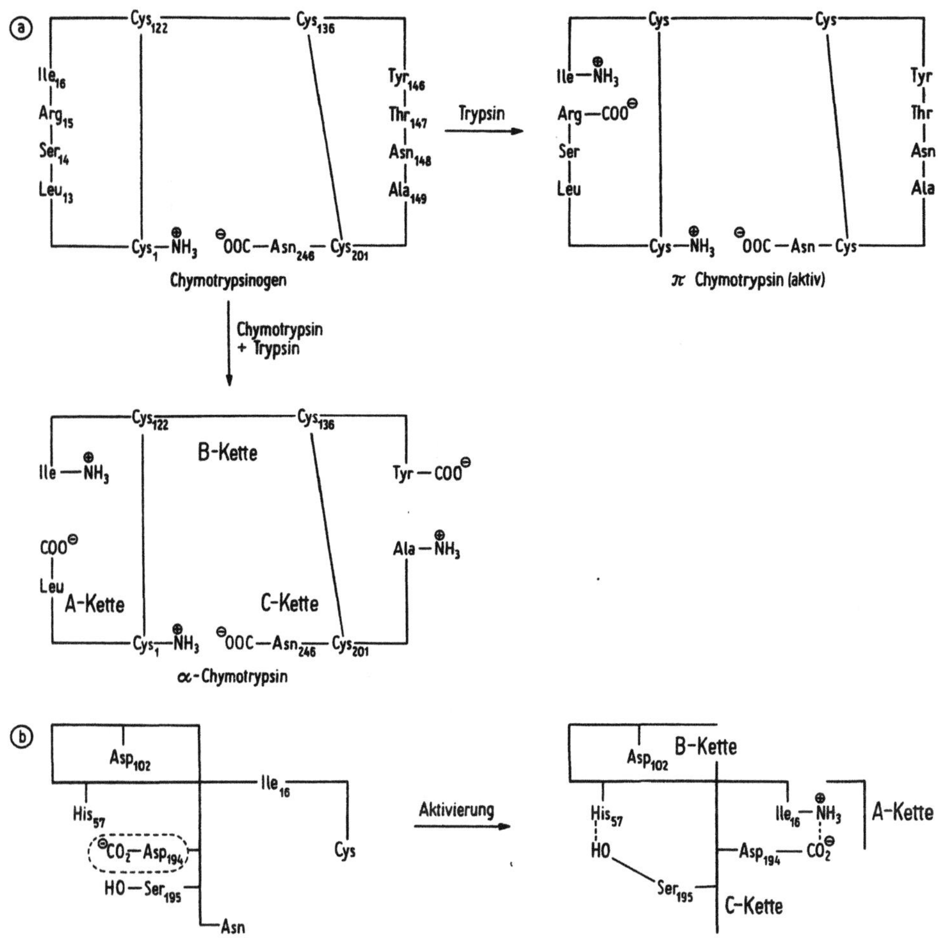

Abb. 4-44. Chymotrypsinogen-Aktivierung.
a) Aktivierung durch spezifische Proteolyse (Trypsin). b) Mechanismus der Aktivierung nach [88]. Bei der Spaltung in die drei Ketten A, B und C wird durch die neu entstehende Salzbrücke zwischen Ile_{16}-$NH_3^{\oplus}$ und Asp_{194}-$CO_2^{\oplus}$ die Asp_{194}-Seitenkette vom Ser_{195}-His_{57}-Bereich abgezogen und damit die Wechselwirkung von Substraten mit dem aktiven Zentrum ermöglicht.

sind es im wesentlichen 2 Funktionsmechanismen, welche die Spaltung der Amidbindung bewirken:

1. Nucleophiler Angriff eines Alkoholat-, Mercaptid- oder carboxylaktivierten Hydroxidions am positivierten C-Atom der Amidbindung. Zur Differenzierung dieser Mechanismen spricht man von Serin-, Cystein- oder Carboxylatproteasen (sauren Proteasen).
2. Elektrophiler Angriff eines Metallions als Lewis-Säure am Carbonylsauerstoff (Metalloproteasen).

Die charakteristischen, am Funktionsmechanismus beteiligten Seitenketten im aktiven Zentrum der Proteasen sowie wichtige Vertreter dieser Enzymklasse sind in Tabelle 4-14 zusammengestellt.

Tab. 4-14. Ausgewählte proteolytische Enzyme und charakteristische Aminosäuren im aktiven Zentrum

Enzymspezies	Repräsentative Beispiele	Typische Seitenketten im aktiven Zentrum
Serin-Proteasen I	**Chymotrypsin** Trypsin Elastase Kallikrein (Pankreas)	Ser_{195}, His_{57}, Asp_{102}
Serin-Proteasen II	Subtilisin	Ser_{221}, His_{64}, Asp_{32}
Cystein-Proteasen	**Papain** Actinidin Cathepsin B und H (Rattenleber)	Cys_{25}, His_{159}, (Asn_{175})
Carboxy-Proteasen	**Penizillopepsin** Pepsin Renin	Asp_{33}, Asp_{215}
Metalloproteasen I	**Carboxypeptidase A und B** (Rind)	$Zn^{2\oplus}$, Glu_{270}, Tyr_{248}
Metalloproteasen II	**Thermolysin**	$Zn^{2\oplus}$, Glu_{143}, His_{231}

4.5.1.2.1. Serinproteasen

Die Gruppe der Serinproteasen, zu der neben den Verdauungsenzymen *Trypsin, Chymotrypsin* und *Elastase* auch die bakteriellen *Subtilisine* und zahlreiche andere Proteinasen und Peptidasen gehören, steht wie kaum eine andere Enzymklasse seit vielen Jahren im Mittelpunkt der mechanistischen Enzymforschung. Ein relativ niedriges Molekulargewicht um 20 bis 30 kD sowie ausgezeichnete Kristallisationseigenschaften haben bewirkt, daß von mehreren Vertretern dieser Enzymspezies Röntgenstrukturaufnahmen in hoher Auflösung für vergleichende Untersuchungen bereitstehen. Daher sind sowohl die Feinstruktur der räumlich und funktionell analogen aktiven Zentren als auch die an der Wechselwirkung mit substratanalogen Inhibitoren beteiligten Gruppen um das aktive Zentrum weitgehend gesichert.

Exakte Sequenzvergleiche, wobei (wie auch bei anderen Enzymspezies) eine *einheitliche Numerierung* der in den verschiedenen Enzymvarianten analogen Primärstrukturanteile [89] entscheidende Beiträge geliefert hat, haben ergeben, daß sich im Laufe der Evolution 2 unterschiedliche Typen von Serinproteasen entwickelt haben, die durch die Chymotrypsin- und Subtilisinstrukturen repräsentiert werden. Trotz ihrer differenten Primärstrukturen besitzen beide Typen sowohl in der sog. *„katalytischen Triade"* (Asp_{102}-His_{57}-Ser_{195}) als auch in einem durch die NH-Gruppen von Ser_{195} und Gly_{193} gebildeten *„Oxyanion-Bindungszentrum"* (Numerierung nach der Chymotrypsin-Struktur) gemeinsame Funktionselemente, deren geometrische Anordnung im aktiven Zentrum praktisch identisch ist (Abb. 4-45). Bei allen mechanistischen Interpretationsversuchen muß man somit davon ausgehen, daß diese Strukturen *optimierte Funktionselemente* der Serinproteasen darstellen, die in ihrer Wirksamkeit so erhebliche Vorteile gebracht haben, daß sie bei späteren Veränderungen der Moleküle erhalten geblieben sind. Auch das durch die benachbarten Seitenketten erzeugte Mikromilieu weist eine hohe Konstanz auf (s. Tab. 3-9).

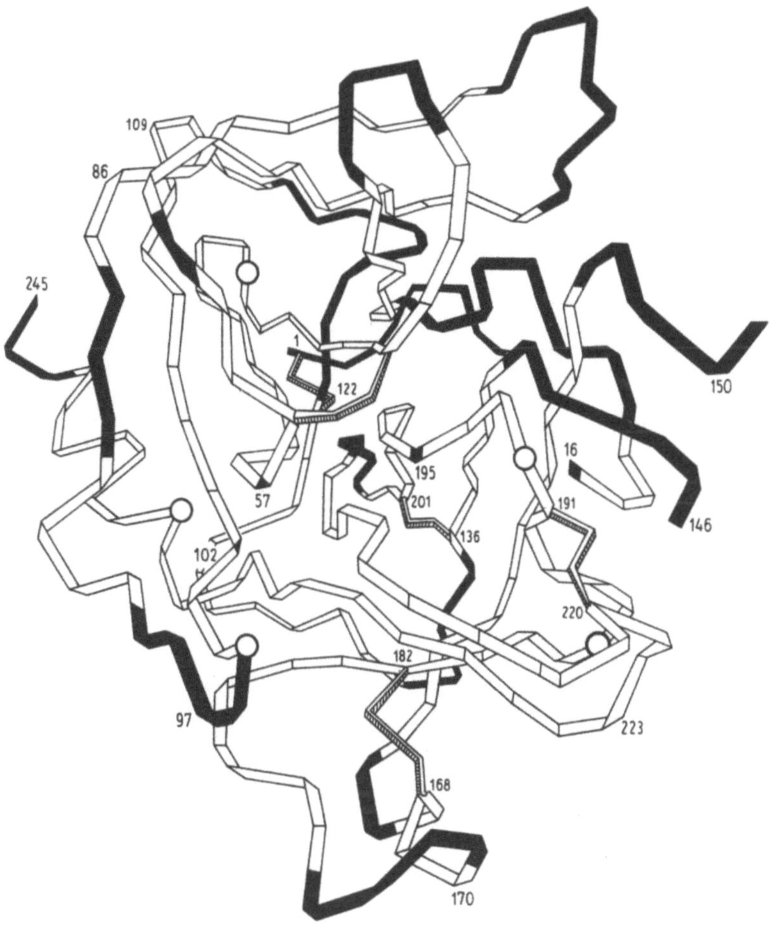

Abb. 4-45.
Raumstrukturen von Serinproteasen unterschiedlicher Evolutionsmechanismen (Chymotrypsin und Protease B).
Beide Ketten, die nur in 12% ihrer Positionen identische Aminosäuren aufweisen, zeigen im Inneren des Proteins und im Funktionsbereich (z. B. sterische Anordnung der Reste 57, 102, 193, 195) identische Raumstruktur. Die schwarzen Sequenzen fehlen in Protease B, Kreise markieren Einfügungen, die Disulfidbrücken sind schraffiert nach [3-30]). Chymotrypsin-Nummerierung nach [89].

Das allgemeine Verständnis für den Katalysemechanismus der Serinproteasen hat in dem Maße Präzisierungen erfahren, wie neue Methoden, insbesondere ^{1}H-, ^{13}C- und ^{15}N-NMR-Studien [90], Untersuchungen zum kinetischen Isotopieeffekt spezifisch markierter Substrate [91], zum elektrostatischen Potential im unmittelbaren Funktionsbereich [92] und Molekülorbitalstudien [93] in die Forschung einbezogen wurden.

Neben Peptidbindungen katalysieren Serinproteasen auch die *hydrolytische Spaltung von Esterbindungen.* Besonders letztere Reaktion, die ohne physiologische Bedeutung sein dürfte, wird aus meßtechnischen Gründen gern zur Bestimmung der Konzentration von Serinproteasen herangezogen (z. B. 4-Nitrophenylacetat für Chymotrypsin).

Serinproteasen sind durch einen *hochreaktiven Serinrest* im aktiven Zentrum gekennzeichnet, der mit entsprechenden gruppenspezifischen Reagenzien (z. B. Diisopropylflu-

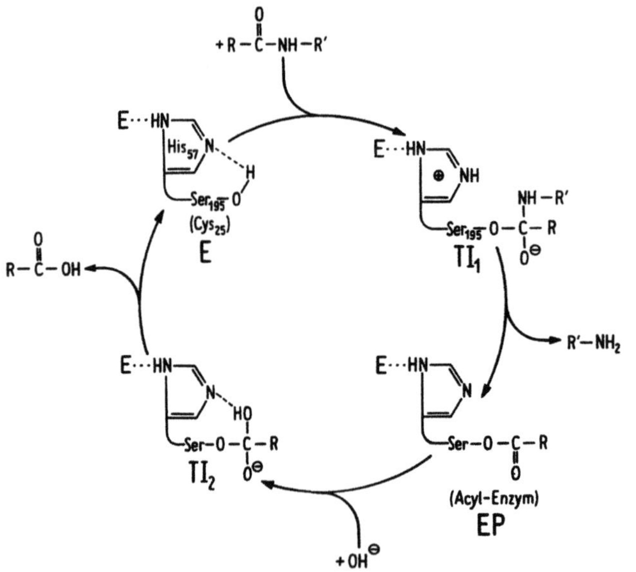

Abb. 4-46. Funktionsmechanismus von Serin- und Cysteinproteasen. TI_1 und TI_2 sind Intermediate mit tetraedrischem Amid-C-Atom. Es ist das Acyl-Enzym, dessen Bildung bei Serinproteasen normalerweise (Amidsubstrate) geschwindigkeitsbestimmend ist. Bei Cysteinproteasen ist dagegen die Deacylierung für die Gesamtgeschwindigkeit des Enzyms verantwortlich.

orphosphat, s. 3.3.3.1.) quantitativ unter Inaktivierung des Enzyms reagiert. Die Katalysereaktion verläuft generell über 2 kurzlebige [94], *tetraedrische Addukte* des Substrat-Carbonyl-C-Atoms an die (durch H-Brückenbindung zum His_{57} aktivierte) Hydroxylgruppe von Ser_{195} (TI_1 und TI_2, Abb. 4-46). Die Orbital-Geometrie der beiden tetraedrischen Addukte wird entscheidend von der räumlichen und chemischen Struktur des aktiven Zentrums geprägt. Besonders die Geometrie der freien Elektronenpaare an den elektronegativen Atomen (N, O) der tetraedrischen Intermediate steuert über *stereoelektronische Kontrollmechanismen* (s. 1.4.2.) die Bildungs- und Zerfallsreaktionen im Kataly-

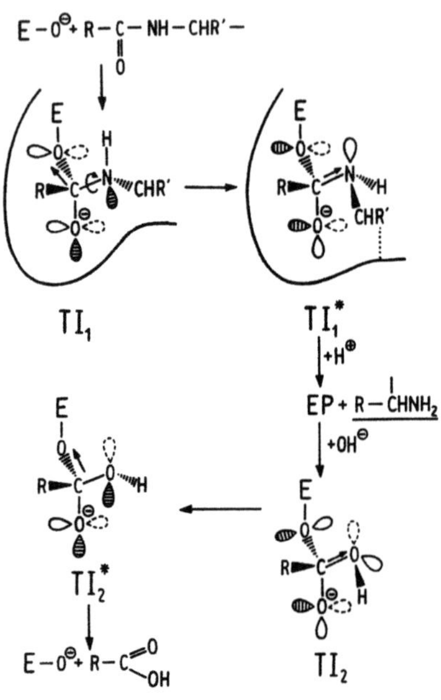

Abb. 4-47. Stereoelektronischer Kontrollmechanismus bei Proteasen und Bedeutung der P_2-S_2-Wechselwirkung (R′) für den Katalysemechanismus (nach [95]). Eine Spaltung der C—N-Bindung ($TI_1^* \rightarrow$ EP) bzw. C—O-Bindung (Deacylierung $TI_2 \rightarrow TI_2^*$) wird nur bei app-Orientierung der beiden (schraffiert gezeichneten) freien Elektronenpaare an den nachbarständigen O-Atomen begünstigt.

seprozeß. In Abbildung 4-47 ist dargelegt, daß der nach Anlagerung des Peptidsubstrates an das Protein entstehende TI_1-Zustand nur dann unter Spaltung der C—N-Bindung in das Acyl-Enzym EP übergehen kann, wenn jeweils 1 Elektronenpaar der beiden an TI_1 beteiligten O-Atome antiperiplanar (app, schraffiert gezeichnet) zur C—N-Bindung orientiert ist (TI_1^*).

Eingehende Untersuchungen (vor allem an Carboxypeptidase A [95]) haben gezeigt, daß dieser Schritt eine Rotation des Restes CHR'- erforderlich macht, die durch Sekundärbindungen (s. 4.5.1.3.) unterstützt wird. Dieser Rotationsschritt verhindert die Rückreaktion in den Reaktanden-(Ausgangs-)Status und begünstigt die produktive C—N-Spaltung. Die Energiebarriere für den Rotationsschritt ($TI_1 \rightarrow TI_1^*$) ist bei Amidsubstraten wegen deren größerer Resonanzstabilisierung höher als bei Estersubstraten. Daher ist bei Amidsubstraten der *Acylierungsschritt* (C—N-Spaltung) *geschwindigkeitsbestimmend*, während bei Substraten mit aktivierter Abgangsgruppe $R^*—NH_2$, R—OH (p-Nitranilin, Alkohol) die Deacylierung die Gesamtgeschwindigkeit bestimmt. Gleiche Kontrollmechanismen begünstigen in umgekehrter Richtung auch die Abspaltung des Acylrestes aus TI_2 ($TI_2 \rightarrow TI_2^*$, Abb. 4-47). Das Acylenzym EP (Abb. 4-46) läßt sich bei Serinproteasen als *Zwischenprodukt* analytisch und kinetisch nachweisen.

Die Funktion der *Triade als „Ladungsrelais"* läßt sich aus allgemeinen chemischen Funktionsprinzipien ableiten. So ist bekannt, daß vor allem solche Strukturen zur Erniedrigung der Energie des Übergangszustandes beitragen, die mit Hilfe von leicht *delokalisierbaren Elektronensystemen* die „Verschmierung" von intermediär auftretenden Punktladungen, wie sie z. B. bei der Bildung des TI_1-Zustandes durch Protonierung des Imidazolringes entstehen, über größere Molekülbereiche ermöglichen. Auf diese Weise tragen die über ausgedehnte H-Brückenbereiche gebildeten Struktursysteme von Proteinen, wie sie z. B. in Abbildung 4-48a für die katalytische Triade dargestellt sind, zur Delo-

ⓐ
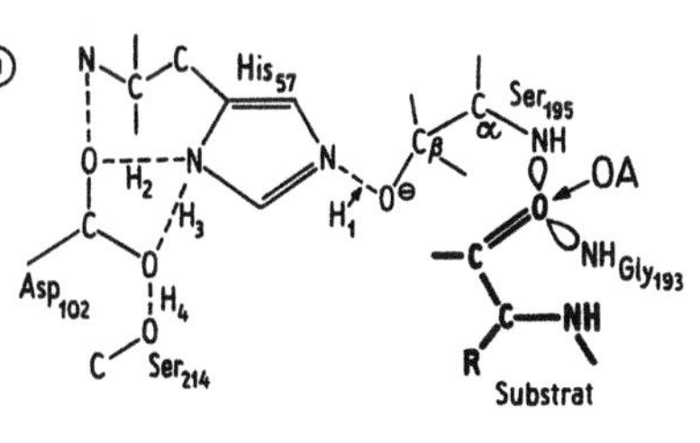

	a	b	c	d
H_1	2.82	2.74	3.03	3.02
H_2	2.61	2.64	2.58	2.71
H_3	2.76	2.91	2.76	2.97
H_4	2.78	2.76	2.96	2.95

ⓑ ⓒ
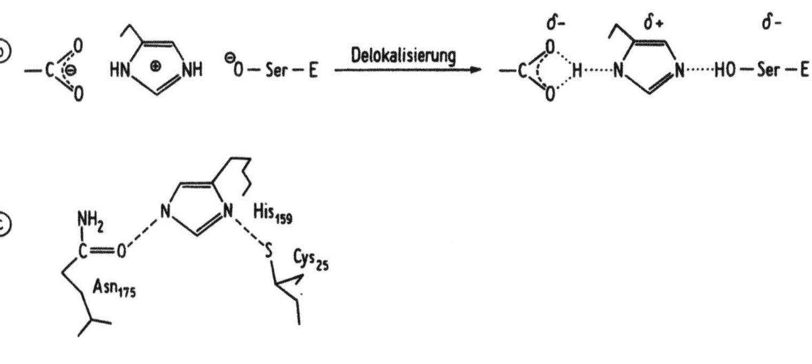

Abb. 4-48. Katalytische Triade bei Serinproteasen.
a) H-Brückenstruktur und „Oxyanion-Bindungszentrum" OA. (Tabelle: H_1-H_4 sind die entsprechenden H-Brückenabstände für die beiden im α-Chymotrypsin-Kristall vorkommenden Strukturformen (a, b bei pH 4,2) sowie für Trypsin (c bei pH 5.0) und Kallikrein (d bei pH 8.0) nach [96]. b) Funktion der Triade als Ladungsrelais. c) H-Brückenstruktur im aktiven Zentrum von Cysteinproteasen (nach [98]).

kalisierung von Ladungsschwerpunkten bei. Die in Abbildung 4-48b dargestellte ⊕⊖⊕ Ladungsstruktur delokalisiert zum $\delta_\ominus \cdots \delta_\oplus \cdots \delta_\ominus$-System, dessen Energiebilanz im Katalyseprozeß günstiger ausfällt.

Neben der Triade stellt das in Abbildung 4-48a dargestellte *„Oxyanion-Bindungszentrum"* (OA), das die exakte Fixierung der in den tetraedrischen Addukten auftretenden Sauerstoff-Elektronen über H-Brücken bewirkt, ein zweites wichtiges Funktionselement zur Begünstigung der Peptidspaltungsreaktion dar. Seine Bedeutung geht z. B. aus der Inaktivität von Serinproteasen gegenüber Thiono-Substraten (Austausch der Peptid—C=O-Gruppe durch C=S) hervor, denn Schwefel ist ein extrem schwacher H-Brücken-Bildner [96].

4.5.1.2.2. Cysteinproteasen

Die Cysteinproteasen enthalten im aktiven Zentrum eine „superreaktive" Cys-Seitenkette. Umsetzung mit typischen Cys-Reagenzien wie p-Chlormercuribenzoat oder Iodacetamid führt bei im Vergleich zu freiem Cys wesentlich erhöhter Umsetzungsgeschwindigkeit zu vollständiger Inaktivierung des Enzyms. Die bekanntesten und am besten studierten Vertreter *Papain* (Melonen), *Ficin* (Feigenblätter), *Bromelain* (Ananas) werden aus Pflanzen isoliert. Aber auch in den Geweben von Säugern *(Cathepsine)* und unter den extrazellulären *Bakterienenzymen* (Clostripain, Streptococcenproteinase) finden sich Cysteinproteasen.

Von erheblicher praktischer Bedeutung ist vor allem das Papain auf Grund seiner niedrigen Substratspezifität. Das einkettige, aus 212 Aminosäuren bestehende Protein enthält neben drei Disulfidbrücken eine einzige, zwischen zwei Domänen lokalisierte freie SH-Gruppe. Es wurde bereits 1954 in kristalliner Form isoliert [97]. In Pflanzengewebe entsteht es als inaktive Form (Pro-Papain), die vermutlich durch einen intramolekularen Thiol-Disulfid-Austausch aktiviert wird.

Aus der Röntgenstrukturanalyse geht hervor, daß sich die aktive Cys_{25}-Gruppe von Papain ähnlich den Serinproteasen in unmittelbarer Nähe zu einer His-Seitenkette befindet. Auch durch Simultanmodifizierung von Cys und His mittels Dibromaceton als bifunktionelles Reagenz konnte das *His-Cys-System* als räumlich benachbartes Funktionselement der Cys-Proteasen nachgewiesen werden [3-22]. Ein im Abstand einer H-Brücke zur His-Seitenkette angeordneter Asparaginrest läßt erkennen, daß auch im Falle der Cysteinproteasen ein der „katalytischen Triade" verwandtes H-Brückensystem optimiert worden ist (Abb. 4-48c).

Die wichtigsten Befunde zum *Funktionsmechanismus* wurden ebenfalls vorwiegend an *Papain* erhalten. Die Katalyse verläuft in Analogie zu den Serinproteasen über ein *Acylenzym-Intermediat* (EP), dessen Spaltung unter Freisetzung der Acylkomponente geschwindigkeitsbestimmend ist. Dafür spricht z. B., daß die Struktur der als erstes Produkt abspaltenden Aminkomponente $R'—NH_2$ (Abb. 4-46) keinen Einfluß auf die katalytischen Konstanten der Gesamtreaktion ausübt. Der Reaktionsablauf folgt somit im Prinzip dem in Abbildung 4-46 dargestellten Reaktionsschema. Bezüglich der Beteiligung der Proteinkomponente ist er weniger kompliziert als bei den Serinproteasen. Der Übergangszustand ist durch größere Beweglichkeit der beteiligten Gruppen charakterisiert, das für Serinproteasen typische Oxyanion-Bindungszentrum fehlt [98]. Erster Schritt der Katalysereaktion ist wie bei Serinproteasen der Angriff eines durch die Wechselwirkung mit dem benachbarten His gebildeten Cys—$S^\ominus$-Anions am Carbonyl-C-Atom des Substrates.

4.5.1.2.3. Carboxylproteasen (saure Proteasen, Aspartylproteasen)

Ein weiteres Funktionsprinzip proteolytischer Enzyme beruht auf der relativ geringen nucleophilen Kraft der *Carboxylatgruppe* von Asp-Resten. Unterstützt durch spezifische

Wechselwirkungen im aktiven Zentrum entfalten die Carboxylproteasen ihre Wirkung – wie das Beispiel der *Pepsingruppe* zeigt – vorwiegend unter relativ sauren Milieubedingungen. Zur Gruppe der Carboxylproteasen gehört außer der bei Tieren und Mikroorganismen (Penizillo-Pepsin) relativ verbreiteten Gruppe der Pepsine auch das *Chymosin*. Alle Enzyme dieses Typs zeichnen sich durch zwei räumlich benachbarte Asp-Reste aus (Asp_{32} und Asp_{215}, Bezugssystem für die Numerierung ist das Pepsin aus Schweinemagen), die sich mit pK_a-Werten von <2 und >4 funktionell deutlich differenzieren lassen [99].

Von den Serin- und Cysteinproteasen unterscheiden sich die Carboxylproteasen u. a. dadurch, daß ein Acylenzym als Intermediat nicht gebildet wird. Vielmehr wirkt bei dieser Enzymklasse das aktive Zentrum als *allgemeiner Basekatalysator,* indem die Deprotonierung eines Wassermoleküls gemäß Gleichung 4-19 begünstigt wird.

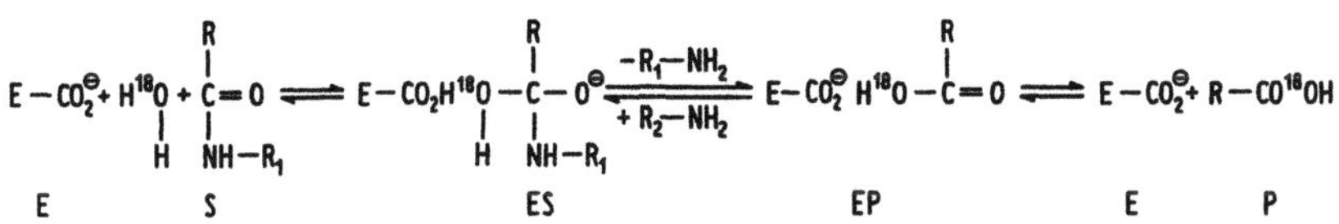

Gl. 4-19

Dieser Mechanismus konnte im Falle des Pepsins durch Versuche in $H_2{}^{18}O$ nachgewiesen werden. Nur bei einem Verlauf entsprechend Gleichung 4-19 enthält das nach der Desaminierung gebildete Assoziat EP eine ^{18}O-markierte Carboxylgruppe. Bei einer Rückreaktion mit geeigneten Nucleophilen R_2—NH_2 zu ES' (Transpeptidierung) kann diese in der neu gebildeten Peptidbindung nachgewiesen werden [100]. Ferner haben ^{13}C—NMR-Untersuchungen mit einem nachweisbar als Inhibitor wirksamen Keton R—CO—NH—CHR_1—^{13}CO—CH_2—CO—NH—R_2 gezeigt, daß im gebildeten Enzym-Inhibitor-Komplex das ^{13}C-Atom in tetraedrischer Struktur vorliegt. Als Nucleophil wurde ein Wassermolekül identifiziert, dessen Addition an die Carbonylgruppe des Inhibitors durch das aktive Zentrum katalysiert wird [101]. Der in Abbildung 4-49 dargestellte Mechanismus entspricht diesen experimentellen Befunden.

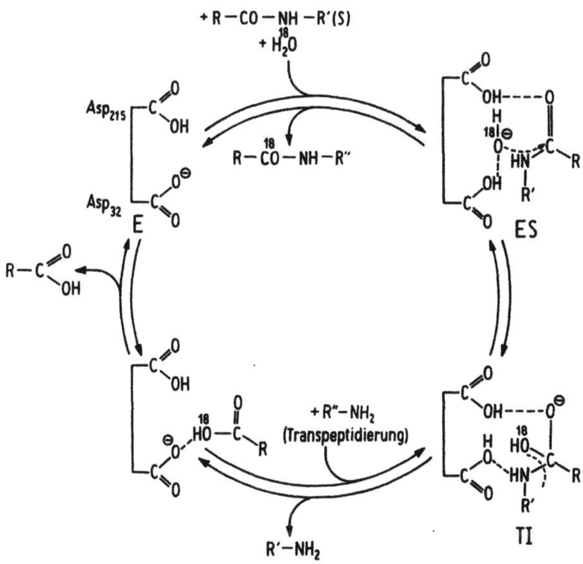

Abb. 4-49. Vorgeschlagener Mechanismus von Carboxylproteasen (nach [100]). Asp-32 übernimmt als allgemeiner Basekatalysator die Deprotonierung eines Wassermoleküls (dieser Mechanismus erklärt u.a. den ^{18}O-Einbau bei der Transpeptidierung).

4.5.1.2.4. Metalloproteasen

Typische Metalloproteasen sind die *Carboxypeptidasen A und B, Leucinaminopeptidase* und das *Thermolysin*. Von mehreren Enzymen gibt es durch Röntgenstrukturanalyse gesicherte Vorstellungen zur Raumstruktur, in einigen Fällen (besonders Carboxypeptidase A) auch zur Struktur des Enzym-Substrat-Komplexes [95]. Als Zwischenprodukt der Enzymkatalyse konnte bei −60 °C ein *Acylenzym* als gemischtes Anhydrid zwischen der Acylkomponente des Substrates und einem am Funktionsmechanismus beteiligten Glu_{270}-Rest mittels Gelfiltration und optischer Untersuchungen in Gegenwart geeigneter Substratanaloga nachgewiesen werden.

$Zn^{2\oplus}$ fungiert in den Metalloproteasen als *Lewis-Säure,* indem es in Wechselwirkung mit dem Carbonyl-Sauerstoff des Substrates den elektrophilen Charakter des Carbonyl-C-Atoms der C-terminalen Amidbindung erhöht. Neben $Zn^{2\oplus}$ sind bei Thermolysin zusätzlich $Ca^{2\oplus}$-Ionen in das Proteinmolekül eingebaut (s. Abb. 4-32), deren Funktion vorwiegend in der Erhöhung der Thermostabilität dieses Enzyms besteht (s. 4.3.3.3.).

Im Falle der *Carboxypeptidase A* weiß man, daß am Funktionsmechanismus neben $Zn^{2\oplus}$ und Glu_{270} noch ein Tyrosin-Rest (Tyr_{248}) beteiligt ist. Ferner bewirkt ein in das hydrophobe Mikromilieu des aktiven Zentrums eingebetteter *Arg-Rest* (Arg_{145}) in Wechselwirkung mit der C-terminalen Carboxylgruppe des Substrats die *primäre Substratorientierung* im Funktionsbereich (Abb. 4-50). Der anschließende Ablauf der Katalysereaktion benötigt, wie bei den Serinproteasen im einzelnen dargestellt, *zusätzliche Erkennungsmechanismen* im Substratbindungsbereich. Andernfalls würde bei der Fixierung des tetraedrischen Adduktes TI eine Anordnung der freien Elektronenpaare resultieren, welche die Rückreaktion entsprechend Abbildung 4-47 begünstigt. Erst nach konformativen Änderungen im TI (Drehung um die C—N-Bindung) wird der *stereoelektronische Abspaltungsdruck* für die C—N-Bindung erhöht (s. 1.4.2.) und der Übergang in das Acylenzym-Intermediat unter Abspaltung der Aminkomponente ermöglicht. Die abschließende Spaltung der Anhydridbindung (Deacylierung) wird nach heutiger Erkenntnis durch das stark

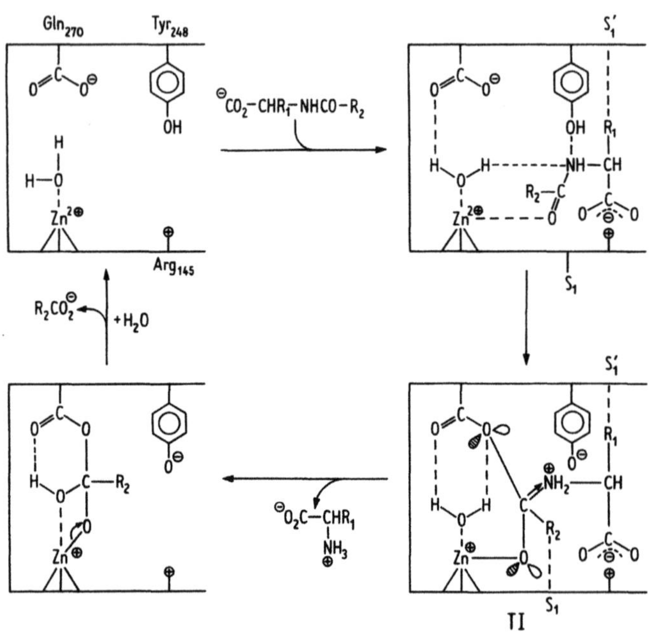

Abb. 4-50. Vorgeschlagener Mechanismus für Carboxypeptidase A als Beispiel für eine Metalloprotease (S_1, S_1' s. Abb. 4-51).

nucleophile, enzymgebundene $Zn^{\oplus}OH$ katalysiert. Nach der Freisetzung der Hydrolyseprodukte regeneriert dieses entsprechend Abbildung 4-30b [58].

4.5.1.3. Substratspezifität und Substratbindungsmechanismus bei Oligomersubstraten (Sekundärspezifität)

Proteolytische Enzyme zeigen hohe Selektivität bezüglich des Angriffsortes auf der Hauptkette. Daher müssen diese Enzyme über spezifische Erkennungsmechanismen verfügen, die gewährleisten, daß aus der Sequenz jeweils die richtige Amidbindung zur Umsetzung gebracht wird.

Umfangreiche Untersuchungen mit systematisch in der Sequenz variierten Peptidsubstraten haben gezeigt, daß an der Substraterkennung und -bindung außer den unmittelbar um die zu spaltende Amidbindung lokalisierten Seitenketten (Primärspezifität) auch die nach der C- und N-terminalen Richtung benachbarten Seitenketten beteiligt sind. Die hierbei freigesetzten Bindungsenergien unterstützen den Katalysemechanismus (s. 4.1.3.2.), so daß die gemessenen Katalysegeschwindigkeitskonstanten (k_{cat}) bis zu einer den vorhandenen Erkennungsregionen entsprechenden Kettenlänge ansteigen (Tab. 4-15). Untersuchungen an anderen polymerspaltenden Enzymen (vor allem Glykosidasen) haben diese Befunde bestätigt, so daß die folgenden Ausführungen von genereller Gültigkeit sind.

Voraussetzung für diese, als *„Sekundärspezifität"* bezeichnete Selektivität ist, daß auch zu diesen Bindungsorten (engl. *subsites*) eine (eingeschränkte) Spezifität existiert. Um die Spezifität der Sekundärbindungsorte darzustellen, bedient man sich allgemein der in Abbildung 4-51 wiedergegebenen Schreibweise [102], wonach die Bindungsorte auf dem Enzym mit S_n bis S'_n, die entsprechenden Bindungsorte im Substrat, vom N-terminalen bzw. C_1-glykosidischen Ende aus mit P_n bis P'_n bezeichnet werden. Die zu spaltende Bindung befindet sich zwischen P_1 und P'_1, so daß die P_1-S_1-Wechselwirkung über die *Primärspezifität* der Amid- bzw. Glykosidspaltung entscheidet. Die Primärspezifität beruht im wesentlichen auf der Komplementarität der S_1-P_1-Strukturen im aktiven Zentrum, wie in Abbildung 4-1 für die in ihrer Tertiärstruktur bekannten Serinproteasen α-Chymotrypsin, Trypsin und Elastase dargestellt wurde. Räumliches Zueinanderpassen der unmittelbar

Tab. 4-15. Kinetische Daten einiger proteolytischer Enzyme mit ausgewählten Modellsubstraten. Die Werte lassen auf Grund von nicht einheitlichen Meßbedingungen und Schutzgruppen der Peptidsubstrate nur einen qualitativen Vergleich zu

Enzym	R	P_4	P_3	P_2	P_1	P'_1	P'_2	P'_3	R'	K_m $\left[\frac{m\,mol}{l}\right]$	k_{cat} $[s^{-1}]$	k_{cat}/K_m $\left[\frac{l}{mol\,s}\right]$
α-Chymo-		Pro	Ala	Pro	**Tyr**—NH_2					3.0	7.4	2470
trypsin		Pro	Ala	Pro	**Phe**—NH_2					3.4	2.8	820
		Pro	Ala	Pro	Leu—NH_2					18	0.6	33
Trypsin				Val	**Arg**	Gly	Pro	Ala—NH_2		37.6	0.94	25
			Gly	Val	**Arg**	Gly	Pro	Ala—NH_2		3.5	2.3	670
	RNase T_1 (entfaltet)				**Arg_{77}**Val_{78}					0.27	2.45	9070
	RNase T_1 (nativ)				**Arg_{77}**Val_{78}					sehr kleine Hydrolysegeschwindigkeit		
Elastase			Ala	Pro	**Ala**—NH_2					160	0.017	0.11
		Pro	Ala	Pro	**Ala**—NH_2					4.0	8.5	2200
		Pro	Ala	Pro	**Ala**	Phe—NH_2				0.6	18	28800

Die hervorgehobenen Aminosäuren in P_1 entsprechen den allgemein gefundenen Spezifitäten der Primärbindungsorte.

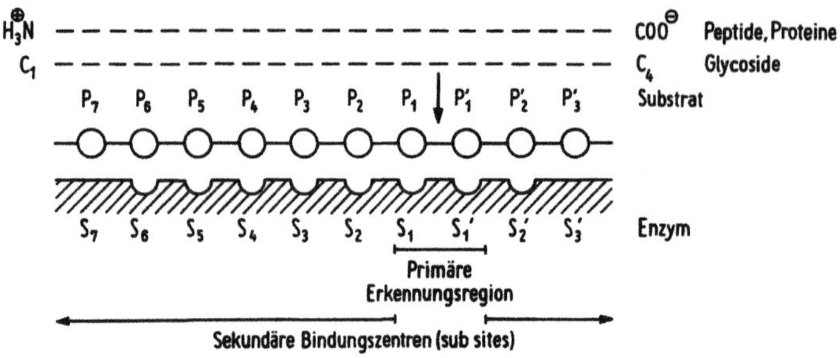

Abb. 4-51. Allgemeine Darstellung der primären und sekundären Erkennungsregionen bei Polymersubstraten (nach [102]).
S_7 bis S'_3: Erkennungsregionen am Enzym. P_7 bis P'_3: Bindungsstellen am Substrat. Die Spaltung erfolgt zwischen P_1 und P'_1.

am Katalyseprozeß beteiligten Bereiche (Elastase) ist hierbei ebenso entscheidend wie die Komplementarität elektrostatischer Wechselwirkungen über Salz- (Trypsin) oder H-Brükken.

Im Falle der in Tabelle 4-15 aufgeführten Serinproteasen läßt sich die *Spezifität der primären Bindungsorte* unabhängig von den Sekundärbindungen auf jeweils wenige Seitenketten einengen. Chymotrypsin bevorzugt aromatische (Tyr, Phe), Trypsin basische (Arg, Lys), und Elastase mit geringerer Spezifität kleine, möglichst hydrophobe Reste (Ala). Im Falle von Papain und Carboxypeptidase A hängt die Spezifität stärker von der Sekundärspezifität ab, so daß die Angabe einer Primärspezifität nur von geringem Wert ist. Die *Spezifität der Sekundärbindungen* ist, wie Tabelle 4-15 anhand der k_{cat}/K_m-Werte ausweist, nicht nur abhängig von der *Anzahl* der angebotenen Aminosäureseitenketten sondern (besonders bei größeren Peptiden und Proteinen) auch von der *Raumstruktur* der Moleküle. So wird z. B. häufig beobachtet, daß der proteolytische Abbau von Enzymen erst nach Einsetzen von thermisch oder chemisch induzierten Denaturierungsprozessen erfolgt.

k_{cat} und K_m müssen bei den verschiedenen Peptidsubstraten nicht zwangsläufig eine einheitliche Tendenz aufweisen. So ist im Falle der Carboxypeptidase A zwar der K_m-Wert von der Struktur der C-terminalen Seitenkette abhängig (Phe < Leu < Val), aber die k_{cat}-Werte werden für solche Substrate am höchsten gefunden, die in P_2-Position voluminöse und starre Reste tragen, also eine hohe Spannung und Torsion der im Übergangszustand gebildeten Strukturen bewirken [95]. (Zur Substratselektivität der Oligosaccharide vergl. den folgenden Abschnitt).

4.5.2. Enzyme der Glykosidspaltung

4.5.2.1. Substratspezifität und kinetische Besonderheiten von oligosaccharidspaltenden Enzymen

Wie bei den Proteasen finden sich auch bei den Enzymen der Oligosaccharidhydrolyse Funktionsvarianten, welche entweder am Kettenende (Exoglykosidasen) oder im Inneren der Saccharidkette (Endoglykosidasen) angreifen. In beiden Fällen erfolgt die Auswahl der zu spaltenden Bindungen über *Sekundärbindungen* (subsites), wobei aber – im Gegensatz zu den Proteasen – infolge der größeren Einheitlichkeit der Kettenglieder, *räumliche* (z. B. Zugänglichkeit der Glykosidbindung im räumlich strukturierten Polymer) und bei den Endoenzymen auch *statistische* Faktoren den Ausschlag geben.

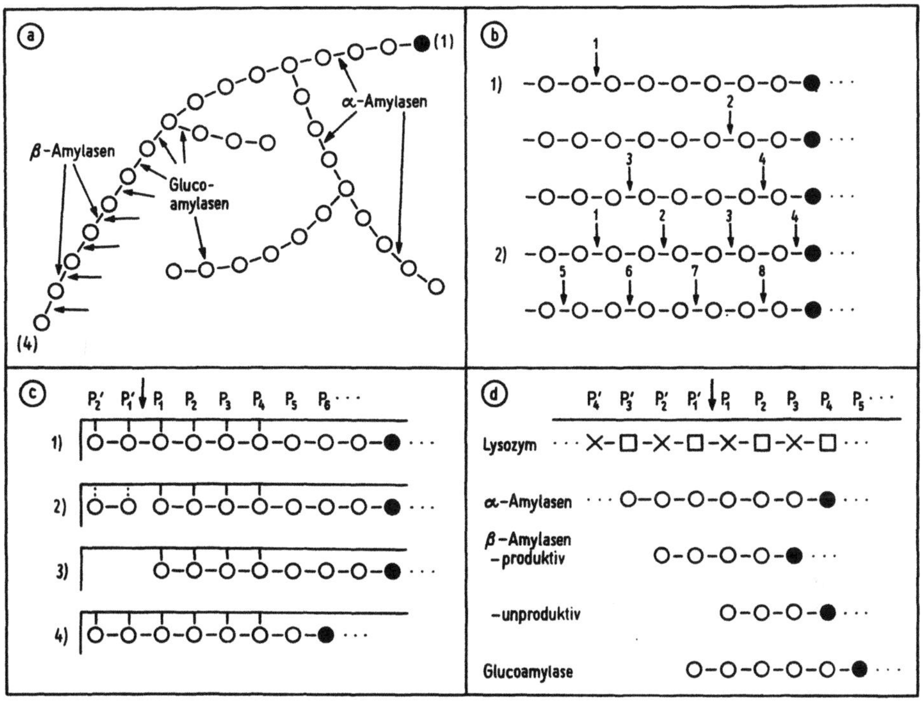

Abb. 4-52. Mechanismen der enzymatischen Glykosidhydrolyse.
a) Angriffsorte verschiedener Amylasen am Stärkemolekül (α-1.4-Polyglykosid). ●: reduzierendes Kettenende (C_1). b) Mehrkettenmechanismus (1) und Einzelkettenmechanismus (2). Die Ziffern symbolisieren die aufeinanderfolgenden Reaktionsschritte eines Enzymmoleküls. c) Einzelkettenmechanismus bei β-Amylase: 1) produktiver Komplex mit Sekundärbindungen; 2) Spaltprozeß; 3) Maltosefreisetzung; 4) Bildung des neuen produktiven Komplexes. d) Bindungsmechanismen bei Glykosidasen (X = N-Acetylglukosamin, □ = N-Acetylmuraminsäure (s. Abb. 4-54a).

Zu den *Endoglykosidasen* gehören neben dem *Lysozym,* dessen Substratbindungs- und Funktionsmechanismus zu den am besten studierten Beispielen der Enzymkatalyse gehört, auch die technisch wichtigen *α-Amylasen*. Ihre Funktion besteht in der Verflüssigung der unlöslichen, makromolekularen Stärkemoleküle durch endogene Spaltung der α-1.4-Bindungen unter Bildung löslicher α-Dextrine (Abb. 4-52a). Als *Exoglykosidasen* wirken neben den vorwiegend in höheren Pflanzen ([Kartoffeln, Gerste [Malz]) vorkommenden *β-Amylasen,* welche das Stärkemolekül schrittweise, vom nichtreduzierenden Ende aus zu β-Maltose-Einheiten spalten, auch die *Glucoamylasen* (Amyloglukosidasen). Sie spalten – ebenfalls vom nichtreduzierenden Ende – β-Glucosemoleküle ab und bewirken damit eine vollständige Verzuckerung der Stärke. Da Stärke neben α-1.4- auch α-1.6-glykosidische Bindungen aufweist (Verzweigungsstellen in Abb. 4-52a), ist es für technische Belange besonders wichtig, daß Glukoamylase auch α-1.6-Bindungen spaltet, während der Abbau durch β-Amylasen 2–3 Glucose-Einheiten vor der Verzweigungsstelle abbricht *(β-Grenzdextrine)*.

Die thermodynamischen und kinetischen Besonderheiten der *Oligosaccharid-Enzym-Wechselwirkungen* sind besonders bei Lysozym, aber auch bei den technisch wichtigen Amylasen untersucht worden. Neben dem Zuckerrest, der die zu spaltende glykosidische Bindung trägt (P_1 entsprechend Abb. 4-51) werden stets 5–7 (bisweilen auch mehr) weitere Glykosidreste, vorwiegend über H-Brücken zu den Hydroxygruppen des Substrats

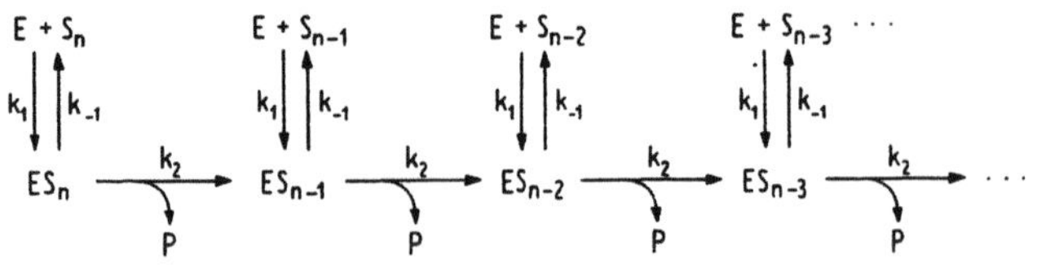

Abb. 4-53. Kinetik der enzymatischen Spaltung von linearen Polymermolekülen am Beispiel der Oligosaccharide.
$k_{-1} \gg k_2$: Mehrkettenangriff; $k_2 \gg k_{-1}$: Einzelkettenangriff.

gebunden, bevor der eigentliche Katalysemechanismus voll wirksam werden kann. Daher kommt es, daß z. B. bei Lysozym Di- oder Trisaccharide infolge nicht ausreichender Enzym-Substrat-Wechselwirkungen, im Falle anderer Glykosidasen auch wegen Nichtbesetzung des produktiven P_1-P'_1-Bindungsortes (Abb. 4-52d) als Inhibitoren wirken. Die Röntgenstrukturanalyse solcher nichtproduktiver Enzym-Pseudosubstrat-Komplexe hat wesentliche Einblicke in den Bindungs- und Funktionsmechanismus des enzymatischen Oligosaccharidabbaus erbracht.

Die enzymatische Hydrolyse von Oligosacchariden erfolgt in der Regel mit hoher Geschwindigkeit und Ausbeute ($\Delta G°$ für Maltosespaltung $-16.7\,\mathrm{kJ\,mol^{-1}}$). Erst bei extrem hohen, d. h. unphysiologischen, aber in der Technik gebräuchlichen, Produktkonzentrationen wird *Resynthese* von Glykosiden beobachtet.

Die Kinetik der enzymatischen Oligosaccharidspaltung weist Besonderheiten auf. Das makromolekulare Substrat kann nach der Bindung an das Enzym entweder einen einzigen Spaltungsschritt durchlaufen, wonach das Enzym eine neue Kette angreift (*Mehrkettenmechanismus*, engl. multichain mechanism). Zum anderen können in Aufeinanderfolge mehrerer Abbauschritte an der gleichen Kette mehrere Produktmoleküle freigesetzt werden, bevor sich das Enzym wieder aus dem ES-Komplex abspaltet (*Einzelkettenmechanismus*, engl. single chain mechanism, Abb. 4-52b). Das in Abbildung 4-53 dargelegte kinetische Schema des enzymatischen Oligosaccharidabbaus weist aus, daß es vom Verhältnis der Geschwindigkeitskonstanten k_2/k_1 abhängt, ob ein Einzelkettenangriff ($k_2 > k_{-1}$) oder Mehrkettenangriff ($k_{-1} > k_2$) vorherrscht. Den Anteil an Mehrfachreaktionen am Gesamtumsatz kennzeichnet der Parameter $f = k_2/(k_{-1} + k_2)$, der zwischen 0 (Enzymablösung nach dem 1. Reaktionsschritt) und 1 (kompletter Kettenabbau ohne Enzymfreisetzung) liegen kann. Für β-Amylase wurden Werte um 0.8 gefunden.

Abbildung 4-52c soll den Einzelkettenmechanismus im Falle der β-Amylase verdeutlichen. Nach Fixierung des Oligosaccharids über die Sekundärbindungszentren S'_2 bis S_4 erfolgt Freisetzung von Maltose, da die Bindung des entstehenden Maltosemoleküls zu S'_2 und S'_1 schwächer ist als die Bindungen zu S_1 bis S_4. Das restliche Substrat verschiebt sich unter Wiederherstellung der vollen Bindungskapazität des aktiven Zentrums zum neuen produktiven Komplex (4).

4.5.2.2. Lysozym

Die Gruppe der Lysozyme ist weit verbreitet. Als *1.4-β-N-Acetylmuramidasen* spalten sie die glykosidische Bindung von Peptidoglykanen, die sich in den Zellwänden von Bakte-

---

Abb. 4-54. Lysozym-Mechanismus.
a) Struktur des N-Acetylglukosamin (NAG)-N-Acetylmuraminsäure (NAM)-Polymeren und spezifische Wechselwirkungen im aktiven Zentrum (nach [103]). b) Gegenwärtig diskutierte alternative Katalysemechanismen von Lysozym, die sich durch den initialen Protonierungsschritt (O_4 oder O_5) und damit den intermediär gebildeten Oxoniumzustand unterscheiden (nach [106]). Retention der β-Konfiguration gemäß Abbildung 4-55.

rien finden, zwischen dem C-1 von *N-Acetylmuraminsäure* (NAM) und dem C-4 von *N-Acetylglucosamin* (NAG, Abb. 4-54a). Dabei bleibt die β-Konfiguration im Reaktionsprodukt erhalten (Retention). Lysozyme spielen eine Rolle bei der Abwehr von Infektionen, was ihre weite Verbreitung erklärt.

Von dem am ausführlichsten beschriebenen Lysozym aus Hühnereiweiß (129 Aminosäuren, 14.6 kD) liegen genaue Strukturanalysen und Strukturvergleiche mit anderen Ly-

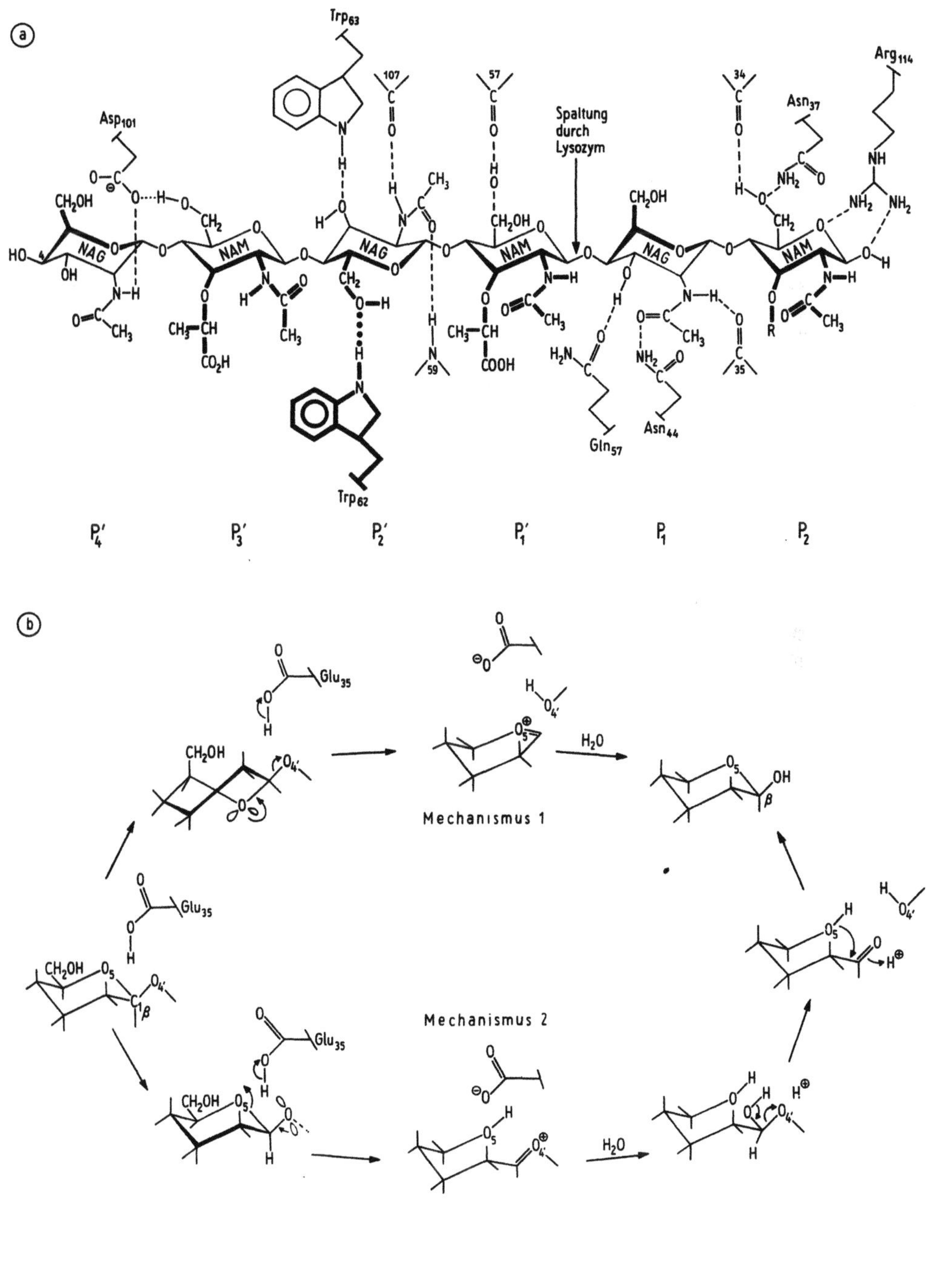

Tab. 4-16. Beiträge der Sekundärbindungszentren von Lysozym zur Bindung des Substratmoleküls im Grund- (ΔG) und Übergangszustand (ΔG*). Die Beiträge zur Stabilisierung des Übergangszustandes wurden aus den k_{cat}/K_m-Werten von Substratmolekülen unterschiedlicher Kettenlänge (unvollständige Besetzung der Sekundärbindungszentren) entspr. Gleichung 4-2 errechnet

Bindung im Grundzustand ΔG [kJ mol⁻¹]	Ring	Sekundär-bindungszentrum	Bindung im ÜZ (Δ(ΔG*)) [kJ mol⁻¹]
− 8.0	A	S'_4	− 6.7
−11.3	B	S'_3	− 9.6
	C	S'_2	
	D	S'_1	
− 5.9	E	S_1	≦ −20.5
	F	S_2	− 5.0

sozymspezies vor [104], aus denen hervorgeht, daß von den 10 Carboxylgruppen des Moleküls zwei (Glu_{35} und Asp_{52}) am Katalyseprozeß und eine weitere (Asp_{101}) an der Substratbindung beteiligt sind. Es ist gelungen, die am Katalyseprozeß beteiligten Carboxylgruppen einzeln zu modifizieren, wobei stets katalytisch inaktive Produkte erhalten wurden. Die folgenden Ergebnisse wurden am Hühnereiweiß-Enzym gewonnen, sind aber auf andere Lysozyme weitgehend übertragbar.

Lysozym besitzt *6 Sekundärbindungsorte* (S'_4, S'_3, S'_2, S'_1, S_1, S_2), die jeweils einer Saccharideinheit des Substrates entsprechen. Durch Röntgenstrukturanalyse des *unproduktiven* Lysozym-tri-NAG-Pseudosubstratkomplexes konnten die Bindungsorte S'_4 bis S'_2 direkt aufgeklärt werden [105]. Ferner liegen für alle 6 Bindungszentren durch Verwendung spezifisch modifizierter Substratanaloger sorgfältige Bindungsenergieanalysen vor, aus denen hervorgeht, daß bei der Anlagerung des Substrates zunächst die wesentlichen Bindungsbeiträge von den Sekundärzentren P'_4 bis P'_2 entstammen, während die Bindungsorte um die produktive Bindung (P'_1, P_1 und P_2) erst während der Katalysereaktion (im Übergangszustand) stärkere Kontakte zum Enzym aufbauen (Tab. 4-16).

Der Ablauf der *Katalysereaktion* geht aus Modellbetrachtungen zur Glykosidhydrolyse, Bindungsstudien mit Substratanaloga und hochauflösender Röntgenstrukturanalyse an Lysozym-Pseudosubstratkomplexen hervor. Es konnte gezeigt werden, daß der für die produktive Bindung verantwortliche Saccharidrest P'_1 zunächst unter Protonierung der zu spaltenden Glykosidbindung ($O_{4'}$) durch die Carboxylgruppe von Glu-35 aus der spannungsfreien Sesselkonformation (Diederwinkel φ (C_1—O_5) = −60°) über die Twist- in die gespanntere Halbsesselkonformation ($\varphi = 0°$) übergeht (Abb. 4-54b, Mechanismus 1). Dieser Prozeß unterstützt die Entstehung des ungesättigten sp^2-Zustandes, den das C_1-Atom im Verlaufe der C_1—$O_{4'}$-Heterolyse durchläuft. Das mit der Bildung der Oxycarboniumstruktur verbundene Elektronendefizit im Pyranring charakterisiert somit den *Übergangszustand von Glykosidspaltungen.* Die hohe Affinität der analog konfigurierten *Zucker-Lactone* (ÜZ-Analoga mit sp^2-Zustand am C_1, Tab. 4-1) hat zur Stützung dieses Mechanismus beigetragen.

Es gibt aber aus moleküldynamischen Erwägungen, welche die Ringtorsion aus energetischen Gründen in Frage stellen, sowie aus stereoelektronischen Betrachtungen einen zweiten Vorschlag [106]. Bei diesem erfolgt die durch Glu-35 bewirkte *Protonierung am Ring-Sauerstoff* (O_5), wodurch zunächst eine Spaltung der C_1—O_5-Bindung hervorgerufen wird (Abb. 4-54b, Mechanismus 2). Der gebildete acyclische Oxocarbonium-Zustand addiert anschließend Wasser und bewirkt unter Recyclisierung die Spaltung der Saccharidbindung.

Bei beiden Hydrolyse-Varianten wird der Ablauf der Katalysereaktion, das heißt die Destabilisierung der Substratstruktur in Richtung des Übergangszustandes, durch die negative Ladung von Asp_{52} unterstützt. Quantenmechanische Studien deuten sogar an, daß ein Teil der bei der Substratbindung freigesetzten Enthalpie zur Erhöhung der Elektronegativität von Asp_{52} (z. B. durch Eliminierung eines die Ladung neutralisierenden Wassermoleküls) genutzt wird.

Die bevorzugte Wechselwirkung dieses negativen Ladungszentrums mit dem (im Vergleich zur ungeladenen Substratstruktur) positiv strukturierten Übergangszustand fördert die Bildung und *Stabilisierung des aktivierten Komplexes* am Enzym. Der aus dieser elektrostatischen Wechselwirkung resultierende Energiegewinn (ΔG_{B^+}, Abb. 4-3c) senkt die Freie Aktivierungsenthalpie $\Delta G_T^{\ddagger}$ der Katalysereaktion um ca. 40 kJ mol^{-1} [107], was einer Erhöhung der Reaktionsgeschwindigkeit um etwa 6 Größenordnungen entspricht. Dieser Befund bestätigt die von Pauling formulierte These [1], daß sich die Bindungsstrukturen des aktiven Zentrums nicht zur Substratstruktur, sondern zum Übergangszustand der Katalysereaktion komplementär verhalten. Die den Katalysemechanismus abschließende Anlagerung eines Wassermoleküls an das Oxycarbonium-Ion ist so gerichtet, daß ein Erhalt der β-Konfiguration am C_1 resultiert.

4.5.2.3. Amylasen

Amylasen liegen in der Regel als *Glykoproteine* mit Kohlenhydratanteilen zwischen 10 und 30% vor. Die aus den Kulturfiltraten von Mikroorganismen isolierten Enzyme lassen sich meistens in 2 oder mehrere *Isoenzyme* auftrennen. Diese Isoenzyme differieren nur wenig in ihren Eigenschaften, zeigen aber Unterschiede in der Kohlenhydrat- und Aminosäurezusammensetzung. Handelsübliche Präparate bestehen häufig aus Gemischen der verschiedenen Isoenzyme.

Nach enzymatischer Abspaltung der Kohlenhydratkomponente oder deren chemischer Modifizierung (Oxidation mittels Periodat) bleibt die katalytische Aktivität der Amylasen weitgehend erhalten. Dagegen nimmt die Stabilität gegenüber exogenen Einflüssen (Hitze, Proteasen u. a.) ab.

Der *Funktionsmechanismus* von Amylasen verläuft, wie Inhibierungsstudien mit Zuckerlactonen (ÜZ-Analoga entsprechend Tab. 4-1) ergaben [108], ebenfalls über eine *Halbsesselkonformation des Glykosidrestes* in der Position P_1 des Substrats. Damit darf angenommen werden, daß die am Lysozym erhaltenen Ergebnisse im Prinzip auch auf die Katalysemechanismen der Amylasen übertragen werden können. Auch bei den Amylasen gilt ferner, daß die volle Katalysegeschwindigkeit nur bei kompletter Besetzung der Sekundärbindungsorte erhalten wird. Modifizierungsstudien und Sequenzvergleiche lassen erkennen, daß ähnlich dem Lysozym *Carboxylgruppen* (neben Histidin-Resten bei α-Amylasen) als negative Ladungszentren und Protonenacceptoren am Katalysemechanismus beteiligt sind.

Mechanistische Betrachtungen müssen bei den Amylasen den *stereochemischen Verlauf der Glykolysereaktionen* berücksichtigen. Im Falle der α-Amylasen bleibt die Konfiguration am C_1 im Katalyseprodukt erhalten *(Retention)*. Zur Erklärung sind 2 Möglichkeiten zu diskutieren: Entweder erfolgt über eine doppelte bimolekulare nucleophile Substitution (*doppelte Konfigurationsumkehr* entsprechend Abb. 4-55a) der Verlauf über ein kovalent an das Enzym fixiertes Intermediat (CI). In diesem Falle würde der Oxycarbonium-Zustand zweimal, nämlich als Übergangszustand zwischen Substrat und Intermediat (ES) sowie zwischen Intermediat und Produkt (EP) durchlaufen. Andererseits könnte die Reaktion in Analogie zur monomolekularen nucleophilen Substitution auch über eine *sterisch kontrollierte Hydratation* des am Enzym stabilisierten Oxycarbonium-Intermediates erfolgen (Abb. 4-55b).

Für β-Amylasen und Glucoamylasen, deren Reaktionsprodukte Konfigurationsumkehr am C-1 aufweisen (β-Maltose bzw. β-Glucose), ist der in Abbildung 4-55b formulierte Mechanismus anzunehmen, wobei der spezifische Transportmechanismus für das Wassermolekül noch unbekannt ist.

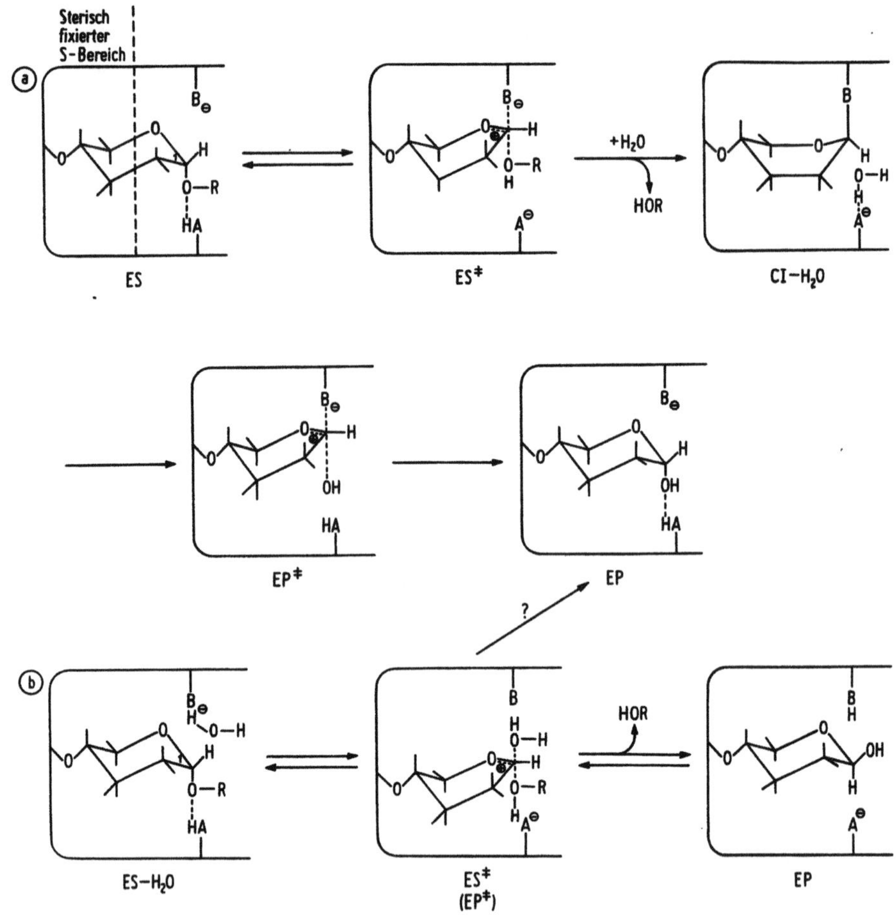

Abb. 4-55. Amylase-Mechanismen.
a) Mechanismus der α-Amylasereaktion (Retention) über doppelte S_{N2}-Substitution. A und B sind basische Gruppen im aktiven Zentrum (Asp$^{\ominus}$, Glu$^{\ominus}$, His). An der C_1-OR-Bindung erfolgt Spaltung der α-1.4-glykosidischen Bindung. ES* und EP* entsprechen Übergangszuständen mit weitgehend ausgebildeter Halbsesselkonformation, während der Ring im kovalent gebundenen Intermediat CI in der spannungsfreien Wannenkonformation vorliegt. b) Mechanismus der β-Amylasereaktion (Inversion) über eine sterisch orientierte Wasseranlagerung an den enzymstabilisierten Oxycarbonium-Zustand.

Am Funktionsmechanismus der α-Amylasen sind ferner $Ca^{2\oplus}$-Ionen beteiligt. Obwohl deren Bedeutung im einzelnen noch unklar ist, weisen die $Ca^{2\oplus}$-freien Enzymformen erhöhte Anfälligkeit gegenüber Hitze und Proteasen auf, so daß u.a. eine Beteiligung an der Herstellung und *Stabilisierung* der aktiven Proteinkonformation angenommen werden muß. Die *Substratspezifität der α-Amylasen* geht aus Abbildung 4-52 hervor. Die in bezug auf das reduzierende Ende gerichtete Bindung an den Oligosaccharidstrang erfolgt solange ohne bevorzugten Angriffsort (statistisch), wie noch 5 Sekundärbindungszentren am Enzym besetzt werden können. Substrate mit weniger als 5 Glykosidresten erfahren bei starker Zunahme der K_m-Werte eine schnelle Abnahme der Katalysegeschwindigkeit (k_{cat} für Maltopentose: -tetrose: -triose = 1000 : 100 : 1). Hinweise für die Existenz von nur 5 Sekundärbindungsorten lieferte vor allem das Studium des Spaltmusters von endständig ^{14}C-markierten Oligosacchariden. Nur das Pentamere lieferte ein 1:1-Verhältnis von unmarkiertem (Maltotriose) zu markiertem (Maltose) Produkt [109].

Am Funktionsmechanismus der β-Amylasen sind u. a. SH-Gruppen beteiligt, woraus sich ihre Hemmbarkeit durch Schwermetallionen erklärt. Bei diesen wie auch bei den Glukomylasen ist das aktive Zentrum in Richtung des nichtreduzierenden Endes (vermutlich sterisch) auf 2 bzw. 1 Sekundärbindungsort begrenzt (Abb. 4-52). Während β-Amylasen nur α-1.4-Bindungen angreifen, sind Glukoamylasen auch zur Spaltung von α-1.3- und α-1.6-Bindungen befähigt, wobei die Katalysegeschwindigkeit für Maltose (1.4), Nigerose (1.3), Isomaltose (1.6) im Verhältnis 100:6.6:3.6 abnimmt [110].

Das aktive Zentrum der *Glukoamylasen* umfaßt 7 Sekundärbindungszentren, wobei die Affinitäten von P_1' über P_1 nach P_6 in der Reihenfolge 0.0 – 20.3 – 6.6 – 1.8 – 0.9 – 0.5 – 0.4 kJ mol^{-1} abnehmen [111]. Für das zu eliminierende Glycosemolekül wird somit keine meßbare Affinität gefunden. An der Substratbindung sind über Sekundärbindungen 4 Trp-Seitenketten beteiligt.

4.5.3. Enzyme des Phosphattransfers

Eine der entscheidenden Funktionen von Enzymen besteht darin, das *Gruppenübertragungspotential* hochreaktiver Verbindungen wie ATP so mit endergonen Prozessen zu koppeln, daß auch Reaktionen mit an sich ungünstiger Gleichgewichtslage unter physiologischen pH-und Milieu-Bedingungen ablaufen können. Als Beispiel sei das energiereiche Acetyl-CoA genannt, dessen Synthese, wie in Abbildung 4-56 dargelegt, mit dem Abbau von ATP gekoppelt ist. Bei diesen Reaktionen, wie auch bei den durch Phosphorylierung/Dephosphorylierung gesteuerten Regulationsprozessen (s. Tab. 3-12 u. Abb. 4-7c) spielt die Übertragung von Phosphatresten eine wichtige Rolle.

Der Verlauf *nucleophiler Substitutionsreaktionen am Phosphatrest* kann über 2 Mechanismen erfolgen. Zum einen kann das substituierende Basemolekül (z. B. Alkohol) über einen nucleophilen Substitutionsmechanismus von der gegenüberliegenden Seite der abspaltenden Gruppe *apikal* (engl. in line) angreifen. Dieser Mechanismus kann entweder konzertiert (gleichzeitige Bildung und Spaltung der reagierenden Bindungen im Übergangszustand) oder über ein *penta-koordiniertes Intermediat* verlaufen. In beiden Fällen erfolgt Konfigurationsumkehr der drei äquatorial angeordneten Reste (Inversion, Abb. 4-57).

Bei einer zweiten Variante liegt der austretende Rest in äquatorialer Position, so daß dessen Abspaltung nur unter „Pseudorotation" bei Übergang zweier ursprünglich äquato-

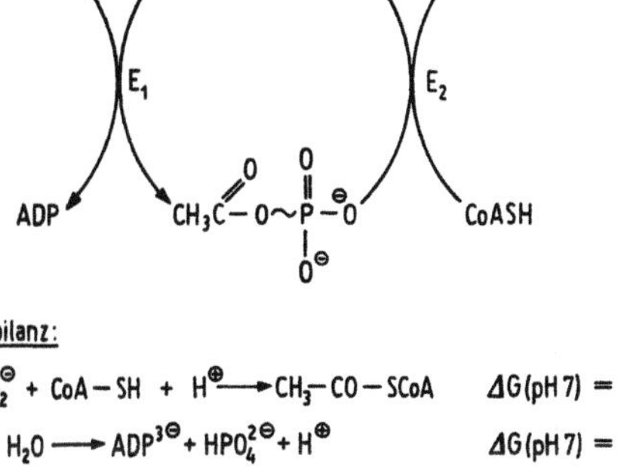

Energiebilanz:

$CH_3{-}CO_2^{\ominus} + CoA{-}SH + H^{\oplus} \longrightarrow CH_3{-}CO{-}SCoA$ $\quad \Delta G(pH\,7) = +35.1\ kJ\ mol^{-1}$

$ATP^{4\ominus} + H_2O \longrightarrow ADP^{3\ominus} + HPO_4^{2\ominus} + H^{\oplus}$ $\quad \Delta G(pH\,7) = -34.5\ kJ\ mol^{-1}$

Differenz $= +\ 0.6\ kJ\ mol^{-1}$

Abb. 4-56. Ablauf und Energiebilanz der ATP-gekoppelten Synthese von Acetyl-Coenzym A. E_1: Acetat-Kinase; E_2: S-Acetyl-Transferase.

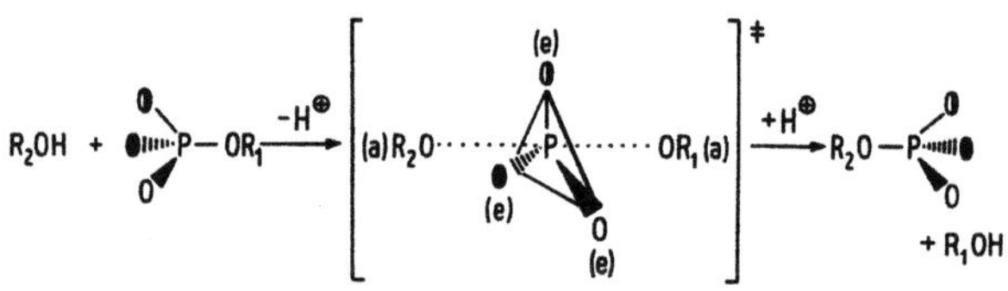

Abb. 4-57. Stereochemischer Verlauf von Phosphat-Transferreaktionen bei Enzymen.
Zur Unterscheidung der O-Atome am Phosphat werden Isotope (^{18}O = ●, ^{17}O = ◐, ^{16}O = ○) sowie Schwefel eingeführt [112]. Im ÜZ liegen die drei O-Atome in äquatorialer (e), das eintretende (R_2OH) und austretende (R_1OH) Nucleophil in apikaler (a) Position. Diese Substitution wird auch als „in line"-Mechanismus bezeichnet. Die drei O-Atome am P werden in ihrer Lage zum Nucleophil „invertiert".

rial angeordneter Substituenten in die apikale Position möglich ist. Dieser Mechanismus ist mit einer Retention der Konfiguration am P-Atom verbunden.

Inzwischen liegt ein umfangreiches experimentelles Material vor [112], aus dem hervorgeht, daß in den zahlreichen bisher geprüften Fällen der Transfer des Phosphatrestes stets unter *Inversion* stattfindet, so daß der zweite Mechanismus aus heutiger Sicht für Enzymreaktionen ausscheidet. Zwar wird auch bei Enzymen nach Substitution am Phosphatrest Retention der Molekülkonfiguration gefunden. Für diesen Ablauf sind jedoch *doppelte Inversionsmechanismen* verantwortlich, wobei die entsprechenden enzymgebundenen Intermediärphosphate in vielen Fällen nachgewiesen werden konnten.

4.5.3.1. Ribonuclease A

Ribonuclease (RNase) A gehört zu einer Gruppe von Enzymen, welche die *endonucleolytische Hydrolyse der 3'.5'-Phosphodiester-Bindungen* von Ribonucleinsäuren (oder Nucleotidestern) zu 3'-Phosphomono- und Oligonucleotiden katalysieren. Dabei liefert das aus Pankreasgewebe isolierte Enzym Produkte mit *endständiger Pyrimidinbase* (C, U, Abb. 4-58a). Die Reaktion durchläuft insgesamt zwei nucleophile Substitutionsreaktionen am Phosphor. Sie ist daher mit doppelter Inversion der Konfiguration am P-Atom verbunden, so daß die ursprüngliche P-Konfiguration im Endeffekt erhalten bleibt (Retention).

Der Katalysemechanismus (Abb. 4-58b) beginnt mit der Ablösung des 5'-ständigen Restes unter intramolekularer Substitution durch die 2'-ständige OH-Gruppe. Dadurch wird ein *2'.3'-cyclisches Intermediat* gebildet [113]. Im nächsten Schritt, der auch bei Verwendung der cyclischen Phosphate von U oder C als Substrat beobachtet wird, katalysiert das Enzym die hydrolytische Ringöffnung unter Bildung des 3'-endständig phosphorylierten Nucleotids.

Das über 4 Disulfidgruppen stabilisierte Enzym besteht aus einer 124 Aminosäuren umfassenden Peptidsequenz (MG 13.7 kD, Abb. 3-1). Seine Raumstruktur ist inzwischen in 2.0 Å (0.2 nm) Auflösung beschrieben [3-3]. Kristallographische Studien an Inhibitorkomplexen [3-40], [114], Modellstudien zu Teilreaktionen [115] und zahlreiche Untersuchungen an spezifisch modifizierten Enzymderivaten haben zur Beschreibung der an der Funktion beteiligten Strukturbereiche beigetragen. Trotzdem ist der genaue Ablauf der Enzymreaktion, vor allem die Mitwirkung der im aktiven Zentrum lokalisierten Seitenketten noch nicht endgültig geklärt. Den Verlauf der Enzymkatalyse aus heutiger Sicht einschließlich der Funktion der essentiellen Seitenketten beschreibt Abbildung 4-58c. Große Bedeutung wird den Seitenketten von Gln_{11} (H_2O-Bereitstellung), His_{12} und His_{119} (Substratjustierung) zugemessen. Ferner steht die ε-$NH_3^{\oplus}$-Gruppe von Lys_{41} auf Grund von In-

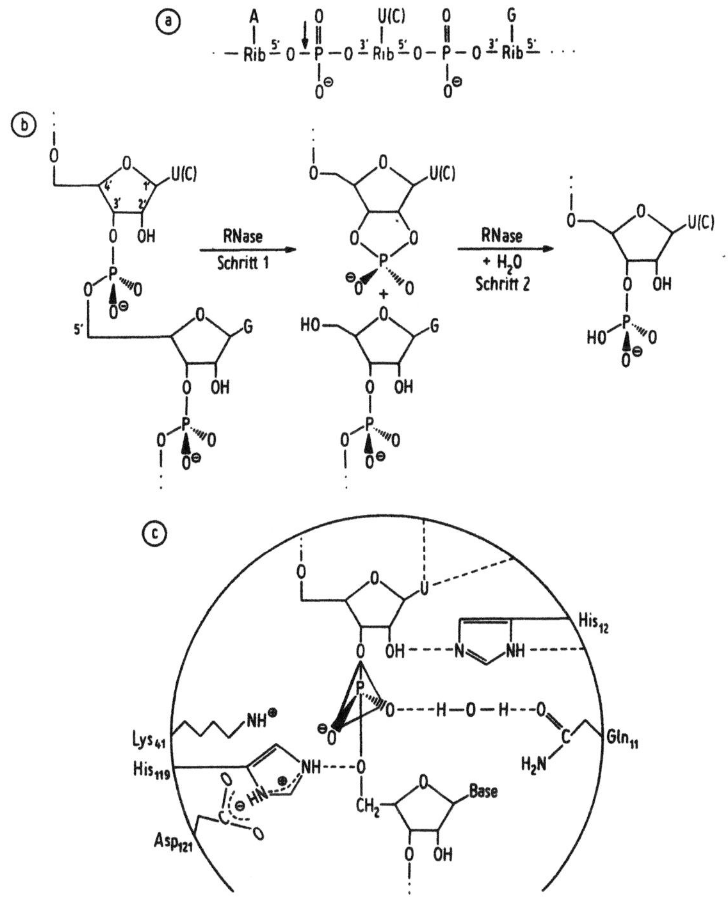

Abb. 4-58. Ribonuclease-Mechanismus.
a) Substratspezifität. b) Mechanismus der Phosphatdiester-Hydrolyse. c) Seitenketten-Wechselwirkungen im aktiven Zentrum.

hibitorstudien in direkter Wechselwirkung mit dem PO_4-Bereich, vermutlich zur Stabilisierung des pentakoordinierten Übergangszustandes.

4.5.3.2. Phosphorylierungsenzyme (Kinasen)

Aus der Vielzahl der Phosphorylierungsreaktionen, die im biochemischen Stoffwechsel zur Energiekonservierung und funktionsbeeinflussenden Modifizierung vorkommen, seien 2 Beispiele herausgegriffen, deren mechanistische Beschreibung fortgeschritten ist. Als Vertreter der zahlreichen, von Mg—$ATP^{2\ominus}$ als Substrat ausgehenden Phosphorylierungsreaktionen niedermolekularer Verbindungen (Alkohole, Amine, Carbonsäuren, Phosphate u. a.) konnte bei der *Kreatin-Kinase* durch Zusammenfassung analytischer, spektroskopischer (NMR) und reaktionskinetischer Befunde ein Bild des Reaktionsablaufes erzielt werden, dessen Genauigkeit dem anderer Enzyme kaum nachsteht. Schließlich sollen am Beispiel der *Protein-Kinasen* einige Besonderheiten der Phosphorylierung von Enzymproteinen dargelegt werden.

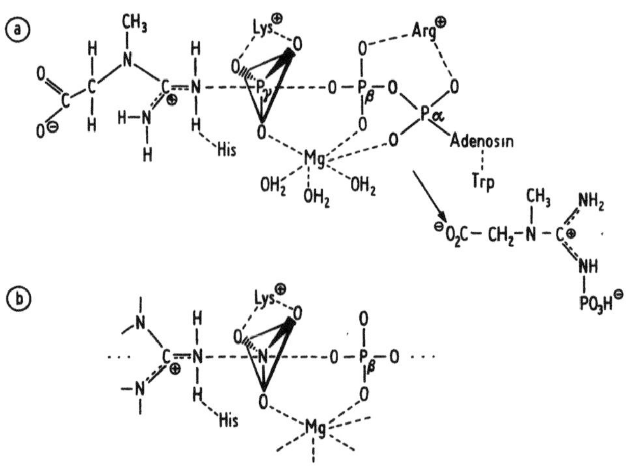

Abb. 4-59. Kreatin-Kinase-Mechanismus.
a) In-line-Transfer der $PO_3^{2\ominus}$-Gruppe im ÜZ.
b) Kreatin-[$NO_3^{\ominus}$ · ADP]-Komplex als ÜZ-analoge Substratstruktur.

4.5.3.2.1. Kreatin-Kinase

Die Phosphorylierung von Kreatin durch den Mg—$ATP^{2\ominus}$-Komplex führt zur Bildung von Phosphokreatin (Abb. 4-59a), das mit einer Freien Hydrolyseenthalpie von -43.1 kJ mol^{-1} eines der höchsten Phosphatübertragungspotentiale aufweist. Man nimmt an, daß Phosphokreatin vor allem als Reservoire für energiereiches Phosphat zum Auffüllen der ATP-Potentiale bei Belastung dient. Detaillierte Informationen zum kinetischen und mechanistischen Ablauf liegen vor allem für das Enzym aus Kaninchenmuskel vor (MG 82.6 kD, α_2). Wie bei allen P-Transferreaktionen verläuft die Gruppenübertragung *apikal*, d. h. mit Inversion der Konfiguration am P [116] (Abb. 4-59a). Die Kinetik dieses Zweisubstratenzyms und sämtliche den Mechanismus beschreibenden Einzelkonstanten sind bekannt. Der Katalysemechanismus weist hohe Substratspezifität auf und bedient sich eines Imidazolringes als Protonenrelais bei der Phosphorylierung des Guanidinrestes.

Zahlreiche Arbeiten sind der Funktion des $Mg^{2\oplus}$-Ions bei der Katalysereaktion gewidmet. Es wird eine gleichzeitige Koordinierung des Mg zu allen drei Phosphatgruppen des ATP vermutet. Einblicke in die *Struktur des Übergangszustandes* bei der Phosphat-Transferreaktion, die auch für andere Kinasemechanismen von Bedeutung sein dürften, haben Versuche mit dem ÜZ-analogen Enzym-Mg · „ADP · $NO_3^{\ominus}$"-Kreatin-Komplex geliefert. $NO_3^{\ominus}$, das die Position der zu transferierenden PO_3-Gruppe besetzt (Abb. 4-59b), wird mit hoher Affinität gebunden, so daß eine stabile (Schutz vor Iodacetamid-Inaktivierung), ÜZ-analoge Struktur zwischen dem Enzym und den beiden Substraten (Mg · ADP · $NO_3^{\ominus}$ und Kreatin) entsteht [117].

4.5.3.2.2. Protein-Kinasen

Protein-Kinasen katalysieren die Übertragung des γ-ständigen Phosphatrestes von ATP und anderen Nucleosidphosphaten auf spezifische, das Verhalten der Rezeptorenzyme beeinflussende Ser-, Thr- oder Tyr-Seitenketten.

$$ATP \cdot Mg^{2\oplus} + Protein \xrightarrow{\text{Proteinkinasen}} Protein\text{-}P + ADP \cdot Mg^{2\oplus}$$

Ihre wesentlichste *Funktion* ist damit die Überführung von Signalen, die aus Konzentrationsänderungen von Hormonen (z. B. c-AMP) und anderen Effektoren (z. B. $Ca^{2\oplus}$) resultieren, in Enzymaktivitäten.

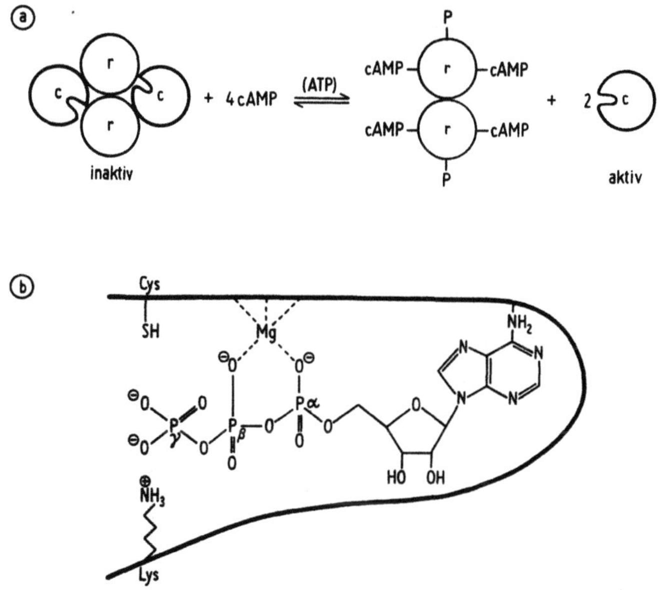

Abb. 4-60. Regulationsmechanismus (a) und vorgeschlagene Seitenkettenstruktur (b) im aktiven Zentrum der c-AMP-regulierten Protein-Kinasen (nach [122]).

Für die *Substratspezifität* dieser Enzyme, d. h. für die spezifischen Kriterien, nach denen die topologischen Verhältnisse um die *Rezeptorseitenketten* ausgewählt werden, spielen elektrostatische Erkennungsmuster eine Rolle. In mehreren Fällen (z. B. Pyruvat-Dehydrogenase-Kinase [118], Glycogen-Phosphorylase [119]) gelang es, die um die Rezeptorseitenkette gelegene Primärstruktur aufzuklären. Entsprechende Peptidsequenzen werden ebenfalls als „Substrate" erkannt und spezifisch phosphoryliert. Häufig sind *basische Aminosäuren* (Arg, Lys) in Nachbarschaft der Acceptorseitenketten an der „Substratspezifität" der Protein-Kinasen beteiligt.

Als Resultat der Proteinphosphorylierungen werden Strukturänderungen und damit verbundene *Aktivitätsänderungen* der Enzyme beobachtet. Im Falle der Glykogen-Phosphorylase (α-1.4-Glucan: orthophosphat-Glucosyltransferase) haben röntgenkristallographische Strukturvergleiche von Phosphorylase a (aktiv) und b (inaktiv) (s. Abb. 4-7c) ergeben, daß die Phosphorylierung einer nahe dem N-Terminus gelegenen Ser-Seitenkette 3 neue Salzbrücken (eine zwischen dem Phosphatrest und einer Arg-Seitenkette, zwei zwischen den Untereinheiten) induziert, deren Bildung die *allosterische Konstante* L (s. 2.4.4.) von Phosphorylase a erniedrigt [120]. Die Freie Hydrolyseenthalpie (ΔG^0) von proteingebundenen Serin-Phosphatgruppen wird generell erheblich niedriger (-25 kJ mol^{-1}) gefunden als bei freiem Serinphosphat (-12 kJ mol^{-1} [121]). Diese Energiedifferenz reflektiert die *Strukturänderungen*, welche durch die Einführung der Phosphatgruppe induziert und für das funktionelle Verhalten der modifizierten Enzyme nutzbar gemacht werden.

Der *Einfluß von Effektoren* auf die Aktivität von Protein-Kinasen sei am Beispiel der c-AMP-regulierten Enzyme dargelegt. Das zunächst inaktive, heterotetramere Enzym (c_2r_2) wird gemäß Gleichung 4-20 durch den Effektor in 2 katalytische aktive Untereinheiten (c-UE, 41 kD) und einen aus zwei regulatorischen Untereinheiten (r-UE, 45 kD) und 4 cAMP bestehenden Komplex dissoziiert.

$$c_2r_2 + 4cAMP \rightleftharpoons (cAMP)_4 \cdot c_2r_2 \rightleftharpoons r_2(cAMP)_4 + 2c \qquad \text{Gl. 4-20}$$

Bei der Dissoziation, die in einigen Fällen durch „Autophosphorylierung" der r-UE durch die c-UE unterstützt wird, wird im aktiven Zentrum der c-UE eine Cys-Seitenkette freigelegt, die im Holoenzym durch die r-UE abgedeckt ist (Abb. 4-60). Neben $Mg^{2\oplus}$-Ionen und einer Lys-Seitenkette ist diese für die Aktivierung der γ-Phosphat-Gruppe von ATP und damit für die Funktion der Kinasen verantwortlich [122]. Ähnliche Aktivierungsmechanismen werden auch für andere Protein-Kinaen vermutet.

4.6. Literatur

1 L. Pauling: Nature of Forces between Large Molecules of Biological Interest. Nature **161** (1948): 707–709.

2 E. Fischer: Einfluß der Configuration auf die Wirkung der Enzyme. Chem. Ber. **27** (1894): 2985–2993.

3 B. M. Dunn and T. C. Bruice: Further Investigation of the Neighbouring Carboxyl Group Catalysis of Hydrolysis of Methyl Phenyl Acetals of Formaldehyde. Electrostatic and Solvent Effects. J. Am. Chem. Soc. **92** (1970): 6589–6594.

4 D. A. Estell, T. P. Graycar, J. V. Miller, D. B. Powers, J. B. Burnier, P. G. Ng and J. A. Wells: Probing Steric and Hydrophobic Effects on Enzyme-Substrate Interactions by Protein Engineering. Science **233** (1986): 659–663.

5 R. S. Cahn, C. Ingold und V. Prelog: Spezifikation der molekularen Chiralität. Angew. Chem. **78** (1966): 413–447.

6 J. Retey: Stereospezifität von Enzymreaktionen. Chemie in unserer Zeit **13** (1979): 65–76.

7 H.-J. Gabius, F. v. d. Haar and F. Cramer: Evolutionary Aspects of Accuracy of Phenylalanyl-tRNA Synthetase. A Comparative Study with Enzymes from E. coli, Saccharomyces cerevisiae, Neurospora crassa, and Turkey Liver Using Phenylalanine Analogues. Biochemistry **22** (1983): 2331–2339.

8 D. A. Harries: A Unified Approach to Enzyme Catalysis. Biochem. Educat. **14** (1986): 2–6.

9 Sh. Milstien and L. A. Cohen: Rate Acceleration by Stereopopulation Control: Models for Enzyme Action. Proc. Natl. Acad. Sci. USA **67** (1970): 1143–1147.

10 F. M. Menger: On the Source of Intramolecular and Enzymatic Reactivity. Accounts of Chem. Res. **18** (1985): 128–134.

11 J. Rodgers, D. A. Femec and R. L. Schowen: Isotopic Mapping of Transition-State Structural Features Associated with Enzymic Catalysis of Methyl Transfer. J. Am. Chem. Soc. **104** (1982): 3263–3268.

12 K. E. Neet and D. E. Koshland Jr.: The Conversion of Serine at the Active Site of Subtilisine to Cysteine: A „Chemical Mutation". Proc. Natl. Acad. Sci. USA **56** (1966): 1606–1611.
L. Polgar and M. L. Bender: A New Enzyme Containing a Synthetically Formed Active Site – Thiosubtilisine. J. Am. Chem. Soc. **88** (1966): 3153–3154.

13 R. L. Leatherbarrow, A. R. Fersht and G. Winter: Transition State Stabilization in the Mechanism of Tyrosyl-tRNA Synthetase Revealed by Protein Engineering. Proc. Natl. Acad. Sci. USA **82** (1985): 7840–7844. Siehe auch A. L. Wilkinson, A. R. Fersht and G. Winter: Site-Directed Mutagenesis as a Probe of Enzyme Structure and Catalysis: Tyrosyl-tRNA Synthetase Cystein-35 to Glycin-35 Mutation. Biochemistry **22** (1983): 3581–3586.

14 G. A. Lienhard: Enzymatic Catalysis and Transition State Theory. Science **180** (1973): 149–154.

15 P. G. Schultz: The Interplay Between Chemistry and Biology in the Design of Enzymatic Catalysts. Science **240** (1988): 426–433.

16 R. C. Thompson: Use of Peptide Aldehydes to Generate Transition-State Analogs of Elastase. Biochemistry **12** (1973): 47–51.

17 A. Dafforn, J. P. Neenan, C. E. Ash, L. Betts, J. M. Finke, J. A. Garman, M. Rao, K. Walsh and R. R. Williams: Acetylcholinesterase Inhibition by the Keton Transition State Analogs Phenoxyacetone and 1-Halo-3-phenoxy-2-propanones. Biochim. Biophys. Res. Commun. **104** (1982): 597–602.

18 S. Narindrasobasak and W. A. Bridger: Probes of the Structure of Phosphoenolpyruvate Synthetase: Effects of a Transition State Analogue on Enzyme Conformation. Can. J. Biochem. **56** (1978): 816–819.

19 J. J. Secemski and G. A. Linehard: The Role of Strain in Catalysis by Lysozyme. J. Am. Chem. Soc. **93** (1971): 3549–3550.

20 G. Walsh: Suicide Substrates: Mechanism-Based Enzyme Inactivators. Tetrahedron **38** (1982): 871–909.
21 S. B. Daniels and J. A. Katzenellenbogen: Halo Enol Lactones: Studies on the Mechanism of Inactivation of α-Chymotrypsin. Biochemistry **25** (1986): 1436–1444.
22 Enzyme Nomenclature. Academic Press Inc., Orlando Florida USA 1986.
23 B. Hess: Organization of Glycolysis: Oscillatory and Stationary Control. Symp. Soc. Exp. Biol. (Cambridge) **27** (1973): 105–131.
24 M. Lazdunski, C. Petitclerc, D. Chappelet and C. Lazdunski: Flip-Flop Mechanisms in Enzymology. A Model: The Alkaline Phosphatase of Escherichia coli. Eur. J. Biochem. **20** (1971): 124–129.
25 G. Hübner and A. Schellenberger: Pyruvate Decarboxylase – Potentially Inactive in the Absence of the Substrate. Biochem. Internat. **13** (1986): 767–772. Siehe auch G. Hübner and P. Wolna: Oscillations in Regulatory Enzyme Systems at Constant Substrate Input. Nova Acta Leopoldina N. F. **61** (Nr. 269) (1989): 243–250.
26 G. Hübner, R. Weidhase and A. Schellenberger: The Mechanism of Substrate Activation of Pyruvate Decarboxylase: A First Approach. Eur. J. Biochem. **92** (1978): 175–181.
27 R. E. Cohen and H. K. Schachman: Kinetics of the Interaction of N-(Phosphonacetyl)-L-aspartate with the Catalytic Subunit of Aspartate Transcarbamoylase. J. Mol. Biol. **261** (1986): 2623–2631.
28 B. Chance, R. W. Estabrook and A. Ghosh: Damped Sinusoidal Oscillations of Cytoplasmatic Reduced Pyridine Nucleotide in Yeast Cells. Proc. Natl. Acad. Sci. USA **51** (1964): 1244–1251.
29 B. Hess, A. Boiteux and J. Krüger: Cooperation of Glycolytic Enzymes. Adv. Enzyme Regul. **7** (1969): 149–167.
30 K. Eschrich, W. Schellenberger and E. Hofmann: Sustained Oscillations in a Reconstituted Enzyme System Containing Phosphofructokinase and Fructose 1.6-Bisphosphatase. Arch. Biochem. Biophys. **222** (1983): 657–660.
31 A. Schellenberger: Struktur und Wirkungsweise des aktiven Zentrums von Hefe-Pyruvat-Decarboxylase. Angew. Chem. **79** (1967): 1050–1061.
32 J. J. Holbrock, A. Liljas, S. J. Steindel and M. G. Rossmann: Lactate Dehydrogenase. The Enzymes (Ed. P. D. Boyer), 3. Aufl. **11** (1975): 191–292.
33 C. I. Brändén, H. Jörnvall, H. Eklund and B. Furngren: Alcohol Dehydrogenases. The Enzymes (Ed. P. D. Boyer), 3. Aufl. **11** (1975): 103–190.
34 M. Brüstlein and T. C. Bruice: Demonstration of a Direct Hydrogen Transfer between NADH and a Deazaflavin. J. Am. Chem. Soc. **94** (1972): 6548–6549.
35 T. C. Bruice: Mechanisms of Flavine Catalysis. Accounts of Chem. Res. **13** (1980): 256–262.
36 C. A. Fierke and W. P. Jencks: Two Functional Domains of Coenzyme A Activate Catalysis by Coenzyme A Transferase. Pantetheine and Adenosine 3'-Phosphate 5'-Diphosphate. J. Biol. Chem. **261** (1986): 7603–7606.
37 D. E. Zacharias, P. Murray-Rust, R. M. Preston and J. P. Glusker: The Geometry of the Thioester Group and its Implications for the Chemistry of Acetyl Coenzyme A. Arch. Biochem. Biophys. **222** (1983): 22–34.
38 V. G. Tumanyan, O. K. Mamaeva, A. L. Bocharov, V. I. Ivanov, M. Y. Karpeisky and G. J. Yakovlev: On the Conformation of Pyridoxal Phosphate Imine in Solution and in Aspartate-Aminotransferase Active Site. Eur. J. Biochem. **50** (1975): 119–127.
39 B. A. Malmcolm and J. F. Kirsch: Site Directed Mutagenesis of Aspartate Aminotransferase from E. coli. Biochem. Biophys. Res. Commun. **132** (1985): 915–921.
40 J. F. Kirsch, G. Eichele, G. C. Ford, M. G. Vincent, J. N. Jansonius, H. Gehring and Ph. Christen: Mechanism of Action of Aspartate Aminotransferase Proposed on the Basis of its Spatial Structure. J. Mol. Biol. **174** (1984): 497–525.
41 H. C. Dunathan: Stereochemical Aspects of Pyridoxal Phosphate Catalysis. Adv. Enzymol. **35** (1971): 79–134.
42 H. W. Klein and E. J. M. Helmreich: The Role of Pyridoxal 5'-Phosphate in Phosphorylase Catalysis. Current Topics in Cell. Regul. **26** (1985): 281–294.
43 F. Lynen, J. Knappe, E. Lorch, G. Jütting und E. Ringelmann: Die biochemische Funktion des Biotins. Angew. Chem. **71** (1959): 481–486.
44 J. Retey und F. Lynen: Zur biochemischen Funktion des Biotins. IX. Der sterische Verlauf der Carboxylierung von Propionyl CoA. Biochem. Z. **342** (1965): 256–271.
45 S. Flatau, G. Fischer, E. Kleinpeter and A. Schellenberger: ^{31}P NMR Investigations on Free and Enzyne Bound Thiamine pyrophosphate. FEBS LETTERS **233** (1988): 379–382.

46 D. S. Shreve, M. P. Holloway, J. C. Haggerty and H. Z. Sable: The Catalytic Mechanism of Transketolase. Thiaminpyrophosphate-derived Transition States for Transketolase and Pyruvate Dehydrogenase are not Identical. J. Biol. Chem. **258** (1983): 12405–12408.
47 E. Downes and P. Sykes: Thiazolium Salts as Catalysts in the Acetoin Condensation. Chem. and Ind. **1957:** 1095–1097. R. Breslow: On the Mechanism of Thiamine Action IV. Evidence from Studies on Model Systems. J. Am. Chem. Soc. **80** (1958): 3719–3726.
48 H. Holzer und K. Beaucamp: Nachweis und Charakterisierung von Zwischenprodukten der Decarboxylierung und Oxidation von Pyruvat. „Aktiviertes Pyruvat" und „Aktivierter Acetaldehyd". Angew. Chem. **71** (1959): 776.
49 D. J. Kuo and F. Jordan: Direct Spectroscopic Observation of a Brewer's Yeast Pyruvate Decarboxylase-bound Enamine Intermediate Produced from a Suicide Substrate. J. Biol. Chem. **258** (1983): 13415–13417.
50 G. Hübner, H. Neef, G. Fischer und A. Schellenberger: Kinetischer ^{15}N-Isotopieeffekt als direkter Beweis für die unmittelbare Beteiligung der Aminogruppe von Thiaminpyrophosphat an der enzymatischen Decarboxylierung von α-Ketosäuren. Z. Chem. **15** (1975): 221.
51 R. N. Perham, H. W. Duckworth and C. C. K. Roberts: Mobility of Polypeptide Chain in the Pyruvate Dehydrogenase Complex Revealed by Proton NMR. Nature **292** (1981): 474–477.
52 J. Paquin, C. M. Baugh and R. E. MacKenzie: Channeling between the Active Sites of Formiminotransferase-Cyclodeaminase. Binding and Kinetic Studies. J. Biol. Chem. **260** (1985): 14925–14931.
53 S. J. Benkovicz: On the Mechanism of Action of Folate- and Biopterin-requiring Enzymes. Ann. Rev. Biochem. **49** (1980): 227–251.
54 T. J. Carty, B. M. Babior and R. H. Abeles: The Mechanism of Action of Ethanolamine Ammonia-Lyase, a B_{12}-dependent Enzyme. Evidence for Two Intermediates in the Catalytic Process. J. Biol. Chem. **249** (1974): 1683–1688.
55 W. Langenbeck und K. Oehler: Organische Katalysatoren, XLII. Mitteil.: Chelatkatalysen III. Chem. Ber. **89** (1956): 2455–2459.
56 B. L. Vallee and R. J. P. Williams: Metaloenzymes: The Entatic Nature of their Active Sites. Proc. Natl. Acad. Sci. USA **59** (1968): 498–505.
57 B. L. Vallee: New Trends in Bio-inorganic Chemistry. Academic Press, London–New York–San Francisco 1978, pp. 31. Siehe auch I. Bertini, C. Luchinat, W. Maret and M. Zeppezauer: Zinc Enzymes. In Progr. Inorg. Biochem. Biophys. (1986), Vol. 1. Verlag Birkhäuser, Boston, Basel, Stuttgart.
58 M. W. Makinen, L. C. Kuo, M. B. Yim, W. Maret and G. B. Wells: The Catalytic Action of $Zn^{2\oplus}$-Metalloenzymes Requires a Penta-Coordinate Metal-OH_2 Complex. J. Mol. Catal. **23** (1984): 179–186.
59 B. V. Plapp, E. Zeppezauer and C. I. Brändén: Crystallography of Liver Alcohol Dehydrogenase Complexed with Substrates. J. Mol. Biol. **122** (1978): 23–32.
60 A. S. Mildvan: Conformations and Arrangement of Substrates at the Active Sites of ATP Utilizing Enzymes. Phil. Trans. R. Soc. London B **293** (1981): 65–77.
61 G. Voordouw, C. Milo and R. S. Roche: Role of Bound Calcium Ions in Thermostable, Proteolytic Enzymes. Separation of Intrinsic and Calcium Ion Contributions to the Kinetic Thermal Stability. Biochemistry **15** (1976): 3716–3724.
62 P. M. Coleman, J. N. Jansonius and B. W. Matthews: The Structure of Thermolysin: An Electron Density Map at 2.3 Å Resolution. J. Mol. Biol. **70** (1972): 701–724.
63 A. Hasegawa and K. Imahori: Studies on α-Amylase from a Thermophilic Bacterium. II. Thermal Stability of the Thermophilic α-Amylase. J. Biochem. **79** (1976): 469–477.
64 R. Hermann, R. Rudolph and R. Jaenicke: Kinetics of in Vitro Reconstitution of Oligomeric Enzymes by Cross-linking. Nature **277** (1979): 243–245.
65 G. A. Kochetov and O. N. Solovieva: Active Subunits of Transketolase from Baker's Yeast. Biochem. Biophys. Res. Commun. **84** (1978): 515–519.
66 J. Baldwin and C. Chothia: Haemoglobin: The Structural Changes Related to Ligand Binding and its Allosteric Mechanism. J. Mol. Biol. **129** (1979): 175–220.
67 M. F. Perutz: Stereochemistry of Cooperative Effects in Haemoglobin. Nature **228** (1970): 726–739. Siehe auch M. F. Perutz, A. M. Gronenborn, G. M. Clove, J. H. Fogg and D. T. Shih: The pK_a-values of Two Histidine Residues in Human Haemoglobin, the Bohr Effect, and the Dipole Moments of α-Helices. J. Mol. Biol. **183** (1985): 491–498.
68 A. Warshel: Energy-Structure Correlation in Metallo Porphyrines and the Control of Oxygen Binding by Haemoglobin. Proc. Natl. Acad. Sci. USA **74** (1977): 1789–1793.

69 C.J.C. Gerhart and H.K. Schachman: Distinct Subunits for the Regulation and Catalytic Activity of Aspartate Transcarbamylase. Biochemistry **4** (1965): 1054–1062.
70 E. R. Kantrowitz, S. C. Pastra-Landis and W. N. Lipscomb: E. coli Aspartate Transcarbamylase: Part I: Catalytic and Regulatory Functions. TIBS **5** (1980): 124–128.
71 C.A. Enns and W.W.-C. Chan: Conformational States of Aspartate Transcarbamoylase Stabilized with a Cross-linking Reagent. J. Biol. Chem. **254** (1979): 6180–6186.
72 M. Ladjimi, C. Ghelis, A. Feller, R. Cunin, N. Glansdorff, A. Pierard and G. Hervé: Structure-Function Relationship in Allosteric Aspartate Carbamoyltransferase from Escherichia coli. J. Mol. Biol. **186** (1985): 715–724.
73 G.R. Welch and T. Keleti: On the „Cytosociology" of Enzyme Action in vivo: A Novel Thermodynamic Correlate of Biologic Evolution. J. Theor. Biol. **93** (1981): 701–735.
74 D. Oesterhelt, H. Bauer and F. Lynen: Crystallization of a Multienzyme Complex: Fatty Acid Synthetase from Yeast. Proc. Natl. Acad. Sci. USA **63** (1969): 1377–1382.
75 E. Schweizer: Biosynthese und Struktur des Fettsäuresynthetase-Komplexes der Hefe. Naturwissenschaften **64** (1977): 366–370.
76 H. Kleinkauf: Antibiotic Polypeptides – Biosynthesis on Multifunctional Protein Templates. Planta medica **35** (1979): 1–18.
77 L. J. Reed: Multienzyme Complexes. Accountes of Chem. Res. **7** (1974): 40–46.
78 J. Ullrich and A. Mannschreck: Studies on the Properties of (-)-2-α-Hydroxyethyl-Thiamine Pyrophosphate („Active Acetaldehyde"). Eur. J. Biochem. **1** (1967): 110–116.
79 G. Hübner, H. Neef, A. Schellenberger, R. Bernhardt and L. S. Khailova: Two-center Mechanism for the Oxidative Decarboxylation of Pyruvate by the Pyruvate Decarboxylating Component of the Pyruvate Dehydrogenase Complex of Pigeon Breast Muscle. FEBS Letters **86** (1978): 6–8.
80 S. Y. Yeaman, E. T. Hucheson, Th. E. Roche, F. H. Pettit, J. R. Brown, L. J. Reed, D. C. Watson and G. H. Dixon: Sites of Phosphorylation on Pyruvate Dehydrogenase from Bovine Kidney and Heart. Biochemistry **17** (1978): 2364–2370.
81 H. Yang, J. F. Hainfeld, J. S. Wall and P. A. Frey: Quarternary Structure of Pyruvate Dehydrogenase Complex from Escherichia coli. J. Biol. Chem. **260** (1985): 16049–16051.
82 H. Bisswanger, F. Horn and D. F. Schrenk: Regulation of the Enzyme Activity of Bacterial Pyruvate Dehydrogenase Multienzyme Complexes. In Thiamin Pyrophosphate Biochemistry (Ed. A. Schellenberger and R. L. Schowen), CRC Press, Inc., Boca Raton, Florida USA **2** (1987): 63–75.
83 D. A. Jackson and C. Yanofsky: The Formation and Properties of Dimers of the Tryptophan Synthetase α-Subunit of Escherichia coli. J. Biol. Chem. **244** (1969): 4526–4531. Siehe auch G. M. Hathaway, S. Kida and J. P. Crawford: Subunit Structure of the β Component of Escherichia coli Tryptophan Synthetase. Biochemistry **8** (1969): 989–997.
84 S. J. Barnes and P. D. J. Weitzmann: Organization of Citric Acid Cycle Enzymes into a Multienzyme Cluster. FEBS Letters **201** (1986): 267–270.
85 J. Ovadi, O. J. R. Mohamed and J. Batke: Interaction of the Dissociable Glycerol-3-phosphate Dehydrogenase und Fructose-1.6-bisphosphate Aldolase – Quantitative Analysis by an Extrinsic Fluorescence Probe. Eur. J. Biochem. **133** (1983): 433–437.
86 H. Bisswanger and E. Schmincke-Ott: Multifunctional Proteins. J. Wiley & Sons, New York 1980.
87 G. N. Cohen and A. Dautry-Varsat: The Aspartokinases-Homoserin Dehydrogenases of Escherichia coli. (Zitiert aus [86]).
88 D. Wang, W. Bode and R. Huber: Bovine Chymotrypsin A. X-ray Crystal Structure Analysis and Refinement of a New Crystal Form at 1.8 Å Resolution. J. Mol. Biol. **185** (1985): 595–624.
89 B. S. Hartley and D. L. Kauffman: Corrections to the Amino Acid Sequence of Bovine Chymotrypsin A. Biochem. J. **101** (1966): 229–231.
90 J. L. Markley and I. B. Ibanez: Zymogen Activation in Serine Proteinases. Proton Magnetic Resonance pH Titration Studies of the Two Histidines of Bovine Chymotrypsin A and Chymotrypsin A_{α}. Biochemistry **17** (1978): 4627–4640. Siehe auch N. E. MacKenzie, J. P. G. Malthouse and A. I. Scott: Studying Enzyme Mechanism by ^{13}C Nuclear Magnetic Resonance. Science **225** (1984): 883–889.
91 J. P. Elrod, J. L. Hogg, D. M. Quinn, K. S. Venkatasubban and R. L. Schowen: Protonic Reorganization and Substrate Structures in Catalysis by Serine Proteases. J. Am. Chem. Soc. **102** (1980): 3917–3922.
92 J. Angyan and G. Naray-Szabo: Comparison of Protein Electrostatic Potential Along the Catalytic Triad of Serine Proteases. J. Theor. Biol. **103** (1983): 349–356.

93 S. Nakagawa and H. Umeyama: Role of Catalytic Residues in the Formation of a Tetrahedral Adduct in the Acylation Reaction of Bovine β-Trypsin. A Molecular Orbital Study. J. Mol. Biol. **179** (1984): 103–123.
94 J. Fastrez: On the Stability of Tetrahedral Intermediates within the Active Sites of Serine and Cysteine Proteases. Eur. J. Biochem. **135** (1983): 339–341.
95 L. C. Kuo, J. M. Fukuyama and M. W. Makinen: Catalytic Conformation of Carboxypeptidase A: The Structure of a True Reaction Intermediate Stabilized at Subzero Temperatures. J. Biol. Chem. **163** (1983): 63–105.
96 B. Asboth and L. Polgar: Transition State Stabilization at the Oxyanion Binding Sites of Serine and Thiol Proteinases: Hydrolysis of Thiono and Oxygen Esters. Biochemistry **22** (1983): 117–122.
97 J. R. Kimmel and E. L. Smith: Crystalline Papain I. Preparation, Specifity, and Activation. J. Biol. Chem. **207** (1954): 515–531.
98 G. Lowe: The Cystein Proteinases. Tetrahedron **32** (1976): 291–302. Siehe auch B. Asboth, E. Stokum, I. U. Khan and L. Polgar: Mechanism of Action of Cystein Proteinases: Oxyanion Binding Site is Not Essential in the Hydrolysis of Specific Substrates. Biochemistry **24** (1985): 606–609.
99 M. N. G. James and A. R. Sielecki: Stereochemical Analysis of Peptide Bond Hydrolysis Catalyzed by the Aspartic Proteinase Penicillopepsin. Biochemistry **24** (1985): 3701–3713.
100 V. K. Antonov, L. M. Ginodman, L. D. Rumsh, I. V. Kapitannikov, T. N. Barshevskaya, L. P. Ivashev, A. G. Gurova and L. I. Volkova: Studies on the Mechanism of Action of Proteolytic Enzymes Using Heavy Oxygen Exchange. Eur. J. Biochem. **117** (1981): 195–200.
101 D. H. Rich, M. S. Bernatowicz and P. G. Schmidt: Direct ^{13}C NMR Evidence for a Tetrahedral Intermediate in the Binding of a Pepstatin Analogue to Porcine Pepsin. J. Am. Chem. Soc. **104** (1982): 3535–3536.
102 I. Schechter and A. Berger: Peptides of L- and D-Alanine. Synthesis and Optical Rotations. Biochemistry **5** (1966): 3362–3370.
103 R. E. Dickerson und J. Geis: Struktur und Funktion der Proteine. Verlag Chemie, Weinheim 1971.
104 P. Jolles and J. Jolles: What's New in Lysozyme Research? Mol. Cell. Biochem. **63** (1984): 165–189.
105 C. C. F. Blake, L. N. Johnson, G. A. Mair, A. C. T. North, D. C. Phillips and V. R. Sarma: Crystallographic Studies of the Activity of Hen Egg-white Lysozyme. Proc. R. Soc. London B **167** (1967): 378–388.
106 C. B. Post and M. Karplus: Does Lysozyme Follow the Lysozyme Pathway? An Alternative Based on Dynamic, Structural, and Stereoelectronic Considerations. J. Am. Chem. Soc. **108** (1986): 1317–1319.
107 A. Warshel and M. Levitt: Theoretical Studies of Enzymic Reactions: Dielectric, Electrostatic and Steric Stabilization of the Carbonium Ion in the Reaction of Lysozyme. J. Mol. Biol. **103** (1976): 227–249.
108 E. Laszlo, J. Hollo, A. Hoschke and G. Sarosi: A Study by means of Lactone Inhibition of the Role of a „Half-chair" Glycosyl Conformation at the Active Centre of Amylolytic Enzymes. Carbohydrate Res. **61** (1978): 387–394.
109 J. F. Robyt and D. French: The Action Pattern of Porcine Pancreatic α-Amylase in Relationship to the Substrate Binding Site of the Enzyme. J. Biol. Chem. **245** (1970): 3917–3927.
110 J. H. Pazur: Glucoamylase from Aspergillus niger. Methods in Enzymol. **28** (1972): 931–934.
111 K. Hiromi, Y. Nitta, C. Numata and S. Ono: Subsite Affinities of Glucoamylase: Examination of the Validity of the Subsite Theory. Biochem. Biophys. Acta **302** (1973): 362–375.
112 P. F. Frey: Stereochemistry of Enzymatic Reactions of Phosphates. Tetrahedron **38** (1982): 1541–1567.
113 D. A. Usher, E. S. Erenrich and F. Eckstein: Geometry of the First Step in the Action of Ribonuclease A. Proc. Natl. Acad. Sci. USA **69** (1972): 115–118.
114 S. Y. Wodak, M. Y. Lin and H. W. Wyckoff: The Structure of Cytidilyl (2',5') Adenosine When Bound to Pancreatic Ribonuclease S. J. Mol. Biol. **116** (1977): 855–875.
115 C. A. Deakyne and L. C. Allen: Role of Active-Site Residues in the Catalytic Mechanism of Ribonuclease A. J. Am. Chem. Soc. **101** (1979): 3951–3959.
116 D. E. Hansen and J. R. Knowles: The Stereochemical Course of the Reaction Catalyzed by Creatine Kinase. J. Mol. Biol. **256** (1981): 5967–5969.
117 G. L. Kenyon and G. H. Reed: Creatine Kinase: Structure-Activity Relationships. Adv. Enzymol. **54** (1983): 367–426.
118 P. E. Davis, F. H. Pettit and L. J. Reed: Peptides Derived from Pyruvate Dehydrogenase as Sub-

strates for Pyruvate Dehydrogenase Kinase and Phosphatase. Biochem. Biophys. Res. Commun. **75** (1977): 541–549.

119 R. J. Fletterick, S. Sprang and N. B. Madsen: Analysis of the Surface Topography of Glycogen Phosphorylase a: Amplications for Metabolic Interconversion and Regulatory Mechanism. Can. J. Biochem. **57** (1979): 789–796.

120 Y. Shizuta, J. A. Beavo, P. J. Bechtel, E. G. Krebs and F. Hofmann: Reversibility of Adenosine 3':5'-Monophosphatedependent Protein Kinase Reactions. J. Biol. Chem. **250** (1975): 6891–6896.

121 J. Hoppe: cAMP-dependent Protein Kinases: Conformational Changes during Activation. TIBS **10** (1985): 29–31.

122 B. E. Kemp and H. J. John: Synthetic Peptide Substrates for Protein Kinases. In: Protein Phosphorylation (Ed. O. M. Rosen and E. G. Krebs). Cold Spring Harbor Conf. on Cell Prolif. Vol. 8 (1981): 331–342.

Weiterführende Literatur

D. E. Metzler: Biochemistry – The Chemical Reactions of Living Cells. Academic Press, New York–San Francisco–London 1977.

Th. C. Bruice and St. Benkovicz: Bioorganic Mechanisms. W. A. Benjamin Inc., New York–Amsterdam 1966.

C. J. Gray: Mechanismen der Enzymkatalyse. Akademie-Verlag, Berlin 1976.

K. B. Jacimirskij: Einführung in die bioanorganische Chemie (Bearb. v. H. Hennig und H. Müller). Akademie-Verlag, Berlin 1980.

M. I. Page and A. Williams: Enzyme Mechanisms. Royal Society of Chemistry, Burlington House London 1987.

5. Immobilisierte Enzyme

5.1. Besonderheiten von immobilisierten Enzymen

Die Immobilisierung von Enzymen stellt eine besonders interessante Variante der Enzymmodifizierung dar, die in den vergangenen Jahren außerordentliche Bedeutung erlangt hat. Bereits 1916 wurde ein immobilisiertes Enzym (an Aktivkohle bzw. an Aluminiumoxid adsorbierte Invertase [1]) beschrieben, aber erst in neuerer Zeit erkannte man die weitreichenden Anwendungsmöglichkeiten dieser Katalysatoren, womit eine Phase intensiver Forschungsarbeit auf diesem Gebiet eingeleitet wurde.

Der Begriff *immobilisierte Enzyme* umfaßt alle Enzympräparate, in denen Enzyme mit anorganischen oder organischen Polymeren, den sogenannten Trägermaterialien, zu Polymer-Enzym-Komplexen verbunden sind. Durch die Fixierung in oder an polymere Strukturen wird das Enzym in seiner Beweglichkeit eingeschränkt *(immobilisiert)* und erfährt erhebliche Veränderungen seiner Eigenschaften. Handelt es sich bei dem Trägermaterial um einen in Wasser unlöslichen Stoff, so verliert auch das Enzym seine Löslichkeit und kann als Feststoff eingesetzt werden. Diese Unlöslichkeit ist es, auf die in erster Linie die Besonderheiten und Vorteile der Träger-Enzym-Komplexe zurückzuführen sind. Obwohl auch der Immobilisierung von Enzymen mittels löslicher Träger einige Bedeutung zukommt, werden doch überwiegend wasserunlösliche Trägermaterialien zur Immobilisierung herangezogen. Oftmals verwendet man darum den Begriff der immobilisierten Enzyme in engerem Sinne, indem man voraussetzt, daß es sich bei den Präparaten um unlösliche Produkte handelt. Dies soll auch im folgenden so gehandhabt werden, falls die Verwendung löslicher Träger nicht ausdrücklich betont wird. Anstelle des Begriffs *immobilisierte* Enzyme (engl. immobilized enzymes) werden oft auch andere Ausdrücke gebraucht, z. B. *trägerfixierte* (engl. supported), *matrixgebundene* (engl. matrix-bound) oder *unlösliche* (engl. insoluble) Enzyme. Die große Bedeutung der Enzymimmobilisierung für die Anwendung erklärt sich aus den Vorteilen, die das trägerfixierte Enzym im Vergleich zu seiner löslichen Form besitzt. Solche Vorteile sind

1. die Möglichkeit, das Enzym nach der Reaktion von der Reaktionslösung abzutrennen und erneut zu verwenden,
2. die Möglichkeit einer kontinuierlichen Prozeßführung,
3. die oftmals erhöhte Stabilität der Enzympräparate gegenüber thermischen oder chemischen Belastungen.

Diese Kriterien machen die Enzymkatalyse für industrielle Produktsynthesen und Stoffwandlungen interessant [2–4]. Großtechnische Anwendungen bieten sich vor allem in der *Nahrungsmittelindustrie,* in der *pharmazeutischen* und in der *chemischen Industrie* an. Einige industrielle Prozesse, die mit immobilisierten Enzymen arbeiten, werden in verschiedenen Ländern bereits erfolgreich praktiziert. Von herausragender Bedeutung sind dabei die Glucoseisomerisierung mittels Glucose-Isomerase zur Herstellung hochwertiger Glucose-Fructose-Sirupe, die Gewinnung von 6-Aminopenicillansäure aus fermentativ gewonnenen Penicillinderivaten mittels Penicillin-Acylase und die Herstellung von optisch reinen L-Aminosäuren aus den chemisch leicht zugänglichen DL-Acyl-Aminosäuren mittels L-Aminosäure-Acylase. Jüngste Entwicklungen orientieren darauf, immobilisierte Enzyme auch für Produktsynthesen in organischen Lösungsmitteln einzusetzen [5].

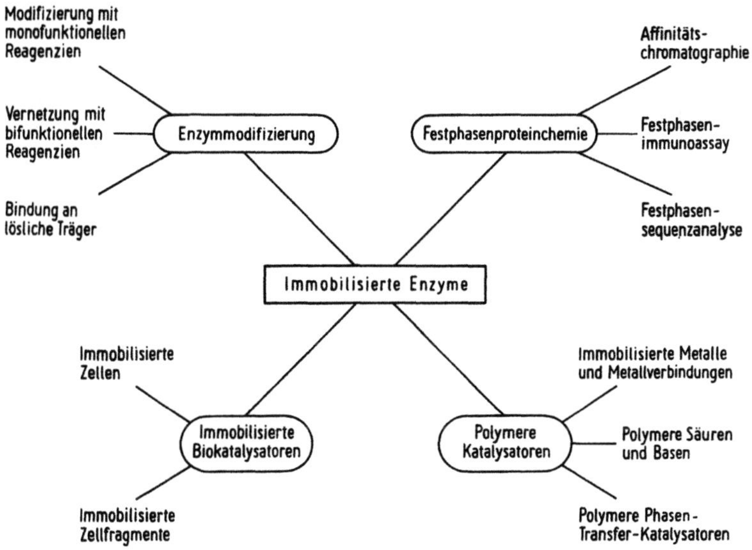

Abb. 5-1. Immobilisierte Enzyme und verwandte Forschungsgebiete.

Durch die Entwicklung der Technik der Enzymimmobilisierung erhielt auch die *enzymatische Analytik* neue Impulse. Neben der vorteilhaften Umgestaltung bekannter Verfahren durch die Einführung von Reaktoren mit immobilisierten Enzymen konnten Enzymelektroden, Enzymthermistoren und Enzym-Feldeffekt-Transistoren als neuartige analytische Sensoren auf der Basis immobilisierter Enzyme konstruiert werden [6–11]. Des weiteren eröffneten immobilisierte Enzymsysteme der *therapeutischen Medizin* neue Perspektiven für die Behandlung verschiedener Stoffwechselstörungen [12–14].

Immobilisierte Enzyme sind auch für die *biochemische Forschung* von erheblicher Bedeutung [15, 16]. Zum einen bieten sie die Möglichkeit, die bisher noch wenig verstandene Reaktions- und Transportkinetik in der Zelle an geeigneten Modellen zu studieren. An immobilisierten Enzymsystemen können eine Reihe von Phänomenen untersucht werden, die für das metabolische Geschehen entscheidend, in homogener Enzymlösung aber nicht simulierbar sind. Hierzu gehören alle Prozesse, die auf die inhomogene Enzymverteilung in den hochgeordneten Strukturen der Zelle zurückzuführen sind, z. B. Regulationsmechanismen, die auf der Wechselbeziehung von Reaktion und Diffusion beruhen, Oszillationserscheinungen und Transportphänomene (s. 4.2.4.). Außerdem stellt die Immobilisierungstechnik eine wertvolle experimentelle Methode dar, z. B. für die kinetische Charakterisierung separater Untereinheiten oligomerer Enzyme (s. 4.4.1.1.) oder für das Studium von Denaturierungs- und Renaturierungsprozessen (s. 3.6.3. u. 5.3.3.).

In den folgenden Abschnitten werden zunächst einige gebräuchliche Herstellungsmethoden immobilisierter Enzyme vorgestellt. Anschließend werden wesentliche Begriffe und Zusammenhänge, die für das Verständnis immobilisierter Enzyme und den Umgang mit ihnen erforderlich sind, erläutert. Wie in Abbildung 5-1 veranschaulicht, ergeben sich bei der Behandlung immobilisierter Enzyme zahlreiche Berührungspunkte mit verwandten Arbeitsgebieten, aus denen Erfahrungen und Theorien übernommen werden konnten.

5.2. Herstellung immobilisierter Enzyme

5.2.1. Immobilisierungsprinzipien

Zur Darstellung von immobilisierten Enzympräparaten ist eine Vielzahl von Verfahren entwickelt worden. Eine systematische Einteilung der Verfahren ergibt sich aus der Technologie, durch die das Enzym eine Immobilisierung erfährt (Abb. 5-2).

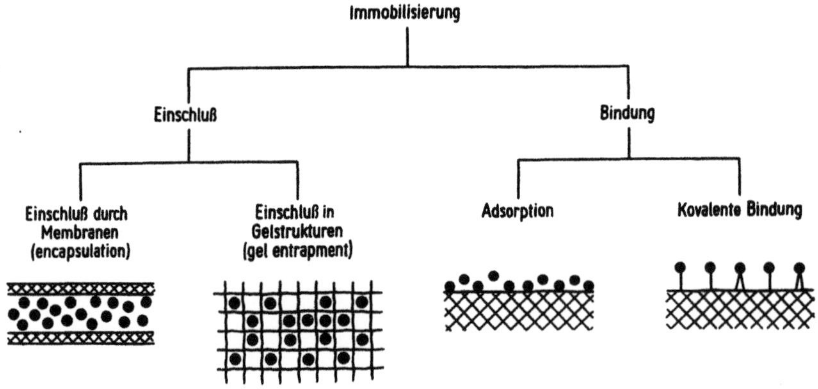

Abb. 5-2. Schematische Einteilung der Immobilisierungsprinzipien.
● Enzymmolekül, × × × × × Polymer.

5.2.1.1. Einschlußmethoden

Allen Einschlußmethoden gemeinsam ist das physikalische Immobilisierungsprinzip. Die Enzymmoleküle werden mit Hilfe teildurchlässiger Membranen oder der Netzstruktur von Gelen in begrenzte Reaktionsräume eingeschlossen, während niedermolekulare Verbindungen (Substrate, Produkte) ihre freie Beweglichkeit behalten.

Einschluß durch Membranen
An erster Stelle zu nennen ist der Einschluß in *Mikrokapseln,* die wegen ihres biologischen Modellcharakters auch als künstliche Zellen bezeichnet werden [17, 18]. Es handelt sich dabei um kleine kugelförmige Teilchen (Durchmesser: 1–300 µm), in denen die Enzymmoleküle (oder auch andere Biopolymere, Zellextrakte usw.) durch dünne Membranen eingeschlossen sind (Abb. 5-3a). Cellulosenitrat und Nylon sind häufig verwendete, geeignete Membranmaterialien (Membrandicke: ca. 20 nm, Porendurchmesser: ca. 3,6 nm). Die Herstellung der Mikrokapseln erfolgt durch Methoden der Grenzflächenpräzipitation oder Grenzflächenpolykondensation. Das Hauptinteresse an dieser Form des Enzymeinschlusses liegt auf medizinischem Gebiet. Dabei sind besonders auch Membranmaterialien gefragt, die metabolisiert werden können (z. B. vernetzte protein- oder lipidhaltige Membranen).

Eine besonders interessante Form der Enzymverkapselung bieten die *Liposomen*. Sie stellen kleine kugelförmige Gebilde dar, in denen konzentrisch angeordnete Phospholipid- (z. B. Lecithin-) und Wasserschichten alternieren (Abb. 5-3b) [19, 20].

Im technischen Bereich haben dagegen Verkapselungsverfahren Bedeutung erlangt, bei denen der Enzymeinschluß in Faserstrukturen erfolgt. So lassen sich die kommerziell erhältlichen *Hohlfasern* zur Enzymimmobilisierung verwenden [21]. Sie haben einen schlauchartigen Aufbau, wobei der innere Hohlraum (Durchmesser: 200, 500 oder 1000 µm) von einem teildurchlässigen Membranmaterial (z. B. aus Cellulose oder Nylon)

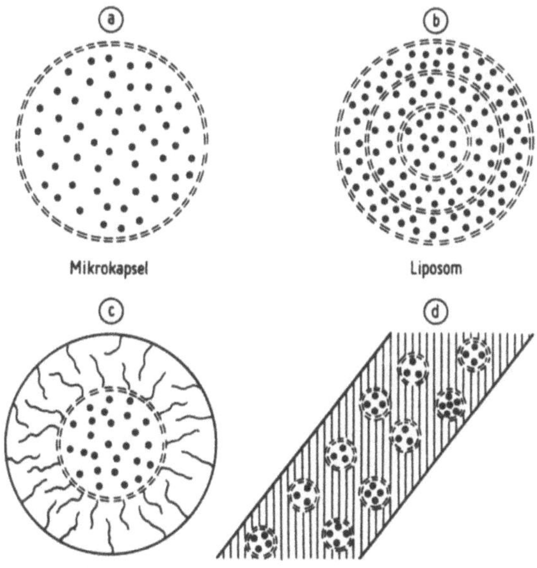

Abb. 5-3. Varianten des Enzymeinschlusses durch Membranen.
● Enzymmolekül, = = = = = Membran.

umschlossen wird. Der Membranschicht schließt sich nach außen eine dickere schwammartige Schicht desselben Materials, aber wesentlich durchlässigerer Struktur an. Enzymreaktionen werden so ausgeführt, daß sich entweder die Enzymlösung im inneren Hohlraum befindet (Abb. 5-3c) und die Fasern in die Substratlösung tauchen oder aber das Enzym sich außen befindet und die Reaktionslösung durch das Faserinnere strömt.

Eine andere Variante der Verkapselung ist der Einschluß in synthetische *Fasern,* z. B. Cellulosetriacetatfasern [22]. Feine Tröpfchen der wäßrigen Enzymlösung werden während des Spinnprozesses in die Faserstruktur eingelagert (Abb. 5-3d). 100–200 solcher Fasern können zu stabilen Fäden verzwirnt werden.

Geleinschluß

Im Unterschied zu den Methoden des Einschlusses durch Membranen werden bei diesem Verfahren die Enzymmoleküle individuell fixiert, indem sie in die Maschen von Gelstrukturen eingelagert werden [23, 24]. Dazu wird entweder das Gel in Gegenwart des Enzyms hergestellt („Einpolymerisation"), oder aber das Enzym wird in einer Lösung von vorgefertigten wasserlöslichen Polymerketten dispergiert und durch anschließende Vernetzung in dem sich ausbildenden Gel eingeschlossen. Besonders bewährt hat sich die erstgenannte Methode unter Verwendung von Polymeren auf Acrylbasis, die hinsichtlich der Gelporosität und der chemischen Zusammensetzung große Variationsmöglichkeiten bietet.

5.2.1.2. Bindungsmethoden

Adsorption

Alle Verfahren, bei denen Enzyme durch nichtkovalente Wechselwirkungen an die Oberfläche von Polymerstrukturen gebunden werden, faßt man unter dem Begriff der Immobilisierung durch Adsorption zusammen.

Enzyme können auf Grund ihres Polyelektrolytcharakters mit ionischen Polymeren, z. B. kommerziellen Anionen- und Kationenaustauschern, stabile Komplexe ausbilden (ionische Adsorption). Durch entsprechende Wahl des pH-Wertes wird die Nettoladung des Proteinmoleküls so eingestellt, daß eine elektrostatische Bindung zwischen dem ionischen Träger und dem Enzym zustande kommt. Bei Veränderung des pH-Wertes oder Behandlung mit Salzlösungen hoher Ionenstärke ($\geqq 0.5\ \text{mol}\ l^{-1}$) können die meisten Enzyme wieder schonend vom Träger abgelöst werden.

Neben ionischen Trägern ist auch eine Vielzahl anderer Materialien zur Enzymadsorption geeignet, z. B. Metalloxide, Metallsalze, Glas, Kieselgel, Aktivkohle, Kollagen, Kollodium u.a. An dieser Adsorption sind alle Formen von nichtkovalenten Wechselwirkungen beteiligt.

Kovalente Bindung
Die Enzymimmobilisierung durch kovalente Bindung erfolgt durch die chemische Reaktion von funktionellen Gruppen des Proteinmoleküls mit geeigneten reaktiven Funktionen an polymeren Trägermaterialien. Sie ist das am meisten angewandte Verfahren zur Enzymimmobilisierung (s. 5.2.3.).

Ein Sonderfall der kovalenten Enzymfixierung ist die trägerlose Immobilisierung mittels *bifunktioneller Reagentien*. Die intermolekulare Vernetzung von Enzymmolekülen mit bifunktionellen Reagentien, wie z. B. Glutardialdehyd, führt ab einem bestimmten Vernetzungsgrad zu wasserunlöslichen Komplexen, die ebenfalls als immobilisierte Enzyme betrachtet werden können.

5.2.1.3. Kombinierte Immobilisierungsmethoden

Die in Abbildung 5-2 gegebene Einteilung der Immobilisierungsverfahren ist stark vereinfacht. Viele bewährte Immobilisierungsmethoden stellen Kombinationen zweier oder mehrerer der genannten Prinzipien dar. Ein wichtiges Beispiel hierfür ist die Copolymeri-

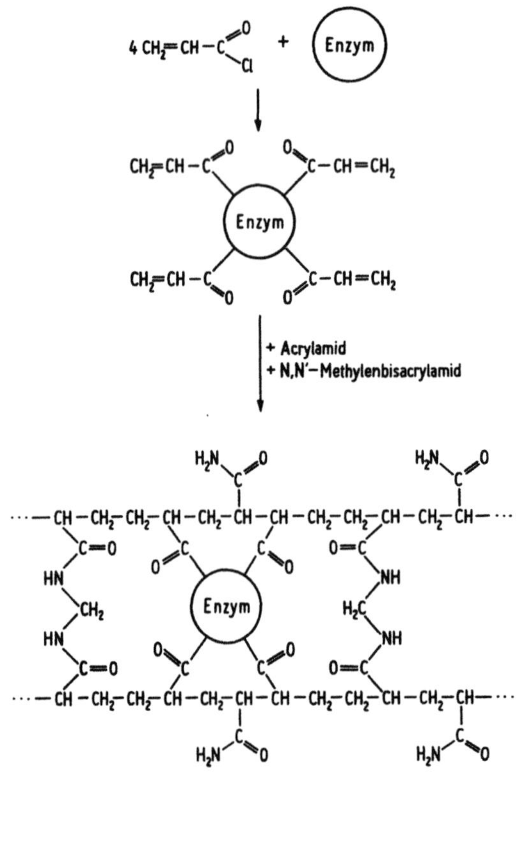

Abb. 5-4. Copolymerisation eines Enzyms in Polyacrylamid.

Tab. 5-1. Gegenüberstellung einiger Vor- und Nachteile der verschiedenen Immobilisierungsprinzipien

Immobilisierungs-methode	Vorteile	Nachteile
Membran-einschluß	Aktivitätsverluste gering; hohe Enzymkonzentrationen möglich; kinetische Eigenschaften der Enzyme unverändert; Präparate mit beliebigen Kombinationen von Enzymen, Multienzymsystemen und anderen Polymeren einfach herstellbar	ungeeignet für hochmolekulare Substrate
Geleinschluß	kinetische Eigenschaften der Enzyme unverändert	ungeeignet für hochmolekulare Substrate; Proteinablösung; geringe mechanische Stabilität
Adsorption	einfache Ausführung; Aktivitätsverluste gering; Regenerierbarkeit der Träger	Proteinablösung
Kovalente Bindung	Stabilität der Bindung; große Variabilität der Methoden	hohe Aktivitätsverluste

sation des Enzyms bei der Geleinschlußtechnik. Die Enzymmoleküle werden vor der Immobilisierung mit vinylgruppenhaltigen Monomeren modifiziert, so daß sie bei der nachfolgenden Gelpolymerisation über kovalente Bindungen in das Netzwerk des Gels eingebaut werden (Abb. 5-4). Dieses Verfahren besitzt den Vorteil, daß Proteinablösungserscheinungen verhindert werden.

5.2.1.4. Auswahlkriterien

Die Aufgaben, für deren Lösung immobilisierte Enzyme herangezogen werden können, sind so unterschiedlich, daß kein Immobilisierungsverfahren als universell anwendbar hervorgehoben werden kann, sondern die Auswahl einer geeigneten Immobilisierungsmethode muß sich nach den Forderungen der konkreten Aufgabe richten. In Tabelle 5-1 sind einige allgemeine Charakteristika, die unabhängig von der speziellen Methode allein durch das Immobilisierungsprinzip festgelegt sind, gegenübergestellt.

5.2.2. Trägermaterialien

5.2.2.1. Trägereigenschaften

Die physikalische und chemische Beschaffenheit des Trägermaterials bestimmt in hohem Grade die Eigenschaften der Träger-Enzym-Komplexe. Wichtige physikalische Charakteristika sind die *Trägerform* (der Träger kann die Gestalt von irregulären Granulaten, Stäbchen, Kügelchen, Membranen, Fasern u.a. haben), die *Partikelgröße* und (bei den bevorzugt verwendeten porösen Polymerstrukturen) die *Trägerporosität* (Abb. 5-5). Sie bestimmen die für die Enzymbindung zur Verfügung stehende Oberfläche und deren Zugänglichkeit: Kleine Partikel und kleine Poren sind verbunden mit großer spezifischer Oberfläche, kleine Partikel und große Poren begünstigen den Stofftransport im Partikelinnern.

Die chemische Struktur des Trägers muß gewährleisten, daß er *im wäßrigen Milieu benetzbar* ist und *zur Enzymbindung geeignete Gruppen* in ausreichender Dichte und Zugänglichkeit enthält. Hydrophilie bzw. Hydrophobie der Matrix sowie funktionelle, insbesondere geladene Gruppen, beeinflussen nicht nur die Enzymbindungsreaktion sondern auch die funktionellen Eigenschaften des gebundenen Enzyms (s. 5.3.2.).

Weitere Matrixeigenschaften, die bei der Trägerauswahl in Betracht gezogen werden müssen, sind die *chemische Stabilität,* insbesondere die hydrolytische Stabilität, sowie die *Stabilität gegenüber mikrobiellem Angriff.* Für den Einsatz immobilisierter Enzyme in

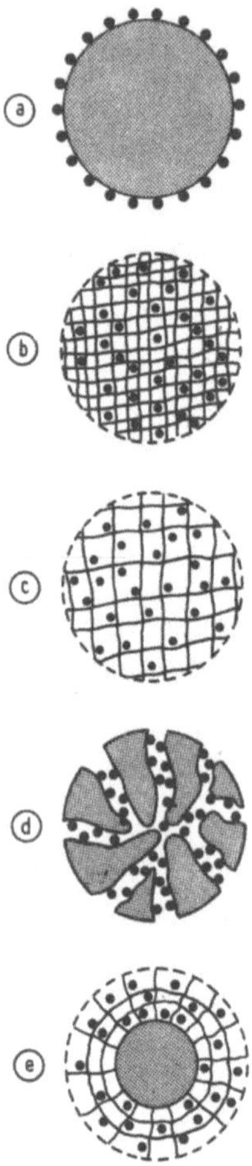

Abb. 5-5. Porenstruktur von Trägerpolymeren zur Enzymimmobilisierung.
● Enzymmolekül, $\bar{R}_p$ = mittlerer Porenradius.
a) Nichtporöse oder mikroporöse Struktur ($\bar{R}_p \leqq 1$ nm) (z. B.: Nylon, Minerale). b) Gelstruktur mit hohem Vernetzungsgrad (z. B.: Polyacrylamid, Polyvinylpyrrolidon). c) Gelstruktur mit geringem Vernetzungsgrad (z. B.: Sephadex G50–G200). d) Makroporöse Struktur ($\bar{R}_p \geqq 25$ nm) (z. B.: Makroporöses Glas, Kieselgel, Polystyren). e) Kombinierte Trägerstruktur (Ein nichtporöser Kern wird mit einem porösen Material beschichtet.).

der Lebensmittelindustrie und in der Medizin gilt es darüber hinaus, die *Toxizität* des Trägermaterials zu prüfen. Schließlich können bei anwendungsorientierten Aufgaben die *Kosten* des Trägermaterials zum entscheidenden Kriterium bei der Trägerauswahl werden.

Entsprechend den vielfältigen Aufgabenstellungen und Interessengebieten sind bisher nahezu alle denkbaren natürlichen und synthetischen Materialien zur Enzymimmobilisierung erprobt worden. Einige Polymere, die sich als Trägermaterialien besonders bewährt haben, sind im folgenden, geordnet nach chemischen Gesichtspunkten, zusammengestellt.

5.2.2.2. Anorganische Trägermaterialien

Obwohl anorganische Träger wie Glas, Kaolin, Kieselgel u.a. schon lange zur Adsorption und Chromatographie von Biopolymeren verwendet wurden, gelangen entscheidende Erfolge auf dem Sektor der Enzymimmobilisierung erst nach der Entwicklung von makroporösen Varianten.

Makroporöses Glas [25, 26]
Spezielle Methoden erlauben die Herstellung von porösen Glaskügelchen mit sehr einheitlichen Porenradien (engl. controlled pore glass). In Abhängigkeit von den Herstellungsbedingungen kann der Porenradius zwischen 3 und 300 nm variiert werden. Die Oberfläche des Trägers ist vorrangig von Silanolgruppen besetzt, die zum größten Teil hydratisiert vorliegen (Abb. 5-6a). Zur Vorbereitung für eine kovalente Enzymbindung [25, 26] wird die Glasoberfläche in der Regel durch organische Siliziumverbindungen wie das meist verwendete γ-Aminopropyltriethoxysilan modifiziert (Abb. 5-6b).
Glasträger besitzen ausgezeichnete mechanische Eigenschaften. Sie sind resistent gegenüber mikrobiellem Angriff und durch Hitzebehandlung (Verbrennung der organischen Bestandteile) regenerierbar. Ein Nachteil der Gläser ist ihre Alkaliempfindlichkeit (pH > 7), die durch Beschichtung der Glasoberfläche mit Zirkoniumdioxid reduziert werden kann.

Andere anorganische Träger
Außer den Glasträgern ist noch eine Reihe anderer makroporöser Trägermaterialien auf Siliziumbasis, wie z.B. *makroporöses Kieselgel*, zur Enzymimmobilisierung gut geeignet. Auch metallhaltige *keramische Materialien* oder reine *Metalloxide* (Al_2O_3, ZrO_2, TiO_2) haben als poröse Träger mit relativ einheitlichen Porenradien Bedeutung erlangt.

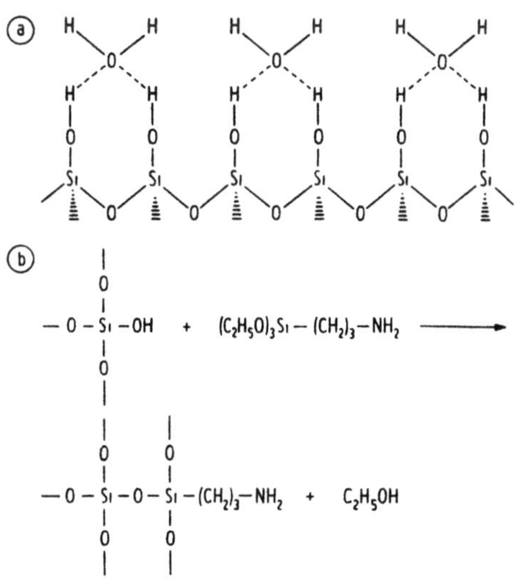

Abb. 5-6. Chemische Struktur der Oberfläche von Glasträgern.
a) Hydratisierte Glasoberfläche. b) Funktionalisierung von Glas mit γ-Aminopropyltriethoxysilan.

Interessante Trägermaterialien für spezielle Zwecke stellen auch *ferromagnetische Stoffe*, wie Magnetit, dar. Sie erlauben die Trennung immobilisierter Enzyme aus Mischungen mit anderen Feststoffen sowie die Anwendung von Rührmethoden, die nach magnetischen Prinzipien arbeiten.

Aktivkohle, Hydroxyapatit oder Metallhydroxide (z.B. $Al(OH)_3$) sind weitere häufig angewandte anorganische Trägermaterialien.

5.2.2.3. Organische Trägermaterialien

5.2.2.3.1. Natürliche organische Polymere

Träger auf Polysaccharidbasis

Sehr verbreitet zur Enzymimmobilisierung sind Träger auf Cellulose-, Agarose- oder Dextranbasis [27, 28]. Derartige Materialien haben sich seit langem in der Gel-, Ionenaustausch- und Affinitätschromatographie bewährt. Die aus pflanzlichen Rohstoffen gewonnenen *Celluloseträger* (Abb. 5-7a) enthalten in Abhängigkeit von den Herstellungsbedingungen unterschiedliche Anteile hochgeordneter („kristalliner") und ungeordneter („amorpher") Bereiche und besitzen damit unterschiedliche Permeabilitäten. Zur Enzymimmobilisierung wird meist eine große Permeabilität angestrebt, die durch eine neu entwickelte Technik zur Präparation makroporöser Cellulose in Kugelform realisiert wird [29].

Agarose (Abb. 5-7b), die aus Agar, dem Pflanzenschleim verschiedener Rotalgenarten, erhalten wird, bildet starre, großporige Gelstrukturen aus, die in sphärischer Teilchenform, zum Teil chemisch vernetzt, kommerziell erhältlich sind.

Dextrane (Abb. 5-7c) sind mikrobielle extrazelluläre Polysaccharide. Durch Vernetzung (z. B. mit Epichlorhydrin) ergeben sie quellbare Gele, deren Porengröße über den Vernetzungsgrad gezielt eingestellt werden kann.

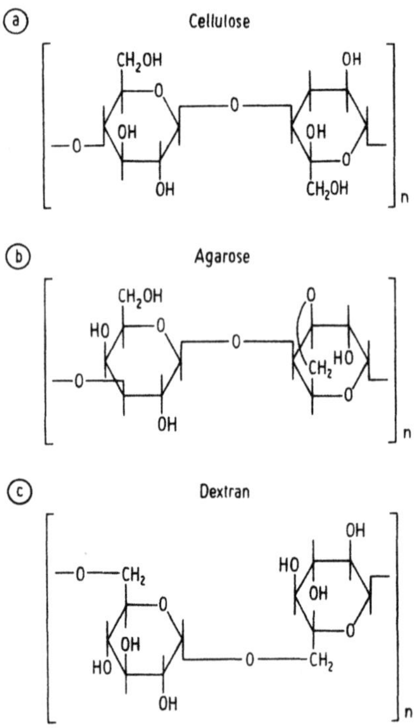

Abb. 5-7. Chemische Struktur von Trägermaterialien auf Polysaccharidbasis.
a) Cellulose (Poly-1.4-β-D-glucopyranosyl-D-glucopyranose). b) Agarose (Poly-β-D-galactopyranosyl-3.6-anhydro-α-L-galactopyranose). c) Dextran (Poly-1.6-α-D-glucopyranosyl-D-glucopyranose).

Für die chemische Modifizierung der genannten Polysaccharidträger stehen die freien Hydroxylgruppen der Saccharidreste zur Verfügung, die entweder in einer direkten Aktivierungsreaktion zur Enzymbindung befähigt werden (Tab. 5-2) oder aber über geeignete Derivate, wie sie zum Teil bereits in den kommerziellen Ionenaustauschern vorhanden sind, mit dem Enzym verknüpft werden.

Andere natürliche Polysaccharide, die sich zur Enzymimmobilisierung eignen, sind *Stärke, Carrageenan, Alginate, Pektine, Chitin* u. a.

Träger auf Proteinbasis
Das tierische Strukturprotein *Kollagen* ist ein hervorragendes Trägermaterial zur Herstellung immobilisierter Enzyme in Membranform [30]. Seine zahlreichen polaren und apolaren Aminosäurereste bieten viele Möglichkeiten zur nichtkovalenten Enzymbindung.

5.2.2.3.2. Synthetische organische Polymere

Der Vorteil der synthetischen organischen Polymere als Trägersubstanzen für Enzyme liegt vor allem in ihrer großen Variationsbreite. Polymere unterschiedlicher chemischer Zusammensetzung, Gestalt und Eigenschaften können gezielt synthetisiert werden. Da die Polymerstruktur im allgemeinen durch eine Vielzahl von sich gegenseitig beeinflussenden Syntheseparametern bestimmt wird, sind statistische Versuchspläne und Auswertungsprogramme, wie sie in der präparativen organischen Chemie zur Optimierung mehrkomponentiger Systeme entwickelt wurden, zur Gewinnung optimaler Trägerstrukturen besonders geeignet [31]. Die Auswertung der Optimierungscyclen erfolgt anhand einer vorgebenen Zielgröße, z. B. der katalytischen Aktivität der resultierenden Träger-Enzym-Komplexe.

Träger auf Acryl- und Methacrylbasis
Polymere auf Acryl- und Methacrylbasis sind die bisher zur Enzymimmobilisierung bevorzugt verwendeten synthetischen Materialien [32-34]. In Abhängigkeit von den Polymerisationsbedingungen können die Polymerisate sehr unterschiedliche Eigenschaften besitzen. Von weichen, stark quellbaren Gelstrukturen bis zu wenig quellbaren, makroporösen Systemen sind zahlreiche Polymerstrukturen in Gebrauch.

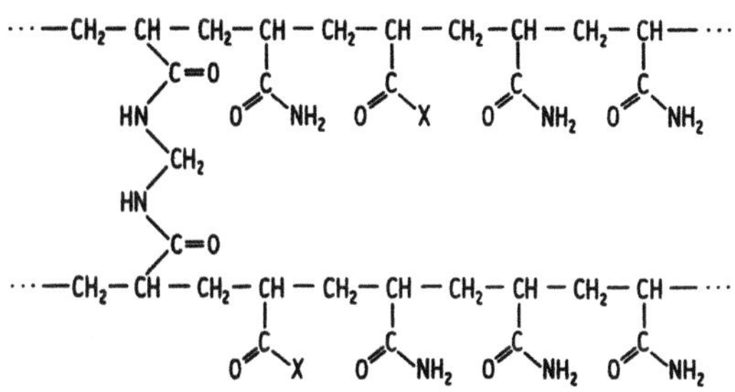

Abb. 5-8. Chemische Struktur von Copolymerisaten auf Acrylbasis.
Vernetzer: N,N'-Methylenbisacrylamid.
X = —OH, —NH—NH₂, —NH—C₆H₄—NH₂ ,o. a.

Die kovalente Fixierung von Enzymen an Acryl- bzw. Methacrylpolymere erfolgt über die funktionellen Gruppen der Träger (Abb. 5-8), die in einigen Polymervarianten direkt mit dem Protein reagieren können (z. B. gehören dazu die Polymere, die Methacrylsäureanhydrid, Vanillinmethacrylat oder Glycidylmethacrylat enthalten) oder aber zur Enzymkupplung aktiviert werden müssen (s. 5.2.3.).

Träger auf Polystyrenbasis
Polymere Träger auf Polystyrenbasis sind als Ionenaustauscher gut bekannt. Das mit Divinylbenzen vernetzte Polystyrengerüst (Abb. 5-9) läßt sich mit makroporöser Struktur herstellen. Nach geeigneter Funktionalisierung (z. B. Aminomethylierung der Benzenkerne) stellt es ein zur Enzymimmobilisierung geeignetes Ausgangsmaterial dar.

Um die Hydrophilie der Polystyrenträger zu erhöhen, wurde eine Reihe von Copolymerisaten aus Styrenderivaten und hydrophilen Monomeren wie Acrylamid oder Acrylsäure entwickelt [35].

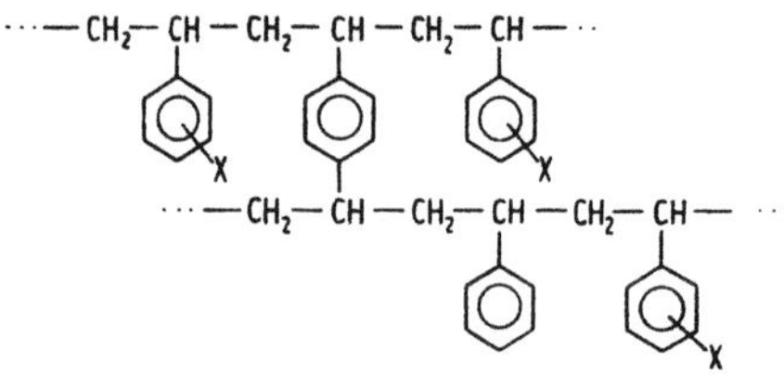

Abb. 5-9. Chemische Struktur von Polymeren auf Styrenbasis.
Vernetzer: Divinylbenzen.
X: funktionelle Gruppe, z. B. $—CH_2—NH_2$.

Träger auf Polyamidbasis
Polyamide können in sehr verschiedenen Formen (Fasern, Membranen, Hohlfasern, Pulvern, Schläuchen) hergestellt werden. Als Enzymträger sind vor allem *Nylonarten*, erhalten durch Polykondensation von aliphatischen Dicarbonsäuren mit Diaminen, erfolgreich verwendet worden [36]. Zur kovalenten Enzymimmobilisierung müssen die Nylonträger vorbehandelt werden. Das kann durch partielle Hydrolyse der Amidbindung (Abb. 5-10) und nachfolgende Aktivierung der entstehenden Amino- und Carboxylfunktionen geschehen (s. 5.2.3.).

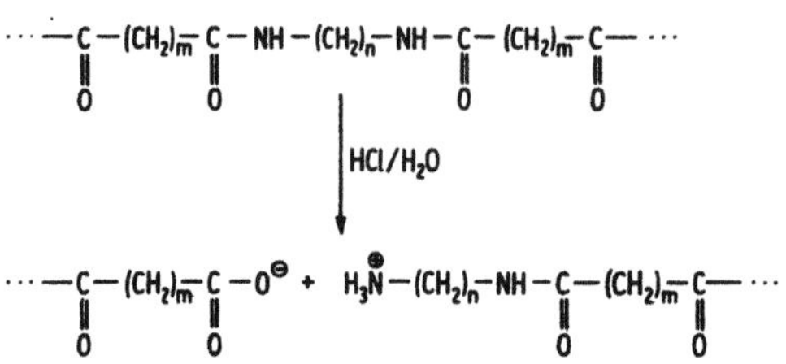

Abb. 5-10. Partielle Hydrolyse von Nylon.

Den Vorteilen der mechanischen Festigkeit, Formenvariabilität und Hydrophilie der Nylonträger steht der Nachteil einer relativ geringen Oberfläche und damit niedrigen Enzymbindungskapazität entgegen.

5.2.3. Methoden zur kovalenten Enzymbindung

5.2.3.1. Auswahl der Kupplungsmethode

Zur kovalenten Bindung der Enzymmoleküle an polymere Träger stehen alle reaktiven Aminosäurereste des Proteingerüstes (bei Glykoproteinen außerdem die Kohlenhydratreste [Tab. 3.11]) zur Verfügung. Die Mehrzahl der Kupplungsmethoden orientiert auf die Enzymbindung über freie Aminogruppen. Daneben werden Carboxylgruppen, Sulfhydrylgruppen oder die aromatischen Reste des Proteinmoleküls bevorzugt zur Bindung herangezogen. Bei allen Kupplungsreaktionen muß man jedoch mit der Konkurrenz verschiedener funktioneller Gruppen am Protein rechnen.

Die Trägermaterialien werden, falls sie nicht bereits in die Matrix eingebaute Gruppen enthalten, die unmittelbar mit dem Enzym reagieren können (z. B. Anhydride, Aldehyde, Isocyanate, Isothiocyanate), so modifiziert, daß sie reaktiv genug sind, um mit den genannten funktionellen Gruppen des Enzyms unter milden Reaktionsbedingungen eine Bindung einzugehen. Dabei unterscheidet man zwischen der *direkten Aktivierung*, bei der die funktionellen Gruppen des Trägers direkt, oftmals in nur einem Reaktionsschritt, in eine reaktivere Form überführt und dadurch zur Reaktion mit dem Enzym befähigt werden (Abb. 5-11a), und der *indirekten Aktivierung*, bei der die funktionellen Gruppen des Trägers zunächst mit bi- oder multifunktionellen Verbindungen verknüpft werden und erst dann – meist wiederum nach einem Aktivierungsschritt – das Enzym binden (Abb. 5-11b). Durch die Einführung solcher Ankermoleküle kann die Trägeroberfläche in verschiedener Weise modifiziert werden. Es ist möglich, ionische oder aromatische Reste einzuführen, vor allem aber können längere Molekülketten, sog. *Spacer*, den Abstand des Enzyms von der Trägeroberfläche vergrößern.

Bei hohem Funktionalisierungsgrad der Trägeroberfläche kommt es zur mehrfachen kovalenten Verknüpfung des Enzymmoleküls mit dem Träger (s. 5.3.3.). Eine Bestimmung der Zahl der kovalenten Enzym-Träger-Bindungen ist möglich mit Hilfe einer Aminosäu-

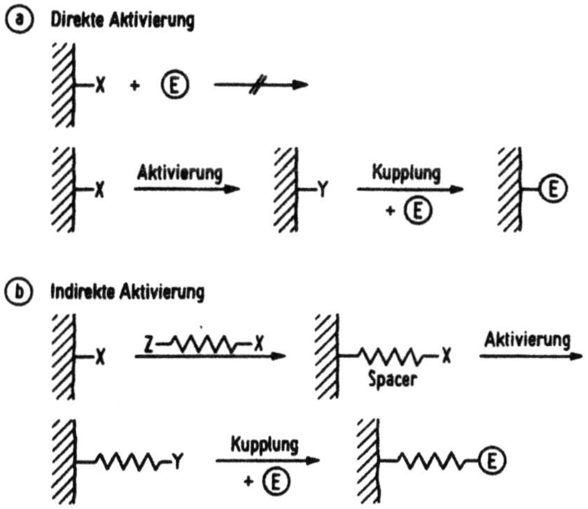

Abb. 5-11. Trägeraktivierung zur kovalenten Enzymbindung. Ⓔ: Enzymmolekül, Z-∿∿∿-X : bifunktionelles Reagens, X, Y, Z: funktionelle Gruppen.

reanalyse. Wird die Aminosäurezusammensetzung im Hydrolysat des Träger-Enzym-Komplexes mit der des nativen Enzyms verglichen, so kann aus der Differenz der Aminosäuren auf die Zahl der durch die Trägerbindung modifizierten Reste geschlossen werden.

Bei der Auswahl einer Kupplungsmethode stehen im allgemeinen folgende Aspekte im Vordergrund:

Proteinbeladung und Proteinbindungsrate

Unabhängig von auftretenden Aktivitätsverlusten charakterisieren diese Größen die Bindungskapazität des Trägers. Die Bestimmung der *Proteinbeladung* (mg Protein/g Träger) kann erfolgen durch

1. Proteinbestimmung (Differenzmethode): Man ermittelt den Proteingehalt der zur Kupplung eingesetzten und der nach der Kupplung zurückgewonnenen Lösung. Aus der Differenz der Meßwerte berechnet sich die Proteinbeladung des Trägers.
2. Aminosäureanalyse: Der Träger-Enzym-Komplex wird einer sauren Hydrolyse unterworfen. Die quantitative Auswertung der Aminosäureanalyse des Hydrolysates liefert den Proteingehalt des Komplexes.
3. Elementaranalyse: Der Proteingehalt des Träger-Enzym-Komplexes wird anhand eines Elementes (z. B. des Stickstoffs) ermittelt. Diese Methode ist nur anwendbar, wenn die Trägersubstanz dieses Element nicht enthält.
4. Spezielle Methoden: Bei reversibler Trägerbindung kann der Proteingehalt nach Elution des Proteins gemessen werden (z. B. bei der Trägerfixierung über Disulfidbindung durch Thiol-Disulfid-Austausch). Der Proteingehalt von immobilisierten Enzymen, die dissoziierbare prosthetische Gruppen enthalten, kann ermittelt werden durch Freisetzung und quantitative Bestimmung dieser Gruppen.

Tab. 5-2. Gebräuchliche Kupplungsmethoden

Funktionelle Gruppen am Träger	Aktivierungsmethode	Aktivierungs- und Enzymbindungsreaktion
—OH (Cellulose, Agarose, Dextrane, Hydroxymethacrylate)	Bromcyan [37–39]	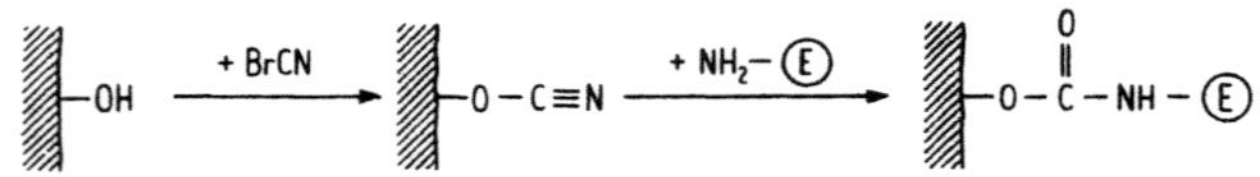 (vereinfacht)
	Chlortriazin [40]	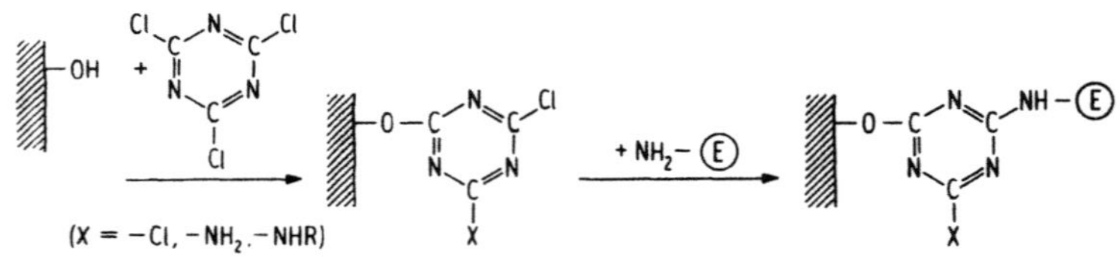 (X = −Cl, −NH$_2$, −NHR)
	Benzochinon [41]	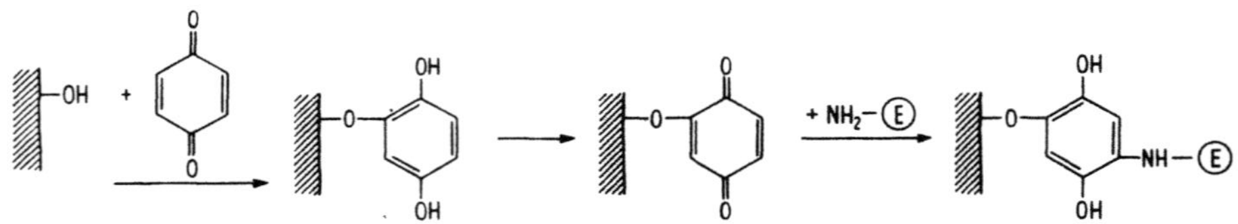
	Übergangsmetallsalze ($TiCl_4$, $TiCl_3$, $SnCl_4$, $ZrCl_4$, VCl_3, $FeCl_3$ u. a.) [42]	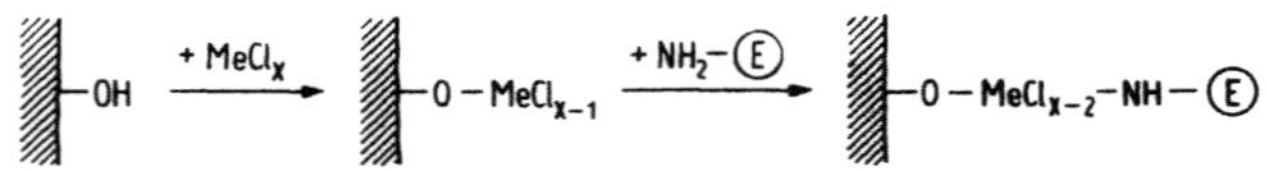
	Chlorameisensäureester [43]	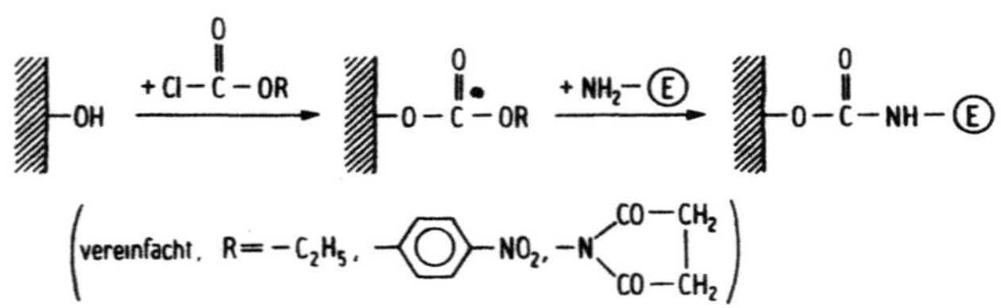

Fortsetzung Tab. 5-2.

	Epoxid [28]	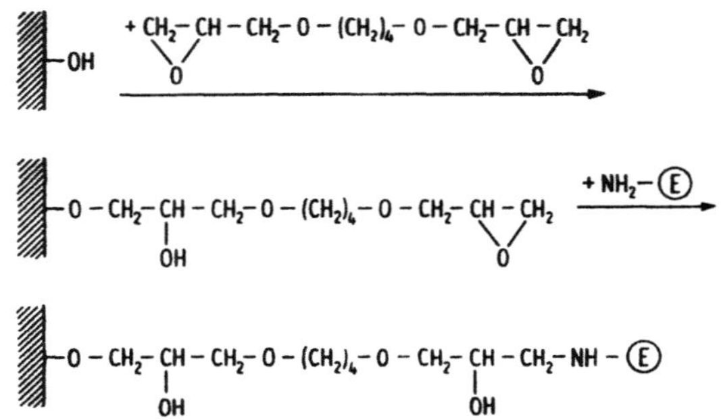
	Natriumperiodat [44]	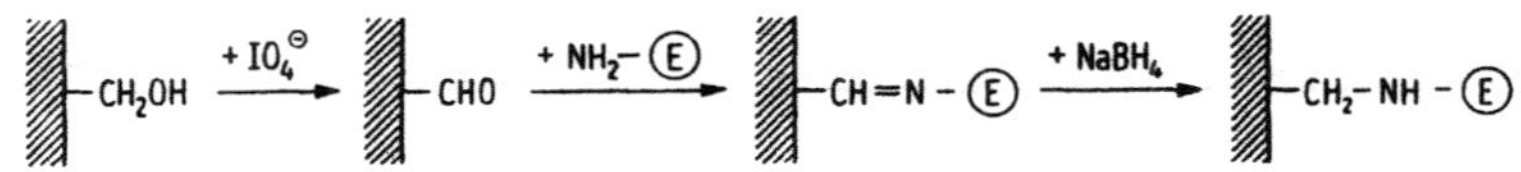
	Tresylchlorid [45]	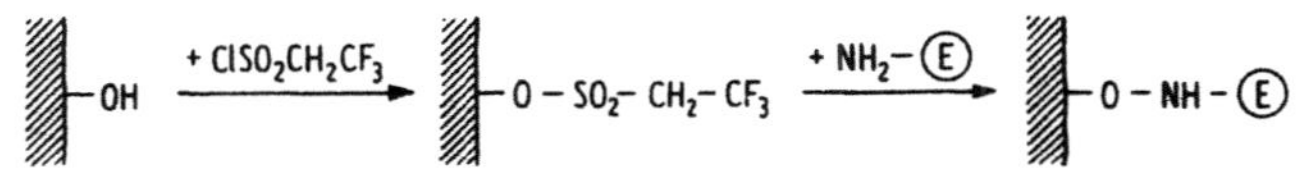
—NH_2 (aminosilanisierte Gläser, aminomethylierte Polystyrene, modifizierte Polysaccharidträger)	Glutardialdehyd [46]	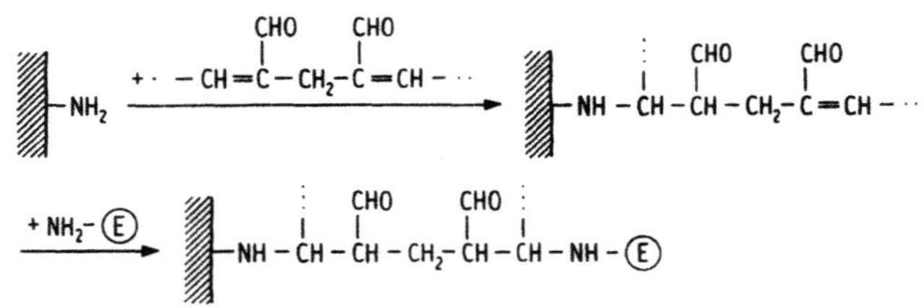
	Chlortriazin	analog der Hydroxylgruppenaktivierung
	Benzochinon	analog der Hydroxylgruppenaktivierung
	Diazotierung [47]	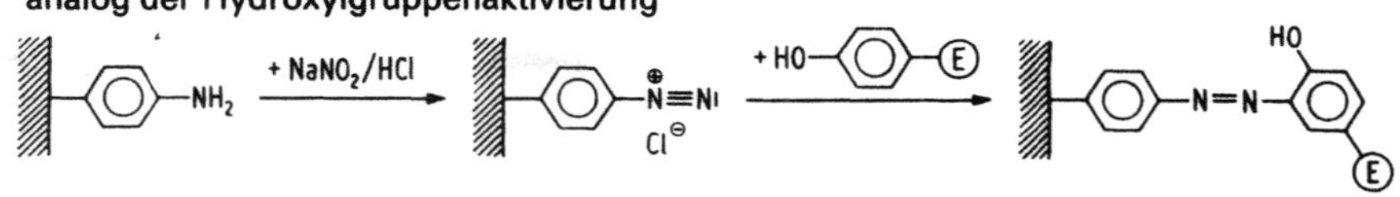

Fortsetzung Tab. 5-2.

Funktionelle Gruppen am Träger	Aktivierungsmethode	Aktivierungs- und Enzymbindungsreaktion
—COOH (Polyacrylsäure- und Polymethacrylsäurederivate, Carboxymethylcellulose)	Azid [48]	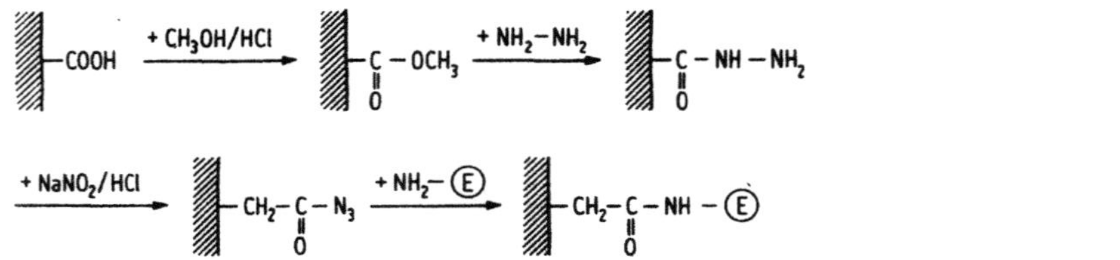
	Wasserlösliche Carbodiimide [49]	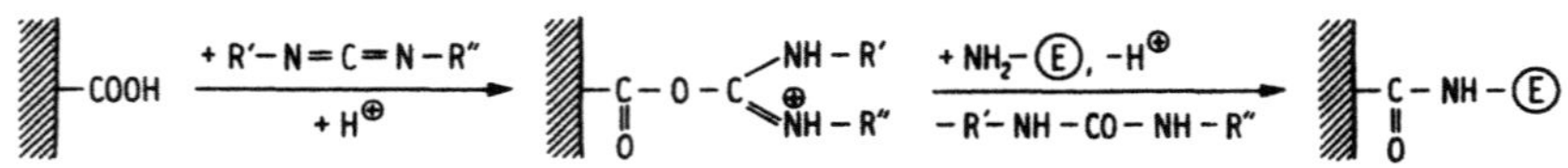
	Aktivierte Ester [50]	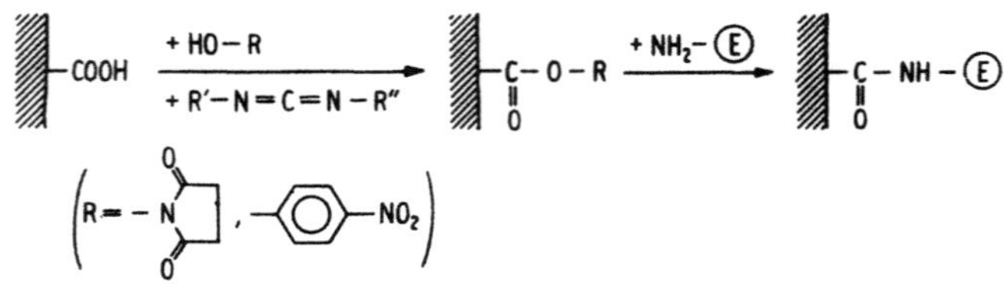
—SH	Disulfidaustausch [51]	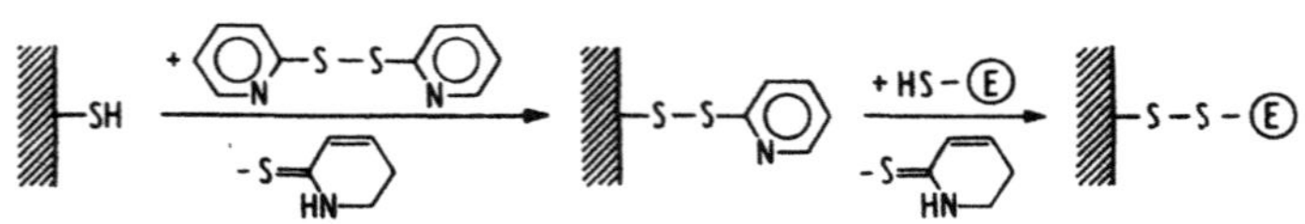
—C≡N	Imidoester [52]	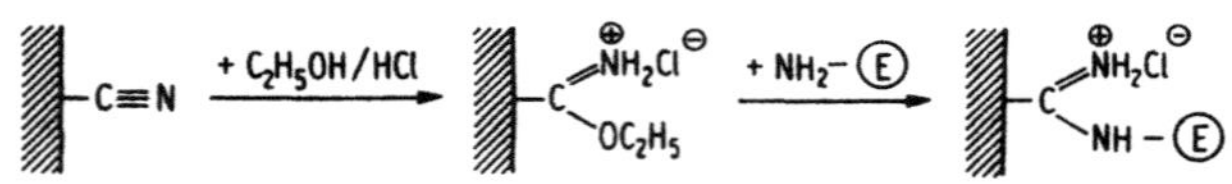

Die *Proteinbindungsrate* (Kupplungsausbeute, in %) einer Kupplungsreaktion ergibt sich aus dem Verhältnis von gebundener zu angebotener Proteinmenge.

Aktivität

Ein großer Nachteil der kovalenten Enzymimmobilisierung liegt in dem relativ hohen Aktivitätsverlust, den das Enzym im allgemeinen bei der chemischen Bindung an den Träger erfährt. Dieser kann auf der vollständigen *Inaktivierung eines Teils der Enzymmoleküle* beruhen. Ursache hierfür kann sein, daß an der Kupplungsreaktion Gruppen beteiligt sind, die für die Aktivität des Enzyms essentiell sind. Ferner können die Kupplungsbedingungen zur Enzymdenaturierung führen, oder das Enzym büßt durch die sterische Fixierung seine aktive Konformation ein. Auch kann das aktive Zentrum durch die Trägeroberfläche so abgeschirmt sein, daß der Substratzutritt verhindert wird. Andererseits kann die Aktivitätsminderung aber auch auf *Veränderungen des kinetischen Verhaltens der aktiven Enzymmoleküle* am Träger beruhen (s. 5.3.2.).

Zum Vergleich verschiedener Kupplungsmethoden werden folgende Aktivitätsangaben verwendet:

1. *Spezifische Aktivität* des Träger-Enzym-Komplexes (U/g bzw. kat/g). Sie gibt die unter definierten Bedingungen gemessene Enzymaktivität, bezogen auf 1 g trockenen Träger-Enzym-Komplex, an.
2. *Relative Aktivität* (Kupplungseffizienz, in %). Hier wird das Verhältnis von wirksamer zu gebundener Aktivität verglichen, indem man die Aktivität einer Träger-Enzym-Probe auf die Aktivität, die die in ihr enthaltene Enzymmenge unter denselben Bedingungen (pH, Temperatur, Substrat- und Effektorkonzentrationen) in freiem Zustand hat, bezieht.

Stabilität der Bindung

Bei der Auswahl einer Kupplungsmethode gilt es, die Stabilität der entstehenden Enzym-Matrix-Bindung zu beachten. Sie muß den Bedingungen, unter denen das Enzym arbeiten soll, standhalten.

5.2.3.2. Gebräuchliche Kupplungsmethoden

Tabelle 5-2 gibt eine Übersicht über die Möglichkeiten, verschieden funktionalisierte Trägermaterialien zu aktivieren.

5.3. Eigenschaften immobilisierter Enzyme

5.3.1. Physikalische und chemische Eigenschaften

Durch die Trägerfixierung erfahren die physikalischen und chemischen Eigenschaften des Enzymmoleküls Veränderungen. Dies betrifft Einschränkungen in der Bewegungsfreiheit des Enzymmoleküls, Veränderungen der Enzymkonformation sowie bei kovalenter Trägerbindung Veränderungen der chemischen Struktur und des Ladungszustandes des Enzymmoleküls infolge der chemischen Modifizierung.

Alle diese Veränderungen spiegeln sich in den thermodynamischen und kinetischen Enzymeigenschaften (s. 5.3.2.) wider, einer unmittelbaren Messung durch physikalisch-chemische Untersuchungsmethoden sind sie nur schwer zugänglich. Viele der gebräuchlichen spektroskopischen Verfahren sind nur auf transparente Systeme anwendbar (CD-Messungen, UV-Spektroskopie) oder deshalb ungeeignet, weil sich die Signale von Enzym- und Trägermolekülen überlagern. Als besonders erfolgreich für Konformationsstudien an immobilisierten Enzymen haben sich bisher *Fluoreszenz*- und *ESR-Untersuchungen* erwiesen.

5.3.2. Kinetik immobilisierter Enzyme

Die Immobilisierung führt in den meisten Fällen zu einem veränderten kinetischen Verhalten der Enzyme. Dabei können auch Veränderungen in der Substratspezifität oder (bei Enzymen, die polymere Substrate spalten, wie Proteasen, Amylasen u. a.) im Spektrum der Spaltprodukte auftreten. Neben den veränderten physikalischen und chemischen Eigenschaften des Enzymmoleküls (s. 5.3.1.) können Medien- und Diffusionseffekte für die Besonderheiten im kinetischen Verhalten immobilisierter Enzyme verantwortlich sein. Zur gezielten Beeinflussung von Reaktionen an immobilisierten Enzymen ist es wichtig, den Einfluß dieser Effekte zu verstehen. Darüber hinaus vermag das Studium der Kinetik immobilisierter Enzyme wertvolle Beiträge für das Verständnis zellulärer Prozesse zu liefern, denn auch das kinetische Verhalten von natürlichen, in Membranen eingebetteten Enzymen wird von den Besonderheiten der heterogenen Enzymkatalyse geprägt.

Die Messung und Behandlung kinetischer Daten erfolgt bei immobilisierten Enzymsystemen analog der bei löslichen Enzymen, wobei man aus den Abweichungen der ermittelten Parameter von denen der entsprechenden löslichen Systeme und ihrer Abhängigkeit von den Reaktionsbedingungen Schlüsse auf die Art der kinetischen Beeinflussung zieht. Eine Reihe von theoretischen Betrachtungen und ihre experimentelle Überprüfung liefern die Grundlage dazu. Im folgenden soll gezeigt werden, wie sich die einzelnen Effekte in den enzymkinetischen Parametern niederschlagen. Dabei erfolgt eine Beschränkung auf solche Enzyme, die in löslicher Form der Michaelis-Menten-Kinetik folgen.

5.3.2.1. Effekte der physikalischen und chemischen Modifizierung des Enzymmoleküls

Hierzu zählen alle Effekte, die die kinetischen Konstanten infolge von Veränderungen des Enzymmoleküls beeinflussen:

Veränderungen der Proteinkonformation
Verzerrungen in der räumlichen Anordnung der Gruppen des aktiven Zentrums als Folge der Enzymfixierung sowie die Einbuße der Konformationsflexibilität, die vor allem auch bei Enzymen mit kooperativem Verhalten wichtig ist, können zu Veränderungen der kinetischen Konstanten führen.

Sterische Hinderung
Trotz Erhalt der nativen Konformation können das aktive Zentrum oder Effektorbindungszentren für Substrat- oder Effektormoleküle durch sterische Abschirmeffekte des Trägers in ihrer Zugänglichkeit beeinträchtigt werden. Dieser Effekt kommt ebenfalls in den kinetischen Parametern zum Ausdruck.

Chemische Effekte
Die chemische Modifizierung, welche das Proteinmolekül bei der Immobilisierung erfährt, kann die pK_a-Werte der ionischen Gruppen des aktiven Zentrums oder anderer Bindungszentren beeinflussen. Man beobachtet in diesen Fällen Verschiebungen im pH-Aktivitätsprofil, die im Gegensatz zu den pH-Optimumsverschiebungen infolge von Verteilungseffekten (s. 5.3.2.3.) nicht von der Ionenstärke des Mediums abhängig sind.

Konformations-, sterischen und chemischen Effekten gemeinsam ist, daß sie die *intrinsischen* (d. h. die vom Katalysemechanismus diktierten) kinetischen Parameter des Enzyms direkt verändern. In Abwesenheit anderer Effekte werden die kinetischen Konstanten nach den üblichen Methoden der Enzymkinetik erhalten und zur Unterscheidung von den Parametern des löslichen Enzyms mit einem Strich versehen, z. B. V', K'_m. Bei der Interpretation der Größen muß man sich jedoch des Problems der Heterogenität der Träger-Enzym-Präparate bewußt sein (Abb. 5-12). Die ermittelten Konstanten stellen Mittelwerte der Konstanten aller einzelnen Enzymmoleküle dar, die auf Grund unterschiedlicher Bindungsverhältnisse auf molekularer Ebene beträchtlich voneinander abweichen können.

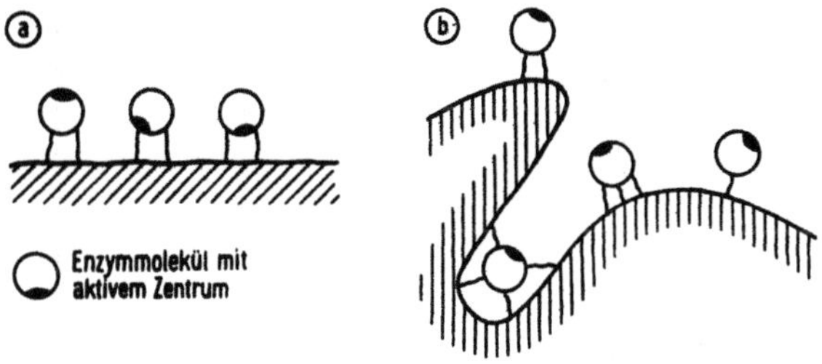

Abb. 5-12. Heterogenität der Enzym-Träger-Bindung.
a) Die Enzymmoleküle unterscheiden sich durch die Zugänglichkeit des aktiven Zentrums. b) Die Enzymmoleküle unterscheiden sich durch die Zahl der Bindungen zum Träger.

Weiterhin ist zu beachten, daß eine eindeutige Bestimmung der katalytischen Konstanten k'_{cat} aus V' entsprechend $V' = k'_{cat} [E_0]$ (s. 2.2.1.) nur möglich ist, wenn die Zahl der aktiven Enzymmoleküle am Träger direkt ermittelt werden kann, z. B. durch Titration der aktiven Zentren [53]. Aus der Kenntnis der gebundenen Enzymmenge und V' allein kann man nicht entscheiden, ob ein Teil der gebundenen Enzymmoleküle total inaktiviert ist, während der aktive Teil dieselbe katalytische Konstante wie das native Enzym besitzt, oder ob alle Enzymmoleküle eine verminderte katalytische Konstante aufweisen (s. 5.2.3.1.). Einen Hinweis auf den erstgenannten Fall („all-or-none condition") erhält man, wenn sich die Aktivierungsenergien für die Reaktion mit dem immobilisierten und dem nativen Enzym nicht unterscheiden.

5.3.2.2. Einflüsse des Matrixmilieus auf die intrinsischen kinetischen Parameter

Unter dem Begriff Matrixmilieu-Effekte werden alle Einflüsse auf die Reaktionskinetik zusammengefaßt, die darauf beruhen, daß die Enzymreaktion am Träger in einer Umgebung stattfindet, die sich von der in Enzymlösungen unterscheidet. Das immobilisierte Enzym ist zum Beispiel nicht vollständig von Wassermolekülen umgeben, so daß die Solvatation der Reaktanten oder auch Intermediate im Vergleich zur Reaktion in Lösung verändert sein kann. Ferner ist damit zu rechnen, daß das elektrische Feld geladener Trägeroberflächen die in der Enzymkatalyse oft entscheidenden Wechselwirkungen zwischen geladenen Molekülresten beeinflußt. Diese direkten Einflüsse des Matrixmilieus auf den Verlauf der Enzymreaktion spiegeln sich ebenso wie die Veränderungen am Enzymmolekül (s. 5.3.2.1.) in den *intrinsischen* kinetischen Parametern (V', K'_m) wider.

5.3.2.3. Verteilungseffekte

Das Matrixmilieu kann die kinetischen Parameter außerdem indirekt beeinflussen, wenn Wechselwirkungen zwischen der Matrixoberfläche und den löslichen Reaktanten der Enzymreaktion auftreten. Die Substrat-, Produkt-, Effektor- oder Protonenkonzentrationen an der Trägeroberfläche sind dann nicht mit denen in der äußeren Lösung identisch, sondern es bilden sich Verteilungsgleichgewichte aus. Im Gegensatz zu den echten Veränderungen der kinetischen Konstanten durch die zuvor behandelten Effekte führen Verteilungsgleichgewichte zu *scheinbaren* Veränderungen, falls bei der kinetischen Analyse die Verteilungskoeffizienten nicht berücksichtigt werden. Häufig beobachtet und theoretisch gut erklärbar sind die kinetischen Auswirkungen von Verteilungseffekten, die auf elektrostatischen Wechselwirkungen beruhen [54].

Wechselwirkungen von geladenen Trägern mit Protonen
An anionischen Träger-Enzym-Komplexen findet infolge der elektrostatischen Wechselwirkungen eine Anreicherung von Protonen statt, so daß der pH-Wert in der unmittelbaren Umgebung des Enzyms niedriger ist als in der äußeren Lösung. Das hat eine Verschiebung des pH-Profils der Enzymaktivität in die alkalische Region zur Folge. Entsprechend verschiebt sich das pH-Aktivitätsprofil bei kationischen Träger-Enzym-Komplexen wegen der in der Trägerphase erniedrigten Protonenkonzentration in den sauren Bereich (Abb. 5-13). Die pH-Optimumverschiebungen können bis zu 2,5 pH-Einheiten betragen und sind abhängig von der Ionenstärke des Mediums. Mit zunehmender Ionenstärke verringern sich die Effekte.

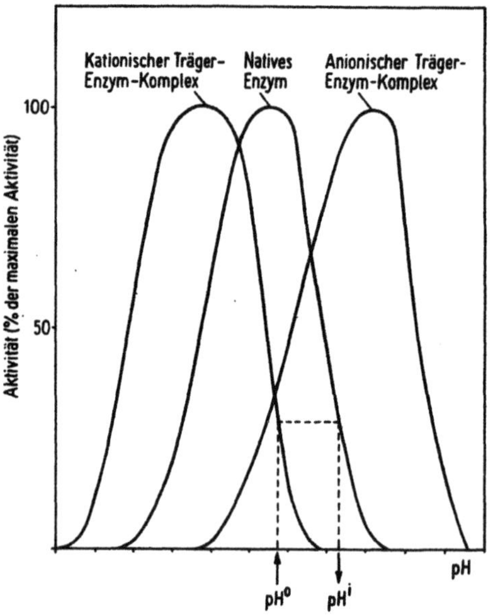

Abb. 5-13. Schematische Darstellung der pH-Aktivitätsprofile bei geladenen Träger-Enzym-Komplexen.
pH^o: pH-Wert in der äußeren Lösung, pH^i: pH-Wert in der Trägerphase bei pH^o (am Beispiel des kationischen Träger-Enzym-Komplexes). Er entspricht dem pH-Wert, bei dem das native Enzym dieselbe Aktivität wie das immobilisierte Enzym bei pH^o zeigt.

Da die lokale Protonenkonzentration in der Polyelektrolytphase (Trägermatrix) durch die Maxwell-Boltzmann-Verteilung beschrieben werden kann [54], läßt sich die pH-Differenz, die sich zwischen der Polyelektrolytphase und der äußeren Lösung einstellt, berechnen. Bezeichnet $a^0_{H^+}$ die Wasserstoffionenaktivität der äußeren Lösung, e die Elementarladung, ψ das elektrostatische Potential des Polyelektrolyt-Enzym-Komplexes, k die Boltzmann-Konstante und T die absolute Temperatur, so ergibt sich für die Wasserstoffionenaktivität in der Polyelektrolytphase $a^i_{H^+}$:

$$a^i_{H^+} = a^0_{H^+} \cdot e^{-\frac{e\psi}{kT}} \qquad \text{Gl. 5-1}$$

bzw. für die pH-Differenz ΔpH zwischen dem pH-Wert in der Polyelektrolytphase pH^i und in der äußeren Lösung pH^0:

$$\Delta pH = pH^i - pH^0 = 0{,}43 \frac{e\psi}{kT} \qquad \textbf{Gl. 5-2}$$

Aus Gleichung 5-1 bzw. Gleichung 5-2 ist ersichtlich, daß die Abweichung des pH in der Trägerphase vom pH in der äußeren Lösung durch das elektrostatische Potential des polymeren Trägermaterials bestimmt wird. Dieses kann folglich aus pH^0 und pH^i berechnet werden. Im Gegensatz zu pH^0 ist es jedoch nicht möglich, pH^i direkt zu messen. Der pH^i-Wert kann aber, falls nur Verteilungseffekte für die pH-Verschiebungen verantwortlich sind, aus einem Vergleich der normierten pH-Aktivitätskurven des trägergebundenen und des entsprechenden freien Enzyms abgeleitet werden (Abb. 5-13). pH^i entspricht dem pH, bei dem das native Enzym dieselbe Aktivität zeigt wie das immobilisierte Enzym bei pH^0.

Wechselwirkungen von geladenen Trägern mit geladenen Substraten

Änderungen in der Enzymkinetik infolge von elektrostatisch bedingten Verteilungseffekten werden beobachtet, wenn geladene Träger-Enzym-Derivate mit geladenen Substraten umgesetzt werden. Sie spiegeln sich in erhöhten bzw. erniedrigten K_m-Werten wider, je nachdem ob Substrat und Träger gleichsinnige oder ungleichsinnige Ladungen tragen. Quantitativ lassen sich die Zusammenhänge beschreiben, indem man wiederum von der Maxwell-Boltzmann-Verteilung des geladenen Substrates zwischen der Polyelektrolytphase und der äußeren Lösung ausgeht [54]:

$$[S_i] = [S_0]\, e^{-\frac{ze\psi}{kT}} \qquad \text{Gl. 5-3}$$

Hierbei bedeuten $[S_i]$ die Substratkonzentration in der Polyelektrolytphase, $[S_0]$ die Substratkonzentration in der äußeren Lösung, z die Ladungszahl des Substrates, e die Elementarladung und ψ das elektrostatische Potential des Polyelektrolyt-Enzym-Komplexes. Gleichung 5-3 zeigt, daß im Matrixmilieu eine Substratanreicherung stattfindet ($[S_i] > [S_0]$), wenn der Träger-Enzym-Komplex und das Substrat ungleichsinnig geladen sind ($z \cdot e$ und ψ besitzen unterschiedliche Vorzeichen). Umgekehrt tritt eine Substratverarmung im Matrixmilieu auf ($[S_i] < [S_0]$), wenn der Träger-Enzym-Komplex und das Substrat gleichsinnig geladen sind ($z \cdot e$ und ψ besitzen gleiche Vorzeichen).

Unter der Annahme, daß das betrachtete Enzym der Michaelis-Menten-Kinetik folgt und keine Diffusionslimitierung auftritt, hängt die Reaktionsgeschwindigkeit v von der lokalen Gleichgewichtskonzentration $[S_i]$ ab:

$$v = \frac{V'[S_i]}{K'_m + [S_i]} \qquad \text{Gl. 5-4}$$

Bei Substitution von $[S_i]$ durch Gleichung 5-3 erhält man

$$v = \frac{V'[S_0]\, e^{-\frac{ze\psi}{kT}}}{K'_m + [S_0]\, e^{-\frac{ze\psi}{kT}}} \qquad \text{Gl. 5-5}$$

oder, dividiert durch den Exponentialausdruck $\exp(-ze\psi/kT)$,

$$v = \frac{V'[S_0]}{K'_m\, e^{\frac{ze\psi}{kT}} + [S_0]}\,. \qquad \text{Gl. 5-6}$$

Rechnet man also bei der kinetischen Auswertung des Systems mit der äußeren Substratkonzentration, so erhält man einen scheinbaren K_m-Wert ($K_{m(app)}$), der entsprechend Gleichung 5-6 mit dem wahren K'_m über folgende Beziehung verknüpft ist:

$$K_{m(app)} = K'_m\, e^{\frac{ze\psi}{kT}}\,. \qquad \textbf{Gl. 5-7}$$

Aus Gleichung 5-7 kann man ablesen, daß $K_{m(app)} > K'_m$, wenn der Träger-Enzym-Komplex und das Substrat gleichsinnige Ladungen haben, bzw. daß $K_{m(app)} < K'_m$, wenn der Träger-Enzym-Komplex und das Substrat ungleichsinnige Ladungen haben. Unter der Voraussetzung, daß K'_m mit dem K_m-Wert des freien Enzyms übereinstimmt, kann Gleichung 5-7 benutzt werden, um aus der scheinbaren K_m-Wert-Veränderung das elektrostatische Potential der Matrix zu ermitteln.

Wie die pH-Aktivitätsprofil-Verschiebungen sind auch die K_m-Wert-Verschiebungen von der Ionenstärke des Mediums abhängig. Unter Verwendung der Donnan-Beziehung zur Beschreibung der Verteilung des geladenen Substrats zwischen der Polyelektrolytphase und der äußeren Lösung wird für den Effekt der Ionenstärke auf den scheinbaren K_m-Wert folgender Zusammenhang angegeben [55]:

$$K_{m(app)} = \gamma K'_m (1 - K_{m(app)} Zm_c / 2K'_m I) \, , \qquad \text{Gl. 5-8}$$

wobei γ den Quotienten aus dem mittleren Ionenaktivitätskoeffizienten der Matrixphase $\gamma^i_\pm$ und dem mittleren Ionenaktivitätskoeffizienten der äußeren Lösung $\gamma^0_\pm$ ($\gamma = \gamma^i_\pm / \gamma^0_\pm$), Zm_c die effektive Konzentration der fixierten geladenen Gruppen im hydratisierten Volumen der Polyelektrolytphase und I die Ionenstärke bezeichnet. Gleichung 5-8 wurde hergeleitet für den Gültigkeitsbereich $0 < K_{m(app)} Zm_c / 2K'_m I < 1$ unter der Voraussetzung, daß die Substrat-Matrix-Wechselwirkungen ausschließlich elektrostatischer Natur sind, daß Diffusionseffekte vernachlässigt werden können und daß die Matrix als quasihomogene Phase mit einem konstanten Potentialverlauf behandelt werden kann. Wenn γ als nahezu konstant angenommen werden kann, liefert entsprechend der linearisierten Form von Gleichung 5-8

$$I / K_{m(app)} = I / \gamma K'_m + Zm_c / 2K'_m \qquad \text{Gl. 5-9}$$

die Auftragung von $I/K_{m(app)}$ gegen I eine Gerade mit dem Anstieg $1/\gamma K'_m$ und dem Ordinatenabschnitt $Zm_c/2K'_m$. Gleichung 5-9 bietet damit die Möglichkeit, den wahren K_m-Wert eines Polyelektrolyt-Enzym-Komplexes aus der Ionenstärkeabhängigkeit des scheinbaren K_m-Wertes zu ermitteln.

Hydrophobe Wechselwirkungen zwischen Träger und Substrat
Scheinbare Veränderungen der Reaktionskinetik können auch aus hydrophoben Wechselwirkungen zwischen den Reaktanten und der Trägermatrix resultieren. So wird bei der Umsetzung hydrophober Substrate eine Abnahme des $K_{m(app)}$ mit steigender Hydrophobie der Matrix beobachtet, die sich ebenfalls auf Verteilungseffekte zurückführen läßt [56].

5.3.2.4. Diffusionseffekte

Wie bei allen Heterogenreaktionen können für die Geschwindigkeit von Reaktionen, die an immobilisierten Enzymen stattfinden, Stofftransportvorgänge bestimmend werden. Läuft die enzymatische Reaktion hinreichend schnell ab, so kann die Zu- bzw. Abfuhr der Reaktanten zu bzw. von den Reaktionsorten die Prozeßgeschwindigkeit limitieren. Entscheidend ist dabei der Stofftransport durch Diffusion zu bzw. von der äußeren Oberfläche des Träger-Enzym-Komplexes und bei porösen Strukturen außerdem zu bzw. von der inneren Oberfläche. Dementsprechend unterscheidet man Effekte der *äußeren* und *inneren Diffusion*.

In diffusionsbeeinflußten Systemen sind die der Reaktion zur Verfügung stehenden lokalen Konzentrationen an Substraten, Produkten oder Effektoren von denen der äußeren Lösung verschieden. Das spiegelt sich bei der Auswertung der experimentellen Daten nach den üblichen Methoden der Enzymkinetik (s. 2.2.5.) in den ermittelten kinetischen Parametern wider. Man erhält *scheinbare* Größen, z. B. $K_{m(app)}$, die nicht die wahren Enzymeigenschaften repräsentieren, sondern von Parametern abhängen, die die Diffusionsgeschwindigkeit beeinflussen.

Äußere und innere Diffusion sind mit der enzymatischen Reaktion in unterschiedlicher Weise verknüpft, so daß zur theoretischen Analyse der beiden Effekte eine unterschiedliche mathematische Behandlung erforderlich ist. In beiden Fällen bedient man sich oft des aus der Heterogenkatalyse bekannten Effektivitätskonzepts. Durch Einführung eines *Effektivitätsfaktors* η, der die beobachtete Reaktionsgeschwindigkeit v zur Reaktionsgeschwindigkeit ohne Diffusionseinflüsse v_0 ins Verhältnis setzt,

$$\eta = \frac{v}{v_0} \qquad \text{Gl. 5-10}$$

drückt man den Einfluß der inneren Diffusion (η_i), der äußeren Diffusion (η_e) oder der Gesamtdiffusion ($\eta_t = \eta_i \cdot \eta_e$) quantitativ aus. Auf der Grundlage von Gleichungssystemen, die das Zusammenspiel der Diffusions- und Katalyseprozesse erfassen, wird η als Funktion charakteristischer Systemparameter berechnet und zur Abschätzung der Diffusionseinflüsse bei immobilisierten Enzymen in Form von Nomogrammen dargestellt.

Zur Demonstration der Behandlung von Diffusionseffekten soll im folgenden der Einfluß der äußeren und inneren Substratdiffusion auf eine Enzymreaktion betrachtet werden, die der einfachen Michaelis-Menten-Gleichung gehorcht und die sich im stationären Zustand befindet. Die Voraussetzung des stationären Zustands bei immobilisierten Enzymen bedeutet, daß die Konzentrationen aller Spezies an jedem Punkt des Systems sich zeitlich nicht ändern. Diese Bedingung ist realisiert in einem isotherm und kontinuierlich arbeitenden Festbettreaktor (s. 5.4.1.), bei dem die Konzentrationen des Zu- und Ablaufs sowie die Strömungsgeschwindigkeit konstant sind, oder im gerührten Batchreaktor (s. 5.4.1.), wenn das Volumen der flüssigen Phase ausreichend groß ist, so daß zeitliche Konzentrationsänderungen vernachlässigt werden können.

5.3.2.4.1. Äußere Diffusion

In Systemen mit intensiver Strömung oder Rührung ist der äußere Stofftransport limitiert durch die sog. *Filmdiffusion* (auch *Nernst-Diffusion* genannt). Während im überwiegenden Teil der flüssigen Phase der Stofftransport mit hoher Geschwindigkeit – vorrangig durch Konvektion – vor sich geht, sinkt die Geschwindigkeit des Stoffstromes in der Nähe des Feststoffes. Quantitativ beschreibbar ist dieses Phänomen mit Hilfe des Nernstschen Konzepts der Filmdiffusion. Demnach bildet sich in unmittelbarer Nähe der Feststoffoberfläche eine unbewegte Flüssigkeitsschicht der Dicke δ aus (Nernstsche Diffusionsschicht), in der der Stofftransport durch Diffusion erfolgt (Abb. 5-14). Aus dem 1. Fickschen Gesetz

$$\frac{dn}{dt} = -D\,F\,\frac{dc}{dx} \qquad \text{Gl. 5-11}$$

läßt sich die Diffusionsgeschwindigkeit der Substratmoleküle ableiten. dn ist die Teilchenzahl eines Stoffes, die in der Zeit dt die Fläche F in einer Richtung passiert, wenn

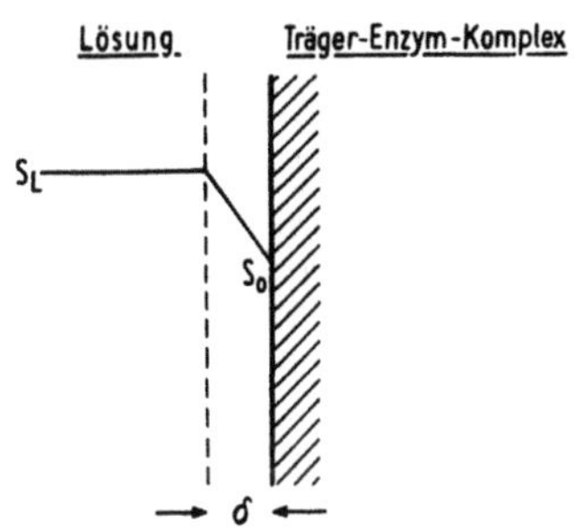

Abb. 5-14. Schematische Darstellung der äußeren Diffusion. S_L: Substratkonzentration in der Lösung, S_0: Substratkonzentration an der Trägeroberfläche, δ: Dicke des unbewegten Flüssigkeitsfilms.

$\frac{dc}{dx}$ das Konzentrationsgefälle in dieser Richtung und D den Diffusionskoeffizienten des Stoffes bezeichnet. Unter der Annahme eines linearen Konzentrationsgradienten und konzentrationsunabhängigen Diffusionskoeffizienten ergibt sich für die auf die äußere Trägeroberfläche bezogene Diffusionsgeschwindigkeit v_{Diff}

$$v_{Diff} = \frac{dn_S}{dt}\frac{1}{F} = \frac{D_S}{\delta}([S_L] - [S_0]) \text{ (mol cm}^{-2}\text{ s}^{-1}\text{)}. \qquad \text{Gl. 5-12}$$

F bezeichnet hier die Partikel- bzw. Membranoberfläche (cm^2), D_S den Diffusionskoeffizienten des Substrates in der unbewegten Schicht ($cm^2\ s^{-1}$), δ die Dicke der unbewegten

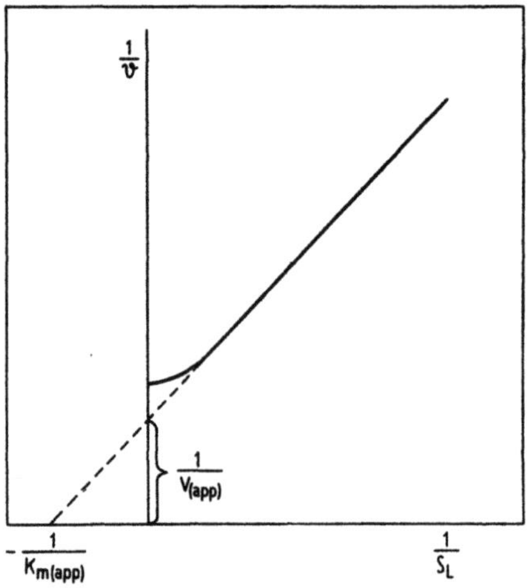

Abb. 5-15. Widerspiegelung äußerer Diffusionseffekte im Lineweaver-Burk-Diagramm (schematisch).
Diffusionseffekte spiegeln sich im Lineweaver-Burk-Diagramm in nichtlinearen Kurven wider. Werden die Abweichungen von der Linearität nicht beachtet, erhält man scheinbare kinetische Parameter ($V_{(app)}$, $K_{m(app)}$) von geringer Aussagekraft.

Schicht (cm), $[S_L]$ die Substratkonzentration in der Lösung (mol cm^{-3}), $[S_0]$ die Substratkonzentration an der Trägeroberfläche (mol cm^{-3}) und n_S die Zahl der Substratmoleküle (mol). Der Quotient D_S/δ wird auch als Stoffübergangskoeffizient oder Transportkoeffizient h_S (cm s^{-1}) bezeichnet. Die Dicke der Diffusionsschicht (ca. 10–100 µm für Partikeldurchmesser von 100 µm–1 mm) und die Steilheit des Substratgradienten $\frac{[S_L] - [S_0]}{\delta}$ hängen ab von der Gestalt der Teilchen (Partikeldurchmesser, Membrandicke) und der relativen Geschwindigkeit, mit der sich die Lösung an den Teilchen vorbeibewegt, d. h. der Rühr- bzw. Strömungsgeschwindigkeit. Eine ausführlichere Behandlung des Phänomens der Filmdiffusion findet sich in Lehrbüchern der heterogenen Katalyse [57, 58].

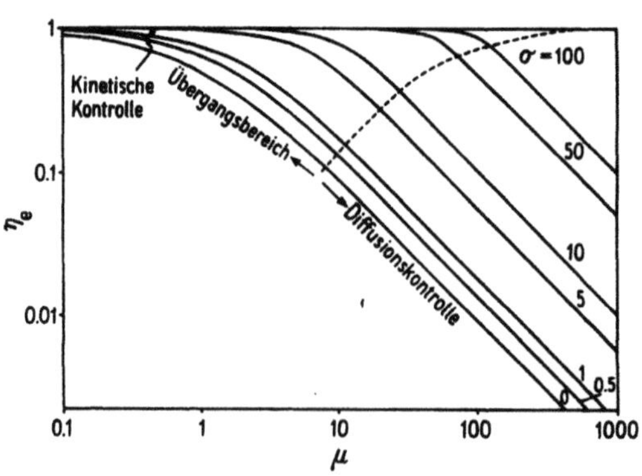

Abb. 5-16. Der Effektivitätsfaktor (η_e) als Funktion des Moduls μ zur Abschätzung des Einflusses äußerer Diffusion. Diagramm nach [59].
$\sigma = S_L/K'_m$ (S_L: Substratkonzenstration in der äußeren Lösung),
$\mu = V'/K'_m h_S$ (h_S: Transportkoeffizient des Substrats).

Wird die Geschwindigkeit der Reaktion immobilisierter Enzyme durch Filmdiffusionseffekte limitiert, so gilt für die beobachtete Reaktionsgeschwindigkeit im stationären Zustand:

$$v = v_{\mathrm{Diff}} . \qquad \text{Gl. 5-13}$$

Unter der Bedingung, daß die enzymatische Reaktion der einfachen Michaelis-Menten-Kinetik folgt, ist der stationäre Zustand dann durch folgende Beziehung charakterisiert:

$$v = \frac{V'[S_0]}{K'_m + [S_0]} = h_S\,([S_L] - [S_0]) \qquad \textbf{Gl. 5-14}$$

Die beobachtete Geschwindigkeit v und die Maximalgeschwindigkeit V′ sind hier bezogen auf die Trägeroberfläche (mol cm^{-2} s^{-1}). Die Gleichung 5-15

$$v = \frac{V'[S_L]}{K'_m + [S_L]}, \qquad \text{Gl. 5-15}$$

die der üblichen enzymkinetischen Auswertung zugrunde liegt, gilt hier also nicht, und die Auftragungen der experimentellen Daten nach Lineweaver-Burk, Eadie o. a. (s. 2.2.5.) liefern keine linearen Funktionen. Werden die Abweichungen von der Linearität (z. B. infolge der Messung über einen nur begrenzten Substratbereich) nicht erkannt, erhält man für K_m und V scheinbare Werte (Abb. 5-15), die nichts über die tatsächlichen Enzymeigenschaften aussagen.

Unter Anwendung des Effektivitätskonzepts können äußere Diffusionseffekte in Abhängigkeit von charakteristischen Kenngrößen des Systems berechnet und dargestellt werden. Vorteilhaft verwendet man dabei die Variablen in dimensionsloser Form, indem sie auf geeignete Systemparameter (z. B. die Substratkonzentration auf den K_m-Wert) bezogen werden. Abbildung 5-16 zeigt beispielsweise den *Effektivitätsfaktor* η_e für verschiedene Substratkonzentrationen σ ($\sigma = [S_L]/K'_m$) in Abhängigkeit von dem dimensionslosen Modul μ, der wichtige Konstanten des Systems zu einer sinnvollen Kenngröße zusammenfaßt:

$$\mu = \frac{V'}{K'_m\, h_S}. \qquad \text{Gl. 5-16}$$

Als Quotient der intrinsischen Geschwindigkeitskonstanten der Enzymreaktion unter 1. Ordnungsbedingungen V'/K'_m und dem Transportkoeffizienten h_S stellt μ eine Größe dar, die das Verhältnis Enzymreaktionsgeschwindigkeit/Diffusionsgeschwindigkeit charakterisiert. Man erkennt aus Abbildung 5-16, daß die Reaktion bei großem σ (hohen Substratkonzentrationen) und kleinem μ (hoher Diffusionsgeschwindigkeit im Vergleich zur Reaktionsgeschwindigkeit) durch die Enzymkinetik kontrolliert ist ($\eta_e \approx 1$), während mit abnehmendem σ und zunehmendem μ der Diffusionseinfluß steigt. Die linearen Funktionsabschnitte bei hohem μ repräsentieren den diffusionskontrollierten Reaktionsbereich. Bei Kenntnis des Transportkoeffizienten des Substrats und der kinetischen Konstanten des löslichen Enzyms kann unter der Voraussetzung, daß keine anderen als Diffusionseffekte die Reaktionskinetik beeinträchtigen ($V' = V$, $K'_m = K_m$), der Einfluß der äußeren Diffusion abgeschätzt werden.

Im Experiment zeigt sich der Einfluß von Filmdiffusion auf die Reaktionskinetik in einer Abhängigkeit der beobachteten Reaktionsgeschwindigkeit und der ermittelten $K_{m(app)}$-Werte von der Strömungs- bzw. Rührgeschwindigkeit. Er verringert sich mit steigender Strömungs- bzw. Rührgeschwindigkeit (Verringerung der Diffusionsschicht δ). In vielen Fällen kann er durch ausreichend hohe Strömungs- bzw. Rührgeschwindigkeiten ausgeschaltet werden [57].

5.3.2.4.2. Innere Diffusion

Bei der Verwendung von immobilisierten Enzymen mit poröser Trägerstruktur findet die Enzymreaktion vor allem innerhalb der Trägerpartikel statt. Geht die Enzymreaktion schneller vor sich, als durch Diffusion Substrat an die Reaktionszentren im Innern der Matrix nachgeliefert werden kann, so wird die innere Diffusion, auch *Porendiffusion* genannt, für die meßbare Umsatzgeschwindigkeit bestimmend. Das ist besonders der Fall bei niedrigen Substratkonzentrationen, großen Substratmolekülen, hoher Enzymaktivität und ungünstiger Porenstruktur (kleinen langen Poren).

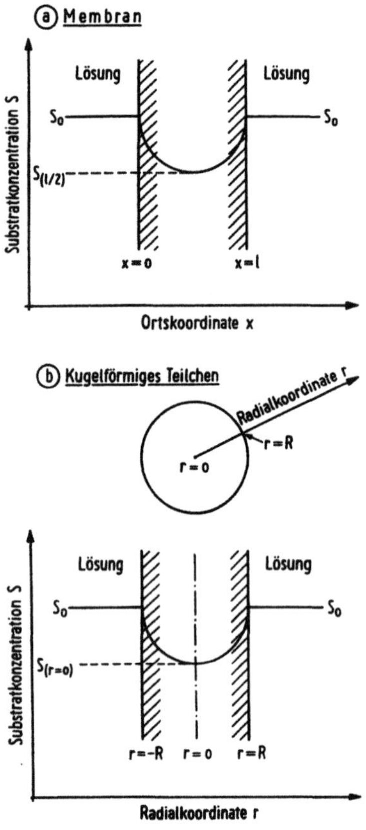

Abb. 5-17. Schematische Darstellung der inneren Diffusion an einem membranförmigen und an einem sphärischen Träger-Enzym-Komplex.
S_0: Substratkonzentration an der Oberfläche der Träger-Enzym-Partikel (= Substratkonzentration in der äußeren Lösung), $S_{(l/2)}$: Substratkonzentration in der Mitte der Membran, $S_{(r=0)}$: Substratkonzentration im Kugelmittelpunkt, *l*: Membrandicke, R: Kugelradius.

Theoretische Analysen von Porendiffusionseffekten in immobilisierten Enzymsystemen basieren im wesentlichen ebenfalls auf den für die heterogene chemische Katalyse erarbeiteten Grundlagen. Im folgenden soll das Grundkonzept der mathematischen Behandlung an einem einfachen System erläutert werden. Es wird ein Träger-Enzym-Komplex in Membran- bzw. Kugelform betrachtet (Abb. 5-17), wobei zusätzlich zu der Bedingung, daß die Enzymreaktion der einfachen Michaelis-Menten-Gleichung folgt und daß sich das System im stationären Zustand befindet, folgende Annahmen gemacht werden:

1. Das Träger-Enzym-Teilchen kann als homogenes Medium behandelt werden, indem man eine homogene Verteilung des Enzyms in der Matrix voraussetzt und der Inhomogenität der Trägerstruktur durch Einführung des effektiven Diffusionskoeffizienten $D_{S_{eff}}$ Rechnung trägt. $D_{S_{eff}}$ berücksichtigt, daß nur ein Bruchteil des Matrixvolumens für

die Diffusion zur Verfügung steht und daß der Diffusionsweg durch gekrümmte Poren führt:

$$D_{S_{eff}} = D_S \frac{P}{\tau}.$$ Gl. 5.17

D_S ist hier der Diffusionskoeffizient des Substrates in Lösung, P bezeichnet die Porosität (Anteil des Porenvolumens am Gesamtvolumen eines Teilchens, oft im Bereich 0,4–0,8), und τ ist der Labyrinthfaktor (Verhältnis der Porenlänge zur Länge der kürzesten Verbindung beider Porenenden, im Bereich 1–2).

2. Verteilungs- und Filmdiffusionseffekte können vernachlässigt werden.
3. Die intrinsischen Konstanten V′ und K_m' sind mit denen des löslichen Enzyms V und K_m identisch.

Die mathematische Behandlung geht von einer Stoffbilanz aus, die eine Beziehung herstellt zwischen der Substratanreicherung durch Diffusion und dem Substratverbrauch durch die enzymatische Reaktion. An jedem Punkt des Katalysatorteilchens ist

$$\left(\frac{\partial[S]}{\partial t}\right) = \left(\frac{\partial[S]}{\partial t}\right)_{\text{Diffusion}} - \left(\frac{\partial[S]}{\partial t}\right)_{\text{Reaktion}},$$ Gl. 5-18

wobei [S] die lokale Substratkonzentration im Träger bezeichnet.

Im stationären Zustand, der hier betrachtet wird, gilt $(\partial[S]/\partial t) = 0$, d. h.

$$\left(\frac{\partial[S]}{\partial t}\right)_{\text{Diffusion}} = \left(\frac{\partial[S]}{\partial t}\right)_{\text{Reaktion}}.$$ Gl. 5-19

Der Reaktionsterm kann durch die Michaelis-Menten-Beziehung ersetzt werden:

$$\left(\frac{\partial[S]}{\partial t}\right)_{\text{Reaktion}} = \frac{V[S]}{K_m + [S]}.$$ Gl. 5-20

Die Diffusion läßt sich mit Hilfe des 2. Fickschen Gesetzes beschreiben, wobei für Membranen und Kugeln die Betrachtung in nur einer Raumkoordinate ausreicht. Dementsprechend ergibt sich der Diffusionsterm für die *Membran* (x = Raumkoordinate senkrecht zur Membranfläche, Abb. 5-17a):

$$\left(\frac{\partial[S]}{\partial t}\right)_{\text{Diffusion}} = D_{S_{eff}} \frac{\partial^2[S]}{\partial x^2}$$ Gl. 5-21

und für die *Kugel* (r = Radialkoordinate, Abb. 5-17b):

$$\left(\frac{\partial[S]}{\partial t}\right)_{\text{Diffusion}} = D_{S_{eff}} \left(\frac{\partial^2[S]}{\partial r^2} + \frac{2}{r}\frac{\partial[S]}{\partial r}\right).$$ Gl. 5-22

Der stationäre Zustand ist dann durch die folgenden zeitunabhängigen Differentialgleichungen charakterisiert,
im Fall der *Membran*:

$$\frac{d^2[S]}{dx^2} = \frac{V[S]}{(K_m + [S])\, D_{S_{eff}}},$$ **Gl. 5-23**

im Fall der *Kugel*:

$$\frac{d^2[S]}{dr^2} + \frac{2}{r}\frac{d[S]}{dr} = \frac{V[S]}{(K_m + [S])\, D_{S_{eff}}}.$$ **Gl. 5-24**

Als Randbedingungen sind durch das Modell für die *Membran* (Abb. 5-17a):

1. $[S]_{(x=0)} = [S_0]$
2. $[S]_{(x=l)} = [S_0]$ (l = Membrandicke)

und für die *Kugel* (Abb. 5-17b):

1. $[S]_{(r=R)} = [S_0]$ (R = Kugelradius)
2. $\left(\frac{d[S]}{dr}\right)_{r=0} = 0$

gegeben. $[S_0]$ ist hier die Substratkonzentration in der Lösung.

Die Lösung der Gleichungen 5-23 und 5-24 liefert die *Substratkonzentrationsprofile* in der Matrix, d. h. die Substratkonzentrationen als Funktion der Ortskoordinate, wie sie in Abbildung 5-17 schematisch dargestellt sind. Sie spiegeln die Katalysatorausnutzung wider.

Neben den Konzentrationsprofilen interessiert besonders die *Gesamtreaktionsgeschwindigkeit* einer bestimmten Menge an immobilisiertem Enzym. Sie kann unter den oben genannten Voraussetzungen ermittelt werden, indem man von dem Substratstrom an einem Katalysatorteilchen ausgeht. Unter stationären Bedingungen werden je Zeiteinheit in einem Träger-Enzym-Teilchen ebenso viele Substratmoleküle umgesetzt wie durch seine äußere Oberfläche hindurchtreten. Dieser Stoffstrom (mol s^{-1}) ergibt sich nach dem 1. Fickschen Gesetz als das Produkt aus der Teilchenoberfläche, dem Diffusionskoeffizienten und dem Gradienten der Substratkonzentration an der Teilchenoberfläche, d. h.

für die *Membran*:

$$\frac{dn_S}{dt} = 2F\, D_{S_{eff}} \left(\frac{d[S]}{dx}\right)_{x=0} \qquad \text{Gl. 5-25}$$

und für die *Kugel*:

$$\frac{dn_S}{dt} = 4\pi R^2\, D_{S_{eff}} \left(\frac{d[S]}{dr}\right)_{r=R}, \qquad \text{Gl. 5-26}$$

wobei n_S die Zahl der Substratmoleküle (mol) und 2F die Membranoberfläche bezeichnet. Wird der Stoffstrom auf das Teilchenvolumen bezogen, erhält man die Reaktionsgeschwindigkeit v (mol l^{-1} s^{-1}) für die *Membran*:

$$v = \frac{dn_S}{dt} \frac{1}{F\, l} \qquad \text{Gl. 5-27}$$

und für die *Kugel*:

$$v = \frac{dn_S}{dt} \frac{1}{\frac{4}{3}\pi R^3}. \qquad \text{Gl. 5-28}$$

Der *Effektivitätsfaktor* η_i errechnet sich entsprechend Gleichung 5-10 aus v und v_0 mit

$$v_0 = \frac{V[S_0]}{K_m + [S_0]} \text{ zu}$$

$$\eta_i = \frac{v(K_m + [S_0])}{V[S_0]}. \qquad \text{Gl. 5-29}$$

Geschlossene analytische Lösungen der Gleichungen 5-23 und 5-24 und damit auch der Gleichungen 5-25–5-29 existieren allerdings nur für die beiden Grenzfälle der Michaelis-

Tab. 5-3. Lösungen der Gleichungen 5-23, 5-24 und 5-27–5-29 für die Grenzfälle der Michaelis-Menten-Kinetik $[S] \ll K_m$ und $[S] \gg K_m$

$$\alpha = \sqrt{\frac{V}{K_m D_{S_{eff}}}}\,; \quad \beta = \frac{V}{D_{S_{eff}}}\,;$$

$$\sinh x = \frac{1}{2}(e^x - e^{-x}); \quad \cosh x = \frac{1}{2}(e^x + e^{-x}); \quad \coth x = \frac{e^x + e^{-x}}{e^x - e^{-x}}$$

$[S] \ll K_m$

	Membran	Kugel
Substratkonzentration im Träger-Enzym-Teilchen	$[S]_{(x)} = [S_0]\,\frac{\sinh(\alpha x) + \sinh \alpha(l - x)}{\sinh(\alpha l)}$	$[S]_{(r)} = [S_0]\,\frac{\sinh(\alpha r)}{r \sinh(\alpha R)}$
Reaktionsgeschwindigkeit	$v = \frac{V[S_0]}{K_m}\,\frac{2}{\alpha l}\,\frac{\cosh(\alpha l) - 1}{\sinh(\alpha l)}$	$v = \frac{V[S_0]}{K_m}\,\frac{3}{\alpha R}\left[\coth(\alpha R) - \frac{1}{\alpha R}\right]$
Effektivitätsfaktor	$\eta_i = \frac{2}{\alpha l}\,\frac{\cosh(\alpha l) - 1}{\sinh(\alpha l)}$	$\eta_i = \frac{3}{\alpha R}\left[\coth(\alpha R) - \frac{1}{\alpha R}\right]$

$[S] \gg K_m$

	Membran	Kugel
Substratkonzentration im Träger-Enzym-Teilchen	$[S]_{(x)} = [S_0] - \frac{1}{2}\beta x(l - x)$	$[S]_{(r)} = [S_0] - \frac{\beta}{6}(R^2 - r^2)$
Reaktionsgeschwindigkeit	$v = V$	$v = V$
Effektivitätsfaktor	$\eta_i = 1$	$\eta_i = 1$

Menten-Kinetik $[S] \ll K_m$ und $[S] \gg K_m$ (Tab. 5-3). Für den allgemeinen Fall muß die Lösung der Differentialgleichungen mit numerischen Methoden erfolgen.

Man erkennt aus Tabelle 5-3, daß bei extrem hohen Substratkonzentrationen die Prozeßgeschwindigkeit gleich der Maximalgeschwindigkeit wird ($v = V$), die Diffusion dann also keine Rolle mehr spielt.

Die dimensionslose Größe αl im Fall der *Membran*:

$$\alpha l = l\sqrt{\frac{V}{K_m\,D_{S_{eff}}}} \qquad \text{Gl. 5-30}$$

bzw. αR im Fall der *Kugel*:

$$\alpha R = R\sqrt{\frac{V}{K_m\,D_{S_{eff}}}} \qquad \text{Gl. 5-31}$$

entspricht dem aus der chemischen heterogenen Katalyse bekannten *Thiele-Modul*. Sie ist eine geeignete Kennzahl zur Charakterisierung des Verhältnisses von Reaktionsgeschwindigkeit/Diffusionsgeschwindigkeit. Bei kleinem Thiele-Modul ($\alpha l < 1$ bzw. $\alpha R < 0{,}3$) ist für den Gesamtprozeß die Raktionsgeschwindigkeit bestimmend, bei großem Thiele-Modul ($\alpha l > 10$ bzw. $\alpha R > 3$) die Diffusionsgeschwindigkeit. Das Nomogramm in Abbildung 5-18, das auf numerischem Wege erhalten wurde, zeigt die Abhän-

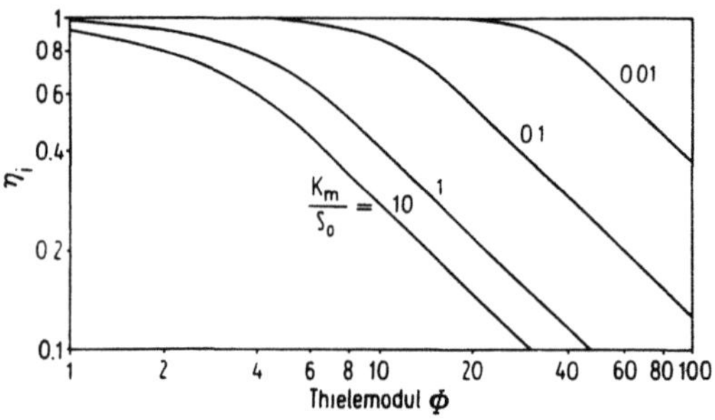

Abb. 5-18. Der Effektivitätsfaktor (η_i) als Funktion des Thiele-Moduls Φ zur Abschätzung des Einflusses innerer Diffusion bei sphärischen Träger-Enzym-Komplexen. (nach [60]).

$$\Phi = R\sqrt{\frac{V}{K_m \cdot D_{S_{eff}}}}.$$

R: Kugelradius, $D_{S_{eff}}$: effektiver Diffusionskoeffizient des Substrats, S_0: Substratkonzentration in der äußeren Lösung.

gigkeit des Effektivitätsfaktors η_i vom Thiele-Modul für sphärische Träger-Enzym-Komplexe.

Experimentell sind Porendiffusionseffekte daran zu erkennen, daß die beobachtete Reaktionsgeschwindigkeit einer bestimmten Enzymmenge bei Verkleinerung der Teilchengröße (Membrandicke, Partikelradius) oder bei Verringerung der Beladungsdichte des Trägers zunimmt.

Des weiteren liefern die klassischen kinetischen Analysenverfahren, wie die Lineweaver-Burk-Auftragung (s. 2.2.5.), keine Geraden. Oftmals werden jedoch die Abweichungen von der Linearität nicht erkannt. Die Auswertungen liefern dann wiederum scheinbare Werte, die nicht die wahren enzymkinetischen Parameter widerspiegeln, sondern von den spezifischen Meßbedingungen abhängen und nur von sehr begrenzter Aussagekraft sind. Abbildung 5-19 zeigt als ein Beispiel Kurven in Lineweaver-Burk-Auftragung, die für Polyacrylamid-Acetylcholinesterase-Membranen unterschiedlicher Dicke erhalten wurden.

Hinweise auf Diffusionseffekte können auch aus der Temperaturabhängigkeit der beobachteten Reaktionsgeschwindigkeit gewonnen werden. So liefert die Arrhenius-Auftragung (Abb. 5-20) bei niedrigen Temperaturen, solange die Reaktion durch die Geschwindigkeit der Enzymreaktion kontrolliert ist, die wahre Aktivierungsenergie der enzymatischen Reaktion. Bei höheren Temperaturen wächst, da die Geschwindigkeit der

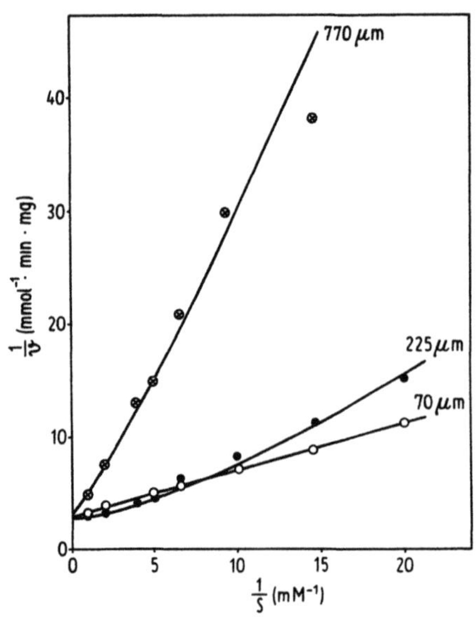

Abb. 5-19. Lineweaver-Burk-Diagramm für die Reaktion von Acetylthiocholin an Polyacrylamid-Acetylcholinesterase-Membranen unterschiedlicher Dicke (nach [61]).

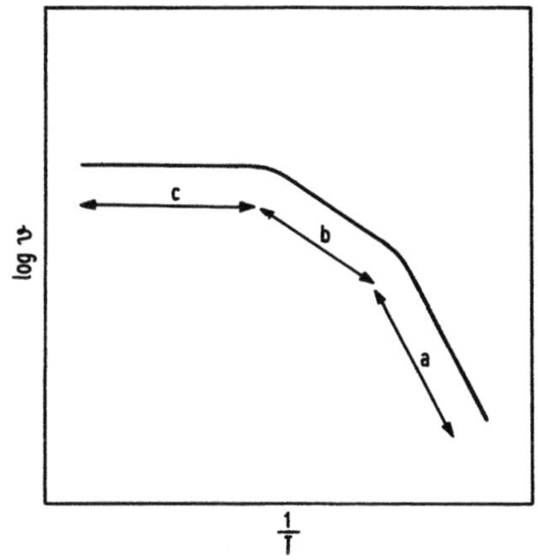

Abb. 5-20. Temperaturabhängigkeit der Reaktionsgeschwindigkeit bei immobilisierten Enzymen (schematisch).
a) Enzymreaktion geschwindigkeitsbestimmend. b) Innere Diffusion geschwindigkeitsbestimmend. c) Äußere Diffusion geschwindigkeitsbestimmend.

Enzymreaktion schneller zunimmt als die der Diffusion, der Einfluß der inneren Diffusion, was sich in einer verminderten (scheinbaren) Aktivierungsenergie widerspiegelt. Bei noch höheren Temperaturen schließlich wird, sofern das Enzym nicht inaktiviert wird, die äußere Diffusion für die Prozeßgeschwindigkeit bestimmend, die gemessene (scheinbare) Aktivierungsenergie ist fast 0. Nichtlineare Arrhenius-Kurven können allerdings auch andere Ursachen (z. B. Konformationsänderungen) haben und sind daher nur im Vergleich mit den Kurven der entsprechenden löslichen Enzyme interpretierbar.

Um die intrinsischen Konstanten eines immobilisierten Enzymsystems messen zu können, müssen Diffusionseffekte ausgeschlossen werden. Da dies in vielen Systemen experimentell nicht möglich ist, sind verschiedene Methoden zur Bestimmung der intrinsischen kinetischen Parameter aus diffusionsbeeinflußten Meßergebnissen erarbeitet worden. Hierzu, ebenso wie zur Behandlung diffusionsabhängiger komplizierterer Träger-Enzym-Systeme (inhibierter Systeme, Mehrsubstratsysteme, Mehrenzymsysteme, Systeme im nichtstationären Zustand, Systeme mit ungleichmäßiger Enzymverteilung, Systeme mit zusätzlichen Filmdiffusions- oder Verteilungseffekten u. a.), sei auf Spezialliteratur verwiesen [62–67].

5.3.3. Enzymstabilität

Die Stabilität der Enzymaktivität ist – insbesondere unter dem Gesichtspunkt der Anwendung im technischen Bereich – eines der wichtigsten Charakteristika und Beurteilungskriterien von Enzympräparaten. Im weitesten Sinne versteht man unter dem Begriff der Stabilität immobilisierter Enzymderivate den Erhalt der Enzymaktivität in Abhängigkeit von der Zeit, für die das Enzym definierten Bedingungen ausgesetzt ist. Dabei können die Ursachen, die zu Aktivitätsverlusten führen, unterschiedlicher Natur sein [68]. Neben einer Enzyminaktivierung durch mikrobiellen Abbau, thermische, pH- oder chemische Inaktivierung (s. 3.6.3.) können auch Enzymablösungsprozesse oder Verluste von Träger-Enzym-Material infolge von mechanischem Abrieb oder partieller Löslichkeit des Trägermaterials für die Abnahme der Enzymaktivität verantwortlich sein. Schließlich kann unter technischen Bedingungen auch eine Verstopfung der Matrixporen durch Verunreinigungen der Substratlösung das immobilisierte Enzym unwirksam machen.

Vom Standpunkt der Anwendung immobilisierter Enzyme unterscheidet man zwischen *Lagerstabilität* (Stabilität der Enzyme unter Lagerbedingungen) und *Operationsstabilität* (auch: *Betriebsstabilität*, Stabilität des Enzyms unter Reaktionsbedingungen). Als Kenngröße für die Lager- bzw. Operationsstabilität eines Präparates verwendet man häufig die

Tab. 5-4. Bedingungen, die für den Vergleich von Lager- und Operationsstabilitäten festgelegt werden müssen

Lagerstabilität	Operationsstabilität
Physikalischer Zustand (lyophilisiert oder in Suspension)	Reaktortyp (s. 5.4.)
Medium (Luft oder N_2; Puffer oder H_2O)	Medium (Puffer)
Zusätze (Substrate, Effektoren, Salze, Stabilisatoren)	Zusätze (Effektoren)
Temperatur (<0°, 4°, 25 °C)	Ausgangskonzentration an Substrat
	Umsatzgrad
	Temperatur
	Stillstandszeiten (bei diskontinuierlicher Arbeitsweise)

Lager- bzw. Reaktionszeit (bei diskontinuierlichem Betrieb (s. 5.4.1.) die Zahl der Reaktionscyclen), nach der das Enzym noch 50% der Ausgangsaktivität besitzt. Da der Aktivitätsabfall von sehr vielen Faktoren beeinflußt werden kann, lassen sich Lager- und Operationsstabilität nur vergleichen, wenn sie unter streng definierten Bedingungen gemessen werden (Tab. 5-4).

Um ein tieferes Verständnis der Trägerwirkung auf die Enzymstabilität zu erhalten, interessiert neben den komplexen Größen der Lager- und Operationsstabilität besonders die Stabilität des immobilisierten Enzymmoleküls gegenüber speziellen denaturierenden Einflüssen wie Temperatur, pH u.a., die sog. Thermostabilität, pH-Stabilität u.a. Für ihre Untersuchung mißt man, nachdem abgesichert wurde, daß Instabilitäten der Trägerstruktur und der Enzym-Träger-Bindung nicht auftreten, die Enzymaktivität in Abhängigkeit von der Einwirkungszeit (Inaktivierungskinetik, Abb. 5-21) oder der Intensität (Abb. 5-22) des denaturierenden Einflusses.

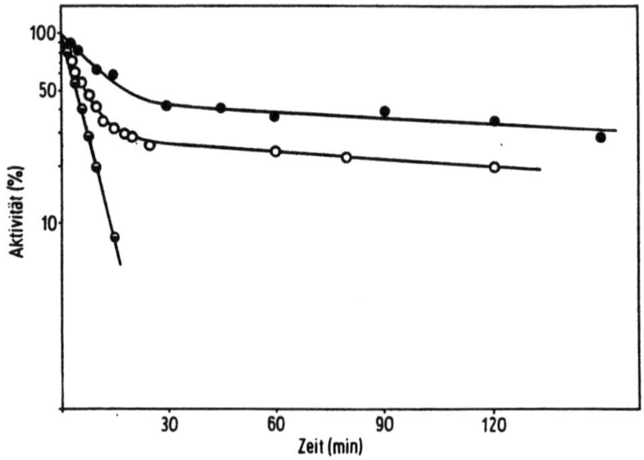

Abb. 5-21. Thermische Inaktivierung von löslicher und immbolisierter α-Amylase. Inaktivierung bei 56 °C in 25 mM Natriumacetatpuffer (nach [70]).
◒ lösliche Amylase, ○ Aminomethylpolystyren-Amylase, ● γ-Aminopropylkieselgel-Amylase.

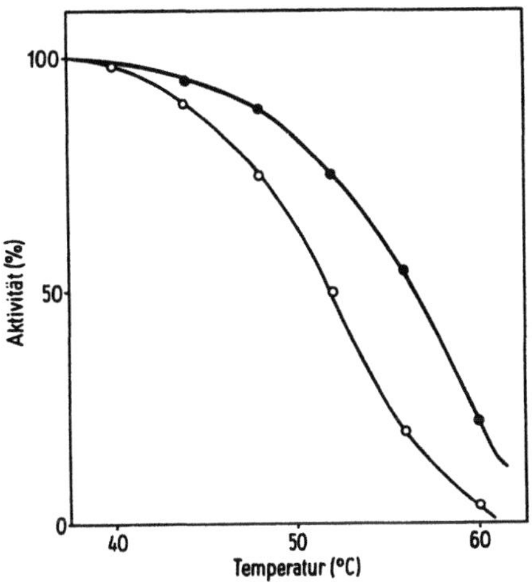

Abb. 5-22. Stabilität von löslicher und immobilisierter α-Amylase in Abhängigkeit von der Temperatur.
Aktivitätsmessung nach 10minütigem Erhitzen in 25 mM Natriumacetat-Puffer pH 5,5 bei den angegebenen Temperaturen (nach [71]). ○ lösliche Amylase, ● Tetraethylenpentaminomethylpolystyren-Amylase.

Im Vergleich zur löslichen Form zeigen Enzyme im immobilisierten Zustand, insbesondere nach kovalenter Trägerfixierung, im allgemeinen Veränderungen in ihrem Stabilitätsverhalten, die auf die chemische und physikalische Modifizierung des Enzymmoleküls, auf Matrixmilieueffekte oder Diffusionseffekte zurückgeführt werden können. Dabei muß man in Analogie zur Enzymkinetik immobilisierter Enzyme (s. 5.3.2.) auch hinsichtlich der Stabilitätsunterschiede löslicher und immobilisierter Enzyme zwischen wahren und scheinbaren Stabilisierungs- bzw. Destabilisierungseffekten unterscheiden. Verteilungseffekte, die durch Differenzen in den Protonen-, Substrat-, Produkt-, Ionen- und Effektorkonzentrationen zwischen der Trägerphase und der äußeren Lösung gekennzeichnet sind, schlagen sich in *scheinbaren Stabilitätsänderungen* nieder. Je nachdem, ob das Verteilungsgleichgewicht die Enzyminaktivierung begünstigt oder hemmt, beobachtet man eine (scheinbare) Labilisierung oder Stabilisierung des immobilisierten Enzyms im Vergleich zu dem löslichen Enzym.

Eine scheinbare Stabilisierung des Enzyms nach seiner Immobilisierung mißt man auch, wenn die Messungen der Enzymaktivität unter diffusionskontrollierten Bedingungen stattfinden (s. 5.3.2.4.). Da der Diffusionseinfluß auf die gemessene Reaktionsgeschwindigkeit bei hohen Konzentrationen an aktivem Enzym stärker als bei geringeren Konzentrationen ins Gewicht fällt, sinkt die beobachtete Reaktionsgeschwindigkeit (Enzymaktivität) bei fortschreitender Inaktivierung langsamer, als es der tatsächlichen Geschwindigkeit der Enzyminaktivierung entspricht.

Wahre Stabilitätsveränderungen sind dagegen das Ergebnis der Wechselwirkungen des Trägers mit dem Enzymmolekül. Sie können hervorgerufen werden durch die chemische Modifizierung des Proteinmoleküls, durch nichtkovalente Wechselwirkungen zwischen dem Träger und dem Proteinmolekül, durch das veränderte Milieu (z. B. veränderte Solvatationsverhältnisse) oder durch die Einschränkung der Konformationsbeweglichkeit des Proteinmoleküls.

Besonders interessant und in bezug auf die Anwendung angestrebt sind Immobilisierungsmethoden, die zu einer Erhöhung der Enzymstabilität führen. Eine herausragende Bedeutung kommt dabei der *Thermostabilität* zu, denn sie bestimmt in entscheidendem Maße die Operationsstabilität und ist somit ein wesentliches Kriterium für den ökonomischen Einsatz eines Präparates in enzymatisch geführten Prozessen. Auf Grund der Vielzahl von Faktoren, die das Stabilitätsverhalten beeinflussen, ist es bisher jedoch kaum möglich, die Stabilität eines Träger-Enzym-Systems gezielt zu beeinflussen. In zahlreichen Beispielen wird aber eine erhebliche Stabilisierung gegen thermische und andere denaturierende Einflüsse beobachtet, wenn die Proteinkonformation durch mehrfache kovalente und nichtkovalente Enzym-Träger-Bindungen *(multi-point binding)* fixiert („eingefroren") ist [69]. Abbildung 5-21 demonstriert den interessanten Befund, daß sich Stabilisierungseffekte bei Enzymen, die in ihrer löslichen Form nach einer Kinetik 1. Ordnung inaktiviert werden, häufig in einem deutlichen biphasigen Inaktivierungsverlauf widerspiegeln. Als Ursache wird vermutet, daß der im freien Enzym durch die Molekülstruktur festgelegte Ausgangspunkt des Entfaltungsprozesses („Entfaltungskeim") durch die spezifischen Wechselwirkungen mit der Trägermatrix blockiert ist. Dadurch wird für die Denaturierung ein neuer Entfaltungsweg erforderlich, der sich in seinen kinetischen Parametern deutlich vom Entfaltungsmechanismus des freien Enzyms unterscheidet [70].

5.4. Enzymreaktoren auf der Basis immobilisierter Enzyme

5.4.1. Reaktortypen

Für den Verlauf und die Produktivität von Reaktionen an immobilisierten Enzymen ist neben den inhärenten Eigenschaften der Träger-Enzym-Komplexe die Art der Prozeßführung von Bedeutung. Von ihr hängt es ab, wie das verfügbare katalytische Potential der immobilisierten Enzyme ausgenutzt wird. Eine Einteilung der Prinzipien der Reaktionsfüh-

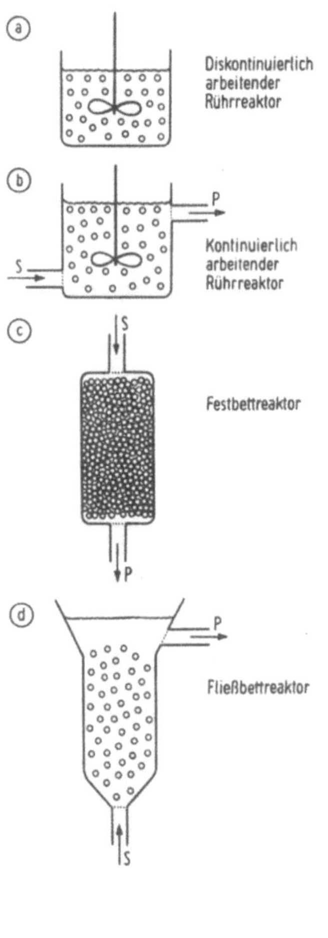

Abb. 5-23. Enzymreaktoren.
S: Substrat, P: Produkt, o: Träger-Enzym-Komplex.

rung erfolgt zweckmäßigerweise nach dem Typ des Reaktors, in dem die Reaktion stattfindet. Im folgenden werden die wichtigsten Reaktorsysteme, die für den Enzymeinsatz im Labor- und Industriemaßstab interessant sind, vorgestellt.

Diskontinuierlich arbeitender Rührreaktor
Hierbei handelt es sich um ein mit einer Rühreinrichtung versehenes Reaktionsgefäß, in das die Träger-Enzym-Teilchen zusammen mit der Substratlösung eingebracht werden (Abb. 5-23a). Nach beendeter Reaktion kann das immobilisierte Enzym durch Filtration oder Zentrifugation von der Produktlösung abgetrennt und erneut verwendet werden.

Das Chargenprinzip des Rührreaktors (engl. *batch reactor*) ist einfach, flexibel und leicht kontrollierbar. Das Substrat darf Feststoffanteile enthalten und hohe Viskosität besitzen. Der Rührreaktor findet darum Anwendung vor allem im Laborbereich und in kleinen Produktionsanlagen. Bei analytischen Routineverfahren und auf dem industriellen Sektor allerdings ist die diskontinuierliche Arbeitsweise unökonomisch, so daß kontinuierlich arbeitende Reaktoren hier vorgezogen werden.

Ein prinzipieller Nachteil der Rührreaktoren besteht in den hohen Anforderungen, die an die mechanische Stabilität des Trägermaterials gestellt werden.

Kontinuierlich arbeitender Rührreaktor
Im kontinuierlich betriebenen Rührreaktor (engl. *continuous stirred tank reactor*) (Abb. 5-23b) wird laufend Substratlösung zu- und Produktlösung abgeführt, während die suspendierten Enzymteilchen durch eine Siebvorrichtung o. ä. im Reaktor zurückgehalten werden. Die Strömungsgeschwindigkeit bestimmt die Zeit, während der Enzym und Substrat in Kontakt sind.

Die Reaktorleistung liegt im allgemeinen unter der des diskontinuierlichen Rührreaktors und des Festbettreaktors (s. 5.4.2.). Dennoch findet der kontinuierlich arbeitende Rührreaktor überall dort Anwendung, wo die kontinuierliche Arbeitsweise vorteilhaft ist, Säulenreaktoren aber nicht geeignet sind, z. B. in Industrieprozessen, bei denen die Substratlösung hohe Viskosität besitzt oder eine kontinuierliche pH-Überprüfung und -Nachstellung erforderlich ist.

Festbettreaktor
Im Festbettreaktor (engl. *fixed bed reactor*) ist das immobilisierte Enzym als stationäre Schicht in einer Säule angeordnet, die von der Substratlösung durchströmt wird (Abb. 5-23c). Er gestattet eine einfache, kontinuierliche Prozeßführung mit hoher Leistung (s. 5.4.2.) und wird daher bevorzugt für industrielle Prozesse eingesetzt. Im Vergleich zu den Rührreaktoren stellt er jedoch größere Ansprüche an die Reinheit der Substratlösung (feste Kontaminationen führen zur Verstopfung) und die strömungstechnischen Eigenschaften des Trägers (bei kompressiblen und kleinen Partikeln kommt es zu hohem Druckabfall in der Säule).

Fließbettreaktor
Wie beim Festbettreaktor befindet sich das immobilisierte Enzym beim Fließbettreaktor (engl. *fluidized bed reactor*) in einer Säule. Der Substratfluß verläuft aber von unten nach oben, wobei seine Geschwindigkeit so eingestellt wird, daß sich der Feststoff in der Schwebe hält (Abb. 5-23d). Dieser Reaktor besitzt gegenüber dem Festbettreaktor den Vorteil des geringen Druckabfalls und der Vermeidung von Verstopfungserscheinungen. Nachteilig auf die Reaktorleistung wirken sich hier Rückvermischungseffekte aus. Außerdem verlangen viele Trägermaterialien zur Herstellung des Fließbettes hohe, technisch schwer zu realisierende Strömungsgeschwindigkeiten, die oftmals mit nur geringen Umsatzraten verbunden sind.

Neben den aufgeführten vier Reaktorgrundtypen gibt es noch eine Reihe von Reaktorsystemen, die zum Teil Varianten und Kombinationen der beschriebenen Prinzipien, zum Teil spezielle Entwicklungen darstellen. So ist der *Röhren- oder Schlauchreaktor* (engl. *tubular reactor*) eine Variation des Festbettreaktors. Bei ihm ist das Enzym an die innere

Oberfläche von langen dünnen Glasröhren oder Nylonschläuchen fixiert, während die Substratlösung kontinuierlich durch die Röhren bzw. Schläuche fließt. Dieser Reaktortyp findet vorwiegend in der Analytik Anwendung.

Eine weitere Variante des Festbettreaktors ist der *Umlaufreaktor* (engl. *recycling reactor*). Bei ihm wird ein Teil des Produktstromes abgezweigt und in den Reaktor zurückgeführt. Das Umlaufprinzip gestattet es, bei relativ hohen Strömungsgeschwindigkeiten zu arbeiten, wodurch Effekte der äußeren Diffusion (s. 5.3.2.4.1.) minimiert werden können.

Als letztes seien die *Membranreaktoren* (engl. *membrane reactors*) genannt, die eine Zwischenstellung zwischen den mit immobilisierten und den mit löslichen Enzymen arbeitenden Systemen einnehmen. Mittels geeigneter Ultrafiltrationsmembranen (in Form von Flachmembranen oder Hohlfasern) wird das unmodifizierte Enzym in einem Reaktor zurückgehalten, während Substrate und Produkte kontinuierlich zu- und abgeführt werden. Diese Arbeitsweise macht sich einige Vorteile der immobilisierten Enzymsysteme (Enzymrückgewinnung, kontinuierliche Prozeßführung, Entfernung inhibierender Produkte) zunutze, vermeidet aber den Nachteil der Diffusionslimitierung. Voraussetzung für die Anwendung von Membranreaktoren ist natürlich, daß es sich bei den Reaktionspart-

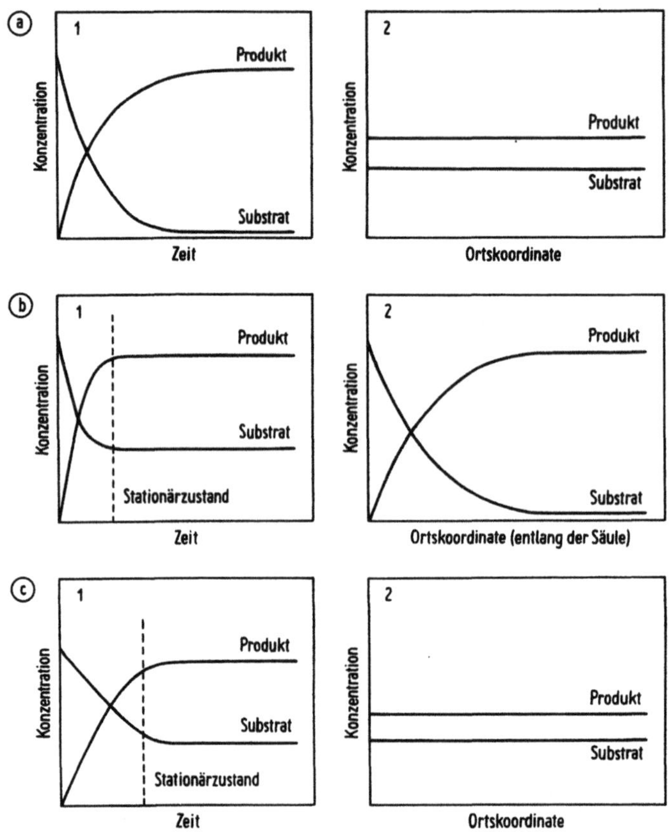

Abb. 5-24. Konzentrationsgradienten in idealen Reaktoren (schematisch).
1) Konzentrationsänderungen in Abhängigkeit von der Reaktionszeit an einem Punkt des Reaktors.
2) Konzentrationsänderungen in Abhängigkeit vom Ort im Reaktor nach einer bestimmten Reaktionszeit.
a: Idealer diskontinuierlich arbeitender Rührreaktor, b: Idealer Festbettreaktor, c: Idealer kontinuierlich arbeitender Rührreaktor.

nern um niedermolekulare Verbindungen handelt, die sich in ihrer Größe von den Enzymmolekülen stark unterscheiden.

5.4.2. Reaktorleistung

Die Reaktorleistung ist für den Anwender eines der entscheidenden Kriterien bei der Auswahl eines Reaktors. Sie wird gemessen als die Menge an Substrat, die in der Zeiteinheit (h) pro Katalysatormenge umgesetzt wird. Unter der Voraussetzung, daß die Enzymreaktion allein den Gesetzen der Enzymkinetik folgt (d.h. Effekte der Enzymmodifizierung, Milieu- und Diffusionseffekte vernachlässigbar sind), die Enzymaktivität absolut stabil ist, die Reaktion unter isothermen Bedingungen stattfindet und im Reaktor ideale Strömungsverhältnisse herrschen, läßt sich die Reaktorleistung für den diskontinuierlichen und kontinuierlichen Rührreaktor sowie den Festbettreaktor einfach herleiten. Im folgenden soll die Berechnung für diese drei idealen Reaktorprinzipien am Beispiel einer Ein-Substrat-Reaktion, die der Michaelis-Menten-Gleichung gehorcht, gezeigt werden.

Der *ideale diskontinuierlich arbeitende Rührreaktor* ist durch eine vollständige Durchmischung der Reaktionsteilnehmer charakterisiert. Substrat- und Produktkonzentrationen sind eine Funktion der Reaktionszeit (Abb. 5-24a,1), und zu jedem Zeitpunkt liegen an jedem Punkt des Reaktors dieselben Konzentrationsverhältnisse vor (Abb. 5-24a,2).

Die nach der Reaktionszeit *t* umgesetzte Substratmenge leitet sich aus der Michaelis-Menten-Gleichung (s. 2.2.1.) ab, die in folgender Form verwendet wird:

$$-\frac{d[S]}{dt} = \frac{k_{cat}[E_0]}{V_L} \frac{1}{1 + \frac{K_m}{[S]}}. \qquad \text{Gl. 5-32}$$

Hier bedeutet $[E_0]$ die Enzymmenge (mol) und V_L das Volumen der flüssigen Phase im Reaktor (l). Durch Integration erhält man

$$([S_0] - [S]) - K_m \ln \frac{[S]}{[S_0]} = \frac{k_{cat}[E_0]\,t}{V_L}, \qquad \text{Gl. 5-33}$$

wobei $[S_0]$ die Substratkonzentration am Anfang der Reaktion und [S] die Substratkonzentration bei Abbruch der Reaktion ist. Mit der Definition des Umsatzes X als

$$X = \frac{[S_0] - [S]}{[S_0]} \qquad \text{Gl. 5-34}$$

ergibt sich die Gleichung

$$X[S_0] - K_m \ln(1 - X) = \frac{k_{cat}[E_0]\,t}{V_L}, \qquad \textbf{Gl. 5-35}$$

die den maximal erreichbaren Umsatz im diskontinuierlichen Rührreaktor charakterisiert.

Der *ideale Festbettreaktor* setzt eine ideale Pfropfenströmung (engl. *plug flow*) voraus. In diesem Fall darf der Stofftransport nur durch hydrodynamische Bewegung stattfinden, wobei die lineare Strömungsgeschwindigkeit sowie die Konzentrationen in jeweils einer horizontalen Ebene über den gesamten Säulenquerschnitt konstant sind und keine Rückvermischungseffekte auftreten. Nach einer Startphase stellt sich ein stationärer Zustand ein, der durch zeitunabhängige Konzentrationsprofile entlang der Säule gekennzeichnet ist (Abb. 5-24b, 1). Die Substratkonzentration nimmt vom Säuleneingang zum Säulenausgang kontinuierlich ab, während die Produktkonzentration zunimmt (Abb. 5-24b, 2).

Eine Gleichung für den Substratumsatz im idealen Festbettreaktor ergibt sich ebenfalls aus der integrierten Michaelis-Menten-Gleichung (Gl. 5-33). Da sich jedes Substratmolekül eine konstante Zeit, die Verweilzeit τ, im Reaktor befindet, gilt Gleichung 5-33 mit $t = \tau$. Die Verweilzeit τ ist mit der Strömungsgeschwindigkeit Q durch die Beziehung $\tau = V_L/Q$ verknüpft, so daß sich die Umsatzgleichung in folgender Form schreiben läßt:

$$X[S_0] - K_m \ln(1 - X) = \frac{k_{cat}[E_0]}{Q}. \qquad \textbf{Gl. 5-36}$$

Wie ein Vergleich der Gleichungen 5-35 und 5-36 zeigt, besitzen der ideale diskontinuierlich arbeitende Rührreaktor und der ideale Festbettreaktor dieselbe Leistungsfähigkeit. Ausgehend von der gleichen Menge an Enzymaktivität, wird in einer bestimmten Zeit der gleiche Umsatz erzielt.

Wesentliche Unterschiede in der Leistungsfähigkeit ergeben sich dagegen für den *idealen kontinuierlich arbeitenden Rührreaktor*. Er ist durch eine vollständige Durchmischung gekennzeichnet, so daß die Substrat- und Produktkonzentrationen innerhalb des Reaktors keine lokalen Unterschiede aufweisen (Abb. 5-24c, 2). Nach der Startphase stellt sich ein stationärer Zustand ein, der durch konstante Konzentrationsverhältnisse charakterisiert ist (Abb. 5-24c, 1).

Zur Herleitung einer Umsatzgleichung geht man von einer Massenbilanz für das Substrat aus. Im stationären Zustand ist die Differenz aus zuströmender ($[S_0]$) und abströmender Substratmenge ($[S]$) je Zeiteinheit gleich der Substratmenge, die in dieser Zeit im Reaktor reagiert:

$$Q([S_0] - [S]) = -\frac{d[S]}{dt} V_L \qquad \text{Gl. 5-37}$$

Bei Gültigkeit der Michaelis-Menten-Beziehung läßt sich $-d[S]/dt$ durch Gleichung 5-32 substituieren:

$$Q([S_0] - [S]) = \frac{k_{cat}[E_0]}{1 + \frac{K_m}{[S]}} \qquad \text{Gl. 5-38}$$

Nach Einführung der Größe X (Gl. 5-34) erhält man die folgende Umsatzgleichung:

$$X[S_0] + K_m \frac{X}{1 - X} = \frac{k_{cat}[E_0]}{Q} \qquad \textbf{Gl. 5-39}$$

Eine Gegenüberstellung der beiden kontinuierlichen Verfahren zeigt, daß in beiden Fällen der Umsatzgrad, der bei einer bestimmten Strömungsgeschwindigkeit erreicht wird, vom Verhältnis $[S_0]/K_m$ abhängt. Abb. 5-25a gibt die funktionelle Abhängigkeit des Umsatzgrades von der Strömungsgeschwindigkeit für verschiedene Werte von $[S_0]/K_m$ wieder. Man sieht, daß die Kurven bei hoher Substratkonzentration ($[S_0]/K_m > 10$) und niedrigem Umsatz ($X < 0{,}5$) für beide Reaktoren fast aufeinanderfallen. Unter diesen Bedingungen werden die zweiten Terme in den Gleichungen 5-36 und 5-39 vernachlässigbar im Vergleich zu $X[S_0]$, so daß dann beide Umsatzgleichungen identisch sind. Bei niedrigen Substratkonzentrationen (kleinen $[S_0]/K_m$-Werten) dagegen ist der kontinuierliche Rührreaktor viel weniger effektiv als der Festbettreaktor. Um auf vergleichbare Umsatzraten zu kommen, muß der Rührreaktor mit wesentlich geringerer Strömungsgeschwindigkeit betrieben werden.

Besonders anschaulich lassen sich die theoretischen Leistungsunterschiede der beiden Reaktorprinzipien darstellen auf der Basis der Enzymmengen, die erforderlich sind, um einen vorgegebenen Umsatz in demselben Zeitraum zu erzielen. Abb. 5-25b zeigt in logarithmischer Auftragung den Quotienten der in beiden Reaktoren benötigten Enzymmengen als Funktion des Umsatzgrades für verschiedene Werte von $[S_0]/K_m$.

Auch bei Enzymreaktionen, für die nicht die Michaelis-Menten-Beziehung gilt und die Umsatzgleichungen kompliziertere Gestalt annehmen, ist der ideale Festbettreaktor dem

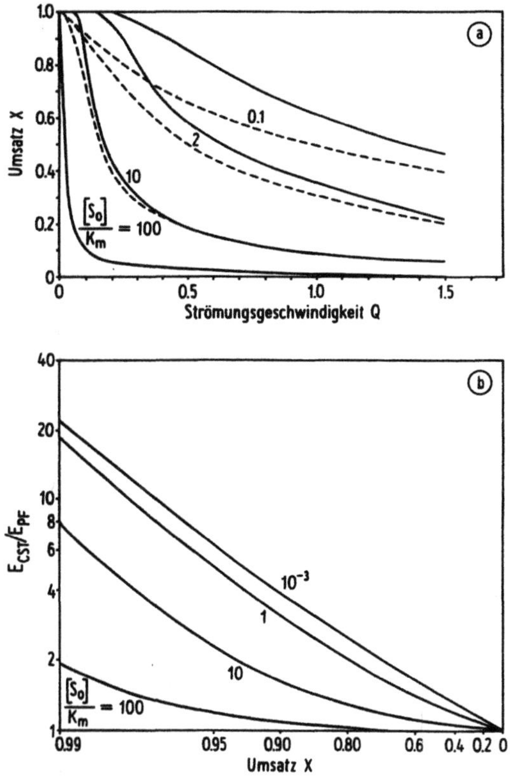

Abb. 5-25. Vergleich der idealen kontinuierlich arbeitenden Enzymreaktoren.
a) der Umsatzgrad als Funktion der Strömungsgeschwindigkeit für verschiedene Substratkonzentrationen (nach [72]). ——— idealer Festbettreaktor, ---- idealer kontinuierlich gerührter Reaktor.
b) Das Verhältnis der im idealen kontinuierlich gerührten Reaktor (E_{CST}) und im idealen Festbettreaktor (E_{PF}) erforderlichen Enzymmengen als Funktion des gewünschten Umsatzgrades für verschiedene Substratkonzentrationen (nach [72]).

idealen kontinuierlich arbeitenden Rührreaktor im allgemeinen überlegen. Eine Ausnahme bilden Systeme mit Substratinhibierung. Da die Substratkonzentration im Fall des Rührprinzips im gesamten Reaktionsraum gleich ist, während in der Säule ein Substratgradient besteht, hat die Inhibierung beim Rührreaktor einen geringeren Effekt auf den Umsatz als beim Festbettreaktor, so daß das kontinuierliche Rührprinzip hier vorteilhaft sein kann.

Abweichungen von den theoretisch erreichbaren Reaktorleistungen sind auf Störungen des idealen Strömungsmusters oder der idealen Reaktionskinetik zurückzuführen. So können einerseits ungenügende Vermischung im Rührreaktor bzw. das Auftreten von stagnanten Regionen, Rückvermischung, Kanalbildung, Geschwindigkeitsgradienten senkrecht zur Strömungsrichtung in Festbettreaktoren, andererseits Diffusionseffekte (s. 5.3.2.4.) oder Enzyminaktivierung während der Reaktion (s. 5.3.3.) die Reaktorleistung beeinträchtigen [72–74].

5.5. Immobilisierte komplexe Enzymsysteme

5.5.1. Immobilisierte Mehrenzymsysteme

Die bisherige Behandlung immobilisierter Enzyme bezog sich ausschließlich auf einfache Systeme, die mit nur einem Enzym arbeiten. Aus theoretischer ebenso wie aus praktischer Sicht ist aber auch die Kombination mehrerer Enzyme in immobilisierter Form interessant. Es kann sich dabei um Enzyme handeln, die um ein gemeinsames Substrat konkurrieren. Vor allem aber ist die Zusammenstellung von Enzymen, die zur Katalyse von Reaktionsfolgen geeignet sind, bedeutungsvoll. Derartige immobilisierte sequentielle Enzyme stellen geeignete Modelle zum Studium metabolischer Prozesse dar (s. 4.3.4.). Darüber hinaus sind sie von großem Interesse für die Anwendung in der Industrie, Analytik und Medizin [75, 76].

Sowohl in der Natur vorkommende Reaktionssequenzen (z. B. Teile der Glykolysekette, s. Abb. 4-7b) als auch in vivo nicht übliche Folgereaktionen (Gl. 5-40)

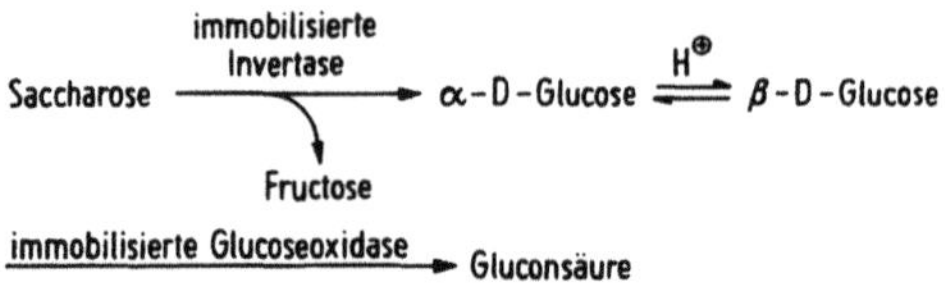

Gl. 5-40

können mit immobilisierten Mehrenzymsystemen ausgeführt werden.

Die verschiedenen Enzyme werden entweder gemeinsam immobilisiert (Coimmobilisierung), so daß jede Trägerpartikel alle Enzymarten enthält und in jedem Teilchen die Gesamtreaktion abläuft, oder sie werden getrennt immobilisiert, so daß jede Trägerpartikel nur eine Enzymart besitzt. Zur Enzymreaktion werden im zweiten Fall die Träger-Enzym-Komplexe entweder im Reaktor mechanisch vermischt oder sie werden sequentiell angeordnet, z. B. in mehreren hintereinandergeschalteten Reaktoren.

Systeme, die nach dem erstgenannten Prinzip arbeiten, zeigen kinetische Besonderheiten, die für das Verständnis von Multienzymkomplexen und Multienzymkonjugaten äußerst wichtig sind (s. 4.4.3.3. und 4.4.3.4.), aber auch für praktische Aufgabenstellungen ausgenutzt werden können. Die enge Nachbarschaft der sequentiell arbeitenden Enzymmoleküle in der Matrix führt in vielen Fällen zu einer erhöhten Wirksamkeit des Enzymsystems im Vergleich zu den entsprechenden löslichen Systemen. Da die intermediären Produkte der Reaktionsfolge von dem Ort ihrer Entstehung bis zum Wirkort ihrer weiteren Umsetzung nur einen sehr geringen Weg haben und zudem Diffusionsbarrieren (Porendiffusion, Filmdiffusion) den Austritt in die freie Lösung erschweren, kommt es zu einer Anreicherung der Intermediate in der unmittelbaren Umgebung der Enzyme, was sich in einer erhöhten Geschwindigkeit des Gesamtprozesses niederschlagen kann.

Probleme bei der Anwendung von Mehrenzymsystemen können entstehen, wenn die optimalen Aktivitäts- und Stabilitätsbedingungen (z. B. pH-Wert, Temperatur u. a.) der zu kombinierenden Enzyme stark voneinander abweichen. Die Technik der separaten Immobilisierung und die Durchführung der einzelnen Reaktionen in getrennten Reaktoren ist dann vorteilhaft.

5.5.2. Cosubstrat-Regenerierung

Die Anwendung der Immobilisierungstechnik auf enzymatische Prozesse, an denen Cosubstrate (s. 4.3.1.) beteiligt sind, bringt das Problem der Cosubstrat-Regenerierung mit sich. Da viele enzymatisch geführte Redoxreaktionen und andere Stoffumwandlungen Cosubstrate in äquimolaren Mengen verbrauchen, steht den ökonomischen Vorteilen bei der Anwendung immobilisierter Enzyme der große Bedarf an teuren Cosubstraten wie ATP oder NADH gegenüber. Das Hauptaugenmerk bei der Untersuchung immobilisierter Enzyme richtete sich daher bisher vorwiegend auf Prozesse, die mit cosubstratunabhängigen Enzymen, vor allem Hydrolasen, arbeiten.

Äußerst interessante Möglichkeiten, chemisch komplizierte Reaktionen auf enzymatischem Wege sehr spezifisch durchzuführen, bieten aber besonders die cosubstratabhängigen Enzyme, vor allem die Oxidoreductasen. Kommerzielle Anwendung werden diese jedoch erst dann finden können, wenn es gelingt, die Cosubstrate im System zu regenerieren.

Besonders wichtige Cosubstrate sind das Redoxsystem NADH/NAD$^{\oplus}$ (s. 4.3.2.1.) sowie das phosphatübertragende ATP/ADP bzw. ADP/AMP (s. 4.3.2.4.). Ihre Regenerierung kann enzymatisch oder nichtenzymatisch (chemisch, elektrochemisch oder photochemisch) erfolgen. Zur enzymatischen Regenerierung, die bisher bevorzugt wurde, muß im allgemeinen ein zweites Enzymsystem, das mit der gewünschten Reaktion gekoppelt wird, herangezogen werden (Abb. 5-26). In speziellen Fällen ist es auch möglich, die Cosubstrat-Regenerierung an demselben Enzym durchzuführen (engl. *coupled substrate recycling*).

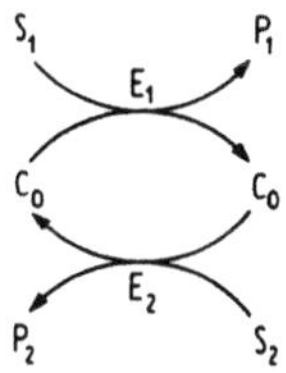

Abb. 5-26. Cosubstrat-Regenerierung. E_1, S_1, P_1: Enzym, Substrat, Produkt der gewünschten Reaktion. Co: Cosubstrat der gewünschten Reaktion, Co′: modifiziertes Cosubstrat, E_2, S_2, P_2: Enzym, Substrat, Produkt der Reaktion zur Rückgewinnung des Cosubstrats.

ATP kann regeneriert werden mit Hilfe der Acetat-Kinase, die einen Phosphatrest aus dem leicht zugänglichen Substrat Acetylphosphat auf ADP überträgt. Zur Regenerierung des ATP aus AMP ist außerdem Adenylat-Kinase erforderlich (Gl. 5-41).

$$\mathrm{AMP + ATP \xrightarrow{Adenylat\text{-}Kinase} 2\,ADP} \qquad \text{Gl. 5-41}$$

$$\mathrm{2\,ADP + 2\,CH_3{-}CO{-}O{-}PO_3^{2\ominus} \xrightarrow{Acetat\text{-}Kinase} 2\,ATP + 2\,CH_3{-}CO{-}O^{\ominus}}$$

Für die Regenerierung von NAD$^{\oplus}$ bzw. NADH gibt es eine Vielzahl von Möglichkeiten, in denen die gewünschte Enzymreaktion mit einer zweiten Enzymreaktion, die die benötigte Oxidationsstufe des NAD$^{\oplus}$/NADH-Systems wiederherstellt, gekoppelt werden kann. Im folgenden Beispiel (Gl. 5-42) wird das zur Steroidtransformation benötigte NAD$^{\oplus}$ mit Hilfe der Lactat-Dehydrogenase regeneriert, wobei Pyruvat als Hilfssubstrat dient und Lactat als Nebenprodukt anfällt.

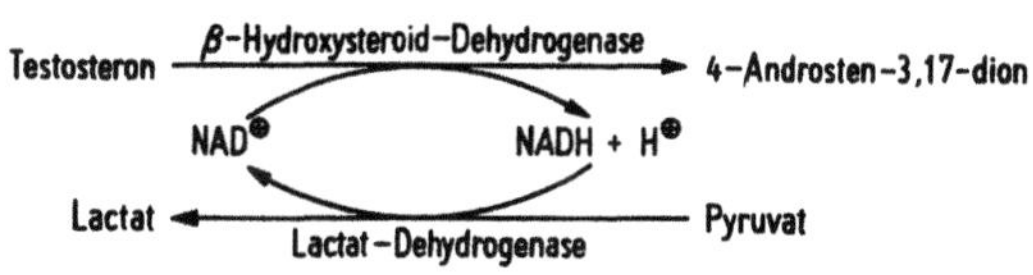

Gl. 5-42

Zur Ausführung derartiger Recycling-Prozesse für synthetische, analytische oder therapeutische Zwecke sind verschiedene Varianten der Immobilisierungstechnik geprüft worden. Hinsichtlich einer ökonomischen Prozeßführung bietet es sich an, auch die Cosubstrate in immobilisierter Form einzusetzen, um kostspielige Trennoperationen zu vermeiden. Unter den verschiedenen erprobten Ausführungsvarianten haben sich dabei bisher (für Enzymelektroden und Enzymreaktoren) solche Systeme am besten bewährt, in denen die korrespondierenden Enzyme zusammen mit dem Cosubstrat in Membranen,

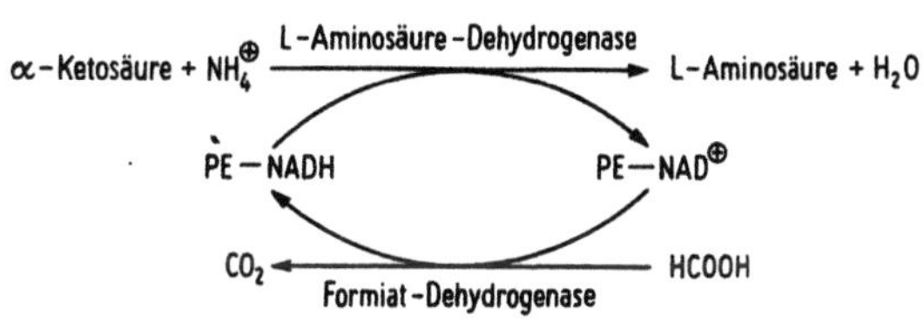

Abb. 5-27. Reaktionsschema zur Gewinnung von L-Aminosäuren aus α-Ketosäuren.
PE: Polyethylenglykol.

Gelen oder Ultrafiltrationsapparaten eingeschlossen sind, wobei das Cosubstrat zur Erhöhung seiner Molekülgröße kovalent an einen löslichen Träger (Dextran, Polyethylenimin o. a.) gebunden wurde [77, 78]. Die erste industrielle Anwendung eines Mehrenzymsystems mit Cosubstrat-Regenerierung ist die Produktion von L-Aminosäuren (L-Methionin, L-Valin, L-Phenylalanin) aus den entsprechenden α-Ketosäuren [79]. Sie erfolgt in Membranreaktoren mit Hilfe von L-Aminosäure-Dehydrogenase und Formiat-Dehydrogenase. Das Cosubstrat $NAD^{\oplus}$ ist an Polyethylenglykol gebunden (Abb. 5-27).

Literatur

1 J.M. Nelson and E.G. Griffin: Adsorption of Invertase. J. Am. Chem. Soc. **38** (1916): 1109–1115.
2 K. Mosbach (Ed.): Application of Immobilized Enzymes. C. Enzyme Engineering (Enzyme Technology). Methods Enzymol. **44** (1976): 717–830.
3 K. Mosbach (Ed.): Application of Enzymes. D. Application of Immobilized Enzymes in Organic Chemistry. Methods Enzymol. **44** (1976): 831–856.
4 P. G. Poulsen: Current Applications of Immobilized Enzymes for Manufacturing Purposes. Biotechnol. Gen. Eng. Rev. **1** (1984): 121–140.
5 S. Fukui and A. Tanaka: Bioconversion of Lipophilic or Water Insoluble Compounds by Immobilized Biocatalysts in Organic Solvent Systems. Enzyme Eng. **6** (1982): 191–200.
6 K. Mosbach (Ed.): Application of Immobilized Enzymes. A. Analytical Area. Methods Enzymol. **44** (1976): 579–676.
7 L. D. Bowers and P. W. Carr: Immobilized Enzymes in Analytical Chemistry. Adv. Biochem. Eng. **15** (1980): 89–129.
8 G. G. Guilbault (Ed.): Modern Monographs in Analytical Chemistry. Vol. 2: Analytical Uses of Immobilized Enzymes. Marcel Dekker, New York 1984.
9 F. Scheller, F. Schubert und D. Pfeiffer: Biosensoren. Ein Ergebnis der Biotechnologie. Wiss. Fortschr. **35** (1985): 249–252.
10 K. Schügerl: Sensor-Meßtechniken in der biotechnologischen Forschung und Industrie. Naturwiss. **72** (1985): 400–407.
11 T. Kuriyama, J. Kimura and Y. Kawana: Development of Biosensors with Immobilized Enzyme. Chem. Econ. Eng. Rev. **17** (1985): 22–27.
12 T. M. S. Chang: Biomedical Applications of Immobilized Enzymes and Proteins. Vol. 1 und 2. Plenum Press, New York 1977.
13 G. Gregoriadis: Medical Applications of Liposome-Entrapped Enzymes. Methods Enzymol. **44** (1976): 698–709.
14 T. M. S. Chang: Artificial Cells in Medicine and Biotechnology. Appl. Biochem. Biotechnol. **10** (1984): 5–24.
15 K. Mosbach (Ed.): The Application of Immobilized Enzymes to Fundamental Studies in Biochemistry. Methods Enzymol. **44** (1976): 491–576.
16 K. Martinek and V. V. Mozhaev: Immobilization of Enzymes. An Approach to Fundamental Studies in Biochemistry. In: Advances in Enzymology and Related Areas of Molecular Biology. Vol. 57, (Ed. A. Meister). John Wiley & Sons, New York 1985, pp. 180–249.
17 T. M. S. Chang: Microencapsulation of Enzymes and Biologicals. Methods Enzymol. **44** (1976): 201–218.
18 W. Sliwka: Mikroverkapselung. Angew. Chem. **87** (1975): 556–567.
19 G. Gregoriadis: Enzyme Entrapment in Liposomes. Methods Enzymol. **44** (1976): 218–227.
20 H. Schreier: Liposomen – ein neuartiger Arzneistoffträger. I. Phospholipide; Herstellung und Charakterisierung von Liposomen. Pharmazie i. u. Zeit **11** (1984): 97–103.
21 R. P. Chambers, W. Cohen and W. H. Baricos: Physical Immobilization of Enzymes by Hollow-Fiber Membranes. Methods Enzymol. **44** (1976): 291–317.
22 D. Dinelli, W. Marconi and F. Morisi: Fiber-Entrapped Enzymes. Methods Enzymol. **44** (1976): 227–243.
23 K. F. O'Driscoll: Techniques of Enzyme Entrapment in Gels. Methods Enzymol. **44** (1976): 169–183.
24 A. Ch. Koch-Schmidt: Gel-Entrapment of Enzymes. In: Biomedical Applications of Immobilized Enzymes and Proteins (Ed. T. M. S. Chang). Plenum Press, New York und London 1977, pp. 47–67.

25 M. Lynn: Inorganic Support Intermediates. Covalent Coupling of Enzymes on Inorganic Supports. In: Immobilized Enzymes, Antigens, Antibodies, and Peptides (Ed. H. H. Weetall). Marcel Dekker, New York 1975, pp 1–48.
26 H. H. Weetall: Covalent Coupling Methods for Inorganic Support Materials. Methods Enzymol. **44** (1976): 134–148.
27 M. D. Lilly: Enzymes Immobilized to Cellulose. Methods Enzymol. **44** (1976): 46–53.
28 J. Porath and R. Axén: Immobilization of Enzymes to Agar, Agarose and Sephadex Supports. Methods Enzymol. **44** (1976): 19–45.
29 J. Peška, J. Štamberg and J. Hradil: Chemical Transformations of Polymers. XIX. Ion Exchange Derivatives of Bead Cellulose. Angew. Makromol. Chem. **53** (1976): 73–80.
30 W. R. Vieth and K. Venkatasubramanian: Collagen – Immobilized Enzyme Systems. Methods Enzymol. **44** (1976): 243–263.
31 R. Kaufmann, K. Häupke, J. Fischer und A. Schellenberger: Optimierung von Polystyrolen für immobilisierte Enzym-Systeme. Acta Polymerica **31** (1980): 739–742.
32 R. Mosbach, A. Ch. Koch-Schmidt and K. Mosbach: Immobilization of Enzymes to Various Acrylic Copolymers. Methods Enzymol. **44** (1976): 53–65.
33 J. Turková: Immobilization of Enzymes on Hydroxyalkyl Methacrylate Gels. Methods Enzymol. **44** (1976): 66–83.
34 R. Epton, B. L. Hibbert and T. H. Thomas: Enzymes Covalently Bound to Polyacrylic and Polymethacrylic Copolymers. Methods Enzymol. **44** (1976): 84–107.
35 G. Manecke and J. Schlünsen: Immobilization of Enzymes on Neutral and Ionic Carriers. Methods Enzymol. **44** (1976): 107–117.
36 W. E. Hornby and L. Goldstein: Immobilization of Enzymes on Nylon. Methods Enzymol. **44** (1976): 118–134.
37 R. Axén, J. Porath and S. Ernback: Chemical Coupling of Peptides and Proteins to Polysaccharides by Means of Cyanogen Halides. Nature (London) **214** (1967): 1302–1304.
38 J. Kohn and M. Wilchek: Procedures for the Analysis of Cyanogen Bromide-Activated Sepharose or Sephadex by Quantitative Determination of Cyanate Esters and Imidocarbonates. Anal. Biochem. **115** (1981): 375–382.
39 J. Lasch and R. Koelsch: Enzyme Leakage and Multipoint Attachment of Agarose-Bound Enzyme Preparations. Eur. J. Biochem. **82** (1978): 181–186.
40 G. Kay and E. M. Crook: Coupling of Enzymes to Cellulose Using Chloro-s-triazines. Nature (London) **216** (1967): 514–515.
41 J. Brandt, L. O. Andersson and J. Porath: Covalent Attachment of Proteins to Polysaccharide Carriers by Means of Benzoquinone. Biochim. Biophys. Acta **386** (1975): 196–202.
42 A. N. Emery, J. S. Hough, J. M. Novais and T. P. Lyons: Applications of Solid-Phase Enzymes in Biological Engineering. Chem. Eng. (London) **1972** (No. 258): 71–76.
43 S. A. Barker, J. H. Doss, C. J. Gray, J. F. Kennedy, M. Stacey and T. H. Yeo: β-D-Glucosidase Chemically Bound to Microcrystalline Cellulose. Carbohydr. Res. **20** (1971): 1–7.
44 C. Flemming, A. Gabert und P. Roth: Synthese und Eigenschaften trägerfixierter Enzyme. I. Kovalente Bindung von Trypsin an Dialdehydcellulose. Acta Biol. Med. Germ. **30** (1973): 177–182.
45 K. Nilsson and K. Mosbach: Immobilization of Ligands with Organic Sulfonyl Chlorides. Methods Enzymol. **104** (1984): 55–69.
46 F. M. Richards and J. R. Knowles: Glutaraldehyd as a Cross-Linking Agent. J. Mol. Biol. **37** (1968): 231–233.
47 H. Filippusson and W. E. Hornby: The Preparation and Properties of Yeast β-Fructofuranosidase Chemically Attached to Polystyrene. Biochem. J. **120** (1970): 215–219.
48 W. E. Hornby, M. D. Lilly and E. M. Crook: The Preparation and Properties of Ficin Chemically Attached to Carboxymethylcellulose. Biochem. J. **98** (1966): 420–425.
49 H. E. Swaisgood, H. R. Horton and K. Mosbach: Covalently Bound Glutamate Dehydrogenase for Studies of Subunit Association and Allosteric Regulation. Methods Enzymol. **44** (1976): 504–515.
50 P. Cuatrecasas and I. Parikh: Adsorbents for Affinity Chromatography. Use of N-Hydroxysuccinimide Esters of Agarose. Biochemistry **11** (1972): 2291–2299.
51 K. Brocklehurst, J. Carlsson, M. P. J. Kierstan and E. M. Crook: Covalent Chromatography. Preparation of Fully Active Papain from Dried Papaya Latex. Biochem. J. **133** (1973): 573–584.
52 O. R. Zaborsky: Stabilization and Immobilization of Enzymes with Imidoesters. Enzyme Eng. **2** (1974): 115–122.

53 R. J. Knights and A. Light: Sepharose-Bound Trypsin and Activated Sepharose-Bound Trypsinogen. Studies with Small and Large Substrates. Arch. Biochem. Biophys. **160** (1974): 377–386.
54 E. Katchalski, I. Silman and R. Goldman: Effect of the Microenvironment on the Mode of Action of Immobilized Enzymes. Adv. Enzymol. **34** (1971): 445–536.
55 C. W. Wharton, E. M. Crook and K. Brocklehurst: The Nature of the Perturbation of the Michaelis Constant of the Bromelain-Catalysed Hydrolysis of α-N-Benzoyl-L-Arginine Ethyl Ester Consequent upon Attchment of Bromelain to O-(Carboxymethyl)-Cellulose. Eur. J. Biochem. **6** (1968): 572–578.
56 A. C. Johansson and K. Mosbach: Acrylic Copolymers as Matrices for the Immobilization of Enzymes. II. The Effect of a Hydrophobic Microenvironment on Enzyme Reactions Studied with Alcohol Dehydrogenase Immobilized to Different Acrylic Copolymers. Biochim. Biophys. Acta **370** (1974): 348–353.
57 C. N. Satterfield: Mass Transfer in Heterogeneous Catalysis. M. I. T. Press, Cambridge, Mass. 1970.
58 I. I. Ioffe und L. M. Pissmen: Heterogene Katalyse. Chemie und Technik, Berlin 1975.
59 C. Horvath and J. M. Engasser: External and Internal Diffusion in Heterogeneous Enzyme Systems. Biotechnol. Bioeng. **16** (1974): 909–923.
60 D. I. C. Wang, C. L. Cooney, A. L. Demain, P. Dunnill, A. E. Humphrey and M. D. Lilly: Enzyme Kinetics and Immobilization. In: Fermentation and Enzyme Technology. John Wiley & Sons, New York 1979, pp. 311–338.
61 T. T. Ngo and K. J. Laidler: Immobilized Electric Eel Acetylcholinesterase. I. Kinetics of Acetylcholinesterase Trapped in Polyacrylamide Membranes. Biochim. Biophys. Acta **377** (1975): 303–316.
62 J. M. Engasser and C. Horvath: Diffusion and Kinetics with Immobilized Enzymes. Appl. Biochem. Bioeng. **1** (1976): 127–220.
63 L. Goldstein: Kinetic Behavior of Immobilized Enzyme Systems. Methods Enzymol. **44** (1976): 397–443.
64 K. Buchholz: Reaction Engineering Parameters for Immobilized Biocatalysts. In: Reaction Engineering (Ed. A. Fiechter). Akademie-Verlag, Berlin 1983, pp. 39–71.
65 V. Kasche: Correlation of Experimental and Theoretical Data for Artificial and Natural Systems with Immobilized Biocatalysts. Enzyme Microb. Technol. **5** (1983): 2–13.
66 K. J. Laidler and P. S. Bunting: The Kinetics of Immobilized Enzyme Systems. Methods Enzymol. **64** (1980): 227–248.
67 D. D. Do, D. S. Clark and J. E. Bailey: Modeling Enzyme Immobilization in Porous Solid Supports. Biotechnol. Bioeng. **24** (1982): 1527–1546.
68 A. M. Klibanov: Enzyme Stabilization by Immobilization. Anal. Biochem. **93** (1979): 1–25.
69 K. Martinek, A. M. Klibanov, V. S. Goldmacher, A. V. Tschernycheva, I. V. Mozhaev, I. V. Berezin and B. O. Glotow: The Principles of Enzyme Stabilization. II. Increase in the Thermostability of Enzymes as a Result of Multipoint Noncovalent Interaction with a Polymeric Support. Biochim. Biophys. Acta **485** (1977): 13–28.
70 R. Ulbrich, W. Damerau and A. Schellenberger: Studies on the Thermal Inactivation of Immobilized Enzymes. Biotechnol. Bioeng. **28** (1986): 511–523.
71 J. Fischer, R. Ulbrich and A. Schellenberger: The Influence of Charged Matrix Surfaces on the Thermostabilizing Effect of Calcium Ions on Immobilized Fungal α-Amylase. Acta Biol. Med. Germ. **37** (1978): 1413–1424.
72 D. I. C. Wang, C. L. Cooney, A. L. Demain, P. Dunnill, A. E. Humphrey and M. D. Lilly: Enzyme Reactors. In: Fermentation and Enzyme Technology. John Wiley & Sons, New York 1979, pp. 339–365.
73 W. R. Vieth, K. Venkatasubramanian, A. Constantinides and B. Davidson: Design and Analysis of Immobilized-Enzyme Flow Reactors. Appl. Biochem. Bioeng. **1** (1976): 221–327.
74 W. H. Pitcher: Immobilized Enzymes for Food Processing. In: Immobilized Enzymes for Food Processing (Ed. W. H. Pitcher). CRC Press, Boca Raton 1980, pp. 15–54.
75 K. Mosbach and B. Mattiasson: Multistep Enzyme Systems. Methods Enzymol. **44** (1976): 453–478.
76 S. A. Barker and P. J. Somers: Biotechnology of Immobilized Multienzyme Systems. Adv. Biochem. Eng. **10** (1978): 27–49.
77 S. S. Wang and Ch. K. King: The Use of Coenzymes in Biochemical Reactors. Adv. Biochem. Eng. **12** (1979): 119–146.

78 K. Mosbach: Immobilized Coenzymes in General Ligand Affinity Chromatography and Their Use as Active Coenzymes. Adv. Enzymol. 46 (1978): 205–278.
79 C. Wandrey: Production of L-Amino Acids from α-Hydroxy Acids. In: Biotech. 84 Europe, Vol. 1, Online Publications, Pinner 1984, pp. 391–404.

6. Sachregister

MIX
Papier aus verantwortungsvollen Quellen
Paper from responsible sources
FSC® C105338

If you have any concerns about our products,
you can contact us on
ProductSafety@springernature.com

In case Publisher is established outside the EU,
the EU authorized representative is:
Springer Nature Customer Service Center GmbH
Europaplatz 3, 69115 Heidelberg, Germany

Printed by Libri Plureos GmbH
in Hamburg, Germany